ANALYTISCHE GEOMETRIE UND ABBILDUNGSGEOMETRIE IN VEKTORIELLER DARSTELLUNG

5302

ANALYTISCHE GEOMETRIE UND ABBILDUNGSGEOMETRIE IN VEKTORIELLER DARSTELLUNG

von Joachim Köhler
Rolf Höwelmann
und Hardt Krämer

Diesterweg Salle
Frankfurt am Main · Berlin · München

Genehmigt für den Gebrauch in Schulen.
Genehmigungsdaten teilt der Verlag auf Anfrage mit.

ISBN 3-425-05302-7

6. durchgesehene Auflage 1975

Die Korrekturen erstrecken sich hauptsächlich auf Kap. 11

Gesamtherstellung: Brühlsche Universitätsdruckerei Gießen

Vorwort

Die stürmische Entwicklung, die die mathematische Wissenschaft seit etwa 100 Jahren erlebt, hat auch vor den Toren unserer Gymnasien nicht haltgemacht und fordert eine Neugestaltung unseres mathematischen Unterrichts. Dabei geht es nicht um eine Erweiterung unseres Stoffgebietes, sondern um methodische Fragen und um das Aufdecken gewisser mathematischer Strukturen, die scheinbar nur lose zusammenhängende Teildisziplinen der Mathematik aufs engste verknüpfen. Begriffe wie Abbildung, Menge, Vektor, Gruppe, Körper haben Eingang in unsere Schulen gefunden und beginnen, der modernen Schulmathematik ein neues, einheitliches Gepräge zu geben. Diese neuen Begriffe sollen nicht zu neuen Stoffgebieten im mathematischen Unterricht führen, sie sollen vielmehr als ordnende und verbindende Prinzipien lediglich eine dienende Aufgabe erfüllen.

Dieses Buch soll nun zeigen, wie sich durch die Vektormethode die Analytische Geometrie von Gerade, Ebene, Kreis und Kugel in formeller Eleganz und bestechender Übersichtlichkeit darstellen läßt. Dabei ergibt sich nicht nur eine leichtere und durchsichtigere Beweisführung, sondern auch recht oft eine elegantere Lösung der Aufgaben und schließlich eine einzigartige Möglichkeit für die immer wieder geforderte Fusion von ebener und räumlicher Geometrie.

Dieses Buch ist aus der Schulpraxis heraus entstanden; der hier dargebotene Weg ist von allen drei Verfassern an drei verschiedenen Gymnasien mehrfach mit Erfolg erprobt worden. Deshalb ist das Buch in erster Linie für den Gebrauch im Schulunterricht gedacht. Die breite und ausführliche Darstellung, die vorgerechneten Beispielaufgaben sowie die vielen Abbildungen sollen dem Schüler die selbständige Arbeit in dem Buch ermöglichen. So ist es auch geeignet, den Studenten, die im Schulunterricht die Vektormethode nicht kennengelernt haben, den Übergang zur abstrakten Vektoralgebra der Hochschule erheblich zu erleichtern. Und schließlich hoffen wir, den Fachkollegen, die sich während des Studiums nicht genügend mit der Vektorrechnung haben beschäftigen können, das Hilfsmittel in die Hand zu geben, mit dem sie die Vektormethode in ihren Unterricht einbauen können.

Die einzelnen Kapitel beginnen mit Vorübungen, die dem Lehrer einen möglichen Einstieg in das Problem aufzeigen sollen. An den Lehrtext schließen sich Beispiele und Aufgaben an. Auf den Wunsch vieler Kollegen hin haben wir uns um eine reichhaltige und umfangreiche Aufgabensammlung besonders bemüht, uns allerdings dem Titel des Buches entsprechend im wesentlichen auf Aufgaben der Analytischen Geometrie beschränkt und physikalische Anwendungen weniger berücksichtigt.

Wir haben im Buch konsequent die Vektoren in Spaltenschreibweise geschrieben, weil so die formelle Eleganz beim Rechnen mit Vektoren besonders gut zum Ausdruck kommt, vor allem auch in Verbindung mit der Determinantenrechnung. Doch kann das Buch auch ohne Behandlung der Determinantenrechnung bis auf die Abschnitte 4.1.3 und 11.3.2 benutzt werden, da die Determinanten sonst nirgendwo vorausgesetzt werden.

Wir halten es nicht für zweckmäßig, die Vektorrechnung zunächst für sich zu behandeln, um erst dann den gesamten Apparat der Vektorrechnung auf die Behandlung der Analytischen Geometrie anzusetzen. Wir sind vielmehr der Ansicht, daß es aus verschiedenen Gründen sinnvoller ist, die Behandlung der Vektorrechnung mit der der Analytischen Geometrie zu koppeln und dadurch die Analytische Geometrie mit jedem der drei möglichen Produkte auf eine höhere Stufe zu heben. Diesen verschiedenen Stufen entsprechen drei verschiedene Formen der Geraden- und Ebenengleichung: der S-Multiplikation die Parameterformen, der skalaren Multiplikation die Normalenformen und der vektoriellen Multiplikation die Determinantenformen. So werden auf der untersten Stufe Gerade und Ebene ohne Produkte von Vektoren behandelt. Dadurch bekommt der Schüler einerseits Sicherheit im Umgang mit den Vektoren und ihren einfachen Rechenoperationen, wird aber andererseits durch die besondere Anschaulichkeit davor bewahrt, Vektorverfahren rein schematisch anzuwenden. Auf den beiden höheren Stufen werden zunächst das Skalarprodukt und dann das Vektorprodukt eingeführt und jeweils die in diesen Produktbildungen liegenden Möglichkeiten für die Analytische Geometrie von Gerade und Ebene genutzt.
Dadurch ergibt sich ferner eine organische Aufteilung der Analytischen Geometrie von Gerade und Ebene: sie wird auf der ersten Stufe affin betrieben, die Metrik beginnt erst mit der zweiten Stufe. Dieser Aufteilung entspricht die Möglichkeit, den Stoff in verschiedenen Klassen zu behandeln; wir haben gute Erfahrungen damit gemacht, den affinen Teil in der Obersekunda zu besprechen, während die weitgehend axiomatische Einführung der Produkte Verständnis- und Abstraktionsvermögen eines Primaners voraussetzt.

Falls Zeitmangel, Richtlinien oder andere Umstände es nahelegen, kann auf die axiomatische Einführung verzichtet und statt dessen die anschaulich geometrische von Abschnitt 5.1.2 gewählt werden.

Im Anschluß an die Behandlung von Kreis und Kugel werden dem Lehrer zwei Wege angeboten, die Kegelschnitte einzuführen. Da die überzeugende Anschaulichkeit der Vektormethode verlorengeht, wenn man sie auf die Kegelschnitte zu übertragen versucht, geben wir im ersten Weg eine vektorielle Herleitung der Scheitelgleichung als Koordinatengleichung, um den Übergang zur koordinatenmäßigen Behandlung der Kegelschnitte zu erleichtern. Der andere ist der klassische Weg mit Hilfe der Dandelinschen Kugeln. Der Lehrer mag den einen, den anderen oder auch beide wählen, wobei die Wahlmöglichkeit durch die Richtlinien in den verschiedenen Bundesländern eingeschränkt sein kann. Die weitere Behandlung der Kegelschnitte (ab Kapitel 8.8) ist unabhängig vom gewählten Einstieg.

Im letzten Teil gibt das Buch einen Einblick in die Gedankengänge der Abbildungsgeometrie. Auch hier erweist sich die Vektormethode als vorzügliches Hilfsmittel für eine elegante, übersichtliche und anschauliche Darstellung der Probleme.

In sprachlichen Gymnasien kann man die mit * gekennzeichneten Kapitel und Aufgaben auslassen, ohne daß der methodische Aufbau des Ganzen gefährdet wird.

Um dem Lehrer die Arbeit mit diesem Buch zu erleichtern, erscheint ein Lösungsheft, das außer den Lösungen der Aufgaben, wenn nötig, stichwortartig den Lösungsgang angibt.
Wir hoffen, mit diesem Buch der Vektormethode im Schulunterricht neue Freunde zu gewinnen. Vielleicht mag es sogar den einen oder anderen von uns dazu ermutigen, der Vektormethode neue Zugänge zu geeigneten Gebieten der Schulmathematik eröffnen zu helfen!

Bielefeld, im Frühjahr 1970 *Die Verfasser*

Inhaltsverzeichnis

° Vgl. Anmerkung S. 5.2.

Einleitung

Die *mathematische Forschung der letzten Jahrzehnte* hat nicht nur bedeutende *neue und sehr allgemeine Gebiete erschlossen*, sondern hat darüberhinaus auch die gesamte Mathematik nach recht umfassenden, modernen Prinzipien *neu geordnet*. Charakteristisch für diese Gliederung und die Arbeitsweise der heutigen Mathematiker ist der „strukturelle Aufbau der Mathematik": durch Vergleich von Zahlenmengen, Punktmengen, Abbildungsmengen und anderen Mengen stellte man hinsichtlich bestimmter Verknüpfungen oder anderer Relationen gewisse Gemeinsamkeiten dieser konkreten Mengen fest. Mengen, die in dieser Weise besonders interessante Eigenschaften gemeinsam haben, nennt man *strukturierte Mengen*: Verknüpfungsgebilde, Gruppen und lineare Vektorräume sind Beispiele dafür.

Als geeignetes Werkzeug beim Studium dieser strukturierten Mengen erweist sich die *axiomatische Methode*. Ein Axiomensystem fixiert die gemeinsamen Eigenschaften der Mengen. Konkrete Mengen, deren Elemente die einzelnen Axiome erfüllen, nennt man *Modelle* der jeweils durch das Axiomensystem festgelegten Struktur.

Indem man nun aus den Axiomen Lehrsätze mit Hilfe logischer Verfahren herleitet, baut man eine Theorie der strukturierten Menge auf und beherrscht damit die „Mathematik" aller ihrer Modelle.

In diesem Sinne werden wir im vorliegenden Buch zunächst Mengen der uns schon bekannten Pfeile betrachten, die sog. *Pfeilklassen*. Wir werden dann die Elemente dieser Menge durch eine erste Operation *verknüpfen*, sie durch ein Axiomensystem *strukturieren* und sie abschließend als *Modell einer Gruppe* kennenlernen. Durch Hinzunahme einer weiteren Operation bekommt die Menge der Pfeilklassen eine neue Struktur, nämlich die eines *linearen Vektorraums*, und wird so zu einer *Menge von Vektoren*. Diese neue Struktur und die in sie eingegliederten Begriffe werden dann im Hauptteil des Buches ihre Zweckmäßigkeit zu erweisen haben. Bei der Behandlung konkreter Situationen aus der Geometrie werden wir nämlich feststellen, daß uns die Theorie des linearen Vektorraumes die Herleitung von Sätzen und das Lösen von Problemen ermöglicht.

Im letzten Kapitel wird gezeigt, daß der Strukturbegriff nicht nur ein *operatives Instrument* ist, das konstruktiv zur Entdeckung neuer Sachverhalte dient, sondern daß er auch *ordnende Aufgaben* erfüllt: wir werden sehen, daß es durch *abbildungsgeometrische* und *gruppentheoretische Überlegungen* möglich ist, die uns bekannte Geometrie neu zu ordnen und damit überschaubar zu machen.

Daß man mit Hilfe strukturmathematischer Verfahren nicht nur gewisse mathematische, sondern z. B. auch eine Vielzahl physikalischer und chemischer Probleme zu bewältigen vermag, unterstreicht die hohe Bedeutung dieser modernen mathematischen Denkweise für die gesamte exakte Naturwissenschaft.

1. Elementare Vektoralgebra

1.1. Pfeile und Pfeilklassen

Vorübungen

1. Wie lassen sich auf der Zahlengeraden die reellen Zahlen durch Pfeile kennzeichnen? Wie unterscheiden sich die positiven reellen Zahlen untereinander, wie unterscheiden sie sich von den negativen reellen Zahlen?
2. Wodurch ist eine Parallelverschiebung eindeutig festgelegt?
3. In welcher Eigenschaft unterscheiden sich die physikalischen Größen Kraft und Geschwindigkeit von den Größen Volumen und Zeit?
4. Erläutere die Begriffspaare Gerade – Speer, Halbgerade – Strahl, Strecke – Pfeil.

Wie die Vorübungen 2 und 3 zeigen, gibt es in der Mathematik und auch in der Physik Begriffe und Größen, die sich durch eine reelle Zahl (skalare Größen) und solche, die sich nicht allein durch eine reelle Zahl charakterisieren lassen. Letztere besitzen neben einem bestimmten „Betrag" noch eine Richtung mit Durchlaufsinn und können treffend durch einen Pfeil symbolisiert werden. Darüber hinaus kann man durch solch einen Pfeil in der Geometrie jeden Punkt der Zeichenebene kennzeichnen, wenn man unter Zugrundelegung eines Bezugspunktes O den Pfeil im Bezugspunkt beginnen und im betreffenden Punkt enden läßt (Bild 1.1.1). Da nun geometrische Gebilde wie Strecken, Geraden oder Kreise Punktmengen sind, ist es denkbar, diese und vielleicht noch andere geometrische Gebilde mit Hilfe von Pfeilen rechnerisch zu erfassen. Von besonderem Nutzen wäre es, wenn sie sich auch in der Physik anwenden ließen, wenn es uns also gelänge, z. B. Kraft- oder Geschwindigkeitspfeile zusammenzusetzen, kurz, wenn es uns möglich wäre, mit Pfeilen Rechenoperationen auszuführen.

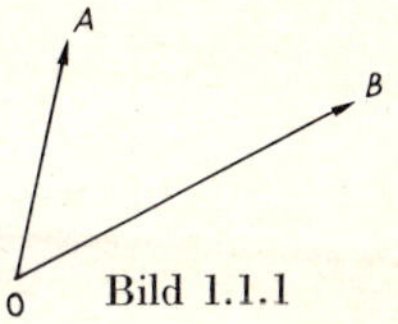

Bild 1.1.1

Wir wollen nun im weiteren zeigen, daß man tatsächlich mit Pfeilen „rechnen" kann. Dazu müssen wir zunächst einmal definieren, was wir unter einem Pfeil verstehen wollen. Sodann haben wir Verknüpfungen von Pfeilen festzulegen und die Rechengesetze aufzustellen, die bezüglich dieser Verknüpfungen gelten. Ein solches Vorgehen ist charakteristisch für die moderne Mathematik: Man gibt sich eine Menge von Dingen (Elementen) vor, führt eine Verknüpfung oder gar mehrere Verknüpfungen zwischen diesen Elementen ein und erforscht die Rechengesetze, denen die Elemente hinsichtlich dieser Verknüpfungen genügen.

Im Raum unserer Anschauung läßt sich jede Strecke AB mit Durchlaufsinn durch einen Pfeil symbolisieren (Bild 1.1.2). A ist der Angriffspunkt, B sein Zielpunkt. Statt von der Strecke AB mit Durchlaufsinn von A nach B sprechen wir kürzer von dem *geordneten Punktepaar* (A, B) und setzen fest:

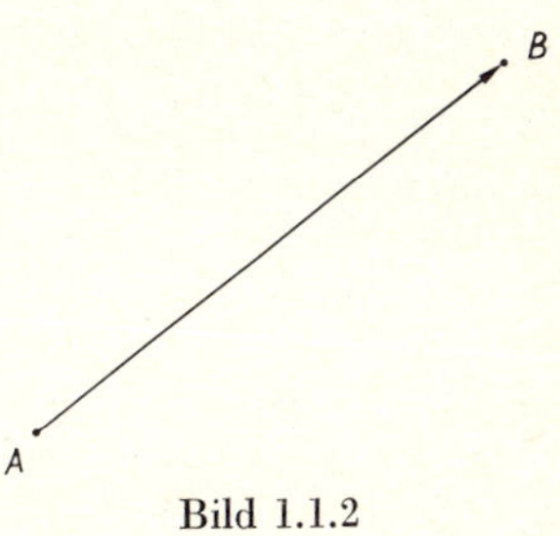

Bild 1.1.2

Definition 1.1

Wir nennen das geordnete Punktepaar (A, B) einen Pfeil und bezeichnen ihn mit $\overrightarrow{AB}$. A ist der Angriffspunkt, B der Zielpunkt des Pfeils.

Wir betrachten nun im Anschauungsraum eine Verschiebung: Sie ordnet jedem Punkt des Raumes einen Bildpunkt zu:

$$A \rightarrow A'$$

$$B \rightarrow B'$$

$$C \rightarrow C' \text{ usw.}$$

So entsteht durch diese Verschiebung eine unendliche Menge M_1 von geordneten Punktepaaren

$$M_1 = \{(A, A'), (B, B'), (C, C'), \ldots\},$$

die wir auf Grund von Definition 1.1 auch als eine Menge von Pfeilen auffassen können:

$$M_1 = \{\overrightarrow{AA'}, \overrightarrow{BB'}, \overrightarrow{CC'}, \ldots\}.$$

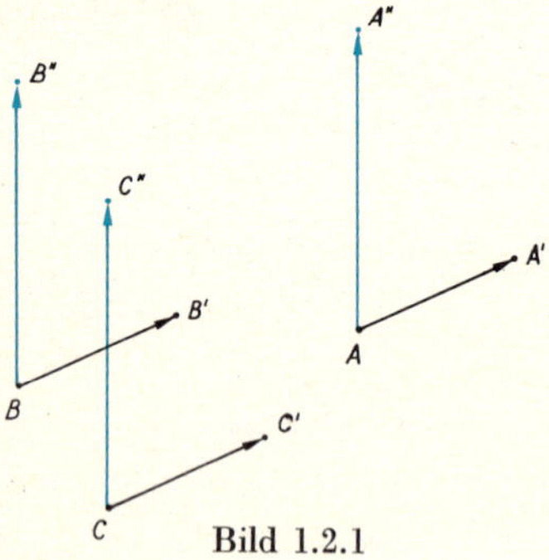

Bild 1.2.1

Alle Pfeile aus M_1 haben dieselbe Länge und dieselbe Richtung mit Durchlaufsinn (Bild 1.2.1), sie sind also gleich lang und gleichsinnig parallel. Wir wollen sagen:

Definition 1.2

Pfeile, die gleich lang und gleichsinnig parallel sind, sollen *parallelgleich* heißen.

Jetzt können wir feststellen, daß alle Pfeile aus M_1 parallelgleich sind.
Wenn wir alle Punkte A, B, C, ... des Anschauungsraumes in anderer Weise verschieben, so daß sie abgebildet werden in die Punkte A'', B'', C'', ..., wird dadurch eine andere Menge M_2 von geordneten Punktepaaren erzeugt:

$$M_2 = \{(A, A''), (B, B''), (C, C''), \ldots\} = \{\overrightarrow{AA''}, \overrightarrow{BB''}, \overrightarrow{CC''}, \ldots\}.$$

Wiederum sind alle Pfeile von M_2 untereinander parallelgleich, nicht aber parallelgleich zu den Pfeilen von M_1.
Auf diese Weise wird jeder möglichen Verschiebung umkehrbar eindeutig eine Menge von Pfeilen zugeordnet, wobei die Pfeile ein und derselben Menge untereinander stets parallelgleich sind. Pfeile aus verschiedenen Mengen haben diese Eigenschaft nicht.

Definition 1.3

Die Menge $M = \{\overrightarrow{AA'}, \overrightarrow{BB'}, \overrightarrow{CC'}, \ldots\}$ aller parallelgleichen Pfeile, die zur selben Verschiebung gehören, heißt *Pfeilklasse* $\mathfrak{a}$. Ein einzelner Pfeil der Klasse soll *Repräsentant* der Pfeilklasse heißen. Wir schreiben auch $\mathfrak{a} = \overrightarrow{AA'} = \overrightarrow{BB'} = \overrightarrow{CC'}$, wenn die Pfeile $\overrightarrow{AA'}$, $\overrightarrow{BB'}$, $\overrightarrow{CC'}$ zur Pfeilklasse $\mathfrak{a}$ gehören.

Es ist notwendig, Pfeile von Pfeilklassen zu unterscheiden, was ja auch durch die Schreibweise $\overrightarrow{AA'}$ bzw. $\overrightarrow{AA'}$ zum Ausdruck gebracht wird. Die Gleichung $\mathfrak{a} = \overrightarrow{AA'}$ ist nicht zulässig, da eine Pfeilklasse kein Pfeil ist. Da eine Pfeilklasse aus unendlich vielen Pfeilen besteht und man sie deshalb nicht zeichnen kann, schreibt man sehr häufig an einen Pfeil das Symbol seiner Pfeilklasse (Bild 1.3.1).

Pfeilklassen wollen wir durch Frakturbuchstaben $\mathfrak{a}$, $\mathfrak{b}$, $\mathfrak{c}$ ... bezeichnen (s. Alphabet am Schluß des Buches).

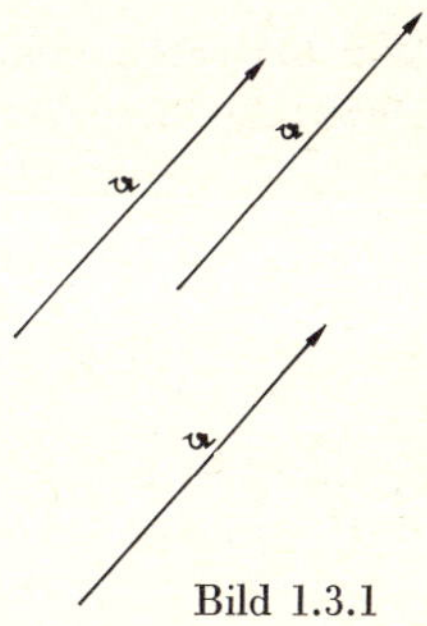

Bild 1.3.1

Auf Grund der Definition für die Gleichheit von Mengen gilt:

Satz 1.1

Zwei Pfeilklassen sind genau dann gleich, wenn sie dieselben Pfeile enthalten.

1.2. Die Addition von Pfeilklassen

Vorübungen

1. Deute die Aufgabe $2 + 3 = 5$ durch Pfeile am Zahlenstrahl.
2. Wie lautet der Satz vom Kräfteparallelogramm?

Die Zahlen, mit denen wir es im Laufe unserer Schulzeit in der Algebra zu tun hatten, waren zunächst natürliche Zahlen, dann Brüche (rationale Zahlen), sodann irrationale Zahlen und schließlich reelle Zahlen. Wir haben diese Zahlen jeweils zu Zahlenmengen zusammengefaßt: zur Menge der natürlichen Zahlen, der rationalen, der irrationalen und der reellen Zahlen, und haben dann mit diesen Zahlen gerechnet, indem wir geeignete Operationen (Verknüpfungen) definiert haben: Wir haben Zahlen addiert, subtrahiert, multipliziert und dividiert.
Neben Zahlenmengen haben wir auch andere Mengen kennengelernt: in der Geometrie beispielsweise die Menge der Verschiebungen, Drehungen, Spiegelungen und Ähnlichkeitsabbildungen, vielleicht gar schon in der Analysis die Menge der stetigen Funktionen, der ganz rationalen Funktionen usw. Für die Elemente dieser Mengen haben wir Verknüpfungen definiert: z. B. die Zusammensetzung von Verschiebungen, die Hintereinanderausführung von Drehungen und Spiegelungen, die Addition von Funktionen. So konnten wir mit den Elementen der einzelnen Mengen rechnen. Eine Menge M, in der eine Verknüpfung so definiert ist, daß jedem Elementepaar mit Elementen aus M genau ein Element aus M zugeordnet ist, wollen wir *Verknüpfungsgebilde* bezüglich dieser Verknüpfung nennen.
Nachdem wir nun im vorhergehenden Abschnitt Pfeilklassen kennengelernt haben, wollen wir im folgenden Operationen für Pfeilklassen einführen und damit die Menge der Pfeilklassen zu einem Verknüpfungsgebilde machen.

Wegen des umkehrbar eindeutigen Zusammenhanges zwischen den Pfeilklassen und den Verschiebungen wollen wir uns bei der Definition einer geeigneten Verknüpfung von Überlegungen an Verschiebungen leiten lassen.

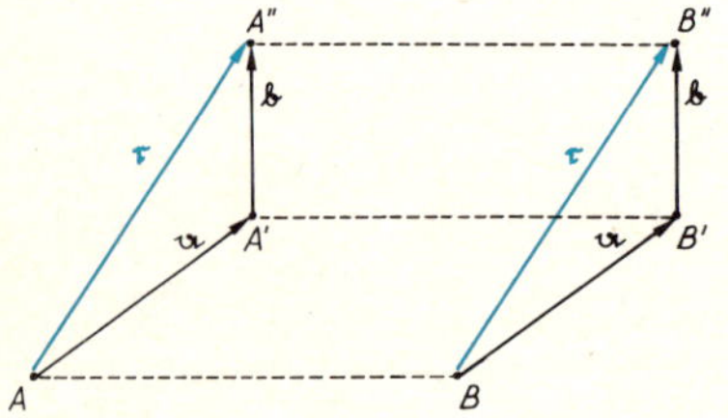

Bild 1.4.1

Eine erste Verschiebung sei gegeben durch die Pfeilklasse

$$\mathfrak{a} = \{\overrightarrow{AA'}, \overrightarrow{BB'}, \overrightarrow{CC'}, \ldots\},$$

eine zweite durch die Pfeilklasse

$$\mathfrak{b} = \{\overrightarrow{A'A''}, \overrightarrow{B'B''}, \overrightarrow{C'C''}, \ldots\}.$$

Führen wir zunächst die erste und dann die zweite Verschiebung aus, so wird A in A'', B in B'', C in C'' usw. abgebildet (Bild 1.4.1). Da AB, A'B' und A''B'' parallel und gleich lang sind, bilden A, B, B'', A'' die Eckpunkte eines Parallelogramms. Mithin gehören die Pfeile $\overrightarrow{AA''}$ und $\overrightarrow{BB''}$ zur selben Klasse. Entsprechend zeigt man, daß $\overrightarrow{CC''}$, $\overrightarrow{DD''}$, ... in dieselbe Klasse gehören.

Die beiden hintereinander ausgeführten Verschiebungen lassen sich also ersetzen durch eine einzige Verschiebung, die durch die Pfeilklasse

$$\mathfrak{c} = \{\overrightarrow{AA''}, \overrightarrow{BB''}, \overrightarrow{CC''}, \ldots\}$$

gekennzeichnet ist. Deshalb definieren wir:

Definition 1.4

Zwei Pfeilklassen $\mathfrak{a}$ und $\mathfrak{b}$ werden addiert, indem man an den Zielpunkt eines beliebigen Repräsentanten der ersten Pfeilklasse denjenigen Repräsentanten der zu addierenden Pfeilklasse hängt, der seinen Angriffspunkt im Zielpunkt des ersten Pfeils hat. Die Summe

$$\mathfrak{a} + \mathfrak{b}$$

ist diejenige Pfeilklasse, zu der der Pfeil vom Angriffspunkt des ersten Pfeils zum Zielpunkt des zweiten Pfeils gehört. Wir schreiben: $\mathfrak{a} + \mathfrak{b} = \mathfrak{c}$ oder $\overrightarrow{AA'} + \overrightarrow{A'A''} = \overrightarrow{AA''}$.

Die Verwendung des Begriffes „Addition" wird motiviert durch die uns bekannte Zusammensetzung von „Zahlenpfeilen" auf der Zahlengeraden, die ihrerseits die Addition von reellen Zahlen veranschaulicht.

Diese Definition der Summe von Pfeilklassen, die wir soeben aus geometrischen Überlegungen gewonnen haben, wird auch durch physikalische Erkenntnisse nahegelegt.

Stellt sie doch nichts anderes dar als eine „geometrische Übersetzung“ des Satzes vom Kräfteparallelogramm (s. Aufgabe 4).
Durch die Erklärung der Addition haben wir die Menge der Pfeilklassen zu einem Verknüpfungsgebilde gemacht, dessen Rechengesetze im folgenden untersucht werden sollen.

Beispiel

Gegeben sind die drei Pfeilklassen $\mathfrak{a}$, $\mathfrak{b}$, $\mathfrak{c}$. Konstruiere einen Repräsentanten der Summenpfeilklasse $\mathfrak{a}+\mathfrak{b}+\mathfrak{c}$.
Durch Aneinanderhängen konstruieren wir zunächst einen Repräsentanten von $\mathfrak{a}+\mathfrak{b}$. An diesen hängen wir den geeigneten Repräsentanten von $\mathfrak{c}$ und erhalten den gesuchten Repräsentanten von $\mathfrak{a}+\mathfrak{b}+\mathfrak{c}$ (Bild 1.5.1).

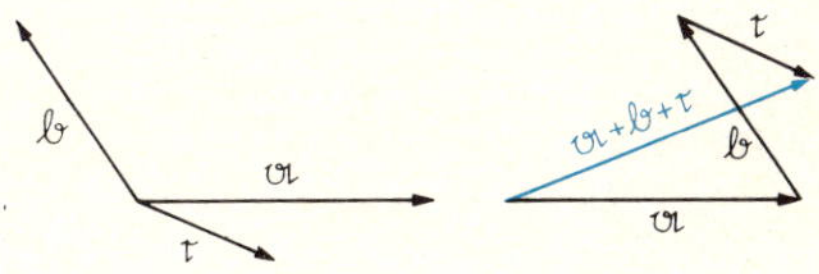

Bild 1.5.1

Aufgaben

1. Welche der folgenden Größen sind skalare Größen:
Volumen, Gewicht, spezifisches Gewicht, Leistung, Weg, elektrische Spannung, elektrischer Widerstand, Beschleunigung, Wärmemenge, magnetische Feldstärke, elektrische Feldstärke?

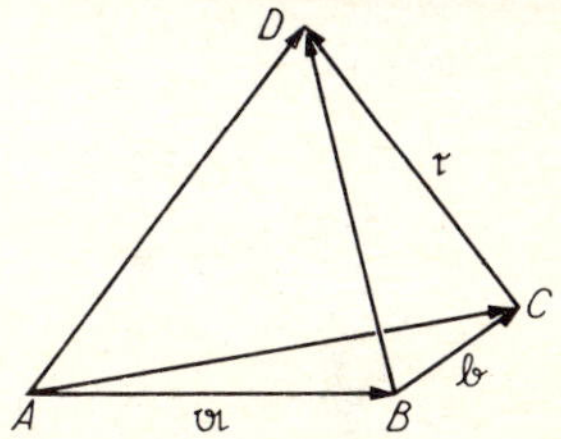

Bild 1.5.2

2. Gegeben ist das Viereck ABCD. Drücke $\overrightarrow{AC}$, $\overrightarrow{AD}$ und $\overrightarrow{BD}$ durch $\mathfrak{a}$, $\mathfrak{b}$ und $\mathfrak{c}$ aus (Bild 1.5.2).

3. Ein Flugzeug fliegt nach Kompaß nördlichen Kurs mit einer Eigengeschwindigkeit von $v_E = 150$ km/h. Welchen Kurs hat es über Grund bei
a) SO-Wind; b) SW-Wind; c) S-Wind; d) N-Wind
und einer Windgeschwindigkeit von $v_W = 30$ km/h? Gib aus der Zeichnung auch die resultierende Geschwindigkeit an.

4. Zwei Kräfte greifen an einem gemeinsamen Punkt unter einem Winkel von $\alpha = 90°$ an. Berechne und konstruiere die Summenkraft, wenn $F_1 = 3$ kp und $F_2 = 4$ kp betragen. Wie ändert sich der Betrag der resultierenden Kraft, wenn der Winkel zwischen $\mathfrak{F}_1$ und $\mathfrak{F}_2$ kleiner (größer) wird, die Beträge von $\mathfrak{F}_1$ und $\mathfrak{F}_2$ jedoch gleichbleiben?

5. Gegeben ist das Dreieck ABC mit c = 4 cm, b = 2,5 cm, a = 3 cm. Verschiebe es zunächst um 5 cm nach rechts; das neu erhaltene Dreieck A′B′C′ verschiebe nochmals um 2 cm unter einem Winkel von 45° zur Rechtsachse. Konstruiere ein Pfeilklassenbild.

1.3. Die Gruppe der Pfeilklassen

Vorübungen

1. Welche Rechengesetze kennst du für die Addition reeller Zahlen?
2. Wie unterscheidet sich auf der Zahlengeraden die Lage der Punkte, die zu den Zahlen 1 und − 1, + 0,5 und − 0,5 gehören?
3. Berechne a + (− a), a + 0. Formuliere die entstehenden Gleichungen als Sätze.

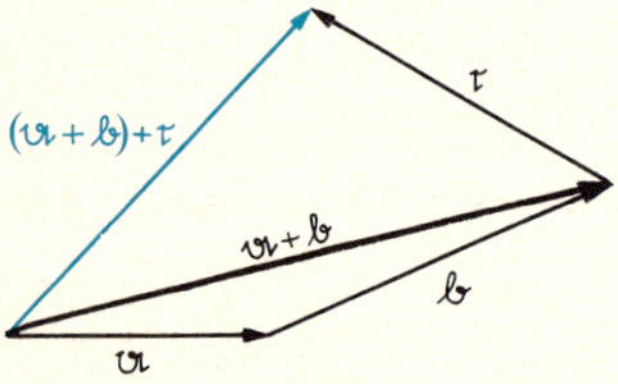

Bild 1.6.1

Es sei V die Menge aller Pfeilklassen. Dann läßt sich die Definition 1.5 in folgende Kurzfassung bringen:
① Zu allen Pfeilklassen $\mathfrak{a}$, $\mathfrak{b} \in V$ gibt es genau ein $\mathfrak{c} \in V$, so daß gilt:

$$\mathfrak{a} + \mathfrak{b} = \mathfrak{c}\,.$$

Das heißt: Die Menge V ist bezüglich der Addition ein Verknüpfungsgebilde, oder kürzer: (V; +) ist ein Verknüpfungsgebilde.
Die durch Definition 1.4 festgelegte Summe von Pfeilklassen läßt sich ohne weiteres auf drei und mehr Summanden übertragen (Bild 1.6.1).

Die Gültigkeit der folgenden Rechenregeln ergibt sich aus den Bildern 1.6.2 und 1.6.3.

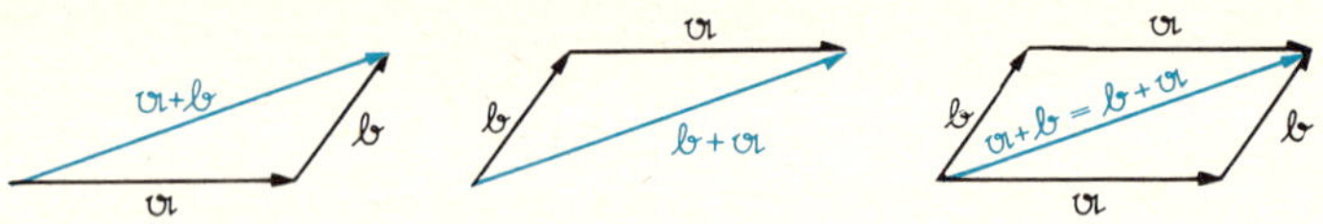

Bild 1.6.2

② Für alle Pfeilklassen $\mathfrak{a}$, $\mathfrak{b} \in V$ gilt:

$$\mathfrak{a} + \mathfrak{b} = \mathfrak{b} + \mathfrak{a}$$

(kommutatives Gesetz der Addition).

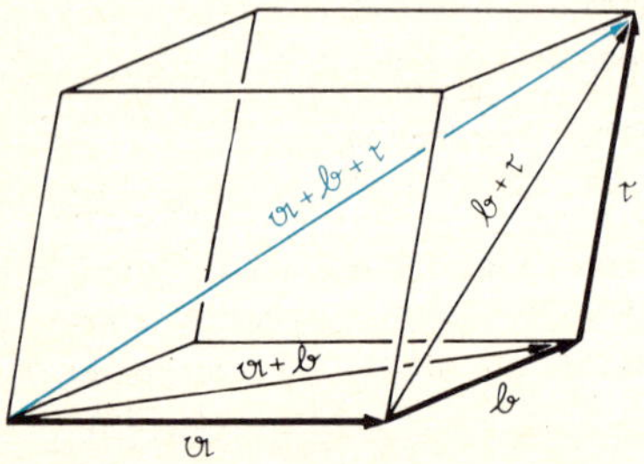

Bild 1.6.3

③ Für alle Pfeilklassen $\mathfrak{a}$, $\mathfrak{b}$, $\mathfrak{c} \in V$ gilt:

$$(\mathfrak{a} + \mathfrak{b}) + \mathfrak{c} = \mathfrak{a} + (\mathfrak{b} + \mathfrak{c})$$

(assoziatives Gesetz der Addition).

In der Menge der reellen Zahlen hat die Null eine für sie charakteristische Eigenschaft, die keiner anderen Zahl zukommt. Es gilt nämlich für jede reelle Zahl a

$$a + 0 = 0 + a = a\,.$$

Man sagt: die Null ist das ***neutrale Element*** für die Addition in der Menge der reellen Zahlen.
Deshalb wird man auch in der Menge V der Pfeilklassen nach einem solchen neutralen Element suchen und sich fragen, ob es in V eine Pfeilklasse – wir würden sie Nullpfeilklasse $\mathfrak{o}$ nennen – gibt, so daß für jedes $\mathfrak{a} \in V$ gilt

$$\mathfrak{a} + \mathfrak{o} = \mathfrak{o} + \mathfrak{a} = \mathfrak{a}\,.$$

Wegen der umkehrbar eindeutigen Zuordnung zwischen den Pfeilklassen und den Verschiebungen fragen wir nach einer Verschiebung, die, nach oder vor einer anderen ausgeführt, auf das Ergebnis keinen Einfluß hat. Das ist gerade die Verschiebung, die alle Punkte auf sich abbildet. Wir nennen sie die *identische Abbildung*. Zu dieser identischen Abbildung gehört die Pfeilklasse $\{\overrightarrow{AA}, \overrightarrow{BB}, \overrightarrow{CC}, \ldots\}$. Alle Pfeile dieser Klasse haben die Länge Null. Wenn wir sie *Nullpfeilklasse* $\mathfrak{o}$ nennen, ist stets $\mathfrak{a} + \mathfrak{o} = \mathfrak{o} + \mathfrak{a} = \mathfrak{a}$. Also gilt:

④ Es gibt in V ein neutrales Element, nämlich die Nullpfeilklasse $\mathfrak{o}$, so daß für alle Pfeilklassen $\mathfrak{a} \in V$ gilt

$$\mathfrak{a} + \mathfrak{o} = \mathfrak{o} + \mathfrak{a} = \mathfrak{a},$$

wobei $\mathfrak{o} = \overrightarrow{AA}$ ist.

In der Menge der reellen Zahlen existiert zu jeder Zahl a eindeutig die Zahl (– a). Beide stehen in der Beziehung

$$a + (-a) = (-a) + a = 0.$$

Man sagt: (– a) ist *das inverse Element* zu a bei der Addition.

Analog gibt es in V zu jeder Pfeilklasse $\mathfrak{a} = \{\overrightarrow{AA'}, \overrightarrow{BB'}, \overrightarrow{CC'}, \ldots\}$ die Klasse $\{\overrightarrow{A'A}, \overrightarrow{B'B}, \overrightarrow{C'C}, \ldots\}$. Die ihr zugeordnete Verschiebung macht die Verschiebung, die zu $\mathfrak{a}$ gehört, rückgängig. Somit ergibt sich:

$$\overrightarrow{AA'} + \overrightarrow{A'A} = \overrightarrow{AA} = \mathfrak{o}.$$

Wenn wir definieren:

Definition 1.5

Die Pfeilklasse $\overrightarrow{A'A}$ soll Gegenpfeilklasse von $\overrightarrow{AA'}$ heißen. Sie soll mit $-\mathfrak{a}$ bezeichnet werden,

erhalten wir:

⑤ Zu jeder Pfeilklasse $\mathfrak{a} \in V$ gibt es eindeutig ein inverses Element, nämlich die Gegenpfeilklasse $(-\mathfrak{a}) \in V$, so daß gilt:

$$\mathfrak{a} + (-\mathfrak{a}) = (-\mathfrak{a}) + \mathfrak{a} = \mathfrak{o}. \qquad \text{(Bild 1.7.1)}$$

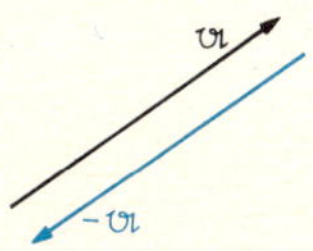

Bild 1.7.1

Schon früher haben wir Verknüpfungsgebilde kennengelernt, die den Gesetzen ① bis ⑤ genügen: Zum Beispiel die Menge der ganzen Zahlen mit der Addition als Verknüpfung und die Menge aller Drehungen um einen gemeinsamen Punkt, wobei die Operation das Hintereinanderausführen zweier Drehungen ist.

Solche Verknüpfungsgebilde nennen wir *kommutative Gruppen* (Abelsche Gruppen). Gelten alle Gesetze außer ②, sprechen wir von einer *nichtkommutativen Gruppe.*

Weil diese Verknüpfungsgebilde in ihren wichtigsten Eigenschaften übereinstimmen, sagen wir: „Sie haben dieselbe Struktur", nämlich die einer kommutativen Gruppe. Wir erhalten also den

Satz 1.2

Die Menge der Pfeilklassen ist eine kommutative Gruppe bezüglich der Addition.

Formuliert man die Rechengesetze ① – ⑤ statt für Pfeilklassen für die Elemente einer beliebigen Menge und ersetzt zugleich die Addition durch eine beliebige Verknüpfung, so nennt man ① – ⑤ *Gruppenaxiome* (für eine kommutative Gruppe) und bezeichnet sie mit G 1 bis G 5. Jede Menge, deren Elemente hinsichtlich einer in ihr definierten Verknüpfung die Axiome G 1 bis G 5 erfüllen, heißt *Modell einer kommutativen Gruppe.*
So sind z. B. folgende Mengen hinsichtlich der angegebenen Verknüpfungen Gruppenmodelle: 1) die Menge der positiven reellen Zahlen hinsichtlich der Multiplikation, 2) die Menge der Drehungen um einen festen Punkt bezüglich der Hintereinanderausführung, 3) die Menge der Pfeilklassen bezüglich der für sie erklärten Addition.
Aus den Gruppenaxiomen läßt sich nun mit Hilfe logischer Schlüsse eine Vielzahl weiterer Gesetze ableiten, die für alle Gruppenmodelle gelten.

Beispiel

Leite mit Hilfe der Gruppenaxiome ab:
Für alle Pfeilklassen $\mathfrak{a}, \mathfrak{b} \in V$ gilt: $-(\mathfrak{a} + \mathfrak{b}) = (-\mathfrak{a}) + (-\mathfrak{b})$.
Beweis: Wegen ⑤ ist:

$$(\mathfrak{a} + \mathfrak{b}) + [-(\mathfrak{a} + \mathfrak{b})] = \mathfrak{o}\,.$$

Schrittweise folgt weiter:

$$(-\mathfrak{a}) + \{(\mathfrak{a} + \mathfrak{b}) + [-(\mathfrak{a} + \mathfrak{b})]\} = (-\mathfrak{a}) + \mathfrak{o} \quad \text{wegen ①}$$
$$\{[(-\mathfrak{a}) + \mathfrak{a}] + \mathfrak{b}\} + [-(\mathfrak{a} + \mathfrak{b})] = (-\mathfrak{a}) \quad \text{wegen ③ und ④}$$
$$(\mathfrak{o} + \mathfrak{b}) + [-(\mathfrak{a} + \mathfrak{b})] = (-\mathfrak{a}) \quad \text{wegen ⑤}$$
$$\mathfrak{b} + [-(\mathfrak{a} + \mathfrak{b})] = (-\mathfrak{a}) \quad \text{wegen ④}$$
$$(-\mathfrak{b}) + \{\mathfrak{b} + [-(\mathfrak{a} + \mathfrak{b})]\} = (-\mathfrak{b}) + (-\mathfrak{a}) \quad \text{wegen ①}$$
$$[(-\mathfrak{b}) + \mathfrak{b}] + [-(\mathfrak{a} + \mathfrak{b})] = (-\mathfrak{b}) + (-\mathfrak{a}) \quad \text{wegen ③}$$
$$\mathfrak{o} + [-(\mathfrak{a} + \mathfrak{b})] = (-\mathfrak{a}) + (-\mathfrak{b}) \quad \text{wegen ⑤ und ②}$$
$$-(\mathfrak{a} + \mathfrak{b}) = (-\mathfrak{a}) + (-\mathfrak{b}) \quad \text{wegen ④}\,.$$

Aufgaben

1. Leite aus ①–⑤ ab: Für alle $\mathfrak{a}, \mathfrak{b}, \mathfrak{c}, \mathfrak{d} \in V$ gilt:
   a) $-\mathfrak{o} = \mathfrak{o}$, b) $-(-\mathfrak{a}) = \mathfrak{a}$, c) $(\mathfrak{a} + \mathfrak{b}) + (\mathfrak{c} + \mathfrak{d}) = \mathfrak{a} + [\mathfrak{b} + (\mathfrak{c} + \mathfrak{d})]$,
   d) $-[\mathfrak{a} + (-\mathfrak{b})] = (-\mathfrak{a}) + \mathfrak{b}$, e) $\mathfrak{a} + \mathfrak{c} = \mathfrak{b} + \mathfrak{c} \Leftrightarrow \mathfrak{a} = \mathfrak{b}$.
2. Zeige, daß die reellen Zahlen bezüglich der Subtraktion keine Gruppe bilden.
3. Zeige, daß alle Pfeilklassen, deren Pfeile parallel sind, eine Gruppe bezüglich der Addition bilden.
4. Bilden die geraden Zahlen einschließlich der Null ein Gruppenmodell bezüglich der Addition (Multiplikation)?

1.4. Die Subtraktion von Pfeilklassen

Vorübungen

1. Was versteht man unter einem Vorzeichen und was unter einem Verknüpfungszeichen?
2. Verwandle die Differenz a – b in eine Summe und formuliere die entstehende Gleichung als Satz.
3. Welcher Zusammenhang besteht zwischen den Verknüpfungen Addition und Subtraktion in der Menge der reellen Zahlen?

Wir wissen aus der Algebra, daß wir in der Menge R der reellen Zahlen die Subtraktion als Umkehrung der Addition, die Division als Umkehrung der Multiplikation auffassen können. Diesen Zusammenhang wollen wir uns im folgenden nochmals genau klarmachen, um anschließend ähnliche Überlegungen in der Menge V der Pfeilklassen durchführen zu können. Da V und R additive Gruppen sind, ist eine gewisse „Verwandtschaft“ bezüglich der Subtraktion zu vermuten.
Es seien $a, b \in R$. Bestimmt werden soll der Lösungsterm der Gleichung

(1) $\qquad x + b = a \qquad$ in der Menge R .

Wie man durch Addition von $(-b)$ auf beiden Seiten und Anwendung von G 3, G 4, G 5 erkennt, ist der Lösungsterm $a + (-b)$.
Wenn wir definieren:

$$a - b = a + (-b) \text{ für alle } a, b \in R,$$

haben wir dadurch eine neue Operation, die Subtraktion, definiert, indem wir die Differenz $a - b$ als Summe aus a und dem zu b inversen Element $(-b)$ festgesetzt haben. Durch Einsetzen von $a + (-b)$ für x in (1) zeigen wir, daß die Gleichung (1) in R allgemein gültig ist:

$$[a + (-b)] + b = a + [(-b) + b] = a + 0 = a .$$

Dieser Gleichungskette entnehmen wir

$$a - b + b = a ,$$

was uns dazu veranlaßt, die soeben definierte Subtraktion die Umkehrung der Addition zu nennen. „Addition und Subtraktion derselben Zahl b heben sich gegenseitig auf“.
Analog zu diesen Überlegungen definieren wir jetzt in der Menge V der Pfeilklassen die Subtraktion zweier Pfeilklassen als Umkehrung ihrer Addition:
Gegeben seien aus V zwei beliebige Pfeilklassen $\mathfrak{a}$ und $\mathfrak{b}$. Die Frage nach dem Lösungsterm der Gleichung

(2) $\qquad \mathfrak{x} + \mathfrak{b} = \mathfrak{a} \qquad$ in der Menge V

ist gleichbedeutend mit der Frage, zu welchem Lösungsvektor $\mathfrak{x}$ man $\mathfrak{b}$ addieren muß, um $\mathfrak{a}$ zu erhalten. Wegen der gemeinsamen Gruppenstruktur von R und V muß sich der Lösungsterm von (2) analog zum Lösungsterm von (1) ergeben als $\mathfrak{a} + (-\mathfrak{b})$. Bild 1.9.1 bestätigt dieses algebraische Ergebnis.

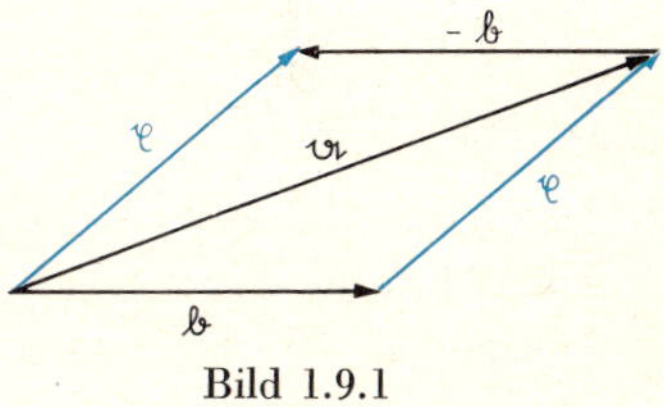

Bild 1.9.1

Wir definieren nun die Subtraktion von Pfeilklassen als Umkehrung ihrer Addition:

Definition 1.6

Die Differenzpfeilklasse $\mathfrak{a} - \mathfrak{b}$ erhält man, indem man zu $\mathfrak{a}$ die Gegenpfeilklasse von $\mathfrak{b}$ addiert:

$$\mathfrak{a} - \mathfrak{b} = \mathfrak{a} + (-\mathfrak{b}) .$$

Da die Menge der reellen Zahlen und die Menge der Pfeilklassen hinsichtlich der Addition Modelle für kommutative Gruppen sind und die Subtraktion in beiden Modellen als Umkehrung der Addition definiert ist, gelten in beiden Mengen formal die gleichen Rechengesetze auch hinsichtlich der Subtraktion (s. Aufgabe 6). Die von uns durchgeführten gruppentheoretischen Überlegungen machen deutlich, daß diese Übereinstimmung kein Zufall ist. So gilt z. B. für alle $\mathfrak{a}, \mathfrak{b} \in V$

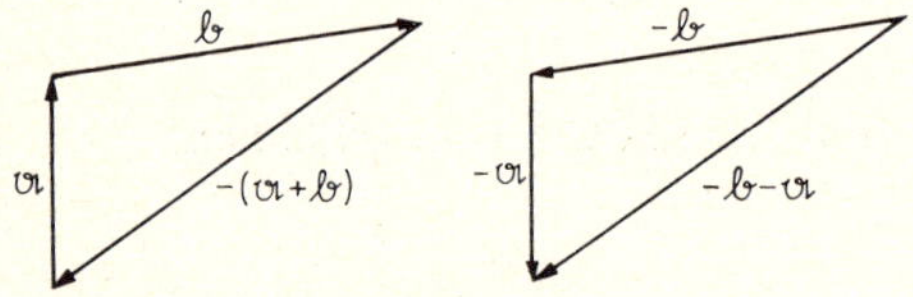

Bild 1.10.1

$$-(\mathfrak{a} + \mathfrak{b}) = -\mathfrak{a} - \mathfrak{b} \quad \text{(Bild 1.10.1)},$$

was sich auch algebraisch aus den Gruppenaxiomen herleiten läßt (s. Aufgabe 6a).

Beispiel

Gegeben sei ein Viereck ABCD durch $\mathfrak{a}, \mathfrak{b}, \mathfrak{c}$ (Bild 1.10.2).
Drücke $\overrightarrow{CA}$, $\overrightarrow{BD}$ und $\overrightarrow{DA}$ durch $\mathfrak{a}, \mathfrak{b}, \mathfrak{c}$ aus.

Lösung:
$\overrightarrow{CA}$: An $\mathfrak{b}$ hängt man $-\mathfrak{a}$, um $\overrightarrow{CA}$ zu erhalten, also ist $\overrightarrow{CA} = \mathfrak{b} - \mathfrak{a}$.
$\overrightarrow{BD}$: An $-\mathfrak{b}$ hängen wir $\mathfrak{c}$ und erhalten $\overrightarrow{BD}$, also ist $\overrightarrow{BD} = -\mathfrak{b} + \mathfrak{c} = \mathfrak{c} - \mathfrak{b}$.
$\overrightarrow{DA}$: Wir hängen $\mathfrak{b}$ an $-\mathfrak{c}$, daran $-\mathfrak{a}$ und erhalten $\overrightarrow{DA}$, also ist $\overrightarrow{DA} = -\mathfrak{c} + \mathfrak{b} - \mathfrak{a}$.

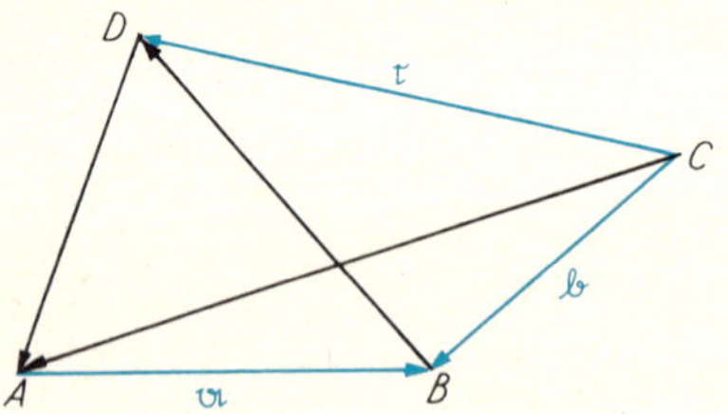

Bild 1.10.2

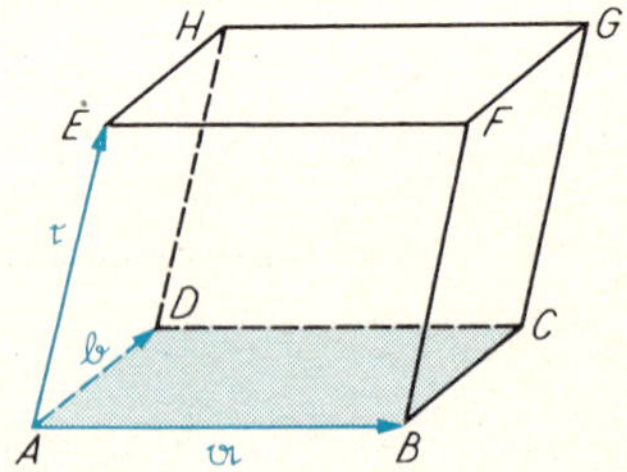

Bild 1.10.3

Aufgaben

1. Gegeben seien beliebige $\mathfrak{a}, \mathfrak{b}, \mathfrak{c} \in V$. Zeichne $-\mathfrak{a} + \mathfrak{b} + \mathfrak{c}$ und $-\mathfrak{a} + \mathfrak{b} - \mathfrak{c}$.
2. Durch wieviele Pfeile ist ein Parallelogramm ABCD festgelegt? Drücke mit Hilfe der zugehörigen Pfeilklassen $\overrightarrow{AC}$ und $\overrightarrow{BD}$ aus.
3. Gegeben sei ein Parallelflach (Spat)[1] (Bild 1.10.3) durch $\mathfrak{a}, \mathfrak{b}, \mathfrak{c}$. Drücke $\overrightarrow{AC}$, $\overrightarrow{BE}$, $\overrightarrow{BG}$, $\overrightarrow{AG}$, $\overrightarrow{HB}$ durch $\mathfrak{a}$, $\mathfrak{b}$ und $\mathfrak{c}$ aus.
4. Was folgt geometrisch aus der Gleichung $\mathfrak{a} + \mathfrak{b} + \mathfrak{c} = \mathfrak{o}$? Müssen die Repräsentanten aller Pfeilklassen, für die gilt: a) $\mathfrak{a} + \mathfrak{b} + \mathfrak{c} = \mathfrak{o}$, b) $\mathfrak{a} + \mathfrak{b} + \mathfrak{c} + \mathfrak{d} = \mathfrak{o}$ parallel zu einer gemeinsamen Ebene liegen?
5. Gegeben sei eine quadratische Pyramide durch $\mathfrak{a}, \mathfrak{b}, \mathfrak{c}$. Drücke durch $\mathfrak{a}, \mathfrak{b}, \mathfrak{c}$ aus: $\overrightarrow{BS}$, $\overrightarrow{DS}$, $\overrightarrow{CS}$, $\overrightarrow{DB}$, $\overrightarrow{CA}$ (Bild 1.10.4).

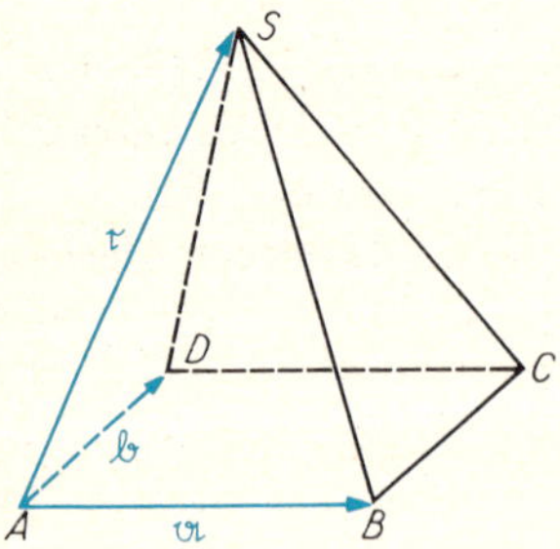

Bild 1.10.4

[1] Ein Spat ist ein von 6 Parallelogrammen begrenzter Körper.

6. Leite aus den Gruppenaxiomen ab:
a) $-(\mathfrak{a}+\mathfrak{b}) = -\mathfrak{a}-\mathfrak{b}$, b) $-(\mathfrak{a}-\mathfrak{b}) = -\mathfrak{a}+\mathfrak{b}$,
c) $\mathfrak{a}-(\mathfrak{b}-\mathfrak{c}) = (\mathfrak{a}-\mathfrak{b})+\mathfrak{c}$, d) $\mathfrak{a}+(\mathfrak{b}-\mathfrak{c}) = (\mathfrak{a}+\mathfrak{b})-\mathfrak{c}$,
e) $-(\mathfrak{a}-\mathfrak{b}+\mathfrak{c}) = -\mathfrak{a}+\mathfrak{b}-\mathfrak{c}$.

7. Zeige, daß V hinsichtlich der Subtraktion kein Gruppenmodell ist.

1.5. Die Multiplikation einer Pfeilklasse mit einer Zahl (S-Multiplikation) Vektor und linearer Vektorraum

Vorübungen

1. Was versteht man unter $5a$, $\frac{4}{5}a$, $0a$?
2. Zeichne einen 3 cm langen Pfeil und dazu einen 1 cm langen Pfeil mit der gleichen Richtung. Was läßt sich über die zugehörigen Pfeilklassen aussagen?

Der Term $3a$ bedeutet bekanntlich $a + a + a$. Unter $\frac{2}{3}a$ versteht man entsprechend $\frac{2}{3}$ von a.

Es ist durchaus sinnvoll, diese Schreibweise mit ihrer Bedeutung auch für Pfeilklassen zu übernehmen. Wenn wir nämlich einen Summenpfeil $\mathfrak{a}+\mathfrak{a}+\mathfrak{a}$ zeichnen, erhalten wir einen Pfeil, der dieselbe Richtung wie ein Pfeil von $\mathfrak{a}$ hat, jedoch dreimal so lang ist. Wir wollen die zugehörige Pfeilklasse $3\cdot\mathfrak{a}$ nennen und genau wie in der Algebra den Punkt als Verknüpfungszeichen fortlassen. Unter $\frac{2}{3}\mathfrak{a}$ verstehen wir eine Pfeilklasse, deren Pfeile die Richtung und $\frac{2}{3}$ der Länge der Pfeile von $\mathfrak{a}$ haben. $-1\frac{1}{3}\mathfrak{a}$ ist entsprechend die Gegenpfeilklasse von $1\frac{1}{3}\mathfrak{a}$.

Allgemein soll festgesetzt werden:

Definition 1.7

Es sei n eine positive reelle Zahl und $\mathfrak{a}$ eine Pfeilklasse. Wir wollen unter $n\cdot\mathfrak{a} = n\mathfrak{a} = \mathfrak{a}n$ die Pfeilklasse verstehen, deren Pfeile gleichsinnig parallel sind zu denen von $\mathfrak{a}$ und die n-mal so lang sind wie die von $\mathfrak{a}$. Ferner sei

$$0\,\mathfrak{a} = \mathfrak{o}$$

und $$(-n)\,\mathfrak{a} = -(n\,\mathfrak{a}).$$

Zur Abkürzung nennen wir die Multiplikation einer Pfeilklasse mit einer Zahl (Skalar!) auch *S-Multiplikation.* Auch die Physik legt diese Definition nahe. Denn unter $3\mathfrak{F}$ versteht man eine dreimal so große Kraft wie $\mathfrak{F}$, die die Richtung von $\mathfrak{F}$ hat.

Für die S-Multiplikation gelten formal die Rechenregeln der gewöhnlichen Algebra:

1. $m\,(n\,\mathfrak{a}) = (m\,n)\,\mathfrak{a} = n\,(m\,\mathfrak{a})$ gemischt assoziatives Gesetz
2. $(m+n)\,\mathfrak{a} = m\,\mathfrak{a} + n\,\mathfrak{a}$ 1. distributives Gesetz
3. $m\,(\mathfrak{a}+\mathfrak{b}) = m\,\mathfrak{a} + m\,\mathfrak{b}$ 2. distributives Gesetz
4. Wir definieren: $1\,\mathfrak{a} = \mathfrak{a}$

Die zugehörigen Beweise wollen wir in Aufgabe 4 durchführen.

Bisher haben wir die Menge der Pfeilklassen untersucht und zunächst als Verknüpfungen in dieser Menge die Addition und Subtraktion eingeführt. Dabei erwies sich die Menge der Pfeilklassen hinsichtlich der Addition als *ein* Modell einer abelschen Gruppe (additive abelsche Gruppe). Anschließend haben wir reelle Zahlen mit Pfeilklassen in dem Sinne verknüpft, daß wir jedem Paar $(n; \mathfrak{a})$ eindeutig die Pfeilklasse $\mathfrak{b}$ mit $\mathfrak{b} = n\,\mathfrak{a}$ zugeordnet haben. Für diese weitere Verknüpfung, die wir S-Multiplikation nannten, haben wir soeben einige Rechenregeln nachgewiesen. Damit ist die Menge der Pfeilklassen nicht nur als abelsche Gruppe strukturiert, sie bekommt darüberhinaus durch die S-Multiplikation eine zusätzliche Struktur aufgeprägt. Da es weitere Modelle für derartig strukturierte Mengen gibt (s. Aufg. 13 bis 15), sind sie in der Mathematik von besonderer Bedeutung und bekommen deshalb einen eigenen Namen:

Definition 1.8

Unter einem *linearen Vektorraum* verstehen wir eine Menge von Elementen, genannt *Vektoren*, die eine *additive abelsche Gruppe* bildet und für die eine Multiplikation mit reellen Zahlen so erklärt ist, daß die folgenden Axiome gelten:

S 1 Zu jeder reellen Zahl n und zu jedem Vektor $\mathfrak{a}$ der Menge gibt es eindeutig einen Vektor $\mathfrak{b} = n\,\mathfrak{a}$, der zur Menge gehört.

Außerdem soll für alle Zahlen m und n und für alle Vektoren $\mathfrak{a}$ und $\mathfrak{b}$ gelten:

S 2 $m(n\,\mathfrak{a}) = (m\,n)\,\mathfrak{a} = n(m\,\mathfrak{a})$.

S 3 $(m + n)\,\mathfrak{a} = m\,\mathfrak{a} + n\,\mathfrak{a}$.

S 4 $m(\mathfrak{a} + \mathfrak{b}) = m\,\mathfrak{a} + m\,\mathfrak{b}$.

S 5 $1\mathfrak{a} = \mathfrak{a}$.

Somit ist nicht nur der Begriff „linearer Vektorraum“, sondern auch der Begriff „Vektor“ definiert: ein Vektor ist nichts anderes als ein Element einer besonders strukturierten Menge, die linearer Vektorraum heißt. Insbesondere sind Pfeilklassen Vektoren; es gibt aber auch Vektoren, die keine Pfeilklassen sind (s. Aufg. 13 bis 15). In der Analytischen Geometrie erweist sich das Rechnen mit Pfeilklassen als besonders zweckmäßig. Um mit der üblichen Fachsprache in Einklang zu bleiben, wollen wir in Zukunft, wenn wir Pfeilklassen meinen, von Vektoren sprechen. In unserer Analytischen Geometrie spielen andere Vektoren so gut wie gar keine Rolle. Wir werden darüberhinaus nicht mehr so streng wie bisher zwischen Repräsentanten von Pfeilklassen und Vektoren (als Pfeilklassen) unterscheiden. Vielmehr werden wir im Einklang mit der üblichen Bezeichnungsweise gelegentlich auch Pfeile als Vektoren bezeichnen, wenn keine Verwechselungen möglich sind. Dadurch wird auch unsere Sprechweise vereinfacht (s. auch den Text zu Bild 1.3.1).

Es sei an dieser Stelle mit besonderem Nachdruck vermerkt, daß wir in Def. 1.7 nur das Produkt zwischen einer *Zahl* und einem *Vektor* definiert haben. Das Produkt zwischen *zwei Vektoren* ist in unserer Definition nicht enthalten. Vorläufig können wir deshalb zwei Vektoren nicht miteinander multiplizieren.

Allerdings können wir einen Vektor durch eine *Zahl* dividieren, z. B. $\frac{\mathfrak{a}}{2} = \frac{1}{2}\,\mathfrak{a}$ bilden.

Handelt es sich doch bei dieser Aufgabe in Wirklichkeit um eine Multiplikation mit dem Faktor $\frac{1}{2}$. Einen *Quotienten* aus *zwei Vektoren* können wir wiederum nicht berechnen, da nicht definiert wurde, was darunter zu verstehen ist.

Unter dem *Betrag* eines Vektors $\mathfrak{a}$ (Fraktur!) verstehen wir die Länge eines seiner Pfeile. Wir schreiben dafür $|\mathfrak{a}|$ oder auch a. Es gilt also:

$$|\mathfrak{a}| = a, \text{ entsprechend } |\mathfrak{b}| = b, \ |\mathfrak{c}| = c \ldots$$

Vektoren mit dem Betrag 1 wollen wir *Einheitsvektoren* nennen und sie symbolisch durch den angehängten „Exponenten" 0 kenntlich machen.
Es soll also gelten für jedes $\mathfrak{a} \neq \mathfrak{o}$:

$$|\mathfrak{a}^0| = 1$$

Wir lesen: $\mathfrak{a}$ *oben* Null, nicht $\mathfrak{a}$ hoch Null, weil es sich nicht um eine echte Potenz im algebraischen Sinne handelt, die gar nicht definiert ist. Diese Schreibweise soll nur zum Ausdruck bringen, daß $\mathfrak{a}^0$ den Betrag 1 hat in Analogie zur algebraischen Definition $x^0 = 1$ für jedes $x \neq 0$.

Jeder beliebige Vektor $\mathfrak{b}$ mit dem Betrag b läßt sich nunmehr darstellen als Vielfaches seines zugehörigen Einheitsvektors $\mathfrak{b}^0$, d. h. eines Vektors, der die Richtung eines Pfeiles von $\mathfrak{b}$ und den Betrag 1 hat. Wir können deshalb schreiben:

$$\mathfrak{b} = b\,\mathfrak{b}^0 \text{ oder } \mathfrak{b}^0 = \frac{1}{b}\,\mathfrak{b}.$$

Der Begriff des Einheitsvektors führt uns zur Darstellung eines Vektors in Richtung der Winkelhalbierenden des Winkels α zwischen den Vektoren $\mathfrak{a}$ und $\mathfrak{b}$ (Bild 1.12.1).

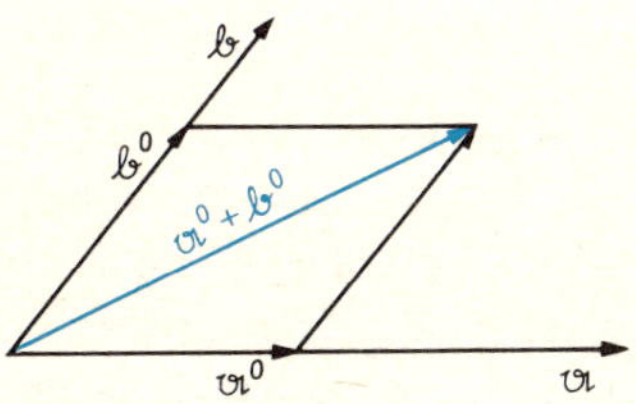

Bild 1.12.1

Wir tragen zwei Vektoren $\mathfrak{a}$ und $\mathfrak{b}$ von einem gemeinsamen Punkt aus ab. Diesen Punkt wählen wir auch als Angriffspunkt der Einheitsvektoren $\mathfrak{a}^0$ und $\mathfrak{b}^0$. Dann stellt der Vektor $\mathfrak{a}^0 + \mathfrak{b}^0$ die eine Diagonale des durch $\mathfrak{a}^0$ und $\mathfrak{b}^0$ aufgespannten Rhombus dar. Im Rhombus ist jede Diagonale auch Winkelhalbierende der zugehörigen Winkel. Damit ist gezeigt, daß der Vektor $\mathfrak{a}^0 + \mathfrak{b}^0$ ein Vektor ist, der in Richtung der Winkelhalbierenden des Winkels zwischen $\mathfrak{a}$ und $\mathfrak{b}$ weist.

Da für Vektoren die Addition, Subtraktion und S-Multiplikation und die Gleichheit definiert sind und für diese Operationen die gleichen Rechenregeln gelten wie in der Zahlenalgebra, können wir auch Vektorgleichungen aufstellen und diese formal wie in der Zahlenalgebra behandeln.

Beispiele

1. Gegeben sei das Parallelogramm ABCD durch die Vektoren $\mathfrak{a}$ und $\mathfrak{b}$. E sei Mittelpunkt von AB. Drücke $\overrightarrow{DE}$ durch $\mathfrak{a}$ und $\mathfrak{b}$ aus (Bild 1.13.1).

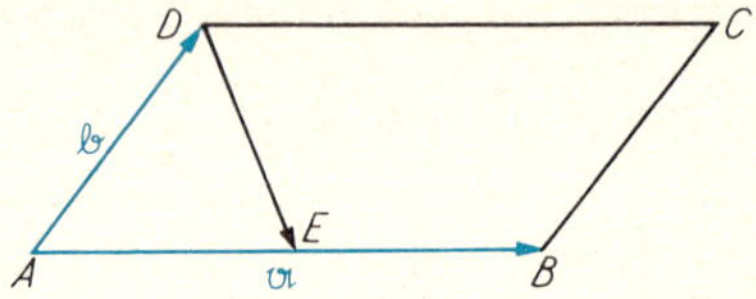

Bild 1.13.1

Lösung: Die Berechnung erfolgt am einfachsten, wenn wir uns die Vektoren als Wegstrecken vorstellen, die wir in der eingezeichneten Richtung zu durchlaufen haben. Wenn wir also von D nach E wollen ($\overrightarrow{DE}$ ist gesucht), so laufen wir zunächst den Vektor $-\mathfrak{b}$ entlang und gehen dann weiter entlang $\frac{1}{2}\mathfrak{a}$. So gelangen wir zum Punkt E. Also:

$$\overrightarrow{DE} = -\mathfrak{b} + \frac{1}{2}\mathfrak{a} = \frac{\mathfrak{a}}{2} - \mathfrak{b}$$

2. Löse folgende Vektorgleichung nach $\mathfrak{a}$ auf:

$$4\mathfrak{a} - \frac{\mathfrak{b}}{2} - (3\mathfrak{a} + 2\mathfrak{b}) = -2(\mathfrak{a} - 3\mathfrak{b}) - 1\frac{1}{2}\mathfrak{b} + \mathfrak{c}$$

Lösung:

Nach den Regeln der S-Multiplikation lösen wir die Klammern auf:

$$4\mathfrak{a} - \frac{\mathfrak{b}}{2} - 3\mathfrak{a} - 2\mathfrak{b} = -2\mathfrak{a} + 6\mathfrak{b} - 1\frac{1}{2}\mathfrak{b} + \mathfrak{c}$$

Wir fassen die Vektoren zusammen:

$$4\mathfrak{a} - 3\mathfrak{a} + 2\mathfrak{a} = 6\mathfrak{b} - 1\frac{1}{2}\mathfrak{b} + \frac{\mathfrak{b}}{2} + 2\mathfrak{b} + \mathfrak{c}$$

$$3\mathfrak{a} = 7\mathfrak{b} + \mathfrak{c}$$

$$\mathfrak{a} = 2\frac{1}{3}\mathfrak{b} + \frac{1}{3}\mathfrak{c}$$

Aufgaben

1. Gegeben sei ein Parallelogramm ABCD durch $\mathfrak{a} = \overrightarrow{AB}$ und $\mathfrak{b} = \overrightarrow{AD}$. E sei der Punkt, der AB von A aus im Verhältnis 2 : 3 teilt. Drücke $\overrightarrow{CE}$ durch $\mathfrak{a}$ und $\mathfrak{b}$ aus.

2. Gegeben sei eine quadratische Pyramide durch $\mathfrak{a}$, $\mathfrak{b}$, $\mathfrak{c}$ (vergl. Aufg. 5 in 1.4). Drücke $\overrightarrow{AM}$ und $\overrightarrow{SM}$ durch die gegebenen Vektoren aus, wenn M der Diagonalenschnittpunkt im Quadrat ABCD ist.

3. Gegeben sei ein Dreieck ABC durch die beiden Vektoren $\overrightarrow{AB} = \mathfrak{c}$, $\overrightarrow{BC} = \mathfrak{a}$. Berechne $\overrightarrow{AC}$ und die drei Seitenhalbierenden als Vektoren, wenn die Zielpunkte dieser Vektoren auf den zugehörigen Seitenmitten liegen sollen.

4. Weise geometrisch die Rechengesetze 1. bis 3. (Seite 1.11) für die Multiplikation von Zahlen mit Vektoren nach.

5. Zeichne zu den Vektoren $\mathfrak{a}$ und $\mathfrak{b}$ mit a = 3, b = 2 und $\sphericalangle(\mathfrak{a};\mathfrak{b}) = 50°$ die Vektoren:

a) $2\,\mathfrak{a} - \frac{\mathfrak{b}}{2}$ b) $\frac{2}{3}\,\mathfrak{a} - \frac{\mathfrak{b}}{2}$ c) $\mathfrak{a}^0 + \mathfrak{b}^0$ d) $\mathfrak{a}^0 - \mathfrak{b}^0$

6. Gegeben sei das Parallelogramm ABCD durch $\mathfrak{a} = \overrightarrow{AB}$ und $\mathfrak{b} = \overrightarrow{AD}$.
Wie läßt sich ein Vektor in Richtung der Winkelhalbierenden w_α darstellen?

7. Gegeben seien zwei Einheitsvektoren $\mathfrak{a}^0$ und $\mathfrak{b}^0$ mit verschiedener Richtung. Wie liegt $\mathfrak{a}^0 - \mathfrak{b}^0$ zu $\mathfrak{a}^0$ und $\mathfrak{b}^0$, wenn alle Vektoren von einem gemeinsamen Punkt aus abgetragen werden? Wie liegt $\mathfrak{a}^0 - \mathfrak{b}^0$ zu $\mathfrak{a}^0 + \mathfrak{b}^0$?

8. Zeige geometrisch: Im allgemeinen gilt $\mathfrak{a}^0 + \mathfrak{b}^0 \neq (\mathfrak{a} + \mathfrak{b})^0$. Gibt es einen Ausnahmefall?

9. Gegeben ist ein Parallelogramm ABCD (vergl. Aufg. 6).
Wie läßt sich ein Vektor in Richtung von w_β darstellen?

10. Wie lautet die Vektorgleichung dafür, daß drei Vektoren ein Dreieck bilden?

11. Berechne $\mathfrak{a}$ aus folgenden Vektorgleichungen:

a) $-(2\,\mathfrak{a} + 3\,\mathfrak{b} - 4\,\mathfrak{c}) + \frac{\mathfrak{c} - 3\,\mathfrak{b}}{2} = \left(1\frac{1}{2}\,\mathfrak{a} - 2\,\mathfrak{c}\right) - 2\,\mathfrak{a}$

b) $\frac{\mathfrak{a} + 2\,\mathfrak{b} - 3\,\mathfrak{c}}{2} + 2\,\mathfrak{b} = \frac{2\,\mathfrak{a} - \mathfrak{b} + \mathfrak{c}}{3}$

12. Was ist falsch an folgenden Vektorgleichungen?

a) $2\,\mathfrak{a} + \mathfrak{b} - 3 = \mathfrak{c}$ b) $n\,\mathfrak{c} = \mathfrak{a} + \mathfrak{b} \Rightarrow n = \frac{\mathfrak{a} + \mathfrak{b}}{\mathfrak{c}}$

c) $2\,\mathfrak{a} + 4\,\mathfrak{b} = 1$ d) $2\,\mathfrak{a} + \mathfrak{b} = \mathfrak{c} \Rightarrow \frac{2\,\mathfrak{a}}{\mathfrak{c}} + \frac{\mathfrak{b}}{\mathfrak{c}} = 1$

e) $\mathfrak{a}^0 + \mathfrak{b}^0 + \mathfrak{c}^0 = 3$

13. Zeige, daß im Sinne der Definition 1.8 die Menge aller für $a \leqq x \leqq b$
a) definierten, b) stetigen Funktionen ein Modell für einen linearen Vektorraum ist. Dabei sei $f(x) = g(x)$, wenn für alle x aus dem Intervall [a, b] die Funktionswerte übereinstimmen.
$f(x) + g(x)$ und $n \cdot f(x)$ seien im üblichen Sinne definiert.

14. Zeige, daß die Menge der reellen Zahlen ein Modell für einen linearen Vektorraum ist, wenn man als S-Multiplikation die übliche Multiplikation wählt.

15. a) Es sei M die Menge der n-gliedrigen Folgen reeller Zahlen. Zeige, daß M ein linearer Vektorraum ist, wenn man definiert:

1. $(a_1, a_2, \ldots, a_n) = (b_1, b_2 \ldots, b_n)$ genau dann, wenn $a_1 = b_1$ und $a_2 = b_2$ und ... und $a_n = b_n$.
2. $(a_1, a_2, \ldots, a_n) + (b_1, b_2, \ldots, b_n) = (a_1 + b_1, a_2 + b_2, \ldots, a_n + b_n)$
3. $\lambda \cdot (a_1, a_2, \ldots, a_n) = (\lambda a_1, \lambda a_2, \ldots, \lambda a_n)$

b) Es sei M die Menge aller unendlichen Folgen reeller Zahlen. Zeige, daß M ein linearer Vektorraum ist, wenn man die Gleichheit und Verknüpfungen analog zu Aufg. 15a definiert.

*2. Determinanten

*2.1. Lineare Gleichungen mit zwei Variablen Einführung der Determinantenschreibweise

Eine ganze Reihe von Aufgaben zur Vektorrechnung führt auf lineare Gleichungssysteme. Neben den bisher bekannten Lösungsverfahren für solche Systeme wollen wir ein neues kennenlernen, das den vektoriellen Problemen besonders gut angepaßt ist.

Vorübung

Löse möglichst auf mehrere Arten die Gleichungssysteme:

a) $\begin{aligned} 2x + 4y &= -2 \\ x - 2y &= -3 \end{aligned}$ b) $\begin{aligned} 2x + 4y &= -2 \\ x + 2y &= -1 \end{aligned}$ c) $\begin{aligned} 2x + 4y &= -2 \\ x + 2y &= 0 \end{aligned}$

Wenn man häufig Gleichungssysteme von zwei Gleichungen mit zwei Variablen zu lösen hat, wird man versuchen, eine Formel zu entwickeln wie etwa bei der Lösung quadratischer Gleichungen. Diese Formel soll die Lösungen unmittelbar angeben, uns also die Umformungen ersparen, die wir sonst in jedem einzelnen Fall aufs neue durchzuführen hätten. Wir setzen also unser Gleichungssystem mit Formvariablen an:

(1) $$\begin{aligned} a_1 x + b_1 y &= c_1 \\ a_2 x + b_2 y &= c_2 , \end{aligned}$$

multiplizieren die erste Zeile mit b_2, die zweite mit $-b_1$:

$$\begin{aligned} a_1 b_2 x + b_1 b_2 y &= c_1 b_2 \\ -a_2 b_1 x - b_1 b_2 y &= -c_2 b_1 \end{aligned}$$

und addieren:

(2) $$x(a_1 b_2 - a_2 b_1) = c_1 b_2 - c_2 b_1 ,$$

so daß sich für $a_1 b_2 - a_2 b_1 \neq 0$ ergibt

(3) $$x = \frac{c_1 b_2 - c_2 b_1}{a_1 b_2 - a_2 b_1} .$$

Entsprechend erhält man für $a_1 b_2 - a_2 b_1 \neq 0$

$$y = \frac{a_1 c_2 - a_2 c_1}{a_1 b_2 - a_2 b_1} .$$

Ist entweder $b_1 = 0$ oder $b_2 = 0$, so sind die Gleichungssysteme (1) und (1*) nicht äquivalent. Es folgt aber (2) unmittelbar aus (1), so daß auch hierfür das Ergebnis richtig bleibt.

Zähler und Nenner der gefundenen Bruchterme sind Differenzen von Produkten. Führt man für die Differenz von zwei Produkten $D = ad - bc$ folgende Schreibweise ein

Definition 2.1

$$ad - bc = \begin{vmatrix} a & b \\ c & d \end{vmatrix}$$

und bezeichnet diese Symbole als *Determinanten*, so erhält man

$$x = \frac{\begin{vmatrix} c_1 & b_1 \\ c_2 & b_2 \end{vmatrix}}{\begin{vmatrix} a_1 & b_1 \\ a_2 & b_2 \end{vmatrix}} = \frac{D_x}{D} , \qquad y = \frac{\begin{vmatrix} a_1 & c_1 \\ a_2 & c_2 \end{vmatrix}}{\begin{vmatrix} a_1 & b_1 \\ a_2 & b_2 \end{vmatrix}} = \frac{D_y}{D} ,$$

falls $D = a_1 b_2 - a_2 b_1 \neq 0$ ist. Die Lösungsmenge L des Gleichungssystems enthält demnach als einziges Element das Wertepaar $\left(\frac{D_x}{D} \middle| \frac{D_y}{D}\right)$; $L = \left\{\left(\frac{D_x}{D} \middle| \frac{D_y}{D}\right)\right\}$. Durch diese Determinantenschreibweise ist die Lösung des Systems $\left(\frac{D_x}{D} \middle| \frac{D_y}{D}\right)$ in eine einprägsame Form gebracht. Vergleichen wir diese Lösung mit dem vorgegebenen Gleichungssystem (1), so erkennen wir den nach dem Schweizer Mathematiker CRAMER (um 1750) benannten

Satz 2.1

Wenn man die Gleichungen eines linearen Gleichungssystems auf die Normalform

$$(1) \qquad \begin{aligned} a_1x + b_1y &= c_1 \\ a_2x + b_2y &= c_2 \end{aligned}$$

gebracht hat, ergeben sich die Elemente des Lösungspaares als die Quotienten zweier Determinanten: Im Nenner steht die „Koeffizientendeterminante" D des Systems, im Zähler die Determinante D_x bzw. D_y, die sich aus der Nennerdeterminante dadurch ergibt, daß man die vor x bzw. y stehenden Koeffizienten durch die rechts stehenden absoluten Glieder ersetzt (CRAMERsche Regel).

Ist $D = \begin{vmatrix} a_1 & b_1 \\ a_2 & b_2 \end{vmatrix} = 0$, so läßt sich der Übergang von (2) nach (3) nicht durchführen.
Aus (2) folgt dann wegen $D = 0$

$$x \cdot 0 = c_1 b_2 - c_2 b_1 = \begin{vmatrix} c_1 & b_1 \\ c_2 & b_2 \end{vmatrix} = D_x .$$

Entsprechend ergibt sich

$$y \cdot 0 = a_1 c_2 - a_2 c_1 = \begin{vmatrix} a_1 & c_1 \\ a_2 & c_2 \end{vmatrix} = D_y .$$

Ist nun $D_x \neq 0$ oder $D_y \neq 0$, so kann es keine Wertepaare geben, die das Gleichungssystem

$$(4) \qquad \begin{aligned} x \cdot 0 &= D_x \\ y \cdot 0 &= D_y \end{aligned}$$

erfüllen. Das Gleichungssystem (4) und damit auch das System (1) ist unerfüllbar, seine Lösungsmenge ist leer.
Ist hingegen sowohl $D_x = 0$ als auch $D_y = 0$, so erhält man das System

$$(5) \qquad \begin{aligned} x \cdot 0 &= 0 \\ y \cdot 0 &= 0 . \end{aligned}$$

Es wird von allen Paaren (x/y) reeller Zahlen erfüllt. Das Gleichungssystem (5) ist allgemeingültig, die Lösungsmenge enthält alle Zahlenpaare.

2.2

Nun sind aber die Gleichungssysteme (1) und (5) nicht äquivalent, ihre Lösungsmengen sind verschieden. Denn ist $D = D_x = D_y = 0$, so sind die beiden Gleichungen des Systems (1) proportional.
Beweis: Es sei etwa $b_1 \neq 0$, Dann gibt es eine reelle Zahl k, so daß gilt: $b_2 = k \cdot b_1$. Aus $D = 0$ folgt dann $a_1 b_2 - a_2 b_1 = k a_1 b_1 - a_2 b_1 = 0$, und daraus ergibt sich $a_2 = k a_1$. Aus $D_x = 0$ folgt entsprechend $c_1 b_2 - c_2 b_1 = k b_1 c_1 - b_1 c_2 = 0$ und weiter $c_2 = k c_1$. Mit $D = 0$ und $D_x = 0$ muß nun auch gelten $D_y = 0$, denn $D_y = a_1 c_2 - a_2 c_1 = k a_1 c_1 - k a_1 c_1 = 0$.
(1) besteht also aus zwei proportionalen Gleichungen. Alle Zahlenpaare, die eine der beiden Gleichungen erfüllen, erfüllen auch die andere und bilden damit die Lösungsmenge des Systems.

Wir unterscheiden bei der Determinante $\begin{vmatrix} a & b \\ c & d \end{vmatrix}$ die Zeilen a b und c d sowie die Spalten $\begin{matrix} a \\ c \end{matrix}$ und $\begin{matrix} b \\ d \end{matrix}$.

Beispiele

1. Berechne die Determinante $\begin{vmatrix} x & x^2 \\ 1 & x \end{vmatrix}$. Lösung: $D = x^2 - x^2 = 0$.

2. Löse das Gleichungssystem
$$\begin{aligned} 2x + 5y &= -1 \\ 3x - 6y &= 0. \end{aligned}$$

Lösung:

$$x = \frac{\begin{vmatrix} -1 & 5 \\ 0 & -6 \end{vmatrix}}{\begin{vmatrix} 2 & 5 \\ 3 & -6 \end{vmatrix}} = \frac{6}{-27} = -\frac{2}{9}; \quad y = \frac{\begin{vmatrix} 2 & -1 \\ 3 & 0 \end{vmatrix}}{\begin{vmatrix} 2 & 5 \\ 3 & -6 \end{vmatrix}} = \frac{3}{-27} = -\frac{1}{9}, \quad L = \left\{\left(-\frac{2}{9} \middle| -\frac{1}{9}\right)\right\}.$$

Aufgaben

1. Berechne die Determinanten:

a) $\begin{vmatrix} 4 & 3 \\ 2 & 7 \end{vmatrix}$ b) $\begin{vmatrix} 5 & -1 \\ 2 & 4 \end{vmatrix}$ c) $\begin{vmatrix} 0 & 0 \\ 2 & -3 \end{vmatrix}$ d) $\begin{vmatrix} \frac{1}{2} & \frac{1}{4} \\ \frac{1}{3} & \frac{1}{6} \end{vmatrix}$ e) $\begin{vmatrix} 0{,}5 & 0{,}4 \\ 0{,}3 & 0{,}2 \end{vmatrix}$ f) $\begin{vmatrix} a & ab \\ 1 & -b \end{vmatrix}$

g) $\begin{vmatrix} a & b \\ 1 & 1 \end{vmatrix}$ h) $\begin{vmatrix} x^3 & x^2 \\ x & 1 \end{vmatrix}$ i) $\begin{vmatrix} (a+b)^2 & 2a^2b^2 \\ -1 & (a-b)^2 \end{vmatrix}$ k) $\begin{vmatrix} \sin\beta & -\cos\beta \\ \cos\beta & \sin\beta \end{vmatrix}$

2. Bilde je drei Determinanten mit dem Wert

a) 0, b) 1, c) $\frac{3}{4}$, d) a, e) x^2.

3. Löse folgende Gleichungssysteme:

a) $\begin{aligned} 2x + 4y &= -2 \\ 5x + 3y &= 2 \end{aligned}$ b) $\begin{aligned} -3x + 2y &= 5 \\ 6x - 4y &= -10 \end{aligned}$ c) $\begin{aligned} x - 2y &= 4 \\ -2x + 4y &= 4 \end{aligned}$ d) $\begin{aligned} 4x_1 + 2x_2 &= 0 \\ 2x_1 + x_2 &= 0 \end{aligned}$

e) $\begin{aligned} 9x_1 + 5x_2 &= 0 \\ 4x_1 - 7x_2 &= 0 \end{aligned}$ f) $\begin{aligned} 4x_1 - 5x_2 &= -2 \\ 3x_2 - 2x_1 &= 2 \end{aligned}$ g) $\begin{aligned} 3(x-3) - 5y &= 2x - 1 \\ 2y + 4(2x-1) &= 6x \end{aligned}$ h) $\begin{aligned} 2s + 3t &= 9 \\ 3s - 2t &= 7 \end{aligned}$

*2.2. Sätze über zweireihige Determinanten

Vorübungen

1. Vertausche in $\begin{vmatrix} 5 & 3 \\ 2 & 4 \end{vmatrix}$

   a) Zeilen und Spalten, b) die beiden Zeilen, c) die beiden Spalten,
   und vergleiche die Werte der entstehenden Determinanten.

2. Es ist $\begin{vmatrix} 0 & 2 \\ 0 & 3 \end{vmatrix} = 0$. Formuliere auf Grund dieser Aufgabe einen Satz und beweise ihn.

3. Bilde 5 Determinanten mit dem Wert 0, ohne daß eine Zeile oder Spalte nur aus Nullen besteht.

Für das Rechnen mit Determinanten gibt es Sätze, die nun zusammengestellt und bewiesen werden sollen. Im allgemeinen wird man zwar zweireihige Determinanten ohne Benutzung von solchen Sätzen einfach auf Grund der Definition ebenso schnell ausrechnen können, wir brauchen die Sätze aber für die Beweise der entsprechenden Sätze für dreireihige Determinanten, die dort zu erheblichen Vereinfachungen beim Ausrechnen führen können.

Satz 2.2

Eine Determinante kann man stürzen (d. h. Zeilen und Spalten vertauschen), ohne daß sich ihr Wert ändert.

Beweis: $\begin{vmatrix} a & b \\ c & d \end{vmatrix} = ad - bc = ad - cb = \begin{vmatrix} a & c \\ b & d \end{vmatrix}$

Satz 2.3

Vertauscht man zwei Zeilen oder Spalten einer Determinante, so wechselt die Determinante das Vorzeichen.

Beweis: $\begin{vmatrix} c & d \\ a & b \end{vmatrix} = cb - ad = -(ad - bc) = -\begin{vmatrix} a & b \\ c & d \end{vmatrix}$

Der Beweis für die Spalten folgt aus Satz 2.2.

Satz 2.4

Wenn eine Spalte (Zeile) einer Determinante aus lauter Nullen besteht, hat die Determinante den Wert Null.

Beweis: $\begin{vmatrix} 0 & b \\ 0 & d \end{vmatrix} = 0 - 0 = 0$

Satz 2.5

Wenn zwei Spalten (Zeilen) einer Determinante einander proportional sind, hat die Determinante den Wert Null.

Beweis: $\begin{vmatrix} a & ka \\ c & kc \end{vmatrix} = kac - kac = 0$

Satz 2.6

Man multipliziert eine Determinante mit einer Zahl, indem man die Elemente einer Spalte oder Zeile mit der Zahl multipliziert.

Beweis: $k\begin{vmatrix} a & b \\ c & d \end{vmatrix} = kad - kbc = (ka)d - (kc)b = \begin{vmatrix} ka & b \\ kc & d \end{vmatrix} = (ka)d - (kb)c = \begin{vmatrix} ka & kb \\ c & d \end{vmatrix}$

Satz 2.7

Man addiert zwei Determinanten, die sich nur in den Elementen einer Spalte (Zeile) unterscheiden, indem man die Elemente dieser Spalten (Zeilen) addiert und die übrigen beibehält.

Beweis: $\begin{vmatrix} a & b \\ c & d \end{vmatrix} + \begin{vmatrix} a & e \\ c & f \end{vmatrix} = ad - bc + af - ce = a(d+f) - c(b+e) = \begin{vmatrix} a & b+e \\ c & d+f \end{vmatrix}$

Satz 2.8

Addiert man zu den Elementen einer Spalte (Zeile) ein beliebiges Vielfaches der Elemente einer anderen Spalte (Zeile), so ändert sich der Wert der Determinante nicht.

Beweis: $\begin{vmatrix} a+kb & b \\ c+kd & d \end{vmatrix} = \begin{vmatrix} a & b \\ c & d \end{vmatrix} + \begin{vmatrix} kb & b \\ kd & d \end{vmatrix} = \begin{vmatrix} a & b \\ c & d \end{vmatrix} + 0 = \begin{vmatrix} a & b \\ c & d \end{vmatrix}$

Beispiel

Berechne unter Benutzung der Determinantensätze die Determinante $\begin{vmatrix} 1050 & 550 \\ 168 & 88 \end{vmatrix}$.

Lösung: $\begin{vmatrix} 1050 & 550 \\ 168 & 88 \end{vmatrix} = 50 \cdot \begin{vmatrix} 21 & 11 \\ 168 & 88 \end{vmatrix} = 0$ (Satz 2.6 und Satz 2.5).

Aufgaben

1. Bilde zu jedem Determinantensatz ein Zahlenbeispiel.

2. Nach welchen Sätzen sind die nachstehenden Umformungen erfolgt?

a) $\begin{vmatrix} 1000 & 125 \\ 720 & 880 \end{vmatrix} = 125 \cdot 80 \cdot \begin{vmatrix} 8 & 1 \\ 9 & 11 \end{vmatrix} = 125 \cdot 80 \cdot 79 = 790\,000$

b) $\begin{vmatrix} 39 & 51 \\ 13 & 17 \end{vmatrix} = 0$

c) $\begin{vmatrix} 125 & 0 \\ 713 & 0 \end{vmatrix} = 0$

d) $\begin{vmatrix} 1000 & 111 \\ 46 & 5 \end{vmatrix} = \begin{vmatrix} 1000-999 & 111 \\ 46-45 & 5 \end{vmatrix} = \begin{vmatrix} 1 & 111 \\ 1 & 5 \end{vmatrix} = 5 - 111 = -106$

3. Berechne unter Anwendung der Determinantensätze:

a) $\begin{vmatrix} 112 & 37 \\ 100 & 33 \end{vmatrix}$ b) $\begin{vmatrix} 1575 & 875 \\ 2475 & 1375 \end{vmatrix}$ c) $\begin{vmatrix} 252 & 308 \\ 126 & 154 \end{vmatrix}$ d) $\begin{vmatrix} \frac{3}{5} & \frac{2}{5} \\ \frac{3}{4} & \frac{1}{4} \end{vmatrix}$ e) $\begin{vmatrix} 203 & 51 \\ 70 & 17 \end{vmatrix}$

4. Beweise: Eine zweireihige Determinante hat dann und nur dann den Wert Null, wenn zwei Spalten (Zeilen) zueinander proportional sind, oder wenn eine Spalte (Zeile) aus lauter Nullen besteht.

5. Ist die Menge der zweireihigen Determinanten, die in der ersten Spalte übereinstimmen, eine Gruppe bezüglich der Addition?

*2.3. Lineare Gleichungen mit drei Variablen
Definition der dreireihigen Determinante

Vorübung

Löse das Gleichungssystem:

$$\begin{aligned} 3x + 2y &= 4 \\ 2x - 3z &= 1 \\ 3y + 4z &= 1 \end{aligned}$$

Einer der Werte des Determinantenbegriffs liegt darin, daß er ermöglicht, jedes lineare Gleichungssystem, das genau so viele Gleichungen wie Variable enthält, nach derselben Methode zu behandeln: die Auflösung ergibt sich in jedem Fall nach der CRAMERschen Regel (Satz 2.1). Das wollen wir zeigen für das System von drei Gleichungen mit drei Variablen

$$\begin{aligned} a_1x + b_1y + c_1z &= d_1 \\ a_2x + b_2y + c_2z &= d_2 \\ a_3x + b_3y + c_3z &= d_3 \,. \end{aligned}$$

Für die letzten beiden Gleichungen schreiben wir:

$$\begin{aligned} b_2y + c_2z &= d_2 - a_2x \\ b_3y + c_3z &= d_3 - a_3x \end{aligned}$$

und formen mit Hilfe der CRAMERschen Regel um:

$$y = \frac{\begin{vmatrix} d_2 - a_2x & c_2 \\ d_3 - a_3x & c_3 \end{vmatrix}}{\begin{vmatrix} b_2 & c_2 \\ b_3 & c_3 \end{vmatrix}} \qquad z = \frac{\begin{vmatrix} b_2 & d_2 - a_2x \\ b_3 & d_3 - a_3x \end{vmatrix}}{\begin{vmatrix} b_2 & c_2 \\ b_3 & c_3 \end{vmatrix}} \qquad \text{für} \begin{vmatrix} b_2 & c_2 \\ b_3 & c_3 \end{vmatrix} \neq 0.$$

Nun setzen wir die gefundenen Quotienten in die erste

Gleichung ein und multiplizieren mit $\begin{vmatrix} b_2 & c_2 \\ b_3 & c_3 \end{vmatrix}$:

$$a_1x \begin{vmatrix} b_2 & c_2 \\ b_3 & c_3 \end{vmatrix} + b_1 \begin{vmatrix} d_2 - a_2x & c_2 \\ d_3 - a_3x & c_3 \end{vmatrix} + c_1 \begin{vmatrix} b_2 & d_2 - a_2x \\ b_3 & d_3 - a_3x \end{vmatrix} = d_1 \begin{vmatrix} b_2 & c_2 \\ b_3 & c_3 \end{vmatrix}$$

Unter Anwendung von Satz 2.6 und Satz 2.7 ergibt sich

$$a_1 x \begin{vmatrix} b_2 & c_2 \\ b_3 & c_3 \end{vmatrix} + b_1 \begin{vmatrix} d_2 & c_2 \\ d_3 & c_3 \end{vmatrix} - b_1 x \begin{vmatrix} a_2 & c_2 \\ a_3 & c_3 \end{vmatrix} + c_1 \begin{vmatrix} b_2 & d_2 \\ b_3 & d_3 \end{vmatrix} - c_1 x \begin{vmatrix} b_2 & a_2 \\ b_3 & a_3 \end{vmatrix} = d_1 \begin{vmatrix} b_2 & c_2 \\ b_3 & c_3 \end{vmatrix}.$$

Wir ordnen und erhalten bei Benutzung von Satz 2.3

$$x\left(a_1 \begin{vmatrix} b_2 & c_2 \\ b_3 & c_3 \end{vmatrix} - b_1 \begin{vmatrix} a_2 & c_2 \\ a_3 & c_3 \end{vmatrix} + c_1 \begin{vmatrix} a_2 & b_2 \\ a_3 & b_3 \end{vmatrix}\right) = d_1 \begin{vmatrix} b_2 & c_2 \\ b_3 & c_3 \end{vmatrix} - b_1 \begin{vmatrix} d_2 & c_2 \\ d_3 & c_3 \end{vmatrix} + c_1 \begin{vmatrix} d_2 & b_2 \\ d_3 & b_3 \end{vmatrix}.$$

Wir definieren nun dreireihige Determinanten durch

Definition 2.2

$$\begin{vmatrix} a_1 & b_1 & c_1 \\ a_2 & b_2 & c_2 \\ a_3 & b_3 & c_3 \end{vmatrix} = a_1 \begin{vmatrix} b_2 & c_2 \\ b_3 & c_3 \end{vmatrix} - b_1 \begin{vmatrix} a_2 & c_2 \\ a_3 & c_3 \end{vmatrix} + c_1 \begin{vmatrix} a_2 & b_2 \\ a_3 & b_3 \end{vmatrix}.$$

Mit Benutzung dieser Definition ergibt sich

$$x \cdot \begin{vmatrix} a_1 & b_1 & c_1 \\ a_2 & b_2 & c_2 \\ a_3 & b_3 & c_3 \end{vmatrix} = \begin{vmatrix} d_1 & b_1 & c_1 \\ d_2 & b_2 & c_2 \\ d_3 & b_3 & c_3 \end{vmatrix}.$$

Setzt man nun noch

$$\begin{vmatrix} a_1 & b_1 & c_1 \\ a_2 & b_2 & c_2 \\ a_3 & b_3 & c_3 \end{vmatrix} = D \quad \text{und} \quad \begin{vmatrix} d_1 & b_1 & c_1 \\ d_2 & b_2 & c_2 \\ d_3 & b_3 & c_3 \end{vmatrix} = D_x,$$

so erhält man wie bei Gleichungen mit zwei Variablen

$$x = \frac{D_x}{D}, \quad \text{falls } D \neq 0.$$

Durch eine entsprechende Überlegung ergibt sich mit

$$\begin{vmatrix} a_1 & d_1 & c_1 \\ a_2 & d_2 & c_2 \\ a_3 & d_3 & c_3 \end{vmatrix} = D_y \quad \text{und} \quad \begin{vmatrix} a_1 & b_1 & d_1 \\ a_2 & b_2 & d_2 \\ a_3 & b_3 & d_3 \end{vmatrix} = D_z$$

$y = \frac{D_y}{D}$ und $z = \frac{D_z}{D}$, falls $D \neq 0$. Also ist $L = \left\{\left(\frac{D_x}{D} \middle| \frac{D_y}{D} \middle| \frac{D_z}{D}\right)\right\}$.

Die Auflösung des Gleichungssystems ist nur für $D \neq 0$ möglich. Beim Beweis mußte ferner $\begin{vmatrix} b_2 & c_2 \\ b_3 & c_3 \end{vmatrix} \neq 0$ vorausgesetzt werden. Diese zusätzliche Voraussetzung ist aber überflüssig, denn wenn $D \neq 0$ ist, muß sicher eine der drei Determinanten

$$\begin{vmatrix} a_2 & b_2 \\ a_3 & b_3 \end{vmatrix}, \quad \begin{vmatrix} a_2 & c_2 \\ a_3 & c_3 \end{vmatrix}, \quad \begin{vmatrix} b_2 & c_2 \\ b_3 & c_3 \end{vmatrix}$$

von Null verschieden sein, da das gleichzeitige Verschwinden all dieser drei Determinanten nach Definition der dreireihigen Determinante (Def. 2.2) gerade $D = 0$ zur

Folge hätte. Man kann also die Summanden in den Gleichungen (evtl. unter Umbenennung der Variablen) so umstellen, daß $\begin{vmatrix} b_2 & c_2 \\ b_3 & c_3 \end{vmatrix} \neq 0$ ist, und damit ist die CRAMERsche Regel (Satz 2.1) auch für Gleichungssysteme von drei linearen Gleichungen mit drei Variablen bewiesen.

Will man dreireihige Determinanten ohne Benutzung der erst im nächsten Abschnitt behandelten Determinantensätze für dreireihige Determinanten berechnen, so muß man auf die Definition 2.2 zurückgreifen.

Beispiel

$$\begin{vmatrix} 5 & 3 & 2 \\ 1 & 0 & 6 \\ 4 & 3 & 2 \end{vmatrix} = 5 \cdot \begin{vmatrix} 0 & 6 \\ 3 & 2 \end{vmatrix} - 3 \cdot \begin{vmatrix} 1 & 6 \\ 4 & 2 \end{vmatrix} + 2 \cdot \begin{vmatrix} 1 & 0 \\ 4 & 3 \end{vmatrix} = 5 \cdot (-18) - 3 \cdot (-22) + 2 \cdot 3 = -90 + 66 + 6 = -18$$

Aufgaben

1. Fasse zu einer dreireihigen Determinante zusammen:

a) $a \begin{vmatrix} e & h \\ f & i \end{vmatrix} - d \begin{vmatrix} b & h \\ c & i \end{vmatrix} + g \begin{vmatrix} b & e \\ c & f \end{vmatrix}$ b) $5 \begin{vmatrix} 2 & 9 \\ 8 & 7 \end{vmatrix} - 8 \begin{vmatrix} 6 & 9 \\ 0 & 7 \end{vmatrix} + 3 \begin{vmatrix} 6 & 2 \\ 0 & 8 \end{vmatrix}$

c) $r \begin{vmatrix} v & w \\ y & z \end{vmatrix} + s \begin{vmatrix} w & u \\ z & x \end{vmatrix} + t \begin{vmatrix} u & v \\ x & y \end{vmatrix}$

2. Berechne:

a) $\begin{vmatrix} 5 & 2 & 1 \\ 3 & 0 & 4 \\ 2 & 6 & 1 \end{vmatrix}$ b) $\begin{vmatrix} 1 & 1 & 1 \\ 1 & 1 & 1 \\ 1 & 1 & 1 \end{vmatrix}$ c) $\begin{vmatrix} 1 & 0 & 0 \\ 0 & 1 & 0 \\ 0 & 0 & 1 \end{vmatrix}$ d) $\begin{vmatrix} 1 & -1 & 1 \\ -1 & -1 & -1 \\ 1 & -1 & 1 \end{vmatrix}$ e) $\begin{vmatrix} 0 & 1 & 2 \\ 1 & 0 & 1 \\ 2 & 1 & 0 \end{vmatrix}$

f) $\begin{vmatrix} x & y & z \\ 2 & 0 & 4 \\ 3 & 2 & -1 \end{vmatrix}$ g) $\begin{vmatrix} a & b & c \\ d & e & f \\ g & h & i \end{vmatrix}$

3. Löse mit Determinanten die Gleichungssysteme:

a)
$$\begin{aligned} 3x + y - z &= 0 \\ x + y + z &= 2 \\ x - y + 2z &= 1 \end{aligned}$$

b)
$$\begin{aligned} 2x - y + z &= 1 \\ 3y - 2z &= 4 \\ 3x \quad - 4z &= -1 \end{aligned}$$

2.4. Rechenregeln für dreireihige Determinanten

Vorübung

Untersuche, ob für die dreireihige Determinante

a) $\begin{vmatrix} 2 & 0 & 4 \\ 3 & 0 & -1 \\ 1 & 0 & 2 \end{vmatrix}$ der für zweireihige Determinanten bewiesene Satz 2.4,

$$\text{b)}\ \begin{vmatrix} 4 & 2 & 1 \\ 2 & 1 & 0 \\ 6 & 3 & 4 \end{vmatrix}$$ der Satz 2.5,

$$\text{c)}\ \begin{vmatrix} 1 & -1 & 2 \\ 0 & 1 & 1 \\ 2 & -1 & 0 \end{vmatrix}$$ die Sätze 2.2, 2.3, 2.6, 2.7 und 2.8

richtig sind.

Die Berechnung von Determinanten wird wesentlich vereinfacht, wenn man Sätze über Determinanten kennt und anwendet. Wir beweisen zunächst die sogenannte Regel von SARRUS (Schweizer Mathematiker um 1750).

Satz 2.9

Schreibt man die ersten beiden Spalten einer dreireihigen Determinante rechts neben die Determinante, so ergeben sich die positiven Summanden als Produkt der in Richtung der „Hauptdiagonalen“ stehenden Glieder, die negativen als Produkt der in Richtung der „Nebendiagonalen“ stehenden.

$$\begin{matrix} + & + & + & & \\ a_1 & b_1 & c_1 & a_1 & b_1 \\ a_2 & b_2 & c_2 & a_2 & b_2 \\ a_3 & b_3 & c_3 & a_3 & b_3 \\ - & - & - & & \end{matrix} = a_1 b_2 c_3 + b_1 c_2 a_3 + c_1 a_2 b_3 - a_3 b_2 c_1 - b_3 c_2 a_1 - c_3 a_2 b_1$$

Beweis als Aufgabe: Zeige, daß die Ausrechnung nach der Definition die gleiche Summe ergibt!

Wie die Vorübung vermuten läßt, gelten die Sätze 2.2 bis 2.8 auch für dreireihige Determinanten.

Die Beweise dazu sollen als Übungsaufgaben durchgeführt werden (vgl. Beispiel 3).

Für einen weiteren wichtigen Satz brauchen wir den Begriff *Unterdeterminante:* Streicht man in einer Determinante die Zeile und die Spalte, die zu einem bestimmten Element der Determinante gehören, so bilden die nicht durchstrichenen Elemente die zu diesem Element gehörende Unterdeterminante. So ergibt sich aus

$$\begin{vmatrix} a_1 & b_1 & c_1 \\ a_2 & b_2 & c_2 \\ a_3 & b_3 & c_3 \end{vmatrix}$$ die zu a_1 gehörende Unterdeterminante als $\begin{vmatrix} b_2 & c_2 \\ b_3 & c_3 \end{vmatrix}$,

aus $\begin{vmatrix} a_1 & b_1 & c_1 \\ a_2 & b_2 & c_2 \\ a_3 & b_3 & c_3 \end{vmatrix}$ die zu c_2 gehörende Unterdeterminante als $\begin{vmatrix} a_1 & b_1 \\ a_3 & b_3 \end{vmatrix}$.

Wenn man die dreireihige Determinante auf Grund ihrer Definition darstellt,

$$\begin{vmatrix} a_1 & b_1 & c_1 \\ a_2 & b_2 & c_2 \\ a_3 & b_3 & c_3 \end{vmatrix} = a_1 \begin{vmatrix} b_2 & c_2 \\ b_3 & c_3 \end{vmatrix} - b_1 \begin{vmatrix} a_2 & c_2 \\ a_3 & c_3 \end{vmatrix} + c_1 \begin{vmatrix} a_2 & b_2 \\ a_3 & b_3 \end{vmatrix},$$

so sagt man auch, man habe die Determinante „nach den Elementen der ersten Zeile entwickelt“. Wie man die Determinante nach den Elementen einer anderen Zeile oder einer Spalte entwickelt, sagt der

Satz 2.10

Man entwickelt eine Determinante nach den Elementen einer Zeile (Spalte), indem man die Elemente der betreffenden Zeile (Spalte) mit ihren zugehörigen Unterdeterminanten multipliziert und die Produkte summiert. Dabei bekommt jedes Produkt aus Element und Unterdeterminante das Vorzeichen, das sich aus der Stellung des Elements in folgendem Schema ergibt:

$$\begin{vmatrix} + & - & + \\ - & + & - \\ + & - & + \end{vmatrix}.$$

Der Beweis des Entwicklungssatzes sei für die Entwicklung nach den Elementen der zweiten Spalte durchgeführt. Es muß gezeigt werden, daß

$$\begin{vmatrix} a_1 & b_1 & c_1 \\ a_2 & b_2 & c_2 \\ a_3 & b_3 & c_3 \end{vmatrix} = -b_1 \begin{vmatrix} a_2 & c_2 \\ a_3 & c_3 \end{vmatrix} + b_2 \begin{vmatrix} a_1 & c_1 \\ a_3 & c_3 \end{vmatrix} - b_3 \begin{vmatrix} a_1 & c_1 \\ a_2 & c_2 \end{vmatrix}.$$

Dazu stürzen wir die Ausgangsdeterminante (Satz 2.2), vertauschen sodann die ersten beiden Zeilen, wobei sich nach Satz 2.3 das Vorzeichen der Determinante ändert und entwickeln anschließend auf Grund der Def. 2.2 nach den Elementen der ersten Zeile:

$$\begin{vmatrix} a_1 & b_1 & c_1 \\ a_2 & b_2 & c_2 \\ a_3 & b_3 & c_3 \end{vmatrix} = \begin{vmatrix} a_1 & a_2 & a_3 \\ b_1 & b_2 & b_3 \\ c_1 & c_2 & c_3 \end{vmatrix} = - \begin{vmatrix} b_1 & b_2 & b_3 \\ a_1 & a_2 & a_3 \\ c_1 & c_2 & c_3 \end{vmatrix} = -b_1 \begin{vmatrix} a_2 & a_3 \\ c_2 & c_3 \end{vmatrix} + b_2 \begin{vmatrix} a_1 & a_3 \\ c_1 & c_3 \end{vmatrix} - b_3 \begin{vmatrix} a_1 & a_2 \\ c_1 & c_2 \end{vmatrix}.$$

Der Wert dieses Satzes liegt darin, daß man zunächst nach Satz 2.8 so lange Vielfache von irgendwelchen Zeilen (Spalten) zu anderen Zeilen (Spalten) addiert, bis sich in einer Zeile (Spalte) bis auf ein Element lauter Nullen ergeben haben. Entwickelt man nun nämlich nach den Elementen dieser Zeile (Spalte), so bleibt nur das Produkt eines Elementes mit seiner Unterdeterminante übrig, das sich dann schnell errechnen läßt.

Beispiele

1. Berechne die Determinante $\begin{vmatrix} 70 & 23 & 46 \\ 15 & 5 & 2 \\ 9 & 3 & 4 \end{vmatrix}$.

   Lösung: Wir subtrahieren von der ersten Spalte das Dreifache der zweiten Spalte und entwickeln nach den Elementen der ersten Spalte:

$$\begin{vmatrix} 70 & 23 & 46 \\ 15 & 5 & 2 \\ 9 & 3 & 4 \end{vmatrix} = \begin{vmatrix} 1 & 23 & 46 \\ 0 & 5 & 2 \\ 0 & 3 & 4 \end{vmatrix} = 1 \cdot \begin{vmatrix} 5 & 2 \\ 3 & 4 \end{vmatrix} = 14$$

2. Berechne die Determinante $\begin{vmatrix} 21 & 52 & 17 \\ 63 & 155 & 53 \\ 42 & 100 & 37 \end{vmatrix}$.

Hier läßt es sich nicht auf Anhieb erreichen, daß nur ein von Null verschiedenes Element in einer Zeile (Spalte) übrigbleibt. Deshalb versuchen wir, durch geeignete Umformungen zu einer Determinante mit kleineren Zahlen zu kommen.

$$\begin{vmatrix} 21 & 52 & 17 \\ 63 & 155 & 53 \\ 42 & 100 & 37 \end{vmatrix} = 21 \cdot \begin{vmatrix} 1 & 52 & 17 \\ 3 & 155 & 53 \\ 2 & 100 & 37 \end{vmatrix} = 21 \cdot \begin{vmatrix} 1 & 2 & 0 \\ 3 & 5 & 2 \\ 2 & 0 & 3 \end{vmatrix} = 21 \cdot (15 - 18 + 8) = 21 \cdot 5 = 105$$

Bei der Lösung haben wir zunächst den Faktor 21 aus der ersten Spalte herausgezogen (Satz 2.6), dann von der zweiten Spalte das 50-fache und von der dritten Spalte das 17-fache der ersten Spalte subtrahiert (Satz 2.8) und anschließend nach der Regel von SARRUS (Satz 2.9) ausgerechnet.

3. Beweise den Satz 2.8 für dreireihige Determinanten!
Wir zeigen, daß sich der Wert der Determinante nicht ändert, wenn man zu der ersten Spalte das k-fache der zweiten Spalte addiert, daß also gilt:

$$\begin{vmatrix} a_1 & b_1 & c_1 \\ a_2 & b_2 & c_2 \\ a_3 & b_3 & c_3 \end{vmatrix} = \begin{vmatrix} a_1 + kb_1 & b_1 & c_1 \\ a_2 + kb_2 & b_2 & c_2 \\ a_3 + kb_3 & b_3 & c_3 \end{vmatrix}$$

Dazu zerlegen wir die rechtsstehende Determinante nach Satz 2.7 und 2.6 in die Summe

$$\begin{vmatrix} a_1 & b_1 & c_1 \\ a_2 & b_2 & c_2 \\ a_3 & b_3 & c_3 \end{vmatrix} + k \begin{vmatrix} b_1 & b_1 & c_1 \\ b_2 & b_2 & c_2 \\ b_3 & b_3 & c_3 \end{vmatrix}.$$

Da die zweite der beiden Determinanten nach Satz 2.5 den Wert Null hat, erhält man als Ergebnis, wie zu zeigen war, die Ausgangsdeterminante.

Aufgaben

1. a) — f) Beweise die Sätze 2.2 bis 2.7 für dreireihige Determinanten!

2. Nach welchen Sätzen sind die nachstehenden Umformungen erfolgt?

a) $\begin{vmatrix} 6 & 1 & 0 \\ 8 & 2 & 3 \\ 4 & 0 & 2 \end{vmatrix} = -3 \cdot \begin{vmatrix} 6 & 1 \\ 4 & 0 \end{vmatrix} + 2 \cdot \begin{vmatrix} 6 & 1 \\ 8 & 2 \end{vmatrix} = (-3) \cdot (-4) + 2 \cdot 4 = 12 + 8 = 20$

b) $\begin{vmatrix} 3 & 3 & 2 \\ 5 & 5 & 1 \\ 9 & 8 & 7 \end{vmatrix} = \begin{vmatrix} 3 & 3 & 2 \\ 5 & 5 & 1 \\ 8 & 8 & 7 \end{vmatrix} + \begin{vmatrix} 0 & 3 & 2 \\ 0 & 5 & 1 \\ 1 & 8 & 7 \end{vmatrix} = \begin{vmatrix} 3 & 2 \\ 5 & 1 \end{vmatrix} = -7$

c) $\begin{vmatrix} 3 & 4 & 15 \\ 20 & 80 & 60 \\ 12 & 16 & 61 \end{vmatrix} = 20 \cdot \begin{vmatrix} 3 & 4 & 15 \\ 1 & 4 & 3 \\ 0 & 0 & 1 \end{vmatrix} = 20 \cdot \begin{vmatrix} 3 & 4 \\ 1 & 4 \end{vmatrix} = 20 \cdot 8 = 160$

3. Berechne mit Hilfe der Determinantensätze:

a) $\begin{vmatrix} 4 & 5 & 22 \\ 0 & 0 & 0 \\ 18 & 3 & 1 \end{vmatrix}$ b) $\begin{vmatrix} 16 & 7 & 9 \\ 15 & 8 & 8 \\ 4 & 5 & 7 \end{vmatrix}$ c) $\begin{vmatrix} 18 & 4 & 6 \\ 9 & 2 & 3 \\ 14 & 5 & 27 \end{vmatrix}$ d) $\begin{vmatrix} 18 & 28 & 38 \\ 28 & 38 & 48 \\ 38 & 48 & 58 \end{vmatrix}$ e) $\begin{vmatrix} 21 & 10 & 6 \\ 16 & 8 & 2 \\ 18 & 9 & 7 \end{vmatrix}$

$$\text{f)}\quad \begin{vmatrix} x & x+1 & x+2 \\ 0 & 1 & 2 \\ 3 & 3 & 3 \end{vmatrix} \qquad \text{g)}\quad \begin{vmatrix} a & d & xa+yd \\ b & e & xb+ye \\ c & f & xc+yf \end{vmatrix}$$

4. Was ergibt sich durch Anwendung des Satzes 2.3 auf eine Determinante mit zwei gleichen Zeilen? Benutze diese Überlegung, um einen anderen Beweis für den Satz 2.5 zu finden.

5. Wie viele Möglichkeiten gibt es, die folgenden Determinanten so zu ergänzen, daß sie Null werden?

$$\text{a)}\quad \begin{vmatrix} . & 1 & 3 \\ 3 & 4 & -2 \\ 2 & 5 & 1 \end{vmatrix} \qquad \text{b)}\quad \begin{vmatrix} . & 0 & 2 \\ 8 & . & 2 \\ 4 & 1 & 1 \end{vmatrix}$$

c) Ist es möglich, die beiden Leerstellen in b) mit der gleichen Zahl so auszufüllen, daß die Determinante verschwindet?

3. Lineare Abhängigkeit, Vektorräume

3.1 Kollinearität

Vorübungen

1. Was versteht man unter parallelgleichen Pfeilen?
   Wann sind Vektoren gleich?
2. Welche Beziehung besteht zwischen zwei Vektoren, deren Pfeile zwar parallel aber nicht parallelgleich sind?
3. Welche Lage haben die Pfeile von $\mathfrak{a}$ und $\mathfrak{b}$ zueinander, wenn folgende Beziehungen gelten:

$$\mathfrak{a} = 5\mathfrak{b}; \quad \mathfrak{a} = -\frac{1}{3}\mathfrak{b}; \quad 2\mathfrak{a} + \mathfrak{b} = \mathfrak{o}?$$

In der Menge aller geordneten Punktepaare (Pfeile) des Raumes haben wir die parallelgleichen Pfeile zu einer Klasse zusammengefaßt und diese Klassen Pfeilklassen und später Vektoren genannt. Diesen Sachverhalt kann man auch anders interpretieren. In einer Klasse M liegen genau die Pfeile, die zu einem vorgegebenen Pfeil $\overrightarrow{AA'}$ parallelgleich sind:

$$M = \{\overrightarrow{BB'} \mid \overrightarrow{BB'} \text{ ist parallelgleich zu } \overrightarrow{AA'}\}.$$

M ist somit die Erfüllungsmenge der geometrischen Bedingung „$\overrightarrow{BB'}$ ist parallelgleich zu $\overrightarrow{AA'}$".
Wir schwächen nun diese Bedingung ab, indem wir uns für die Menge

$$M_1 = \{\overrightarrow{BB'} \mid \overrightarrow{BB'} \text{ ist parallel zu } \overrightarrow{AA'}\}$$

interessieren, wobei wir auf die Bedingungen der gleichen Länge und des gleichen Durchlaufsinns verzichten. Eine derartige Abschwächung der Bedingung hat eine Erweiterung der Erfüllungsmenge zur Folge: $M_1 \supset M$. Diese Menge M_1 wollen wir im weiteren untersuchen.

Da wir M den Vektor $\mathfrak{a}$ ($\mathfrak{a} = \overrightarrow{AA'}$) genannt, die Pfeilklasse M also durch den Vektor $\mathfrak{a}$ charakterisiert haben, wollen wir versuchen, auch die Pfeilmenge M_1 durch eine Vektorbedingung zu kennzeichnen. Da M_1 nur komplette Pfeilklassen enthält, können wir hoffen, die (geometrische) Pfeilbedingung „$\overrightarrow{BB'}$ parallel $\overrightarrow{AA'}$" durch eine angemessene (algebraische) Vektorbedingung zu ersetzen.

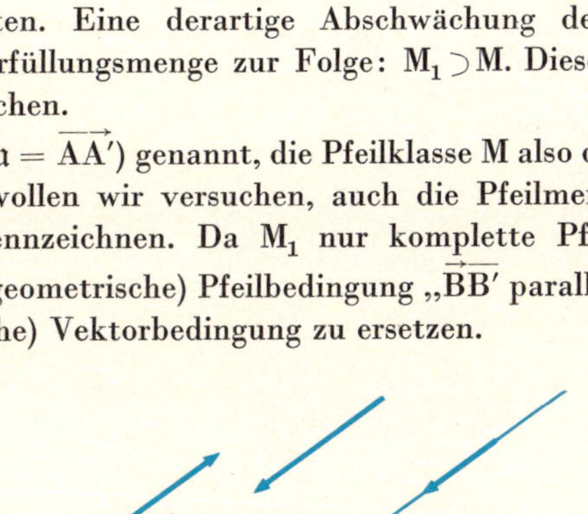

Bild 3.1.1

Aus Bild 3.1.1 erkennt man, daß M_1 alle zur Geraden g parallelen Pfeile enthält, da g durch $\overrightarrow{AA'}$ bestimmt ist. Auf Grund von Vorübung 2 und 3 besteht M_1 aus all den Pfeilen, deren Vektoren $\mathfrak{b}$ in der Beziehung stehen:

$$\mathfrak{b} = \lambda\,\mathfrak{a}\,, \quad \lambda \in R \quad \text{und} \quad \lambda \neq 0\,.$$

Lassen wir für λ auch den Wert 0 zu, erhalten wir die Vektormenge

$$V^1 = \{\mathfrak{b} \mid \mathfrak{b} = \lambda\,\mathfrak{a}\}_{\lambda \in R},$$

die auch den Nullvektor enthält, da $\mathfrak{o} = 0 \cdot \mathfrak{a}$ ist. Das bedeutet, daß jeder Nullpfeil zu jedem Pfeil parallel sein soll und damit M_1 auch alle Nullpfeile enthalten muß. Die der Parallelität von Pfeilen entsprechende Beziehung zwischen Vektoren wollen wir *Kollinearität* nennen. Also besteht V^1 aus lauter kollinearen Vektoren.

Nun läßt sich zwar jeder Vektor $\mathfrak{b} \in V^1$ in der Form $\mathfrak{b} = \lambda\,\mathfrak{a}$ darstellen, insbesondere gilt für den Nullvektor $\mathfrak{o} = 0 \cdot \mathfrak{a}$. Obschon $\mathfrak{a}$ und $\mathfrak{o}$ kollinear sind, gibt es aber kein λ, so daß $\mathfrak{a} = \lambda\,\mathfrak{o}$ ist. Deshalb wollen wir definieren:

Definition 3.1

Zwei Vektoren $\mathfrak{a}$, $\mathfrak{b}$ heißen *kollinear*, wenn es eine reelle Zahl λ gibt, so daß für mindestens einen von ihnen, z. B. $\mathfrak{b}$, gilt

(1) $\qquad \mathfrak{b} = \lambda\,\mathfrak{a}. \qquad$ 1. Kollinearitätsbedingung

Die Symmetrie, die in der Aussageform steckt: „$\mathfrak{a}$ und $\mathfrak{b}$ sind kollinear“, läßt sich durch folgenden Satz besser zum Ausdruck bringen:

Satz 3.1

Zwei Vektoren $\mathfrak{a}$, $\mathfrak{b}$ sind genau dann kollinear, wenn es zwei reelle Zahlen p, q gibt, die nicht beide gleich Null sind, so daß gilt

(2) $\qquad p\,\mathfrak{a} + q\,\mathfrak{b} = \mathfrak{o}. \qquad$ 2. Kollinearitätsbedingung

Es ist also zu zeigen: a) aus Satz 3.1 folgt Definition 3.1,
b) aus Definition 3.1 folgt Satz 3.1.

a) Ist etwa $q \neq 0$, so ist $\mathfrak{b} = -\frac{p}{q}\,\mathfrak{a}$ und damit (1) erfüllt.

b) Umgekehrt folgt aus (1): $\lambda\,\mathfrak{a} - \mathfrak{b} = \mathfrak{o}$, also eine Gleichung der Form (2), in der der Koeffizient von $\mathfrak{b}$, nämlich -1, ungleich Null ist.

Eine Gleichung der Form (2) kann nun auch für nicht kollineare Vektoren bestehen, allerdings dann und nur dann, wenn zugleich p und q gleich Null werden. Da diese Tatsache zu einer wichtigen Schlußweise in der Vektorrechnung führt, formulieren wir sie ausdrücklich als Lehrsatz:

Satz 3.2

Sind die Vektoren $\mathfrak{a}$, $\mathfrak{b}$ nicht kollinear und gilt die Gleichung

$$p\,\mathfrak{a} + q\,\mathfrak{b} = \mathfrak{o}\,,$$

dann muß stets

$$p = q = 0$$

sein.

Mit diesen Überlegungen ist unser anfangs aufgeworfenes Problem einer Lösung zugeführt: der geometrischen Bedingung „$\overrightarrow{BB'}$ ist parallel $\overrightarrow{AA'}$" für alle Pfeile aus M_1 entspricht die algebraische Vektorbedingung $\mathfrak{b} = \lambda\,\mathfrak{a}$ für die zugehörigen Vektoren aus V^1.

Wir haben gesehen, daß die Menge aller Pfeilklassen eine Abelsche Gruppe bildet (Satz 1.2). Selbstverständlich braucht nicht jede Teilmenge der Menge aller Pfeilklassen eine Gruppe zu sein. Die von uns betrachtete Untermenge V^1 jedoch bildet sogar eine spezielle Abelsche Gruppe, nämlich einen linearen Vektorraum. Das soll im folgenden bewiesen werden:

Satz 3.3

Die Menge aller zu einem Vektor $\mathfrak{a} \neq \mathfrak{o}$ kollinearen Vektoren bildet einen linearen Vektorraum V^1. Jeder Vektor $\mathfrak{b}$ der Menge läßt sich darstellen in der Form

$$\mathfrak{b} = \lambda\,\mathfrak{a}\,. \tag{3}$$

Dabei ist die reelle Zahl λ eindeutig bestimmt. Ein solcher Vektor $\mathfrak{a}$ heißt *Basisvektor* des Vektorraumes V^1.

Wir müssen zunächst zeigen, daß alle Vektoren von V^1 bezüglich der Vektoraddition eine Abelsche Gruppe bilden:

G1 Es sei $\mathfrak{b}_1, \mathfrak{b}_2 \in V^1$ mit $\mathfrak{b}_1 = \lambda_1\,\mathfrak{a}$ und $\mathfrak{b}_2 = \lambda_2\,\mathfrak{a}$.
Dann gilt: $\mathfrak{b}_1 + \mathfrak{b}_2 = \lambda_1\,\mathfrak{a} + \lambda_2\,\mathfrak{a} = (\lambda_1 + \lambda_2)\,\mathfrak{a}$ und damit $\mathfrak{b}_1 + \mathfrak{b}_2 \in V^1$.

G2, G3 Da das kommutative und assoziative Gesetz für alle Vektoren gelten, sind insbesondere beide Gesetze für die Vektoren der Menge V^1 gültig.

G4 Der Vektor $\mathfrak{o}$ gehört als neutrales Element zur Menge V^1, da $\mathfrak{o} = 0 \cdot \mathfrak{a}$ ist.

G5 Mit $\mathfrak{b}$ gehört auch das zu $\mathfrak{b}$ inverse Element $-\mathfrak{b}$ zur Menge V^1:

$$\mathfrak{b} = \lambda\,\mathfrak{a} \Rightarrow -\mathfrak{b} = -\lambda\,\mathfrak{a}\,.$$

S1 Mit $\mathfrak{b}$ gehört auch $n \cdot \mathfrak{b}$ zu V^1 für alle reellen n:

$$\mathfrak{b} = \lambda\,\mathfrak{a} \Rightarrow n\,\mathfrak{b} = n(\lambda\,\mathfrak{a}) = (n\,\lambda)\,\mathfrak{a}\,.$$

Die Axiome S2 bis S5 sind erfüllt, weil für *alle* Vektoren die Rechengesetze der S-Multiplikation gelten, insbesondere also für die Vektoren aus V^1. Damit ist gezeigt, daß V^1 ein linearer Vektorraum ist.

Wir müssen noch beweisen, daß die Darstellung $\mathfrak{b} = \lambda\,\mathfrak{a}$ eindeutig ist. Angenommen es wäre $\mathfrak{b} = \lambda\,\mathfrak{a}$ und außerdem $\mathfrak{b} = \lambda'\,\mathfrak{a}$ mit $\lambda' \neq \lambda$, so folgte durch Subtraktion beider Gleichungen $\mathfrak{o} = (\lambda - \lambda')\,\mathfrak{a}$ mit $\lambda - \lambda' \neq 0$. Das kann aber nicht sein, weil nach der Definition der S-Multiplikation der Vektor $(\lambda - \lambda')\,\mathfrak{a}$ nicht der Nullvektor ist.

Da sich alle Vektoren der Menge V^1 mit Hilfe eines einzigen Basisvektors ausdrücken lassen, sagen wir, der Vektorraum V^1 sei *1-dimensional* (diese Tatsache haben wir durch den oben angebrachten Index 1 ausgedrückt). Anschaulich bedeutet das, daß wir Repräsentanten aller Vektoren von V^1 auf einer einzigen Geraden g zeichnen können, die durch einen Repräsentanten des Basisvektors $\mathfrak{a}$ gegeben wird (Bild 3.4.1).

Bild 3.4.1

Beispiel

Zeige, daß der Vektor $\mathfrak{o}$ im Sinne der Definition 3.1 zu sich selbst kollinear ist. Bestimme auch geeignete Zahlen p, q gemäß Satz 3.1.
Lösung: Es muß gelten: $\mathfrak{o} = \lambda\mathfrak{o}$. Diese Beziehung ist für alle reellen Zahlen λ erfüllt. Es gilt auch $p\mathfrak{o} + q\mathfrak{o} = \mathfrak{o}$ für alle reellen Zahlen p, q.

Aufgaben

1. Auf einer Geraden werden von einem Punkte A aus nach der einen Seite die Vektoren $\mathfrak{a}$ (a = 3 LE) und $\mathfrak{b}$ (b = 5 LE), nach der anderen Seite $\mathfrak{c}$ (c = 3 LE) und $\mathfrak{d}$ (d = 4 LE) abgetragen. Welche Beziehung besteht zwischen

   a) $\mathfrak{a}$ und $\mathfrak{c}$, b) $\mathfrak{b}$ und $(4\mathfrak{c})$, c) $\mathfrak{d}$ und $(2\mathfrak{a} + \mathfrak{b})$, d) $(\mathfrak{c} - \mathfrak{d})$ und $(\mathfrak{b} - \mathfrak{a})$?

2. Stelle beide Kollinearitätsbedingungen für die Vektoren $\mathfrak{a}$ und $\mathfrak{b}$ auf, wenn

   a) $\mathfrak{a} = 4\mathfrak{c}$ $\quad \mathfrak{b} = -2\mathfrak{c}$

   b) $\mathfrak{a} = (2 + m)\mathfrak{c}$ $\quad \mathfrak{b} = (m - 3)\mathfrak{c}$ $\quad m \in R$

   c) $\mathfrak{a} = \frac{1}{p}\mathfrak{c}$ $\quad \mathfrak{b} = (p + 1)\mathfrak{c}$ $\quad p \in R\backslash\{o\}$

   ist.

3. Welche Folgerung muß man ziehen, wenn die Vektoren $\mathfrak{a}$ und $\mathfrak{b}$ verschiedene Richtung haben, aber zugleich

   a) $m\,\mathfrak{a} + (n-2)\,\mathfrak{b} = \mathfrak{o}$ $\qquad$ b) $(4 + 2\,p + q)\,\mathfrak{a} + (2 - p - q)\,\mathfrak{b} = \mathfrak{o}$

   sein soll?

4. Beweise: Zwei Vektoren sind kollinear, wenn einer von ihnen der Nullvektor ist.

5. Prüfe, ob die Relation mit der Aussageform „$\mathfrak{a}$ kollinear $\mathfrak{b}$“ transitiv ist, d. h. ob aus „$\mathfrak{a}$ kollinear $\mathfrak{b}$“ und „$\mathfrak{b}$ kollinear $\mathfrak{c}$“ stets folgt „$\mathfrak{a}$ kollinear $\mathfrak{c}$“.

6. Ist V^1 ein linearer Vektorraum mit dem Basisvektor $\mathfrak{a} \neq \mathfrak{o}$, so lassen sich alle seine Vektoren durch einen beliebigen anderen Vektor $\mathfrak{b}$ mit $\mathfrak{b} \in V^1$ und $\mathfrak{b} \neq \mathfrak{o}$ ausdrücken. Das heißt, jeder vom Nullvektor verschiedene Vektor ist als Basisvektor geeignet.

3.2. Komplanarität

Vorübungen

1. Zeichne als Schrägbild ein Ebenenstück E und nimm in ihm zwei nichtparallele Pfeile $\overrightarrow{AA'}$ und $\overrightarrow{BB'}$ an, zu denen die Vektoren $\mathfrak{a}$ und $\mathfrak{b}$ gehören sollen.
Zeichne Repräsentanten für

$$\mathfrak{c} = \mathfrak{a} + \mathfrak{b}, \quad \mathfrak{d} = 2\mathfrak{a} - \mathfrak{b}, \quad \mathfrak{e} = \frac{1}{2}\mathfrak{a} + 2\mathfrak{b}, \quad \mathfrak{f} = -1\frac{1}{2}\mathfrak{a} - \frac{1}{2}\mathfrak{b}.$$

2. Was können wir über die Repräsentanten der Vektoren $\mathfrak{c}$, $\mathfrak{d}$, $\mathfrak{e}$, $\mathfrak{f}$ aussagen, wenn ihre Angriffspunkte in E liegen?

3. Welche gemeinsamen Eigenschaften haben $\mathfrak{c}$, $\mathfrak{d}$, $\mathfrak{e}$, $\mathfrak{f}$, wenn die Angriffspunkte ihrer Repräsentanten außerhalb E angenommen werden?

4. Zeichne in E einen weiteren beliebigen Pfeil $\overrightarrow{GG'}$ und suche eine algebraische Beziehung zwischen dem zugehörigen Vektor $\mathfrak{g}$ und den Vektoren $\mathfrak{a}$ und $\mathfrak{b}$.

Wir wollen weitere ausgezeichnete Vektormengen untersuchen. Im vorigen Abschnitt haben wir festgestellt, daß die Menge $M_1 = \{\overrightarrow{BB'} \mid \overrightarrow{BB'}$ ist parallel zu $\overrightarrow{AA'}\}$ gleich ist der Menge aller Pfeile, die parallel sind zu der durch $\overrightarrow{AA'}$ gehenden Geraden g. Diese Bedingung schwächen wir dahingehend ab, daß wir nicht die Parallelität zu einer Geraden g, sondern die Parallelität zu einer vorgegebenen Ebene E verlangen: $M_2 = \{\overrightarrow{CC'} \mid \overrightarrow{CC'}$ ist parallel zu E$\}$. Während die Gerade g durch einen Pfeil $\overrightarrow{AA'}$ festgelegt wurde, können wir die Ebene E durch zwei in ihr liegende, nicht parallele

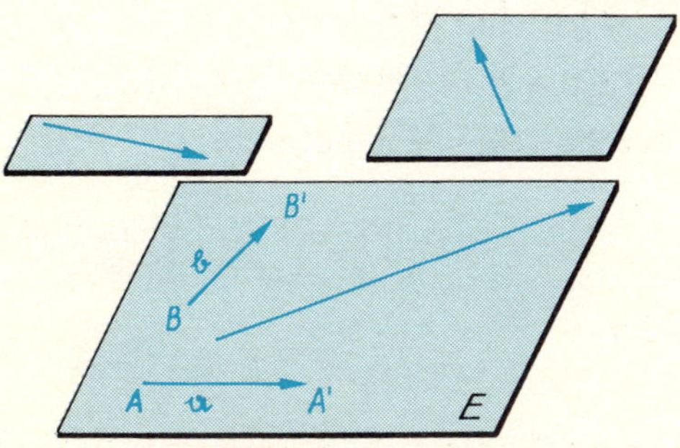

Bild 3.5.1

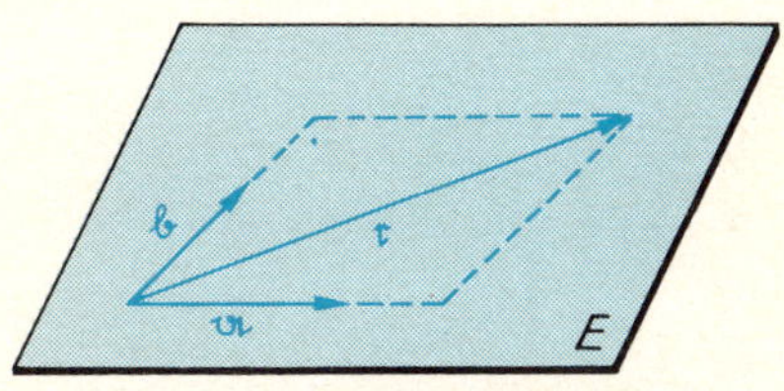

Bild 3.5.2

Pfeile $\overrightarrow{AA'}$, $\overrightarrow{BB'}$ erzeugt denken (Bild 3.5.1). Genau wie wir der Menge M_1 die Vektormenge $V^1 = \{\mathfrak{b} \mid \mathfrak{b} = \lambda\,\mathfrak{a}\}_{\lambda \in R}$ zugeordnet haben, wollen wir der Menge M_2 entsprechend eine Vektormenge V^2 zuordnen, deren Vektoren wiederum durch eine Vektorbeziehung gekennzeichnet werden sollen.

Sind $\mathfrak{a}$, $\mathfrak{b}$ die zu den Pfeilen $\overrightarrow{AA'}$, $\overrightarrow{BB'}$ gehörenden Vektoren, so besteht M_2 auf Grund der Vorübungen und der Bilder 3.5.1 und 3.5.2 aus all den Pfeilen, deren Vektoren $\mathfrak{c}$ sich in der Form schreiben lassen:

$$\mathfrak{c} = \lambda\,\mathfrak{a} + \mu\,\mathfrak{b}, \quad \lambda, \mu \in R.$$

Insbesondere gehören also alle Nullpfeile zu M_2, da sie ja vereinbarungsgemäß zu jeder Geraden und damit auch zu jeder Ebene parallel sind. Somit gilt für die der Pfeilmenge M_2 zugeordnete Vektormenge:

$$V^2 = \{\mathfrak{c} \mid \mathfrak{c} = \lambda\, \mathfrak{a} + \mu\, \mathfrak{b}\}_{\lambda,\, \mu \in \mathrm{R}} \,.$$

Die diese Menge kennzeichnende Eigenschaft von Vektoren wollen wir *Komplanarität* nennen. Somit besteht V^2 aus lauter komplanaren Vektoren.
Gibt man nun drei *beliebige* Vektoren $\mathfrak{a}$, $\mathfrak{b}$, $\mathfrak{c}$ vor, und will man entscheiden, ob sie zu einer solchen Menge V^2 gehören, so müssen wir bedenken, daß auch zwei von ihnen kollinear sein können. Deshalb wollen wir definieren:

Definition 3.2

Drei Vektoren $\mathfrak{a}$, $\mathfrak{b}$, $\mathfrak{c}$ heißen *komplanar*, wenn es reelle Zahlen λ, μ gibt, so daß sich mindestens einer von ihnen, z. B. $\mathfrak{c}$, in der Form

(4) $$\mathfrak{c} = \lambda\, \mathfrak{a} + \mu\, \mathfrak{b}$$ 1. Komplanaritätsbedingung

darstellen läßt.

Dieser Definition ist wiederum gleichwertig der

Satz 3.4

Drei Vektoren $\mathfrak{a}$, $\mathfrak{b}$, $\mathfrak{c}$ sind genau dann komplanar, wenn es drei reelle Zahlen p, q, r gibt, die nicht alle zugleich Null sind, so daß gilt

(5) $$p\, \mathfrak{a} + q\, \mathfrak{b} + r\, \mathfrak{c} = \mathfrak{o}\,.$$ 2. Komplanaritätsbedingung

Der einfache Beweis werde dem Leser überlassen (vgl. Aufgabe 5). Analog zum vorigen Kapitel kann eine Gleichung der Form (5) auch zwischen drei beliebigen Vektoren $\mathfrak{a}$, $\mathfrak{b}$, $\mathfrak{c}$ des Raumes bestehen, die nicht komplanar sind; allerdings müssen dann alle Zahlen p, q, r gleich Null sein. Diese Tatsache sprechen wir wieder als Satz aus:

Satz 3.5

Sind die Vektoren $\mathfrak{a}$, $\mathfrak{b}$, $\mathfrak{c}$ nicht komplanar und gilt die Gleichung

(6) $$p\, \mathfrak{a} + q\, \mathfrak{b} + r\, \mathfrak{c} = \mathfrak{o}\,,$$

dann muß stets $p = q = r = 0$ sein.

Damit entspricht der geometrischen Eigenschaft für die Pfeile aus M_2: „$\overrightarrow{CC'}$ ist parallel zur Ebene E", wobei die Ebene durch die in ihr liegenden, nichtparallelen Pfeile $\overrightarrow{AA'}$ und $\overrightarrow{BB'}$ gegeben sein soll, die algebraische Vektorbedingung $\mathfrak{c} = \lambda\, \mathfrak{a} + \mu\, \mathfrak{b}$ für die zugehörigen Vektoren aus V^2.

So wie die Menge V^1 aller untereinander kollinearen Vektoren einen Vektorraum bildet, so gilt auch für die Menge V^2 aller komplanaren Vektoren der

Satz 3.6

Die Menge aller Vektoren, die zu zwei nicht kollinearen Vektoren $\mathfrak{a}$, $\mathfrak{b}$ komplanar sind, bildet einen linearen Vektorraum V^2. Jeder Vektor $\mathfrak{c}$ der Menge läßt sich darstellen in der Form

(7) $$\mathfrak{c} = \lambda\,\mathfrak{a} + \mu\,\mathfrak{b}\,.$$

Dabei sind die reellen Zahlen λ, μ eindeutig bestimmt. Die Vektoren $\mathfrak{a}$, $\mathfrak{b}$ heißen Basisvektoren des Vektorraumes V^2.

Der Beweis, daß V^2 ein linearer Vektorraum ist, wird in Aufgabe 7 verlangt.
Wir müssen noch zeigen, daß die Darstellung $\mathfrak{c} = \lambda\,\mathfrak{a} + \mu\,\mathfrak{b}$ in (7) eindeutig ist. Angenommen es wäre auch $\mathfrak{c} = \lambda'\,\mathfrak{a} + \mu'\,\mathfrak{b}$ mit $(\lambda', \mu') \neq (\lambda, \mu)$, so ergibt sich durch Subtraktion dieser Gleichung von (7)

$$\mathfrak{o} = (\lambda - \lambda')\,\mathfrak{a} + (\mu - \mu')\,\mathfrak{b}\,.$$

Da $\mathfrak{a}$ und $\mathfrak{b}$ nicht kollinear sein sollen, folgt nach Satz 3.2 dann aber $\lambda - \lambda' = 0$ und $\mu - \mu' = 0$ bzw. $\lambda = \lambda'$ und $\mu = \mu'$ im Widerspruch zur Voraussetzung $(\lambda', \mu') \neq$ $\neq (\lambda, \mu)$.
Da sich alle Vektoren der Menge V^2 mit Hilfe zweier Basisvektoren $\mathfrak{a}$, $\mathfrak{b}$ ausdrücken lassen, sprechen wir von einem *2-dimensionalen* Vektorraum V^2. Anschaulich lassen sich Repräsentanten aller Vektoren der Menge V^2 in einer gemeinsamen Ebene E zeichnen (Bild 3.7.1).

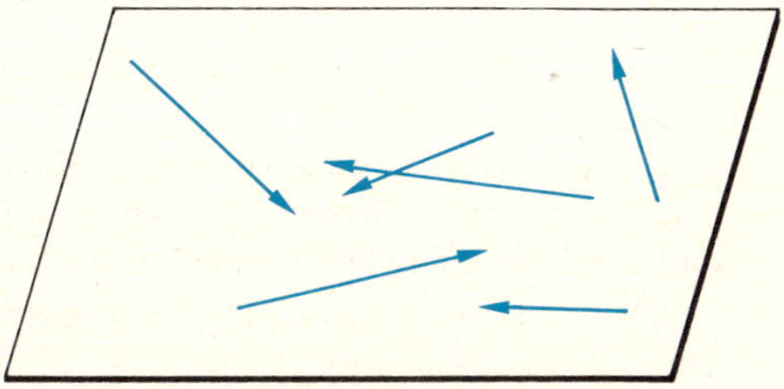

Bild 3.7.1

Beispiel

Beweise: Immer wenn drei Vektoren $\mathfrak{a}$, $\mathfrak{b}$, $\mathfrak{c}$ komplanar, aber je zwei von ihnen nicht kollinear sind, lassen sich geeignete Vielfache dieser Vektoren als geschlossener, dreieckiger Linienzug darstellen.
Lösung: Nach Satz 3.4 gibt es Zahlen p, q, r, so daß gilt

(8) $$p\mathfrak{a} + q\mathfrak{b} + r\mathfrak{c} = \mathfrak{o}\,.$$

Da nach Voraussetzung die Vektoren $\mathfrak{a}$, $\mathfrak{b}$, $\mathfrak{c}$ untereinander verschiedene Richtungen haben, bilden die Vektoren $p\mathfrak{a}$, $q\mathfrak{b}$ und $r\mathfrak{c}$ genau dann ein Dreieck, wenn keiner von ihnen der Nullvektor ist. Nach Voraussetzung kann keiner der Vektoren $\mathfrak{a}$, $\mathfrak{b}$, $\mathfrak{c}$ der Nullvektor sein. Ferner kann keine der Zahlen p, q, r gleich Null sein, denn in der Gleichung (8) ist nach Satz 3.4

mindestens eine der Zahlen p, q, r, z. B. r, ungleich Null. Nun müssen in dieser Gleichung sogar *alle* Zahlen p, q, r ungleich Null sein. Denn wäre etwa $q = 0$, so ginge (8) über in

$$p\mathfrak{a} + r\mathfrak{c} = \mathfrak{o} \quad \text{mit} \quad r \neq 0 \,.$$

Nach Satz 3.1 wären dann aber $\mathfrak{a}$ und $\mathfrak{c}$ kollinear im Widerspruch zur Voraussetzung.

Aufgaben

1. Zeige, daß die Vektoren

   a) $\mathfrak{a} \neq \mathfrak{o}$, $\mathfrak{b} \neq \mathfrak{o}$ und $\mathfrak{o}$, b) $\mathfrak{a} = \mathfrak{o}$, $\mathfrak{b} = \mathfrak{o}$, $\mathfrak{c} \neq \mathfrak{o}$,

   c) $\mathfrak{a} = \mathfrak{o}$, $\mathfrak{b} = \mathfrak{o}$, $\mathfrak{c} = \mathfrak{o}$

   im Sinne der Definition 3.2 komplanar sind. Bestimme auch in jedem Fall drei Zahlen p, q, r gemäß Satz 3.4.

2. Gegeben ist ein Quader (Bild 3.8.1). Gib die Mengen aller a) kollinearen, b) komplanaren Kantenvektoren an.

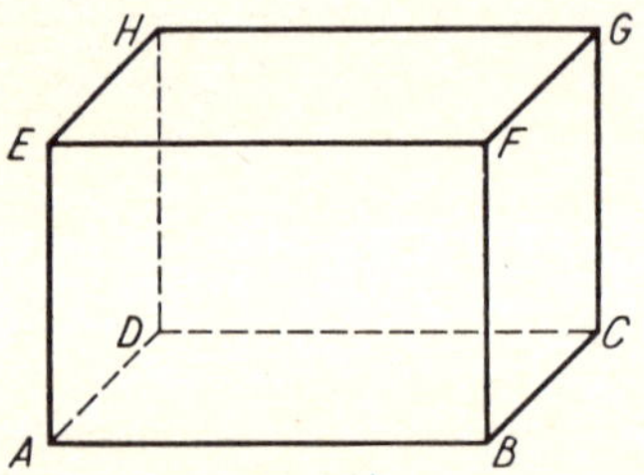

Bild 3.8.1

3. Gegeben ist ein Spat (Bild 3.8.2). Prüfe die folgenden Vektoren auf Komplanarität sowohl geometrisch als auch arithmetisch mit Hilfe einer Komplanaritätsbedingung.

   a) $\mathfrak{a} = \overrightarrow{GH}$ $\quad \mathfrak{b} = \overrightarrow{AE}$ $\quad \mathfrak{c} = \overrightarrow{DG}$

   b) $\mathfrak{a} = \overrightarrow{BF}$ $\quad \mathfrak{b} = \overrightarrow{EH}$ $\quad \mathfrak{c} = \overrightarrow{CD}$

   c) $\mathfrak{a} = \overrightarrow{BD}$ $\quad \mathfrak{b} = \overrightarrow{EG}$ $\quad \mathfrak{c} = \overrightarrow{AB}$

   d) $\mathfrak{a} = \overrightarrow{DF}$ $\quad \mathfrak{b} = \overrightarrow{EC}$ $\quad \mathfrak{c} = \overrightarrow{GH}$

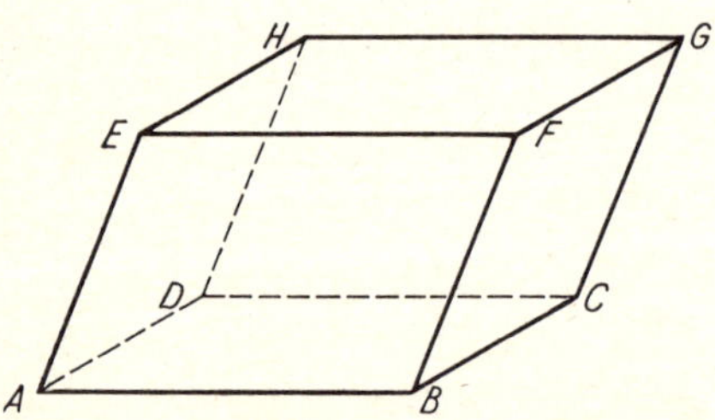

Bild 3.8.2

4. Welches ist die Höchstzahl komplanarer Kantenvektoren a) im Tetraeder, b) im Würfel, c) im Oktaeder (Zeichnung)?

5. Zeige, daß beide Komplanaritätsbedingungen gleichwertig sind.

6. Gegeben sind die Vektoren $\mathfrak{a}$, $\mathfrak{b}$, $\mathfrak{c}$. Sind sie komplanar, wenn a) zwei dieser Vektoren, b) alle drei Vektoren kollinear sind?

7. Zeige, daß die Menge V^2 aus Satz 3.6 ein linearer Vektorraum ist.

8. Zeige a) anschaulich, b) durch Rechnung:
   Ist V^2 ein linearer Vektorraum mit den Basisvektoren $\mathfrak{a}$, $\mathfrak{b}$, so lassen sich alle seine Vektoren durch zwei beliebige andere nicht kollineare Vektoren $\mathfrak{a}'$, $\mathfrak{b}'$ aus V^2 ausdrücken. Das heißt, jedes Paar nicht kollinearer Vektoren aus V^2 ist eine Basis von V^2.

3.3. Lineare Abhängigkeit von Vektoren

Vorübungen

1. Vergleiche noch einmal die Begriffe „kollineare Vektoren" und „nicht kollineare Vektoren", ebenso „komplanare Vektoren" und „nicht komplanare Vektoren" a) geometrisch, b) arithmetisch. Aus welchen Gründen kann man den Begriff „komplanar" als Verallgemeinerung des Begriffes „kollinear" ansehen?

2. $\mathfrak{a}$, $\mathfrak{b}$, $\mathfrak{c}$ seien Vektoren, deren Repräsentanten im Raum paarweise aufeinander senkrecht stehen. Stelle in schräger Parallelprojektion Repräsentanten der Vektoren $2\mathfrak{a} + 3\mathfrak{b} - \mathfrak{c}$ und $\mathfrak{a} - 2\mathfrak{b} + 4\mathfrak{c}$ dar. Zeichne einen beliebigen Pfeil $\overrightarrow{DD'}$ und suche eine algebraische Beziehung zwischen dem zugehörigen Vektor $\mathfrak{d}$ und den Vektoren $\mathfrak{a}$, $\mathfrak{b}$, $\mathfrak{c}$ (vgl. Vorübung 4 aus 3.2). Beachte, daß $\overrightarrow{DD'}$ Raumdiagonale eines geeigneten Quaders werden muß.

In den beiden vorhergehenden Kapiteln haben wir die Menge

$$V^1 = \{\mathfrak{b} \mid \mathfrak{b} = \lambda\,\mathfrak{a} \quad \text{und} \quad \mathfrak{a} \neq \mathfrak{o}\}_{\lambda \in R}$$

als die Menge aller zu $\mathfrak{a}$ kollinearen Vektoren und die Menge

$$V^2 = \{\mathfrak{c} \mid \mathfrak{c} = \lambda\,\mathfrak{a} + \mu\,\mathfrak{b} \quad \text{und} \quad \mathfrak{a}, \mathfrak{b} \quad \text{nicht kollinear}\}_{\lambda,\,\mu \in R}$$

als die Menge aller zu $\mathfrak{a}$ und $\mathfrak{b}$ komplanaren Vektoren kennengelernt. Es liegt nahe, nunmehr die Menge

$$V^3 = \{\mathfrak{d} \mid \mathfrak{d} = \lambda\,\mathfrak{a} + \mu\,\mathfrak{b} + \nu\,\mathfrak{c} \quad \text{und} \quad \mathfrak{a}, \mathfrak{b}, \mathfrak{c} \quad \text{nichtkomplanar}\}_{\lambda,\,\mu,\,\nu \in R}$$

zu betrachten.

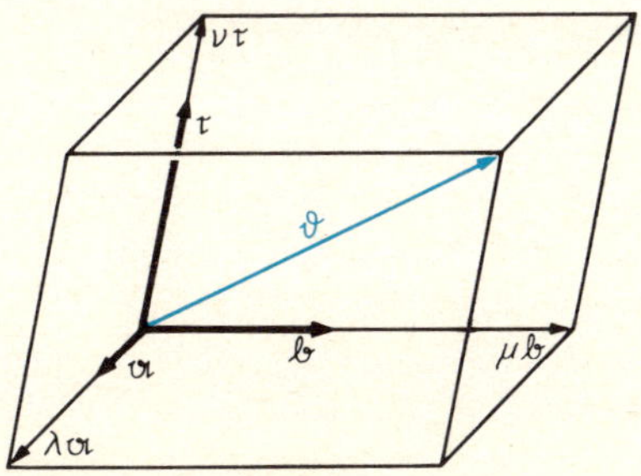

Bild 3.9.1

An Bild 3.9.1 erkennt man, daß sich jeder beliebige Vektor $\mathfrak{d}'$ in der Form

$$\mathfrak{d}' = \lambda'\,\mathfrak{a} + \mu'\,\mathfrak{b} + \nu'\,\mathfrak{c}$$

darstellen läßt. Denn geeignete Vielfache der Vektoren $\mathfrak{a}$, $\mathfrak{b}$, $\mathfrak{c}$ erzeugen immer einen Spat, dessen eine Raumdiagonale gerade der Vektor $\mathfrak{d}'$ ist. Also gehört überhaupt jeder Vektor $\mathfrak{d}'$ zur Menge V^3. Entsprechend den Definitionen 3.1 und 3.2 sollen alle Vektoren der Menge V^3 ***kollokal*** heißen.

Wir wollen aber diese Definition nicht ausdrücklich formulieren, sondern einen neuen, verallgemeinerten Begriff einführen, der die Begriffe „kollinear" „komplanar" und „kollokal" umfaßt.

Definition 3.3

$n+1$ Vektoren $\mathfrak{a}_1, \mathfrak{a}_2, \ldots, \mathfrak{a}_n, \mathfrak{a}_{n+1}$ heißen *linear abhängig*, wenn es reelle Zahlen $\lambda_1, \lambda_2, \ldots, \lambda_n$ gibt, so daß für mindestens einen von ihnen, z. B. $\mathfrak{a}_{n+1}$, gilt:

$$\mathfrak{a}_{n+1} = \lambda_1 \mathfrak{a}_1 + \lambda_2 \mathfrak{a}_2 + \cdots + \lambda_n \mathfrak{a}_n = \sum_{i=1}^{n} \lambda_i \mathfrak{a}_i \tag{9}$$

$n+1$ Vektoren, von denen sich nicht mindestens einer so darstellen läßt, sollen *linear unabhängig* heißen.

Im Sinne dieser Definition sind zwei kollineare, drei komplanare oder vier kollokale Vektoren stets linear abhängig.
Wir beweisen nun den

Satz 3.7

$n+1$ Vektoren $\mathfrak{a}_1, \ldots, \mathfrak{a}_{n+1}$ sind genau dann linear abhängig, wenn es $n+1$ reelle Zahlen $p_1, \ldots, p_{n+1}$ gibt, die nicht alle zugleich Null sind, so daß gilt

$$p_1 \mathfrak{a}_1 + \cdots + p_{n+1} \mathfrak{a}_{n+1} = \sum_{i=1}^{n+1} p_i \mathfrak{a}_i = \mathfrak{o}\,. \tag{10}$$

Ist nämlich etwa $p_{n+1} \neq 0$, so folgt aus (10) die Gleichung

$$\mathfrak{a}_{n+1} = -\frac{p_1}{p_{n+1}} \mathfrak{a}_1 - \cdots - \frac{p^n}{p_{n+1}} \mathfrak{a}_n = -\frac{1}{p_{n+1}} \sum_{i=1}^{n} p_i \mathfrak{a}_i\,,$$

die die Form (9) hat. Umgekehrt folgt aus (9)

$$\lambda_1 \mathfrak{a}_1 + \cdots + \lambda_n \mathfrak{a}_n - \mathfrak{a}_{n+1} = \mathfrak{o}\,,$$

eine Gleichung der Form (10). In dieser Gleichung ist der Koeffizient von $\mathfrak{a}_{n+1}$, nämlich -1, sicher ungleich Null.
Besteht nun eine Gleichung der Form (10) zwischen linear unabhängigen Vektoren $\mathfrak{a}_1, \ldots, \mathfrak{a}_{n+1}$, so müssen notwendigerweise die $n+1$ Koeffizienten gleich Null sein. Es gilt also:

Satz 3.8

Sind die Vektoren $\mathfrak{a}_1, \ldots, \mathfrak{a}_{n+1}$ linear unabhängig und gilt die Gleichung

$$p_1 \mathfrak{a}_1 + \cdots + p_{n+1} \mathfrak{a}_{n+1} = \sum_{i=1}^{n+1} p_i \mathfrak{a}_i = \mathfrak{o}\,, \tag{11}$$

dann muß stets $p_1 = \cdots = p_{n+1} = 0$ sein.

Dieser Satz hat nur für die Fälle $n = 1$ und $n = 2$ eine praktische Bedeutung. Für $n = 3$ würde er schon 4 linear unabhängige Vektoren voraussetzen. Die gibt es aber nicht in unserem Anschauungsraum, da sich, wie wir gesehen haben, jeder Vektor $\mathfrak{d}$ des Raumes durch drei nicht komplanare Vektoren $\mathfrak{a}, \mathfrak{b}, \mathfrak{c}$ darstellen läßt.

Abschließend beweisen wir den

Satz 3.9

Sind $\mathfrak{a}_1, \ldots, \mathfrak{a}_n$ linear unabhängige Vektoren (n = 1, 2 oder 3), so bildet die Menge aller von $\mathfrak{a}_1, \ldots, \mathfrak{a}_n$ linear abhängigen Vektoren einen linearen Vektorraum V^n der Dimension n. Jeder Vektor $\mathfrak{a}_{n+1}$ der Menge läßt sich darstellen in der Form

$$\mathfrak{a}_{n+1} = \lambda_1 \mathfrak{a}_1 + \cdots + \lambda_n \mathfrak{a}_n = \sum_{i=1}^{n} \lambda_i \mathfrak{a}_i \,. \tag{12}$$

Dabei sind die Zahlen $\lambda_1, \ldots, \lambda_n$ eindeutig bestimmt. Die Vektoren $\mathfrak{a}_1, \ldots, \mathfrak{a}_n$ heißen Basisvektoren des Vektorraumes.

Daß die Menge V^n einen linearen Vektorraum bildet, haben wir für $n = 1$, $n = 2$ und $n = 3$ schon früher erkannt.
Wir zeigen noch, daß in der Darstellung (12) die Zahlen $\lambda_1, \ldots, \lambda_n$ auch im Fall $n = 3$ eindeutig bestimmt sind. Gäbe es nämlich für $\mathfrak{a}_4$ neben

$$\mathfrak{a}_4 = \lambda_1 \mathfrak{a}_1 + \lambda_2 \mathfrak{a}_2 + \lambda_3 \mathfrak{a}_3 = \sum_{i=1}^{3} \lambda_i \mathfrak{a}_i$$

die zweite Darstellung

$$\mathfrak{a}_4 = \lambda_1' \mathfrak{a}_1 + \lambda_2' \mathfrak{a}_2 + \lambda_3' \mathfrak{a}_3 = \sum_{i=1}^{3} \lambda_i' \mathfrak{a}_i \quad \text{mit} \quad (\lambda_1', \lambda_2', \lambda_3') \neq (\lambda_1, \lambda_2, \lambda_3) \,,$$

so folgt durch Subtraktion dieser beiden Gleichungen

$$\mathfrak{o} = (\lambda_1 - \lambda_1') \mathfrak{a}_1 + (\lambda_2 - \lambda_2') \mathfrak{a}_2 + (\lambda_3 - \lambda_3') \mathfrak{a}_3 = \sum_{i=1}^{3} (\lambda_i - \lambda_i') \mathfrak{a}_i \,.$$

Nach Satz 3.8 sind dann aber alle Koeffizienten $(\lambda_i - \lambda_i')$ gleich Null, da die Vektoren $\mathfrak{a}_1, \mathfrak{a}_2, \mathfrak{a}_3$ linear unabhängig sind. Damit wäre stets $\lambda_i = \lambda_i'$ im Widerspruch zur Annahme $(\lambda_1', \lambda_2', \lambda_3') \neq (\lambda_1, \lambda_2, \lambda_3)$.
Die Maximalzahl linear unabhängiger Vektoren eines Vektorraumes V heißt ***Dimension*** des Vektorraumes.
Wir haben in diesem Kapitel lineare Vektorräume der Dimension 1, 2 und 3 kennengelernt. Man kann sich fragen, ob es Vektorräume höherer Dimension gibt, zumal die Definition 3.3 und die Sätze 3.7 bis 3.9 eine Verallgemeinerung in dieser Hinsicht zuzulassen scheinen. Die Elemente dieser Vektorräume, die Vektoren, können für $n > 3$ sicher keine Pfeilklassen unseres Anschauungsraumes sein. Damit eine Menge einen linearen Vektorraum bildet, müssen wir ihre Elemente angeben und für diese Gleichheit, Addition und S-Multiplikation erklären und nachweisen, daß die Axiome für einen linearen Vektorraum erfüllt sind. Wir gehen auf dieses Problem kurz am Schluß von Abschnitt 4.1.2 ein. Im übrigen wird die Theorie des allgemeinen n-dimensionalen Vektorraumes erst auf der Hochschule eingehend behandelt.

Aufgaben

1. Zeichne die nicht kollinearen Vektoren $\mathfrak{a}$ und $\mathfrak{b}$ mit gleichem Angriffspunkt A. Zeichne ferner von A aus die Vektoren $3\mathfrak{a} + 2\mathfrak{b}$, $4\mathfrak{a} + 2\mathfrak{b}$, $5\mathfrak{a} + 2\mathfrak{b}$.
Aus welchen geometrischen Gründen kann der Zielpunkt von $4\mathfrak{a} + 2\mathfrak{b}$ von keinem Vektor $\lambda\mathfrak{a} + \mu\mathfrak{b}$ mit $\lambda \neq 4$ oder $\mu \neq 2$ erreicht werden?

2. Gegeben ist der Vektor $2{,}5\,\mathfrak{a} + 2\mathfrak{b} - \mathfrak{c}$ mit dem Angriffspunkt A ($\mathfrak{a}$, $\mathfrak{b}$, $\mathfrak{c}$ nicht komplanar). Warum kann man von A aus den Zielpunkt dieses Vektors mit keinem Vektor $\lambda\mathfrak{a} + \mu\mathfrak{b} + \nu\mathfrak{c}$ mit $\lambda \neq 2{,}5$ erreichen? (Vgl. Aufgabe 1.)

3. Beweise: Für vier verschiedene Vektoren des Raumes gilt stets eine Gleichung der Form $p_1\mathfrak{a}_1 + p_2\mathfrak{a}_2 + p_3\mathfrak{a}_3 + p_4\mathfrak{a}_4 = \mathfrak{o}$, wobei nicht alle Zahlen $p_1, \ldots, p_4$ gleich 0 sind.

4. a) Was läßt sich über die lineare Abhängigkeit von vier Vektoren sagen?
   b) Unter welchen Umständen sind drei Vektoren linear abhängig?
   c) Sind drei kollineare Vektoren linear abhängig?

5. Wir betrachten im Rechteck (Bild 3.12.1) die Vektoren
$\overrightarrow{AB}$, $\overrightarrow{AD}$, $\overrightarrow{AC}$, $\overrightarrow{BD}$, $\overrightarrow{DB}$, $\overrightarrow{AE}$, $\overrightarrow{ED}$. Fasse als Basisvektoren auf:
a) $\overrightarrow{AB} = \mathfrak{a}$, $\overrightarrow{AD} = \mathfrak{b}$ b) $\overrightarrow{AB} = \mathfrak{a}$, $\overrightarrow{AE} = \mathfrak{c}$ c) $\overrightarrow{AE} = \mathfrak{c}$, $\overrightarrow{ED} = \mathfrak{d}$
Drücke jeweils die anderen Vektoren durch die Basisvektoren aus.

6. In Bild 3.12.2 sind E und F Halbierungspunkte der Seiten BC und CD. Die Vektoren $\overrightarrow{AE}$, $\overrightarrow{AC}$, $\overrightarrow{AF}$, $\overrightarrow{BF}$, $\overrightarrow{EF}$ sind durch die Basisvektoren
a) $\mathfrak{a}$, $\mathfrak{b}$, b) $\mathfrak{a}$, $\mathfrak{c}$ auszudrücken.

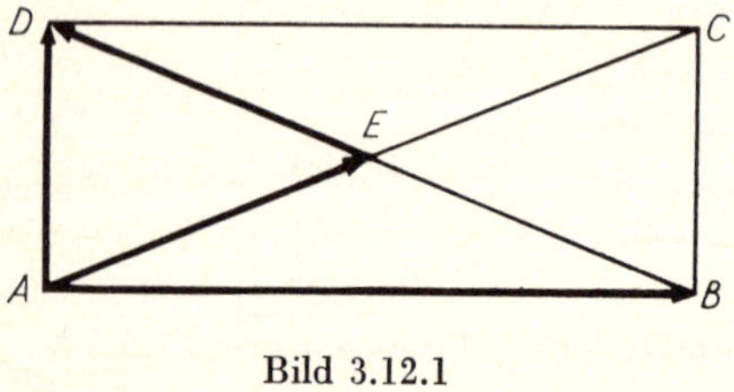

Bild 3.12.1

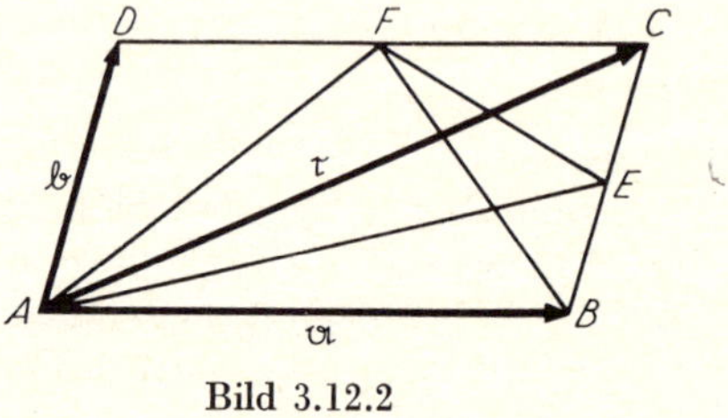

Bild 3.12.2

7. a) Drücke folgende Vektoren im Spat (Bild 3.13.1) durch die drei Basisvektoren $\mathfrak{a}$, $\mathfrak{b}$, $\mathfrak{c}$ aus:

$\overrightarrow{AE}$, $\overrightarrow{AF}$, $\overrightarrow{AG}$, $\overrightarrow{AC}$;

$\overrightarrow{BD}$, $\overrightarrow{BG}$, $\overrightarrow{BE}$, $\overrightarrow{BH}$;

$\overrightarrow{CA}$, $\overrightarrow{CH}$, $\overrightarrow{CG}$, $\overrightarrow{CE}$.

b) Dieselbe Aufgabe für die Basisvektoren $\mathfrak{a}$, $\mathfrak{b}$ und $\overrightarrow{AF} = \mathfrak{d}$.

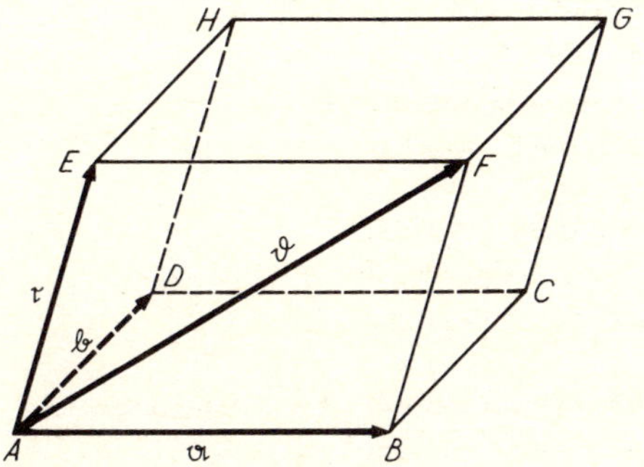

Bild 3.13.1

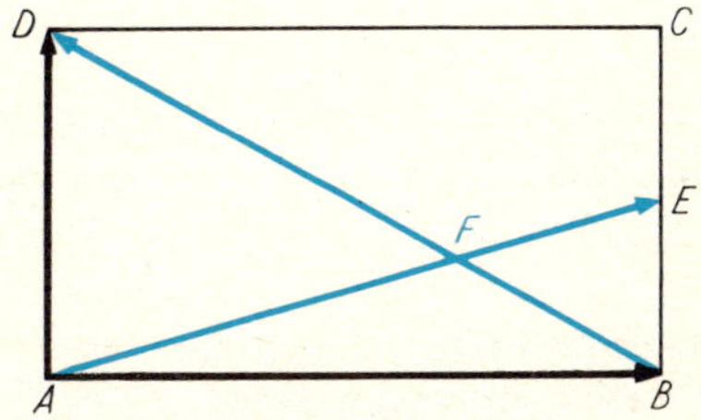

Bild 3.13.2

8. Zeige: n Vektoren, zu denen der Nullvektor gehört, sind immer linear abhängig.

9. Beweise: Sind die Vektoren $\mathfrak{a}_1, \ldots, \mathfrak{a}_n$ linear abhängig, dann sind es auch die Vektoren $\mathfrak{a}_1, \ldots, \mathfrak{a}_n, \mathfrak{a}_{n+1}$ für beliebiges $\mathfrak{a}_{n+1}$.

3.4. Teilverhältnisse in ebenen und räumlichen Figuren

Vorübungen

1. Erkläre den Begriff „Vektorgleichung". Wodurch unterscheidet sich die Vektorgleichung von gewöhnlichen algebraischen Gleichungen?
2. In Bild 3.13.2 halbiert E die Seite BC des Rechtecks. Es seien $\overrightarrow{AB} = \mathfrak{a}$, $\overrightarrow{AD} = \mathfrak{b}$, $\overrightarrow{AE} = \mathfrak{c}$, $\overrightarrow{BD} = \mathfrak{d}$, $\overrightarrow{AF} = m\,\mathfrak{c}$, $\overrightarrow{BF} = n\,\mathfrak{d}$.

a) Stelle auf Grund dieser Figur Vektorgleichungen auf, indem du einfache geschlossene Linienzüge heraussuchst.

b) Eliminiere aus den Gleichungen für die Linienzüge AFDA und BEFB den Vektor $\mathfrak{b}$. Welche Folgerung läßt sich ziehen, da doch $\mathfrak{c}$ und $\mathfrak{d}$ linear unabhängig sind?

Wir wollen nun die Erkenntnisse, die wir im vorigen Kapitel gewonnen haben, anwenden, um Teilverhältnisse von Strecken zu berechnen. Dabei kommt uns zustatten, daß sich alle Vektoren durch geeignet eingeführte Basisvektoren ausdrücken lassen. Alle Rechnungen mit Vektoren können also auf solche mit diesen Basisvektoren zurückgeführt werden.
Im folgenden lassen sich einige der Lösungen geometrisch mit Hilfe der Strahlensätze einfach kontrollieren.

Beispiele

1. Im Rechteck ABCD halbiert E die Seite BC. Ferner sind die Diagonale BD und die Strecke AE gezogen. Wir fragen nach dem Teilverhältnis, in dem der Schnittpunkt F beide Strecken unterteilt (Bild 3.13.2).

Lösung: Wir fassen die Vektoren $\overrightarrow{AB} = \mathfrak{a}$ und $\overrightarrow{AD} = \mathfrak{b}$ als Basisvektoren auf. Ferner sei

$$\overrightarrow{AF} = m\,\overrightarrow{AE} \qquad \text{und} \qquad \overrightarrow{BF} = n\,\overrightarrow{BD}.$$

Aus dem Dreieck ABF ergibt sich dann die Gleichung

(1) $$\mathfrak{a} + n\,\overrightarrow{BD} - m\,\overrightarrow{AE} = \mathfrak{o}.$$

Wir drücken $\overrightarrow{BD}$ und $\overrightarrow{AE}$ durch die Basisvektoren $\mathfrak{a}$, $\mathfrak{b}$ aus.

$$\overrightarrow{BD} = -\mathfrak{a} + \mathfrak{b} \qquad \overrightarrow{AE} = \mathfrak{a} + \frac{1}{2}\mathfrak{b}$$

Setzt man in (1) ein, so folgt

$$\mathfrak{a} - n\mathfrak{a} + n\mathfrak{b} - m\mathfrak{a} - \frac{m}{2}\mathfrak{b} = \mathfrak{o}.$$

Wir ordnen nach $\mathfrak{a}$ und $\mathfrak{b}$:

$$\mathfrak{a}\,(1 - n - m) + \mathfrak{b}\left(n - \frac{m}{2}\right) = \mathfrak{o}$$

Da $\mathfrak{a}$, $\mathfrak{b}$ als Basisvektoren linear unabhängig sind, kann diese Gleichung nur bestehen, wenn die Koeffizienten von $\mathfrak{a}$ und $\mathfrak{b}$ gleich 0 sind.

$$1 - n - m = 0$$

$$n - \frac{m}{2} = 0$$

Durch Addition folgt $m = \frac{2}{3}$ und daher $n = \frac{1}{3}$.

F teilt AE im Verhältnis 2:1, BD im Verhältnis 1:2.

Wir fassen noch einmal die wesentlichen Schritte bei der Lösung dieser Aufgabe zusammen:

1. Wir suchen nach einem geschlossenen Linienzug, der den Teilpunkt F als Ecke enthält und stellen daraus eine Vektorgleichung auf.
2. Wir drücken alle Vektoren dieser Gleichung durch zwei Basisvektoren aus (die man vorher möglichst zweckmäßig gewählt hat).
3. Wir ordnen nach den Basisvektoren und setzen deren Vorzahlen gleich Null.

Wir wollen als zweites Beispiel eine Aufgabe im R^3 behandeln.

2. Im Spat (Bild 3.14.1) gehen von A die Basisvektoren $\mathfrak{a}$, $\mathfrak{b}$, $\mathfrak{c}$ aus. Der Punkt T teile die Raumdiagonale BH im Verhältnis 3:1. Die Strecke GT werde bis zur Fläche ADHE verlängert und schneide diese in S.

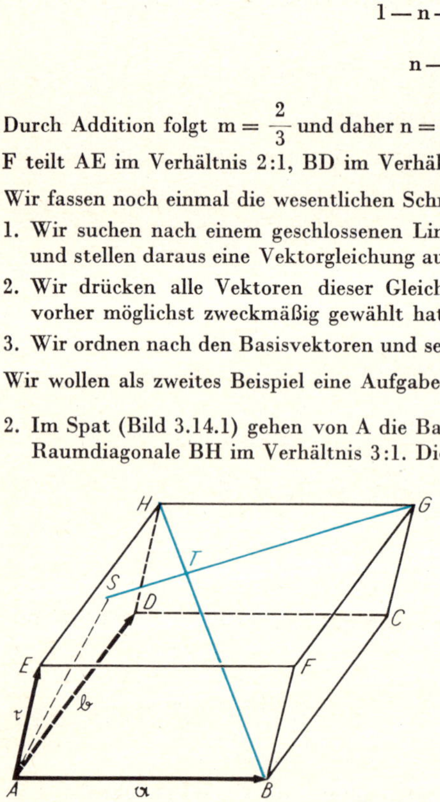

Bild 3.14.1

Wie läßt sich $\overrightarrow{AS}$ durch die Basisvektoren ausdrücken? In welchem Verhältnis teilt ferner T die Strecke GS?

Lösung: Aus dem Linienzug ABTSA folgt

(1) $$\mathfrak{a} + \frac{3}{4}\overrightarrow{BH} + \overrightarrow{TS} + \overrightarrow{SA} = \mathfrak{o}.$$

Da $\overrightarrow{AS}$ mit $\mathfrak{b}$ und $\mathfrak{c}$ komplanar ist, können wir ansetzen

(2) $$\overrightarrow{AS} = p\mathfrak{b} + q\mathfrak{c}.$$

Ferner sei

$$\overrightarrow{TS} = r\,\overrightarrow{GS},$$

wobei für $\overrightarrow{GS}$ aus dem Linienzug ABCGSA die Darstellung

$$\overrightarrow{GS} = -\mathfrak{c} - \mathfrak{b} - \mathfrak{a} + \overrightarrow{AS} = -\mathfrak{c} - \mathfrak{b} - \mathfrak{a} + p\mathfrak{b} + q\mathfrak{c} = -\mathfrak{a} + (p-1)\,\mathfrak{b} + (q-1)\,\mathfrak{c}$$

folgt. Also ist

(3) $$\overrightarrow{TS} = -r\mathfrak{a} + (rp - r)\mathfrak{b} + (qr - r)\mathfrak{c}.$$

Für $\overrightarrow{BH}$ finden wir aus BHDAB

(4) $$\overrightarrow{BH} = -\mathfrak{a} + \mathfrak{b} + \mathfrak{c}.$$

Setzt man (2), (3), (4) in (1) ein, so ergibt sich

$$\mathfrak{a} - \frac{3}{4}\mathfrak{a} + \frac{3}{4}\mathfrak{b} + \frac{3}{4}\mathfrak{c} - r\mathfrak{a} + (rp - r)\mathfrak{b} + (qr - r)\mathfrak{c} - p\mathfrak{b} - q\mathfrak{c} = \mathfrak{o}.$$

Wir ordnen nach $\mathfrak{a}$, $\mathfrak{b}$, $\mathfrak{c}$.

$$\mathfrak{a}\left(\frac{1}{4} - r\right) + \mathfrak{b}\left(\frac{3}{4} + rp - r - p\right) + \mathfrak{c}\left(\frac{3}{4} + qr - r - q\right) = \mathfrak{o}$$

Da $\mathfrak{a}$, $\mathfrak{b}$, $\mathfrak{c}$ linear unabhängig sind, kann diese Gleichung nur bestehen, wenn die Klammerausdrücke gleich 0 sind.
Es folgt zunächst

$$r = \frac{1}{4}$$

und damit

$$\frac{1}{2} - \frac{3}{4}p = 0 \Rightarrow p = \frac{2}{3}$$

$$\frac{1}{2} - \frac{3}{4}q = 0 \Rightarrow q = \frac{2}{3}.$$

Es ist also

$$\overrightarrow{AS} = \frac{2}{3}\mathfrak{b} + \frac{2}{3}\mathfrak{c},$$

ferner teilt T die Strecke GS im Verhältnis 3:1.

Aufgaben

1. Im Parallelogramm ABCD teilt E die Seite BC im Verhältnis 2:1, F die Seite AD im Verhältnis 2:3. Wie teilen sich
a) die Transversalen[1]) AE und BF,
b) die Transversalen DE und CF?

2. Im Rechteck ABCD wird AB durch E im Verhältnis 4:1, BC durch F im Verhältnis 1:1 geteilt. Wie teilen sich
a) die Transversalen AF und CE,
b) die Transversalen AF und DE,
c) die Transversalen DF und CE?

3. In welchem Verhältnis teilen sich zwei Seitenhalbierende eines Dreiecks?

4. Von zwei Ecken eines Dreiecks sind zu den gegenüberliegenden Seiten zwei Transversalen gezogen, die sich jeweils im Verhältnis 3:1 teilen. In welchem Verhältnis teilen sie die gegenüberliegenden Seiten?

---

[1] Eine Transversale in einer Figur ist eine Strecke, deren Endpunkte auf der Begrenzung der Figur liegen.

5. In welchem Verhältnis teilt in einem Dreieck die Transversale durch A und den Mittelpunkt der Seitenhalbierenden s_c die Seite BC? Wie wird die Transversale selbst durch s_c geteilt?

6. Zeige, daß sich die drei Seitenhalbierenden eines Dreiecks in einem Punkte schneiden.

7. Beweise: Die Winkelhalbierende eines Dreiecks teilt die gegenüberliegende Seite im Verhältnis der anliegenden Seiten.

8. In einem Quader ist die Raumdiagonale AG gezogen (Bild 3.16.1). Vom Mittelpunkt M der Kante EH wird durch einen Punkt T der Raumdiagonale eine Gerade gezogen, die die Grundfläche in S schneidet.

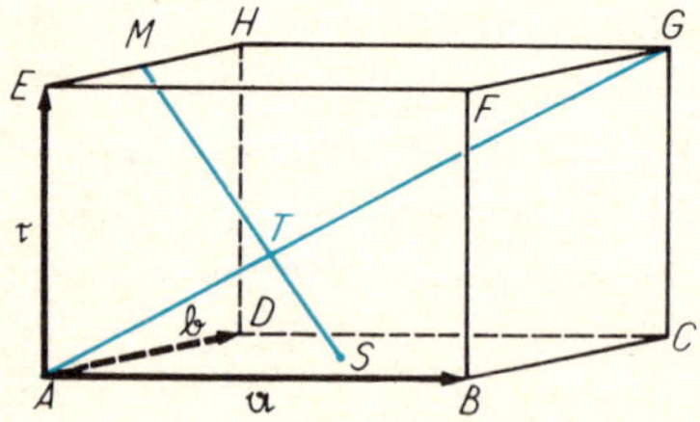

Bild 3.16.1

Wie muß T liegen, wenn a) $\overrightarrow{AS} = \frac{3}{4}\mathfrak{a} + m\mathfrak{b}$, b) $\overrightarrow{AS} = m\mathfrak{a} + \frac{1}{5}\mathfrak{b}$, c) $\overrightarrow{AS} = \frac{1}{5}\mathfrak{a} + m\mathfrak{b}$ sein soll? Wie wird MS durch T unterteilt? Bestimme auch m.

4. Analytische Geometrie I
Parameterformen der Geraden- und Ebenengleichung

Wir haben bisher die Vektoren mit den zugehörigen Rechenoperationen definiert und einfache geometrische Aufgaben — etwa die Berechnung von Teilverhältnissen — vektoriell lösen können. Kennzeichnend für diese Überlegungen war, daß geometrische Beziehungen in Vektorgleichungen „übersetzt" wurden. Die Rechnungen führten zu Ergebnissen, die sich wiederum geometrisch deuten ließen. Dieses Verfahren kennzeichnet die vektorielle Analytische Geometrie.

Um diese Methode auf weitere geometrische Probleme anwenden zu können, wollen wir eine umkehrbar eindeutige Zuordnung herstellen zwischen den Punkten des Anschauungsraumes und den Vektoren des Vektorraumes V^3. Insbesondere wollen wir zunächst eine solche Zuordnung zwischen den Punkten einer Geraden g und den Vektoren eines geeigneten Vektorraumes V^1, anschließend zwischen den Punkten einer Ebene E und den Vektoren eines passenden Vektorraumes V^2 angeben. Diese Zuordnungen gelingen mit Hilfe des Koordinatenbegriffs.

4.1. Vektoren im Koordinatensystem

4.1.1 Das affine Koordinatensystem

I. *Koordinaten auf der Geraden, die Gerade als 1-dimensionaler Punktraum*

Vorübungen

1. Veranschauliche auf der Zahlengeraden die Zahlen (+2), (+5), (−3) durch Pfeile. Was muß man vorher festlegen, damit die Darstellung eindeutig ist?
2. Versuche zwischen den Punkten einer Geraden g und jeweils geeigneten Repräsentanten der Vektoren eines Vektorraumes V^1, dessen Basisvektor $\mathfrak{b}_1$ zu g parallel verläuft, eine umkehrbar eindeutige Zuordnung herzustellen.

In der Mittelstufe haben wir Pfeile benutzt, um positive und negative Zahlen auf der Zahlengeraden zu veranschaulichen. Dazu müssen zunächst einmal der Nullpunkt und die Einheitsstrecke mit Durchlaufsinn auf der Zahlengeraden festgelegt werden. Danach läßt sich jede Zahl umkehrbar eindeutig durch einen Pfeil wiedergeben, dessen Anfangspunkt jeweils im Nullpunkt liegt. In Bild 4.1.1 sind einige reelle Zahlen durch ihre Pfeile dargestellt.

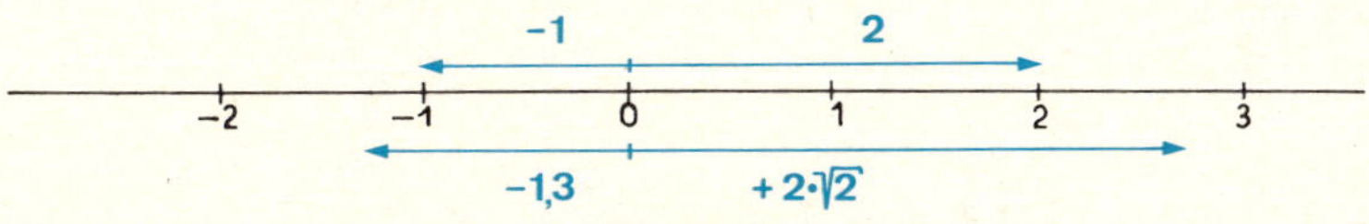

Bild 4.1.1

Nach diesem Vorbild können wir nun den Punkten einer beliebigen Geraden g die Vektoren desjenigen Vektorraumes V^1, dessen Basisvektor $\mathfrak{b}_1$ zur Geraden g parallel ist, umkehrbar eindeutig zuordnen. Wir legen zu diesem Zweck auf g einen beliebigen

Punkt, den *Ursprung* O (Nullpunkt), fest und denken uns von O aus Repräsentanten aller Vektoren $\lambda\,\mathfrak{b}_1$ abgetragen (Bild 4.2.1).

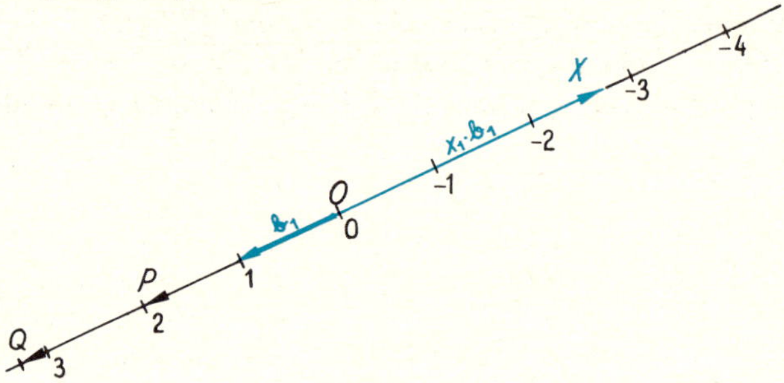

Bild 4.2.1

Dadurch wird umkehrbar eindeutig jedem Punkt Q auf g ein Vektor $\lambda_Q\,\mathfrak{b}_1$ des eindimensionalen Vektorraumes V^1 zugeordnet. Deshalb nennen wir auch die Menge der Punkte von g einen *1-dimensionalen Punktraum R^1.*

Der Ursprung O und der Basisvektor $\mathfrak{b}_1$ legen nun ein *Koordinatensystem* auf g fest. So wie dem Punkt P bezüglich dieses Koordinatensystems die Zahl 2 zugeordnet wird (denn $\overrightarrow{OP} = 2\,\mathfrak{b}_1$), so wird jedem X auf g die Zahl x_1 zugeordnet, für die gilt

$$\overrightarrow{OX} = x_1\mathfrak{b}_1\,.$$

Diese Zahl x_1 heißt *Koordinate* des Punktes X und auch Koordinate des Vektors $\overrightarrow{OX}$. Derjenige Vektor $\overrightarrow{OX}$ des Vektorraumes V^1, der dem Punkt X des Punktraumes R^1 zugeordnet ist, heißt *Ortsvektor* von X. Denkt man bei einem Vektor nicht an diese Zuordnung zwischen Punkt und seinem Ortsvektor, so sprechen wir gelegentlich der Deutlichkeit halber von einem freien Vektor.

Wir wollen in Zukunft Ortsvektoren jeweils mit denjenigen Frakturbuchstaben bezeichnen, die zur zugehörigen Punktbezeichnung passen: Nach P, Q, X, ... weisen die Ortsvektoren $\mathfrak{p}$, $\mathfrak{q}$, $\mathfrak{x}$, ..., nach X_1, X_2, ... die Ortsvektoren $\mathfrak{x}_1$, $\mathfrak{x}_2$, ...

II. Koordinaten in der Ebene, die Ebene als 2-dimensionaler Punktraum

Vorübungen

1. Was versteht man unter den Koordinaten eines Punktes P in der Ebene E? Wo wurden sie früher verwendet? Welche Festlegungen muß man treffen, damit jeder Punkt in E durch seine Koordinaten eindeutig gekennzeichnet ist? Was ist das Koordinatennetz?
2. Zeichne ein ebenes rechtwinkliges Achsenkreuz mit dem Ursprung O. Zeichne einen Punkt X und den Vektor $\overrightarrow{OX}$ ein. Welche Vektoren veranschaulichen die Koordinaten von X? Welche Vektoren kann man als Basisvektoren $\mathfrak{b}_1$, $\mathfrak{b}_2$ ansehen, damit zwischen den Punkten der Ebene und den Vektoren des durch $\mathfrak{b}_1$, $\mathfrak{b}_2$ erzeugten Vektorraumes V^2 eine umkehrbar eindeutige Zuordnung hergestellt wird?
3. Stelle zeichnerisch zwischen den Punkten der Ebene E und den Vektoren des Vektorraumes V^2 eine umkehrbar eindeutige Zuordnung her, wenn die Basisvektoren $\mathfrak{b}_1$, $\mathfrak{b}_2$ parallel zu E, aber sonst beliebig sind. Zeichne einen Vektor $\overrightarrow{OX}$ ein und gib zeichnerisch die „Koordinaten" von X an. Zeichne auch das „Koordinatennetz".

Wir haben bereits in der Mittelstufe den Koordinatenbegriff kennengelernt. Mit Hilfe eines rechtwinkligen Achsenkreuzes kann jeder Punkt X der Ebene durch zwei Zahlen, seine Koordinaten, gekennzeichnet werden (Bild 4.3.1). Dieses Hilfsmittel wird z. B. bei der Festlegung von Geländepunkten in der Karte oder bei der Zeichnung von Graphen zu vorgegebenen Funktionsgleichungen verwendet.

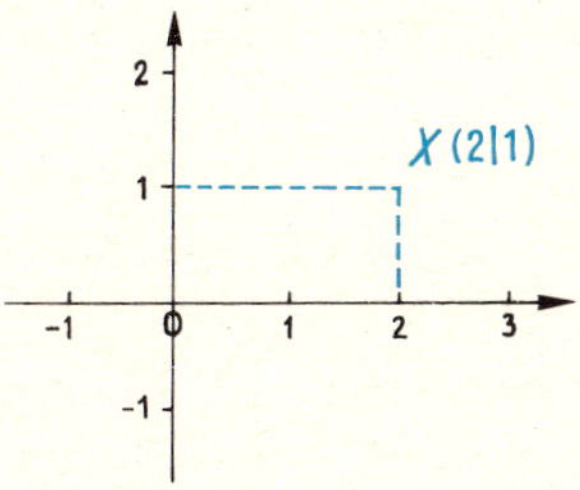

Bild 4.3.1

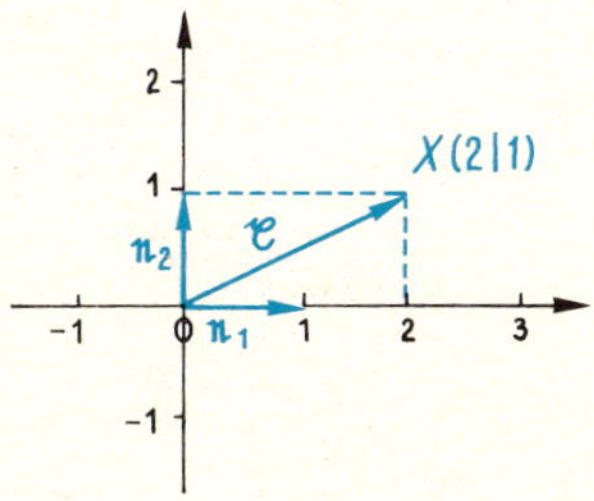

Bild 4.3.2

Zeichnet man nun in das rechtwinklige Achsenkreuz von Bild 4.3.1 gemäß Bild 4.3.2 den *Ortsvektor* $\overrightarrow{OX}$ und die Basisvektoren $\mathfrak{e}_1, \mathfrak{e}_2$ ein, die hier aufeinander senkrecht stehen und den gleichen Betrag haben, so werden damit alle Punkte der Ebene den Vektoren des durch $\mathfrak{e}_1, \mathfrak{e}_2$ erzeugten Vektorraumes V^2 umkehrbar eindeutig zugeordnet: Dem Punkt X(2/1) entspricht z. B. so der Ortsvektor $\mathfrak{x} = 2\mathfrak{e}_1 + \mathfrak{e}_2$. Damit wäre die Aufgabe, die Punkte der Ebene umkehrbar eindeutig den Vektoren des Vektorraumes V^2 zuzuordnen, grundsätzlich gelöst.
Um uns nun aber von der speziellen Wahl der Basisvektoren von V^2 unabhängig zu machen, verallgemeinern wir den Begriff des Koordinatensystems in folgender Weise: Von einem festen Punkt O aus, dem Ursprung des Koordinatensystems, sind zwei beliebige Basisvektoren $\mathfrak{b}_1, \mathfrak{b}_2 \in V^2$ gezeichnet, die bekanntlich linear unabhängig sein müssen. Wir verschieben das von ihnen aufgespannte Parallelogramm immer wieder um $\pm\mathfrak{b}_1$ und dann den entstandenen Streifen entsprechend um $\pm\mathfrak{b}_2$. Wir erhalten dadurch das Gitternetz von Bild 4.3.3. Nimmt man jetzt einen Punkt X an,

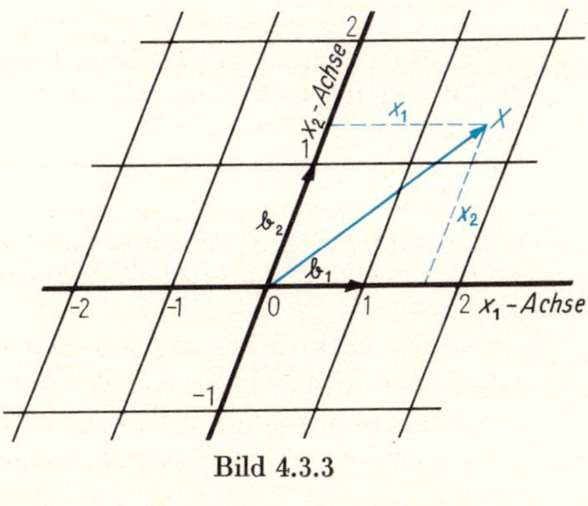

Bild 4.3.3

so läßt sich der Vektor $\mathfrak{x} = \overrightarrow{OX}$ nach Satz 3.6 nur in einer Weise durch die Vektoren $\mathfrak{b}_1$ und $\mathfrak{b}_2$ ausdrücken.

(1) $$\mathfrak{x} = \overrightarrow{OX} = x_1\mathfrak{b}_1 + x_2\mathfrak{b}_2 .$$

Wir sagen, daß die Basisvektoren $\mathfrak{b}_1$, $\mathfrak{b}_2$ zusammen mit dem Ursprung O ein *affines Koordinatensystem* bilden. Die Geraden mit den Richtungen von $\mathfrak{b}_1$ und $\mathfrak{b}_2$, die sich in O schneiden, heißen die *x_1- bzw. x_2-Achse* des Koordinatensystems. Wir nennen den Vektor $\overrightarrow{OX}$ den *Ortsvektor* des Punktes X. Zur Kennzeichnung des Punktes X oder seines Ortsvektors $\overrightarrow{OX}$ genügt es offenbar, in (1) die Zahlen x_1 und x_2 zu kennen. Wir nennen diese Zahlen die *Koordinaten* des Punktes X bzw. des zugehörigen Vektors $\overrightarrow{OX}$. Die Vektoren $x_1\mathfrak{b}_1$ und $x_2\mathfrak{b}_2$ heißen die *Komponenten* von $\overrightarrow{OX}$.
Sind die Basisvektoren des V^2 speziell zueinander senkrechte Einheitsvektoren wie in Bild 4.3.2, so bezeichnen wir sie mit den Buchstaben $\mathfrak{e}_1$, $\mathfrak{e}_2$ und nennen das von ihnen erzeugte, uns von früher her bekannte Koordinatensystem *kartesisches Koordinatensystem* [nach dem französischen Mathematiker Descartes (1596–1650), dem Begründer der Analytischen Geometrie].
Mit der Einführung des affinen Koordinatensystems haben wir bei beliebiger Wahl der Basisvektoren wieder eine umkehrbar eindeutige Zuordnung zwischen den Punkten der Ebene E und den Vektoren des 2-dimensionalen Vektorraumes V^2 herstellen können. Deshalb bezeichnen wir die Menge der Punkte von E auch als *2-dimensionalen Punktraum R^2*.

III. Koordinaten im Raum, der 3-dimensionale Punktraum

Vorübungen

1. Zeichne im Schrägbild drei zueinander senkrechte Koordinatenachsen. Veranschauliche die Koordinaten eines Punktes X im Anschauungsraum durch Strecken. Was könnte man unter den „Komponenten“ des Ortsvektors $\overrightarrow{OX}$ verstehen?
2. Übertrage die Vorübung 1 auf den Fall, daß die Koordinatenachsen nicht aufeinander senkrecht stehen.

Wir übertragen die bisherigen Überlegungen nun auf den Raum.
Im Raum benötigt man für ein affines Koordinatensystem außer dem Ursprung O drei Basisvektoren $\mathfrak{b}_1$, $\mathfrak{b}_2$, $\mathfrak{b}_3$. Diese spannen einen Spat auf, aus dem wir durch wiederholte Verschiebungen nunmehr ein räumliches Gitternetz mit der x_1-, x_2- und x_3-Achse erhalten (Bild 4.5.1). Jedem Punkt X läßt sich sein Ortsvektor $\overrightarrow{OX}$ zuordnen:

(2) $$\overrightarrow{OX} = \mathfrak{x} = x_1\mathfrak{b}_1 + x_2\mathfrak{b}_2 + x_3\mathfrak{b}_3 .$$

Dabei sind die Koordinaten x_1, x_2, x_3 wiederum eindeutig bestimmt (Satz 3.9). $x_1\mathfrak{b}_1$, $x_2\mathfrak{b}_2$, $x_3\mathfrak{b}_3$ nennen wir wie oben die Komponenten des Vektors $\overrightarrow{OX}$ (Bild 4.5.2). Besonders einfach ist wieder ein Koordinatensystem, in dem alle Basisvektoren die Länge 1 haben, also Einheitsvektoren sind, und paarweise aufeinander senkrecht stehen. In diesem Falle wollen wir die Basisvektoren mit $\mathfrak{e}_1$, $\mathfrak{e}_2$, $\mathfrak{e}_3$ bezeichnen.

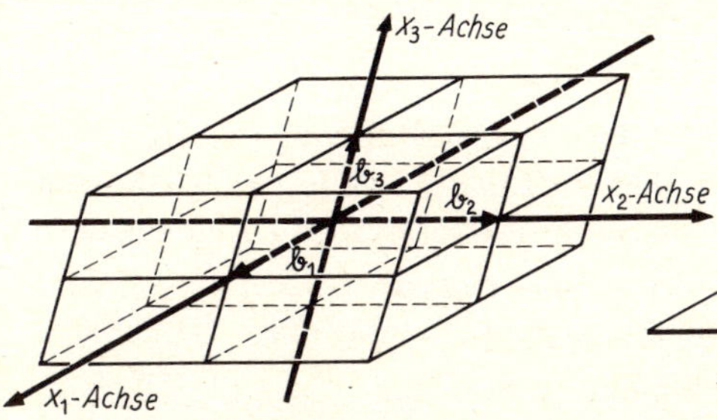

Bild 4.5.1

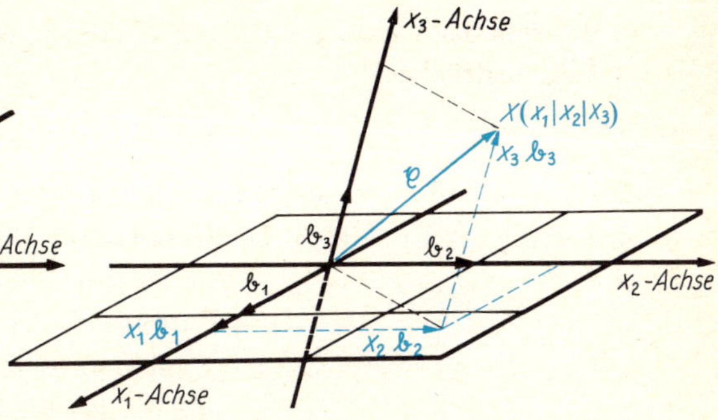

Bild 4.5.2

Zusätzlich wird vereinbart, daß die Vektoren $\mathfrak{e}_1, \mathfrak{e}_2, \mathfrak{e}_3$ in dieser Reihenfolge ein *Rechtssystem* bilden (Bild 4.5.3). Ein Rechtssystem läßt sich mit Hilfe der rechten Hand veranschaulichen: Hält man Daumen und Zeigefinger in Richtung von $\mathfrak{e}_1$ und $\mathfrak{e}_2$, so zeigt der Mittelfinger in die Richtung von $\mathfrak{e}_3$. Dieses spezielle Koordinatensystem nennen wir wieder kartesisches Koordinatensystem.
Mit der umkehrbar eindeutigen Zuordnung der Punkte des Anschauungsraumes und der Vektoren des 3-dimensionalen Vektorraumes V^3 gemäß Gleichung (2) haben wir unser Ziel erreicht. Die Menge aller Punkte des Raumes bezeichnen wir daher als *3-dimensionalen Punktraum R^3.*

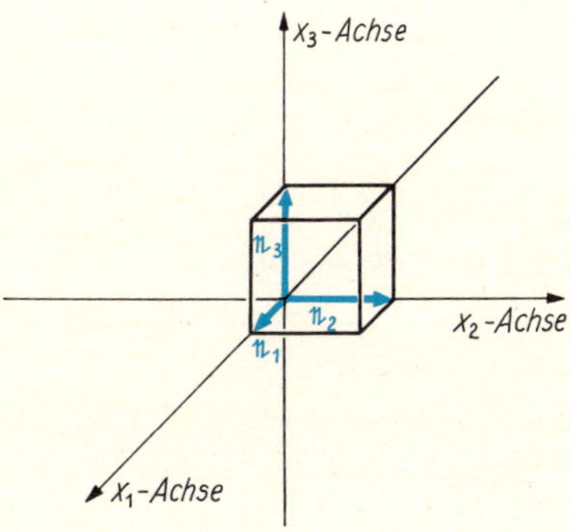

Bild 4.5.3

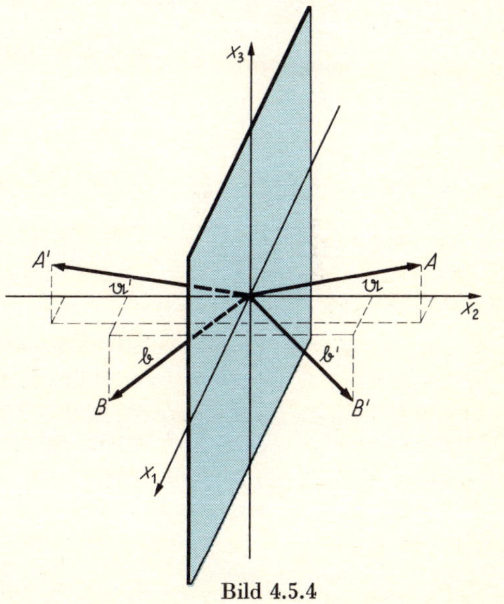

Bild 4.5.4

Beispiel

1. Wo liegen im R^2 alle Punkte X $(x_1/x_2 = 2)$?
   Die Punkte liegen auf der Parallelen zur x_1-Achse durch den Punkt A (0/2).

2. Gegeben sind in kartesischen Koordinaten die Punkte A (2/3/1), B (3/—2/—1). Spiegle die Punkte an der x_1x_3-Ebene und gib die Ortsvektoren der Bildpunkte an.
In Bild 4.5.4 sind die Punkte und ihre Bildpunkte dargestellt. Die Ortsvektoren der Bildpunkte sind

$$\mathfrak{a}' = 2\,\mathfrak{e}_1 - 3\,\mathfrak{e}_2 + \mathfrak{e}_3 \quad \text{und} \quad \mathfrak{b}' = 3\,\mathfrak{e}_1 + 2\,\mathfrak{e}_2 - \mathfrak{e}_3\,.$$

Aufgaben

Affine Koordinaten

1. Auf der Zahlengeraden g wird durch Vorgabe des Nullpunktes und der gerichteten Einheitsstrecke ein Koordinatensystem erzeugt. Welche *anderen* Koordinaten erhalten die Punkte A(2), B(4,5), C(– 1,7), D($\sqrt{2}$), wenn man den Punkt E(– 3) zum Ursprung und den Vektor $\overrightarrow{AB}$ zum Basisvektor eines neuen Koordinatensystems macht?

2. Zeichne im R^2 ein affines Koordinatensystem (Basisvektoren $\mathfrak{b}_1$, $\mathfrak{b}_2$) und das Koordinatennetz. Trage folgende Punkte ein:
A(1/2), B(–2/3), C(–4/–1), D(3,5/–2), E(0/4), F(–2/0)

3. Bestimme die Menge aller Punkte $X(x_1/x_2)$ mit
a) $x_1 = 4$, b) $x_2 = -2$, c) $x_2 > 2$, d) $x_1 \leqq 1$, e) $x_1 = x_2$, f) $x_1 = -x_2$.

4. Gegeben sind die Basisvektoren $\mathfrak{b}_1$, $\mathfrak{b}_2$ mit $\sphericalangle(\mathfrak{b}_1; \mathfrak{b}_2) = 60°$ und $|\mathfrak{b}_1| = |\mathfrak{b}_2|$.
a) Gib die Koordinaten der Eckpunkte des Parallelogramms an, das durch $\mathfrak{b}_1$ und $\mathfrak{b}_2$ aufgespannt wird.
b) Welche Koordinaten haben die Eckpunkte des regelmäßigen Sechsecks mit dem Eckpunkt A (1/0) und dem Mittelpunkt im Ursprung?

5. Gegeben sind die Basisvektoren $\mathfrak{b}_1$, $\mathfrak{b}_2$ mit $\sphericalangle(\mathfrak{b}_1; \mathfrak{b}_2) = 60°$ und $|\mathfrak{b}_1| = 2 \cdot |\mathfrak{b}_2|$.
Wie heißen die Ortsvektoren der Ecken der gleichseitigen Dreiecke, deren Grundseite a) der Vektor $\mathfrak{b}_1$, b) der Vektor $\mathfrak{b}_2$ ist?

6. Zeichne ein räumliches affines Koordinatensystem in schräger Parallelprojektion. Trage folgende Ortsvektoren ein:
a) $\mathfrak{x}_1 = \mathfrak{b}_1 + \mathfrak{b}_2 + 2\mathfrak{b}_3$ b) $\mathfrak{x}_2 = 2\mathfrak{b}_1 + 2\mathfrak{b}_2$ c) $\mathfrak{x}_3 = 3\mathfrak{b}_1 - \mathfrak{b}_2 - \mathfrak{b}_3$
d) $\mathfrak{x}_4 = -\mathfrak{b}_1 - \mathfrak{b}_2 - \mathfrak{b}_3$ e) $\mathfrak{x}_5 = 1{,}5\mathfrak{b}_1 + 0{,}5\mathfrak{b}_3$ f) $\mathfrak{x}_6 = 4\mathfrak{b}_1 + 2{,}5\mathfrak{b}_2 + 3\mathfrak{b}_3$

7. Die Basisvektoren $\mathfrak{b}_1$, $\mathfrak{b}_2$, $\mathfrak{b}_3$ spannen einen Spat im Raum auf. Welches sind die Ortsvektoren a) der acht Eckpunkte, b) der Kantenmittelpunkte?

Kartesische Koordinaten

8. Spiegle die Punkte A(2/4), B(–3/2), C(–5/–1), D(0/–3)
a) an der x_1-Achse, b) an der x_2-Achse, c) am Ursprung,
d) an der Geraden $g_1 : x_2 = x_1$ e) an der Geraden $g_2 : x_2 = -x_1$, und gib die Ortsvektoren der Bildpunkte an (Zeichnung).

9. Gegeben ist der Punkt $X(x_1/x_2/x_3)$ [Zahlenbeispiel A(2/3/1)].
Bestimme die Koordinaten der Bildpunkte bei einer

a) Spiegelung an der x_1x_2-Ebene,

b) Spiegelung an der x_1x_3-Ebene,

c) Spiegelung an der x_2-Achse,

d) Spiegelung am Ursprung.

10. Bestimme die Menge aller Punkte $X(x_1/x_2/x_3)$ mit

a) $x_1 = 1$ und $x_2 = 0$, b) $x_1 = 0$, c) $x_1 < 0$, d) $x_2 \geqq 0$, e) $x_1 = 2$, f) $x_2 = x_3$.

11. Wo liegen im R^3 die Endpunkte der Ortsvektoren

a) $\mathfrak{x} = 2\mathfrak{e}_1 + 3\mathfrak{e}_2 + x_3\mathfrak{e}_3$ b) $\mathfrak{x} = x_1\mathfrak{e}_1 + x_2\mathfrak{e}_2$

c) $\mathfrak{x} = x_3\mathfrak{e}_3$ d) $\mathfrak{x} = x_1\mathfrak{e}_1 + \mathfrak{e}_2 + x_3\mathfrak{e}_3$?

4.1.2. Das Rechnen mit Vektoren im Koordinatensystem

Vorübungen

1. Wie haben wir die Gleichheit von Vektoren definiert? Welche Folgerung ergibt sich für die Komponentendarstellung zweier gleicher Vektoren?
2. Gegeben sind $\mathfrak{x} = 2\mathfrak{b}_1 - 3\mathfrak{b}_2$ und $\mathfrak{y} = 4\mathfrak{b}_1 + 5\mathfrak{b}_2$. Zeichne und berechne $\mathfrak{x} + \mathfrak{y}$, $\mathfrak{y} - \mathfrak{x}$, $3 \cdot \mathfrak{x}$.

Nach Satz 3.9 ist die Darstellung eines Vektors $\mathfrak{x}$ durch drei Basisvektoren $\mathfrak{b}_1$, $\mathfrak{b}_2$, $\mathfrak{b}_3$ eindeutig. Wenn also für zwei Vektoren

(1) $$\mathfrak{x} = x_1\mathfrak{b}_1 + x_2\mathfrak{b}_2 + x_3\mathfrak{b}_3 \quad \text{und} \quad \mathfrak{y} = y_1\mathfrak{b}_1 + y_2\mathfrak{b}_2 + y_3\mathfrak{b}_3$$

gelten soll

(2) $$\mathfrak{x} = \mathfrak{y},$$

dann muß

(3) $$\begin{cases} x_1 = y_1 \\ x_2 = y_2 \\ x_3 = y_3 \end{cases}$$

sein.

Satz 4.1

Zwei Vektoren sind genau dann gleich, wenn ihre entsprechenden Koordinaten gleich sind.

Hieraus ergibt sich, daß die Vektorgleichung (2) und das Gleichungssystem (3) gleichwertig sind. Das bedeutet:

Eine Vektorgleichung entspricht einem System von drei Koordinatengleichungen.

Wir addieren (subtrahieren) die Vektoren (1) und wenden dabei das assoziative und das kommutative Gesetz der Addition sowie das 1. distributive Gesetz für die S-Multiplikation an:

$$\text{(4)}\qquad \mathfrak{x} \pm \mathfrak{y} = (x_1\mathfrak{b}_1 + x_2\mathfrak{b}_2 + x_3\mathfrak{b}_3) \pm (y_1\mathfrak{b}_1 + y_2\mathfrak{b}_2 + y_3\mathfrak{b}_3)$$
$$= (x_1 \pm y_1)\,\mathfrak{b}_1 + (x_2 \pm y_2)\,\mathfrak{b}_2 + (x_3 \pm y_3)\,\mathfrak{b}_3$$

Satz 4.2

Die Koordinaten des Summenvektors (Differenzvektors) sind gleich den Summen (Differenzen) entsprechender Koordinaten der Einzelvektoren.

Für die S-Multiplikation erhält man

$$\text{(5)}\qquad n \cdot \mathfrak{x} = n(x_1\mathfrak{b}_1 + x_2\mathfrak{b}_2 + x_3\mathfrak{b}_3) = nx_1\mathfrak{b}_1 + nx_2\mathfrak{b}_2 + nx_3\mathfrak{b}_3.$$

Satz 4.3

Die Koordinaten des n-fachen Vektors sind gleich den n-fachen Koordinaten des Vektors.

Aus den Sätzen geht hervor, daß sich die bisher behandelten Rechenoperationen für Vektoren auf Rechnungen mit den Koordinaten zurückführen lassen. Wenn man sich bei der Komponentendarstellung der Vektoren auf eine bestimmte Reihenfolge der Basisvektoren (z. B. $\mathfrak{b}_1$, $\mathfrak{b}_2$, $\mathfrak{b}_3$) geeinigt hat, ist jeder Vektor schon durch Angabe der drei Koordinaten eindeutig bestimmt. Wir wollen daher folgende abkürzende Schreibweise vereinbaren:

Definition 4.1

$$\mathfrak{x} = x_1\mathfrak{b}_1 + x_2\mathfrak{b}_2 + x_3\mathfrak{b}_3 = \begin{pmatrix} x_1 \\ x_2 \\ x_3 \end{pmatrix}$$ *Spaltendarstellung eines Vektors*

Um Punkte und Vektoren zu unterscheiden, setzen wir wie bisher bei der Angabe von Punkten die Koordinaten nebeneinander: $X(x_1/x_2/x_3)$.

Zum Punkt $A(a_1/a_2/a_3)$ führt also der Ortsvektor $\mathfrak{a} = \begin{pmatrix} a_1 \\ a_2 \\ a_3 \end{pmatrix}$.

Aus der Definition 4.1 ergibt sich insbesondere für die Basisvektoren:

$$\mathfrak{b}_1 = 1 \cdot \mathfrak{b}_1 + 0 \cdot \mathfrak{b}_2 + 0 \cdot \mathfrak{b}_3 = \begin{pmatrix} 1 \\ 0 \\ 0 \end{pmatrix}$$

$$\mathfrak{b}_2 = 0 \cdot \mathfrak{b}_1 + 1 \cdot \mathfrak{b}_2 + 0 \cdot \mathfrak{b}_3 = \begin{pmatrix} 0 \\ 1 \\ 0 \end{pmatrix}$$

$$\mathfrak{b}_3 = 0 \cdot \mathfrak{b}_1 + 0 \cdot \mathfrak{b}_2 + 1 \cdot \mathfrak{b}_3 = \begin{pmatrix} 0 \\ 0 \\ 1 \end{pmatrix}$$

Die Vorteile der Spaltenschreibweise treten besonders beim Rechnen mit Vektoren hervor. In der neuen Form erhält man für (4) und (5):

(4') $$\mathfrak{x} \pm \mathfrak{y} = \begin{pmatrix} x_1 \\ x_2 \\ x_3 \end{pmatrix} \pm \begin{pmatrix} y_1 \\ y_2 \\ y_3 \end{pmatrix} = \begin{pmatrix} x_1 \pm y_1 \\ x_2 \pm y_2 \\ x_3 \pm y_3 \end{pmatrix}$$

und

(5') $$n\mathfrak{x} = n \begin{pmatrix} x_1 \\ x_2 \\ x_3 \end{pmatrix} = \begin{pmatrix} nx_1 \\ nx_2 \\ nx_3 \end{pmatrix}$$

Gegenüber der schwerfälligen Komponentendarstellung ist diese Schreibweise besonders elegant und einprägsam. Man sieht unmittelbar, wie sich die Grundoperationen der Addition, Subtraktion und S-Multiplikation auf die Koordinaten übertragen.

Ausblick auf den n-dimensionalen Vektorraum und den n-dimensionalen Punktraum

Mit Einführung der Spaltenschreibweise für Vektoren ergibt sich die Möglichkeit, ein neues Modell für einen linearen Vektorraum anzugeben. Betrachtet man nämlich die Menge aller geordneten Systeme von genau n reellen Zahlen (sog. n-Tupel von Zahlen)

$$\mathfrak{x} = \begin{pmatrix} x_1 \\ x_2 \\ \cdot \\ \cdot \\ \cdot \\ \cdot \\ x_n \end{pmatrix}$$

und definiert in Analogie zu (4') und (5') die Operationen

$$\mathfrak{x} + \mathfrak{y} = \begin{pmatrix} x_1 \\ x_2 \\ \cdot \\ \cdot \\ \cdot \\ x_n \end{pmatrix} + \begin{pmatrix} y_1 \\ y_2 \\ \cdot \\ \cdot \\ \cdot \\ y_n \end{pmatrix} = \begin{pmatrix} x_1 + y_1 \\ x_2 + y_2 \\ \cdot \\ \cdot \\ \cdot \\ x_n + y_n \end{pmatrix} \quad \text{und} \quad \lambda\mathfrak{x} = \lambda \begin{pmatrix} x_1 \\ x_2 \\ \cdot \\ \cdot \\ \cdot \\ x_n \end{pmatrix} = \begin{pmatrix} \lambda x_1 \\ \lambda x_2 \\ \cdot \\ \cdot \\ \cdot \\ \lambda x_n \end{pmatrix}$$

als Addition bzw. S-Multiplikation, dann läßt sich leicht zeigen, daß die Menge all dieser n-Tupel die Struktur eines n-dimensionalen Vektorraumes V^n besitzt. Dabei sind die Vektoren

$$\mathfrak{b}_1 = \begin{pmatrix} 1 \\ 0 \\ \cdot \\ \cdot \\ \cdot \\ 0 \end{pmatrix}, \quad \mathfrak{b}_2 = \begin{pmatrix} 0 \\ 1 \\ \cdot \\ \cdot \\ \cdot \\ 0 \end{pmatrix}, \quad \ldots, \quad \mathfrak{b}_n = \begin{pmatrix} 0 \\ 0 \\ \cdot \\ \cdot \\ \cdot \\ 1 \end{pmatrix}$$

als Basisvektoren von V^n nach Definition 3.3 sicher linear unabhängig. Bezeichnet man ferner jedes horizontal geschriebene n-Tupel von reellen Zahlen als „Punkt",

z. B. $X(x_1/x_2/\ldots/x_n)$, und betrachtet die Menge aller solcher „Punkte“ als „Punktraum“ R^n, so ist wieder eine umkehrbar eindeutige Zuordnung der Vektoren des V^n und der Punkte des n-dimensionalen Punktraumes R^n durch die Festsetzung

$$\mathfrak{x} = \overrightarrow{OX} = \begin{pmatrix} x_1 \\ x_2 \\ \cdot \\ \cdot \\ \cdot \\ x_n \end{pmatrix}$$

hergestellt, wobei der Punkt $O(0/0/\ldots/0)$ als Koordinatenursprung bezeichnet wird.

Viele der geometrischen Probleme, die wir in diesem Buch für den R^2 bzw. den R^3 untersuchen wollen und die sich analytisch durch Vektoren des V^2 bzw. V^3 lösen lassen, können rein formal auf solch einen Punktraum R^n übertragen werden.

Beispiele

1. $\begin{pmatrix} 3 \\ 4 \\ -1 \end{pmatrix} + 2 \cdot \begin{pmatrix} 4 \\ 2 \\ 3 \end{pmatrix} = \begin{pmatrix} 3 \\ 4 \\ -1 \end{pmatrix} + \begin{pmatrix} 8 \\ 4 \\ 6 \end{pmatrix} = \begin{pmatrix} 11 \\ 8 \\ 5 \end{pmatrix}$

2. $\begin{pmatrix} -5 \\ 3 \\ a \end{pmatrix} - \begin{pmatrix} -a \\ -3 \\ 4a \end{pmatrix} = \begin{pmatrix} -5 + a \\ 6 \\ -3a \end{pmatrix}$

3. Prüfe auf Kollinearität die Vektoren:

a) $\mathfrak{a} = \begin{pmatrix} -2 \\ 3 \\ 4 \end{pmatrix}$ und $\mathfrak{b} = \begin{pmatrix} 1 \\ -\frac{3}{2} \\ -2 \end{pmatrix}$, b) $\mathfrak{a} = \begin{pmatrix} -2 \\ 3 \\ 4 \end{pmatrix}$ und $\mathfrak{c} = \begin{pmatrix} -6 \\ 9 \\ 8 \end{pmatrix}$.

Lösung:

a) Die Vektoren $\mathfrak{a}$ und $\mathfrak{b}$ sind kollinear, wenn es eine Zahl λ gibt, so daß

(1) $$\mathfrak{a} = \lambda\, \mathfrak{b}, \quad \text{d. h.} \quad \begin{pmatrix} -2 \\ 3 \\ 4 \end{pmatrix} = \lambda \begin{pmatrix} 1 \\ -\frac{3}{2} \\ -2 \end{pmatrix}$$

ist. Der Gleichung (1) entspricht das System von Koordinatengleichungen:

$$\begin{aligned} -2 &= \lambda \\ 3 &= -\frac{3}{2}\lambda \\ 4 &= -2\,\lambda \end{aligned}$$

Aus der ersten Gleichung ergibt sich bereits $\lambda = -2$. Sollen $\mathfrak{a}$ und $\mathfrak{b}$ kollinear sein, muß -2 auch die anderen Gleichungen erfüllen. Durch Einsetzen ergibt sich $3 = \left(-\frac{3}{2}\right) \cdot (-2)$ und $4 = (-2) \cdot (-2)$. Die Vektoren sind kollinear.

b) Für $\mathfrak{a} = \lambda\, \mathfrak{c}$ erhalten wir entsprechend das Gleichungssystem

$$\begin{aligned} -2 &= -6\,\lambda \\ 3 &= 9\,\lambda \\ 4 &= 8\,\lambda \end{aligned}$$

Wir erhalten aus der ersten Gleichung $\lambda = \frac{1}{3}$. Dieser Wert erfüllt auch die zweite Gleichung, nicht aber die dritte. Die Vektoren sind nicht kollinear.

Aufgaben

1. Addiere (subtrahiere) $\mathfrak{x}$ und $\mathfrak{y}$.

   a) $\mathfrak{x} = 3\mathfrak{b}_1 - 2\mathfrak{b}_2 + \mathfrak{b}_3$, $\mathfrak{y} = 7\mathfrak{b}_1 - 5\mathfrak{b}_2 - \mathfrak{b}_3$ b) $\mathfrak{x} = 7\mathfrak{b}_1 + 0{,}5\mathfrak{b}_2$, $\mathfrak{y} = 3\mathfrak{b}_1 - 4\mathfrak{b}_3$ c) $\mathfrak{x} = \begin{pmatrix} 0 \\ 3 \\ -7 \end{pmatrix}$, $\mathfrak{y} = \begin{pmatrix} 2 \\ -8 \\ 3 \end{pmatrix}$

   d) $\mathfrak{x} = \begin{pmatrix} 2 \\ -3 \\ -8 \end{pmatrix}$, $\mathfrak{y} = \begin{pmatrix} 4 \\ -3 \\ 8 \end{pmatrix}$ e) $\mathfrak{x} = 9\mathfrak{b}_1 - \mathfrak{b}_2 + 11\mathfrak{b}_3$, $\mathfrak{y} = \begin{pmatrix} 17 \\ -19 \\ -11 \end{pmatrix}$

2. Bilde für die Vektoren der Aufgabe 1 folgende Vektorterme in Spaltenschreibweise:

   a) $2\mathfrak{x} - \mathfrak{y}$ b) $3\mathfrak{x} + 2\mathfrak{y}$ c) $-4\mathfrak{x} + \mathfrak{y}$

3. Gegeben sind die Vektoren

   $\mathfrak{m} = 2\mathfrak{b}_1 + \mathfrak{b}_2 - \sqrt{3}\,\mathfrak{b}_3$, $\mathfrak{n} = 5\mathfrak{b}_1 - \sqrt{2}\,\mathfrak{b}_2 + 2\mathfrak{b}_3$, $\mathfrak{p} = -\mathfrak{b}_1 + 4\mathfrak{b}_2 - \mathfrak{b}_3$.

   Drücke folgende Vektoren durch die Basisvektoren $\mathfrak{b}_1$, $\mathfrak{b}_2$, $\mathfrak{b}_3$ aus:

   a) $\mathfrak{m} + \mathfrak{n}$ b) $\mathfrak{m} - 2\mathfrak{n}$ c) $\mathfrak{m} + \mathfrak{n} + \mathfrak{p}$

   d) $2\mathfrak{m} - \mathfrak{p}$ e) $\mathfrak{n} - 4\mathfrak{p}$ f) $2\mathfrak{m} - 3\mathfrak{n} + 5\mathfrak{p}$

4. Gegeben sind

   $$\mathfrak{u} = \begin{pmatrix} 4\lambda \\ -3 \\ -5 + \nu \end{pmatrix}, \quad \mathfrak{v} = \begin{pmatrix} \lambda \\ 0 \\ \nu \end{pmatrix}, \quad \mathfrak{w} = \begin{pmatrix} -7 \\ \mu \\ 4 \end{pmatrix}.$$

   Wie lassen sich folgende Vektoren in Spaltenschreibweise darstellen?

   a) $-2\mathfrak{u} - \mathfrak{v}$ b) $4\mathfrak{w} - \mathfrak{u} + \mathfrak{v}$ c) $\mathfrak{v} - 2\mathfrak{w} + 3\mathfrak{u}$ d) $5\mathfrak{u} - \frac{1}{2}\mathfrak{v} - \frac{1}{4}\mathfrak{w}$

5. Gegeben sind die Punkte

   A(0/0/0), B(4/2/1), C(3/−2/5), D(7/2/−8).

   Drücke die Seiten und Diagonalen dieses räumlichen Vierecks durch Vektoren aus.

6. Gegeben sind

   $$\mathfrak{a} = \begin{pmatrix} 4 \\ -3 \\ -2 \end{pmatrix}, \quad \mathfrak{b} = \begin{pmatrix} -7 \\ -1 \\ 2 \end{pmatrix}, \quad \mathfrak{c} = \begin{pmatrix} 5 \\ 3 \\ 1 \end{pmatrix}.$$

   Bestimme den Vektor $\mathfrak{d}$ so, daß

   a) $\mathfrak{a} + \mathfrak{b} + \mathfrak{c} + \mathfrak{d}$ b) $2\mathfrak{a} - 3\mathfrak{b} + \mathfrak{c} - 2\mathfrak{d}$

   einen geschlossenen Linienzug darstellt.

7. Prüfe folgende Vektoren auf Kollinearität:

   a) $\mathfrak{a} = \begin{pmatrix} 3 \\ 7 \\ 4 \end{pmatrix}$, $\mathfrak{b} = \begin{pmatrix} 9 \\ 21 \\ 12 \end{pmatrix}$ b) $\mathfrak{a} = \begin{pmatrix} -4 \\ 6 \\ 8 \end{pmatrix}$, $\mathfrak{b} = \begin{pmatrix} 2 \\ -3 \\ -4 \end{pmatrix}$

c) $\mathfrak{a} = \begin{pmatrix} 12 \\ -6 \\ 9 \end{pmatrix}$, $\mathfrak{b} = \begin{pmatrix} -16 \\ -8 \\ 12 \end{pmatrix}$ d) $\mathfrak{a} = \begin{pmatrix} \frac{4}{5} \\ 6 \\ -\frac{3}{4} \end{pmatrix}$, $\mathfrak{b} = \begin{pmatrix} -\frac{8}{15} \\ -4 \\ \frac{1}{2} \end{pmatrix}$.

8. Bestimme $\mathfrak{q}$ so, daß $\mathfrak{p}$ und $\mathfrak{q}$ kollinear sind.

$\mathfrak{p} = \begin{pmatrix} 2 \\ -3 \\ 5 \end{pmatrix}$ a) $\mathfrak{q} = \begin{pmatrix} 5 \\ q_2 \\ q_3 \end{pmatrix}$ b) $\mathfrak{q} = \begin{pmatrix} q_1 \\ 7 \\ q_3 \end{pmatrix}$

9. Ermittle, ob der Vektor $\mathfrak{m}$ in einer durch $\mathfrak{p}$ und $\mathfrak{q}$ aufgespannten Ebene liegt.

$\mathfrak{p} = \begin{pmatrix} 2 \\ 1 \\ -3 \end{pmatrix}$, $\mathfrak{q} = \begin{pmatrix} 4 \\ -3 \\ 1 \end{pmatrix}$ a) $\mathfrak{m} = \begin{pmatrix} 6 \\ -2 \\ -2 \end{pmatrix}$ b) $\mathfrak{m} = \begin{pmatrix} -2 \\ 4 \\ -4 \end{pmatrix}$ c) $\mathfrak{m} = \begin{pmatrix} 8 \\ -1 \\ -7 \end{pmatrix}$

10. Bestimme $\mathfrak{m}$ so, daß $\mathfrak{m}$, $\mathfrak{p}$, $\mathfrak{q}$ komplanar sind.

$\mathfrak{p} = \begin{pmatrix} -4 \\ 2 \\ 3 \end{pmatrix}$, $\mathfrak{q} = \begin{pmatrix} 1 \\ 3 \\ 5 \end{pmatrix}$ a) $\mathfrak{m} = \begin{pmatrix} -14 \\ 0 \\ m_3 \end{pmatrix}$ b) $\mathfrak{m} = \begin{pmatrix} 2 \\ m_2 \\ 21\frac{1}{2} \end{pmatrix}$

11. Die Vektoren $\mathfrak{m}$, $\mathfrak{p}$, $\mathfrak{q}$ sollen linear abhängig werden. Wie heißt der Vektor $\mathfrak{m}$?

$\mathfrak{p} = \begin{pmatrix} 4 \\ 4 \\ 3 \end{pmatrix}$, $\mathfrak{q} = \begin{pmatrix} 1 \\ -2 \\ -2 \end{pmatrix}$ a) $\mathfrak{m} = \begin{pmatrix} 16 \\ 4 \\ m_3 \end{pmatrix}$ b) $\mathfrak{m} = \begin{pmatrix} 5 \\ m_2 \\ 12 \end{pmatrix}$ c) $\mathfrak{m} = \begin{pmatrix} m_1 \\ 2 \\ 1 \end{pmatrix}$

12. Drücke den Vektor $\mathfrak{v}$ durch die Basisvektoren $\mathfrak{b}_1'$, $\mathfrak{b}_2'$ aus.

$\mathfrak{v} = \begin{pmatrix} 56 \\ 19 \end{pmatrix}$ a) $\mathfrak{b}_1' = \begin{pmatrix} 3 \\ 2 \end{pmatrix}$, $\mathfrak{b}_2' = \begin{pmatrix} 4 \\ -1 \end{pmatrix}$ b) $\mathfrak{b}_1' = \begin{pmatrix} 11 \\ 6 \end{pmatrix}$, $\mathfrak{b}_2' = \begin{pmatrix} 23 \\ 1 \end{pmatrix}$

13. Drücke $\mathfrak{v}$ durch $\mathfrak{b}_1'$. $\mathfrak{b}_2'$, $\mathfrak{b}_3'$ aus.

$\mathfrak{v} = \begin{pmatrix} 7 \\ 17 \\ 5 \end{pmatrix}$ a) $\mathfrak{b}_1' = \begin{pmatrix} 3 \\ 0 \\ 2 \end{pmatrix}$, $\mathfrak{b}_2' = \begin{pmatrix} 2 \\ 4 \\ 0 \end{pmatrix}$, $\mathfrak{b}_3' = \begin{pmatrix} 0 \\ 3 \\ 1 \end{pmatrix}$ b) $\mathfrak{b}_1' = \begin{pmatrix} 1 \\ 1 \\ -1 \end{pmatrix}$, $\mathfrak{b}_2' = \begin{pmatrix} 0 \\ 2 \\ 0 \end{pmatrix}$, $\mathfrak{b}_3' = \begin{pmatrix} -2 \\ 0 \\ 2 \end{pmatrix}$

Wie ist das „Ergebnis“ von Aufgabe b) zu deuten?

14. Zeige, daß die Menge aller n-Tupel von reellen Zahlen einen linearen Vektorraum der Dimension n bildet.

15. Beweise, daß die Menge aller Polynome der Form

$$a_n x^n + a_{n-1} x^{n-1} + \cdots + a_1 x + a_0 \quad \text{für} \quad n \leqq 4$$

einen linearen Vektorraum bildet.

Anleitung: Wähle die Vektoren 1, x, x^2, x^3, x^4 als Basisvektoren $\mathfrak{b}_1, \mathfrak{b}_2, \ldots, \mathfrak{b}_5$.

*4.1.3. Determinanten und lineare Abhängigkeit

Vorübungen

1. Gib die beiden Determinantensätze an, die hinreichende Bedingungen für das Verschwinden einer Determinante enthalten.
2. Versuche dreireihige Determinanten zu finden, die verschwinden, ohne daß eine der beiden Bedingungen aus 1. erfüllt ist.
3. Wähle drei beliebige komplanare Vektoren, schreibe sie spaltenweise in ein Determinantenschema, und berechne den Wert der so erhaltenen Determinante.

In 4.1.2 haben wir gesehen, daß jede Vektorgleichung einem System von drei Koordinatengleichungen entspricht. Umgekehrt können wir das lineare Gleichungssystem

$$\begin{aligned} a_1x_1 + b_1x_2 + c_1x_3 &= d_1 \\ a_2x_1 + b_2x_2 + c_2x_3 &= d_2 \\ a_3x_1 + b_3x_2 + c_3x_3 &= d_3 \end{aligned} \tag{1}$$

auffassen als die drei Koordinatengleichungen der einen Vektorgleichung

$$\mathfrak{a}x_1 + \mathfrak{b}x_2 + \mathfrak{c}x_3 = \mathfrak{d} \tag{2}$$

mit $\mathfrak{a} = \begin{pmatrix} a_1 \\ a_2 \\ a_3 \end{pmatrix}$, $\mathfrak{b} = \begin{pmatrix} b_1 \\ b_2 \\ b_3 \end{pmatrix}$, $\mathfrak{c} = \begin{pmatrix} c_1 \\ c_2 \\ c_3 \end{pmatrix}$ und $\mathfrak{d} = \begin{pmatrix} d_1 \\ d_2 \\ d_3 \end{pmatrix}$.

Wir wollen uns für die Lösbarkeit der gleichwertigen Gleichungen (1) und (2) interessieren. Da diese Frage bei (1) auf Determinanten, bei (2) auf die lineare Abhängigkeit von Vektoren führt, muß es möglich sein, Vektoren mit Hilfe der aus ihnen gebildeten Determinante auf lineare Abhängigkeit zu untersuchen.

Auf Grund der CRAMERschen Regel wissen wir, daß die Lösungsmenge des Gleichungssystems (1) dann und nur dann genau ein Wertetripel $(x_1/x_2/x_3)$ enthält, wenn die Determinante des Systems

$$D = \begin{vmatrix} a_1 & b_1 & c_1 \\ a_2 & b_2 & c_2 \\ a_3 & b_3 & c_3 \end{vmatrix} \neq 0 \quad \text{ist.}$$

Die eindeutige Lösbarkeit von (2) bedeutet hingegen, daß $\mathfrak{d}$ sich als Linearkombination der Vektoren $\mathfrak{a}$, $\mathfrak{b}$ und $\mathfrak{c}$ eindeutig darstellen läßt. Das ist aber dann und nur dann der Fall, wenn $\mathfrak{a}$, $\mathfrak{b}$ und $\mathfrak{c}$ linear unabhängig sind. Denn wären sie linear abhängig, also komplanar, so gäbe es überhaupt nur dann Lösungen der Gleichung (2), wenn auch $\mathfrak{d}$ mit $\mathfrak{a}$, $\mathfrak{b}$ und $\mathfrak{c}$ komplanar wäre. Dann aber enthielten die Lösungsmengen beliebig viele Zahlentripel (vgl. Aufgabe 6 und 7). Da demnach die beiden Aussageformen „die aus den Vektoren $\mathfrak{a}$, $\mathfrak{b}$ und $\mathfrak{c}$ gebildete Determinante ist von Null verschieden“ und „die Vektoren $\mathfrak{a}$, $\mathfrak{b}$ und $\mathfrak{c}$ sind linear unabhängig“ äquivalent sind, erhält man:

Die aus den Vektoren $\mathfrak{a}$, $\mathfrak{b}$ und $\mathfrak{c}$ gebildete Determinante ist genau dann von Null verschieden, wenn die Vektoren $\mathfrak{a}$, $\mathfrak{b}$ und $\mathfrak{c}$ linear unabhängig sind.

Ebenso gilt natürlich:

Satz 4.4

Eine Determinante ist dann und nur dann Null, wenn ihre Spaltenvektoren linear abhängig sind.

Beispiel

Untersuche, ob die vier Vektoren $\mathfrak{a} = \begin{pmatrix} 2 \\ 4 \\ 3 \end{pmatrix}$, $\mathfrak{b} = \begin{pmatrix} 4 \\ 2 \\ 1 \end{pmatrix}$, $\mathfrak{c} = \begin{pmatrix} 8 \\ -2 \\ -3 \end{pmatrix}$ und $\mathfrak{d} = \begin{pmatrix} -4 \\ 4 \\ 4 \end{pmatrix}$ komplanar sind.

Lösung: Wir untersuchen zunächst die Komplanarität der Vektoren $\mathfrak{a}$, $\mathfrak{b}$ und $\mathfrak{c}$ mit Hilfe der aus ihnen gebildeten Determinante:

$$\begin{vmatrix} 2 & 4 & 8 \\ 4 & 2 & -2 \\ 3 & 1 & -3 \end{vmatrix} = \begin{vmatrix} -10 & 0 & 20 \\ -2 & 0 & 4 \\ 3 & 1 & -3 \end{vmatrix} = -1 \begin{vmatrix} -10 & 20 \\ -2 & 4 \end{vmatrix} = 0$$

Demnach sind $\mathfrak{a}$, $\mathfrak{b}$ und $\mathfrak{c}$ komplanar. Wenn $\mathfrak{d}$ in der gleichen Ebene liegt (bzw. zu ihr parallel ist), muß $\mathfrak{d}$ bereits mit zwei der drei Vektoren $\mathfrak{a}$, $\mathfrak{b}$ und $\mathfrak{c}$ komplanar sein. Wir prüfen also die Komplanarität von $\mathfrak{a}$, $\mathfrak{b}$ und $\mathfrak{d}$:

$$\begin{vmatrix} 2 & 4 & -4 \\ 4 & 2 & 4 \\ 3 & 1 & 4 \end{vmatrix} = \begin{vmatrix} 0 & 0 & -4 \\ 6 & 6 & 4 \\ 5 & 5 & 4 \end{vmatrix} = 0$$

Da sowohl $\mathfrak{c}$ als auch $\mathfrak{d}$ mit $\mathfrak{a}$ und $\mathfrak{b}$ komplanar sind, sind alle vier Vektoren komplanar.

Aufgaben

1. Gilt Satz 4.4 auch für zweireihige Determinanten?

2. Vervollständige die folgenden Determinanten auf mindestens drei Arten so, daß sie verschwinden:

a) $\begin{vmatrix} 3 & 4 & \cdot \\ 2 & -1 & \cdot \\ 1 & 3 & \cdot \end{vmatrix}$ b) $\begin{vmatrix} 2 & 4 & 3 \\ \cdot & \cdot & \cdot \\ 5 & 8 & -7 \end{vmatrix}$ c) $\begin{vmatrix} a & b & c \\ c & a & b \\ \cdot & \cdot & \cdot \end{vmatrix}$ d) $\begin{vmatrix} 1 & 2 & 3 \\ 0 & 4 & 6 \\ 1 & \cdot & \cdot \end{vmatrix}$ e) $\begin{vmatrix} 2 & 4 & 6 \\ 0 & 1 & 3 \\ 3 & \cdot & \cdot \end{vmatrix}$

3. Sind die folgenden Vektoren linear abhängig?

a) $\mathfrak{a} = \begin{pmatrix} 8 \\ -4 \end{pmatrix}$, $\mathfrak{b} = \begin{pmatrix} -4 \\ 2 \end{pmatrix}$ b) $\mathfrak{a} = \begin{pmatrix} 6 \\ 0 \end{pmatrix}$, $\mathfrak{b} = \begin{pmatrix} 5 \\ 0 \end{pmatrix}$, $\mathfrak{c} = \begin{pmatrix} 0 \\ 1 \end{pmatrix}$

c) $\mathfrak{a} = \begin{pmatrix} 2 \\ 0 \\ 6 \end{pmatrix}$, $\mathfrak{b} = \begin{pmatrix} 1 \\ 0 \\ 3 \end{pmatrix}$, $\mathfrak{c} = \begin{pmatrix} 1 \\ 1 \\ 1 \end{pmatrix}$ d) $\mathfrak{a} = \begin{pmatrix} 1 \\ 2 \\ 0 \end{pmatrix}$, $\mathfrak{b} = \begin{pmatrix} 2 \\ 3 \\ 0 \end{pmatrix}$, $\mathfrak{c} = \begin{pmatrix} 3 \\ 4 \\ 0 \end{pmatrix}$

e) $\mathfrak{a} = \begin{pmatrix} 4 \\ 2 \\ 1 \end{pmatrix}$, $\mathfrak{b} = \begin{pmatrix} 3 \\ 8 \\ 2 \end{pmatrix}$, $\mathfrak{c} = \begin{pmatrix} 5 \\ 2 \\ 7 \end{pmatrix}$

4. Sind die folgenden Vektoren komplanar?

a) $\mathfrak{a} = \begin{pmatrix} 6 \\ -1 \\ 5 \end{pmatrix}$, $\mathfrak{b} = \begin{pmatrix} 7 \\ 9 \\ 3 \end{pmatrix}$, $\mathfrak{c} = \begin{pmatrix} -4 \\ 21 \\ -9 \end{pmatrix}$, $\mathfrak{d} = \begin{pmatrix} 8 \\ 19 \\ 1 \end{pmatrix}$

b) $\mathfrak{a} = \begin{pmatrix} 2 \\ 1 \\ 3 \end{pmatrix}$, $\mathfrak{b} = \begin{pmatrix} 0 \\ 4 \\ 7 \end{pmatrix}$, $\mathfrak{c} = \begin{pmatrix} 2 \\ 5 \\ 10 \end{pmatrix}$, $\mathfrak{d} = \begin{pmatrix} 3 \\ 7 \\ 1 \end{pmatrix}$

5. Wähle die Spaltenvektoren $\mathfrak{a}$, $\mathfrak{b}$ und $\mathfrak{c}$ in einem linearen Gleichungssystem von drei Gleichungen mit drei Variablen so, daß sie kollinear sind. Was läßt sich über die Lösungsmenge des Systems sagen, wenn

a) $\mathfrak{d}$ nicht mit $\mathfrak{a}$, $\mathfrak{b}$ und $\mathfrak{c}$ kollinear ist,

b) $\mathfrak{d}$ mit $\mathfrak{a}$, $\mathfrak{b}$ und $\mathfrak{c}$ kollinear ist?

6. Gegeben seien die vier Vektoren $\mathfrak{a} = \begin{pmatrix} 2 \\ 3 \\ 1 \end{pmatrix}$, $\mathfrak{b} = \begin{pmatrix} 0 \\ 2 \\ 4 \end{pmatrix}$, $\mathfrak{c} = \begin{pmatrix} -2 \\ 1 \\ 7 \end{pmatrix}$, $\mathfrak{d} = \begin{pmatrix} -4 \\ 0 \\ 10 \end{pmatrix}$.

a) Zeige, daß sie komplanar sind.

b) Drücke $\mathfrak{d}$ mindestens auf vier verschiedene Weisen durch $\mathfrak{a}$, $\mathfrak{b}$ und $\mathfrak{c}$ aus.

7. Zeige: Sind vier Vektoren komplanar, aber je zwei nicht kollinear, so läßt sich jeder der vier Vektoren auf beliebig viele Weisen durch die anderen drei ausdrücken.

8. Was kann man über die Lösungsmenge eines linearen Gleichungssystems von drei Gleichungen mit drei Variablen aussagen, wenn die Spaltenvektoren

a) $\mathfrak{a}$, $\mathfrak{b}$, $\mathfrak{c}$ linear unabhängig sind,

b) $\mathfrak{a}$, $\mathfrak{b}$, $\mathfrak{c}$ linear abhängig sind und $\mathfrak{d}$ von ihnen linear unabhängig ist,

c) $\mathfrak{a}$, $\mathfrak{b}$, $\mathfrak{c}$, $\mathfrak{d}$ komplanar sind? (Benutze Aufg. 7!)

9. Versuche, folgende Gleichungssysteme zu lösen:

a)
$$\begin{aligned} 5x_1 + 3x_2 + 15x_3 &= 9 \\ 2x_1 - 2x_2 + 22x_3 &= 7 \\ 3x_1 + 4x_2 - 2x_3 &= 16 \end{aligned}$$

b)
$$\begin{aligned} 7x_1 - 5x_2 + 6x_3 &= 1 \\ -3x_1 + 8x_2 + 15x_3 &= 23 \\ 4x_1 - 3x_2 + 3x_3 &= 0 \end{aligned}$$

c)
$$\begin{aligned} 2x_1 - 5x_2 + x_3 &= 8 \\ 4x_1 - 3x_2 - 5x_3 &= 2 \\ 3x_1 - 9x_2 + 3x_3 &= 7 \end{aligned}$$

d)
$$\begin{aligned} 2x_1 - 3x_2 + x_3 &= 1 \\ 4x_1 + 2x_2 - 3x_3 &= -3 \\ 7x_1 - 8x_2 &= 0 \end{aligned}$$

4.1.4. Halbierungspunkt und Teilpunkt einer Strecke

Vorübung

Zeichne die Strecke AB, deren Endpunkte durch die Ortsvektoren $\mathfrak{a} = \begin{pmatrix} 2 \\ 3 \end{pmatrix}$ und $\mathfrak{b} = \begin{pmatrix} 8 \\ -1 \end{pmatrix}$ gegeben sind. Lies aus der Zeichnung ab

a) den Ortsvektor des Mittelpunktes von AB,

b) die Ortsvektoren der Punkte, die die Strecke in drei gleiche Teile zerlegen.

In Bild 4.16.1 halbiert M die Strecke AB. Da die Vektoren $\overrightarrow{AM}$ und $\overrightarrow{MB}$ gleich sind, gilt dann

$$\mathfrak{m} - \mathfrak{a} = \mathfrak{b} - \mathfrak{m}\,.$$

Löst man nach $\mathfrak{m}$ auf, so erhält man für den Ortsvektor des Halbierungspunktes:

(1) $$\mathfrak{m} = \frac{\mathfrak{a} + \mathfrak{b}}{2}$$ *Halbierungspunkt einer Strecke*

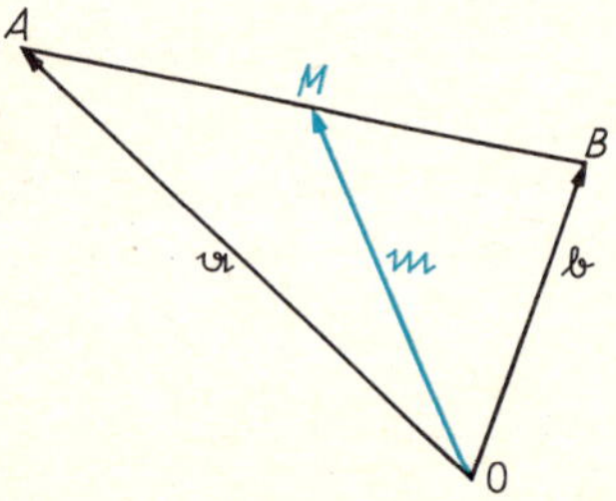

Bild 4.16.1

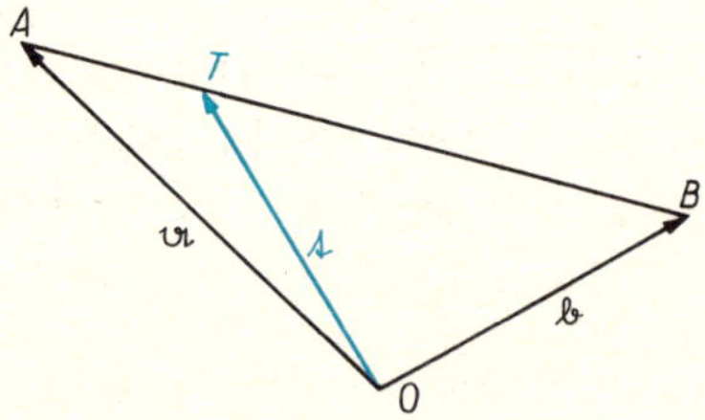

Bild 4.16.2

Wir wollen diese Betrachtung auf den Fall verallgemeinern, daß der Punkt T die Strecke AB im Verhältnis τ teilt (Bild 4.16.2). Das bedeutet

(2) $$\frac{\overline{AT}}{\overline{TB}} = \tau \qquad \text{oder} \qquad \overline{AT} = \tau\,\overline{TB}\,.$$

Da die Vektoren $\overrightarrow{AT}$ und $\overrightarrow{TB}$ kollinear sind, folgt aus (2)

(2′) $$\overrightarrow{AT} = \tau \cdot \overrightarrow{TB}\,.$$

Für den Ortsvektor $\mathfrak{t}$ des Teilpunktes ergibt sich daraus:

$$\mathfrak{t} - \mathfrak{a} = \tau(\mathfrak{b} - \mathfrak{t})$$

$$\mathfrak{t} + \tau\,\mathfrak{t} = \mathfrak{a} + \tau\,\mathfrak{b}$$

(3) $$\mathfrak{t} = \frac{\mathfrak{a} + \tau\,\mathfrak{b}}{1 + \tau}$$ *Teilpunkt einer Strecke*

In Bild 4.16.2 liegt T im Innern der Strecke AB. Die Gleichung (2′) gilt aber auch dann, wenn T außerhalb der Strecke auf der Geraden durch A und B liegt. Da dann die Vektoren $\overrightarrow{AT}$ und $\overrightarrow{TB}$ entgegengesetzt gerichtet sind, wird τ negativ. T ist äußerer Teilpunkt der Strecke. Formel (3) gilt mithin für innere und äußere Teilpunkte.
Wird eine Strecke AB durch zwei Punkte T und T′ so geteilt, daß für die zugehörigen Teilverhältnisse gilt $\tau = -\tau'$, so sagen wir, die Strecke AB wird durch T und T′ *harmonisch* geteilt.

Im Bild 4.17.1 sind die Werte von τ angegeben, wenn der zugehörige Teilpunkt T die Gerade durch A und B durchläuft.

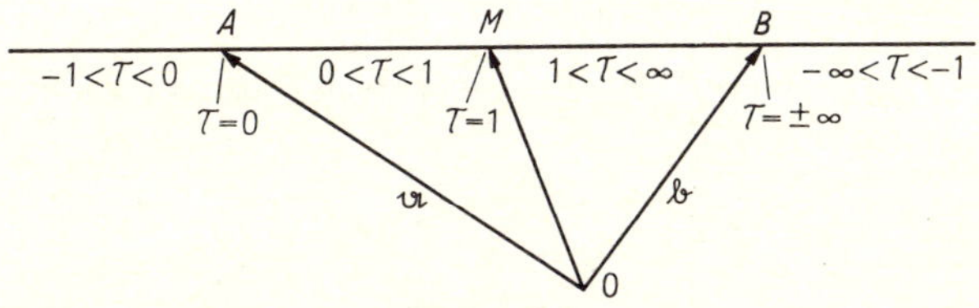

Bild 4.17.1

Aufgabe: Verfolge mit Hilfe von (2) und (3) die Werte von τ, wenn T auf der Geraden wandert! Überlege, ob jedem Punkt eine Zahl als Teilverhältnis zugeordnet ist und ob umgekehrt zu jedem Wert von τ ein Teilpunkt der Strecke gehört.

Beispiele

1. **Bestimme den Schwerpunkt eines Dreiecks.**

Lösung: In Bild 4.17.2 sind die Ecken A, B, C mit ihren Ortsvektoren gezeichnet. Für die Mitte M [$\mathfrak{m}$] der Seite AB gilt dann nach (1):

$$\mathfrak{m} = \frac{\mathfrak{a} + \mathfrak{b}}{2}.$$

Da der Schwerpunkt S [$\mathfrak{s}$] die Strecke CM im Verhältnis $\tau = 2:1 = 2$ teilt, folgt nach (3):

$$\mathfrak{s} = \frac{\mathfrak{c} + 2\,\mathfrak{m}}{1 + 2} = \frac{\mathfrak{c} + 2 \cdot \frac{\mathfrak{a} + \mathfrak{b}}{2}}{3}$$

$$\mathfrak{s} = \frac{\mathfrak{a} + \mathfrak{b} + \mathfrak{c}}{3} \quad \textit{Schwerpunkt eines Dreiecks}$$

Der Ortsvektor des Schwerpunktes eines Dreiecks ist das arithmetische Mittel der Ortsvektoren der drei Eckpunkte.

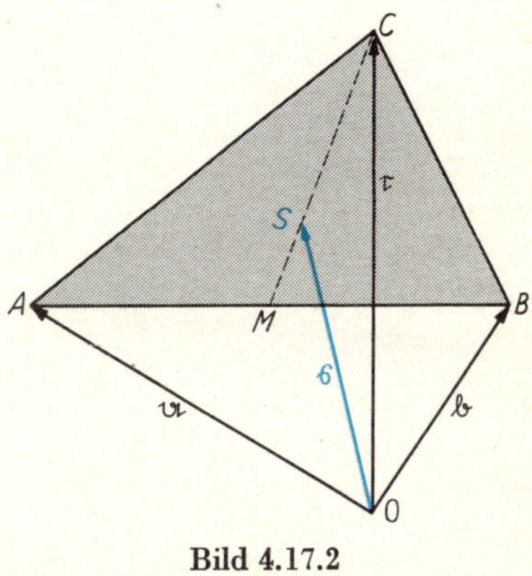

Bild 4.17.2

2. **Welche Punkte teilen die Strecke AB harmonisch im Verhältnis $|\tau| = 1:2$? A (—5/2/—3) B (—2/11/9)**

Lösung: Für den inneren Teilpunkt T_i ist τ positiv, also ist $\tau = \frac{1}{2}$. Daher ist nach (3) der zugehörige Ortsvektor

$$\mathfrak{t}_i = \frac{1}{1+\tau} \cdot (\mathfrak{a} + \tau\,\mathfrak{b}) = \frac{2}{3}\left[\begin{pmatrix} -5 \\ 2 \\ -3 \end{pmatrix} + \frac{1}{2}\begin{pmatrix} -2 \\ 11 \\ 9 \end{pmatrix}\right] = \frac{2}{3}\begin{pmatrix} -6 \\ 7\frac{1}{2} \\ 1\frac{1}{2} \end{pmatrix} = \begin{pmatrix} -4 \\ 5 \\ 1 \end{pmatrix}.$$

Für den äußeren Teilpunkt T_a ist $\tau = -\frac{1}{2}$. Es folgt für seinen Ortsvektor entsprechend:

$$\mathfrak{t}_a = \frac{1}{1+\tau}(\mathfrak{a} + \tau\,\mathfrak{b}) = 2 \cdot \left[\begin{pmatrix} -5 \\ 2 \\ -3 \end{pmatrix} - \frac{1}{2}\begin{pmatrix} -2 \\ 11 \\ 9 \end{pmatrix}\right] = 2 \cdot \begin{pmatrix} -4 \\ -3\frac{1}{2} \\ -7\frac{1}{2} \end{pmatrix} = \begin{pmatrix} -8 \\ -7 \\ -15 \end{pmatrix}.$$

Die Punkte T_i (—4/5/1) und T_a (—8/—7/—15) sind die gesuchten Teilpunkte.

Aufgaben

1. Bestimme das Teilverhältnis τ für den Teilpunkt T von AB:

   a) A(4/0) B(14/4) T(9/2)

   b) A(3/−2/−1) B(6/7/5) T(12/25/17)

   c) A(−4/−3) B(20/15) T(16/13) (!)

2. Bestimme τ und T für AB mit A(−4/−7/−3), B(10/13/9) und

   a) $T(0/t_2/t_3)$ b) $T(t_1/23/t_3)$ c) $T(t_1/t_2/-9)$ d) $T(45/t_2/t_3)$.

3. Gegeben ist das Viereck ABCD. Berechne die Diagonalenmittelpunkte. Welcher Viereckstyp liegt also vor? (Begründung!)

   a) A(4/−2/5) B(7/9/−4) C(9/12/−2) D(6/1/7)

   b) A(0/8/−6) B(4/0/3) C(−9/5/0) D(−13/13/−9)

4. Ergänze das Dreieck ABC zu einem Parallelogramm und bestimme den Schnittpunkt der Diagonalen.

   a) A(−2/7) B(3/4) C(1/6)

   b) A(−5/0/2) B(3/2/5) C(7/4/−2)

5. Vom Parallelogramm ABCD sind die Punkte A, B und der Diagonalenschnittpunkt E bekannt. Bestimme die restlichen Eckpunkte.

   a) A(2/−3/4) B(6/4/9) E(4/3/5)

   b) A(4/3/−5) B(8/6/2) E(5/−2/−1)

6. Fasse die Punkte A, B von Aufgabe 5 als Eckpunkte, E als Schwerpunkt eines Dreiecks auf. Berechne die dritte Ecke C.

7. Bestimme im Dreieck ABC die Eckpunkte des Mittendreiecks. (Die Ecken des Mittendreiecks sind die Seitenmittelpunkte des ursprünglichen Dreiecks.) Zeige, daß dessen Seiten parallel zu den entsprechenden von ABC und halb so lang wie diese sind.

8. Zeige: Verbindet man den Schwerpunkt S eines Dreiecks ABC mit den Eckpunkten, so gilt

$$\overrightarrow{SA} + \overrightarrow{SB} + \overrightarrow{SC} = \mathfrak{o}.$$

9. Teile die Strecke AB harmonisch im Verhältnis $|\tau|$:

   A(4/0/0) B(0/8/−6) a) $|\tau| = \frac{1}{3}$ b) $|\tau| = 2$ c) $|\tau| = 1$

10. Gegeben ist für die Strecke AB der Punkt A(3/4/−6) und der Teilpunkt T (−1/2/−2) mit $\tau = \frac{1}{2}$. Bestimme B und den weiteren harmonischen Teilpunkt.

11. Die Punkte A, B, C, D, sind die Ecken eines Vierflachs. Die Verbindungsstrecken der Mitten je zweier sich nicht schneidender Kanten werden in P, Q, R halbiert. Berechne die Koordinaten dieser drei Punkte. Was fällt am Ergebnis auf?

a) $A(-3/-2/-7)$ $B(1/2/-3)$ $C(4/11/0)$ $D(10/5/6)$

b) $A(-1/10/8)$ $B(5/4/2)$ $C(-8/1/-5)$ $D(-4/-3/-1)$

12. Zeige, daß in jedem Vierflach die Punkte P, Q, R aus Aufgabe 11 identisch sind. Dabei ist der Ortsvektor dieses einen Punktes das arithmetische Mittel der Ortsvektoren der vier Eckpunkte.

13. Beweise: Die Seitenmittelpunkte eines Vierecks bilden ein Parallelogramm. Ist dieser Satz auch für Vierecke gültig, deren Kanten nicht in ein und derselben Ebene liegen?

14. Gegeben ist das Vierflach ABCD. Bilde das arithmetische Mittel der Ortsvektoren der Ecken und fasse das Ergebnis als Ortsvektor eines Punktes S auf. Zeige, daß jeweils S innerer Teilpunkt der Verbindungsstrecke einer Ecke mit dem Schwerpunkt der gegenüberliegenden Dreiecksfläche ist. Gib das Teilverhältnis τ an. Man nennt S daher den Schwerpunkt des Vierflachs.

15. Vergleiche in einem Dreieck den Schwerpunkt mit dem Schwerpunkt des Mittendreiecks (s. Aufgabe 7). Sprich das Ergebnis als geometrischen Satz aus.

16. Beweise: Teilen die Punkte P, Q, R die Seiten des Dreiecks ABC (AB, BC, CA) im gleichen Verhältnis τ, so hat das Dreieck PQR den gleichen Schwerpunkt wie ABC. Gilt dieser Satz auch für äußere Teilpunkte?
(Zeichnung für $\tau = 3$ und $\tau = -3$).

17. Beweise: Verbindet man in einem Vierflach die Schwerpunkte der Begrenzungsflächen untereinander, so entsteht ein neues Vierflach, dessen Kanten jeweils einer Kante des gegebenen Vierflachs parallel sind und dessen Schwerpunkt mit dem Schwerpunkt des ursprünglichen Vierflachs übereinstimmt.

18. Im Parallelogramm ABCD teilt E die Strecke AD im Verhältnis $\lambda = m:n$. Wie teilt die Verlängerung von BE die Seite CD?

19. Im Parallelogramm OABC, das durch die Basisvektoren $\mathfrak{a}$, $\mathfrak{c}$ aufgespannt wird, ist OA durch D im Verhältnis 3:1, AB durch E im Verhältnis 2:1 geteilt. Bestimme die Koordinaten

a) des Schnittpunktes von BD und OE,

b) des Schnittpunktes von OE und BC.

20. a) Im Parallelogramm ABCD teilt E die Seite CD außen im Verhältnis $\tau_1 = -1:5$, F die Seite AD innen im Verhältnis $\tau_2 = 2:1$. In welchem Verhältnis teilen sich die Strecken AE und BF? (Für die Zeichnung sei $\overline{AB} = 6$ cm, $\overline{AD} = 3{,}6$ cm, $\sphericalangle BAD = 120°$).

b) Löse die Aufgabe auch für $\tau_1 = -4:1$ und $\tau_2 = 1:2$.
(Für die Zeichnung sei $\overline{AB} = 6$ cm, $\overline{AD} = 3{,}3$ cm, $\sphericalangle BAD = 70°$)

21. Zeige: Wird der Punkt B eines Parallelogramms ABCD mit den Mittelpunkten der beiden Seiten AD und DC verbunden, so teilen die Verbindungslinien die Diagonale AC in drei gleiche Teile.

22. Zeige, daß die vier Schwerlinien eines Vierflachs bei geeigneter Orientierung ein geschlossenes räumliches Viereck bilden.

4.2. Die Gerade

4.2.1. Die Punktrichtungsgleichung der Geraden

Vorübung

Es sei gegeben der Punkt A durch seinen Ortsvektor $\mathfrak{a}$, ferner ein Vektor $\mathfrak{u}$. Zeichne die Ortsvektoren $\mathfrak{a} + \mathfrak{u}$, $\mathfrak{a} + 2\,\mathfrak{u}$, $\mathfrak{a} + 4\,\mathfrak{u}$, $\mathfrak{a} - \mathfrak{u}$, $\mathfrak{a} - 3\mathfrak{u}$.
Was läßt sich über den Ortsvektor $\mathfrak{x} = \mathfrak{a} + \lambda\,\mathfrak{u}$ sagen?

Da $\{\mathfrak{c} \mid \mathfrak{c} = \lambda\,\mathfrak{u}\}_{\lambda \in R}$ die Menge der zu $\mathfrak{u}$ kollinearen Vektoren ist (Satz 3.3), liegen die Punkte, die zu den Ortsvektoren $\mathfrak{x}$ mit $\mathfrak{x} = \mathfrak{a} + \lambda\,\mathfrak{u}$ gehören, auf einer Geraden. Demnach ist die Gleichung der Geraden durch den Punkt $A[\mathfrak{a}]$, deren Richtung durch den Vektor $\mathfrak{u}$ bestimmt ist:

$$\mathfrak{x} = \mathfrak{a} + \lambda\mathfrak{u} \quad \textit{Punktrichtungsgleichung der Geraden}$$

Denn für einen Punkt $X'[\mathfrak{x}']$, der nicht auf dieser Geraden liegt, kann es keine reelle Zahl λ' geben, so daß $\mathfrak{x}' = \mathfrak{a} + \lambda'\mathfrak{u}$ ist. Demnach ist die Gerade g die Punktmenge

$$\{X[\mathfrak{x}] \mid \mathfrak{x} = \mathfrak{a} + \lambda\,\mathfrak{u}\}_{\lambda \in R}.$$

Durchläuft der *Parameter* λ alle Zahlen von $-\infty$ bis $+\infty$, so durchläuft der zum Ortsvektor $\mathfrak{x}$ gehörige Punkt X die ganze Gerade (Bild 4.20.1).

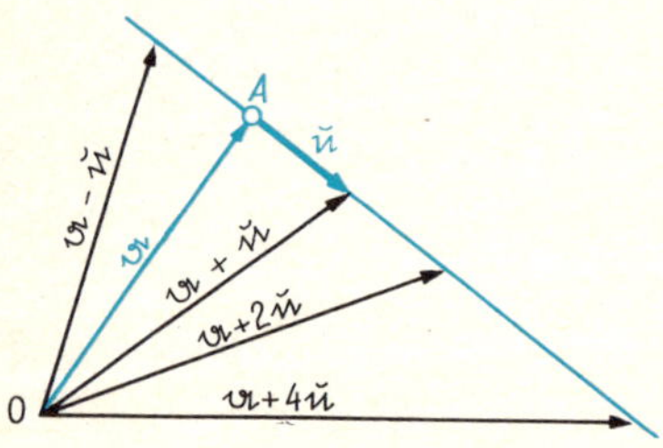

Bild 4.20.1

Damit ist es uns gelungen, aus allen Ortsvektoren des V^3 diejenigen auszusondern, die zu Punkten auf einer durch Punkt und Richtung vorgegebenen Geraden gehören. Eine geometrische Beziehung zwischen Punkten drückt sich aus durch eine rechnerische Beziehung zwischen Vektoren. Und das ist doch das Hauptanliegen der vektoriellen Analytischen Geometrie.

Da uns als Gleichung der Geraden in der x_1x_2-Ebene schon

(1) $$x_2 = mx_1 + n$$

bekannt ist, wollen wir diese Geradengleichung mit der vektoriellen Geradengleichung

(2) $$\mathfrak{x} = \mathfrak{a} + \lambda\mathfrak{u}$$

vergleichen:

In (1) wird zufolge der Gleichung $x_2 = mx_1 + n$ jeder reellen Zahl x_1 eine reelle Zahl x_2 zugeordnet. Diese Gleichung hat also als Lösungsmenge eine Menge von Zahlenpaaren (x_1, x_2). Da man ein solches Zahlenpaar deuten kann als die Koordinaten eines

Punktes in der x_1x_2-Ebene, erhält man als graphische Darstellung für die Lösungsmenge der arithmetischen Beziehung $x_2 = mx_1 + n$ die Menge aller Punkte, deren Koordinaten diese Gleichung erfüllen.
Setzt man für λ eine reelle Zahl ein, dann ordnet die Beziehung $\mathfrak{x} = \mathfrak{a} + \lambda\mathfrak{u}$ dieser reellen Zahl unmittelbar ein geometrisches Gebilde zu, nämlich den zugehörigen Ortsvektor. So entspricht der Zahl $\lambda_A = 0$ der Ortsvektor $\mathfrak{a}$. Wir sehen sofort, daß die diesen Vektoren $\mathfrak{a} + \lambda\mathfrak{u}$ zugeordneten Punkte auf einer Geraden liegen; die vektorielle Geradengleichung ist viel anschaulicher! Obendrein läßt sich jede Gerade des R^3 durch eine Gleichung der Form (2) darstellen, während durch (1) nur Geraden im R^2 erfaßt werden können. Da zu jedem Punkt auf der Geraden ein fester Ortsvektor und zu diesem wiederum ein bestimmter Parameterwert gehört, wollen wir diese Zugehörigkeit durch den entsprechenden Index kennzeichnen. Zum Punkt P führt also der Ortsvektor $\mathfrak{p} = \mathfrak{a} + \lambda_P\mathfrak{u}$, zum Punkt Q der Ortsvektor $\mathfrak{q} = \mathfrak{a} + \lambda_Q\mathfrak{u}$.
Die Geradengleichung $\mathfrak{x} = \mathfrak{a} + \lambda\mathfrak{u}$ kann man auch so deuten, daß auf der Geraden ein Koordinatensystem mit dem Ursprung A und dem Basisvektor $\mathfrak{u}$ eingeführt wurde. In diesem Koordinatensystem hat der Punkt X die Koordinate λ.

Beispiele

1. Wie heißen die Gleichungen der Geraden durch den Punkt A (2/1/4), die parallel zu den Diagonalen des durch die Basisvektoren $\mathfrak{b}_1$ und $\mathfrak{b}_2$ aufgespannten Parallelogramms verlaufen?

   Lösung: Es gibt zwei Diagonalen, deren Richtung durch $\mathfrak{u}_1 = \mathfrak{b}_1 + \mathfrak{b}_2 = \begin{pmatrix}1\\1\\0\end{pmatrix}$ und $\mathfrak{u}_2 = \mathfrak{b}_1 - \mathfrak{b}_2 = \begin{pmatrix}1\\-1\\0\end{pmatrix}$ gegeben ist. Damit erhält man die beiden Geraden

$$g_1: \mathfrak{x} = \begin{pmatrix}2\\1\\4\end{pmatrix} + \lambda\begin{pmatrix}1\\1\\0\end{pmatrix} \quad \text{und} \quad g_2: \mathfrak{x} = \begin{pmatrix}2\\1\\4\end{pmatrix} + \lambda\begin{pmatrix}1\\-1\\0\end{pmatrix}.$$

2. Liegen die Punkte B (—1/10/7) und C (1/6/2) auf der Geraden

$$g: \mathfrak{x} = \begin{pmatrix}2\\4\\1\end{pmatrix} + \lambda\begin{pmatrix}-1\\2\\2\end{pmatrix}?$$

   Lösung: Wenn B auf g liegt, so muß es einen bestimmten Parameterwert λ_B geben, der die Gleichung $\mathfrak{b} = \mathfrak{a} + \lambda_B\mathfrak{u}$ oder $\mathfrak{b} - \mathfrak{a} = \lambda_B\mathfrak{u}$ erfüllt. Es muß also gelten:

$$\begin{pmatrix}-1\\10\\7\end{pmatrix} = \begin{pmatrix}2\\4\\1\end{pmatrix} + \lambda_B\begin{pmatrix}-1\\2\\2\end{pmatrix} \quad \text{bzw.} \quad \begin{pmatrix}-3\\6\\6\end{pmatrix} = \lambda_B\begin{pmatrix}-1\\2\\2\end{pmatrix}.$$

   Da eine Vektorgleichung mit ihren drei skalaren Koordinatengleichungen gleichwertig ist, muß es also einen Parameterwert λ_B geben, der die drei Gleichungen

$$\begin{aligned} -3 &= (-1)\,\lambda_B \\ 6 &= 2\,\lambda_B \\ 6 &= 2\,\lambda_B \end{aligned}$$

erfüllt. Wir errechnen aus einer der Gleichungen, etwa der ersten, $\lambda_B = 3$. Dieser Wert erfüllt auch die anderen Gleichungen. Somit liegt B auf g.
Entsprechend gilt: C liegt auf g, wenn es ein λ_C gibt, das die Vektorgleichung $\mathfrak{c} - \mathfrak{a} = \lambda \mathfrak{u}$ und damit alle drei Koordinatengleichungen

$$\begin{aligned} -1 &= (-1)\,\lambda_C \\ 2 &= \quad 2\,\lambda_C \\ 1 &= \quad 2\,\lambda_C \end{aligned}$$

erfüllt. Da es einen solchen Wert für λ_C nicht gibt, liegt C nicht auf g.

Aufgaben

1. Nimm drei Vektoren als Basisvektoren eines affinen Koordinatensystems an, entwirf eine Wertetabelle für die Gerade $g: \mathfrak{x} = \begin{pmatrix} 1 \\ 0 \\ 2 \end{pmatrix} + \lambda \begin{pmatrix} 2 \\ 1 \\ -2 \end{pmatrix}$ und zeichne sie im Schrägbild.

2. Gib drei Punkte an, die auf der Geraden $g: \mathfrak{x} = \begin{pmatrix} 2 \\ 1 \\ -3 \end{pmatrix} + \lambda \begin{pmatrix} 1 \\ 5 \\ 2 \end{pmatrix}$ liegen.

3. Wie heißt die Gleichung der Geraden

a) durch den Punkt A (6/5/2) mit dem Richtungsvektor $\mathfrak{u}_1 = \begin{pmatrix} -1 \\ 0 \\ 2 \end{pmatrix}$,

b) durch den Punkt B (0/4/0) mit dem Richtungsvektor $\mathfrak{u}_2 = \begin{pmatrix} 3 \\ 2 \\ 1 \end{pmatrix}$?

4. Beschreibe die Lage folgender Geraden

a) $g: \mathfrak{x} = \begin{pmatrix} 1 \\ 0 \\ 0 \end{pmatrix} + \lambda \begin{pmatrix} 3 \\ 0 \\ 2 \end{pmatrix}$, b) $g: \mathfrak{x} = \begin{pmatrix} 2 \\ 4 \\ 3 \end{pmatrix} + \lambda \begin{pmatrix} 6 \\ 0 \\ 0 \end{pmatrix}$,

c) $g: \mathfrak{x} = \lambda \begin{pmatrix} 0 \\ 1 \\ 0 \end{pmatrix}$, d) $g: \mathfrak{x} = \lambda \begin{pmatrix} 2 \\ 2 \\ 2 \end{pmatrix}$.

5. Was läßt sich über $\mathfrak{u}$ sagen, wenn in einem kartesischen Koordinatensystem die Gerade $g: \mathfrak{x} = \mathfrak{a} + \lambda \mathfrak{u}$

a) parallel zur x_3-Achse,
b) senkrecht zur x_1x_3-Ebene,
c) parallel zur x_1x_2-Ebene verläuft?

6. Versuche, die Gleichung der Geraden durch den Ursprung aufzustellen, die in einem kartesischen Koordinatensystem

a) mit der x_1-Achse den Winkel 30° und mit der x_2-Achse den Winkel 60°,
b) mit allen drei Achsen gleiche Winkel,
c) mit der x_1x_2-Ebene den Winkel 45° und mit der x_2x_3-Ebene den Winkel 60° einschließt.

7. Prüfe, ob die Punkte P(5/−6/4,5) und Q(3/−4,5/3,5) auf der Geraden $g: \mathfrak{x} = \begin{pmatrix} -3 \\ 0 \\ 2 \end{pmatrix} + \lambda \begin{pmatrix} 4 \\ -3 \\ 1 \end{pmatrix}$ liegen.

8. Wie heißt die Gleichung der Geraden durch den Punkt A(2/1/−3), die parallel zu der Geraden $g: \mathfrak{x} = \begin{pmatrix} 2 \\ 1 \\ 1 \end{pmatrix} + \lambda \begin{pmatrix} 4 \\ 0 \\ -5 \end{pmatrix}$ verläuft?

4.2.2. Die Zweipunktegleichung der Geraden

Kennt man von einer Geraden zwei Punkte A und B, so liegt durch sie ein Richtungsvektor $\mathfrak{u}$ der Geraden fest:

$$\mathfrak{u} = \mathfrak{b} - \mathfrak{a}.$$

Wir erhalten so aus der Punktrichtungsform der Geradengleichung ihre Zweipunkteform (Bild 4.23.1):

$$\mathfrak{x} = \mathfrak{a} + \lambda(\mathfrak{b} - \mathfrak{a})$$ *Zweipunktegleichung der Geraden*

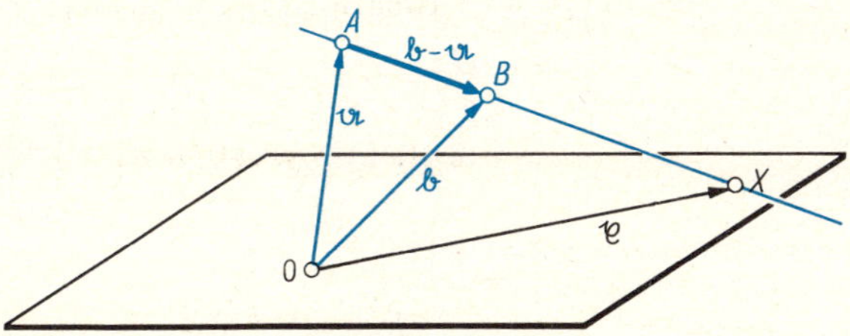

Bild 4.23.1

Beispiel

Wie heißen die Gleichungen der Seitengeraden eines gleichseitigen Dreiecks mit der Seitenlänge 1 LE
a) nach Wahl eines geeigneten affinen,
b) nach Wahl eines geeigneten kartesischen Koordinatensystems?

Lösung:

a) Wir legen eine Ecke des Dreiecks in den Ursprung und wählen die Ortsvektoren zu den anderen beiden Eckpunkten als Basisvektoren $\mathfrak{b}_1 = \overrightarrow{OB_1}$ und $\mathfrak{b}_2 = \overrightarrow{OB_2}$ eines Koordinatensystems (Bild 4.24.1).
Damit erhält man die Geradengleichungen

$$g_{OB_1}: \mathfrak{x} = \mathfrak{o} + \lambda \mathfrak{b}_1 \Rightarrow \mathfrak{x} = \lambda \begin{pmatrix} 1 \\ 0 \end{pmatrix}$$

$$g_{OB_2}: \mathfrak{x} = \mathfrak{o} + \lambda \mathfrak{b}_2 \Rightarrow \mathfrak{x} = \lambda \begin{pmatrix} 0 \\ 1 \end{pmatrix}$$

$$g_{B_1B_2}: \mathfrak{x} = \mathfrak{b}_1 + \lambda(\mathfrak{b}_2 - \mathfrak{b}_1) \Rightarrow \mathfrak{x} = \begin{pmatrix} 1 \\ 0 \end{pmatrix} + \lambda \begin{pmatrix} -1 \\ 1 \end{pmatrix}.$$

b) Wir legen das Dreieck so in das Koordinatensystem, wie es Bild 4.24.2 angibt. Demnach ergeben sich die Eckpunkte als

$$A\left(-\frac{1}{2}\Big/0\right),\ B\left(\frac{1}{2}\Big/0\right),\ C\left(0\Big/\frac{1}{2}\sqrt{3}\right)$$

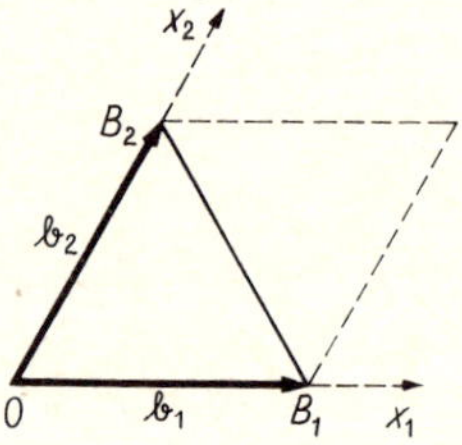

Bild 4.24.1

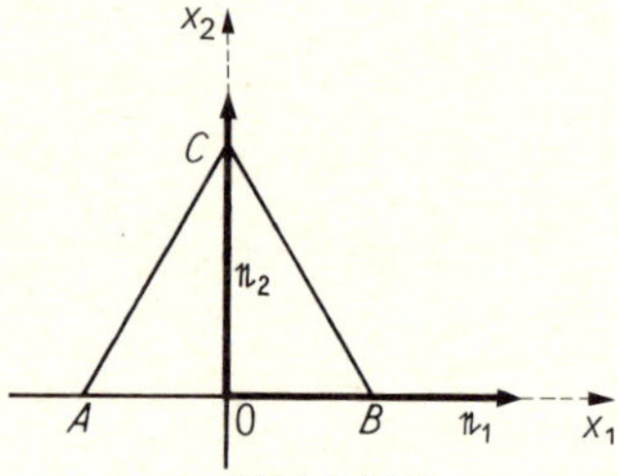

Bild 4.24.2

und die Seitengeraden als

$$g_{AB}\colon \mathfrak{x} = \begin{pmatrix} -\frac{1}{2} \\ 0 \end{pmatrix} + \lambda \begin{pmatrix} 1 \\ 0 \end{pmatrix};\quad g_{BC}\colon \mathfrak{x} = \begin{pmatrix} \frac{1}{2} \\ 0 \end{pmatrix} + \lambda \begin{pmatrix} -\frac{1}{2} \\ \frac{1}{2}\sqrt{3} \end{pmatrix};\quad g_{CA}\colon \mathfrak{x} = \begin{pmatrix} 0 \\ \frac{1}{2}\sqrt{3} \end{pmatrix} + \lambda \begin{pmatrix} \frac{1}{2} \\ \frac{1}{2}\sqrt{3} \end{pmatrix}.$$

Man sieht an diesen Beispielen, daß die Wahl eines geeigneten Koordinatensystems häufig die Lösung der Aufgabe vereinfacht.

Aufgaben

1. Bestimme die Gleichung der Geraden durch die Punkte A(5/8/−3) und B(4/−3/−9).

2. Ein Dreieck ist gegeben durch seine Eckpunkte A(2/1/0), B(7/−4/5), C(4/0/2). Bestimme

   a) die Gleichungen der Seitengeraden,

   b) die Gleichungen der Seitenhalbierendengeraden.

3. Gegeben sei das Vierflach mit den Eckpunkten A(5/2/7), B(4/0/2), C(1/5/0), D(3/4/1). Bestimme

   a) die Gleichungen der Kantengeraden,

   b) die Gleichungen der Geraden, die durch einen Eckpunkt des Vierflachs und den Schwerpunkt der gegenüberliegenden Seitenfläche gehen,

   c) die Gleichungen der Geraden, die die Mittelpunkte gegenüberliegender Kanten verbinden.

4. Es sind die Gleichungen aller Diagonalengeraden eines Spats anzugeben, der von den drei Vektoren $\mathfrak{b}_1$, $\mathfrak{b}_2$ und $\mathfrak{b}_3$ aufgespannt wird.

5. Gib die Gleichungen der Geraden an, die durch die Mittelpunkte von je zwei gegenüberliegenden Kanten eines Spats gehen.

6. Ein Oktaeder liege so in einem kartesischen Koordinatensystem, daß sein Mittelpunkt im Ursprung und alle Eckpunkte auf den Koordinatenachsen liegen. Bestimme die Gleichungen der Kantengeraden.

7. Ein Tetraeder steht mit seiner Grundfläche so auf der x_1x_2-Ebene, daß ein Eckpunkt auf der x_1-Achse liegt. Wie heißen die Gleichungen der Kantengeraden
   a) nach Wahl eines geeigneten affinen,
   b) nach Wahl eines geeigneten kartesischen Koordinatensystems?

8. Liegen die Punkte C(2/8/10) und D(0/−11/−9) auf der Geraden durch die Punkte A(4/1/2) und B(3/4/5)?

4.2.3. Projektion von Geraden auf die Koordinatenebenen

Vorübung

Welche geometrische Beziehung besteht zwischen dem Vektor $\mathfrak{u}$ und

a) seinen Komponenten,

b) den Vektoren $\begin{pmatrix} u_1 \\ u_2 \\ 0 \end{pmatrix}, \begin{pmatrix} u_1 \\ 0 \\ u_3 \end{pmatrix}, \begin{pmatrix} 0 \\ u_2 \\ u_3 \end{pmatrix}$?

Wenn wir Vektoren auf die Grundebenen projizieren wollen, erhalten wir besonders einfache Ergebnisse, wenn die Projektionsrichtung mit der Richtung eines der Basisvektoren übereinstimmt. Bild 4.25.1 zeigt: Projiziert man den Vektor $\mathfrak{u}$ in Richtung des Vektors $\mathfrak{b}_3$ bzw. $-\mathfrak{b}_3$ auf die x_1x_2-Ebene, so erhält man als Projektion $\mathfrak{u}' = \mathfrak{u}_1 + \mathfrak{u}_2$. Entsprechend ergibt die Projektion in Richtung von $\pm\mathfrak{b}_1$ auf die x_2x_3-Ebene $\mathfrak{u}'' = \mathfrak{u}_2 + \mathfrak{u}_3$ und die Projektion in Richtung von $\pm\mathfrak{b}_2$ auf die x_1x_3-Ebene $\mathfrak{u}''' = \mathfrak{u}_1 + \mathfrak{u}_3$.

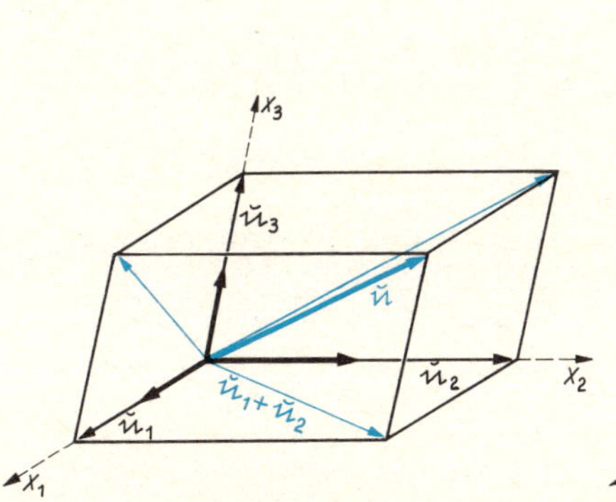

Bild 4.25.1

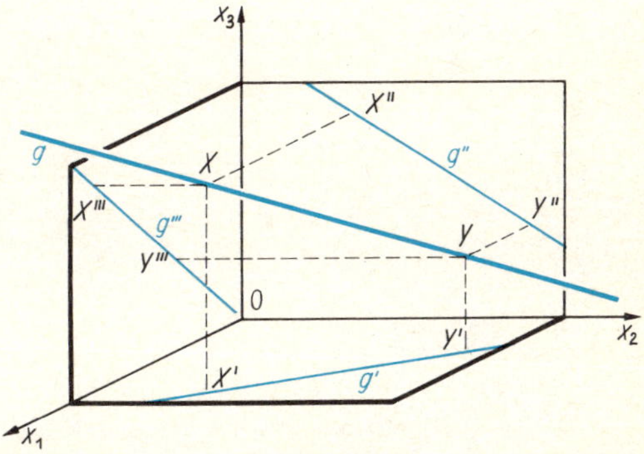

Bild 4.25.2

Wir wollen unter einer Projektion auf eine der Grundebenen (Koordinatenebenen) immer die Projektion in Richtung des Basisvektors verstehen, der nicht in der betreffenden Grundebene liegt. Das bedeutet im Fall eines affinen Koordinatensystems eine schräge Parallelprojektion, im Fall eines kartesischen Koordinatensystems eine senkrechte Parallelprojektion. Ist ein kartesisches Koordinatensystem zugrunde gelegt, so heißt die Projektion auf die x_1x_2-Ebene *Grundriß*, die auf die x_2x_3-Ebene *Aufriß* und die auf die x_1x_3-Ebene *Seitenriß*.

Wenn wir eine Gerade

$$g : \mathfrak{x} = \mathfrak{a} + \lambda \mathfrak{u} = \begin{pmatrix} a_1 \\ a_2 \\ a_3 \end{pmatrix} + \lambda \begin{pmatrix} u_1 \\ u_2 \\ u_3 \end{pmatrix}$$

auf die x_1x_2-Ebene projizieren wollen, müssen von den zu ihren Punkten führenden Ortsvektoren die x_3-Koordinaten Null werden, während die x_1- und x_2-Koordinaten erhalten bleiben. Man erhält als Projektion

$$g' : \mathfrak{x}' = \begin{pmatrix} a_1 \\ a_2 \\ 0 \end{pmatrix} + \lambda \begin{pmatrix} u_1 \\ u_2 \\ 0 \end{pmatrix} = \mathfrak{a}' + \lambda \mathfrak{u}' .$$

Entsprechend findet man die Projektionen in die anderen beiden Grundebenen. Bild 4.25.2 zeigt eine Gerade mit ihren Projektionen in einem kartesischen Koordinatensystem.

Damit ergibt sich grundsätzlich die Möglichkeit, viele Konstruktionsaufgaben der Darstellenden Geometrie (Zwei- und Dreitafelverfahren) rechnerisch nachzuvollziehen. Im allgemeinen gibt es jedoch rechnerische Verfahren, die schneller zum Ziel führen, so daß wir nur gelegentlich Methoden der Darstellenden Geometrie zu Hilfe nehmen wollen.

Beispiel

Wie heißt die Projektion der Geraden $g: \mathfrak{x} = \begin{pmatrix} 2 \\ 3 \\ 7 \end{pmatrix} + \lambda \begin{pmatrix} 4 \\ -6 \\ 0 \end{pmatrix}$ auf die x_2x_3-Ebene?

Lösung: Da in der x_2x_3-Ebene die x_1-Koordinate aller Vektoren Null wird, erhält man

$$g'' : \mathfrak{x} = \begin{pmatrix} 0 \\ 3 \\ 7 \end{pmatrix} + \lambda \begin{pmatrix} 0 \\ -6 \\ 0 \end{pmatrix}.$$

Da g parallel zur x_1x_2-Ebene verläuft, ist die Projektion von g auf die x_2x_3-Ebene zur x_2-Achse parallel.

Aufgaben

1. Gegeben sei ein Spat durch seine Kantenvektoren $\mathfrak{b}_1$, $\mathfrak{b}_2$ und $\mathfrak{b}_3$. Wie heißen die Projektionen der Raumdiagonalen auf die Grundebenen?

2. Projiziere die Gerade $g : \mathfrak{x} = \begin{pmatrix} 3 \\ 1 \\ 5 \end{pmatrix} + \lambda \begin{pmatrix} 1 \\ 2 \\ -1 \end{pmatrix}$ auf die Grundebenen.

   Stelle die Gerade mit ihren Projektionen im Schrägbild dar.

3. Untersuche, ob die Punkte

a) A(3/5/0), b) $B\left(0/0/7\frac{2}{3}\right)$, c) C (3/0/5)

auf Projektionen der Geraden $g: \mathfrak{x} = \begin{pmatrix} 3 \\ 2 \\ 5 \end{pmatrix} + \lambda \begin{pmatrix} 0 \\ 3 \\ -4 \end{pmatrix}$ in eine der Grundebenen liegen.

4. Gegeben sei die Gerade $g: \mathfrak{x} = \begin{pmatrix} 8 \\ 6 \\ -1 \end{pmatrix} + \lambda \begin{pmatrix} 5 \\ -3 \\ 6 \end{pmatrix}$.

Gib zwei weitere Geraden an, deren Projektion auf die

a) x_1x_2-Ebene b) x_2x_3-Ebene c) x_1x_3-Ebene

mit der Projektion von g auf diese Grundebene übereinstimmt.

4.2.4. Spurpunkte von Geraden

Vorübung

Wieviele Punkte kann eine Gerade mit den Grundebenen gemeinsam haben? Diskutiere die Sonderfälle.

Die Punkte, in denen eine Gerade durch eine der Grundebenen hindurchgeht, heißen *Spurpunkte* (Bild 4.27.1). Um den Spurpunkt S auf der x_1x_2-Ebene (x_1x_2-Spurpunkt) zu finden, müssen wir aus allen Vektoren $\mathfrak{x} = \mathfrak{a} + \lambda\,\mathfrak{u}$, die zu einem Punkt der Geraden g führen, denjenigen herausfinden, dessen x_3-Koordinate Null ist. Wir erhalten also aus $\mathfrak{s} = \mathfrak{a} + \lambda_S\,\mathfrak{u}$

$$s_3 = a_3 + \lambda_S\, u_3 = 0$$

als Gleichung für den Parameterwert λ_S, der zum gesuchten Spurpunkt S gehört. Daraus ergibt sich

$$\lambda_S = -\frac{a_3}{u_3}.$$

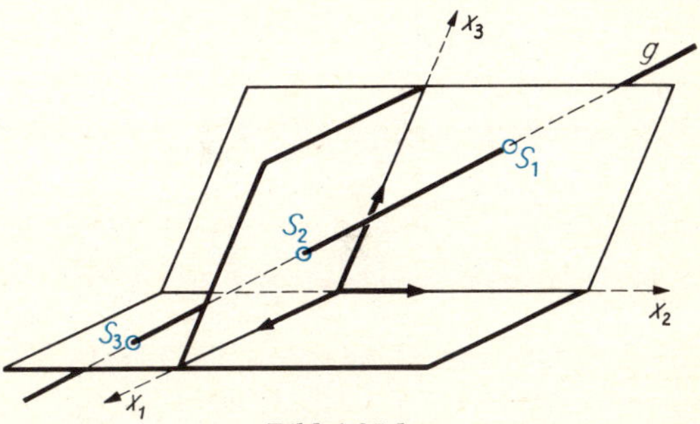

Bild 4.27.1

Eine Lösung ergibt sich nur für $u_3 \neq 0$, anderenfalls ist die Gerade zur x_1x_2-Ebene parallel.

Beispiel

Bestimme die Spurpunkte der Geraden $g: \mathfrak{x} = \begin{pmatrix} 2 \\ 1 \\ 7 \end{pmatrix} + \lambda \begin{pmatrix} 0 \\ 6 \\ 4 \end{pmatrix}$ auf der x_1x_3- und der x_2x_3-Ebene.

Lösung: Da für alle Punkte der x_1x_3-Ebene $x_2 = 0$ ist, erhalten wir für den Parameterwert λ_S, der zum Spurpunkt S gehört, die Gleichung $s_2 = 1 + 6\,\lambda_S = 0$. Daraus folgt

$\lambda_S = -\frac{1}{6}$. Demnach ergibt sich für den Ortsvektor $\mathfrak{s}$ zum Spurpunkt S

$$\mathfrak{s} = \begin{pmatrix} 2 \\ 1 \\ 7 \end{pmatrix} - \frac{1}{6}\begin{pmatrix} 0 \\ 6 \\ 4 \end{pmatrix} = \begin{pmatrix} 2 \\ 0 \\ 6\frac{1}{3} \end{pmatrix}.$$

Da wegen $u_1 = 0$ die Gerade zur x_2x_3-Ebene parallel läuft, kann g keinen x_2x_3-Spurpunkt haben. Setzt man nämlich $s_1 = 2 + 0 \cdot \lambda_S = 0$, so erhält man eine unerfüllbare Gleichung.

Aufgaben

1. Bestimme die drei Spurpunkte der Geraden $g: \mathfrak{x} = \begin{pmatrix} 4 \\ 6 \\ -3 \end{pmatrix} + \lambda \begin{pmatrix} 2 \\ 0 \\ 6 \end{pmatrix}$.

2. Bestimme die Spurpunkte der Geraden, die durch die Punkte $A\left(1\frac{1}{2}/-4/3\right)$ und $B\left(-2/5\frac{1}{3}/-4\right)$ geht.

3. Bestimme die Schnittpunkte der Geraden

   a) $g: \mathfrak{x} = \begin{pmatrix} 2 \\ 4 \end{pmatrix} + \lambda \begin{pmatrix} -3 \\ 2 \end{pmatrix}$ b) $g: \mathfrak{x} = \begin{pmatrix} 1 \\ -8 \end{pmatrix} + \lambda \begin{pmatrix} 0 \\ 2 \end{pmatrix}$ c) $g: \mathfrak{x} = \begin{pmatrix} 3 \\ 0 \\ 4 \end{pmatrix} + \lambda \begin{pmatrix} -1 \\ 0 \\ 6 \end{pmatrix}$

   mit den Koordinatenachsen.

4. Gegeben sei das Dreieck A(5/1/3) B(6/4/−2) C(3/−6/2).
   Bestimme die Spurpunkte der Geraden, die durch je zwei Dreieckspunkte gehen, auf der x_1x_2-Ebene und zeige, daß die drei Spurpunkte auf einer Geraden liegen.

4.2.5. Parallele und gleiche Geraden

Vorübungen

1. Gegeben sei die Gerade $g: \mathfrak{x} = \begin{pmatrix} 2 \\ 1 \\ 3 \end{pmatrix} + \lambda \begin{pmatrix} 1 \\ 2 \\ 2 \end{pmatrix}$.
   Gib Gleichungen von zu g parallelen Geraden an, indem du $\mathfrak{a}$ bzw. $\mathfrak{u}$ abänderst.

2. Versuche, für die durch $\mathfrak{x} = \begin{pmatrix} 1 \\ 2 \\ 0 \end{pmatrix} + \lambda \begin{pmatrix} 4 \\ 2 \\ 6 \end{pmatrix}$ gegebene Gerade g andere Gleichungen zu finden.

Da zwei Geraden genau dann parallel sind, wenn sie die gleiche Richtung haben (Bild 4.29.1), ergibt sich der

Satz 4.5

Die Geraden $g_1: \mathfrak{x} = \mathfrak{a} + \lambda\mathfrak{u}$ und $g_2: \mathfrak{x} = \mathfrak{b} + \lambda\mathfrak{v}$ sind genau dann parallel, wenn $\mathfrak{u}$ und $\mathfrak{v}$ kollinear sind.

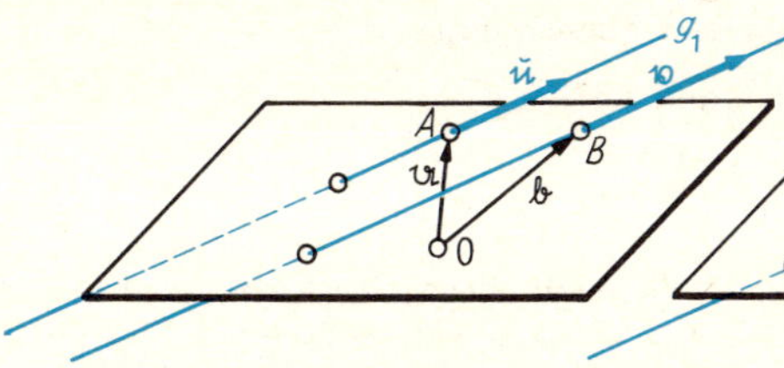

Bild 4.29.1

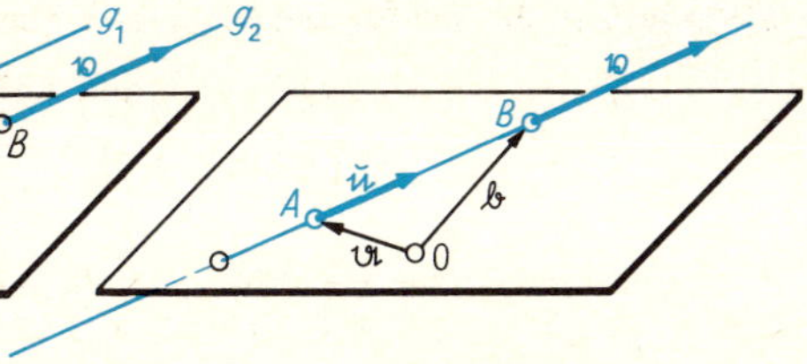

Bild 4.29.2

Wenn die Richtungsvektoren kollinear sind, ist es sogar möglich, daß durch beide Gleichungen dieselbe Gerade dargestellt wird. Das ist genau dann der Fall, wenn zusätzlich B [$\mathfrak{b}$] auf g_1 (oder A [$\mathfrak{a}$] auf g_2) liegt (Bild 4.29.2). Es muß demnach einen bestimmten Parameterwert λ_B geben, so daß gilt:

$$\mathfrak{b} = \mathfrak{a} + \lambda_B\,\mathfrak{u} \quad \textbf{oder} \quad \mathfrak{b} - \mathfrak{a} = \lambda_B\,\mathfrak{u}.$$

Man erhält also den

Satz 4.6

Zwei Geraden $g_1 : \mathfrak{x} = \mathfrak{a} + \lambda\,\mathfrak{u}$ und $g_2 : \mathfrak{x} = \mathfrak{b} + \lambda\,\mathfrak{v}$ sind genau dann parallel, wenn $\mathfrak{u}$ und $\mathfrak{v}$ kollinear sind. Sie sind sogar gleich, wenn zusätzlich $\mathfrak{u}$ und $\mathfrak{b} - \mathfrak{a}$ kollinear sind.

Da man also ein und dieselbe Gerade durch verschiedene Gleichungen darstellen kann, wählt man der einfachen Rechnung halber aus der Menge der kollinearen Richtungsvektoren denjenigen, dessen Koordinaten möglichst einfache Zahlen sind. Bei Ortsvektoren darf man natürlich nicht so vorgehen, da sie zu bestimmten Punkten (hier Punkten der Geraden) gehören.

Beispiel

Untersuche, ob die Gerade g: $\mathfrak{x} = \begin{pmatrix} 0 \\ 3 \\ -2 \end{pmatrix} + \lambda \begin{pmatrix} -1 \\ 1 \\ -1 \end{pmatrix}$ zu einer der Seitengeraden des Dreiecks A (2/5/0) B (6/3/3) C (6/1/4) parallel oder sogar mit ihr gleich ist.

Lösung:

Vergleicht man die Richtungsvektoren der gegebenen Seitengeraden $\mathfrak{u}_1 = \mathfrak{c} - \mathfrak{b} = \begin{pmatrix} 0 \\ -2 \\ 1 \end{pmatrix}$,

$\mathfrak{u}_2 = \mathfrak{a} - \mathfrak{c} = \begin{pmatrix} -4 \\ 4 \\ -4 \end{pmatrix}$, $\mathfrak{u}_3 = \mathfrak{b} - \mathfrak{a} = \begin{pmatrix} 4 \\ -2 \\ 3 \end{pmatrix}$ mit dem Richtungsvektor $\mathfrak{u} = \begin{pmatrix} -1 \\ 1 \\ -1 \end{pmatrix}$, so ergibt sich: g ist parallel zu der Geraden g_2: $\mathfrak{x} = \mathfrak{c} + \lambda\,\mathfrak{u}_2$. Die Geraden wären gleich, wenn $\begin{pmatrix} 0 \\ 3 \\ -2 \end{pmatrix} - \begin{pmatrix} 2 \\ 5 \\ 0 \end{pmatrix} = \begin{pmatrix} -2 \\ -2 \\ -2 \end{pmatrix}$ kollinear mit $\mathfrak{u} = \begin{pmatrix} -1 \\ 1 \\ -1 \end{pmatrix}$ wäre. Da das nicht der Fall ist, sind g und g_2 nicht gleich.

Aufgaben

1. Untersuche auf Parallelität und Gleichheit die Geraden:

a) $g_1: \mathfrak{x} = \begin{pmatrix} 3 \\ 5{,}5 \\ -1 \end{pmatrix} + \lambda \begin{pmatrix} 4 \\ -3 \\ 6 \end{pmatrix}$ und $g_2: \mathfrak{x} = \begin{pmatrix} 13 \\ -2 \\ 14 \end{pmatrix} + \lambda \begin{pmatrix} -6 \\ 4{,}5 \\ -9 \end{pmatrix}$

b) $g_1: \mathfrak{x} = \begin{pmatrix} 5 \\ 8 \\ 3 \end{pmatrix} + \lambda \begin{pmatrix} -3 \\ 0 \\ 4 \end{pmatrix}$ und $g_2: \mathfrak{x} = \begin{pmatrix} 2 \\ -7 \\ 9 \end{pmatrix} + \lambda \begin{pmatrix} -6 \\ 1 \\ 8 \end{pmatrix}$

c) $g_1: \mathfrak{x} = \begin{pmatrix} 2 \\ 8 \\ 0 \end{pmatrix} + \lambda \begin{pmatrix} 0 \\ -2 \\ 5 \end{pmatrix}$ und $g_2: \mathfrak{x} = \begin{pmatrix} 1 \\ 4 \\ 0 \end{pmatrix} + \lambda \begin{pmatrix} 0 \\ 0{,}4 \\ -1 \end{pmatrix}$

d) $g_1: \mathfrak{x} = \begin{pmatrix} -1 \\ 6 \\ 0 \end{pmatrix} + \lambda \begin{pmatrix} -3 \\ 2 \\ -1 \end{pmatrix}$ und $g_2: \mathfrak{x} = \begin{pmatrix} 2 \\ 4 \\ 1 \end{pmatrix} + \lambda \begin{pmatrix} 3 \\ 2 \\ -1 \end{pmatrix}$

2. Untersuche, ob das Fünfeck A(3/0/−1) B(3/6/4) C(5/10/2) D(8/10/−6) E(8/4/−11) parallele Seiten hat und ob es zu irgendwelchen Seiten parallele Diagonalen gibt.

3. a) Weise nach, daß die beiden Geraden

$$g_1: \mathfrak{x} = \begin{pmatrix} 1 \\ 0 \\ 5 \end{pmatrix} + \lambda \begin{pmatrix} 4 \\ -2 \\ 6 \end{pmatrix} \text{ und}$$

$$g_2: \mathfrak{x} = \begin{pmatrix} 3 \\ -1 \\ 8 \end{pmatrix} + \mu \begin{pmatrix} -2 \\ 1 \\ -3 \end{pmatrix} \text{ gleich sind.}$$

b) Welche Parameterwerte für λ gehören zu den Punkten auf g_2 mit den Parameterwerten $\mu = -2, -1, 0, +1, +2$?

c) Welche Beziehung besteht zwischen den Parametern λ und μ für gleiche Punkte?

4. Was kann man von zwei Geraden $g_1: \mathfrak{x} = \mathfrak{a} + \lambda \mathfrak{u}$ und $g_2: \mathfrak{x} = \mathfrak{b} + \lambda \mathfrak{v}$ sagen, wenn man weiß, daß $\mathfrak{b} - \mathfrak{a}$ und $\mathfrak{u}$ kollinear sind, aber nicht $\mathfrak{u}$ und $\mathfrak{v}$?

5. Gegeben sei das Viereck A(5/2/0) B(3/6/4) C(0/10/5) D(2/5/3).

a) Zeige, daß das Viereck nicht eben ist, indem du nachweist, daß drei passend gewählte Vektoren nicht komplanar sind.

b) Laufen die Geraden, die die Mittelpunkte benachbarter Vierecksseiten miteinander verbinden, zueinander parallel?

c) Untersuche b) für ein beliebiges Viereck.

6. Zeige vektoriell, daß die Projektionen von zwei parallelen Geraden parallel sind.

4.2.6. Sich schneidende und windschiefe Geraden

Vorübungen

1. Gegeben sind die beiden Geraden g_1: $\mathfrak{x} = \begin{pmatrix} 6 \\ 3 \\ 2 \end{pmatrix} + \lambda \begin{pmatrix} 4 \\ 2 \\ -1 \end{pmatrix}$ und g_2: $\mathfrak{x} = \begin{pmatrix} -3 \\ 3 \\ 0 \end{pmatrix} + \lambda \begin{pmatrix} 5 \\ -2 \\ 3 \end{pmatrix}$, außerdem die beiden Punkte C (—2/—1/4) und D (2/1/3). Untersuche, ob die Punkte auf beiden Geraden liegen, und gib gegebenenfalls die Parameterwerte an.
2. Was läßt sich über den Ortsvektor sagen, der zum Schnittpunkt von zwei Geraden führt?

Sind zwei Geraden

$$g_1\colon \mathfrak{x} = \mathfrak{a} + \lambda\,\mathfrak{u} \quad \text{und } g_2\colon \mathfrak{x} = \mathfrak{b} + \lambda\,\mathfrak{v}$$

im R^3 nicht parallel, so können sie sich entweder schneiden oder aneinander vorbeilaufen *(windschiefe Geraden)*.
Schneiden sie sich, so muß es einen Vektor $\mathfrak{s}$ geben, nämlich den, der zum Schnittpunkt S führt, der beiden Geradengleichungen genügt. Da im allgemeinen verschiedene Parameterwerte in beiden Geradengleichungen zum Schnittpunkt gehören, empfiehlt es sich, einen der beiden Parameter umzubenennen. Wir betrachten also die beiden Geraden

$$g_1\colon \mathfrak{x} = \mathfrak{a} + \lambda\,\mathfrak{u} \quad \text{und } g_2\colon \mathfrak{x} = \mathfrak{b} + \mu\,\mathfrak{v}$$

und nehmen an, daß sie sich schneiden.
Dann muß es also einen Parameterwert λ_S geben, so daß

$$\mathfrak{s} = \mathfrak{a} + \lambda_S\,\mathfrak{u}\,,$$

ferner einen Parameterwert μ_S, so daß

$$\mathfrak{s} = \mathfrak{b} + \mu_S\,\mathfrak{v}\,.$$

Durch Gleichsetzen erhält man

$$\mathfrak{a} + \lambda_S\,\mathfrak{u} = \mathfrak{b} + \mu_S\,\mathfrak{v}$$

$$\lambda_S\,\mathfrak{u} - \mu_S\,\mathfrak{v} = \mathfrak{b} - \mathfrak{a}.$$

Geht man zu den Koordinatengleichungen über, so erhält man ein Gleichungssystem von drei Gleichungen für die beiden Variablen λ_S und μ_S. Die ersten beiden Gleichungen kann man im allgemeinen nach λ_S und μ_S auflösen (dem entspricht, daß die Projektionen auf die x_1x_2-Ebene sich schneiden; λ_S und μ_S geben den „Deckpunkt" in der x_1x_2-Ebene). Erfüllen die gefundenen Werte auch die dritte Gleichung, so schneiden sich die Geraden im Raum (der Schnittpunkt der Projektionen in die x_1x_2-Ebene ist Projektion eines wirklichen Schnittpunkts), anderenfalls sind sie windschief (Bild 4.31.1).

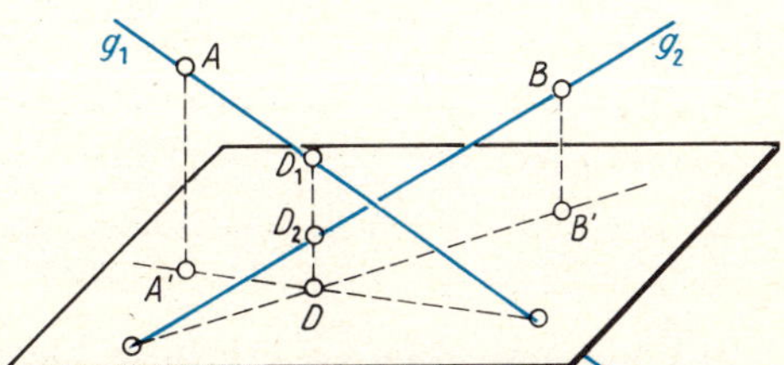

Bild 4.31.1

Nun ist es denkbar, daß die ersten beiden Gleichungen sich nicht auflösen lassen. Ist ihre Lösungsmenge leer, so läßt sich sicher kein Wertepaar (λ_S, μ_S) finden, das alle drei Gleichungen erfüllt, die Geraden schneiden sich sicher nicht. Werden die ersten beiden Gleichungen hingegen von beliebig vielen Wertepaaren erfüllt, so bestimmt man zunächst etwa das Wertepaar, das die erste und dritte Gleichung erfüllt, da dieses Wertepaar auch die zweite Gleichung erfüllt, schneiden sich die Geraden. Lösen schließlich beliebig viele Zahlenpaare alle drei Gleichungen, so handelt es sich um zwei gleiche Geraden.

Beispiele

1. Untersuche, ob sich die Geraden

$$g_1: \mathfrak{x} = \begin{pmatrix} 5 \\ 5 \\ 1 \end{pmatrix} + \lambda \begin{pmatrix} 2 \\ 1 \\ 0 \end{pmatrix} \quad \text{und } g_2: \mathfrak{x} = \begin{pmatrix} 1 \\ 3 \\ 1 \end{pmatrix} + \mu \begin{pmatrix} 2 \\ 1 \\ 1 \end{pmatrix}$$

schneiden oder ob sie windschief sind.

Lösung:

Wir nehmen an, es gäbe einen Schnittpunkt S. Dann muß gelten:

(1) $$\mathfrak{a} + \lambda_S \mathfrak{u} = \mathfrak{b} + \mu_S \mathfrak{v} \quad \text{oder} \quad \lambda_S \mathfrak{u} - \mu_S \mathfrak{v} = \mathfrak{b} - \mathfrak{a}.$$

Setzen wir ein, so ergibt sich:

$$\lambda_S \begin{pmatrix} 2 \\ 1 \\ 0 \end{pmatrix} - \mu_S \begin{pmatrix} 2 \\ 1 \\ 1 \end{pmatrix} = \begin{pmatrix} 1 \\ 3 \\ 1 \end{pmatrix} - \begin{pmatrix} 5 \\ 5 \\ 1 \end{pmatrix} = \begin{pmatrix} -4 \\ -2 \\ 0 \end{pmatrix}$$

Nun gehen wir zu den Koordinatengleichungen über:

$$\begin{aligned} 2\lambda_S - 2\mu_S &= -4 \\ \lambda_S - \mu_S &= -2 \\ -\mu_S &= 0 \end{aligned}$$

Die ersten beiden Gleichungen werden von beliebig vielen Zahlenpaaren (λ_S, μ_S) erfüllt, sie sind voneinander abhängig. Aus der letzten Gleichung entnimmt man $\mu_S = 0$; aus der zweiten folgt $\lambda_S = -2$. Dieses Wertepaar $(-2, 0)$ erfüllt auch die erste Gleichung und damit unsere Ausgangsgleichung (1). Deshalb gibt es einen Schnittpunkt, sein Ortsvektor läßt sich aus der Gleichung für g_1 als $\mathfrak{s} = \begin{pmatrix} 5 \\ 5 \\ 1 \end{pmatrix} - 2 \begin{pmatrix} 2 \\ 1 \\ 0 \end{pmatrix} = \begin{pmatrix} 1 \\ 3 \\ 1 \end{pmatrix}$ oder aus der Gleichung für g_2 als $\mathfrak{s} = \begin{pmatrix} 1 \\ 3 \\ 1 \end{pmatrix} + 0 \cdot \begin{pmatrix} 2 \\ 1 \\ 1 \end{pmatrix} = \begin{pmatrix} 1 \\ 3 \\ 1 \end{pmatrix}$ berechnen.

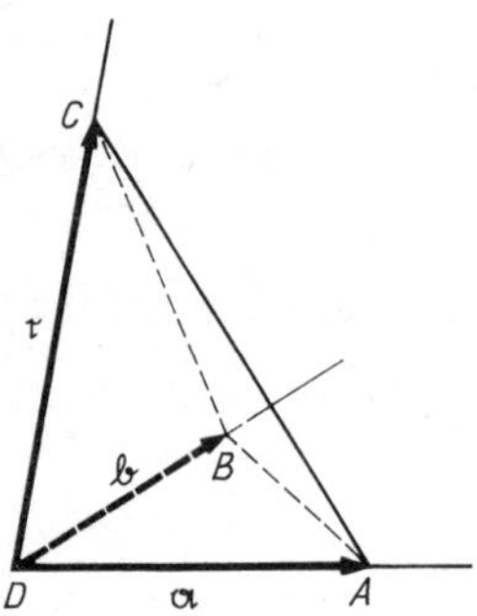

Bild 4.32.1

2. Zeige, daß sich in jedem Vierflach die Verbindungslinien der Mittelpunkte gegenüberliegender Kanten in einem Punkte schneiden.

Lösung: Wir führen zunächst ein geeignetes affines Koordinatensystem ein. Dazu legen wir die Ecke D des Vierflachs in den Nullpunkt und wählen die Ortsvektoren zu den übrigen Eckpunkten als Basisvektoren (Bild 4.32.1). Nun ergibt sich für den Ortsvektor $\mathfrak{m}_{DA}$ zum Mittelpunkt der Kante DA:

$$\mathfrak{m}_{DA} = \frac{1}{2}\mathfrak{a} = \begin{pmatrix} \frac{1}{2} \\ 0 \\ 0 \end{pmatrix}$$

Die gegenüberliegende Kante ist BC. Für den Ortsvektor $\mathfrak{m}_{BC}$ zu ihrem Mittelpunkt erhält man:

$$\mathfrak{m}_{BC} = \frac{\mathfrak{b}+\mathfrak{c}}{2} = \begin{pmatrix} 0 \\ \frac{1}{2} \\ \frac{1}{2} \end{pmatrix}$$

Somit ergibt sich als Gleichung der Geraden durch diese beiden Mittelpunkte:

$$\mathfrak{x} = \mathfrak{m}_{DA} + \lambda\,(\mathfrak{m}_{BC} - \mathfrak{m}_{DA}) \Rightarrow \mathfrak{x} = \begin{pmatrix} \frac{1}{2} \\ 0 \\ 0 \end{pmatrix} + \lambda \begin{pmatrix} -\frac{1}{2} \\ \frac{1}{2} \\ \frac{1}{2} \end{pmatrix}.$$

Entsprechend erhält man als Gleichung der Geraden durch die Mittelpunkte der Kanten DB und AC:

$$\mathfrak{x} = \mathfrak{m}_{DB} + \mu\,(\mathfrak{m}_{AC} - \mathfrak{m}_{DB}) \Rightarrow \mathfrak{x} = \frac{\mathfrak{b}}{2} + \mu\left(\frac{\mathfrak{a}+\mathfrak{c}}{2} - \frac{\mathfrak{b}}{2}\right) = \begin{pmatrix} 0 \\ \frac{1}{2} \\ 0 \end{pmatrix} + \mu \begin{pmatrix} \frac{1}{2} \\ -\frac{1}{2} \\ \frac{1}{2} \end{pmatrix}$$

Gibt es einen Schnittpunkt S, so muß es ein Wertepaar (λ_S, μ_S) geben, das die folgende Gleichung erfüllt:

$$\begin{pmatrix} \frac{1}{2} \\ 0 \\ 0 \end{pmatrix} + \lambda_S \begin{pmatrix} -\frac{1}{2} \\ \frac{1}{2} \\ \frac{1}{2} \end{pmatrix} = \begin{pmatrix} 0 \\ \frac{1}{2} \\ 0 \end{pmatrix} + \mu_S \begin{pmatrix} \frac{1}{2} \\ -\frac{1}{2} \\ \frac{1}{2} \end{pmatrix}$$

$$\lambda_S \begin{pmatrix} -\frac{1}{2} \\ \frac{1}{2} \\ \frac{1}{2} \end{pmatrix} + \mu_S \begin{pmatrix} -\frac{1}{2} \\ \frac{1}{2} \\ -\frac{1}{2} \end{pmatrix} = \begin{pmatrix} -\frac{1}{2} \\ \frac{1}{2} \\ 0 \end{pmatrix}$$

Aus der Gleichung für die x_3-Koordinaten ergibt sich $\lambda_S = \mu_S$, die Gleichung für die x_1-Koordinaten liefert $\lambda_S = \frac{1}{2}$. Da das Wertepaar $\left(\frac{1}{2}, \frac{1}{2}\right)$ auch die Gleichung für die x_2-Koordinaten erfüllt, gibt es den Schnittpunkt S wirklich. Sein Ortsvektor errechnet sich zu

$$\mathfrak{s} = \begin{pmatrix} \frac{1}{2} \\ 0 \\ 0 \end{pmatrix} + \frac{1}{2} \begin{pmatrix} -\frac{1}{2} \\ \frac{1}{2} \\ \frac{1}{2} \end{pmatrix} = \begin{pmatrix} \frac{1}{4} \\ \frac{1}{4} \\ \frac{1}{4} \end{pmatrix}.$$

4.33

Die Gerade, die die übrigen beiden Kantenmittelpunkte verbindet, ist $\mathfrak{g}_3$:

$$\mathfrak{x} = \mathfrak{m}_{DC} + \nu\,(\mathfrak{m}_{AB} - \mathfrak{m}_{DC}) \Rightarrow \mathfrak{x} = \frac{\mathfrak{c}}{2} + \nu\left(\frac{\mathfrak{a}+\mathfrak{b}}{2} - \frac{\mathfrak{c}}{2}\right) = \begin{pmatrix} 0 \\ 0 \\ \frac{1}{2} \end{pmatrix} + \nu \begin{pmatrix} \frac{1}{2} \\ \frac{1}{2} \\ -\frac{1}{2} \end{pmatrix}$$

Da $\mathfrak{s}$ $\left(\text{für } \nu_S = \frac{1}{2}\right)$ auch diese Gleichung erfüllt, geht $\mathfrak{g}_3$ ebenfalls durch S. Damit ist die Behauptung bewiesen.

Aufgaben

1. Untersuche, ob sich die folgenden Geraden schneiden, und bestimme gegebenenfalls ihren Schnittpunkt.

a) $\mathfrak{g}_1\colon \mathfrak{x} = \begin{pmatrix} 2 \\ 1 \end{pmatrix} + \lambda \begin{pmatrix} 2 \\ 2 \end{pmatrix}$ und $\mathfrak{g}_2\colon \mathfrak{x} = \begin{pmatrix} 7 \\ 9 \end{pmatrix} + \mu \begin{pmatrix} 1 \\ 2 \end{pmatrix}$

b) $\mathfrak{g}_1\colon \mathfrak{x} = \begin{pmatrix} 1 \\ 0 \\ 8 \end{pmatrix} + \lambda \begin{pmatrix} 2 \\ 0 \\ -3 \end{pmatrix}$ und $\mathfrak{g}_2\colon \mathfrak{x} = \begin{pmatrix} 5 \\ 0 \\ 2 \end{pmatrix} + \mu \begin{pmatrix} 4 \\ 0 \\ 5 \end{pmatrix}$

c) $\mathfrak{g}_1\colon \mathfrak{x} = \begin{pmatrix} 5 \\ 2 \\ 0 \end{pmatrix} + \lambda \begin{pmatrix} 1 \\ 0 \\ -3 \end{pmatrix}$ und $\mathfrak{g}_2\colon \mathfrak{x} = \begin{pmatrix} 8 \\ 4 \\ -1 \end{pmatrix} + \mu \begin{pmatrix} 2 \\ 1 \\ -2 \end{pmatrix}$

d) $\mathfrak{g}_1\colon \mathfrak{x} = \begin{pmatrix} 3 \\ 5 \\ 4 \end{pmatrix} + \lambda \begin{pmatrix} 4 \\ 6 \\ 4 \end{pmatrix}$ und $\mathfrak{g}_2\colon \mathfrak{x} = \begin{pmatrix} 8 \\ 2 \\ 7 \end{pmatrix} + \mu \begin{pmatrix} 3 \\ 1 \\ 5 \end{pmatrix}$

e) $\mathfrak{g}_1\colon \mathfrak{x} = \begin{pmatrix} 2 \\ 4 \\ 3 \end{pmatrix} + \lambda \begin{pmatrix} 5 \\ 10 \\ -6 \end{pmatrix}$ und $\mathfrak{g}_2\colon \mathfrak{x} = \begin{pmatrix} 4 \\ 8 \\ 3 \end{pmatrix} + \mu \begin{pmatrix} -2{,}5 \\ -5 \\ 3 \end{pmatrix}$

f) $\mathfrak{g}_1\colon \mathfrak{x} = \begin{pmatrix} 2 \\ 7 \\ 1 \end{pmatrix} + \lambda \begin{pmatrix} 4 \\ -5 \\ -3 \end{pmatrix}$ und $\mathfrak{g}_2\colon \mathfrak{x} = \begin{pmatrix} 4 \\ 4 \\ 4 \end{pmatrix} + \mu \begin{pmatrix} -1 \\ 2 \\ -6 \end{pmatrix}$

g) $\mathfrak{g}_1\colon \mathfrak{x} = \begin{pmatrix} 2 \\ 1 \\ 4 \end{pmatrix} + \lambda \begin{pmatrix} -6 \\ 0 \\ 2 \end{pmatrix}$ und $\mathfrak{g}_2\colon \mathfrak{x} = \begin{pmatrix} 8 \\ 1 \\ 2 \end{pmatrix} + \mu \begin{pmatrix} 3 \\ 0 \\ -1 \end{pmatrix}$

h) $\mathfrak{g}_1\colon \mathfrak{x} = \begin{pmatrix} 3 \\ 0 \\ 5 \end{pmatrix} + \lambda \begin{pmatrix} 0 \\ 0 \\ 1 \end{pmatrix}$ und $\mathfrak{g}_2\colon \mathfrak{x} = \begin{pmatrix} 1 \\ -3 \\ 6 \end{pmatrix} + \mu \begin{pmatrix} 2 \\ 0 \\ -1 \end{pmatrix}$

i) $\mathfrak{g}_1\colon \mathfrak{x} = \begin{pmatrix} 6 \\ -1 \\ 15 \end{pmatrix} + \lambda \begin{pmatrix} 2 \\ -1 \\ 4 \end{pmatrix}$ und $\mathfrak{g}_2\colon \mathfrak{x} = \begin{pmatrix} 4 \\ 0 \\ 9 \end{pmatrix} + \mu \begin{pmatrix} -1 \\ 0{,}5 \\ -3 \end{pmatrix}$

2. Gegeben sind die folgenden Punktmengen:

$$M = \left\{ X[\mathfrak{x}] \;\middle|\; \mathfrak{x} = \begin{pmatrix} 0 \\ 1 \\ 1 \end{pmatrix} + \lambda \begin{pmatrix} 2 \\ 0 \\ -1 \end{pmatrix} \text{ und } \lambda > 0 \right\}$$

$$N = \left\{ X[\mathfrak{x}] \;\middle|\; \mathfrak{x} = \begin{pmatrix} 2 \\ 1 \\ 0 \end{pmatrix} + \mu \begin{pmatrix} -4 \\ 0 \\ 2 \end{pmatrix} \text{ und } \mu \leq 1 \right\}$$

$$F = \left\{ X[\mathfrak{x}] \;\middle|\; \mathfrak{x} = \begin{pmatrix} 2 \\ 3 \\ 2 \end{pmatrix} + \lambda \begin{pmatrix} 2 \\ 1 \\ 0 \end{pmatrix} \right\}$$

Bestimme:

a) $M \cup N$, b) $M \cap N$, c) $M \cap F$, d) $N \cap F$, e) $(M \cup N) \cap F$.

3. Die Grundrisse von zwei Geraden schneiden sich im Punkt
a) A (3/2/0), b) A (4/8/0),
die Aufrisse im Punkt
a) B (0/3/2), b) B (0/8/4).
Was ist über den Schnittpunkt der Geraden zu sagen?

4. Zeige, daß sich die Raumdiagonalen eines Spates schneiden,
a) am Beispiel eines Spats, dessen eine Ecke im Nullpunkt liegt und der von den Vektoren $\mathfrak{a} = \begin{pmatrix} 3 \\ 2 \\ 4 \end{pmatrix}$, $\mathfrak{b} = \begin{pmatrix} 5 \\ 1 \\ 3 \end{pmatrix}$, $\mathfrak{c} = \begin{pmatrix} 2 \\ 5 \\ 1 \end{pmatrix}$ aufgespannt wird.
b) Allgemeine Lösung.

5. Gegeben sei das Viereck A(2/1/0) B(10/3/8) C(8/5/6) D(4/3/2).
Bestimme die Schnittpunkte der gegenüberliegenden Seitengeraden und der Diagonalen.

6. Gegeben seien von einem Dreieck die Gleichungen der Seiten.
Berechne die Eckpunkte.

$$g_1\colon \mathfrak{x} = \begin{pmatrix} 5 \\ 5 \\ 2 \end{pmatrix} + \lambda \begin{pmatrix} 2 \\ 4 \\ 2 \end{pmatrix}, \quad g_2\colon \mathfrak{x} = \begin{pmatrix} 1 \\ 1 \\ -3 \end{pmatrix} + \lambda \begin{pmatrix} 2 \\ 0 \\ 3 \end{pmatrix}, \quad g_3\colon \mathfrak{x} = \begin{pmatrix} 2 \\ -9 \\ 1 \end{pmatrix} + \lambda \begin{pmatrix} 3 \\ 10 \\ 2 \end{pmatrix}$$

7. Zeige, daß die Seitenhalbierenden des Dreiecks A(2/1/2) B(4/3/3) C(6/4/2) durch einen Punkt gehen.

8. Beweise den Satz: Wenn zwei Geraden $g_1\colon \mathfrak{x} = \mathfrak{a} + \lambda\mathfrak{u}$ und $g_2\colon \mathfrak{x} = \mathfrak{b} + \lambda\mathfrak{v}$ sich schneiden, so sind die Vektoren $\mathfrak{b} - \mathfrak{a}$, $\mathfrak{u}$ und $\mathfrak{v}$ komplanar.

9. Untersuche, ob auch die Umkehrung des Satzes aus Aufgabe 8 gilt.

10. Schneiden sich die Diagonalen des Vierecks A(3/5/0) B(4/8/3) C(9/3/4) D(10/−4/0)? Bestimme gegebenenfalls den Diagonalenschnittpunkt.

11. Untersuche vektoriell, ob die Projektion des Diagonalenschnittpunktes in einem ebenen Viereck gleich dem Schnittpunkt der Diagonalen der Projektion des Vierecks ist.

12. Beweise, daß sich in jedem Dreieck die drei Seitenhalbierenden in einem Punkt schneiden.

13. Untersuche, ob sich in jedem Spat die Verbindungsstrecken der Mittelpunkte gegenüberliegender Kanten in einem Punkt schneiden.

14. Beweise: Im Vierflach gehen die Verbindungslinien von jeder Ecke zum Schwerpunkt der gegenüberliegenden Seitenfläche durch einen Punkt.

* 4.2.7. Parameterformen linearer Gebilde

Vorübung

Überlege, welche Geraden durch die Gleichungen

$$\mathfrak{x} = \begin{pmatrix}3\\1\\0\end{pmatrix} + \lambda \begin{pmatrix}6\\2\\4\end{pmatrix} \quad \text{und} \quad \mathfrak{x} = \begin{pmatrix}3\\1\\0\end{pmatrix} + \mu \begin{pmatrix}3\\1\\2\end{pmatrix}$$

dargestellt werden. Wird auch durch $\mathfrak{x} = \begin{pmatrix}3\\1\\0\end{pmatrix} + \frac{1}{\sigma} \begin{pmatrix}3\\1\\2\end{pmatrix}$ eine Gerade dargestellt?

In der Geradengleichung $\mathfrak{x} = \mathfrak{a} + \lambda \mathfrak{u}$ hat der Parameter λ eine anschauliche Bedeutung. λ gibt an, wie viele „Schritte" der Länge und Richtung von $\mathfrak{u}$ man von A aus zurücklegen muß, um zum Punkt X mit dem Parameterwert λ zu kommen. Ist $|\mathfrak{u}| = 1$, so gibt $|\lambda|$ die Entfernung $\overline{AX}$ an. Faßt man in der Geradengleichung $\mathfrak{x} = \mathfrak{a} + t\mathfrak{v}$ den Parameter t als Zeit auf, so ist t die Zahl der Zeiteinheiten, die man braucht, um die Entfernung $\overline{AX}$ mit der Geschwindigkeit $\mathfrak{v}$ zurückzulegen.
Es erhebt sich die Frage, ob sich Parameterdarstellungen für die Gerade finden lassen, in denen man dem Parameter noch andere Bedeutungen beilegen kann. Wir wollen uns die Aufgabe stellen, eine Geradengleichung zu entwickeln, die als Parameter das Teilverhältnis τ enthält. Im Abschnitt 4.1.4 haben wir die Formel für den Ortsvektor zum Teilpunkt

$$\mathfrak{t} = \frac{\mathfrak{a} + \tau \mathfrak{b}}{1 + \tau}$$

kennengelernt, die es ermöglicht, zu jedem vorgegebenen Teilverhältnis τ den Ortsvektor zum zugehörigen Teilpunkt zu bestimmen. Durchläuft τ alle reellen Zahlen, so überstreicht der zugehörige Punkt T $[\mathfrak{t}]$ alle Punkte der Geraden durch A und B, den Punkt B allerdings nur, wenn der „Parameterwert" $\tau = \pm\infty$ zugelassen wird. Umgekehrt gehört zu $\tau = -1$ kein Punkt der Geraden. Demnach ist

$$\mathfrak{x} = \frac{\mathfrak{a} + \tau \mathfrak{b}}{1 + \tau}$$

die gesuchte Form der Geradengleichung.

Beispiel

Untersuche, ob durch $\mathfrak{x} = \mathfrak{a} + \sigma^2\, \mathfrak{u}$ eine Gerade dargestellt wird.

Lösung: Wenn σ alle reellen Zahlen durchläuft, durchläuft σ^2 alle positiven Zahlen. Zu $\mathfrak{a}$ werden also alle positiven Vielfachen des Vektors $\mathfrak{u}$ addiert, d. h. es handelt sich hier um eine Halbgerade, die von A ausgehend in Richtung von $\mathfrak{u}$ verläuft.
Durch $\mathfrak{x} = \mathfrak{a} + \sigma^2\, \mathfrak{u}$ wird also die Punktmenge $\{X[\mathfrak{x}] \mid \mathfrak{x} = \mathfrak{a} + \lambda\, \mathfrak{u} \text{ und } \lambda \geqq 0\}$ dargestellt.

Aufgaben

1. Untersuche, ob durch

a) $\mathfrak{x} = \mathfrak{a} + \frac{\mathfrak{u}}{\mu}$ b) $\mathfrak{x} = \frac{\mathfrak{a}}{\alpha} + \frac{3}{\alpha}\mathfrak{u}$ c) $\mathfrak{x} = \mathfrak{a} + \mathfrak{u} \cos\varphi$

d) $\mathfrak{x} = \mathfrak{a} + \mathfrak{u} \tan\varphi$ e) $\mathfrak{x} = \mu\mathfrak{a} + (1-\mu)\,\mathfrak{b}$

Geraden dargestellt werden. Gib auch die dargestellten Punktmengen an.

2. Leite aus $\mathfrak{x} = \frac{\mathfrak{a} + \tau\,\mathfrak{b}}{1+\tau}$ die Formel für den Ortsvektor zum Mittelpunkt der Strecke AB her.

3. Bestimme die Gleichung der Geraden, die durch den Punkt A(6/4/−2) und den Punkt geht, der die Strecke B (0/4/3) C (2/−1/8) außen im Verhältnis 2:1 teilt.

4. Schreibe die Gleichung der Geraden g: $\mathfrak{x} = \mathfrak{a} + \lambda\mathfrak{u} = \begin{pmatrix}4\\3\end{pmatrix} + \lambda\begin{pmatrix}2\\1\end{pmatrix}$ so um, daß der Parameter das Teilverhältnis bedeutet und den Ortsvektoren

a) $\mathfrak{a}$ das Teilverhältnis $\tau = 0$ und $\mathfrak{a} + \mathfrak{u}$ das Teilverhältnis $\tau = \pm\infty$,

b) $\mathfrak{a}$ das Teilverhältnis $\tau = 1$ und $\mathfrak{a} + 3\mathfrak{u}$ das Teilverhältnis $\tau = -2$

zugeordnet wird.

5. In den folgenden Gleichungen soll der Parameter t die Maßzahl der Zeit (gemessen in Sekunden) bedeuten, so daß Bewegungen eines Massenpunktes dargestellt werden.

a) $\mathfrak{x} = \begin{pmatrix}4\\1\\2\end{pmatrix} + t\begin{pmatrix}2\\1\\3\end{pmatrix}$ b) $\mathfrak{x} = \begin{pmatrix}0\\0\\45\end{pmatrix} - t^2\begin{pmatrix}0\\0\\5\end{pmatrix}$ c) $\mathfrak{x} = \begin{pmatrix}1\\0\\0\end{pmatrix}\cos(2\pi\cdot t)$

Beschreibe die Bewegung des Massenpunktes und gib die Ortsvektoren zu den Punkten an, an denen er sich nach α) 1 s, β) 2,5 s befindet.

6. Der freie Fall wird durch folgende Gleichung beschrieben

$$\mathfrak{x} = \begin{pmatrix}0\\0\\h\end{pmatrix} - \frac{1}{2}\begin{pmatrix}0\\0\\g\end{pmatrix} t^2.$$

Wie lange dauert es, bis der fallende Körper auf die Höhe a) s, b) 0 gefallen ist?

7. Ein geworfener Stein bewege sich gemäß der Gleichung

$$\mathfrak{x} = \begin{pmatrix} 0 \\ 0 \\ 25 \end{pmatrix} + t \begin{pmatrix} 1 \\ 0 \\ 20 \end{pmatrix} - t^2 \begin{pmatrix} 0 \\ 0 \\ 5 \end{pmatrix}.$$

a) Wann hat er wieder seine Ausgangshöhe erreicht?

b) Wann trifft er auf dem Erdboden (Höhe 0) auf?

4.2.8. Koordinatengleichungen von Geraden

Vorübungen

1. Welche Arten von Parameterformen für Geradengleichungen haben wir bisher kennengelernt?

2. Gib für die durch die Gleichungen a) $x_2 = 0$, b) $x_2 = x_1$, c) $x_2 = 2x_1 + 1$ dargestellten Geraden je eine vektorielle Geradengleichung an.

In diesem Abschnitt wollen wir ein kartesisches Koordinatensystem zugrunde legen. Im folgenden sollen vektorielle Geradengleichungen in Koordinatengleichungen umgewandelt werden. Dabei beschränken wir uns zunächst auf Geraden in der x_1x_2-Ebene. Eine solche Gerade sei uns durch die Gleichung $\mathfrak{x} = \mathfrak{a} + \lambda\mathfrak{u}$ gegeben. Für viele Zwecke ist es nützlich, aus der Schar der möglichen Richtungsvektoren einen bestimmten zu nehmen, und zwar den, der die x_1-Koordinate 1 hat. Dieser spezielle Richtungsvektor heißt *Steigungsvektor* $\mathfrak{u}_m$, weil seine x_2-Koordinate den schon früher mit m bezeichneten Anstieg der Geraden, den Tangens des Winkels α zwischen Gerade und x_1-Achse, bedeutet (Bild 4.38.1).

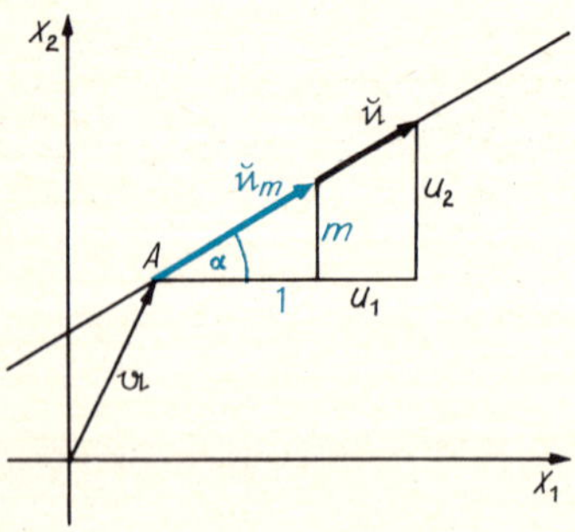

Bild 4.38.1

$$\mathfrak{u}_m = \begin{pmatrix} 1 \\ \frac{u_2}{u_1} \end{pmatrix} = \begin{pmatrix} 1 \\ \tan\alpha \end{pmatrix} = \begin{pmatrix} 1 \\ m \end{pmatrix}$$

a) Nun sei uns eine Geradengleichung in dieser Form gegeben:

$$\mathfrak{x} = \mathfrak{a} + \lambda\mathfrak{u}_m$$

Aus $\begin{pmatrix} x_1 \\ x_2 \end{pmatrix} = \begin{pmatrix} a_1 \\ a_2 \end{pmatrix} + \lambda \begin{pmatrix} 1 \\ m \end{pmatrix}$ erhält man die Koordinatengleichungen

$$x_1 - a_1 = \lambda$$

$$x_2 - a_2 = \lambda m.$$

Daraus folgt schließlich

$$x_2 - a_2 = m(x_1 - a_1)$$

als kartesische Form der Punktrichtungsgleichung.

b) Ist die Geradengleichung in der Zweipunkteform gegeben, so erhält man aus $\mathfrak{x} = \mathfrak{a} + \lambda (\mathfrak{b} - \mathfrak{a})$ durch Elimination des Parameters aus den Koordinatengleichungen die kartesische Form der Zweipunktegleichung

$$x_2 - a_2 = \frac{b_2 - a_2}{b_1 - a_1}(x_1 - a_1).$$

c) Weiß man von der Geraden, daß sie den Anstieg m hat und auf der x_2-Achse den Abschnitt b bildet, so muß ihre Gleichung sein

$$\mathfrak{x} = \begin{pmatrix} 0 \\ b \end{pmatrix} + \lambda \begin{pmatrix} 1 \\ m \end{pmatrix}.$$

Eliminiert man aus den Koordinatengleichungen

$$x_1 = \lambda$$
$$x_2 = b + \lambda m$$

den Parameter λ, so erhält man die bekannte kartesische Form

$$x_2 = mx_1 + b.$$

d) Schließlich sei eine Gerade festgelegt durch ihre Achsenabschnitte a auf der x_1-Achse und b auf der x_2-Achse. Dann geht sie durch die Punkte A(a/0) und B(0/b). Setzt man in die kartesische Form der Zweipunktegleichung ein, so erhält man

$$x_2 - 0 = \frac{b - 0}{0 - a}(x_1 - a)$$

oder

$$bx_1 + ax_2 = ab.$$

Wir dividieren durch ab und erhalten:

$$\frac{x_1}{a} + \frac{x_2}{b} = 1$$ *Achsenabschnittsform der Geradengleichung*

Entsprechende Gleichungen erhält man für Geraden in der x_2x_3-Ebene und der x_1x_3-Ebene. Hingegen ist es nicht möglich, durch Elimination des Parameters eine kartesische Gleichung für eine Gerade im Raum zu entwickeln. Geht man nämlich von der Geradengleichung

$$\mathfrak{x} = \mathfrak{a} + \lambda \mathfrak{u}$$

über zu ihren Koordinatengleichungen

$$x_1 = a_1 + \lambda u_1$$
$$x_2 = a_2 + \lambda u_2$$
$$x_3 = a_3 + \lambda u_3\,,$$

so erhält man aus den ersten beiden Gleichungen $x_1 - a_1 = \frac{u_1}{u_2}(x_2 - a_2)$, aus den letzten beiden $x_2 - a_2 = \frac{u_2}{u_3}(x_3 - a_3)$, also zwei Gleichungen, die man nicht zu einer kartesischen Gleichung der gegebenen Geraden kombinieren kann. Man kann höchstens beide in der Gleichungskette $\frac{x_1 - a_1}{u_1} = \frac{x_2 - a_2}{u_2} = \frac{x_3 - a_3}{u_3}$ zusammenfassen.

Beispiel

Verwandele die Geradengleichung $\mathfrak{x} = \begin{pmatrix}6\\1\end{pmatrix} + \lambda \begin{pmatrix}2\\1\end{pmatrix}$ in die Achsenabschnittsform.

Lösung: Wir bringen diese Geradengleichung zunächst in die kartesische Punktrichtungsform: $x_2 - 1 = \frac{1}{2}(x_1 - 6)$. Das ergibt umgeformt $x_1 - 2x_2 = 4$. Dividieren wir nun diese Gleichung durch 4, so erhalten wir die gesuchte Achsenabschnittsform $\frac{x_1}{4} + \frac{x_2}{-2} = 1$, aus der man entnimmt, daß die Gerade auf der x_1-Achse den Abschnitt 4, auf der x_2-Achse den Abschnitt -2 bildet. — Als eine andere Möglichkeit zur Lösung dieser Aufgabe hätte nahegelegen, zunächst die Schnittpunkte dieser Geraden mit den Achsen zu bestimmen.

Aufgaben

1. Eliminiere aus der Teilverhältnisgleichung der Geraden den Parameter τ.

2. Bestimme den Steigungsvektor zu der Geraden, die
   a) durch den Punkt A (2/4) und den Richtungsvektor $\mathfrak{u} = \begin{pmatrix}3\\2\end{pmatrix}$,
   b) durch die beiden Punkte A (−4/2) und B (2/−10) bestimmt ist.

3. Bringe folgende Geradengleichungen in die kartesische Punktrichtungsform:
   a) $\mathfrak{x} = \begin{pmatrix}3\\4\end{pmatrix} + \lambda \begin{pmatrix}1\\2\end{pmatrix}$ b) $\mathfrak{x} = \begin{pmatrix}1\\0\end{pmatrix} + \lambda \begin{pmatrix}0\\1\end{pmatrix}$ c) $\mathfrak{x} = \begin{pmatrix}0\\4\\3\end{pmatrix} + \lambda \begin{pmatrix}0\\1\\1\end{pmatrix}$

4. Gib je eine kartesische Gleichung für die Gerade an, die
   a) durch den Punkt (2/5) geht und den Anstieg $m = 3$ hat,
   b) durch die beiden Punkte A (6/3) und B (−1/4) geht,
   c) auf der x_1-Achse den Abschnitt $a = -12$, auf der x_2-Achse den Abschnitt $b = 5$ hat,
   d) durch die beiden Punkte A (4/0/5) und B (9/0/−4) geht,
   e) auf der x_2-Achse den Abschnitt $b = 2$ und auf der x_3-Achse den Abschnitt $c = 4$ hat,
   f) durch den Punkt A (−2/3) geht und parallel zur x_2-Achse läuft,
   g) durch den Punkt A (−2/3) geht und parallel zur x_1-Achse läuft.

5. Verwandele die folgenden Geradengleichungen in eine Parameterform:
   a) $x_2 - 3 = 4(x_1 + 2)$ b) $x_2 = 2x_1 - 7$
   c) $x_2 - 2 = \frac{3}{4}(x_1 + 1)$ d) $\frac{x_1}{2} + \frac{x_3}{3} = 1$

6. Gib die Projektionen der Geraden

$$g_1: \mathfrak{x} = \begin{pmatrix} 2 \\ -1 \\ 4 \end{pmatrix} + \lambda \begin{pmatrix} 1 \\ 2 \\ -4 \end{pmatrix} \quad \text{und} \quad g_2: \mathfrak{x} = \begin{pmatrix} 1 \\ 3 \\ 4 \end{pmatrix} + \lambda \begin{pmatrix} 2 \\ 0 \\ 6 \end{pmatrix}$$

auf die x_1x_3-Ebene in kartesischer Form an und berechne ihren Schnittpunkt.

7. Gegeben sei die Gerade $g: x_2 = 2x_1 + 1$. Setzt man $x_1 = \lambda$, so erhält man $x_2 = 2\lambda + 1$. Diese beiden Gleichungen $\begin{cases} x_1 = 0 + \lambda \\ x_2 = 1 + 2\lambda \end{cases}$ lassen sich zusammenfassen zu der Vektorgleichung $\mathfrak{x} = \begin{pmatrix} 0 \\ 1 \end{pmatrix} + \lambda \begin{pmatrix} 1 \\ 2 \end{pmatrix}$.

a) Welche vektorielle Geradengleichung erhält man, wenn man

α) $x_1 = \lambda - 0{,}5$ β) $x_1 = 0{,}5\lambda$ γ) $x_2 = \lambda$ setzt?

b) Verwandele mit diesem Verfahren die Geradengleichungen

α) $x_2 = 3x_1 - 1$ β) $x_2 = 2$ γ) $x_2 = mx_1 + b$

in die Parameterform.

*4.2.9. Vermischte Aufgaben

1. Leite die verschiedenen Parameterformen der Geradengleichung her (Mathematischer Aufsatz).

2. Gegeben seien die beiden Punkte P(2/6/1) und Q(8/−2/5). Bestimme
a) den Spurpunkt der Geraden durch P und Q auf der x_1x_3-Ebene,
b) die Projektion dieser Geraden auf die x_1x_3-Ebene,
c) den Mittelpunkt der Strecke PQ.

3. Gegeben sind die vier Punkte A(3/7/4), B(1/5/0), C(4/1/6), D(6/3/2).
a) Untersuche, ob das Viereck ABCD eben ist oder nicht.
b) Zeige, daß man ein Parallelogramm erhält, wenn man die Mittelpunkte benachbarter Vierecksseiten miteinander verbindet.
c) Wie heißt die Gleichung der Geraden, die durch D und den Schwerpunkt des Dreiecks ABC geht?

4. Gegeben sei das Dreieck A(4/2/1) B(8/0/6) C(6/10/2). Zeige rechnerisch, daß sich die Seitenhalbierenden in einem Punkte schneiden.

5. Gegeben seien die sechs Punkte
$P_1(4/1/1)$, $P_2(6/1/9)$, $P_3(5/-3/11)$,
$Q_1(1/4/7)$, $Q_2(0/4/3)$, $Q_3(0/7/1)$.
a) Untersuche, ob sich die Verlängerungen der Sechsecksseiten P_1P_2 und Q_1Q_2 schneiden.

b) Gehen die Diagonalen P_1Q_1, P_2Q_2, und P_3Q_3 durch einen Punkt?

c) Liegt der Punkt R(0/2,5/3,5) auf der Projektion der Strecke P_1Q_1 in die x_2x_3-Ebene?

d) Bestimme die Spurpunkte der Geraden durch P_1 und P_2 auf der x_1x_2- und der x_1x_3-Ebene.

e) In welchem Verhältnis teilt der Schnittpunkt der Diagonalen P_2Q_2 und P_3Q_3 die Diagonale P_3Q_3?

f) Bestimme die Gleichung der Geraden, die durch P_3 und den Punkt geht, der die Strecke Q_1Q_2 außen im Verhältnis 5 : 2 teilt.

g) Hat die Gerade durch P_2 und P_3 die Gerade $g': 2\,x_1 - x_2 = 12$ zur Projektion?

h) Wie heißt die Gleichung der Geraden durch P_2, die zu Q_1Q_3 parallel läuft?

i) Hat die Gerade durch P_2 und Q_2 die Gleichung $\mathfrak{x} = \begin{pmatrix} 0 \\ 4 \\ 3 \end{pmatrix} + \lambda \begin{pmatrix} 2 \\ -1 \\ 2 \end{pmatrix}$?

4.3. Die Ebene

4.3.1. Die Punktrichtungsgleichung der Ebene

Vorübung

Es sei A ein Punkt im R^3, $\mathfrak{u}$ und $\mathfrak{v}$ seien zwei nicht kollineare Vektoren. Was läßt sich über die Ortsvektoren $\mathfrak{x}_1 = \mathfrak{a}$, $\mathfrak{x}_2 = \mathfrak{a} + \mathfrak{u} + \mathfrak{v}$, $\mathfrak{x}_3 = \mathfrak{a} + 2\mathfrak{u} + 3\mathfrak{v}$, $\mathfrak{x}_4 = \mathfrak{a} - \mathfrak{u} + 2\mathfrak{v}$, $\mathfrak{x}_5 = \mathfrak{a} - 2\mathfrak{u} - 4\mathfrak{v}$ sagen?

Wir nehmen an, es seien uns in einer Ebene ein Punkt $A[\mathfrak{a}]$ und zwei nicht kollineare Vektoren $\mathfrak{u}$ und $\mathfrak{v}$ gegeben. Da man durch die Linearkombination $\lambda\mathfrak{u} + \mu\mathfrak{v}$ jeden mit $\mathfrak{u}$ und $\mathfrak{v}$ komplanaren Vektor darstellen kann, läßt sich jedem Punkt X der Ebene umkehrbar eindeutig ein Ortsvektor der Form $\mathfrak{x} = \mathfrak{a} + \lambda\mathfrak{u} + \mu\mathfrak{v}$ zuordnen, wobei λ und μ unabhängig voneinander alle reellen Zahlen durchlaufen. Da diese Gleichung den zum Punkt A führenden Ortsvektor $\mathfrak{a}$ und die beiden Richtungsvektoren $\mathfrak{u}$ und $\mathfrak{v}$ enthält, heißt

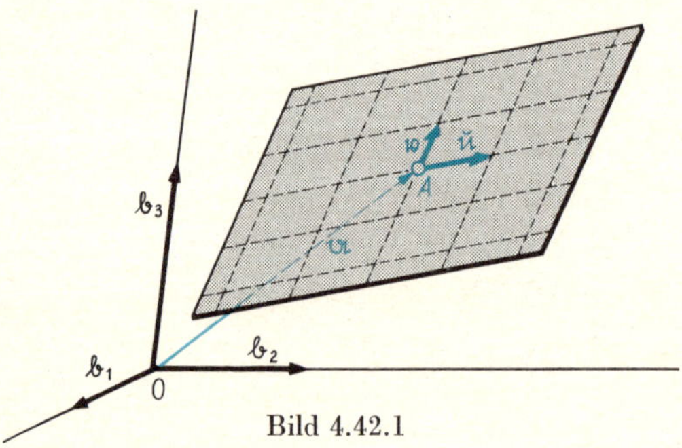

Bild 4.42.1

$$\mathfrak{x} = \mathfrak{a} + \lambda\mathfrak{u} + \mu\mathfrak{v}$$

Punktrichtungsgleichung der Ebene

Sie enthält die beiden voneinander unabhängigen Parameter λ und μ. Im Grunde genommen bedeutet diese Gleichung, daß wir auf der Ebene ein affines Koordinatensystem mit den Basisvektoren $\mathfrak{u}$ und $\mathfrak{v}$ und dem Ursprung A eingeführt haben. λ und μ sind die Koordinaten des Ebenenpunktes X in diesem System (Bild 4.42.1).

Beispiele

1. Untersuche, ob die Punkte B (5/2/6) und C (8/1/4) in der Ebene

$$\text{E: } \mathfrak{x} = \begin{pmatrix} 2 \\ 1 \\ 4 \end{pmatrix} + \lambda \begin{pmatrix} 3 \\ 2 \\ -1 \end{pmatrix} + \mu \begin{pmatrix} 0 \\ 4 \\ -2 \end{pmatrix}$$

liegen, und gib gegebenenfalls ihre Koordinaten in dem durch

$$\mathfrak{u} = \begin{pmatrix} 3 \\ 2 \\ -1 \end{pmatrix} \text{ und } \mathfrak{v} = \begin{pmatrix} 0 \\ 4 \\ -2 \end{pmatrix}$$

auf E erzeugten affinen Koordinatensystem an.

Lösung: Wenn B auf E liegt, muß es feste Parameterwerte λ_B und μ_B geben, die die Gleichung

$$\begin{pmatrix} 5 \\ 2 \\ 6 \end{pmatrix} = \begin{pmatrix} 2 \\ 1 \\ 4 \end{pmatrix} + \lambda_B \begin{pmatrix} 3 \\ 2 \\ -1 \end{pmatrix} + \mu_B \begin{pmatrix} 0 \\ 4 \\ -2 \end{pmatrix} \quad \text{oder} \quad \lambda_B \begin{pmatrix} 3 \\ 2 \\ -1 \end{pmatrix} + \mu_B \begin{pmatrix} 0 \\ 4 \\ -2 \end{pmatrix} = \begin{pmatrix} 3 \\ 1 \\ 2 \end{pmatrix}$$

erfüllen. Aus den ersten beiden Koordinatengleichungen ergibt sich $\lambda_B = 1$, $\mu_B = -\frac{1}{4}$. Da dieses Wertepaar aber nicht die dritte Gleichung und damit auch nicht die Vektorgleichung erfüllt, liegt B (5/2/6) nicht in E.
Entsprechend ergibt sich für den Punkt C die Gleichung

$$\lambda_C \begin{pmatrix} 3 \\ 2 \\ -1 \end{pmatrix} + \mu_C \begin{pmatrix} 0 \\ 4 \\ -2 \end{pmatrix} = \begin{pmatrix} 6 \\ 0 \\ 0 \end{pmatrix}.$$

Es zeigt sich, daß das Wertepaar (2, − 1) diese Vektorgleichung erfüllt. Deshalb liegt C (8/1/4) in E. Die Koordinaten von C in dem durch $\mathfrak{u}$ und $\mathfrak{v}$ auf E erzeugten affinen Koordinatensystem mit dem Ursprung A sind (2/− 1).

2. Welcher Punkt B der Ebene

$$\text{E: } \mathfrak{x} = \begin{pmatrix} 4 \\ 2 \\ 0 \end{pmatrix} + \lambda \begin{pmatrix} -1 \\ 3 \\ 2 \end{pmatrix} + \mu \begin{pmatrix} 2 \\ -4 \\ 1 \end{pmatrix}$$

hat als Grundriß B′ (11/—15/0)?

Lösung: Es muß gelten

$$\begin{pmatrix} 11 \\ -15 \\ b_3 \end{pmatrix} = \begin{pmatrix} 4 \\ 2 \\ 0 \end{pmatrix} + \lambda_B \begin{pmatrix} -1 \\ 3 \\ 2 \end{pmatrix} + \mu_B \begin{pmatrix} 2 \\ -4 \\ 1 \end{pmatrix}.$$

Aus den Gleichungen für die x_1- und x_2-Koordinaten

$$-\lambda_B + 2\mu_B = 7$$
$$3\lambda_B - 4\mu_B = -17$$

erhält man $\lambda_B = -3$, $\mu_B = 2$. So ergibt sich aus der Gleichung für die x_3-Koordinate $b_3 = 2\lambda_B + \mu_B \Rightarrow b_3 = -4$.
Der gesuchte Punkt ist B (11/—15/—4).

Aufgaben

1. Wie heißt die Gleichung der Ebene durch den Punkt A(4/5/1), die von den Vektoren $\mathfrak{u} = \begin{pmatrix} -1 \\ 3 \\ 2 \end{pmatrix}$ und $\mathfrak{v} = \begin{pmatrix} 2 \\ 5 \\ 0 \end{pmatrix}$ aufgespannt wird?

2. Gegeben sei die Ebene $E: \mathfrak{x} = \begin{pmatrix} 2 \\ 1 \\ 3 \end{pmatrix} + \lambda \begin{pmatrix} 4 \\ 0 \\ 2 \end{pmatrix} + \mu \begin{pmatrix} 3 \\ 1 \\ 5 \end{pmatrix}$.

   Gib die Koordinaten derjenigen Punkte im $\mathfrak{b}_1, \mathfrak{b}_2, \mathfrak{b}_3$-Koordinatensystem an, die in bezug auf das $\mathfrak{u}, \mathfrak{v}$-System mit dem Ursprung A die Koordinaten a) (0/1), b) (2/−1), c) (−1/−1), d) (1,5/0) haben.

3. Zeige, daß die Punkte

   a) B(10/−1/−1), b) C(−1/3/8), c) D(1/2/6), d) F(16/−2,5/−5) auf der Ebene $E: \mathfrak{x} = \begin{pmatrix} 1 \\ 2 \\ 6 \end{pmatrix} + \lambda \begin{pmatrix} -5 \\ 1 \\ 3 \end{pmatrix} + \mu \begin{pmatrix} 2 \\ -1 \\ -2 \end{pmatrix}$ liegen, und bestimme die Koordinaten der Punkte in bezug auf das von $\mathfrak{u}$ und $\mathfrak{v}$ mit dem Ursprung A erzeugte Koordinatensystem.

4. Liegen die Punkte

   a) B(3/3/2), b) C(−3/6/7)

   auf der Ebene $E: \mathfrak{x} = \begin{pmatrix} 2 \\ 0 \\ 4 \end{pmatrix} + \lambda \begin{pmatrix} -1 \\ 4 \\ -3 \end{pmatrix} + \mu \begin{pmatrix} 2 \\ -1 \\ -3 \end{pmatrix}$?

5. Warum sind in der Vorübung nicht kollineare Vektoren vorausgesetzt worden?

6. Bestimme in einem kartesischen Koordinatensystem die Punktrichtungsgleichung

   a) der x_1x_2-Ebene,

   b) der Ebene, die durch A geht und senkrecht zur x_2-Achse verläuft,

   c) der Symmetrieebenen zur x_1x_2- und x_1x_3-Ebene.

7. Welche Ebene wird dargestellt durch die Gleichung

   a) $\mathfrak{x} = \begin{pmatrix} 2 \\ 0 \\ 3 \end{pmatrix} + \lambda \begin{pmatrix} 4 \\ 0 \\ 5 \end{pmatrix} + \mu \begin{pmatrix} 3 \\ 0 \\ 2 \end{pmatrix}$,

   b) $\mathfrak{x} = \begin{pmatrix} 4 \\ 3 \\ 1 \end{pmatrix} + \lambda \begin{pmatrix} 1 \\ 1 \\ 1 \end{pmatrix} + \mu \begin{pmatrix} 2 \\ 2 \\ 2 \end{pmatrix}$?

8. Wie heißt die Gleichung der Ebene, die durch den Punkt A(2/1/4) geht und parallel zu der Ebene $E: \mathfrak{x} = \begin{pmatrix} -1 \\ 0 \\ 0 \end{pmatrix} + \lambda \begin{pmatrix} 3 \\ 2 \\ 4 \end{pmatrix} + \mu \begin{pmatrix} 2 \\ 0 \\ -3 \end{pmatrix}$ verläuft?

9. Untersuche, ob die beiden Geraden

$$g_1: \mathfrak{x} = \begin{pmatrix} -2 \\ 3 \\ -6 \end{pmatrix} + \lambda \begin{pmatrix} 4 \\ -3 \\ 5 \end{pmatrix} \quad \text{und} \quad g_2: \mathfrak{x} = \begin{pmatrix} 8 \\ 8 \\ -5 \end{pmatrix} + \lambda \begin{pmatrix} 3 \\ 4 \\ -2 \end{pmatrix}$$

in einer Ebene liegen. Wenn ja, bestimme die Gleichung dieser Ebene.

10. Bestimme den Punkt der Ebene $E: \mathfrak{x} = \begin{pmatrix} 0{,}5 \\ 2{,}5 \\ 14 \end{pmatrix} + \lambda \begin{pmatrix} -1 \\ 1 \\ 3 \end{pmatrix} + \mu \begin{pmatrix} -1{,}5 \\ -1{,}5 \\ 8 \end{pmatrix}$,

a) der auf der x_3-Achse liegt,

b) dessen Projektion auf die x_2x_3-Ebene der Punkt (0/1,5/11) ist,

c) der lauter gleiche Koordinaten hat,

d) dessen Koordinaten sich wie 1 : 2 : 3 verhalten.

11. Liegen die Punkte
a) B(3,7/2,9/2,0) b) C(1,3/0,5/5,2)
innerhalb der Parallelogrammfläche, von der eine Ecke im Ursprung liegt und die von den Vektoren $\mathfrak{u} = \begin{pmatrix} 2 \\ 1 \\ 6 \end{pmatrix}$ und $\mathfrak{v} = \begin{pmatrix} 5 \\ 4 \\ 2 \end{pmatrix}$ aufgespannt wird?

12. Welches geometrische Gebilde wird dargestellt durch die Gleichung $\mathfrak{x} = \mathfrak{a} + \lambda \mathfrak{u} + \mu \mathfrak{v}$, wenn man dem Parameter λ einen festen Wert λ_0 gibt und den Parameter μ alle reellen Werte annehmen läßt?

13. Liegt die Gerade $g: \mathfrak{x} = \begin{pmatrix} 6 \\ 0 \\ 4 \end{pmatrix} + \nu \begin{pmatrix} 4 \\ -1 \\ 5 \end{pmatrix}$ in der Ebene $E: \mathfrak{r} = \begin{pmatrix} 2 \\ 0 \\ 1 \end{pmatrix} + \lambda \begin{pmatrix} 4 \\ 1 \\ 1 \end{pmatrix} + \mu \begin{pmatrix} 0 \\ -1 \\ 2 \end{pmatrix}$?

14. Beschreibe die Punktmenge $\left\{ X\,[\mathfrak{x}] \;\middle|\; \mathfrak{x} = \begin{pmatrix} 2 \\ 0 \\ 1 \end{pmatrix} + \lambda \begin{pmatrix} 4 \\ 1 \\ 1 \end{pmatrix} + \mu \begin{pmatrix} 0 \\ -1 \\ 2 \end{pmatrix} \text{ und } \lambda + \mu = 1 \right\}$.

15. Welche geometrischen Gebilde werden durch folgende Gleichungen dargestellt?

a) $\mathfrak{x} = \mathfrak{a} + \lambda^2 \mathfrak{u} + \mu \mathfrak{v}$

b) $\mathfrak{x} = \mathfrak{a} + \lambda^2 \mathfrak{u} + \frac{1}{\mu} \mathfrak{v}$

c) $\mathfrak{x} = \mathfrak{a} + \frac{1}{\lambda} \mathfrak{u} - \frac{1}{\mu} \mathfrak{v}$

d) $\mathfrak{x} = \mathfrak{a} + \lambda^2 \mathfrak{u} + \mu^2 \mathfrak{v}$

e) $\mathfrak{x} = \mathfrak{a} + \lambda \mathfrak{u} + \cos\varphi\, \mathfrak{v}$

f) $\mathfrak{x} = \mathfrak{a} + \lambda \mathfrak{u} + \mu \mathfrak{v} + \nu \mathfrak{w}$

Gib auch die entsprechenden Punktmengen mit Hilfe von Ebenengleichungen und einschränkenden Bedingungen für die Parameter an!

16. Gib in einem kartesischen Koordinatensystem die Gleichung eines Streifens von der Breite 2 LE an, dessen Mittelparallele die Gerade g: $\mathfrak{x} = \lambda \begin{pmatrix}1\\1\end{pmatrix}$ ist.

4.3.2. Die Dreipunktegleichung der Ebene

Vorübung

In 4.3.1 haben wir die Gleichung einer Ebene aufgestellt, die durch einen Punkt und zwei Richtungsvektoren vorgegeben ist. Wie könnte man eine Ebene noch vorgeben? Versuche, für jeden der gefundenen Fälle eine Ebenengleichung aufzustellen.

Besonders wichtig ist der Fall, daß eine Ebene durch drei ihrer Punkte A, B, C gegeben ist, die aber nicht alle auf einer Geraden liegen dürfen. Dann lassen sich leicht zwei linear unabhängige Richtungsvektoren finden: $\mathfrak{u} = \mathfrak{b} - \mathfrak{a}$ und $\mathfrak{v} = \mathfrak{c} - \mathfrak{a}$, so daß man erhält (Bild 4.46.1):

$$\mathfrak{x} = \mathfrak{a} + \lambda(\mathfrak{b} - \mathfrak{a}) + \mu(\mathfrak{c} - \mathfrak{a}) \qquad \textit{Dreipunktegleichung der Ebene}$$

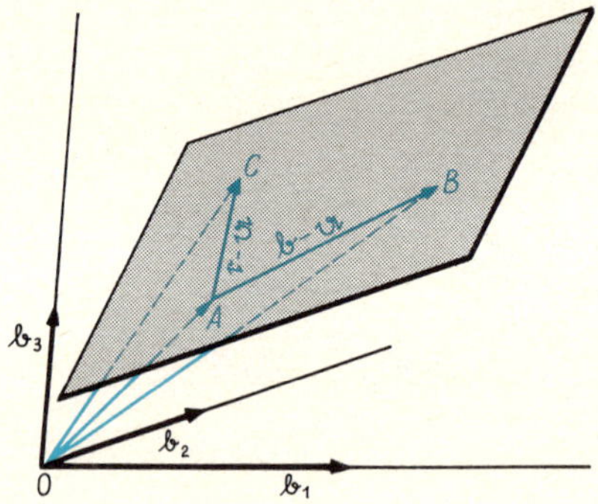

Bild 4.46.1

Beispiel

Gegeben sei der Einheitswürfel (Bild 4.46.2) in einem kartesischen Koordinatensystem. Stelle die Gleichung der Ebene auf, in der der Diagonalschnitt BCHE liegt.

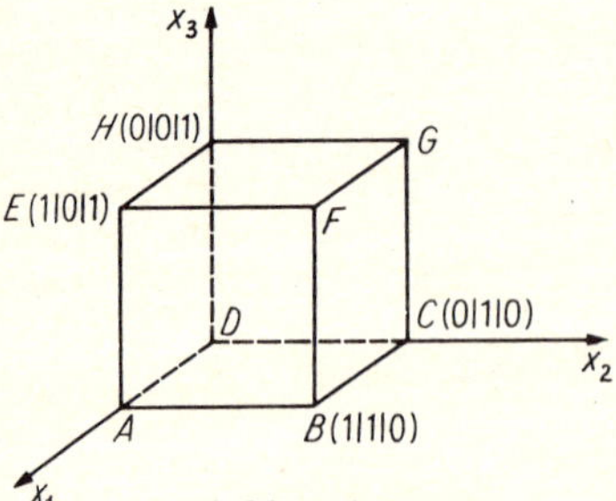

Bild 4.46.2

Lösung: Mit Hilfe der angegebenen Koordinaten erhält man:

$$\mathfrak{x} = \overrightarrow{DH} + \lambda(\overrightarrow{DE} - \overrightarrow{DH}) + \mu(\overrightarrow{DC} - \overrightarrow{DH})$$

$$\mathfrak{x} = \begin{pmatrix}0\\0\\1\end{pmatrix} + \lambda\left[\begin{pmatrix}1\\0\\1\end{pmatrix} - \begin{pmatrix}0\\0\\1\end{pmatrix}\right] + \mu\left[\begin{pmatrix}0\\1\\0\end{pmatrix} - \begin{pmatrix}0\\0\\1\end{pmatrix}\right]$$

$$\mathfrak{x} = \begin{pmatrix}0\\0\\1\end{pmatrix} + \lambda\begin{pmatrix}1\\0\\0\end{pmatrix} + \mu\begin{pmatrix}0\\1\\-1\end{pmatrix}$$

In dieser Ebene liegt auch B ($\lambda_B = 1$ und $\mu_B = 1$).

Aufgaben

1. Stelle die Gleichung der Ebene auf, in der die drei Punkte A(6/−1/4), B(5/4/0) und C(3/−1/−5) liegen.

2. Gegeben sei das Dreieck A(4/2/1) B(6/4/−1) C(5/−3/−2). Bestimme die Gleichung der Dreiecksebene.

3. Liegt der Punkt D(−2/3/0) in der Ebene des Dreiecks A(4/5/2) B(1/1/−2) C(5/0/1)?

4. Ist das Viereck A(2/0/3) B(3/4/−5) C(5/1/8) D(6/5/0) eben oder nicht?

5. Gib die Gleichungen der Ebenen an, die das Vierflach mit den Eckpunkten A(2/1/0), B(5/4/1), C(3/3/2), D(4/2/6) begrenzen.

6. Gegeben sei ein Punkt A(3/2/4) und eine Gerade g: $\mathfrak{x} = \begin{pmatrix} 3 \\ 1 \\ 0 \end{pmatrix} + \lambda \begin{pmatrix} 0 \\ 1 \\ 3 \end{pmatrix}$.

   Bestimme die Gleichung der Ebene, die A und g enthält.

7. Gegeben seien der Punkt A(3/2/4) und die Gerade g: $\mathfrak{x} = \begin{pmatrix} 4 \\ 2 \\ 1 \end{pmatrix} + \lambda \begin{pmatrix} -1 \\ 0 \\ 3 \end{pmatrix}$.

   Welche Ebene ist durch A und g bestimmt?

8. Gegeben sei der Punkt A(4/10/8) und die Gerade g: $\mathfrak{x} = \begin{pmatrix} 3 \\ 2 \\ 4 \end{pmatrix} + \lambda \begin{pmatrix} 6 \\ 5 \\ -3 \end{pmatrix}$.

   a) Bestimme die Gleichung der Ebene, die A und g enthält.

   b) Untersuche, ob der Punkt Q(5/6/4,5) in der Ebene liegt.

9. Gegeben seien die beiden Geraden

   g_1: $\mathfrak{x} = \begin{pmatrix} 3 \\ 1 \\ 5 \end{pmatrix} + \lambda \begin{pmatrix} -4 \\ 1 \\ 3 \end{pmatrix}$ und g_2: $\mathfrak{x} = \begin{pmatrix} 4 \\ -1 \\ 4 \end{pmatrix} + \lambda \begin{pmatrix} 2 \\ 3 \\ -1 \end{pmatrix}$.

   a) Zeige, daß sie sich schneiden.

   b) Welche Ebene ist durch die beiden Geraden bestimmt?

10. Welche Ebene wird durch folgende Geraden bestimmt?

    a) g_1: $\mathfrak{x} = \begin{pmatrix} 3 \\ 1 \\ 5 \end{pmatrix} + \lambda \begin{pmatrix} 2 \\ -3 \\ 0{,}5 \end{pmatrix}$ und g_2: $\mathfrak{x} = \begin{pmatrix} 5 \\ -2 \\ 1 \end{pmatrix} + \lambda \begin{pmatrix} -4 \\ 6 \\ -1 \end{pmatrix}$

    b) g_1: $\mathfrak{x} = \begin{pmatrix} 2 \\ 1 \\ 6 \end{pmatrix} + \mu \begin{pmatrix} 0 \\ 1{,}5 \\ -2 \end{pmatrix}$ und g_2: $\mathfrak{x} = \begin{pmatrix} 2 \\ -2 \\ 10 \end{pmatrix} + \lambda \begin{pmatrix} 0 \\ -3 \\ 4 \end{pmatrix}$

11. Liegt der Nullpunkt in der Ebene des Dreiecks A(2/−4/0) B(−3/1/4) C(−1/2/0)?

12. Gib zu dem Würfel (Bild 4.46.2) die Gleichungen der
a) Seitenflächenebenen,
b) Diagonalschnittebenen,
c) Symmetrieebenen an.

13. Gib die Gleichungen der Seitenflächen des Tetraeders BDEG an, dessen Kanten Flächendiagonalen des Würfels (Bild 4.46.2) sind.

14. Ein Spat wird von den Kantenvektoren $\mathfrak{a}$, $\mathfrak{b}$ und $\mathfrak{c}$ aufgespannt. Bestimme in einem geeignet gewählten affinen Koordinatensystem die Gleichungen der
a) Seitenflächenebenen,
b) Diagonalschnittebenen,
c) Ebenen, die die Mittelpunkte von je vier parallelen Kanten enthalten.

15. Ein Vierflach ist durch die Kantenvektoren $\mathfrak{a}$, $\mathfrak{b}$ und $\mathfrak{c}$ bestimmt. In einem geeignet gewählten affinen Koordinatensystem sind zu bestimmen
a) die Gleichungen der Kantengeraden,
b) die Gleichungen der Ebenen, die das Vierflach begrenzen.

16. Ein Tetraeder mit der Kantenlänge $a = 2$ LE steht mit der Grundfläche ABC auf der x_1x_2-Ebene eines kartesischen Koordinatensystems. Dabei liegt A auf der x_1-Achse ($a_1 > 0$), D auf der x_3-Achse ($d_3 > 0$). Es sind zu bestimmen
a) die Gleichungen der Kantengeraden,
b) die Gleichungen der Ebenen, die das Tetraeder begrenzen.

17. Beschreibe die Punktmengen:
a) $\{X[\mathfrak{x}] \mid \mathfrak{x} = \lambda\,\mathfrak{b} + \mu\,\mathfrak{c} + (1 - \lambda - \mu)\,\mathfrak{a}\}$.
b) $\{X[\mathfrak{x}] \mid \mathfrak{x} = (\lambda + \mu)\,\mathfrak{a} + (1 - \lambda - \mu)\,\mathfrak{b}\}$.
c) $\{X[\mathfrak{x}] \mid \mathfrak{x} = \mathfrak{a} + \lambda\,\mathfrak{u} + \mu\,\mathfrak{v} \text{ und } \lambda > 0 \text{ und } \mu \geqq 0\}$.
d) $\{X[\mathfrak{x}] \mid \mathfrak{x} = \mathfrak{a} + \lambda^2\,\mathfrak{u} + \frac{1}{\sigma}\,\mathfrak{v}\}$.
e) $\{X[\mathfrak{x}] \mid \mathfrak{x} = \begin{pmatrix}1\\0\\0\end{pmatrix} + \lambda\begin{pmatrix}2\\0\\1\end{pmatrix} + \mu\begin{pmatrix}-1\\1\\0\end{pmatrix}\} \cap \{X[\mathfrak{x}] \mid x_1 > 0 \text{ und } x_2 > 0 \text{ und } x_3 > 0.\}$

4.3.3. Die Spurgeraden der Ebene

Vorübung

Gegeben sei das Parallelogramm A (1/2/1) B (3/5/2) C (4/6/7) D (2/3/6). Bestimme die Spurpunkte aller Geraden durch je zwei Parallelogrammpunkte auf der x_1x_2-Ebene und zeige, daß sie auf einer Geraden liegen. Welche Bedeutung hat diese Gerade für die Ebene des Parallelogramms?

Eine Ebene schneidet eine andere Ebene, die nicht zu ihr parallel ist, in einer Geraden. Die Geraden, in denen eine Ebene die Grundebenen schneidet, heißen *Spurgeraden* der Ebene (Bild 4.49.1). Um die Gleichungen der Spurgeraden zu bestimmen, könnte man nach der Vorübung verfahren. Schneller kommt man zum Ziel, wenn man nach folgendem Beispiel vorgeht:

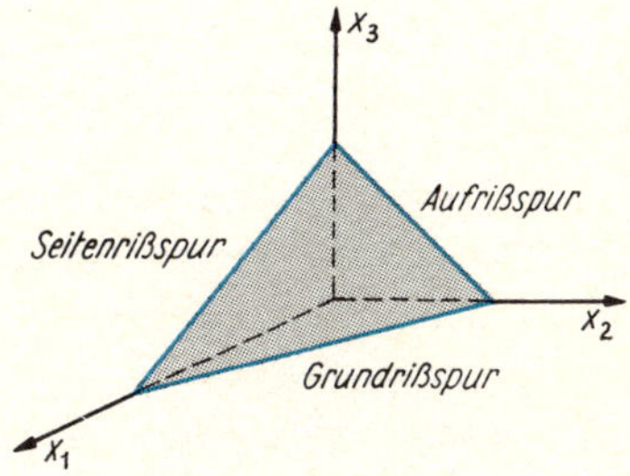

Bild 4.49.1

Beispiel

Bestimme die Grundrißspur (Spurgerade auf der x_1x_2-Ebene) der Ebene

$$E: \mathfrak{x} = \begin{pmatrix} 2 \\ 1 \\ 4 \end{pmatrix} + \lambda \begin{pmatrix} 3 \\ 2 \\ 6 \end{pmatrix} + \mu \begin{pmatrix} 5 \\ 2 \\ -1 \end{pmatrix}$$

Lösung: Da für alle Punkte auf der x_1x_2-Ebene die x_3-Koordinate Null ist, ergibt sich als Bedingung für diese Punkte der Ebene E

$$4 + 6\lambda - \mu = 0 \qquad \text{oder} \qquad \mu = 4 + 6\lambda.$$

Diese Beziehung zwischen den Parametern λ und μ muß also für alle Punkte bestehen, die sowohl auf E als auch auf der x_1x_2-Ebene liegen, d.h. für alle Punkte auf der Grundrißspur. Die Grundrißspur ist demnach die Punktmenge

$$\left\{ X\,[\mathfrak{x}] \;\middle|\; \mathfrak{x} = \begin{pmatrix} 2 \\ 1 \\ 4 \end{pmatrix} + \lambda \begin{pmatrix} 3 \\ 2 \\ 6 \end{pmatrix} + \mu \begin{pmatrix} 5 \\ 2 \\ -1 \end{pmatrix} \text{ und } \mu = 4 + 6\lambda \right\}$$

Um nun erkennen zu können, welche Gerade diese Punktmenge ist, setzen wir in die Ebenengleichung für μ den Term $4 + 6\lambda$ ein

$$\mathfrak{x} = \begin{pmatrix} 2 \\ 1 \\ 4 \end{pmatrix} + \lambda \begin{pmatrix} 3 \\ 2 \\ 6 \end{pmatrix} + (4 + 6\lambda) \begin{pmatrix} 5 \\ 2 \\ -1 \end{pmatrix},$$

formen um

$$\mathfrak{x} = \begin{pmatrix} 2 \\ 1 \\ 4 \end{pmatrix} + 4 \begin{pmatrix} 5 \\ 2 \\ -1 \end{pmatrix} + \lambda \begin{pmatrix} 3 \\ 2 \\ 6 \end{pmatrix} + 6\lambda \begin{pmatrix} 5 \\ 2 \\ -1 \end{pmatrix}$$

und erhalten

$$\mathfrak{x} = \begin{pmatrix} 22 \\ 9 \\ 0 \end{pmatrix} + \lambda \begin{pmatrix} 33 \\ 14 \\ 0 \end{pmatrix}$$

als Gleichung der gesuchten Spurgeraden.

Aufgaben

1. Bestimme die drei Spurgeraden der Ebenen

a) $E_1: \mathfrak{x} = \begin{pmatrix} -3 \\ 2 \\ 4 \end{pmatrix} + \lambda \begin{pmatrix} 2 \\ -1 \\ 1 \end{pmatrix} + \mu \begin{pmatrix} 1 \\ 2 \\ -2 \end{pmatrix}$

b) $E_2: \mathfrak{x} = \begin{pmatrix} 2 \\ 1 \\ 3 \end{pmatrix} + \lambda \begin{pmatrix} 1 \\ 0 \\ -1 \end{pmatrix} + \mu \begin{pmatrix} 0 \\ -1 \\ 1 \end{pmatrix}$

c) $E_3: \mathfrak{x} = \begin{pmatrix} 4 \\ -2 \\ 3 \end{pmatrix} + \lambda \begin{pmatrix} 0 \\ 1 \\ -2 \end{pmatrix} + \mu \begin{pmatrix} 0 \\ 2 \\ 1 \end{pmatrix}$.

2. Führe die im Beispiel durchgeführte Rechnung allgemein für die Ebene $E: \mathfrak{x} = \mathfrak{a} + \lambda \mathfrak{u} + \mu \mathfrak{v}$ durch.

3. Gegeben ist die Ebene $E: \mathfrak{x} = \begin{pmatrix} 2 \\ 4 \\ 8 \end{pmatrix} + \lambda \begin{pmatrix} 4 \\ -1 \\ 2 \end{pmatrix} + \mu \begin{pmatrix} 0 \\ 3 \\ 6 \end{pmatrix}$.

Bestimme den Schnittpunkt der Spurgeraden in der x_1x_2- und der x_2x_3-Ebene.

4. Gegeben sei die Gerade $g: \mathfrak{x} = \begin{pmatrix} 2 \\ 1 \\ 3 \end{pmatrix} + \lambda \begin{pmatrix} 4 \\ 2 \\ -1 \end{pmatrix}$ und der Punkt B (4/0/6).

Bestimme die drei Spuren der durch g und B bestimmten Ebene.

5. Gegeben seien die Geraden $g_1: \mathfrak{x} = \begin{pmatrix} 0 \\ 4 \\ 1 \end{pmatrix} + \lambda \begin{pmatrix} 2 \\ -1 \\ 0 \end{pmatrix}$ und $g_2: \mathfrak{x} = \begin{pmatrix} -2 \\ 5 \\ 2 \end{pmatrix} + \lambda \begin{pmatrix} -4 \\ 2 \\ 1 \end{pmatrix}$.

a) Zeige, daß die Geraden sich schneiden.

b) Bestimme die Spuren der durch die Geraden aufgespannten Ebene.

6. Eine Ebene E ist durch die beiden Spurgeraden $h_0: \mathfrak{x} = \begin{pmatrix} 0 \\ 2 \\ 0 \end{pmatrix} + \mu \begin{pmatrix} 2 \\ 2 \\ 0 \end{pmatrix}$ und

$v_0: \mathfrak{x} = \begin{pmatrix} 0 \\ 2 \\ 0 \end{pmatrix} + \lambda \begin{pmatrix} 0 \\ 1 \\ 5 \end{pmatrix}$ gegeben.

a) Liegt B (3/−3/−10) in E?

b) Bestimme die Gleichung der dritten Spurgeraden.

7. Bestimme den Schnittpunkt der Spurgeraden in der x_1x_2-Ebene und der x_2x_3-Ebene von der Ebene, die durch den Punkt B(4/2/1) und die Gerade

$g: \mathfrak{x} = \begin{pmatrix} 2 \\ 3 \\ 1 \end{pmatrix} + \lambda \begin{pmatrix} 4 \\ 2 \\ 6 \end{pmatrix}$ festgelegt ist.

8. In einem kartesischen Koordinatensystem sei eine Ebene E durch die beiden Spurgeraden $h_0: \mathfrak{x} = \begin{pmatrix} 0 \\ 1 \\ 0 \end{pmatrix} + \lambda \begin{pmatrix} 1 \\ 2 \\ 0 \end{pmatrix}$ und $v_0: \mathfrak{x} = \begin{pmatrix} 0 \\ 1 \\ 0 \end{pmatrix} + \mu \begin{pmatrix} 0 \\ 1 \\ 1 \end{pmatrix}$ gegeben.

Bestimme

a) die Gleichung der Geraden, die im Abstand 5 LE über der x_1x_2-Ebene in E liegt (Höhenlinie im Abstand 5 LE),

b) die Gleichung der Geraden, die im Abstand 5 LE vor der x_2x_3-Ebene in E liegt (Frontlinie im Abstand 5 LE),

c) den Schnittpunkt der beiden in a) und b) berechneten Geraden.

d) Auf welcher Geraden liegen die Schnittpunkte, die man erhält, wenn man jede Höhenlinie mit derjenigen Frontlinie zum Schnitt bringt, die den gleichen Abstand von der Grundebene hat?

9. Beweise rechnerisch: Die Höhenlinien laufen parallel zur Spurgeraden in der x_1x_2-Ebene.

10. Berechne Grundrißspur und Aufrißspur der Ebene

$$E: \mathfrak{x} = \begin{pmatrix} 1 \\ 1 \\ 3 \end{pmatrix} + \lambda \begin{pmatrix} -2 \\ -1 \\ 3 \end{pmatrix} + \mu \begin{pmatrix} 2 \\ -2 \\ -3 \end{pmatrix}$$

und untersuche, ob sie sich schneiden.

4.3.4. Parallele und gleiche Ebenen

Vorübung

Wähle eine Ebenengleichung und gib die Gleichung von mehreren dazu parallelen Ebenen an. Gib ferner mehrere Gleichungen an, die die gleiche Ebene darstellen wie die Ausgangsebene, die sich aber in allen drei vorkommenden Vektoren von der Ausgangsgleichung unterscheiden.

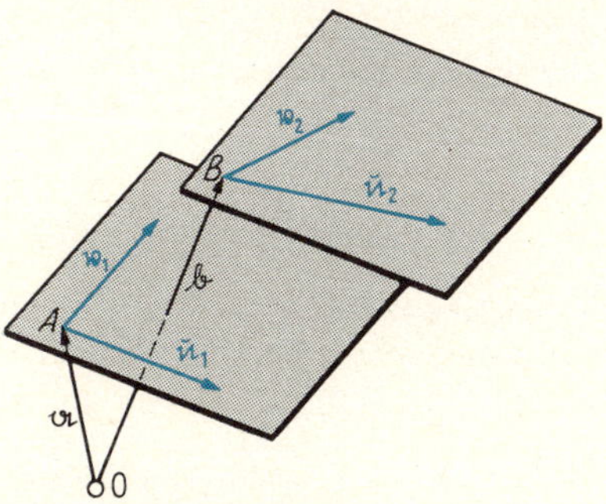

Bild 4.51.1

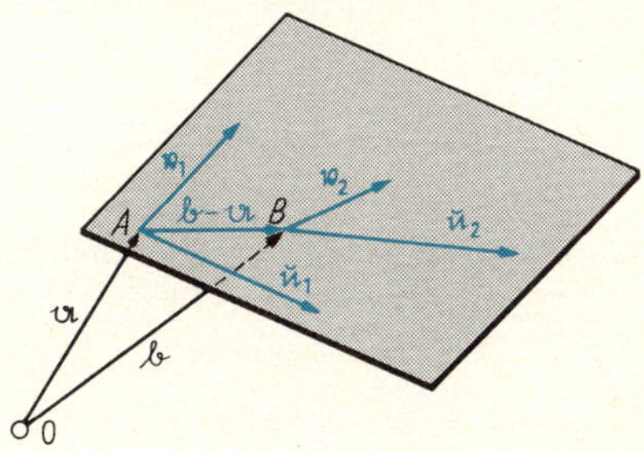

Bild 4.51.2

Gegeben seien die Ebenen $E_1: \mathfrak{x} = \mathfrak{a} + \lambda \mathfrak{u}_1 + \mu \mathfrak{v}_1$ und $E_2: \mathfrak{x} = \mathfrak{b} + \lambda \mathfrak{u}_2 + \mu \mathfrak{v}_2$. Da es für eine Ebene beliebig viele verschiedene Gleichungen gibt, müssen wir nach einem Verfahren suchen, das uns zu prüfen gestattet, ob durch zwei Gleichungen dieselbe Ebene dargestellt wird. Es ist zweckmäßig, zunächst die Ebenen auf Parallelität hin zu untersuchen.

Ebenen sind nach Kap. 3.2 genau dann parallel, wenn die Richtungsvektoren $\mathfrak{u}_1, \mathfrak{v}_1$ der einen Ebene zu denen der anderen Ebene $\mathfrak{u}_2, \mathfrak{v}_2$ komplanar sind (Bild 4.51.1). Wenn die Richtungsvektoren komplanar sind, ist es sogar möglich, daß durch beide Gleichungen dieselbe Ebene dargestellt wird. Das ist genau dann der Fall, wenn zusätzlich $B[\mathfrak{b}]$ auf E_1 (oder $A[\mathfrak{a}]$ auf E_2) liegt. Es muß gelten $\mathfrak{b} = \mathfrak{a} + \lambda_B \mathfrak{u}_1 + \mu_B \mathfrak{v}_1$ oder $\mathfrak{b} - \mathfrak{a} = \lambda_B \mathfrak{u}_1 + \mu_B \mathfrak{v}_1$. Das bedeutet: $\mathfrak{b} - \mathfrak{a}$ muß mit den Richtungsvektoren $\mathfrak{u}_1$ und $\mathfrak{v}_1$ (und natürlich auch mit $\mathfrak{u}_2$ und $\mathfrak{v}_2$) in einer Ebene liegen (Bild 4.51.2). Man erhält also den

Satz 4.7

Zwei Ebenen $E_1: \mathfrak{x} = \mathfrak{a} + \lambda \mathfrak{u}_1 + \mu \mathfrak{v}_1$ und $E_2: \mathfrak{x} = \mathfrak{b} + \lambda \mathfrak{u}_2 + \mu \mathfrak{v}_2$ sind genau dann parallel, wenn $\mathfrak{u}_1, \mathfrak{v}_1, \mathfrak{u}_2, \mathfrak{v}_2$ komplanar sind. Sie sind sogar gleich, wenn zusätzlich $\mathfrak{b} - \mathfrak{a}, \mathfrak{u}_1$ und $\mathfrak{v}_1$ komplanar sind.

Beispiel

Es soll untersucht werden, ob durch die Gleichungen

$$\mathfrak{x} = \begin{pmatrix} 2 \\ 1 \\ 4 \end{pmatrix} + \lambda \begin{pmatrix} 3 \\ 0 \\ -2 \end{pmatrix} + \mu \begin{pmatrix} 5 \\ -1 \\ 4 \end{pmatrix}$$

und

$$\mathfrak{x} = \begin{pmatrix} 0 \\ 2 \\ -2 \end{pmatrix} + \lambda \begin{pmatrix} 1 \\ 1 \\ -8 \end{pmatrix} + \mu \begin{pmatrix} 1 \\ -2 \\ 14 \end{pmatrix}$$

parallele Ebenen dargestellt werden oder ob es sich sogar um die gleiche Ebene handelt.

Lösung: Wir prüfen zunächst, ob die Ebenen parallel, d. h. die Vektoren

$$\mathfrak{u}_1 = \begin{pmatrix} 3 \\ 0 \\ -2 \end{pmatrix}, \quad \mathfrak{v}_1 = \begin{pmatrix} 5 \\ -1 \\ 4 \end{pmatrix}, \quad \mathfrak{u}_2 = \begin{pmatrix} 1 \\ 1 \\ -8 \end{pmatrix}, \quad \mathfrak{v}_2 = \begin{pmatrix} 1 \\ -2 \\ 14 \end{pmatrix}$$

komplanar sind. Zunächst betrachten wir $\mathfrak{u}_1, \mathfrak{v}_1$ und $\mathfrak{u}_2$.

Wenn $\mathfrak{u}_1, \mathfrak{v}_1$ und $\mathfrak{u}_2$ komplanar sind, muß es nach Def. 3.2 zwei Zahlen p und q geben, so daß gilt:

$$\mathfrak{u}_1 = p\,\mathfrak{v}_1 + q\,\mathfrak{u}_2$$

$$\begin{pmatrix} 3 \\ 0 \\ -2 \end{pmatrix} = p \begin{pmatrix} 5 \\ -1 \\ 4 \end{pmatrix} + q \begin{pmatrix} 1 \\ 1 \\ -8 \end{pmatrix}.$$

Wir berechnen p und q aus den ersten beiden Koordinatengleichungen:

$$3 = 5p + q,$$

$$0 = -p + q.$$

Man erhält $p = \frac{1}{2}$ und $q = \frac{1}{2}$. Mit diesen Werten wird auch die dritte Koordinatengleichung erfüllt. Damit ist gezeigt, daß $\mathfrak{u}_1, \mathfrak{v}_1$ und $\mathfrak{u}_2$ komplanar sind.

Entsprechend prüft man die Komplanarität von $\mathfrak{u}_1$, $\mathfrak{v}_1$ und $\mathfrak{v}_2$.

$$\begin{pmatrix} 3 \\ 0 \\ -2 \end{pmatrix} = r \begin{pmatrix} 5 \\ -1 \\ 4 \end{pmatrix} + s \begin{pmatrix} 1 \\ -2 \\ 14 \end{pmatrix}$$

ist richtig für $r = \frac{2}{3}$ und $s = -\frac{1}{3}$.

Damit ist nachgewiesen, daß $\mathfrak{u}_1, \mathfrak{v}_1, \mathfrak{u}_2$ und $\mathfrak{v}_2$ komplanar, d. h. die beiden Ebenen mindestens parallel sind.

Sind sie sogar gleich, so muß

$$\mathfrak{b} - \mathfrak{a} = \begin{pmatrix} 0 \\ 2 \\ -2 \end{pmatrix} - \begin{pmatrix} 2 \\ 1 \\ 4 \end{pmatrix} = \begin{pmatrix} -2 \\ 1 \\ -6 \end{pmatrix}$$

ebenfalls in der von zwei dieser vier komplanaren Vektoren aufgespannten Ebene liegen. Wir prüfen dazu die Komplanarität von $\mathfrak{u}_1, \mathfrak{v}_1$ und $\mathfrak{b} - \mathfrak{a}$.

$$\begin{pmatrix} 3 \\ 0 \\ -2 \end{pmatrix} = t \begin{pmatrix} 5 \\ -1 \\ 4 \end{pmatrix} + u \begin{pmatrix} -2 \\ 1 \\ -6 \end{pmatrix}$$

wird von (1, 1) erfüllt.

Damit ist gezeigt, daß beide Gleichungen dieselbe Ebene darstellen.

Einfacher prüft man die Komplanarität mit Determinanten nach Satz 4.4.

Aufgaben

1. Untersuche, ob die folgenden Ebenen parallel oder gleich sind.

a) $E_1: \mathfrak{x} = \begin{pmatrix} 1 \\ -2 \\ 0 \end{pmatrix} + \lambda \begin{pmatrix} 2 \\ 1 \\ 3 \end{pmatrix} + \mu \begin{pmatrix} 5 \\ 4 \\ 0 \end{pmatrix}, \quad E_2: \mathfrak{x} = \begin{pmatrix} 4 \\ 0 \\ 2 \end{pmatrix} + \lambda \begin{pmatrix} 7 \\ 5 \\ 3 \end{pmatrix} + \mu \begin{pmatrix} 1 \\ 1 \\ -1 \end{pmatrix}.$

b) E_1 sei gegeben durch $P_1(2/4/3)$, $P_2(5/4/9)$, $P_3(4/8/3)$,
E_2 sei gegeben durch $Q_1(0/2/-1)$, $Q_2(1/-2/5)$, $Q_3(4/-2/11)$.

c) E_1 sei gegeben durch $A(1/4/2)$ und $g: \mathfrak{x} = \begin{pmatrix} 3 \\ 2 \\ 1 \end{pmatrix} + \lambda \begin{pmatrix} 4 \\ 2 \\ -3 \end{pmatrix}$,

E_2 sei gegeben durch die sich schneidenden Geraden

$g_1: \mathfrak{x} = \begin{pmatrix} 2 \\ 6 \\ 1 \end{pmatrix} + \lambda \begin{pmatrix} 7 \\ 8 \\ 3 \end{pmatrix}, \quad g_2: \mathfrak{x} = \begin{pmatrix} 2 \\ 6 \\ 1 \end{pmatrix} + \lambda \begin{pmatrix} 2 \\ 3 \\ -2 \end{pmatrix}.$

d) E_1 sei gegeben durch $A(1/4/4)$ und $g: \mathfrak{x} = \begin{pmatrix} 0 \\ 2 \\ 8 \end{pmatrix} + \lambda \begin{pmatrix} 2 \\ 1 \\ 0 \end{pmatrix}$,

E_2 sei gegeben durch die beiden Spurgeraden

$h_0: \mathfrak{x} = \begin{pmatrix} 2 \\ 6 \\ 0 \end{pmatrix} + \lambda \begin{pmatrix} 2 \\ 1 \\ 0 \end{pmatrix}$ und $v_0: \mathfrak{x} = \begin{pmatrix} 0 \\ 2 \\ 8 \end{pmatrix} + \lambda \begin{pmatrix} 0 \\ -3 \\ 8 \end{pmatrix}.$

2. Gegeben sei das Dreieck $P_1(4/1/5)$ $P_2(3/6/2)$ $P_3(5/8/3)$, ferner ein Punkt $Q_1(8/4/8)$. Bestimme Q_2 und Q_3 so, daß $Q_1Q_2Q_3$ die Deckfläche eines schiefen Prismas ist, das $P_1P_2P_3$ zur Grundfläche hat.

4.3.5. Ebene und Gerade

Vorübungen

1. Wie können Gerade und Ebene im R^3 zueinander liegen?
2. Wie bestimmt man den gemeinsamen Punkt einer Geraden mit einer der Grundebenen?

Wenn die Ebene $E: \mathfrak{x} = \mathfrak{a} + \lambda\,\mathfrak{u} + \mu\,\mathfrak{v}$ und die Gerade $g: \mathfrak{x} = \mathfrak{b} + \nu\,\mathfrak{w}$ genau einen gemeinsamen Punkt S (Schnittpunkt) haben, so muß es einen festen Parameterwert ν_S geben, so daß der Vektor $\mathfrak{s} = \mathfrak{b} + \nu_S\,\mathfrak{w}$ zum Schnittpunkt S führt, ferner muß es zwei feste Parameterwerte λ_S und μ_S geben, so daß der Vektor $\mathfrak{s} = \mathfrak{a} + \lambda_S\,\mathfrak{u} + \mu_S\,\mathfrak{v}$ zum gleichen Punkt S führt, d. h. zu der Gleichung

$$\mathfrak{a} + \lambda_S\,\mathfrak{u} + \mu_S\,\mathfrak{v} = \mathfrak{b} + \nu_S\,\mathfrak{w}$$

muß sich eindeutig ein Lösungstripel $(\lambda_S, \mu_S, \nu_S)$ errechnen lassen.
Die rechnerische Bestimmung des Schnittpunktes zeigt das folgende

Beispiel

Bestimme den Schnittpunkt der Geraden

$$g: \mathfrak{x} = \begin{pmatrix} 1 \\ 0 \\ 2 \end{pmatrix} + \nu \begin{pmatrix} 1 \\ 2 \\ 1 \end{pmatrix}$$

mit der Ebene

$$E: \mathfrak{x} = \begin{pmatrix} 2 \\ 3 \\ 1 \end{pmatrix} + \lambda \begin{pmatrix} 4 \\ 2 \\ 9 \end{pmatrix} + \mu \begin{pmatrix} 3 \\ 1 \\ 6 \end{pmatrix}.$$

Lösung: Es muß also, wenn es einen Schnittpunkt gibt, ein Lösungstripel $(\lambda_S, \mu_S, \nu_S)$ geben, das sich aus der Gleichung

$$\begin{pmatrix} 2 \\ 3 \\ 1 \end{pmatrix} + \lambda_S \begin{pmatrix} 4 \\ 2 \\ 9 \end{pmatrix} + \mu_S \begin{pmatrix} 3 \\ 1 \\ 6 \end{pmatrix} = \begin{pmatrix} 1 \\ 0 \\ 2 \end{pmatrix} + \nu_S \begin{pmatrix} 1 \\ 2 \\ 1 \end{pmatrix}$$

berechnen läßt. Zur Berechnung der Lösung formen wir um

$$\nu_S \begin{pmatrix} -1 \\ -2 \\ -1 \end{pmatrix} + \lambda_S \begin{pmatrix} 4 \\ 2 \\ 9 \end{pmatrix} + \mu_S \begin{pmatrix} 3 \\ 1 \\ 6 \end{pmatrix} = \begin{pmatrix} -1 \\ -3 \\ 1 \end{pmatrix}$$

und gehen zu den Koordinatengleichungen über:

$$\begin{aligned} -\nu_S \;+ 4\lambda_S + 3\mu_S &= -1 \\ -2\nu_S + 2\lambda_S + \mu_S \;&= -3 \\ -\nu_S \;+ 9\lambda_S + 6\mu_S &= \;\;\;1\,. \end{aligned}$$

Dies Gleichungssystem löst man nach ν_S auf und erhält $\nu_S = 2$.
Aus dem für ν_S gefundenen Wert ergibt sich durch Einsetzen in die Geradengleichung

$$\mathfrak{s} = \begin{pmatrix} 1 \\ 0 \\ 2 \end{pmatrix} + 2 \begin{pmatrix} 1 \\ 2 \\ 1 \end{pmatrix} = \begin{pmatrix} 3 \\ 4 \\ 4 \end{pmatrix}$$

und damit für den Schnittpunkt: S (3/4/4).
Die Berechnung von λ_S und μ_S ist nicht nötig, kann aber natürlich zur Kontrolle erfolgen.

Das Lösungstripel $(\lambda_S, \mu_S, \nu_S)$ läßt sich dann und nur dann nicht eindeutig aus der Gleichung

$$\lambda_S\,\mathfrak{u} + \mu_S\,\mathfrak{v} + \nu_S\,\mathfrak{w} = \mathfrak{b} - \mathfrak{a}$$

bestimmen, wenn der Vektor $\mathfrak{b} - \mathfrak{a}$ sich nicht eindeutig durch $\mathfrak{u}$, $\mathfrak{v}$ und $\mathfrak{w}$ darstellen läßt. Dann sind $\mathfrak{u}$, $\mathfrak{v}$ und $\mathfrak{w}$ komplanar, d. h. g und E sind parallel, oder g liegt sogar in E.

Aufgaben

1. Bestimme den Schnittpunkt der Geraden g: $\mathfrak{x} = \begin{pmatrix} 2 \\ 6 \\ 3 \end{pmatrix} + \lambda \begin{pmatrix} 1 \\ -2 \\ -5 \end{pmatrix}$ mit der Ebene E: $\mathfrak{x} = \begin{pmatrix} 1 \\ 4 \\ -2 \end{pmatrix} + \lambda \begin{pmatrix} 4 \\ 0 \\ 6 \end{pmatrix} + \mu \begin{pmatrix} -1 \\ 2 \\ 1 \end{pmatrix}$.

2. Wo durchstößt die Gerade g: $\mathfrak{x} = \begin{pmatrix} -4{,}5 \\ 0 \\ 0 \end{pmatrix} + \lambda \begin{pmatrix} 4 \\ -1 \\ 2 \end{pmatrix}$ die durch die drei Punkte A (0/0/−1), B (1/0/1), C (0/1/0) festgelegte Ebene?

3. Bringe die Ebene E: $\mathfrak{x} = \begin{pmatrix} 2 \\ 0 \\ 0 \end{pmatrix} + \lambda \begin{pmatrix} -2 \\ 3 \\ 0 \end{pmatrix} + \mu \begin{pmatrix} -2 \\ 0 \\ 4 \end{pmatrix}$ mit der Geraden g: $\mathfrak{x} = \begin{pmatrix} 0 \\ 0 \\ 1 \end{pmatrix} + \lambda \begin{pmatrix} 1 \\ 1 \\ 0 \end{pmatrix}$ zum Schnitt.

4. Bestimme die gemeinsamen Punkte der Geraden g: $\mathfrak{x} = \begin{pmatrix} 0 \\ 3 \\ 1 \end{pmatrix} + \lambda \begin{pmatrix} 4 \\ 4 \\ 1 \end{pmatrix}$ und der Ebene E: $\mathfrak{x} = \begin{pmatrix} 2 \\ 1 \\ 4 \end{pmatrix} + \lambda \begin{pmatrix} -1 \\ 3 \\ 0 \end{pmatrix} + \mu \begin{pmatrix} 6 \\ -2 \\ 1 \end{pmatrix}$.

5. Trifft die Gerade durch die Punkte P (3/1/0) und Q (6/3/0) die Fläche des Dreiecks A (3/5/2) B (3/11/4) C (4/6/2)?

6. Bestimme den Durchstoßpunkt der Geraden durch die Punkte P (3/2/−8) und Q (6/8/1) mit der Ebene E: $\mathfrak{x} = \begin{pmatrix} 3 \\ 1 \\ 2 \end{pmatrix} + \lambda \begin{pmatrix} 1 \\ 1 \\ 2 \end{pmatrix} + \mu \begin{pmatrix} 1 \\ 2 \\ 1 \end{pmatrix}$.

7. Wo trifft die Gerade g: $\mathfrak{x} = \begin{pmatrix} 3 \\ 4 \\ 5 \end{pmatrix} + \lambda \begin{pmatrix} 4 \\ -2 \\ 1 \end{pmatrix}$ die Ebene E: $\mathfrak{x} = \begin{pmatrix} 4 \\ 1 \\ 2 \end{pmatrix} + \lambda \begin{pmatrix} 3 \\ 1 \\ 2 \end{pmatrix} + \mu \begin{pmatrix} 2 \\ 4 \\ 3 \end{pmatrix}$?

8. Gegeben ist die Ebene E durch ihre Spuren h_0: $\mathfrak{x} = \begin{pmatrix} 0 \\ 1 \\ 0 \end{pmatrix} + \lambda \begin{pmatrix} 1 \\ 2 \\ 0 \end{pmatrix}$ und v_0: $\mathfrak{x} = \begin{pmatrix} 0 \\ 1 \\ 0 \end{pmatrix} + \lambda \begin{pmatrix} 0 \\ 1 \\ 1 \end{pmatrix}$, ferner die Gerade g: $\mathfrak{x} = \begin{pmatrix} 9 \\ 7 \\ 3 \end{pmatrix} + \lambda \begin{pmatrix} -3 \\ 1 \\ -0{,}5 \end{pmatrix}$.
Bestimme den Schnittpunkt.

9. Gegeben seien die beiden Ebenen E_1: $\mathfrak{x} = \begin{pmatrix}5\\6\\2\end{pmatrix} + \lambda \begin{pmatrix}2\\4\\-1\end{pmatrix} + \mu \begin{pmatrix}0\\1\\3\end{pmatrix}$ und E_2: $\mathfrak{x} = \begin{pmatrix}1\\6\\-3\end{pmatrix} + \lambda \begin{pmatrix}2\\5\\2\end{pmatrix} + \mu \begin{pmatrix}-2\\-3\\4\end{pmatrix}$.

a) Zeige, daß die beiden Ebenen parallel sind.

b) Gib Anfangs- und Endpunkt der Strecke an, die die beiden Ebenen aus der Geraden g: $\mathfrak{x} = \begin{pmatrix}3\\1\\0\end{pmatrix} + \lambda \begin{pmatrix}4\\-1\\2\end{pmatrix}$ ausschneiden, und vergleiche ihre Länge mit der des Richtungsvektors von g.

10. Gegeben sei ein Spat durch den Punkt P (4/1/2) und die Endpunkte der drei von P ausgehenden Kanten A (4/8/1), B (6/1/6), C (8/6/8). In welchem Verhältnis teilt die durch A, B und C gehende Ebene die von P ausgehende Raumdiagonale des Spats?

11. Gegeben sei ein Spat durch seine drei Kantenvektoren $\mathfrak{a}$, $\mathfrak{b}$ und $\mathfrak{c}$. In welchem Verhältnis wird die von einem der Eckpunkte ausgehende Raumdiagonale von der Ebene geteilt, die man durch die Endpunkte der drei von dem gleichen Eckpunkt ausgehenden Kanten legen kann?

12. Gegeben sei ein Vierflach durch die Spitze S (1/1/1) und die drei Kantenvektoren $\overrightarrow{SA} = \begin{pmatrix}-2\\0\\4\end{pmatrix}$, $\overrightarrow{SB} = \begin{pmatrix}-2\\6\\4\end{pmatrix}$, $\overrightarrow{SC} = \begin{pmatrix}-2\\-3\\7\end{pmatrix}$, ferner ein Punkt Q (−11/7/31).
Zeige, daß die Strecke SQ von der Ebene durch A, B und C im Verhältnis 1:5 geteilt wird.

13. Ein Spat wird gegeben durch den Punkt P (2/1/1) und die Kantenvektoren $\overrightarrow{PA} = \begin{pmatrix}-1\\6\\0\end{pmatrix}$, $\overrightarrow{PB} = \begin{pmatrix}5\\3\\1\end{pmatrix}$, $\overrightarrow{PC} = \begin{pmatrix}1\\2\\6\end{pmatrix}$.
Welches Stück der Geraden g: $\mathfrak{x} = \begin{pmatrix}15\\9\\18\end{pmatrix} + \lambda \begin{pmatrix}27\\6\\31\end{pmatrix}$ liegt innerhalb des Spats?

14. Gegeben seien das Vierflach mit den Eckpunkten A (4/0/2), B (7/9/2), C (1/6/3,5), D (4/6/8), ferner die beiden Punkte E (7/1/3) und F (2/11/5,5). Welches Stück der Geraden durch E und F verläuft im Innern des Vierflachs? (Es empfiehlt sich, zunächst auf Grund einer Zeichnung im Zweitafelverfahren zu entscheiden, welche der Vierflachebenen von der Geraden durchstoßen werden.)

15. Gegeben sei ein windschiefes Viereck. Bestimme den Punkt, in dem die Verbindungslinie der Diagonalenmittelpunkte die Ebene trifft, die durch die Mittelpunkte der vier Kanten geht.

16. Ein Spat wird durch die Kantenvektoren $\mathfrak{a}$, $\mathfrak{b}$ und $\mathfrak{c}$ aufgespannt, ein Eckpunkt liegt im Ursprung. In welchen Punkten trifft die von O ausgehende Raumdiagonale die drei Ebenen, die parallel zu den Spatflächen laufen und jeweils $\frac{1}{3}$ des Spatvolumens abschneiden?

17. Gegeben sei ein Vierflach. In welchem Punkt trifft die Verbindungslinie von einem der Eckpunkte zum Schwerpunkt der gegenüberliegenden Dreiecksfläche die Ebene, die durch die Schwerpunkte der anderen drei Dreiecksflächen geht?

4.3.6. Die Schnittgerade zweier Ebenen

Vorübungen

1. Wie bestimmt man die Schnittgerade einer Ebene mit einer der Grundebenen?

2. Die Schnittgerade von zwei Ebenen könnte man leicht angeben, wenn man von ihr zwei Punkte kennte. Verhältnismäßig leicht lassen sich die Punkte der Schnittgeraden finden, die in den Grundebenen liegen. Bestimme so die Gleichung der Schnittgeraden der beiden Ebenen von Aufgabe 1 a).

Der in der Vorübung gefundene Weg zur Bestimmung der Schnittgeraden ist meist nicht der, der am schnellsten zum Ziele führt. Ein anderer Weg soll im folgenden Beispiel vorgeführt werden.

Beispiel

Bestimme die Schnittgerade der beiden Ebenen

$$E_1: \mathfrak{x} = \begin{pmatrix} 4 \\ 0 \\ -3 \end{pmatrix} + \lambda \begin{pmatrix} 0 \\ -1 \\ 0 \end{pmatrix} + \mu \begin{pmatrix} -2 \\ 0 \\ 3 \end{pmatrix}$$

und

$$E_2: \mathfrak{x} = \begin{pmatrix} -2 \\ 3 \\ 0 \end{pmatrix} + \lambda \begin{pmatrix} 0 \\ 0 \\ -1 \end{pmatrix} + \mu \begin{pmatrix} 2 \\ -1 \\ 3 \end{pmatrix}.$$

Lösung: Wir suchen alle die Vektoren $\mathfrak{x}'$, die den gemeinsamen Punkten auf beiden Ebenen zugeordnet sind. Da aber die Parameterwerte λ'_A und μ'_A, die zu einem Punkt A der Schnittgeraden gehören, im allgemeinen für die beiden Ebenengleichungen verschieden sein werden, müssen wir sie von einander unterscheiden. Wir benennen deshalb die Parameter der zweiten Ebenengleichung um. Die den Punkten der Schnittgeraden zugeordneten Vektoren $\mathfrak{x}'$ müssen sowohl der einen als auch der anderen Ebenengleichung genügen.
Deshalb erhalten wir

$$\mathfrak{x}' = \begin{pmatrix} 4 \\ 0 \\ -3 \end{pmatrix} + \lambda' \begin{pmatrix} 0 \\ -1 \\ 0 \end{pmatrix} + \mu' \begin{pmatrix} -2 \\ 0 \\ 3 \end{pmatrix} \quad \text{und} \quad \mathfrak{x}' = \begin{pmatrix} -2 \\ 3 \\ 0 \end{pmatrix} + \varrho' \begin{pmatrix} 0 \\ 0 \\ -1 \end{pmatrix} + \sigma' \begin{pmatrix} 2 \\ -1 \\ 3 \end{pmatrix}.$$

Nun setzen wir die Vektorterme auf den rechten Seiten der beiden Gleichungen einander gleich:

$$\begin{pmatrix} 4 \\ 0 \\ -3 \end{pmatrix} + \lambda' \begin{pmatrix} 0 \\ -1 \\ 0 \end{pmatrix} + \mu' \begin{pmatrix} -2 \\ 0 \\ 3 \end{pmatrix} = \begin{pmatrix} -2 \\ 3 \\ 0 \end{pmatrix} + \varrho' \begin{pmatrix} 0 \\ 0 \\ -1 \end{pmatrix} + \sigma' \begin{pmatrix} 2 \\ -1 \\ 3 \end{pmatrix}$$

Diese Gleichung läßt sich in drei Koordinatengleichungen auflösen, aus denen man nicht vier Parameterwerte λ', μ', ϱ', σ' eindeutig errechnen kann. Man kann nur zwei der Parameter eliminieren, so daß eine Beziehung zwischen den anderen beiden Parametern übrigbleibt.

Rechnerisch nützt uns diese Beziehung nur, wenn sie zwischen zwei Parametern der gleichen Ebene herausgekommen ist. Wir formen deshalb um

$$\lambda' \begin{pmatrix} 0 \\ -1 \\ 0 \end{pmatrix} + \mu' \begin{pmatrix} -2 \\ 0 \\ 3 \end{pmatrix} + \varrho' \begin{pmatrix} 0 \\ 0 \\ 1 \end{pmatrix} = \sigma' \begin{pmatrix} 2 \\ -1 \\ 3 \end{pmatrix} + \begin{pmatrix} -6 \\ 3 \\ 3 \end{pmatrix}$$

und berechnen ϱ' als Funktion von σ'. Dazu gehen wir zu den Koordinatengleichungen über

$$\begin{aligned} -2\mu' &= 2\sigma' - 6 \\ -\lambda' &= -\sigma' + 3 \\ 3\mu' + \varrho' &= 3\sigma' + 3\,, \end{aligned}$$

multiplizieren die erste Gleichung mit 3, die dritte mit 2:

$$\begin{aligned} -6\mu' &= 6\sigma' - 18 \\ 6\mu' + 2\varrho' &= 6\sigma' + 6 \end{aligned}$$

addieren und erhalten

$$2\varrho' = 12\sigma' - 12$$

oder

$$\varrho' = 6\sigma' - 6\,.$$

Damit haben wir eine Beziehung gefunden, die zwischen den Parametern ϱ' und σ' all der Punkte bestehen muß, die auf der Schnittgeraden liegen. Die gesuchte Schnittgerade ist also die Punktmenge

$$\left\{ X'[\mathfrak{x}'] \;\middle|\; \mathfrak{x}' = \begin{pmatrix} -2 \\ 3 \\ 0 \end{pmatrix} + \varrho' \begin{pmatrix} 0 \\ 0 \\ -1 \end{pmatrix} + \sigma' \begin{pmatrix} 2 \\ -1 \\ 3 \end{pmatrix} \text{ und } \varrho' = 6\sigma' - 6 \right\}.$$

Um die Vektorgleichung der Schnittgeraden zu bekommen, setzen wir für ϱ' den Term $6\sigma' - 6$ in die Ebenengleichung ein

$$\mathfrak{x} = \begin{pmatrix} -2 \\ 3 \\ 0 \end{pmatrix} + (6\sigma' - 6) \begin{pmatrix} 0 \\ 0 \\ -1 \end{pmatrix} + \sigma' \begin{pmatrix} 2 \\ -1 \\ 3 \end{pmatrix},$$

formen um

$$\mathfrak{x} = \begin{pmatrix} -2 \\ 3 \\ 0 \end{pmatrix} + 6 \begin{pmatrix} 0 \\ 0 \\ 1 \end{pmatrix} + \sigma' \begin{pmatrix} 2 \\ -1 \\ 3 \end{pmatrix} + 6\sigma' \begin{pmatrix} 0 \\ 0 \\ -1 \end{pmatrix}$$

und erhalten

$$\mathfrak{x} = \begin{pmatrix} -2 \\ 3 \\ 6 \end{pmatrix} + \sigma' \begin{pmatrix} 2 \\ -1 \\ -3 \end{pmatrix}$$

oder nach Umbenennung des Parameters

$$\mathfrak{x} = \begin{pmatrix} -2 \\ 3 \\ 6 \end{pmatrix} + \lambda \begin{pmatrix} 2 \\ -1 \\ -3 \end{pmatrix}$$

als Gleichung der gesuchten Schnittgeraden.

Aufgaben

1. Bestimme die Schnittgerade der Ebenen:

a) $E_1\colon \mathfrak{x} = \begin{pmatrix} 2 \\ 0 \\ 1 \end{pmatrix} + \lambda \begin{pmatrix} 1 \\ 0 \\ 0 \end{pmatrix} + \mu \begin{pmatrix} 0 \\ 1 \\ 1 \end{pmatrix}$ und $E_2\colon \mathfrak{x} = \begin{pmatrix} 3 \\ 1 \\ -1 \end{pmatrix} + \lambda \begin{pmatrix} 0 \\ 2 \\ 0 \end{pmatrix} + \mu \begin{pmatrix} 0 \\ 0 \\ -1 \end{pmatrix}$

b) $E_1\colon \mathfrak{x} = \begin{pmatrix}2\\0\\0\end{pmatrix} + \lambda\begin{pmatrix}-2\\1\\0\end{pmatrix} + \mu\begin{pmatrix}-2\\0\\3\end{pmatrix}$ und $E_2\colon \mathfrak{x} = \begin{pmatrix}1\\0\\0\end{pmatrix} + \lambda\begin{pmatrix}-1\\3\\0\end{pmatrix} + \mu\begin{pmatrix}-1\\0\\2\end{pmatrix}$

c) $E_1\colon \mathfrak{x} = \begin{pmatrix}2\\0\\1\end{pmatrix} + \lambda\begin{pmatrix}4\\3\\2\end{pmatrix} + \mu\begin{pmatrix}6\\0\\1\end{pmatrix}$ und $E_2\colon \mathfrak{x} = \begin{pmatrix}3\\1\\4\end{pmatrix} + \lambda\begin{pmatrix}2\\-3\\-1\end{pmatrix} + \mu\begin{pmatrix}2\\6\\3\end{pmatrix}$

2. Bestimme die Schnittgerade der Ebene, die in einem kartesischen Koordinatensystem auf allen drei Koordinatenachsen einen Abschnitt der Länge 1 LE abschneidet, mit der Ebene, die durch die drei Punkte A(1/0/2), B (0/1/2) und C (1/– 1/1) geht.

3. Gegeben sei eine Ebene E_1 durch ihre Spuren $h_1\colon \mathfrak{x} = \begin{pmatrix}0\\1\\0\end{pmatrix} + \lambda\begin{pmatrix}2\\1\\0\end{pmatrix}$ und $v_1\colon \mathfrak{x} = \begin{pmatrix}0\\1\\0\end{pmatrix} + \mu\begin{pmatrix}0\\1\\1\end{pmatrix}$, ferner eine Ebene E_2 durch ihre Spuren $h_2\colon \mathfrak{x} = \begin{pmatrix}5\\0\\0\end{pmatrix} + \varrho\begin{pmatrix}-1\\2\\0\end{pmatrix}$ und $v_2\colon \mathfrak{x} = \begin{pmatrix}0\\10\\0\end{pmatrix} + \sigma\begin{pmatrix}0\\0\\1\end{pmatrix}$. Untersuche, ob der Punkt Q (2/6/4) auf der Schnittgeraden von E_1 und E_2 liegt.

4. Bringe die Ebenen der Dreiecke A(5/3/6) B(8/1/8) C(0/6/–1) und P(1/1/3) Q (5/12/3) R (0/2/6) zum Schnitt.

5. Gegeben sei das Vierflach mit den Eckpunkten A (0/0/0), B (4/0/0), C (1/5/0), D (2/4/6). In C und D sollen an das Vierflach Ebenen gelegt werden, die zu den gegenüberliegenden Dreiecksflächen parallel sind. Bestimme die Schnittgerade.

6. Gegeben seien die Ebene $E\colon \mathfrak{x} = \begin{pmatrix}4\\1\\2\end{pmatrix} + \lambda\begin{pmatrix}3\\0\\2\end{pmatrix} + \mu\begin{pmatrix}1\\2\\0\end{pmatrix}$ und die Gerade $g'\colon \mathfrak{x} = \begin{pmatrix}5\\-3\\0\end{pmatrix} + \lambda\begin{pmatrix}1\\3\\0\end{pmatrix}$. Bestimme die Gerade g, die in E liegt und g' zur Projektion hat.

4.3.7. Koordinatengleichungen der Ebene

Vorübung

Wie läßt sich die Parameterform der Geradengleichung in eine kartesische Form verwandeln? Was ergibt sich, wenn man aus einer Gleichung für eine Gerade im R^3 den Parameter eliminiert?

Auch aus der Ebenengleichung

$$\mathfrak{x} = \mathfrak{a} + \lambda\mathfrak{u} + \mu\mathfrak{v} \quad \text{oder} \quad \mathfrak{x} - \mathfrak{a} = \lambda\mathfrak{u} + \mu\mathfrak{v}$$

lassen sich die Parameter λ und μ eliminieren, so daß man eine Koordinatengleichung der Ebene erhält.

Man geht zu den Gleichungen für die einzelnen Koordinaten über

$$x_1 - a_1 = \lambda u_1 + \mu v_1$$
$$x_2 - a_2 = \lambda u_2 + \mu v_2$$
$$x_3 - a_3 = \lambda u_3 + \mu v_3 .$$

Nun läßt sich aus den ersten beiden Gleichungen λ und μ in der Form errechnen, daß auf der rechten Seite außer x_1 und x_2 nur noch die mit der Ebenengleichung bekannten Größen a_1, a_2, u_1, u_2, v_1, und v_2 stehen. Setzt man diese Beziehung in die dritte Gleichung ein, so erhält man eine parameterfreie Koordinatengleichung der Form $Ax_1 + Bx_2 + Cx_3 + D = 0$. Damit ist nachgewiesen, daß sich jede Ebenengleichung auf die Form $Ax_1 + Bx_2 + Cx_3 + D = 0$ bringen läßt. Daß auch umgekehrt zu jeder linearen Gleichung in x_1, x_2 und x_3 eine Ebene gehört, wird später gezeigt.

Als Beispiel berechnen wir die Koordinatengleichung der Ebene, die auf den drei Achsen eines kartesischen Koordinatensystems Abschnitte a, b und c abschneidet (Bild 4.60.1).
Die Ebene geht durch die Punkte A (a/0/0), B (0/b/0), C (0/0/c), hat also die Gleichung

$$\mathfrak{x} = \begin{pmatrix} a \\ 0 \\ 0 \end{pmatrix} + \lambda \begin{pmatrix} -a \\ b \\ 0 \end{pmatrix} + \mu \begin{pmatrix} -a \\ 0 \\ c \end{pmatrix}.$$

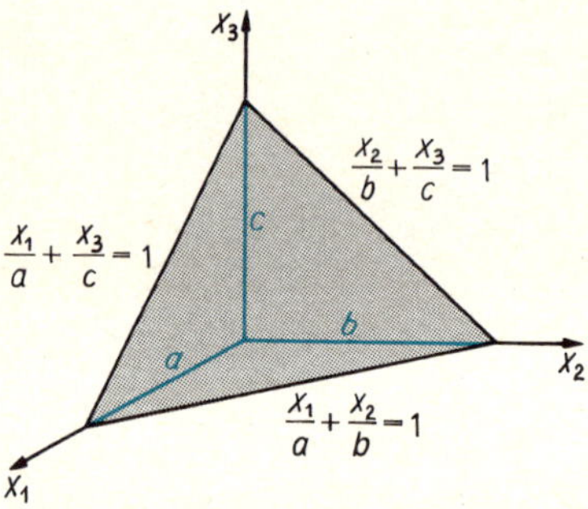

Bild 4.60.1

Ihr entsprechen die Koordinatengleichungen:

$$x_1 - a = -a\lambda - a\mu$$
$$x_2 = b\lambda$$
$$x_3 = c\mu .$$

Die aus der zweiten und dritten Gleichung folgenden Terme für λ und μ setzen wir in die erste Gleichung ein

$$x_1 - a = -\frac{a}{b} x_2 - \frac{a}{c} x_3 ,$$

formen um und erhalten

$$\frac{x_1}{a} + \frac{x_2}{b} + \frac{x_3}{c} = 1 .$$ *Achsenabschnittsform der Ebenengleichung*

Aus dieser Gleichung ergeben sich auf besonders einfache Weise die Spurgeraden: da z. B. für alle Punkte der Spurgeraden auf der x_1x_2-Ebene die x_3-Koordinate verschwinden muß, erhält man die Gleichung dieser Spurgeraden

$$\frac{x_1}{a} + \frac{x_2}{b} = 1 ,$$

in der Achsenabschnittsform.
Ferner ist diese Form der Gleichung besonders geeignet, sich eine Vorstellung von der Lage der Ebene im Raum zu verschaffen (Bild 4.60.1).

Aufgaben

1. Liegen die Punkte

a) A (1/1/0), b) B (2/0/2), c) C (1,5/4/4,5)

auf den Ebenen

α) $E_1: 3x_1 + 2x_2 - 3x_3 = 0$, β) $E_2: 4x_1 - 2x_2 + x_3 = 2$?

2. Zeichne ein Schrägbild der Ebene $E: \frac{x_1}{3} + \frac{x_2}{4} + \frac{x_3}{6} = 1$.

3. Gib zu der Koordinatengleichung der Ebene $E: 2x_1 - x_2 + x_3 = 4$ vier verschiedene vektorielle Parametergleichungen an.

4. Welche besondere Lage haben Ebenen mit der Gleichung $Ax_1 + Bx_2 + Cx_3 + D = 0$, für die gilt

a) $A = 0$, b) $B = 0$, c) $C = 0$, d) $D = 0$,

e) $A = 0$ und $B = 0$, f) $A = 0$ und $C = 0$, g) $A = 0$ und $D = 0$,

h) $A = 0$ und $B = 0$ und $C = 0$ (!), i) $A = 0$ und $B = 0$ und $D = 0$?

5. Drücke die in der linearen Gleichung $Ax_1 + Bx_2 + Cx_3 + D = 0$ auftretenden Koeffizienten durch die Koordinaten von $\mathfrak{a}$, $\mathfrak{u}$ und $\mathfrak{v}$ aus.

6. Bringe die Gleichung der Ebene $E: \mathfrak{x} = \begin{pmatrix} 2 \\ 5 \\ -3 \end{pmatrix} + \lambda \begin{pmatrix} -1 \\ 4 \\ 0 \end{pmatrix} + \mu \begin{pmatrix} 0 \\ -2 \\ 6 \end{pmatrix}$ auf die Achsenabschnittsform.

7. Wie heißt die Gleichung einer Ebene, die auf allen drei Achsen gleiche Abschnitte der Länge a abschneidet?

8. In der x_1x_2-Ebene wird durch die Gleichung $x_1 + 2x_2 = 1$ eine Gerade g dargestellt, im R^3 eine Ebene E. Beschreibe die Lage von g und E. Welche Bedeutung hat g für E?

9. Gegeben seien drei Punkte A (6/−2/0), B (6/−1/2) und C (−2/1/4).

a) Gib die Koordinatengleichung der Ebene des Dreiecks ABC an.

b) Liegt der Nullpunkt in dieser Ebene?

c) Wie heißen die Gleichungen der drei Spurgeraden?

10. Ein Oktaeder der Kantenlänge a liegt so in einem kartesischen Koordinatensystem, daß alle sechs Eckpunkte auf den Koordinatenachsen liegen. Gib die Koordinatengleichungen der Ebenen an, die das Oktaeder begrenzen.

11. Bestimme die gemeinsamen Punkte der drei Ebenen

a)
$E_1: 2x_1 + 3x_2 - x_3 = 0$
$E_2: 3x_1 + x_2 - 2x_3 + 1 = 0$
$E_3: x_1 + x_2 + x_3 - 3 = 0$

b)
$E_1: 4x_1 - 2x_2 + 2x_3 - 6 = 0$
$E_2: -2x_1 + x_2 - x_3 + 3 = 0$
$E_3: 6x_1 - 3x_2 + 3x_3 - 9 = 0$

c)
$E_1: x_1 - x_2 = 0$
$E_2: x_2 - x_3 = 0$
$E_3: x_3 - x_1 = 0$.

*4.3.8. Vermischte Aufgaben

1. Ein Quader liegt mit drei Kanten so auf den Achsen eines kartesischen Koordinatensystems, daß auf der x_1-Achse der Punkt A (a/0/0), auf der x_2-Achse der Punkt B (0/b/0) und auf der x_3-Achse der Punkt C (0/0/c) Eckpunkte des Quaders sind, eine Ecke liegt im Ursprung. In welchem Punkt trifft die von O ausgehende Raumdiagonale die durch A, B und C gehende Ebene?

2. Trifft die Gerade g: $\mathfrak{x} = \begin{pmatrix} 6 \\ 12 \\ 10 \end{pmatrix} + \lambda \begin{pmatrix} 1 \\ 2 \\ 3 \end{pmatrix}$ die Fläche des Parallelogramms ABCD mit A (2/1/0) und $\overrightarrow{AB} = \begin{pmatrix} 3 \\ 0 \\ 8 \end{pmatrix}$, $\overrightarrow{AD} = \begin{pmatrix} 1 \\ 6 \\ 2 \end{pmatrix}$?

3. a) Die Gleichung der Ebene durch die drei Punkte A (6/0/0), B (0/6/6) und C (0/0/10) soll in die Koordinatenform gebracht werden.
   b) Liegt der Punkt D (4/8/0) in dieser Ebene?
   c) Der Schnittpunkt der Geraden g: $\mathfrak{x} = \begin{pmatrix} 1 \\ 1 \\ 0 \end{pmatrix} + \lambda \begin{pmatrix} 0 \\ 0 \\ 1 \end{pmatrix}$ mit der Ebene ist zu bestimmen.
   d) Wie heißt die Gleichung der Schnittgeraden der Ebenen durch A, B, C und B, C, D?

4. Gegeben seien die vier Punkte A (10/2/5), B (6/8/3), C (−2/12/7), D (2/6/9).
   a) Zeige, daß die vier Punkte in einer Ebene liegen.
   b) Bestimme die Gleichung der Vierecksebene.
   c) Bestimme den Spurpunkt der Geraden durch A und C auf der x_2x_3-Ebene.
   d) Wie heißt die Projektion der Geraden durch A und C auf die x_2x_3-Ebene in Koordinatenform?
   e) Zeige, daß das Viereck ABCD ein Parallelogramm ist.
   f) Bestimme die Gleichung der Spurgeraden der Vierecksebene auf der x_1x_2-Ebene in Parameter- und Achsenabschnittsform.
   g) Bringe die Vierecksebene zum Schnitt mit der Ebene

$$E_2\colon \mathfrak{x} = \begin{pmatrix} 5 \\ 2 \\ 8 \end{pmatrix} + \lambda \begin{pmatrix} 4 \\ -3 \\ 8 \end{pmatrix} + \mu \begin{pmatrix} 1 \\ 0 \\ 0 \end{pmatrix}.$$

5. Bestimme das Stück der Geraden durch die beiden Punkte E (3/3/−3) und F (7/9/5), das innerhalb des Vierflachs A (2/1/1) B (9/7/2) C (4/10/0) D (5/5, 5/7) liegt.

5. Das Skalarprodukt

5.1. Einführung und Herleitung

Vorübungen

1. Wie waren Vektorsumme, Vektordifferenz und S-Multiplikation definiert?
2. Welche zugehörigen Rechengesetze haben wir zu diesen Operationen kennengelernt?
3. Was versteht man unter einem linearen Vektorraum?

Wir haben bisher drei Rechenoperationen für Vektoren kennengelernt. Die Addition von Vektoren ging nach den gleichen Gesetzen vor sich wie die Addition von Zahlen, so daß wir in der Menge der durch die Addition verknüpften Vektoren die gleiche Struktur erkannten wie in der Menge der durch die Addition verknüpften Zahlen: die Struktur einer Gruppe. Das gab uns eigentlich erst die Berechtigung, diese Vektorverknüpfung als Addition zu bezeichnen. Die Subtraktion von Vektoren ist wie die der Zahlen die Umkehrung der Addition. Schließlich beschäftigten wir uns mit einer Verknüpfung zwischen Vektoren und Skalaren. Die zugehörigen Rechenregeln entsprachen formal denen der Zahlenalgebra, deshalb nannten wir diese Operation S-Multiplikation. So erhielt die Menge der Vektoren die Struktur eines linearen Vektorraums.

In diesem linearen Vektorraum haben wir eine Vielzahl von geometrischen Problemen erörtern können, und zwar solche, die mit Geraden, Ebenen, Schnittpunkten, der Parallelität und dem Teilverhältnis zusammenhängen. Da es sich hierbei um Begriffe handelt, die gerade das kennzeichnen, was von allen affinen Abbildungen nicht verändert wird, bei ihnen also „invariant" bleibt, können wir sagen, daß wir in unserem linearen Vektorraum bisher nur „affine Geometrie" betrieben haben. (Zu den affinen Abbildungen gehören beispielsweise die Dehnungen, Scherungen oder Parallelprojektionen, vgl. Kap. 9.)

Darüber hinaus kann man die Vektorrechnung aber auch auf solche geometrischen Probleme anwenden, die nicht der affinen Geometrie angehören, z. B. auf Längen- und Winkelmessungen. Dazu müssen wir erklären, wie Längen gemessen (oder gar erst definiert) werden sollen. Anders gesagt: Wir müssen eine „Metrik" einführen und damit unseren linearen Vektorraum zu einem metrischen Vektorraum machen. Aus diesem Grunde ist es erforderlich, daß wir uns mit weiteren Verknüpfungen zwischen Vektoren beschäftigen. Die für diese neuen Operationen gültigen Gesetze ähneln denen, die für die Multiplikation von Zahlen gelten. Daher sollen diese neuen Verknüpfungen ebenfalls Multiplikationen genannt werden.

Grundsätzlich gibt es nun zwei naheliegende Möglichkeiten, zwei Vektoren zu einem Produkt zu verknüpfen: Entweder ordnen wir jedem Vektorpaar $(\mathfrak{a}, \mathfrak{b})$ eine Zahl (Skalar) zu, oder aber einen Vektor. Im ersten Fall nennen wir das Produkt Skalarprodukt, im zweiten Fall Vektorprodukt. Wir wollen uns in diesem Kapitel darauf beschränken, ein Skalarprodukt zu definieren. Wie in der Zahlenalgebra wollen wir die Produktbildung durch einen Punkt zum Ausdruck bringen, wollen aber den Punkt als Verknüpfungssymbol im allgemeinen fortlassen. Auch das ist uns aus der Algebra geläufig.

$$\mathfrak{a} \cdot \mathfrak{b} = \mathfrak{a}\,\mathfrak{b}$$

Wir lesen „$\mathfrak{a}$ Punkt $\mathfrak{b}$" oder „$\mathfrak{a}\,\mathfrak{b}$".

5.1.1. Axiomatische Einführung des skalaren Produktes*

Auf Grund unserer Vorüberlegungen wollen wir also verlangen:

Axiom 1

Jedem Vektorpaar $(\mathfrak{a}, \mathfrak{b})$ soll als Produktwert eindeutig eine reelle Zahl c zugeordnet werden:

$$\mathfrak{a} \cdot \mathfrak{b} = c\,.$$

In den vorhergehenden Kapiteln haben wir festgestellt, daß sich das Rechnen mit Vektoren weitgehend auf dem Rechnen mit Basisvektoren aufbaut. Diese können wie z. B. im kartesischen Koordinatensystem insbesondere Einheitsvektoren sein. Es gilt $\mathfrak{a} = a\,\mathfrak{a}^\circ$ und speziell im kartesischen Koordinatensystem $\mathfrak{a} = a_1\,\mathfrak{e}_1 + a_2\,\mathfrak{e}_2 + a_3\,\mathfrak{e}_3$. Deshalb wollen wir für unser neu zu definierendes Skalarprodukt zwischen zwei Vektoren auch zunächst das Produkt von zwei Einheitsvektoren festlegen. Dazu orientieren wir uns an den Zahlen $+1$ und -1 der gewöhnlichen Arithmetik, an den Zahlen also, die sich als Einheitsvektoren auf der Zahlengeraden deuten lassen. Dort gilt:

$$(+1)\,(+1) = (-1)\,(-1) = +1$$

In Analogie dazu fordern wir:

Axiom 2

Für jeden Einheitsvektor $\mathfrak{a}^\circ$ soll gelten: $\mathfrak{a}^\circ\,\mathfrak{a}^\circ = 1$.

Um mit Produkten rechnen zu können, brauchen wir noch die zugehörigen Rechenregeln für Produkte. Wir übernehmen diese Regeln aus der Zahlenalgebra in die Vektorrechnung, indem wir verlangen:

Für alle $\mathfrak{a}$, $\mathfrak{b}$, $\mathfrak{c}$ und n soll gelten:

Axiom 3

$\mathfrak{a}\,\mathfrak{b} = \mathfrak{b}\,\mathfrak{a}$ *(kommutatives Gesetz)*

Axiom 4

$\mathfrak{a}\,(\mathfrak{b} + \mathfrak{c}) = \mathfrak{a}\,\mathfrak{b} + \mathfrak{a}\,\mathfrak{c}$ *(distributives Gesetz)*

Axiom 5

$n\,(\mathfrak{a}\,\mathfrak{b}) = (n\,\mathfrak{a})\,\mathfrak{b} = \mathfrak{a}\,(n\,\mathfrak{b})$ *(gemischt assoziatives Gesetz)*

Es erscheint zunächst verwunderlich, daß wir als fünftes Axiom nicht $\mathfrak{a}\,(\mathfrak{b}\,\mathfrak{c}) = (\mathfrak{a}\,\mathfrak{b})\,\mathfrak{c}$ verlangt haben. Gilt das Assoziativgesetz doch für die Multiplikation aller reellen

* Mit den Abschnitten 5.1.1. und 5.1.2. werden dem Leser zwei verschiedene, voneinander unabhängige Möglichkeiten zur Einführung des skalaren Produktes angeboten.

Zahlen! Wie wir uns leicht klarmachen können, kann die Gleichung in dieser Form nicht allgemeingültig sein. Denn seien z. B. $\mathfrak{a}$, $\mathfrak{b}$, $\mathfrak{c}$ drei Vektoren, von denen je zwei nicht kollinear sind. Dann ist $\mathfrak{a}\,(\mathfrak{b}\,\mathfrak{c})$ ein Vektor mit der Richtung von $\mathfrak{a}$. Der Vektor $(\mathfrak{a}\,\mathfrak{b})\,\mathfrak{c}$ hat jedoch die Richtung von $\mathfrak{c}$ (s. auch Aufg. 2, S. 5.10).

Gerade an diesem Beispiel sieht man besonders gut, daß man nicht beliebige Gesetze als Axiome wählen kann, sondern nur solche wählen darf, die im weiteren Verlauf der Überlegungen nicht zu Widersprüchen führen.

Auf Grund dieser Axiome läßt sich nun in weiteren Fällen das Skalarprodukt von Vektoren bilden:

1. $\mathfrak{a}^\circ \cdot (-\mathfrak{a}^\circ) = -1$
   Denn es ist $\mathfrak{a}^\circ\,(-\mathfrak{a}^\circ) = \mathfrak{a}^\circ\,(-1\,\mathfrak{a}^\circ) = -1\,(\mathfrak{a}^\circ\,\mathfrak{a}^\circ)$ wegen der Gültigkeit des gemischt assoziativen Gesetzes. Aus Axiom 2 ergibt sich dann die Behauptung.

2. Falls $\mathfrak{a}$ und $\mathfrak{b}$ kollinear sind, gilt:
   $\mathfrak{a}\,\mathfrak{b} = \pm\, a\, b$ (+ für gleiche, – für entgegengesetzte Richtung).
   Denn aus der Kollinearität folgt $\mathfrak{a} = a\,\mathfrak{a}^\circ$ und $\mathfrak{b} = \pm\, b\,\mathfrak{a}^\circ$. Daraus ergibt sich auf Grund des gemischt assoziativen Gesetzes und des Axiomes 2

$$\mathfrak{a}\,\mathfrak{b} = (a\,\mathfrak{a}^\circ)\cdot(\pm\, b\,\mathfrak{a}^\circ) = \pm\, a\, b\,(\mathfrak{a}^\circ\,\mathfrak{a}^\circ) = \pm\, a\, b$$

   Für den Spezialfall $\mathfrak{a} = \mathfrak{b}$ erhält man

$$\mathfrak{a}\,\mathfrak{a} = a^2.$$

$\mathfrak{a}$ und $\mathfrak{b}$ seien nun zwei nicht kollineare Vektoren. Dann läßt sich $\mathfrak{b}$ als Summe von $\mathfrak{b}_a$ und einem bestimmten Vielfachen von $\bar{\mathfrak{a}}^\circ$ darstellen. Hierbei bedeutet $\mathfrak{b}_a$ den Projektionsvektor von $\mathfrak{b}$ auf $\mathfrak{a}$ und $\bar{\mathfrak{a}}^\circ$ einen Lotvektor von $\mathfrak{a}^\circ$ in der durch $\mathfrak{a}$ und $\mathfrak{b}$ aufgespannten Ebene. Es gilt also (Bild 5.3.1).

$$\mathfrak{b} = \mathfrak{b}_a + n\,\bar{\mathfrak{a}}^\circ$$

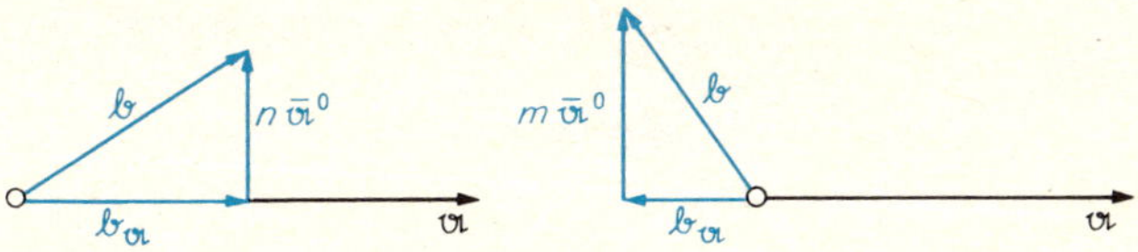

Bild 5.3.1

Wir bilden $\mathfrak{a}\cdot\mathfrak{b} = \mathfrak{a}\,(\mathfrak{b}_a + n\,\bar{\mathfrak{a}}^\circ) = \mathfrak{a}\,\mathfrak{b}_a + \mathfrak{a}\,(n\,\bar{\mathfrak{a}}^\circ) = \mathfrak{a}\,\mathfrak{b}_a + n\,a\,(\mathfrak{a}^\circ\,\bar{\mathfrak{a}}^\circ)$.
$\mathfrak{a}\cdot\mathfrak{b}_a$ läßt sich als Produkt zweier kollinearer Vektoren berechnen. Sobald das Produkt der beiden aufeinander senkrecht stehenden Einheitsvektoren $\mathfrak{a}^\circ$ und $\bar{\mathfrak{a}}^\circ$ bekannt ist, läßt sich also auch das skalare Produkt $\mathfrak{a}\cdot\mathfrak{b}$ zweier beliebiger Vektoren angeben.

Da sich das Produkt zweier Einheitsvektoren, die aufeinander senkrecht stehen, nicht aus den Axiomen 1 bis 5 herleiten läßt, müssen wir zusätzlich festsetzen, was wir unter $\mathfrak{a}^\circ \cdot \bar{\mathfrak{a}}^\circ$ verstehen wollen.

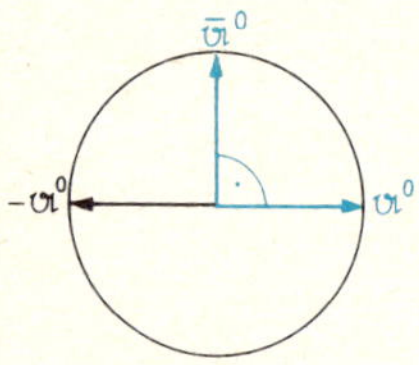

Bild 5.4.1

Nach Axiom 2 gilt für zwei Einheitsvektoren, die die gleiche Richtung haben und damit einen Winkel von 0° einschließen, $\mathfrak{a}^\circ \cdot \mathfrak{a}^\circ = 1$. Nach Folgerung 1 ist $\mathfrak{a}^\circ \cdot (-\mathfrak{a}^\circ) = -1$. Dabei beträgt der Winkel zwischen $\mathfrak{a}^\circ$ und $-\mathfrak{a}^\circ$ 180°.

Infolgedessen ist es naheliegend (Bild 5.4.1), für zwei Vektoren, die einen Winkel von 90° einschließen, festzusetzen:

Axiom 6

Falls die Einheitsvektoren $\mathfrak{a}^\circ$ und $\mathfrak{b}^\circ$ aufeinander senkrecht stehen, soll gelten:

$$\mathfrak{a}^\circ \cdot \mathfrak{b}^\circ = \mathfrak{a}^\circ \cdot \bar{\mathfrak{a}}^\circ = 0$$

Damit erhalten wir für das skalare Produkt zweier beliebiger Vektoren $\mathfrak{a}$ und $\mathfrak{b}$:

$$\mathfrak{a}\,\mathfrak{b} = \mathfrak{a}\,(\mathfrak{b}_a + n\,\bar{\mathfrak{a}}^\circ) = \mathfrak{a}\,\mathfrak{b}_a + n\,a\,(\mathfrak{a}^\circ\,\bar{\mathfrak{a}}^\circ) = \mathfrak{a}\,\mathfrak{b}_a + n\,a\,(0) = \mathfrak{a}\,\mathfrak{b}_a = \pm\, a\, b_a$$

Wir wollen unter $\sphericalangle\,(\mathfrak{a};\mathfrak{b})$ die Größe des Winkels verstehen, um den man den Vektor $\mathfrak{a}$ auf kürzestem Wege drehen muß, damit er in die Richtung von $\mathfrak{b}$ weist. Das Skalarprodukt ist also positiv, wenn $\mathfrak{b}_a$ und $\mathfrak{a}$ die gleiche Orientierung haben (Folgerung 2), anderenfalls ist es negativ. Das bedeutet wiederum, daß das skalare Produkt genau dann positiv ist, wenn $\sphericalangle\,(\mathfrak{a};\mathfrak{b}) < 90°$ ist.

Das bisherige Ergebnis $\mathfrak{a}\,\mathfrak{b} = \mathfrak{a}\,\mathfrak{b}_a = \pm\, a\, b_a$ läßt sich auch anders formulieren, wenn wir b_a durch a, b und den Winkel φ zwischen $\mathfrak{a}$ und $\mathfrak{b}$ ausdrücken (Bild 5.4.2). Falls $\sphericalangle\,(\mathfrak{a};\mathfrak{b}) < 90°$ ist, gilt:

$$b_a = b \cos(\mathfrak{a};\mathfrak{b}) = b \cos\varphi$$

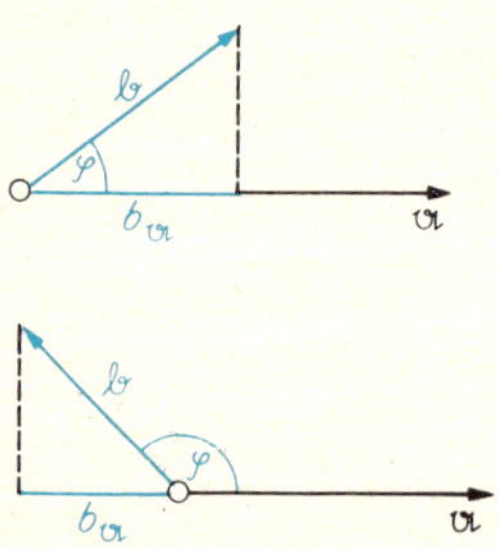

Bild 5.4.2

Falls $\sphericalangle\,(\mathfrak{a};\mathfrak{b}) > 90°$ ist, ist

$$b_a = b\cos(180 - \varphi) = -\,b\cos\varphi = -\,b\cos(\mathfrak{a};\mathfrak{b}).$$

Setzen wir die Werte für b_a in die Gleichung $\mathfrak{a}\,\mathfrak{b} = \pm\, a\, b_a$ ein, so erhalten wir für alle Winkel φ

$$\mathfrak{a}\cdot\mathfrak{b} = a\,b\cos(\mathfrak{a};\mathfrak{b}).$$

Bei der Herleitung dieser Gleichung sind wir davon ausgegangen, daß sich $\mathfrak{b}$ in der Form schreiben läßt $\mathfrak{b} = \mathfrak{b}_a + n\,\bar{\mathfrak{a}}^\circ$. Ebensogut können wir auch $\mathfrak{a}$ darstellen als $\mathfrak{a} = \mathfrak{a}_b + m\,\bar{\mathfrak{b}}^\circ$. Multiplizieren wir dieses $\mathfrak{a}$ mit $\mathfrak{b}$, so erhalten wir analog

$$\mathfrak{a}\cdot\mathfrak{b} = \mathfrak{a}_b\cdot\mathfrak{b}\,.$$

Aus diesen Überlegungen ergibt sich zwangsläufig: Wenn es überhaupt möglich ist, *jedem* Vektorpaar $(\mathfrak{a}, \mathfrak{b})$ eindeutig eine reelle Zahl c so zuzuordnen, daß die Axiome 2 bis 6 gelten, dann müssen wir definieren:

Definition 5.1 a

$$\mathfrak{a} \cdot \mathfrak{b} = \mathfrak{a}_{\mathfrak{b}} \cdot \mathfrak{b} = \mathfrak{a} \cdot \mathfrak{b}_{\mathfrak{a}} = \pm\, a_{\mathfrak{b}} \cdot b = \pm\, a \cdot b_{\mathfrak{a}} .$$

Damit ist gleichwertig die

Definition 5.1 b

$$\mathfrak{a}\,\mathfrak{b} = a\,b \cos(\mathfrak{a};\mathfrak{b}) .$$

Eben haben wir aus den Axiomen die Definition 5.1 abgeleitet. Daß umgekehrt auf Grund dieser Definition für *alle* Vektoren alle Axiome auch tatsächlich gelten, muß jetzt noch gezeigt werden. Für die Axiome 1, 2, 3, 5, 6 ist das leicht durchzuführen. Die Gültigkeit des distributiven Gesetzes wollen wir im Beispiel auf S. 5.7 beweisen.

5.1.2. Geometrische Einführung des skalaren Produktes*

Die Hauptaufgabe der Analytischen Geometrie besteht darin, Methoden und Verfahren anzugeben, mit deren Hilfe man geometrische Sätze beweisen und geometrische Probleme lösen kann. Ansätze in dieser Richtung haben wir bereits in früheren Jahren allerdings ohne Anwendung der Vektormethode gemacht, als wir z. B. in der Trigonometrie Sinus- und Kosinussatz bewiesen und damit Längen- und Winkelberechnungen in Dreiecken durchführten.
Da wir nun ein skalares Produkt so definieren wollen, daß wir Längen von Vektoren und Winkel zwischen Vektoren berechnen können, ist es naheliegend, wenn wir uns an der Trigonometrie orientieren.

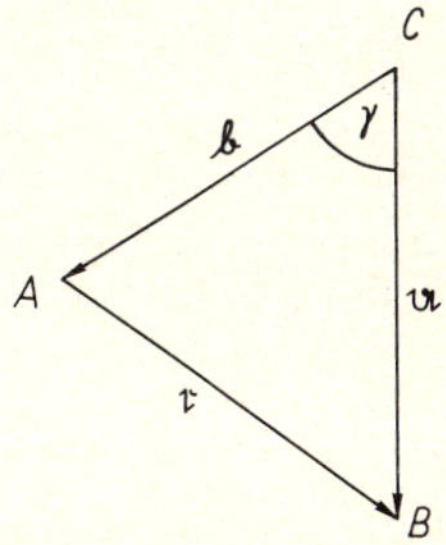

Bild 5.5.1

Als Ausgangspunkt unserer Betrachtungen ist der Kosinussatz besonders geeignet, da er als Spezialfall den Satz des Pythagoras enthält, dessen fundamentale Bedeutung wir in fast allen Bereichen der Geometrie kennengelernt haben.
Gegeben sei also ein Dreieck ABC durch die Vektoren $\mathfrak{a}$ und $\mathfrak{b}$. Auf Grund des Kosinussatzes gilt:

(1) $$c^2 = a^2 + b^2 - 2\,a\,b \cos\gamma .$$

Dem Bild 5.5.1 entnehmen wir:

$$\mathfrak{c} = \mathfrak{a} - \mathfrak{b} .$$

Im Hinblick auf Gleichung (1) $c\,c = aa + bb - 2\,ab \cos\gamma$ bilden wir

$$\mathfrak{c} \cdot \mathfrak{c} = (\mathfrak{a} - \mathfrak{b}) \cdot (\mathfrak{a} - \mathfrak{b}) .$$

* Vgl. Fußnote S. 5.2.

Wenn wir voraussetzen, daß für alle Vektoren $\mathfrak{a}$, $\mathfrak{b}$ und $\mathfrak{c}$ gilt

$$\mathfrak{a}\cdot\mathfrak{b}=\mathfrak{b}\cdot\mathfrak{a}$$

$$\mathfrak{a}\cdot(\mathfrak{b}+\mathfrak{c})=\mathfrak{a}\,\mathfrak{b}+\mathfrak{a}\,\mathfrak{c}\,,$$

erhalten wir

(2) $$\mathfrak{c}\cdot\mathfrak{c}=\mathfrak{a}\cdot\mathfrak{a}+\mathfrak{b}\cdot\mathfrak{b}-2\mathfrak{a}\cdot\mathfrak{b}\,.$$

Beim Vergleich von (2) mit (1) stellen wir fest, daß beide Gleichungen formal in der linken Seite und in den beiden ersten Produkten der rechten Seite übereinstimmen. Wenn beide Gleichungen vollständig übereinstimmen sollen, müssen wir definieren:

Definition 5.1 b

Für alle Vektoren $\mathfrak{a}$ und $\mathfrak{b}$ soll gelten:

$$\mathfrak{a}\cdot\mathfrak{b}=\mathrm{a}\,\mathrm{b}\cos\gamma\,,$$

wobei a und b die Beträge (Längen) der Vektoren $\mathfrak{a}$ und $\mathfrak{b}$ bedeuten und γ der kleinere der beiden Winkel ist, den Repräsentanten von $\mathfrak{a}$ und $\mathfrak{b}$ einschließen, die denselben Angriffspunkt haben.

Auch von der Physik her wird diese Definition nahegelegt (s. Aufgabe 7).

Aus Definition 5.1 b folgt:

$$\mathfrak{a}\cdot\mathfrak{a}=\mathrm{a}\,\mathrm{a}\cos 0^\circ=\mathrm{a}^2\,.$$

Wir schreiben in Zukunft $\mathfrak{a}\cdot\mathfrak{a}=\mathfrak{a}^2$.
Mit dieser Definition ist also eine vollständige formale Übereinstimmung zwischen Gleichung (2) und (1) erzielt.
Wenn wir unter $\mathfrak{b}_\mathfrak{a}$ (lies: $\mathfrak{b}$ projiziert auf $\mathfrak{a}$) den Vektor verstehen, den man erhält, wenn man $\mathfrak{b}$ auf die Richtung von $\mathfrak{a}$ projiziert, kann man das eben definierte skalare Produkt auch anders schreiben: Es gilt

$$\mathfrak{a}\,\mathfrak{b}=\mathrm{a}\,\mathrm{b}\cos(\mathfrak{a};\mathfrak{b})\,.$$

Wie Bild 5.4.2 zeigt, ist für jedes $\mathfrak{a}$ und $\mathfrak{b}$

$$\mathrm{b}\cos(\mathfrak{a};\mathfrak{b})=\mathrm{b}_\mathfrak{a},\quad \text{falls } \sphericalangle(\mathfrak{a};\mathfrak{b})\leqq 90^\circ \text{ ist,}$$

$$\mathrm{b}\cos(\mathfrak{a};\mathfrak{b})=-\mathrm{b}_\mathfrak{a},\quad \text{falls } \sphericalangle(\mathfrak{a};\mathfrak{b})\geqq 90^\circ \text{ ist.}$$

Also gilt stets

$$\mathfrak{a}\,\mathfrak{b}=\pm\,\mathrm{a}\,\mathrm{b}_\mathfrak{a}\,.$$

Da $\mathfrak{a}$ und $\mathfrak{b}_\mathfrak{a}$ kollinear sind, also der Winkel zwischen $\mathfrak{a}$ und $\mathfrak{b}$ 0° oder 180° ist, können wir auch schreiben

$$\mathfrak{a}\,\mathfrak{b}_\mathfrak{a}=\mathrm{a}\,\mathrm{b}_\mathfrak{a}(\pm 1)=\pm\,\mathrm{a}\,\mathrm{b}_\mathfrak{a}\,.$$

Damit ergibt sich

$$\mathfrak{a}\,\mathfrak{b}=\mathfrak{a}\,\mathfrak{b}_\mathfrak{a}\,.$$

Analog zeigt man

$$\mathfrak{a}\,\mathfrak{b}=\mathfrak{a}_\mathfrak{b}\,\mathfrak{b}\,.$$

Da sich dieser Beweis auch rückwärts durchlaufen läßt, erhalten wir als zweite, äquivalente Definition des skalaren Produktes

Definition 5.1 a

$$\mathfrak{a} \cdot \mathfrak{b} = \mathfrak{a} \cdot \mathfrak{b}_\mathfrak{a} = \mathfrak{a}_\mathfrak{b} \cdot \mathfrak{b} = \pm\, a_\mathfrak{b} \cdot b = \pm\, a \cdot b_\mathfrak{a}.$$

Für dieses Skalarprodukt gelten nun die folgenden Rechengesetze:

Für alle Vektoren $\mathfrak{a}$, $\mathfrak{b}$, $\mathfrak{c}$ und für jede reelle Zahl n ist stets:

1. $\mathfrak{a}\,\mathfrak{b} = \mathfrak{b}\,\mathfrak{a}$ *(kommutatives Gesetz)*,
2. $\mathfrak{a}(\mathfrak{b} + \mathfrak{c}) = \mathfrak{a}\,\mathfrak{b} + \mathfrak{a}\,\mathfrak{c}$ *(distributives Gesetz)*,
3. $n(\mathfrak{a}\,\mathfrak{b}) = (n\,\mathfrak{a})\,\mathfrak{b} = \mathfrak{a}(n\,\mathfrak{b})$ *(gemischt assoziatives Gesetz)*

Ein für alle $\mathfrak{a}$, $\mathfrak{b}$, $\mathfrak{c}$ gültiges Gesetz der Form $\mathfrak{a}\,(\mathfrak{b}\,\mathfrak{c}) = (\mathfrak{a}\,\mathfrak{b})\,\mathfrak{c}$ gilt nicht. Denn seien z. B. $\mathfrak{a}$, $\mathfrak{b}$, $\mathfrak{c}$ drei Vektoren, von denen je zwei nicht kollinear sind. Dann ist $\mathfrak{a}(\mathfrak{b}\,\mathfrak{c})$ ein Vektor mit der Richtung von $\mathfrak{a}$, der Vektor $(\mathfrak{a}\,\mathfrak{b})\,\mathfrak{c}$ hat jedoch die Richtung von $\mathfrak{c}$. Die Gültigkeit der Rechengesetze (1) und (3) soll in Aufgabe 1 bewiesen werden, die Gültigkeit von (2) weisen wir im folgenden Beispiel nach.

Beispiel

Zeige: Auf Grund der Definition 5.1 gilt für alle $\mathfrak{a}$, $\mathfrak{b}$, $\mathfrak{c}$:

$$\mathfrak{a}\,(\mathfrak{b} + \mathfrak{c}) = \mathfrak{a}\,\mathfrak{b} + \mathfrak{a}\,\mathfrak{c}$$

Beweis: Wir tragen $\mathfrak{a}$ und $\mathfrak{b}$ von einem gemeinsamen Angriffspunkt aus ab. Die durch diesen Punkt und die Vektoren $\mathfrak{a}$ und $\mathfrak{b}$ aufgespannte Ebene sei E_1. Wir hängen an $\mathfrak{b}$ den Vektor $\mathfrak{c}$ und betrachten die Ebene E_2, die senkrecht steht auf E_1 und durch den Zielpunkt von $\mathfrak{c}$ geht. Die Behauptung $\mathfrak{a}\,(\mathfrak{b} + \mathfrak{c}) = \mathfrak{a}\,\mathfrak{b} + \mathfrak{a}\,\mathfrak{c}$ ist gleichbedeutend mit der Behauptung $a\,|\mathfrak{b} + \mathfrak{c}|_\mathfrak{a} = a\,b_\mathfrak{a} + a\,c_\mathfrak{a}$ wegen Def. 5.1 a.

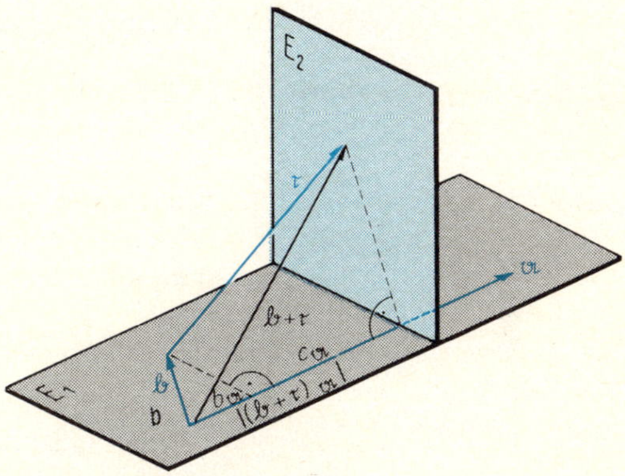

Bild 5.7.1

Wir teilen beide Seiten der Gleichung durch a und erhalten die äquivalente Gleichung $|\mathfrak{b} + \mathfrak{c}|_\mathfrak{a} = b_\mathfrak{a} + c_\mathfrak{a}$. Diese Behauptung folgt unmittelbar aus Bild 5.7.1. Man nennt diese Gleichung auch den Projektionssatz.

Aufgaben

1. Zeige, daß für das Skalarprodukt das kommutative und das gemischt assoziative Gesetz gelten.

2. Was ergibt $\mathfrak{a}^\circ \cdot \mathfrak{b}^\circ$?

3. Untersuche, in welchen Sonderfällen $(\mathfrak{a} \cdot \mathfrak{b}) \cdot \mathfrak{c} = \mathfrak{a} \cdot (\mathfrak{b} \cdot \mathfrak{c})$ gilt.

4. Zeige: für den Fall $\mathfrak{a} \neq \mathfrak{o}$ und $\mathfrak{b} \neq \mathfrak{o}$ gilt $\mathfrak{a}\,\mathfrak{b} \leqq a\,b$.

5. Zeige, daß die Definition $\mathfrak{a}\,\mathfrak{b} = a\,b$ statt $\mathfrak{a} \cdot \mathfrak{b} = a\,b \cos(\mathfrak{a}; \mathfrak{b})$ mit dem distributiven Gesetz in Widerspruch steht.

   Anleitung: Betrachte die Vektorgleichung $\mathfrak{b} + \mathfrak{c} = \mathfrak{o}$ und multipliziere sie mit $\mathfrak{a} \neq \mathfrak{o}$ unter Zugrundelegung der Definition $\mathfrak{a}\,\mathfrak{b} = a\,b$.

6. Bild 5.8.1 legt eine Definition für das skalare Produkt nahe, die für Sonderfälle in der folgenden Tabelle angegeben ist:

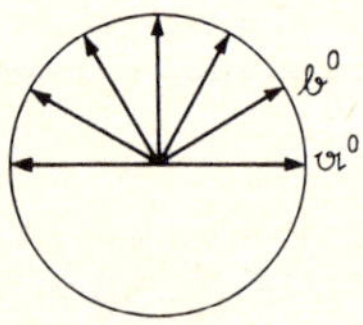

Bild 5.8.1

$\sphericalangle(\mathfrak{a}^\circ; \mathfrak{b}^\circ)$	0°	30°	60°	90°	120°	150°	180°
$\mathfrak{a}^\circ \cdot \mathfrak{b}^\circ$	1	$\frac{2}{3}$	$\frac{1}{3}$	0	$-\frac{1}{3}$	$-\frac{2}{3}$	-1

   Weise nach, daß auch diese Definition mit dem distributiven Gesetz in Widerspruch steht.

   Anleitung: Untersuche $\mathfrak{a}^\circ(\mathfrak{a}^\circ + \mathfrak{b}^\circ)$, wobei $\sphericalangle(\mathfrak{a}^\circ; \mathfrak{b}^\circ) = 120°$.

7. In der Physik gilt für die Arbeit W, die die Kraft $\mathfrak{F}$ längs des Weges $\mathfrak{s}$ leistet: $W = F\ s\ \cos(\mathfrak{F}; \mathfrak{s})$.
   Deute dieses Ergebnis vektoriell und berechne den Winkel zwischen $\mathfrak{F}$ und $\mathfrak{s}$ für den Fall, daß $F = 9$ kp, $s = 6$ m und $W = 27$ kpm ist.

5.2. Besonderheiten des Skalarproduktes

Die Einführung des skalaren Produktes hat gezeigt, daß das Produkt zweier Vektoren große Ähnlichkeit hat mit dem Produkt zweier Zahlen in der Zahlenalgebra. Wir haben unsere Rechengesetze ja gerade so gewählt, daß sie formal genau mit den Rechengesetzen der gewöhnlichen Algebra übereinstimmen. Diese Analogie gilt jedoch zunächst nur für die ausdrücklich formulierten Gesetze. Wie sich Vektoren gegenüber anderen aus der Algebra bekannten Gesetzen verhalten, muß in jedem einzelnen Fall besonders untersucht werden.

1. In der Algebra gilt: $a\,(b\,c) = (a\,b)\,c$. Im Kapitel 5.1 haben wir bereits festgestellt, daß nicht jedes Vektortripel die Gleichung $(\mathfrak{a} \cdot \mathfrak{b}) \cdot \mathfrak{c} = \mathfrak{a} \cdot (\mathfrak{b} \cdot \mathfrak{c})$ erfüllt.

2. Aus der Zahlenalgebra kennen wir die Potenzregel $(ab)^2 = a^2\,b^2$. Vektoriell ergibt $(\mathfrak{a}\,\mathfrak{b})^2 = \big(a\,b \cos(\mathfrak{a}; \mathfrak{b})\big)^2 = a^2\,b^2 \cos^2(\mathfrak{a}; \mathfrak{b})$. Andererseits ist $\mathfrak{a}^2 \cdot \mathfrak{b}^2 = a^2 \cdot b^2$. Also ist im allgemeinen $(\mathfrak{a}\,\mathfrak{b})^2 \neq \mathfrak{a}^2\,\mathfrak{b}^2$. Die entsprechende Vektorgleichung ist nur dann richtig, wenn ein Vektor der Nullvektor ist oder wenn $\cos(\mathfrak{a}; \mathfrak{b}) = \pm 1$, d. h. wenn die beiden Vektoren kollinear sind.

3. In der Algebra ist $a\,b = 0$, wenn einer der Faktoren Null ist. Das Skalarprodukt zweier Vektoren $\mathfrak{a}$ und $\mathfrak{b}$ jedoch ist genau dann gleich Null, wenn

$$\begin{aligned} &1)\ \mathfrak{a} = \mathfrak{o} \\ \text{oder } &2)\ \mathfrak{b} = \mathfrak{o} \\ \text{oder } &3)\ \mathfrak{a} \perp \mathfrak{b};\ \mathfrak{a} \neq \mathfrak{o};\ \mathfrak{b} \neq \mathfrak{o}\,. \end{aligned}$$

Das skalare Produkt kann also auch dann Null werden, wenn keiner der beiden Vektoren der Nullvektor ist. Diese Tatsache spielt für die Anwendung des Skalarproduktes eine ganz entscheidende Rolle.

4. Ein weiterer besonders tiefgreifender Unterschied zur Zahlenalgebra besteht darin, daß man nicht durch Vektoren dividieren kann, d. h., daß sich die skalare Multiplikation nicht umkehren läßt. Untersuchen wir dieses Problem etwas genauer.

In der Algebra ergibt sich aus der Gleichung

$$x a = b, \text{ falls } a \neq 0 \text{ ist},$$

eindeutig $x = \dfrac{b}{a}$, die Lösungsmenge L enthält nur das Element $\dfrac{b}{a}$. Also ist $L = \left\{\dfrac{b}{a}\right\}$.

In der Vektorrechnung müssen wir uns entsprechend fragen, ob die Gleichung

$$\mathfrak{x}\,\mathfrak{a} = b \text{ für } \mathfrak{a} \neq \mathfrak{o}$$

(b muß natürlich ein Skalar sein) *eindeutig* nach $\mathfrak{x}$ hin auflösbar ist. Gibt es genau eine solche Lösung, so stellt sie den gesuchten Quotienten $\mathfrak{x} = \dfrac{b}{\mathfrak{a}}$ dar. Bild 5.9.1 macht den Sachverhalt geometrisch deutlich. Der Einfachheit halber sollen alle Vektoren in der x_1x_2-Ebene liegen. Angenommen, $\mathfrak{x}_1$ sei ein Vektor, der die Gleichung

$$\mathfrak{x}\,\mathfrak{a} = b$$

erfüllt. Dann gilt

$$\mathfrak{x}_1\,\mathfrak{a} = b \qquad \text{oder} \qquad x_{1\mathfrak{a}} \cdot a = b \text{ (Def. 5.1 a).}$$

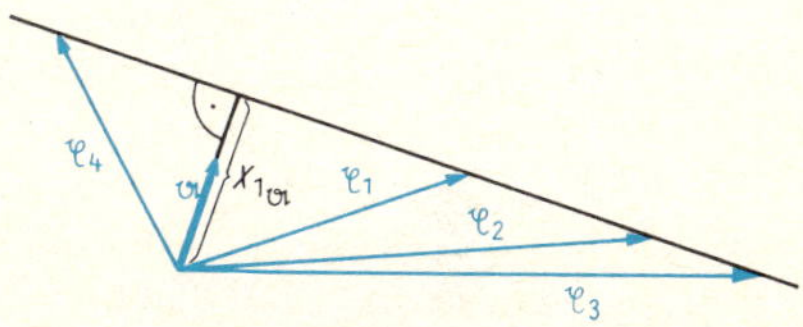

Bild 5.9.1

Man sieht unmittelbar, daß es unendlich viele Vektoren $\mathfrak{x}_1, \mathfrak{x}_2, \mathfrak{x}_3 \cdot\cdot$ usw. gibt, die die Gleichung $\mathfrak{x}\,\mathfrak{a} = b$ oder $x_\mathfrak{a}\,a = b$ erfüllen. Die Lösungsmenge besteht aus unendlich vielen Vektoren. Wählt man Repräsentanten dieser Vektoren und des Vektors $\mathfrak{a}$ mit gemeinsamem Angriffspunkt, so liegen die Zielpunkte der Lösungsvektoren alle auf einer Geraden senkrecht zum Vektor $\mathfrak{a}$. Die Lage der Geraden hängt von der Größe von a und b ab. Der „Quotient" aus einer Zahl b und einem Vektor ist also unendlich vieldeutig. Eine Division einer Zahl b durch einen Vektor $\mathfrak{a}$ ist damit nicht möglich.

5. Da das skalare Produkt von zwei Vektoren eine reelle Zahl und kein Vektor ist, bildet die Menge der Vektoren hinsichtlich der skalaren Multiplikation keine Gruppe.

Beispiel

Die Umformung $\frac{\mathfrak{a}\,\mathfrak{b}}{\mathfrak{a}^2} = \frac{\mathfrak{b}}{\mathfrak{a}}$, die durch formales Kürzen durch den Vektor $\mathfrak{a}$ entsteht, ist falsch, da die Division durch einen Vektor nicht möglich ist.

Aufgaben

1. Sind folgende Umformungen falsch oder richtig? Gib jeweils die Begründung an.
   a) $(\mathfrak{b}\,\mathfrak{c})\,\mathfrak{c} = \mathfrak{b}\,\mathfrak{c}^2 = \mathfrak{b}\,c^2$ b) $\mathfrak{a}\,\mathfrak{b} = 3 \Rightarrow \mathfrak{b} = \frac{3}{\mathfrak{a}}$ c) $n\,(\mathfrak{a}\,\mathfrak{b}) = 4 \Rightarrow n = \frac{4}{\mathfrak{a}\,\mathfrak{b}}$
   d) $\mathfrak{a}\,(\mathfrak{b}\,\mathfrak{c}) + (\mathfrak{a}\,\mathfrak{b})\,\mathfrak{c} = \mathfrak{a}\,(\mathfrak{b}\,\mathfrak{c} + \mathfrak{b}\,\mathfrak{c}) = \mathfrak{a} \cdot 2\,\mathfrak{b}\,\mathfrak{c} = 2\,\mathfrak{a} \cdot (\mathfrak{b}\,\mathfrak{c})$
2. Welche Rechenoperationen werden durch die Punkte in dem Ausdruck $\mathfrak{a} \cdot (\mathfrak{b} \cdot \mathfrak{c})$ symbolisiert?
3. Bestimme die Lösungsmengen der Gleichungen a) $x \cdot \mathfrak{a} = \mathfrak{b}$, b) $\mathfrak{a} \cdot \mathfrak{x} = \mathfrak{b}$, die sich bei der Frage nach der Umkehrbarkeit der S-Multiplikation ergeben.

* 5.3. Elementargeometrische Anwendungen

Da in dem skalaren Produkt $\mathfrak{a}\,\mathfrak{b} = a\,b \cos(\mathfrak{a};\mathfrak{b})$ Beträge von Vektoren und Winkel zwischen Vektoren auftreten, können wir bei geeigneter Aufgabenstellung aus dem Skalarprodukt Strecken und Winkel berechnen. Zudem wird das skalare Produkt zweier aufeinander senkrecht stehender Vektoren Null. Damit sind wir in der Lage, über das skalare Produkt festzustellen, ob zwei Vektoren, zwei Strecken oder Geraden einen rechten Winkel einschließen. Viele elementargeometrische Sätze, die wir auf der Mittelstufe durch geeignete Abbildungen oder mit Hilfe der Kongruenzsätze bewiesen haben, lassen sich vektoriell durch Anwendung des skalaren Produktes überraschend einfach herleiten.

Beispiele

1. Zeige, daß in einem Rhombus die Diagonalen aufeinander senkrecht stehen (Bild 5.10.1).
   Voraussetzung: ABCD ist ein Parallelogramm mit $a = b$.
   Behauptung: $(\mathfrak{a} + \mathfrak{b}) \perp (\mathfrak{a} - \mathfrak{b})$
   Beweis: Wenn $(\mathfrak{a} + \mathfrak{b}) \perp (\mathfrak{a} - \mathfrak{b})$ sein soll, dann muß gezeigt werden: $(\mathfrak{a} + \mathfrak{b}) \cdot (\mathfrak{a} - \mathfrak{b}) = 0$
   Wir multiplizieren die beiden Klammern aus und erhalten: $(\mathfrak{a} + \mathfrak{b})\,(\mathfrak{a} - \mathfrak{b}) = a^2 - b^2$
   Nach Voraussetzung ist $a = b$, also ist auch $a^2 = b^2$. Damit wird $(\mathfrak{a} + \mathfrak{b}) \cdot (\mathfrak{a} - \mathfrak{b}) = 0$, beide Vektoren stehen mithin aufeinander senkrecht, was zu beweisen war.

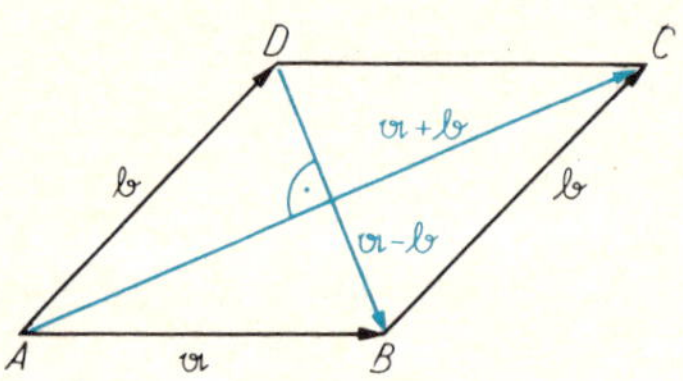

Bild 5.10.1

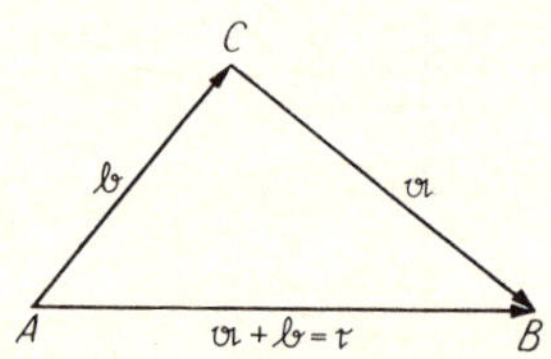

Bild 5.10.2

2. Beweise den Lehrsatz des Pythagoras (Bild 5.10.2).
Voraussetzung: ABC ist ein rechtwinkliges Dreieck, d. h. $\mathfrak{a} \cdot \mathfrak{b} = 0$
Behauptung: $a^2 + b^2 = c^2$.
Beweis: Es ist $\mathfrak{c} = \mathfrak{a} + \mathfrak{b}$. Wir quadrieren diese Gleichung und erhalten
$c^2 = \mathfrak{c}^2 = (\mathfrak{a} + \mathfrak{b})^2 = a^2 + 2\,\mathfrak{a}\,\mathfrak{b} + b^2$.
Nach Voraussetzung ist $\mathfrak{a} \cdot \mathfrak{b} = 0$. Somit ergibt sich $a^2 + b^2 = c^2$.

3. Es sei $a = 3$, $b = 2$, $\alpha = \sphericalangle\,(\mathfrak{a}; \mathfrak{b}) = 120°$ und $\mathfrak{c} = 2\,\mathfrak{a} - 5\,\mathfrak{b}$.
Wie lang ist $\mathfrak{c}$, welchen Winkel bildet $\mathfrak{c}$ mit $\mathfrak{a}$?
Es ist $c^2 = \mathfrak{c}^2$, $c = \sqrt{\mathfrak{c}^2}$. Wir multiplizieren $\mathfrak{c}$ mit sich selbst, berücksichtigen $\mathfrak{a}^2 = a^2$, $\mathfrak{b}^2 = b^2$, $\mathfrak{a}\,\mathfrak{b} = a\,b\cos\alpha$ und erhalten

$$c = \sqrt{(2\mathfrak{a} - 5\mathfrak{b})^2} = \sqrt{4\,a^2 - 20\,\mathfrak{a}\,\mathfrak{b} + 25\,b^2}$$

$$c = \sqrt{36 - 20\,(3 \cdot 2\cos 120°) + 100} = \sqrt{196} = 14\,.$$

Der gesuchte Winkel tritt in dem skalaren Produkt $\mathfrak{c}\,\mathfrak{a} = c\;a\;\cos\,(\mathfrak{c}; \mathfrak{a})$ auf. Wir lösen nach $\cos\,(\mathfrak{c}; \mathfrak{a})$ auf und setzen $\mathfrak{c}$ ein.

$$\cos\,(\mathfrak{c}; \mathfrak{a}) = \frac{\mathfrak{c}\,\mathfrak{a}}{c\,a} = \frac{(2\,\mathfrak{a} - 5\,\mathfrak{b})\,\mathfrak{a}}{14 \cdot 3} = \frac{2\,\mathfrak{a}^2 - 5\,\mathfrak{a}\,\mathfrak{b}}{42}\,.$$

Setzen wir nun noch die gegebenen Werte ein, so ergibt sich

$$\cos\,(\mathfrak{c}; \mathfrak{a}) = \frac{18 - 5\left(3 \cdot 2\left(-\frac{1}{2}\right)\right)}{42} = \frac{11}{14}$$

$$\cos\,(\mathfrak{c}; \mathfrak{a}) = \frac{11}{14} \Rightarrow \sphericalangle\,(\mathfrak{c}; \mathfrak{a}) = 38{,}22°.$$

Aufgaben

1. Beweise den Kosinussatz. (Nur bei axiomatischer Einführung des skalaren Produktes!)

2. Zeige: Wenn ein Vektor $\mathfrak{n}$ senkrecht steht auf $\mathfrak{a}$ und $\mathfrak{b}$, so steht er auf jedem Vektor der Ebene senkrecht, die durch $\mathfrak{a}$ und $\mathfrak{b}$ aufgespannt wird.

3. Für welche Punkte mit dem Ortsvektor $\mathfrak{x}$ gilt $\mathfrak{x}^2 = 9$?

4. Beweise, daß in einem gleichschenkligen Dreieck mit $a = b$ gilt: s_c steht senkrecht auf c.

5. Zeige:
   a) Wenn sich in einem Viereck die Diagonalen halbieren, dann ist es ein Parallelogramm.
   b) Wenn in einem Parallelogramm die Diagonalen aufeinander senkrecht stehen, dann ist es ein Rhombus.

6. Weise nach, daß ein Parallelogramm, in dem die Diagonalen gleich lang sind, ein Rechteck ist.

7. Zeige, daß in einem Rechteck die Diagonalen gleich lang sind.

8. Die Innen- und Außenwinkelhalbierende eines Winkels stehen aufeinander senkrecht. Anleitung: Betrachte die Winkelhalbierende zwischen zwei Einheitsvektoren.

9. Beweise den Satz des Thales und seine Umkehrung an Bild 5.12.1.

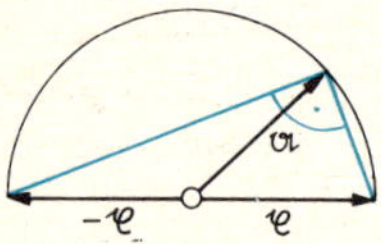

Bild 5.12.1

10. Beweise folgenden Satz (Sekantensatz): Schneiden sich zwei Sekanten eines Kreises in einem Punkt C außerhalb dieses Kreises, so ist das Produkt der Abschnitte der einen Sekante gleich dem Produkt der Abschnitte der anderen Sekante, d. h. es gilt $\overline{CA} \cdot \overline{CB} = \text{const}$ (Bild 5.12.2).

Anleitung: Zeige, daß $\overline{CA} \cdot \overline{CB}$ nur vom Radius des Kreises und von der Lage von C abhängt.

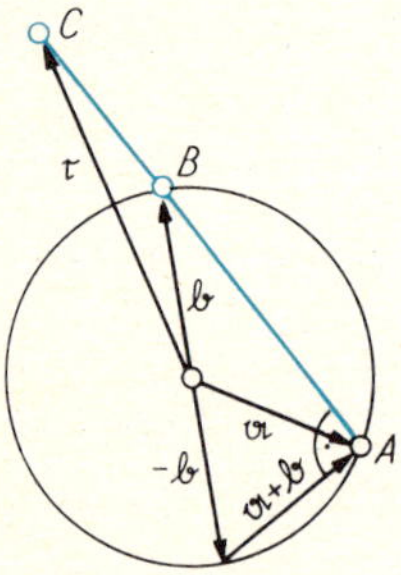

Bild 5.12.2

11. Beweise den Höhensatz an Bild 5.12.3.

12. Es sei $\sphericalangle\,(\mathfrak{a}^\circ; \mathfrak{b}^\circ) = 60^\circ$ und $\mathfrak{c} = 4\,\mathfrak{a}^\circ - 6\,\mathfrak{b}^\circ$ und $\mathfrak{d} = 4\,\mathfrak{a}^\circ + \mathfrak{b}^\circ$. Stehen $\mathfrak{c}$ und $\mathfrak{d}$ aufeinander senkrecht? Berechne c und d.

13. Untersuche, ob sich die Raumdiagonalen eines Würfels halbieren und ob sie aufeinander senkrecht stehen.

14. Welchen Winkel schließen die Vektoren $\mathfrak{a}$ und $\mathfrak{b}$ ein, wenn sie folgende Eigenschaften besitzen:

a) $a = 3\,\text{LE}$, $b = 4\,\text{LE}$ und $\left(\mathfrak{a} - \frac{\mathfrak{b}}{2}\right) \perp (\mathfrak{a} + \mathfrak{b})$,

b) $a = 3\,\text{LE}$, $b = 4\,\text{LE}$ und $(4\,\mathfrak{a} + 6\,\mathfrak{b}) \perp (8\,\mathfrak{a} - 3\,\mathfrak{b})$?

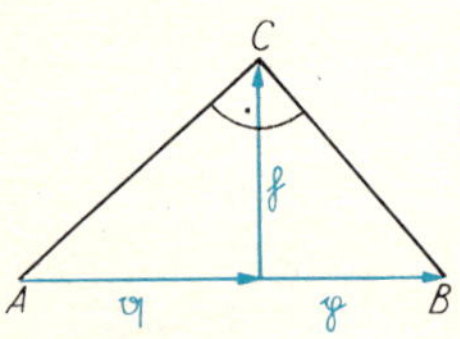

Bild 5.12.3

15. $\mathfrak{a}^\circ$ und $\mathfrak{b}^\circ$ seien zwei Einheitsvektoren, die aufeinander senkrecht stehen, und es sei $\mathfrak{c} = \mathfrak{a}^\circ + 2\,\mathfrak{b}^\circ$. Für welches λ gilt:

a) $\mathfrak{c} \perp \mathfrak{d}$ mit $\mathfrak{d} = 4\,\mathfrak{a}^\circ + \lambda\mathfrak{b}^\circ$,

b) $\sphericalangle\,(\mathfrak{c}; \mathfrak{d}) = 45^\circ$ mit $\mathfrak{d} = \mathfrak{a}^\circ + \lambda\,\mathfrak{b}^\circ$?

16. Eine schiefe Pyramide mit dem Parallelogramm ABCD als Grundfläche und der Spitze S sei gegeben durch die Vektoren $\overrightarrow{AB} = \mathfrak{a}$, $\overrightarrow{BC} = \mathfrak{b}$, $\overrightarrow{AS} = \mathfrak{c}$. Es betrage $a = 5\,\text{LE}$, $b = 4\,\text{LE}$, $c = 3\,\text{LE}$, $\sphericalangle\,(\mathfrak{a}; \mathfrak{b}) = 60^\circ$, $\sphericalangle\,(\mathfrak{b}; \mathfrak{c}) = 90^\circ$, $\sphericalangle\,(\mathfrak{a}; \mathfrak{c}) = 120^\circ$. Berechne

a) die Kantenlängen $\overline{BS}$, $\overline{CS}$, $\overline{DS}$,

b) den Winkel ASB.

17. Ein Spat ist geometrisch festgelegt durch die Angabe von drei Vektoren $\mathfrak{a}, \mathfrak{b}, \mathfrak{c}$, die man von dem einen Eckpunkt A der Grundfläche abträgt. Es sei $a = 1\,\text{LE}$, $b = 2\,\text{LE}$, $c = 3\,\text{LE}$, $\sphericalangle\,(\mathfrak{a}; \mathfrak{c}) = 60^\circ$, $\sphericalangle\,(\mathfrak{a}; \mathfrak{b}) = 90^\circ$, $\sphericalangle\,(\mathfrak{b}; \mathfrak{c}) = 60^\circ$. Berechne die senkrechten Projektionen der Raumdiagonalen AD auf $\mathfrak{a}, \mathfrak{b}, \mathfrak{c}$.

18. Gegeben seien zwei Vektoren $\mathfrak{a}$ und $\mathfrak{b}$, die nicht kollinear sind und nicht aufeinander senkrecht stehen. Zeige

$$\mathfrak{a}_{\mathfrak{b}} = \frac{\mathfrak{a}\,\mathfrak{b}}{\mathfrak{b}^2} \cdot \mathfrak{b}\,.$$

5.4. Das skalare Produkt in Koordinatendarstellung

Vorübungen

1. Wie werden Vektoren in Spaltenschreibweise addiert, subtrahiert und vervielfacht?
2. Bilde die skalaren Produkte aller Basisvektoren $\mathfrak{b}_1, \mathfrak{b}_2, \mathfrak{b}_3$ eines affinen Koordinatensystems und der Basisvektoren $\mathfrak{e}_1, \mathfrak{e}_2, \mathfrak{e}_3$ eines kartesischen Koordinatensystems und vergleiche.

Vorübung 2 zeigt, daß die skalaren Produkte der Basisvektoren eines kartesischen Koordinatensystems besonders einfache Zahlen sind. Deshalb legen wir für alle Überlegungen und Aufgaben aller folgenden Kapitel ein kartesisches Koordinatensystem zugrunde.
Es seien gegeben

$$\mathfrak{a} = \begin{pmatrix} a_1 \\ a_2 \\ a_3 \end{pmatrix} \Rightarrow \mathfrak{a} = a_1 \mathfrak{e}_1 + a_2 \mathfrak{e}_2 + a_3 \mathfrak{e}_3 \quad \text{und} \quad \mathfrak{b} = \begin{pmatrix} b_1 \\ b_2 \\ b_3 \end{pmatrix} \Rightarrow \mathfrak{b} = b_1 \mathfrak{e}_1 + b_2 \mathfrak{e}_2 + b_3 \mathfrak{e}_3 .$$

Wir bilden das skalare Produkt, indem wir unter Beachtung der uns bekannten Gesetze ausmultiplizieren. Es ergibt sich

Satz 5.1

$$\mathfrak{a} \cdot \mathfrak{b} = \begin{pmatrix} a_1 \\ a_2 \\ a_3 \end{pmatrix} \begin{pmatrix} b_1 \\ b_2 \\ b_3 \end{pmatrix} = a_1 b_1 + a_2 b_2 + a_3 b_3 = \sum_{i=1}^{3} a_i b_i$$

Das skalare Produkt zweier Vektoren $\mathfrak{a}$ und $\mathfrak{b}$ in Spaltenschreibweise ist gleich der Summe der Produkte der in den Spalten nebeneinanderstehenden Koordinaten.

Mit dem skalaren Produkt haben wir nun eine Metrik für den linearen Vektorraum festgelegt; wir können nämlich die Länge eines Vektors und den Winkel zwischen zwei Vektoren folgendermaßen berechnen:

$$\mathfrak{a}^2 = a^2 \Rightarrow a = \sqrt{\mathfrak{a}^2}$$

Den Radikanden berechnen wir nach Satz 5.1 und erhalten

Satz 5.2

$$|\mathfrak{a}| = a = \sqrt{a_1^2 + a_2^2 + a_3^2} = \sqrt{\sum_{i=1}^{3} a_i^2}$$

Die Länge eines Vektors ist gleich der Wurzel aus der Summe der Quadrate seiner Koordinaten.

Für die Winkelberechnung beachten wir Def. 5.1 b:

$$\mathfrak{a} \cdot \mathfrak{b} = a\, b \cos(\mathfrak{a}; \mathfrak{b}) \Rightarrow \cos(\mathfrak{a}; \mathfrak{b}) = \frac{\mathfrak{a} \cdot \mathfrak{b}}{a \cdot b}$$

Es ergibt sich

Satz 5.3

$$\cos(\mathfrak{a};\mathfrak{b}) = \frac{\mathfrak{a}\cdot\mathfrak{b}}{a\cdot b}$$

Zum Abschluß dieses Abschnitts wollen wir die Schnittwinkel eines Einheitsvektors mit den drei Koordinatenachsen berechnen.

Für den Winkel zwischen $\mathfrak{a}^\circ = \begin{pmatrix} a_1^\circ \\ a_2^\circ \\ a_3^\circ \end{pmatrix}$ und $\mathfrak{e}_1 = \begin{pmatrix} 1 \\ 0 \\ 0 \end{pmatrix}$ erhält man nach Satz 5.3

$$\cos(\mathfrak{a}^\circ;\mathfrak{e}_1) = \frac{\mathfrak{a}^\circ\,\mathfrak{e}_1}{a^\circ\,e_1} = \frac{a_1^\circ\cdot 1}{1} = a_1^\circ.$$

Entsprechend ergibt sich:

$$\cos(\mathfrak{a}^\circ;\mathfrak{e}_2) = a_2^\circ,\quad \cos(\mathfrak{a}^\circ;\mathfrak{e}_3) = a_3^\circ \quad \text{und deshalb} \quad \mathfrak{a}^\circ = \begin{pmatrix} \cos(\mathfrak{a}^\circ;\mathfrak{e}_1) \\ \cos(\mathfrak{a}^\circ;\mathfrak{e}_2) \\ \cos(\mathfrak{a}^\circ;\mathfrak{e}_3) \end{pmatrix}.$$

Satz 5.4

Die Koordinaten des Einheitsvektors $\mathfrak{a}^\circ$ sind gleich den Kosinus der Winkel mit den entsprechenden Koordinatenachsen (Richtungskosinus).

Beispiel

Gegeben sind die Vektoren $\mathfrak{a} = \begin{pmatrix} 12 \\ 3 \\ 4 \end{pmatrix}$ und $\mathfrak{b} = \begin{pmatrix} 6 \\ 0 \\ -8 \end{pmatrix}$.

Berechne

a) ihre Länge,
b) $\mathfrak{a}^\circ$ und $\mathfrak{b}^\circ$,
c) den Winkel α zwischen $\mathfrak{a}$ und $\mathfrak{b}$,
d) die Winkel von $\mathfrak{a}^\circ$ mit den Koordinatenachsen.

Lösung:

a) Nach Satz 5.2 ist $a = \sqrt{a_1^2 + a_2^2 + a_3^2} = \sqrt{169} = 13$.
Entsprechend bekommt man $b = \sqrt{36 + 0 + 64} = 10$.

b) Es ist $\mathfrak{a}^\circ = \dfrac{\mathfrak{a}}{a} = \dfrac{1}{a}\,\mathfrak{a}$. Wir setzen ein und erhalten $\mathfrak{a}^\circ = \dfrac{1}{13}\begin{pmatrix} 12 \\ 3 \\ 4 \end{pmatrix} = \begin{pmatrix} \frac{12}{13} \\ \frac{3}{13} \\ \frac{4}{13} \end{pmatrix}$.

Analog ergibt sich $\mathfrak{b}^\circ = \dfrac{1}{b}\,\mathfrak{b} = \dfrac{1}{10}\begin{pmatrix} 6 \\ 0 \\ -8 \end{pmatrix} = \begin{pmatrix} \frac{3}{5} \\ 0 \\ -\frac{4}{5} \end{pmatrix}$.

c) Die Anwendung der Sätze 5.3, 5.1, 5.2 ergibt

$$\cos(\mathfrak{a};\mathfrak{b}) = \frac{\mathfrak{a}\,\mathfrak{b}}{a\,b} = \frac{72+0-32}{13\cdot 10} = \frac{4}{13} = 0{,}3077 \Rightarrow \alpha = 72{,}08°.$$

d) Das Ergebnis von Aufgabe b) zusammen mit Satz 5.4 liefert

$$\mathfrak{a}^\circ = \begin{pmatrix} \frac{12}{13} \\ \frac{3}{13} \\ \frac{4}{13} \end{pmatrix} \Rightarrow \begin{cases} \cos(\mathfrak{a}^\circ;\mathfrak{e}_1) = \frac{12}{13} \Rightarrow \sphericalangle(\mathfrak{a}^\circ;\mathfrak{e}_1) = 22{,}61°, \\ \cos(\mathfrak{a}^\circ;\mathfrak{e}_2) = \frac{3}{13} \Rightarrow \sphericalangle(\mathfrak{a}^\circ;\mathfrak{e}_2) = 76{,}66°, \\ \cos(\mathfrak{a}^\circ;\mathfrak{e}_3) = \frac{4}{13} \Rightarrow \sphericalangle(\mathfrak{a}^\circ;\mathfrak{e}_3) = 72{,}08°. \end{cases}$$

Aufgaben (Rechne gegebenenfalls mit dem Rechenstab!)

1. Bilde das skalare Produkt der folgenden Vektoren:

a) $\mathfrak{a} = \begin{pmatrix} 1 \\ 2 \\ 3 \end{pmatrix}$, $\mathfrak{b} = \begin{pmatrix} 3 \\ -2 \\ 1 \end{pmatrix}$ b) $\mathfrak{a} = \begin{pmatrix} 2 \\ 1 \\ 0 \end{pmatrix}$, $\mathfrak{b} = \begin{pmatrix} 4 \\ -8 \\ 1 \end{pmatrix}$

2. Wie lang sind folgende Vektoren?

$\mathfrak{a} = \begin{pmatrix} 3 \\ 0 \\ 4 \end{pmatrix}$, $\mathfrak{b} = \begin{pmatrix} -2 \\ 1 \\ 5 \end{pmatrix}$, $\mathfrak{c} = \begin{pmatrix} \frac{1}{2} \\ 3 \\ \sqrt{\frac{3}{4}} \end{pmatrix}$

3. Welchen Winkel bilden folgende Vektoren?

a) $\mathfrak{a} = \begin{pmatrix} 2 \\ -5 \\ 3 \end{pmatrix}$, $\mathfrak{b} = \begin{pmatrix} -1 \\ 5 \\ -2 \end{pmatrix}$ b) $\mathfrak{a} = \begin{pmatrix} 2 \\ -3 \\ 4 \end{pmatrix}$, $\mathfrak{b} = \begin{pmatrix} 1 \\ 1 \\ 1 \end{pmatrix}$ c) $\mathfrak{a} = \begin{pmatrix} 4 \\ -3 \\ 7 \end{pmatrix}$, $\mathfrak{b} = \begin{pmatrix} 3 \\ -7 \\ 2 \end{pmatrix}$

4. Welche Winkel bilden folgende Vektoren mit den Koordinatenachsen?

$\mathfrak{a} = \begin{pmatrix} 3 \\ -4 \end{pmatrix}$, $\mathfrak{b} = \begin{pmatrix} 7 \\ 4 \\ -4 \end{pmatrix}$, $\mathfrak{c} = \begin{pmatrix} \frac{1}{2} \\ 0 \\ 4 \end{pmatrix}$

5. Zeige, daß für $\mathfrak{a} = \begin{pmatrix} 6 \\ -2 \\ -4 \end{pmatrix}$ und $\mathfrak{b} = \begin{pmatrix} 3 \\ -1 \\ -2 \end{pmatrix}$ $\mathfrak{a}\,\mathfrak{b} = a\,b$ ist. Was folgt daraus?

6. Zeige, daß folgende Vektoren aufeinander senkrecht stehen:

a) $\mathfrak{a} = \begin{pmatrix} 1 \\ -3 \\ 4 \end{pmatrix}$, $\mathfrak{b} = \begin{pmatrix} -8 \\ 0 \\ 2 \end{pmatrix}$ b) $\mathfrak{a} = \begin{pmatrix} 2 \\ 3 \end{pmatrix}$, $\mathfrak{b} = \begin{pmatrix} -9 \\ 6 \end{pmatrix}$

7. Wie heißt der Vektor $\mathfrak{a}_{\mathfrak{b}}$, wenn $\mathfrak{a} = \begin{pmatrix} -2 \\ -1 \\ 2 \end{pmatrix}$ und $\mathfrak{b} = \begin{pmatrix} -5 \\ 3 \\ 4 \end{pmatrix}$ ist?

8. Gegeben sind die Punkte A und B durch $\mathfrak{a}$ und $\mathfrak{b}$. Gib eine Formel an für die Länge der Strecke A B. Was ergibt sich aus der Formel bei Vertauschung von A und B?

9. Wie lang sind die Seiten in folgendem Dreieck:
A (7/3/4) B (3/5/0) C (11/4/4)?

10. Berechne die Winkel in folgendem Dreieck:
a) A (2/4/3) B (6/0/−4) C (5/−4/2)
b) A (3/6/2) B (0/7/0) C (−3/−2/1)

11. Gegeben ist der Vektor $\mathfrak{a} = \begin{pmatrix} 1 \\ 2 \end{pmatrix}$.
a) Spiegele $\mathfrak{a}$ an der x_1- und x_2-Achse.
b) Drehe $\mathfrak{a}$ um seinen Angriffspunkt um 90°, 180° und 270°.

12. Es sei $\mathfrak{a} = \begin{pmatrix} 5 \\ 10 \end{pmatrix}$ und $\mathfrak{b} = \begin{pmatrix} 4 \\ 3 \end{pmatrix}$. Spiegele $\mathfrak{a}$ an $\mathfrak{b}$.

13. $\mathfrak{a}$ bilde mit den Basisvektoren $\mathfrak{e}_1$, $\mathfrak{e}_2$, $\mathfrak{e}_3$ folgende Skalarprodukte:
a) $\mathfrak{a}\,\mathfrak{e}_1 = 4$, $\mathfrak{a}\,\mathfrak{e}_2 = 7$, $\mathfrak{a}\,\mathfrak{e}_3 = 4$ b) $\mathfrak{a}\,\mathfrak{e}_1 = 5$, $\mathfrak{a}\,\mathfrak{e}_2 = 12$, $\mathfrak{a}\,\mathfrak{e}_3 = 0$
Bestimme $\mathfrak{a}$. Wie lang ist $\mathfrak{a}$?

14. Wie lang ist die Strecke, die zwischen den Geraden $g_1: \mathfrak{x} = \begin{pmatrix} 4 \\ 2 \end{pmatrix} + \lambda \begin{pmatrix} 1 \\ 2 \end{pmatrix}$ und $g_2: \mathfrak{x} = \begin{pmatrix} 4 \\ 2 \end{pmatrix} + \mu \begin{pmatrix} 2 \\ -5 \end{pmatrix}$ liegt und in T (6/0) im Verhältnis 1:2 geteilt wird?

15. In der $x_1\,x_2$-Ebene sei $\mathfrak{a}^\circ$ ein Einheitsvektor in Richtung der Winkelhalbierenden im
a) 1. Quadranten,
b) 2. Quadranten.
Berechne die Koordinaten von $\mathfrak{a}^\circ$.

16. Welche Winkel bildet die Raumdiagonale eines Würfels mit den Würfelkanten?

17. In einem Quader stehen die Kanten im Verhältnis a:b:c = 1:2:3. Bestimme die Winkel zwischen der Raumdiagonalen und den Kanten des Quaders.

5.5. Die Additionstheoreme der trigonometrischen Funktionen

Vorübungen

1. Was läßt sich über das Produkt zweier Einheitsvektoren sagen?
2. Wie lassen sich die Koordinaten jedes Einheitsvektors ausdrücken?

Häufig ist es für mathematische Umformungen erforderlich, die Winkelfunktionen einer Summe oder Differenz zweier Winkel durch Funktionen der einzelnen Winkel auszudrücken. Um etwa $\cos(\alpha - \beta)$ entsprechend umzuformen, bilden wir im R^2 das Skalarprodukt zweier Einheitsvektoren, die miteinander den Winkel $\alpha - \beta$ einschließen (Bild 5.17.1).

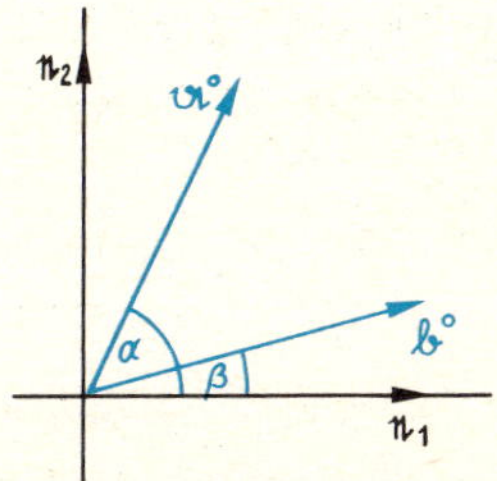

Bild 5.17.1

Dann ist einerseits nach Definition des skalaren Produktes

$$\mathfrak{a}^0 \cdot \mathfrak{b}^0 = \cos(\alpha - \beta),$$

andererseits nach Satz 5.4

$$\mathfrak{a}^0 \cdot \mathfrak{b}^0 = \begin{pmatrix} \cos\alpha \\ \sin\alpha \end{pmatrix} \cdot \begin{pmatrix} \cos\beta \\ \sin\beta \end{pmatrix}$$

und deshalb

$$(1) \qquad \cos(\alpha - \beta) = \cos\alpha\cos\beta + \sin\alpha\sin\beta\,.$$

Da in der Vektorrechnung der Winkel, den zwei Vektoren einschließen, zwischen 0° und 180° liegt, gilt der Beweis nur, falls $0° \leqq \alpha - \beta \leqq 180°$ ist. Um den Beweis auf alle Winkel zu verallgemeinern, auch auf die in der ebenen Trigonometrie verwendeten orientierten Winkel, bedenken wir, daß

$$\mathfrak{a}^0 = \begin{pmatrix} \cos\alpha \\ \sin\alpha \end{pmatrix}$$

für alle Winkel α gilt. Ferner benutzen wir

$$\cos\alpha = \cos(-\alpha) = \cos(360° - \alpha)$$

und

$$-\sin\alpha = \sin(-\alpha) = \sin(360° - \alpha)\,.$$

Daraus folgt

$$\cos(\alpha - \beta) = \cos(\beta - \alpha) = \cos[360° - (\alpha - \beta)],$$

und (1) gilt für alle Winkel zwischen 0° und 360° und damit für alle Winkel überhaupt. Aus (1) erhält man weiter (vgl. Bild 5.17.2):

$$\cos(\alpha + \beta) = \cos[\alpha - (-\beta)] = \cos\alpha\cos(-\beta) + \sin\alpha\sin(-\beta)$$
$$= \cos\alpha\cos\beta - \sin\alpha\sin\beta\,.$$

Insbesondere folgt aus (1) für $\alpha = 90°$

$$\cos(90° - \beta) = \sin\beta$$

und daraus für $\beta = 90° - \alpha$

$$\sin(90° - \alpha) = \cos\alpha\,.$$

Also ist

$$\sin(\alpha + \beta) = \cos[(90° - \alpha) - \beta]$$
$$= \cos(90° - \alpha)\cos\beta + \sin(90° - \alpha)\sin\beta$$
$$= \sin\alpha\cos\beta + \cos\alpha\sin\beta$$

und

$$\sin(\alpha - \beta) = \sin[\alpha + (-\beta)]$$
$$= \sin\alpha\cos(-\beta) + \cos\alpha\sin(-\beta)$$
$$= \sin\alpha\cos\beta - \cos\alpha\sin\beta\,.$$

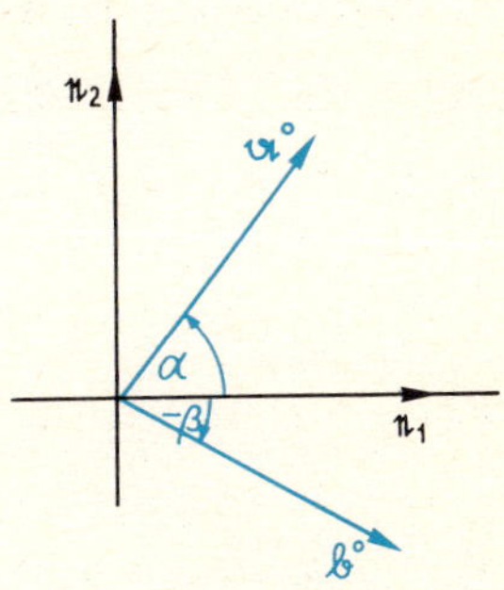

Bild 5.17.2

Beispiele

1. Drücke $\tan(\alpha + \beta)$ durch $\tan\alpha$ und $\tan\beta$ aus!

Lösung:

$$\tan(\alpha + \beta) = \frac{\sin(\alpha + \beta)}{\cos(\alpha + \beta)} = \frac{\sin\alpha\cos\beta + \cos\alpha\sin\beta}{\cos\alpha\cos\beta - \sin\alpha\sin\beta}.$$

Wir kürzen durch $\cos\alpha\cos\beta$, wobei wir $\cos\alpha \cdot \cos\beta \neq 0$ voraussetzen, und erhalten

$$\tan(\alpha + \beta) = \frac{\tan\alpha + \tan\beta}{1 - \tan\alpha\tan\beta}.$$

2. Beweise: $\sin\alpha + \sin\beta = 2\sin\frac{\alpha+\beta}{2}\cos\frac{\alpha-\beta}{2}$.

Lösung:

Es ist $\sin(u + v) = \sin u\cos v + \cos u\sin v$
und $\sin(u - v) = \sin u\cos v - \cos u\sin v$.
Durch Addition ergibt sich

$$\sin(u + v) + \sin(u - v) = 2\sin u\cos v.$$

Setzt man nun $u + v = \alpha$ und $u - v = \beta$, so ist

$$u = \frac{\alpha+\beta}{2} \quad \text{und} \quad v = \frac{\alpha-\beta}{2}$$

und damit

$$\sin\alpha + \sin\beta = 2\sin\frac{\alpha+\beta}{2}\cos\frac{\alpha-\beta}{2}.$$

Aufgaben

1. Beweise:

a) $\sin 2\alpha = 2\sin\alpha\cos\alpha$ b) $\cos 2\alpha = \cos^2\alpha - \sin^2\alpha$ c) $\tan 2\alpha = \frac{2\tan\alpha}{1 - \tan^2\alpha}$.

2. Warum ist im ersten Beispiel $\cos\alpha\cos\beta \neq 0$ vorausgesetzt?
Was erhält man für den Fall $\cos\alpha\cos\beta = 0$?

3. Beweise das Additionstheorem für $\sin(\alpha - \beta)$ auf Grund der Beziehung

$$\sin(\alpha - \beta) = \cos[(90° - \alpha) + \beta].$$

4. Berechne:

a) $\tan(\alpha - \beta)$ b) $\cot(\alpha + \beta)$ c) $\cot(\alpha - \beta)$.

5. Berechne:

a) $\sin 3\alpha$ b) $\cos 3\alpha$.

6. Berechne:

a) $\sin\alpha - \sin\beta$ b) $\cos\alpha + \cos\beta$ c) $\cos\alpha - \cos\beta$.

5.6. Lotvektoren

Vorübungen

1. Gegeben ist der Vektor $\mathfrak{a} = \begin{pmatrix} a_1 \\ a_2 \end{pmatrix}$. Zeige, daß die Vektoren $\bar{\mathfrak{a}}_1 = \begin{pmatrix} -a_2 \\ a_1 \end{pmatrix}$ und $\bar{\mathfrak{a}}_2 = \begin{pmatrix} a_2 \\ -a_1 \end{pmatrix}$ senkrecht auf $\mathfrak{a}$ stehen, also Lotvektoren zu $\mathfrak{a}$ sind, und daß sie außerdem dieselbe Länge wie $\mathfrak{a}$ haben.

2. Gegeben ist der Vektor $\mathfrak{a} = \begin{pmatrix} a_1 \\ a_2 \\ a_3 \end{pmatrix}$. Zeige, daß die Vektoren $\bar{\mathfrak{a}}_1 = \begin{pmatrix} 0 \\ -a_3 \\ a_2 \end{pmatrix}$, $\bar{\mathfrak{a}}_2 = \begin{pmatrix} a_3 \\ 0 \\ -a_1 \end{pmatrix}$ und $\bar{\mathfrak{a}}_3 = \begin{pmatrix} -a_2 \\ a_1 \\ 0 \end{pmatrix}$ Lotvektoren zu $\mathfrak{a}$ sind, die nicht alle drei dieselbe Länge wie $\mathfrak{a}$ haben.

   Bilde weitere Lotvektoren von $\mathfrak{a}$. Wann gilt $|\bar{\mathfrak{a}}_1| = |\mathfrak{a}|$, wann $|\bar{\mathfrak{a}}_2| = |\mathfrak{a}|$, wann $|\bar{\mathfrak{a}}_3| = |\mathfrak{a}|$?

Wenn uns ein Vektor $\mathfrak{a}$ im R^2 gegeben ist ($\mathfrak{a} \neq \mathfrak{o}$), so gilt für einen bestimmten Lotvektor $\bar{\mathfrak{a}}_1$ von $\mathfrak{a}$:

$$\mathfrak{a} = \begin{pmatrix} a_1 \\ a_2 \end{pmatrix} \Rightarrow \bar{\mathfrak{a}}_1 = \begin{pmatrix} -a_2 \\ a_1 \end{pmatrix}$$

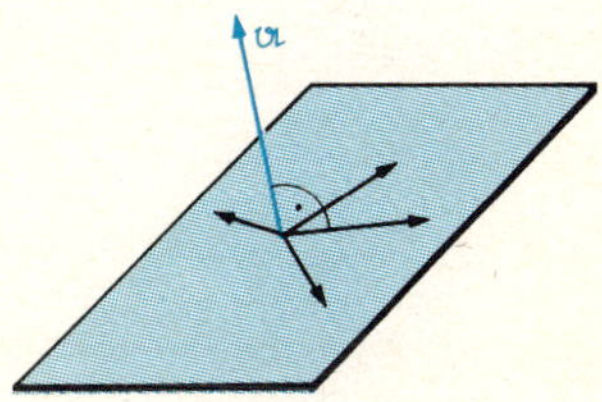

Bild 5.19.1

Jeder Lotvektor von $\mathfrak{a}$ ist kollinear zu $\bar{\mathfrak{a}}_1$ und läßt sich deshalb in der Form $\lambda \bar{\mathfrak{a}}_1$ schreiben ($\lambda \neq 0$).
Etwas schwieriger schon ist das Problem der Berechnung eines Lotvektors von $\mathfrak{a}$, wenn uns $\mathfrak{a}$ als Vektor im R^3 gegeben ist ($\mathfrak{a} \neq \mathfrak{o}$). Bild 5.19.1 zeigt, daß es unendlich viele nicht zueinander kollineare Lotvektoren zu $\mathfrak{a}$ gibt. Es gibt geeignete Repräsentanten zu all diesen Lotvektoren, die in einer gemeinsamen Ebene liegen, auf der $\mathfrak{a}$ senkrecht steht.

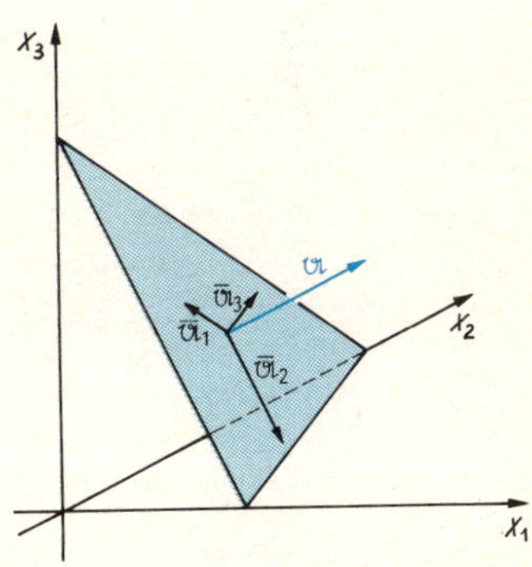

Bild 5.19.2

Einen solchen Lotvektor erhält man im allgemeinen, wenn man eine Koordinate von $\mathfrak{a} = \begin{pmatrix} a_1 \\ a_2 \\ a_3 \end{pmatrix}$ Null setzt, die beiden anderen vertauscht und vor eine dieser beiden noch ein Minuszeichen setzt. Dann sind mindestens zwei der Vektoren

$$\bar{\mathfrak{a}}_1 = \begin{pmatrix} 0 \\ -a_3 \\ a_2 \end{pmatrix} \quad \bar{\mathfrak{a}}_2 = \begin{pmatrix} a_3 \\ 0 \\ -a_1 \end{pmatrix} \quad \bar{\mathfrak{a}}_3 = \begin{pmatrix} -a_2 \\ a_1 \\ 0 \end{pmatrix}$$

Lotvektoren von $\mathfrak{a}$, die nicht kollinear sind. Je ein Repräsentant von ihnen liegt genau in einer der drei Grundebenen (Bild 5.19.2). Da alle überhaupt existierenden

Lotvektoren untereinander komplanar sind, aber mindestens zwei der Vektoren $\bar{\mathfrak{a}}_1$, $\bar{\mathfrak{a}}_2$ und $\bar{\mathfrak{a}}_3$ nicht kollinear sind, läßt sich jeder Lotvektor von $\mathfrak{a}$ als Linearkombination dieser beiden Lotvektoren darstellen, z.B. in der Form $\lambda\,\bar{\mathfrak{a}}_1 + \mu\,\bar{\mathfrak{a}}_2$ (Vgl. Aufg. 1).

Beispiel

Gegeben sind die Punkte A (6/7) und B (2/3). Berechne die Gleichung der Mittelsenkrechten von AB in der Parameterform.

Lösung:

Zur Aufstellung der gesuchten Gleichung brauchen wir einen Punkt der Mittelsenkrechten und ihren Richtungsvektor. Als Punkt wählen wir den Mittelpunkt M von AB. Es gilt:

$$\mathfrak{m} = \frac{\mathfrak{a}+\mathfrak{b}}{2} = \begin{pmatrix}4\\5\end{pmatrix}$$

Da die Mittelsenkrechte senkrecht steht auf AB, hat ihr Richtungsvektor dieselbe Eigenschaft. Er ist Lotvektor von $\overrightarrow{AB}$. Damit ergibt sich der Richtungsvektor $\mathfrak{u}$ der Mittelsenkrechten als

$$\mathfrak{u} = \overline{\mathfrak{a}-\mathfrak{b}} = \begin{pmatrix}-4\\4\end{pmatrix}.$$

Die Gleichung der gesuchten Mittelsenkrechten lautet also

$$\mathfrak{x} = \begin{pmatrix}4\\5\end{pmatrix} + \lambda\begin{pmatrix}-4\\4\end{pmatrix}.$$

Aufgaben

1. Zeige rechnerisch: Jeder Vektor der Form $\lambda\,\bar{\mathfrak{a}}_1 + \mu\,\bar{\mathfrak{a}}_2$ steht senkrecht auf $\mathfrak{a}$.

2. Gegeben ist $\mathfrak{a} = \begin{pmatrix}2\\0\\0\end{pmatrix}$. Bestimme die Menge aller Lotvektoren zu $\mathfrak{a}$. Welche Besonderheit stellst du bei der Bildung von $\bar{\mathfrak{a}}_1$, $\bar{\mathfrak{a}}_2$, $\bar{\mathfrak{a}}_3$ fest?

3. Zeige, daß $\bar{\mathfrak{a}}_4 = \begin{pmatrix}-2\,a_2 a_3\\ a_1 a_3\\ a_1 a_2\end{pmatrix}$ Lotvektor von $\mathfrak{a} = \begin{pmatrix}a_1\\a_2\\a_3\end{pmatrix}$ ist. Stelle $\bar{\mathfrak{a}}_4$ durch zwei der Vektoren $\bar{\mathfrak{a}}_1$, $\bar{\mathfrak{a}}_2$, $\bar{\mathfrak{a}}_3$ dar. Welche Voraussetzung muß gelten, damit $\bar{\mathfrak{a}}_1 \neq \mathfrak{o}$ ist?

4. Berechne die Menge der Lotvektoren der Geraden

a) $g: \mathfrak{x} = \begin{pmatrix}1\\1\\3\end{pmatrix} + \lambda\begin{pmatrix}2\\3\\-1\end{pmatrix}$ b) $g: \mathfrak{x} = \begin{pmatrix}0\\2\\-1\end{pmatrix} + \lambda\begin{pmatrix}-1\\0\\4\end{pmatrix}$.

5. Gegeben sind die Punkte A (5/−2) und B (3/−6).
Berechne die Gleichung der Symmetriegeraden zu A und B.

6. Gegeben ist das Dreieck A (0/4) B (2/8) C (−1/−3).
Berechne den Radius des Umkreises.

7. In welchem Punkt schneidet das Lot, das von A $(7\frac{1}{3}/-3\frac{2}{3})$ auf die Gerade $g: \mathfrak{x} = \begin{pmatrix} 0 \\ 6 \end{pmatrix} + \lambda \begin{pmatrix} 3 \\ 4 \end{pmatrix}$ gefällt wird, diese Gerade?

8. A (8/3), B (—7/—2) und C (—5/—10) seien die Eckpunkte eines Dreiecks. Berechne den Schnittpunkt der Mittelsenkrechten.

9. A (5/6), B (—2/4) und C (6/—1) seien die Eckpunkte eines Dreiecks. Berechne die Gleichungen der Höhengeraden.

10. Der Punkt A (5/2) soll mit dem Schnittpunkt der beiden Geraden $g_1: \mathfrak{x} = \begin{pmatrix} 9 \\ 1 \end{pmatrix} + \lambda \begin{pmatrix} 2 \\ -1 \end{pmatrix}$ und $g_2: \mathfrak{x} = \begin{pmatrix} 1 \\ -25 \end{pmatrix} + \lambda \begin{pmatrix} 2 \\ 9 \end{pmatrix}$ verbunden werden. Berechne die Gleichung der Mittelsenkrechten dieser Verbindungsstrecke.

5.7. Die Behandlung von Vektorgleichungen mit Hilfe des operativen Verfahrens

Vorübungen

1. Welche Rechenoperationen haben wir bisher zur Lösung von Vektorgleichungen angewandt?
2. Ist die Multiplikation einer Vektorgleichung mit einem Vektor $\mathfrak{a}$ zulässig?

Wir haben in den früheren Kapiteln gesehen, daß Gleichungen zwischen Vektoren ähnlich behandelt werden können wie in der gewöhnlichen Algebra. Wir können in einer Vektorgleichung auf beiden Seiten Vektoren addieren bzw. subtrahieren, wir können die Gleichung mit einer Zahl multiplizieren oder sie durch eine Zahl dividieren. Das alles liegt ganz einfach daran, daß jede Seite der Gleichung für sich als Ganzes einen Vektor darstellt, mit dem wir natürlich jede Operation durchführen können, die in der Vektorrechnung definiert ist. Wir können deshalb auch gewisse Vektorgleichungen mit einem Vektor multiplizieren wegen der Eindeutigkeit des Skalarproduktes. Wir wollen dieses Verfahren der Multiplikation einer Vektorgleichung mit einem Vektor *operatives Verfahren* nennen. Es wird recht häufig angewandt und soll deshalb an einigen Beispielen erläutert werden.

Beispiele

1. Löse die Vektorgleichung $\mathfrak{a} = \lambda_1 \mathfrak{u} + \mu_1 \bar{\mathfrak{u}}$ nach λ_1 und μ_1 auf.

Lösung:

Das für Gleichungen dieser Form in der Zahlenalgebra übliche Verfahren läßt sich auf die vorliegende Vektorgleichung nicht anwenden, da wir ordnen und anschließend durch den Vektor $\mathfrak{u}$ dividieren müßten. Wir verwenden deshalb das operative Verfahren, indem wir die Gleichung mit dem Vektor $\mathfrak{u}$ multiplizieren. Wegen $\mathfrak{u}\,\mathfrak{u} = u^2$ und $\mathfrak{u}\,\bar{\mathfrak{u}} = 0$ ergibt sich:

$$\mathfrak{u}\,\mathfrak{a} = \lambda_1 u^2$$

Durch diese Multiplikation mit dem Vektor $\mathfrak{u}$ ist aus der vorgegebenen Gleichung, in der links und rechts Vektoren stehen, eine Gleichung zwischen Zahlen geworden, da skalare

Produkte eine Zahl ergeben. Außerdem ist μ_1 herausgefallen. Wir können jetzt die Gleichung durch den Skalar $\mathfrak{u}^2$ dividieren und erhalten

$$\lambda_1 = \frac{\mathfrak{u}\,\mathfrak{a}}{\mathfrak{u}^2}\,.$$

Analog ergibt sich μ_1, wenn wir die Ausgangsgleichung mit $\bar{\mathfrak{u}}$ multiplizieren:

$$\bar{\mathfrak{u}}\,\mathfrak{a} = \mu_1\,\bar{\mathfrak{u}}^2 \Rightarrow \mu_1 = \frac{\bar{\mathfrak{u}}\,\mathfrak{a}}{\bar{\mathfrak{u}}^2}\,.$$

2. Gegeben seien die Vektoren $\mathfrak{a} = \begin{pmatrix}2\\2\\1\end{pmatrix}$, $\mathfrak{b} = \begin{pmatrix}8\\5\\1\end{pmatrix}$. Berechne $\mathfrak{a}_\mathfrak{b}$ und $\mathfrak{b}_\mathfrak{a}$.

Lösung:

Wir setzen an: $\mathfrak{a}_\mathfrak{b} = \lambda\,\mathfrak{b}$. Um λ zu bestimmen, multiplizieren wir mit $\mathfrak{b}$, dividieren durch $\mathfrak{b}^2$ und erhalten

$$\lambda = \frac{\mathfrak{a}_\mathfrak{b}\cdot\mathfrak{b}}{\mathfrak{b}^2}\,.$$

Nach Def. 5.1a ist $\mathfrak{a}_\mathfrak{b}\cdot\mathfrak{b} = \mathfrak{a}\cdot\mathfrak{b}$ und damit

$$\lambda = \frac{\mathfrak{a}\cdot\mathfrak{b}}{\mathfrak{b}^2} = \frac{27}{90} = \frac{3}{10} \Rightarrow \mathfrak{a}_\mathfrak{b} = \frac{3}{10}\begin{pmatrix}8\\5\\1\end{pmatrix} = \begin{pmatrix}2{,}4\\1{,}5\\0{,}3\end{pmatrix}.$$

Entsprechend ergibt sich für $\mathfrak{b}_\mathfrak{a} = \mu\,\mathfrak{a}$

$$\mu = \frac{\mathfrak{b}_\mathfrak{a}\cdot\mathfrak{a}}{\mathfrak{a}^2} = \frac{\mathfrak{a}\cdot\mathfrak{b}}{\mathfrak{a}^2} = \frac{27}{9} = 3 \Rightarrow \mathfrak{b}_\mathfrak{a} = 3\begin{pmatrix}2\\2\\1\end{pmatrix} = \begin{pmatrix}6\\6\\3\end{pmatrix}.$$

Da die Multiplikation einer Vektorgleichung mit einem Vektor nicht unbedingt eine Äquivalenzumformung zu sein braucht, ist eine Probe erforderlich (s. Aufg. 1b).

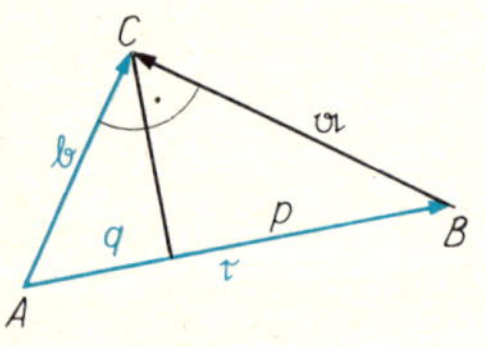

Bild 5.22.1

3. Gegeben ist das rechtwinklige Dreieck ABC. Beweise den Lehrsatz des Euklid in der Form $b^2 = q\,c$ (Bild 5.22.1).
Es gilt $\mathfrak{c} = \mathfrak{b} - \mathfrak{a}$. Da das Dreieck rechtwinklig ist, ist $\mathfrak{a}\,\mathfrak{b} = 0$. Um diese Voraussetzung auszunutzen, multiplizieren wir die Gleichung $\mathfrak{c} = \mathfrak{b} - \mathfrak{a}$ mit $\mathfrak{b}$ und erhalten

$$\mathfrak{b}\,\mathfrak{c} = \mathfrak{b}^2 \Rightarrow b\,c = b^2.$$

Nach Def. 5.1a ist $\mathfrak{b}\,\mathfrak{c} = b_c \cdot c = q c$. Das bedeutet $q\,c = b^2$.

Aufgaben

1. Es sei

a) $\mathfrak{a} = \begin{pmatrix}\frac{9}{4}\\6\\\frac{3}{2}\end{pmatrix}$, $\mathfrak{b} = \begin{pmatrix}3\\8\\2\end{pmatrix}$, $\mathfrak{a} = \lambda_1\mathfrak{b}$ b) $\mathfrak{a} = \begin{pmatrix}1\\2\\3\end{pmatrix}$, $\mathfrak{b} = \begin{pmatrix}2\\4\\7\end{pmatrix}$, $\mathfrak{a} = \lambda_1\mathfrak{b}$

Berechne mit Hilfe des operativen Verfahrens λ_1 (Probe!).

2. Es sei $\mathfrak{a} = \begin{pmatrix} 1 \\ -2 \end{pmatrix}$ und $\mathfrak{b} = \begin{pmatrix} 3 \\ 1 \end{pmatrix}$ und $\mathfrak{a} = \lambda_1 \mathfrak{b} + \mu_1 \bar{\mathfrak{b}}$. Berechne λ_1 und μ_1.

3. Berechne $\mathfrak{a}\mathfrak{b}$ aus folgender Gleichung durch Anwendung des operativen Verfahrens:

$$\mu\, \bar{\mathfrak{b}} = \mathfrak{a} - (\mathfrak{c}\mathfrak{a})\, \mathfrak{c}, \text{ wobei } \mathfrak{a} = \begin{pmatrix} 1 \\ a_2 \end{pmatrix}, \mathfrak{b} = \begin{pmatrix} 1 \\ b_2 \end{pmatrix}, \mathfrak{c} = \begin{pmatrix} c_1 \\ 0 \end{pmatrix}.$$

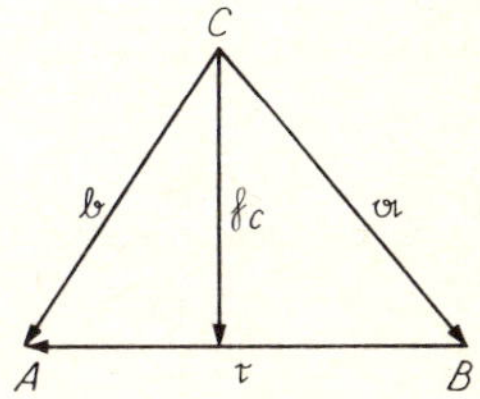

Bild 5.23.1

4. Beweise den Lehrsatz des Euklid in der Form $a^2 = p\,c$.

5. Beweise an Bild 5.23.1 den Sinussatz der Trigonometrie durch Anwendung des operativen Verfahrens auf die Gleichung $\mathfrak{c} = \mathfrak{b} - \mathfrak{a}$.

6. Im Dreieck ABC sei H der Schnittpunkt zweier Höhen. Zeige durch Subtraktion der Gleichungen, die die Höheneigenschaften zweier Höhen ausdrücken, daß die dritte Höhe ebenfalls durch H geht. (Bild 5.23.2)

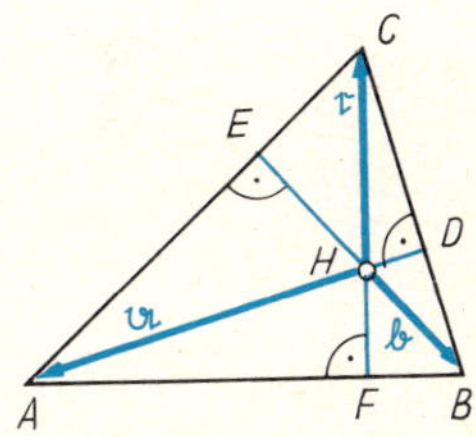

Bild 5.23.2

7. Es sei $\mathfrak{n}\mathfrak{a} = 0, \mathfrak{n}\mathfrak{b} = 0$ und $\mathfrak{x} = \lambda\mathfrak{a} + \mu\mathfrak{b}$. Zeige mit Hilfe des operativen Verfahrens, daß $\mathfrak{n}\,\mathfrak{x} = 0$ ist.

8. $\mathfrak{a}^\circ$ sei ein Einheitsvektor. Zeige durch Anwendung des operativen Verfahrens auf die Koordinatendarstellung von $\mathfrak{a}^\circ$:

$$\mathfrak{a}^\circ = \cos\alpha\, \mathfrak{e}_1 + \sin\alpha\, \mathfrak{e}_2, \text{ wobei } \alpha = \sphericalangle\, (\mathfrak{e}_1; \mathfrak{a}^\circ).$$

* 5.8. Vermischte Aufgaben

1. In einem Parallelogramm ist die Summe der Quadrate der Diagonalen gleich der Summe der Quadrate aller vier Seiten.

2. Durch die Punkte A (5/4/5), B (4/6/7), C (2/7/5) ist ein Parallelogramm festgelegt. Berechne

a) den vierten Eckpunkt,
b) die Länge der Seiten,
c) die Winkel,
d) den Flächeninhalt,
e) den Schnittpunkt der Diagonalen,
f) die Länge der Diagonalen.

3. Wie lang sind die Seiten im Dreieck A(−4/3/5) B(−2/−3/−4) C(−1/1/0)?

4. Ein Einheitsvektor $\mathfrak{a}^\circ$ im Raum bildet mit der x_1- und x_2-Achse je einen Winkel von 60°. Bestimme den Winkel zwischen $\mathfrak{a}^\circ$ und der x_3-Achse. Welche Koordinaten hat $\mathfrak{a}^\circ$?

5. Gesucht ist die Gleichung der Geraden, auf der alle Lösungsvektoren $\mathfrak{x}_n$ der Gleichung $\mathfrak{x}\,\mathfrak{a} = b$ mit $\mathfrak{a} = \begin{pmatrix} 1 \\ 2 \end{pmatrix}$ und $b = 4$ enden, wenn man alle $\mathfrak{x}_n$ vom Angriffspunkt von $\mathfrak{a}$ aus abträgt.

6. Gegeben ist das Dreieck A (1/2) B (6/1) C (3/7). Berechne

a) den Höhenschnittpunkt,

b) den Schnittpunkt der Seitenhalbierenden,

c) den Schnittpunkt der Mittelsenkrechten.

d) Zeige, daß diese drei Schnittpunkte auf einer Geraden liegen.

6. Analytische Geometrie II
Normalenformen der Geraden- und Ebenengleichung

6.1. Die Punkt-Normalenform

Vorübungen

1. Durch welche Angaben wird eine Gerade (Ebene) im R^3 eindeutig festgelegt?
2. Was läßt sich über die Menge der Lotvektoren einer Geraden und einer Ebene aussagen?
3. a) Warum hat die Gleichung $\mathfrak{x}\mathfrak{a} = b$ keine eindeutige Lösung?
   b) Was läßt sich über die Menge aller Vektoren $\mathfrak{x}_n$ im Raum sagen, die diese Gleichung erfüllen?

Wir haben bereits früher festgestellt, daß eine Gerade durch einen Punkt und einen Richtungsvektor oder durch zwei Punkte eindeutig bestimmt ist. Eine Ebene kann festgelegt werden durch einen Punkt und zwei Richtungsvektoren oder durch drei Punkte. Zur Charakterisierung von Gerade und Ebene gibt es nun noch eine weitere Möglichkeit, die auf dem skalaren Produkt aufbaut und zu einer besonders einfachen und häufig angewandten Art von Gleichungen führt. Wie stets in der Vektorrechnung haben auch diese Gleichungen eine anschauliche Bedeutung.
Jede Ebene im R^3 besitzt unendlich viele Lotvektoren, die alle untereinander kollinear sind. Aus der Menge dieser Lotvektoren, die auch *Normalenvektoren* heißen, wählen wir einen Repräsentanten $\mathfrak{n}$ aus (Bild 6.1.1). Dann ist eine Ebene eindeutig bestimmt, wenn wir diesen Normalenvektor und einen Punkt A angeben, der in der Ebene liegen soll.
Diese Festlegung einer Ebene durch einen Punkt A und einen Normalenvektor $\mathfrak{n}$ läßt sich nicht auf eine Gerade im R^3 übertragen. Denn wir können einen Normalenvektor einer Geraden um diese Gerade herumdrehen, ohne daß er seine Eigenschaft verliert, Normalenvektor zu sein (Bild 6.1.2). Es gibt unendlich viele

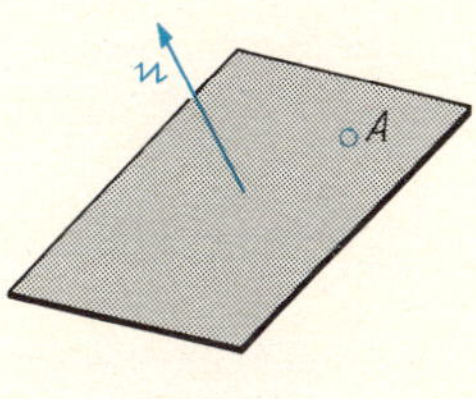

Bild 6.1.1

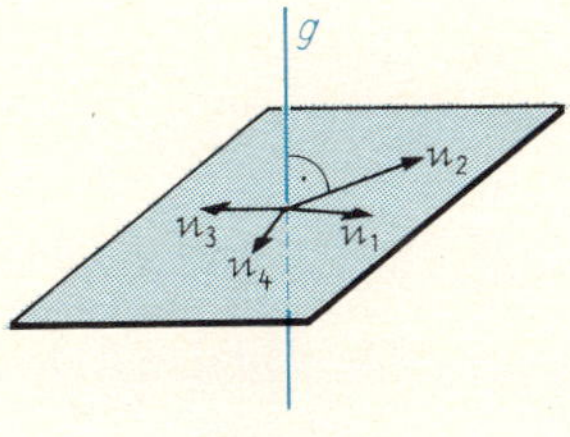

Bild 6.1.2

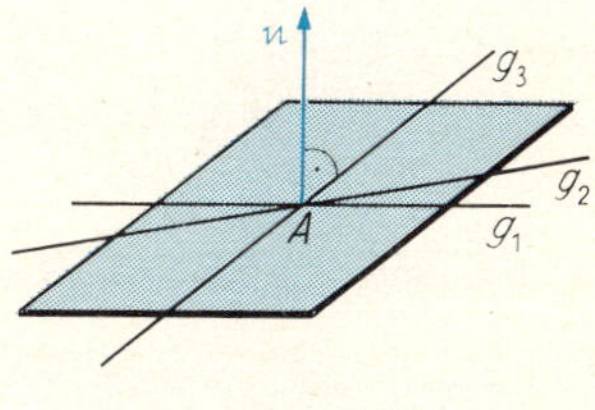

Bild 6.1.3

nicht kollinear Normalenvektoren zu g, die alle zueinander komplanar sind. Auch umgekehrt besteht keine eindeutige Zuordnung mehr: zu jedem vorgegebenen $\mathfrak{n}$ gibt es unendlich viele Geraden g, die alle durch A gehen und dieses $\mathfrak{n}$ als Normalenvektor haben (Bild 6.1.3). Eine Gerade g im R^3 läßt sich also durch Angabe eines Normalenvektors $\mathfrak{n}$ und eines Punktes A nicht eindeutig charakterisieren.
Sobald wir uns jedoch auf eine Gerade im R^2 beschränken, ist die eindeutige Zuordnung zwischen ($\mathfrak{n}$; A) und g hergestellt.

Deshalb gilt die nun herzuleitende Formel nur für Geraden im R^2, jedoch für Ebenen im R^3.

Gegeben sei also ein Punkt A und ein Normalenvektor $\mathfrak{n}$. Gesucht ist die Gleichung der Ebene (Geraden), die durch A geht und auf $\mathfrak{n}$ senkrecht steht (Bilder 6.2.1, 6.2.3).

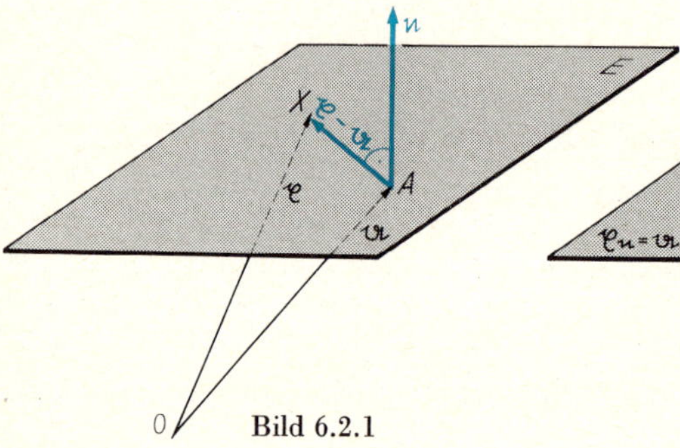

Bild 6.2.1

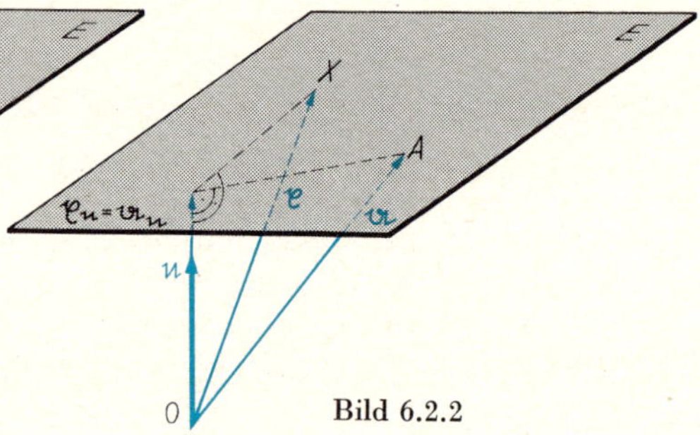

Bild 6.2.2

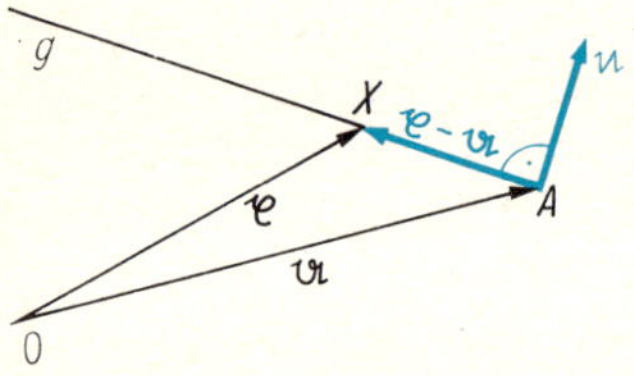

Bild 6.2.3

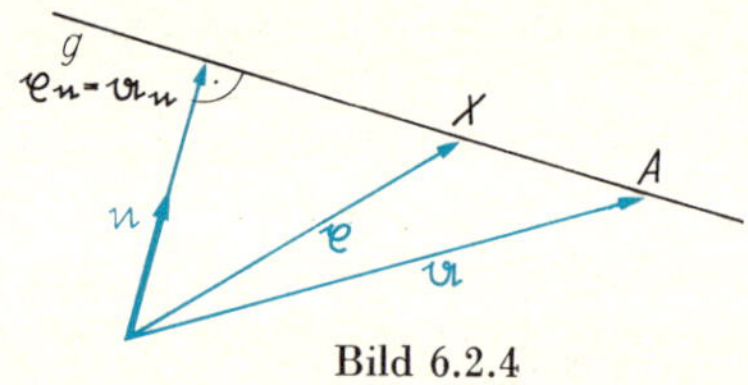

Bild 6.2.4

$\mathfrak{n}$ steht, wie wir früher gesehen haben, damit senkrecht auf jedem Vektor in der Ebene (in Richtung der Geraden). Wenn nun A $[\mathfrak{a}]$ ein fester und X $[\mathfrak{x}]$ ein laufender Punkt der Ebene (der Geraden) ist, liegt $\mathfrak{x} - \mathfrak{a}$ in der Ebene (auf der Geraden) und steht deshalb senkrecht auf $\mathfrak{n}$:

$$\mathfrak{n}\,(\mathfrak{x} - \mathfrak{a}) = 0$$

Durch Ausmultiplizieren erhält man

$$\mathfrak{n}\,\mathfrak{x} - \mathfrak{n}\,\mathfrak{a} = 0$$ und damit den

Satz 6.1

Eine Ebene im R^3 (Gerade im R^2) sei festgelegt durch einen Normalenvektor $\mathfrak{n}$ und einen Punkt A in der Ebene (auf der Geraden).
Dann lautet ihre Gleichung:

$$\mathfrak{n}\,\mathfrak{x} - \mathfrak{n}\,\mathfrak{a} = 0$$ *Punkt–Normalenform*

Diese Gleichung hat auch in der Form $\mathfrak{n}\,\mathfrak{x} = \mathfrak{n}\,\mathfrak{a}$ eine anschauliche Bedeutung, die sich leicht einsehen läßt (Bilder 6.2.2, 6.2.4).

Wir schreiben die beiden skalaren Produkte in anderer Form:

$$\mathfrak{n}\,\mathfrak{x} = \mathfrak{n}\,\mathfrak{a} \Rightarrow x_{\mathfrak{n}} \cdot n = a_{\mathfrak{n}} \cdot n \Rightarrow x_{\mathfrak{n}} = a_{\mathfrak{n}}$$

Das bedeutet: Jeder Ortsvektor eines Punktes der Ebene (Geraden) hat die gleiche Projektion auf $\mathfrak{n}$. Ihr Betrag ist gleich dem Abstand der Ebene (Geraden) vom Nullpunkt.

Beispiel

Wie lautet die Gleichung der Ebene E, die durch A (1/3/2) geht und den Normalenvektor $\mathfrak{n} = \begin{pmatrix} 2 \\ -1 \\ 1 \end{pmatrix}$ hat, in der Punkt-Normalenform?

Lösung:

Die Punkt-Normalenform ist: $\mathfrak{n}\,\mathfrak{x} - \mathfrak{n}\,\mathfrak{a} = 0$. Setzt man die gegebenen Vektoren ein, so erhält man $\begin{pmatrix} 2 \\ -1 \\ 1 \end{pmatrix} \mathfrak{x} - \begin{pmatrix} 2 \\ -1 \\ 1 \end{pmatrix} \cdot \begin{pmatrix} 1 \\ 3 \\ 2 \end{pmatrix} = 0$ als die gesuchte Normalenform.

Da $\mathfrak{n}\,\mathfrak{a} = \begin{pmatrix} 2 \\ -1 \\ 1 \end{pmatrix} \begin{pmatrix} 1 \\ 3 \\ 2 \end{pmatrix} = 1$ ist, können wir auch schreiben: $\begin{pmatrix} 2 \\ -1 \\ 1 \end{pmatrix} \mathfrak{x} - 1 = 0$. Aus dieser Form der Ebenengleichung ist zwar der Normalenvektor, aber nicht mehr der Ortsvektor $\mathfrak{a}$ des Punktes A ablesbar.

Jede Ebenengleichung (Geradengleichung) einer Ebene (Geraden), die durch einen Punkt A und einen Normalenvektor gegeben ist, läßt sich also auf die Form bringen:

$$\mathfrak{n}\,\mathfrak{x} - c = 0 \qquad \textit{allgemeine Normalenform}$$

Rechnen wir in der allgemeinen Normalenform der Ebenengleichung auch das skalare Produkt $\mathfrak{n}\,\mathfrak{x} = \begin{pmatrix} n_1 \\ n_2 \\ n_3 \end{pmatrix} \begin{pmatrix} x_1 \\ x_2 \\ x_3 \end{pmatrix}$ noch aus, dann ergibt sich $n_1 x_1 + n_2 x_2 + n_3 x_3 - c = 0$ als Gleichung der Ebene.

Wir wollen jetzt umgekehrt eine Gleichung $a_1x_1 + a_2x_2 + a_3x_3 + a_4 = 0$ vorgeben und uns fragen, ob sie die Gleichung einer Ebene darstellt. Deuten wir die Koeffizienten a_1, a_2, a_3 als Koordinaten eines Vektors $\mathfrak{a} \neq \mathfrak{o}$ und x_1, x_2, x_3 als Koordinaten des Laufvektors $\mathfrak{x}$, so können wir die vorgegebene Gleichung mit diesen Vektoren auch folgendermaßen schreiben:

$$\begin{pmatrix} a_1 \\ a_2 \\ a_3 \end{pmatrix} \begin{pmatrix} x_1 \\ x_2 \\ x_3 \end{pmatrix} + a_4 = 0$$

oder

$$\mathfrak{a}\,\mathfrak{x} + a_4 = 0.$$

Wir setzen $a_4 = -\,\mathfrak{a}\,\mathfrak{b} = -\,(a_1b_1 + a_2b_2 + a_3b_3)$.

Da a_1, a_2, a_3, a_4 vorgegeben sind und wenigstens eines (etwa a_3) der a_1, a_2, a_3 nicht Null ist, können wir die Zahlen b_1 und b_2 frei wählen und aus der letzten Gleichung b_3 bestimmen. Damit läßt sich die Gleichung $a_1 x_1 + a_2 x_2 + a_3 x_3 + a_4 = 0$ in die vektorielle Form bringen

$$\begin{pmatrix} a_1 \\ a_2 \\ a_3 \end{pmatrix} \mathfrak{x} - \begin{pmatrix} a_1 \\ a_2 \\ a_3 \end{pmatrix} \begin{pmatrix} b_1 \\ b_2 \\ b_3 \end{pmatrix} = 0 \quad \text{oder} \quad \mathfrak{a}\mathfrak{x} - \mathfrak{a}\mathfrak{b} = 0 .$$

Das ist aber die Gleichung einer Ebene, die durch den errechneten Punkt $B(b_1, b_2, b_3)$ geht und auf $\mathfrak{a} = \begin{pmatrix} a_1 \\ a_2 \\ a_3 \end{pmatrix}$ senkrecht steht.

Entsprechend sieht man leicht, daß durch jede Gleichung der Form

$$a_1 x_1 + a_2 x_2 + a_3 = 0$$

eine Gerade in der $x_1 x_2$-Ebene dargestellt wird.

Wenn wir rückblickend noch einmal die verschiedenen vektoriellen Formen der Ebenengleichung (Geradengleichung) zusammenstellen, können wir zwei verschiedene Arten von Gleichungen unterscheiden:

1. die Parameterformen
   a) die Punkt-Richtungsform
   b) die Drei-Punkte-Form (Zwei-Punkte-Form für Geraden)
2. die Normalenformen
   a) die Punkt-Normalenform
   b) die allgemeine Normalenform

Ihr wesentlicher Unterschied besteht darin, daß zwar alle Gleichungen mit Vektoren geschrieben werden, daß jedoch die Parameterformen gleichwertig sind mit *drei (zwei)* Koordinatengleichungen, während die Normalenformen *eine* einzige skalare Gleichung darstellen.

An den Parameterformen und an den Normalenformen der Ebenen- und Geradengleichung wird besonders deutlich, welche Anschaulichkeit und Durchsichtigkeit der vektoriellen Darstellung eines geometrischen Sachverhalts zukommt. Man sieht der Gleichung ihre Richtigkeit unmittelbar an, der Beweis tritt „plastisch" aus der Gleichung heraus. Wohl keine andere Darstellungsform in der Analytischen Geometrie besitzt eine solche Bildhaftigkeit und Eleganz wie die vektorielle. Darüber hinaus macht es die Vektorrechnung möglich, Beweise für analoge geometrische Sachverhalte wie für Ebenen im R^3 und Geraden im R^2 mit einer einzigen Formel zu erfassen.

Beispiele

1. Eine Gerade g sei gegeben durch die Punkte A (2/—3) und B (1/—1). Bestimme ihre Gleichung in der allgemeinen Normalenform.

Lösung:

$(\mathfrak{a} - \mathfrak{b})$ ist ein Richtungsvektor $\mathfrak{u}$ der Geraden. $\bar{\mathfrak{u}}$ ist Lotvektor von $\mathfrak{u}$ und damit Normalenvektor von g. A ist ein Punkt von g. Die Vektoren haben folgende Koordinaten:

$$\mathfrak{u} = \mathfrak{a} - \mathfrak{b} = \begin{pmatrix} 1 \\ -2 \end{pmatrix} \Rightarrow \bar{\mathfrak{u}} = \mathfrak{n} = \begin{pmatrix} 2 \\ 1 \end{pmatrix}; \ \mathfrak{a} = \begin{pmatrix} 2 \\ -3 \end{pmatrix}$$

Damit heißt die Punkt-Normalenform der Geradengleichung

$$\mathfrak{n}\,\mathfrak{x} - \mathfrak{n}\,\mathfrak{a} = 0 \Rightarrow \begin{pmatrix} 2 \\ 1 \end{pmatrix}\mathfrak{x} - \begin{pmatrix} 2 \\ 1 \end{pmatrix}\begin{pmatrix} 2 \\ -3 \end{pmatrix} = 0.$$

Wir berechnen $\mathfrak{n}\,\mathfrak{a} = 1$ und erhalten als allgemeine Normalenform $\begin{pmatrix} 2 \\ 1 \end{pmatrix}\mathfrak{x} - 1 = 0.$

2. Welche Ebene E_2 durch A $(2/-1/2)$ ist parallel zu E_1: $2x_1 - x_2 + x_3 = -3$?

Lösung:

Da beide Ebenen parallel sein sollen, gilt $\mathfrak{n}_1 = \mathfrak{n}_2$. A soll ein Punkt der gesuchten Ebene E_2 werden. Wir setzen die Vektoren in die Gleichung $\mathfrak{n}_2\mathfrak{x} - \mathfrak{n}_2\,\mathfrak{a} = 0$ ein, wobei die Koeffizienten von x_1, x_2, x_3 die Koordinaten von $\mathfrak{n}_2$ sind. Wir erhalten

$$\mathfrak{n}_1 = \mathfrak{n}_2 = \begin{pmatrix} 2 \\ -1 \\ 1 \end{pmatrix} \Rightarrow \begin{pmatrix} 2 \\ -1 \\ 1 \end{pmatrix}\mathfrak{x} - \begin{pmatrix} 2 \\ -1 \\ 1 \end{pmatrix}\begin{pmatrix} 2 \\ -1 \\ 2 \end{pmatrix} = 0 \Rightarrow \begin{pmatrix} 2 \\ -1 \\ 1 \end{pmatrix}\mathfrak{x} - 7 = 0.$$

Aufgaben

1. Wie lautet die Gleichung der Geraden (Ebene) durch A, die senkrecht auf $\mathfrak{n}$ steht?

   a) A $(2/-4)$, $\mathfrak{n} = \begin{pmatrix} 3 \\ -7 \end{pmatrix}$ b) A $(2/0/3)$, $\mathfrak{n} = \begin{pmatrix} 4 \\ 5 \\ 0 \end{pmatrix}$ c) A $(1/-1/0)$, $\mathfrak{n} = \begin{pmatrix} 2 \\ -1 \\ 0 \end{pmatrix}$.

2. Bringe folgende Ebenengleichungen in die allgemeine Normalenform

   a) $x_2 = 0{,}5\,x_1 - 7$ b) $x_1 = 4$ c) $x_2 = -\frac{2}{3}x_1 + \frac{4}{5}x_3 - 1$ d) $x_3 = 3\,x_1 - 4x_2$.
   Diskutiere die Lage der Ebenen.

3. Bestimme die allgemeine Normalenform der Gleichung für eine Gerade, die durch A $(4/-3)$ geht und

   a) parallel zur x_1-Achse,

   b) parallel zur x_2-Achse,

   c) parallel zur Geraden g_2: $3\,x_1 + 5\,x_2 = 7$ läuft.

4. Stelle die Gleichung einer Geraden (Ebene) in der allgemeinen Normalenform auf, wenn die Gerade (Ebene) durch den Nullpunkt geht.

5. Es sei E_1 durch $2\,x_1 - x_2 - x_3 = 5$ gegeben. Wie lautet die Gleichung der Ebene E_2 in der allgemeinen Normalenform, die durch B $(0{,}5/2/-3)$ parallel zu E_1 verläuft?

6. Gegeben sind A (2/3) und B (3/−1). Wie lautet die Gleichung der Geraden durch A und B in der allgemeinen Normalenform?

7. Welche Gerade g_1 durch A (1/−2) steht auf g_2: $\mathfrak{x} = \begin{pmatrix} 3 \\ 2 \end{pmatrix} + \lambda \begin{pmatrix} 2 \\ -5 \end{pmatrix}$ senkrecht?

8. Gegeben sind die Geraden g_1 durch $\mathfrak{x} = \begin{pmatrix} -1 \\ 1 \end{pmatrix} + \lambda \begin{pmatrix} -1 \\ -3 \end{pmatrix}$ und g_2 durch $\mathfrak{x} = \begin{pmatrix} 4 \\ 1 \end{pmatrix} + \mu \begin{pmatrix} -2 \\ -1 \end{pmatrix}$.

a) Gib die Gleichungen der Geraden in der allgemeinen Normalenform an.

b) Der Schnittpunkt von g_1 mit der x_2-Achse sei A, der Schnittpunkt von g_2 mit der x_1-Achse sei B. Bestimme die Gleichungen der Geraden durch A parallel zu g_2 und der Geraden durch B parallel zu g_1 in der allgemeinen Normalenform.

9. Liegen folgende Punkte auf der Geraden g (Ebene E)?

a) g: $\begin{pmatrix} 2 \\ 3 \end{pmatrix} \mathfrak{x} = 16$, A (2/4), B (8/0), C (0/8)

b) E: $\begin{pmatrix} 1 \\ -2 \\ -3 \end{pmatrix} \mathfrak{x} = -9$, A (0/1/3), B (−2/−1/3), C (0/0/−3)

10. Berechne zu den Punkten A (3/5/1) und B (7/−1/3) die Gleichung der Symmetrieebene in der allgemeinen Normalenform und bestimme die Spurgeraden.

11. E sei gegeben durch die Gleichung $\mathfrak{x} = \begin{pmatrix} 1 \\ -16 \\ 6 \end{pmatrix} + \lambda \begin{pmatrix} 4 \\ 15 \\ 2 \end{pmatrix} + \mu \begin{pmatrix} 6 \\ 21 \\ 2 \end{pmatrix}$. Bringe sie in die Punkt-Normalenform.

12. a) Gegeben sei die Gerade g: $\mathfrak{x} = \lambda \begin{pmatrix} 1 \\ -2 \end{pmatrix}$. Spiegele g an der x_1- und x_2-Achse und berechne die Gleichungen der Spiegelgeraden in der allgemeinen Normalenform.

b) Spiegele g: $\mathfrak{x} = \begin{pmatrix} 1 \\ 2 \end{pmatrix} + \lambda \begin{pmatrix} 2 \\ -1 \end{pmatrix}$ an der x_1- und x_2-Achse und bestimme die Gleichungen der Spiegelgeraden.

13. Gegeben ist das Dreieck A (0/4) B (5/0) C (5/6). Berechne die Geraden, auf denen

a) die Seiten, b) die Höhen, c) die Seitenhalbierenden liegen, indem du die allgemeinen Normalenformen aufstellst.

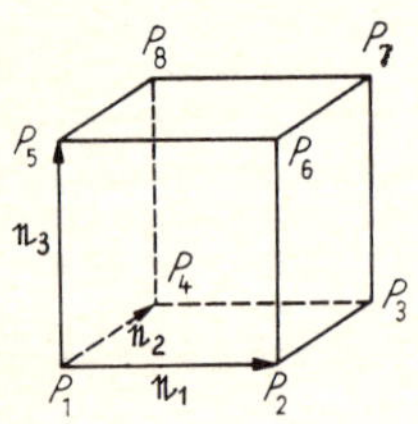

Bild 6.6.1

14. Ein Würfel der Kantenlänge 1 habe eine Ecke P_1 im Ursprung, seine Kanten laufen parallel zu den Achsen (Bild 6.6.1). Bestimme die Gleichung der Ebene, die durch die Ecke P_7 (1/1/1) geht und senkrecht auf einer Raumdiagonalen steht. Wieviele solcher Ebenen gibt es?

15. Gegeben sind die Punkte A (−3/−4), B (1/−2), C (−5/2). Man ziehe durch C zwei Geraden so, daß die eine zu AB parallel ist und die zweite auf AB senkrecht steht. Berechne die Gleichungen der beiden Geraden in der Punkt-Normalenform.

16. Gegeben ist das Dreieck A(0/6) B(2/0) C(10/−4). Bestimme die Gleichungen der Geraden, auf denen die Mittelsenkrechten liegen.

17. Durch den Punkt M(5/30,5) soll eine Gerade so gelegt werden, daß der zwischen den Achsen gelegene Teil der Geraden durch M halbiert wird. Wie heißt die Gleichung der gesuchten Geraden in der allgemeinen Normalenform?

6.2. Die Hessesche Normalenform

Vorübungen

1. Vergleiche die Ebenen, die durch folgende Gleichungen dargestellt werden:

$$\begin{pmatrix} 2 \\ 4 \\ -1 \end{pmatrix} \mathfrak{x} - 2 = 0; \quad \begin{pmatrix} -4 \\ -8 \\ +2 \end{pmatrix} \mathfrak{x} + 4 = 0; \quad \begin{pmatrix} 1 \\ 2 \\ -\frac{1}{2} \end{pmatrix} \mathfrak{x} - 1 = 0$$

2. Wann stellen zwei Gleichungen in der allgemeinen Normalenform dieselbe Ebene (Gerade) dar?

3. Deute geometrisch das skalare Produkt $\mathfrak{n}\,\mathfrak{a}$ aus der Punkt-Normalenform $\mathfrak{n}\,\mathfrak{x} - \mathfrak{n}\,\mathfrak{a} = 0$.

An den Bildern 6.2.2, 6.2.4 haben wir festgestellt, daß in der Punkt-Normalenform $\mathfrak{n}\mathfrak{x} - \mathfrak{n}\mathfrak{a} = 0$ das skalare Produkt $\mathfrak{n}\mathfrak{a}$ das $|\mathfrak{n}|$-fache des Abstandes der Ebene (Geraden) vom Nullpunkt bedeutet.
Andererseits gibt es unendlich viele allgemeine Normalenformen für ein und dieselbe Ebenengleichung (Geradengleichung), in der die auftretenden Normalenvektoren alle untereinander kollinear sind. Läßt sich nun unter diesen Normalenformen eine angeben, aus der man den Abstand d der Ebene (Geraden) vom Nullpunkt unmittelbar ersehen kann? Welchen Normalenvektor haben wir dafür zu wählen?
Da in der Punkt-Normalenform $\mathfrak{n}\,\mathfrak{x} - \mathfrak{n}\,\mathfrak{a} = 0$ das skalare Produkt $\mathfrak{n}\,\mathfrak{a} = |\mathfrak{n}|\,d$ ist, ergibt sich

$$\mathfrak{n}\,\mathfrak{a} = |\mathfrak{n}|\,d \Rightarrow d = \frac{\mathfrak{n}\,\mathfrak{a}}{|\mathfrak{n}|} = \frac{\mathfrak{n}}{|\mathfrak{n}|}\,\mathfrak{a} = \mathfrak{n}^\circ\,\mathfrak{a}.$$

Das besagt: Nehmen wir als Normalenvektor einen Normaleneinheitsvektor, so ist

$$\mathfrak{n}^\circ\,\mathfrak{a} = d.$$

Damit ergibt sich die gesuchte Normalenform als

$$\mathfrak{n}^\circ\,\mathfrak{x} - \mathfrak{n}^\circ\,\mathfrak{a} = 0 \quad \text{oder} \quad \mathfrak{n}^\circ\,\mathfrak{x} - d = 0.$$

Wie wir bei der Einführung des Skalarproduktes gesehen haben, kann d positiv oder negativ sein: $d = \mathfrak{n}^\circ\,\mathfrak{a} = 1\,a\cos(\mathfrak{n}^\circ; \mathfrak{a})$. Bei positivem d ist der Winkel zwischen den beiden Vektoren kleiner als 90° (Bild 6.8.1), bei negativem d größer als 90°

(Bild 6.8.2). Wenn wir also $d \geqq 0$ verlangen, ist damit $\sphericalangle\,(\mathfrak{n}^\circ;\ \mathfrak{a}) \leqq 90^\circ$. Das bedeutet, daß $\mathfrak{n}^\circ$, vom Nullpunkt aus abgetragen, zur Ebene (Geraden) weist (Bild 6.8.1).

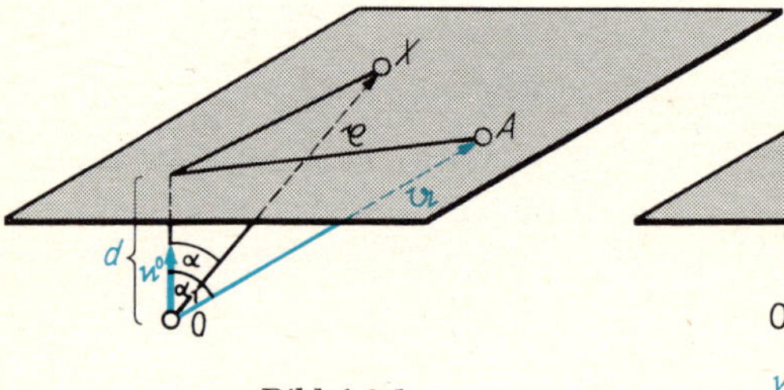

Bild 6.8.1

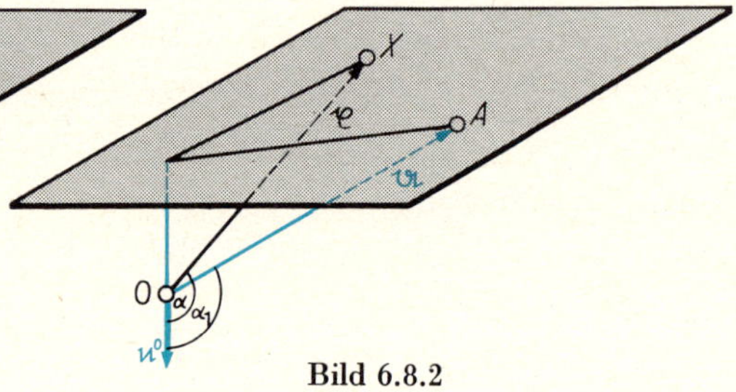

Bild 6.8.2

Damit erhalten wir den

Satz 6.2

Wenn eine Ebene im R^3 (Gerade im R^2) durch einen Punkt A und einen Normaleneinheitsvektor $\mathfrak{n}^\circ$ gegeben ist, dann heißt ihre Gleichung

$$\mathfrak{n}^\circ \mathfrak{x} - d = 0\,. \qquad \textit{Hessesche}^{1)}\ \textit{Normalenform}$$

Hierin soll $d = \mathfrak{n}^\circ \mathfrak{a} \geqq 0$ sein. Dann gibt d den Abstand der Ebene (Geraden) vom Nullpunkt an, und der Normaleneinheitsvektor $\mathfrak{n}^\circ$ zeigt stets vom Nullpunkt zur Ebene (Geraden).
Falls die Ebene (Gerade) durch den Nullpunkt geht, kann der Durchlaufsinn des Normaleneinheitsvektors beliebig gewählt werden.

Beispiel

1. Bringe die Gleichung der Ebene E: $\begin{pmatrix}12\\3\\4\end{pmatrix}\mathfrak{x} + 26 = 0$ in die Hessesche Normalenform und berechne ihren Abstand vom Nullpunkt.
Zur Lösung dieser Aufgabe dividieren wir die Gleichung durch $|\mathfrak{n}| = 13$, und es ergibt sich

aus $\mathfrak{n}\mathfrak{x} + c = 0 \quad \mathfrak{n}^\circ \mathfrak{x} + \dfrac{c}{|\mathfrak{n}|} = 0$, in unserem Fall also $\begin{pmatrix}\frac{12}{13}\\ \frac{3}{13}\\ \frac{4}{13}\end{pmatrix}\mathfrak{x} + 2 = 0$.

Damit ist der Normalenvektor zwar ein Einheitsvektor. Man erkennt jedoch am absoluten Glied, daß er noch nicht den richtigen Durchlaufsinn hat. Wir multiplizieren deshalb die

---

[1] Ludwig Otto Hesse, 1811 — 1874. Er lehrte 1845 — 1856 in Königsberg, von 1856 bis 1869 in Heidelberg und ab 1869 an der TH in München. Die nach ihm benannte Hessesche Form fand er 1865.

Gleichung mit -1; damit weist $\mathfrak{n}^\circ = \begin{pmatrix} -\frac{12}{13} \\ -\frac{3}{13} \\ -\frac{4}{13} \end{pmatrix}$ vom Nullpunkt zur Ebene hin. Die Gleichung der Ebene in der Hesseschen Normalenform lautet also $\begin{pmatrix} -\frac{12}{13} \\ -\frac{3}{13} \\ -\frac{4}{13} \end{pmatrix} \mathfrak{x} - 2 = 0$.

Der gesuchte Abstand der Ebene beträgt $d = 2\,\mathrm{LE}$.

2. Beschreibe die Punktmenge

$$\{X[\mathfrak{x}] \mid \mathfrak{n}_1 \mathfrak{x} > c_1 \text{ und } c_1 > 0\} \cap \{X[\mathfrak{x}] \mid \mathfrak{n}_2 \mathfrak{x} < c_2 \text{ und } c_2 > 0\} \text{ im } R^2.$$

Da $c_1 > 0$ und $c_2 > 0$ ist, weisen $\mathfrak{n}_1$ und $\mathfrak{n}_2$ (Bild 6.9.1) zur Geraden $g_1 : \mathfrak{n}_1 \mathfrak{x} - c_1 = 0$ bzw. $g_2 : \mathfrak{n}_2 \mathfrak{x} - c_2 = 0$, falls die Angriffspunkte der Normalenvektoren in den Nullpunkt gelegt werden. $\{X[\mathfrak{x}] \mid \mathfrak{n}_1 \mathfrak{x} > c_1 \text{ und } c_1 > 0\}$ besteht aus allen Punkten $X[\mathfrak{x}]$, die mit dem Nullpunkt auf verschiedenen Seiten bezüglich g_1 liegen; zu $\{X[\mathfrak{x}] \mid \mathfrak{n}_2 \mathfrak{x} < c_2 \text{ und } c_2 > 0\}$ gehören genau die Punkte $X[\mathfrak{x}]$, die mit dem Nullpunkt auf derselben Seite von g_2 liegen. Demnach besteht die gesuchte Punktmenge aus allen Punkten des eingezeichneten Geradensektors ohne die Begrenzungslinien.

Die Achsenabschnittsform für die Gleichung einer Ebene im R^3 (Geraden im R^2), die wir in den Abschnitten 4.3.7 (4.2.8) kennengelernt haben, lautet

$$\frac{x_1}{a} + \frac{x_2}{b} + \frac{x_3}{c} = 1 \quad \text{bzw.} \quad \frac{x_1}{a} + \frac{x_2}{b} = 1.$$

Mit Vektoren läßt sie sich schreiben in der Form

$$\begin{pmatrix} \frac{1}{a} \\ \frac{1}{b} \\ \frac{1}{c} \end{pmatrix} \mathfrak{x} - 1 = 0 \quad \text{bzw.} \quad \begin{pmatrix} \frac{1}{a} \\ \frac{1}{b} \end{pmatrix} \mathfrak{x} - 1 = 0.$$

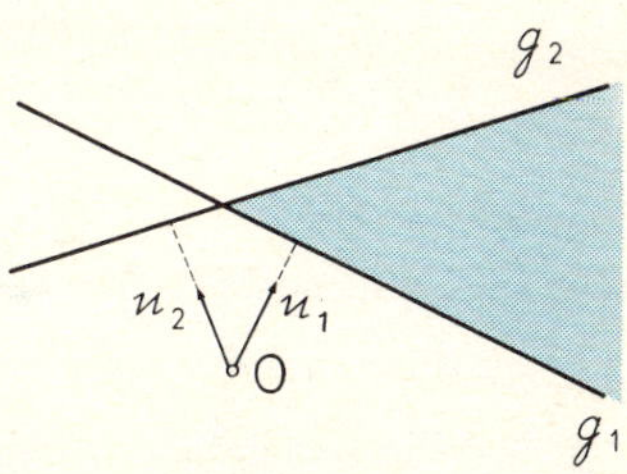

Bild 6.9.1

Damit ordnet sie sich in dieser vektoriellen Schreibweise den Normalenformen unter. So wie wir beim Übergang von der Punkt-Normalenform zur Hesseschen Normalenform den Normalenvektor als *Einheits*vektor wählen mußten, können wir von der Punkt-Normalenform zur Achsenabschnittsform gelangen, wenn wir den Normalenvektor so wählen, daß in der Gleichung $\mathfrak{n}\mathfrak{x} - c = 0$ $c = 1$ wird. Das erreichen wir durch Division der Gleichung durch c. Die reziproken Koordinaten eines solchen Normalenvektors ergeben dann die Achsenabschnitte der Ebene (Geraden).

Aufgaben

1. Berechne den Abstand der Geraden $g: -3x_1 + 4x_3 = -10$ vom Nullpunkt.

2. a) Berechne den Abstand der beiden Geraden g_1 und g_2.

$g_1: 3x_1 + 4x_2 = 15, \quad g_2: 3x_1 + 4x_2 = 25$

b) Wie ändert sich das Ergebnis, wenn g_2 durch die Gleichung $3x_1 + 4x_2 = -25$ gegeben ist?

3. Berechne die Gleichung der Ebene, die parallel zur Ebene

$$E: 7x_1 - 4x_2 + 4x_3 - 18 = 0$$

läuft und den Abstand $d = 5\,\text{LE}$ vom Nullpunkt hat. Wieviele solcher Ebenen gibt es?

4. Gegeben sei der Lotvektor $\mathfrak{d} = \overrightarrow{OD}$, wobei D der Fußpunkt des von O auf eine Gerade g gefällten Lotes ist. Gesucht ist die Gleichung der Geraden g in der allgemeinen Normalenform.

a) $\mathfrak{d} = \begin{pmatrix} d_1 \\ d_2 \end{pmatrix}$ b) $\mathfrak{d} = \begin{pmatrix} 1 \\ 2 \end{pmatrix}$.

5. Zur Ebene $E: \begin{pmatrix} 8 \\ 0 \\ 6 \end{pmatrix} \mathfrak{x} = 40$ soll durch den Punkt A (—10/1/15) eine Parallelebene gelegt werden.

a) Berechne den Abstand der beiden Ebenen.

b) Wie liegt der Nullpunkt zu den beiden Ebenen?

6. Wie lauten die Gleichungen der Ebenen, die von der Ebene $E: \mathfrak{n}^\circ \mathfrak{x} - d = 0$ den Abstand a haben?

7. a) Wie lang ist das vom Nullpunkt auf die Gerade $g: 7x_1 + 24x_2 = 50$ gefällte Lot, und welchen Winkel bildet es mit den Achsen?

b) Berechne den Lotfußpunkt.

8. Wie lautet die Gleichung der Geraden in der x_1x_3-Ebene, die vom Nullpunkt den Abstand $d = 5\,\text{LE}$ hat und deren Normalenvektor mit der positiven x_1-Achse einen Winkel von 30° (45°, 60°) bildet?

9. Beweise: Ist $\mathfrak{x} = \mathfrak{a} + \lambda \mathfrak{u}$ die Gleichung einer Geraden, so ist $\mathfrak{d} = \mathfrak{a} - \frac{\mathfrak{a}\,\mathfrak{u}}{\mathfrak{u}^2} \cdot \mathfrak{u}$ der Ortsvektor des Fußpunktes des Lotes vom Ursprung auf die Gerade.

10. Berechne den Abstand der folgenden Geraden vom Nullpunkt.

a) $g: \mathfrak{x} = \begin{pmatrix} -2 \\ 5 \end{pmatrix} + \lambda \begin{pmatrix} 4 \\ 3 \end{pmatrix}$ b) $g: \mathfrak{x} = \begin{pmatrix} 1 \\ 7 \end{pmatrix} + \lambda \begin{pmatrix} -3 \\ 4 \end{pmatrix}$ c) $g: \mathfrak{x} = \begin{pmatrix} 7 \\ 17 \end{pmatrix} + \lambda \begin{pmatrix} -5 \\ -12 \end{pmatrix}$

11. Welche besondere Lage hat eine Ebene, deren Gleichung in der Form $\mathfrak{n}^\circ \mathfrak{r} = 0$ gegeben ist?

12. Eine Ebene sei gegeben durch die Punkte A (3/—2/1), B (5/4/1), C (—1/—2/3). Berechne ihren Abstand vom Nullpunkt.

13. Gegeben ist der Punkt A (5/−12). Wie heißt die Gleichung der Geraden, die durch A geht und den Abstand $\overline{OA}$ vom Nullpunkt hat?

14. Wie heißen die Gleichungen der Ebenen, die auf $E: 2x_1 + 3x_2 + 6x_3 = 18$ senkrecht stehen und vom Nullpunkt den Abstand 2 LE haben? Wieviele solcher Ebenen gibt es?

15. Zeige, daß sich die Gleichung einer Ebene (Gerade im R^2) in der Hesseschen Normalenform auch schreiben läßt als

$$\begin{pmatrix}\cos\alpha\\ \cos\beta\\ \cos\gamma\end{pmatrix}\mathfrak{x} - d = 0 \quad \text{bzw.} \quad \begin{pmatrix}\cos\alpha\\ \cos\beta\end{pmatrix}\mathfrak{x} - d = 0,$$

wobei $\alpha = \sphericalangle(\mathfrak{n}^\circ; \mathfrak{e}_1)$, $\beta = \sphericalangle(\mathfrak{n}^\circ; \mathfrak{e}_2)$, $\gamma = \sphericalangle(\mathfrak{n}^\circ; \mathfrak{e}_3)$ ist.

16. Wie heißen die Gleichungen der Geraden, die durch A (−1/7) gehen und vom Nullpunkt den Abstand 5 LE haben?

17. Wo schneiden die folgenden Ebenen die Koordinatenachsen?

a) $E: \begin{pmatrix}2\\3\\-4\end{pmatrix}\mathfrak{x} - 12 = 0$ b) $E: \begin{pmatrix}-7\\4\\8\end{pmatrix}\mathfrak{x} - 112 = 0$ c) $E: \mathfrak{x} = \begin{pmatrix}2\\3\\-4\end{pmatrix} + \lambda\begin{pmatrix}1\\-1\\2\end{pmatrix} + \mu\begin{pmatrix}-1\\-2\\3\end{pmatrix}$

18. Bestimme die Achsenabschnitte der folgenden Geraden:

a) $g: \mathfrak{x} = \begin{pmatrix}1\\-1\end{pmatrix} + \lambda\begin{pmatrix}2\\-4\end{pmatrix}$ b) $g: \begin{pmatrix}3\\8\end{pmatrix}\mathfrak{x} - 5 = 0$

19. Wie lautet die Relation für den Halbraum, der durch die Ebene

$E: \begin{pmatrix}2\\3\\1\end{pmatrix}\mathfrak{x} + \sqrt{14} = 0$ begrenzt wird und in dem der Nullpunkt liegt?

20. Beschreibe die Punktmenge $\{X[\mathfrak{x}] \mid \mathfrak{n}_1\mathfrak{x} > c_1 \text{ und } c_1 > 0\} \cap \{X[\mathfrak{x}] \mid \mathfrak{n}_2\mathfrak{x} > c_2 \text{ und } c_2 > 0 \text{ und } \mathfrak{n}_2 = \lambda\mathfrak{n}_1\}$ im R^2.

21. Beschreibe im R^2 die Punktmenge $\{X[\mathfrak{x}] \mid \mathfrak{n}_1\mathfrak{x} > c_1 \text{ und } c_1 > 0\} \cup \{X[\mathfrak{x}] \mid \mathfrak{n}_2\mathfrak{x} > c_2 \text{ und } c_2 > 0\}$.

22. Bestimme im R^3 die Punktmenge $\left\{X[\mathfrak{x}] \,\middle|\, \begin{pmatrix}2\\3\\1\end{pmatrix}\mathfrak{x} + 1 = 0\right\} \cap \{X[\mathfrak{x}] \mid x_1 = x_2 = 0$ und $x_3 \neq 0\}$.

Beschreibe die Punktmenge $\left\{X[\mathfrak{x}] \,\middle|\, \begin{pmatrix}1\\2\end{pmatrix}\mathfrak{x} \geqq 0\right\}$ im R^2.

6.3. Abstandsberechnungen [1]

Vorübungen

1. Was versteht man unter dem Abstand eines Punktes P im R^2 von einer Geraden g? Was versteht man unter dem Abstand eines Punktes P von einer Ebene?
2. Wie heißt die Gleichung der Ebene E_1, die durch P (4/2/9) geht und parallel zur Ebene E: $\begin{pmatrix} 2 \\ -3 \\ 6 \end{pmatrix} \mathfrak{x} - 28 = 0$ ist? Berechne den Abstand des Punktes P von der gegebenen Ebene.

Gegeben sei eine Ebene E durch $\mathfrak{n}^\circ \mathfrak{x} - d = 0$ und ein Punkt P außerhalb dieser Ebene. Wir wollen den Abstand des Punktes P von dieser Ebene berechnen.

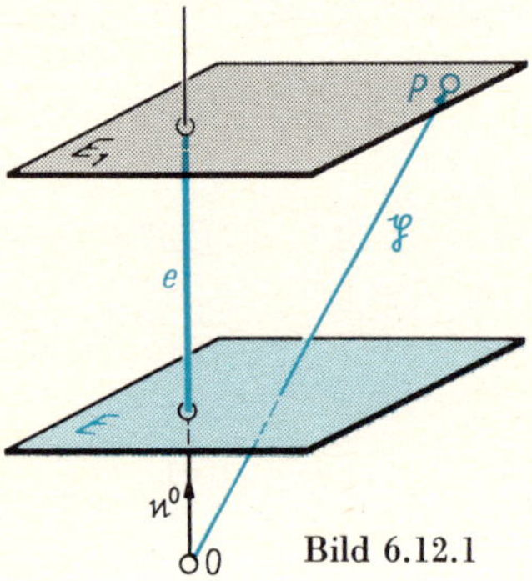

Bild 6.12.1

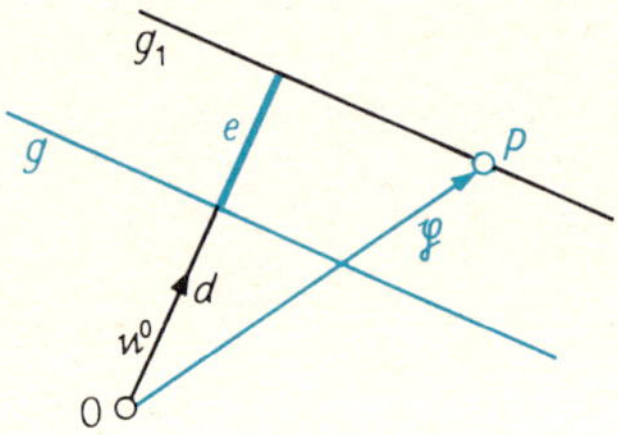

Bild 6.12.2

Um den Abstand zu bestimmen, denken wir uns eine Hilfsebene durch P parallel zu E (Bild 6.12.1). Ihre Ebenengleichung lautet $\mathfrak{n}^\circ \mathfrak{x} - \mathfrak{n}^\circ \mathfrak{p} = 0$. Der gesuchte Abstand $|e|$ ergibt sich aus

$$e = d_1 - d, \text{ wobei } d_1 = \mathfrak{n}^\circ \mathfrak{p}$$

je nach Lage von P auch Null oder negativ sein kann. Setzen wir den Wert für d_1 ein, ergibt sich

$$e = \mathfrak{n}^\circ \mathfrak{p} - d.$$

e ist positiv, wenn $d_1 > d$ ist, d. h. wenn P und der Nullpunkt auf verschiedenen Seiten der gegebenen Ebene E liegen. Anderenfalls ist e negativ.
Vergleicht man den Ausdruck $e = \mathfrak{n}^\circ \mathfrak{p} - d$ mit der Hesseschen Normalenform der gegebenen Ebenengleichung $\mathfrak{n}^\circ \mathfrak{x} - d = 0$, so ergibt sich der

Satz 6.3

Um den Abstand eines Punktes P[$\mathfrak{p}$] von einer Ebene E im R^3 zu bestimmen, setzt man für $\mathfrak{x}$ in die linke Seite der Hesseschen Normalenform der Ebenengleichung den Ortsvektor für P ein. Dann erhält man den gesuchten Abstand $|e|$ aus $e = \mathfrak{n}^\circ \mathfrak{p} - d$. e ist positiv, wenn P und der Nullpunkt auf verschiedenen Seiten der Ebene liegen, negativ, wenn sie auf derselben Seite liegen. Für eine Gerade im R^2 gilt das Entsprechende (Bild 6.12.2).

[1] Falls das Vektorprodukt behandelt wird, können der Text nach Satz 6.3, das Beispiel 2 und die Aufgaben 18–23 fortgelassen werden.

Den Abstand eines Punktes P von einer Geraden im R^3

$$g : \mathfrak{x} = \mathfrak{a} + \lambda\,\mathfrak{u}$$

kann man nicht so einfach berechnen, da man die Gleichung in der Hesseschen Normalenform nur für Geraden im R^2, nicht aber für Geraden im R^3 bilden kann.

Wir denken uns deshalb durch P eine Hilfsebene H, die auf g senkrecht steht. Ihre Gleichung lautet in der Punkt-Normalenform

$$\mathfrak{u} \cdot (\mathfrak{x} - \mathfrak{p}) = 0\,,$$

da $\mathfrak{u}$ ein Normalenvektor der Ebene ist. Anschließend bestimmen wir den Durchstoßpunkt S der Geraden auf der Hilfsebene. Seine Entfernung von P ist gleich dem gesuchten Abstand (Bild 6.13.1).

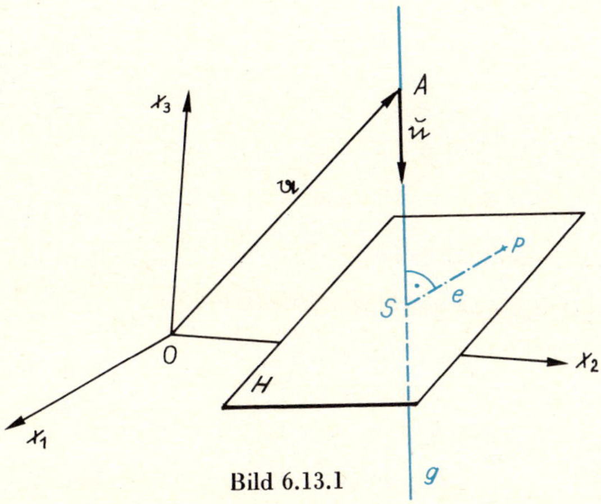

Bild 6.13.1

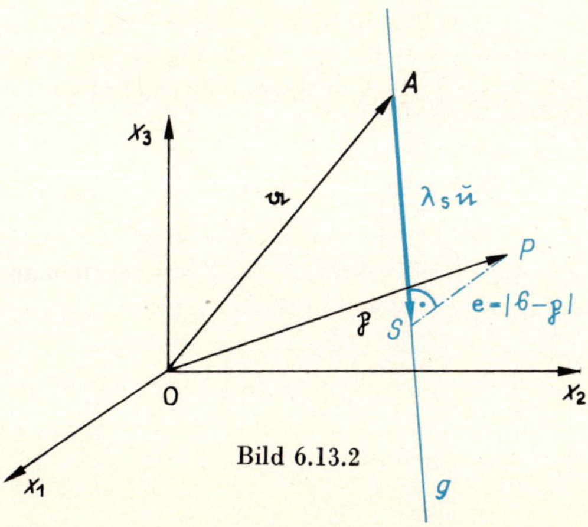

Bild 6.13.2

Die gleiche Aufgabe, den Abstand eines Punktes von einer Raumgeraden zu bestimmen, kann man auch mit Hilfe des operativen Verfahrens lösen (Bild 6.13.2). S sei der Fußpunkt des von P auf g gefällten Lotes. Dann gibt es einen Parameterwert λ_S, so daß gilt

$$\mathfrak{s} = \mathfrak{a} + \lambda_S \mathfrak{u}\,.$$

Nun muß aber $\mathfrak{s} - \mathfrak{p}$ auf g und damit auf $\mathfrak{u}$ senkrecht stehen, es folgt also:

$$\mathfrak{u} \cdot (\mathfrak{a} + \lambda_S \mathfrak{u} - \mathfrak{p}) = 0$$

$$\mathfrak{u} \cdot \mathfrak{a} + \lambda_S \mathfrak{u}^2 - \mathfrak{u} \cdot \mathfrak{p} = 0$$

$$\lambda_S = \frac{\mathfrak{u} \cdot (\mathfrak{p} - \mathfrak{a})}{\mathfrak{u}^2}\,.$$

Daraus läßt sich S und damit der gesuchte Abstand als $|\mathfrak{s} - \mathfrak{p}|$ bestimmen.

Beispiel

1. Berechne den Abstand des Punktes P(2/—4/1) von der Ebene E: $\begin{pmatrix}-3\\2\\-6\end{pmatrix}\mathfrak{x} + 27 = 0\,.$

Lösung:

Der Normalenvektor der Ebene ist $\mathfrak{n} = \begin{pmatrix}-3\\2\\-6\end{pmatrix} \Rightarrow n = 7$. Wir bringen die Ebenengleichung in die Hessesche Normalenform, indem wir die Punkt-Normalenform durch —7 dividieren: $\frac{3}{7}x_1 - \frac{2}{7}x_2 + \frac{6}{7}x_3 - \frac{27}{7} = 0$. Wir setzen den Ortsvektor $\mathfrak{p}$ des gegebenen Punktes P in diese Gleichung ein und erhalten den gesuchten Abstand $|e|$ aus

$$e = \mathfrak{n}^\circ \mathfrak{p} - d \Rightarrow e = \frac{6}{7} + \frac{8}{7} + \frac{6}{7} - \frac{27}{7} = -1\,.$$

P hat den Abstand 1 LE von der Ebene und liegt auf derselben Seite der Ebene wie der Nullpunkt.

*2. Berechne den Abstand des Punktes P(5/0/0/) von der Geraden

$$g\colon \mathfrak{x} = \begin{pmatrix}1\\1\\1\end{pmatrix} + \lambda \begin{pmatrix}2\\1\\1\end{pmatrix}.$$

Lösung:

Da es sich um eine Gerade im R^3 handelt, denken wir uns eine Hilfsebene H durch P senkrecht auf g. Sie hat die Gleichung

$$\begin{pmatrix}2\\1\\1\end{pmatrix}\left[\mathfrak{x} - \begin{pmatrix}5\\0\\0\end{pmatrix}\right] = 0\,.$$

Für den Durchstoßpunkt S von g auf H gilt:

$$\mathfrak{s} = \begin{pmatrix}1\\1\\1\end{pmatrix} + \lambda_S \begin{pmatrix}2\\1\\1\end{pmatrix} \quad \text{und} \quad \begin{pmatrix}2\\1\\1\end{pmatrix}\left[\mathfrak{s} - \begin{pmatrix}5\\0\\0\end{pmatrix}\right] = 0\,.$$

* s. Fußnote S. 6.12.

Wir setzen ein und erhalten:

(1) $$\begin{pmatrix}2\\1\\1\end{pmatrix}\left[\begin{pmatrix}1\\1\\1\end{pmatrix} + \lambda_S\begin{pmatrix}2\\1\\1\end{pmatrix} - \begin{pmatrix}5\\0\\0\end{pmatrix}\right] = 0$$

$$\begin{pmatrix}2\\1\\1\end{pmatrix}\left[\begin{pmatrix}-4\\1\\1\end{pmatrix} + \lambda_S\begin{pmatrix}2\\1\\1\end{pmatrix}\right] = 0$$

$$-6 + 6\lambda_S = 0$$

$$\lambda_S = 1 .$$

Der Ortsvektor zum Durchstoßpunkt S ist demnach

$$\mathfrak{s} = \begin{pmatrix}1\\1\\1\end{pmatrix} + 1\cdot\begin{pmatrix}2\\1\\1\end{pmatrix} = \begin{pmatrix}3\\2\\2\end{pmatrix}.$$

Der gesuchte Abstand e ist gleich der Entfernung der Punkte S und P:

$$e = |\mathfrak{s} - \mathfrak{p}| = \left|\begin{pmatrix}3\\2\\2\end{pmatrix} - \begin{pmatrix}5\\0\\0\end{pmatrix}\right| = \left|\begin{pmatrix}-2\\2\\2\end{pmatrix}\right| = \sqrt{12} = 2\sqrt{3}\,.$$

Die Lösung mit Hilfe des operativen Verfahrens führt auf die gleiche Rechnung, da die Aussage, daß $\mathfrak{s} - \mathfrak{p}$ auf g senkrecht steht, mit der Gleichung (1) gleichwertig ist.

Aufgaben

1. Berechne den Abstand folgender Punkte von der Geraden.

   a) $g: 7x_1 + 24x_2 - 100 = 0$, A(5/10), B(−4/2), C(5/0)

   b) $g: 7x_1 + 24x_2 = 0$, A(5/10), B(−4/2)

2. Berechne nach Satz 6.3 den Abstand des Nullpunktes von der Geraden $g: \begin{pmatrix}3\\4\end{pmatrix}\mathfrak{x} + 2 = 0$ und diskutiere die Bedeutung des Vorzeichens.

3. Gegeben ist das Dreieck A(5/6) B(−2/4) C(6/−1).
   Berechne die Länge der drei Höhen.

4. Eine Gerade gehe durch A und B. Wie weit ist C von ihr entfernt?

   a) A(4/3), B(18/−4), C(5/10),

   b) A(−2/−1), B(1/8), C(1/13).

5. Berechne den Abstand von A(6/1) zu folgenden Geraden:

   a) $g: \mathfrak{x} = \begin{pmatrix}2\\4\end{pmatrix} + \lambda\begin{pmatrix}2\\1\end{pmatrix}$ b) $g: \mathfrak{x} = \begin{pmatrix}7\\3\end{pmatrix} + \lambda\begin{pmatrix}0\\2\end{pmatrix}$ c) $g: \mathfrak{x} = \begin{pmatrix}6\\-2\end{pmatrix} + \lambda\begin{pmatrix}1\\-1\end{pmatrix}$

6. Wie lautet die Gleichung der Geraden, die durch A(8/5) geht und von B(3/7) den Abstand |e| mit e = −5 hat? (Konstruktion und Rechnung!)

7. Welchen Abstand haben die folgenden Geraden voneinander?

$g_1: 3x_1 + 4x_2 = -30,\ g_2: 6x_1 + 8x_2 = 40.$

8. Welchen Abstand haben die folgenden Ebenen voneinander?

$$E_1: \begin{pmatrix} 3 \\ 2 \\ -6 \end{pmatrix} \mathfrak{x} - 35 = 0, \quad E_2: \begin{pmatrix} 3 \\ 2 \\ -6 \end{pmatrix} \mathfrak{x} - 14 = 0.$$

9. Wo liegen die Punkte, die von der Ebene $E: 7x_1 - 4x_2 + 4x_3 + 27 = 0$ den Abstand $|e|$ mit $e = 2$ $(e = -2)$ haben?

10. Gegeben sind A (−1/2/3), B (1/0/0), C (2/2/−6). Liegt D (−2/4/3) in der durch ABC bestimmten Ebene?
Berechne gegebenenfalls den Abstand von D zur Ebene.

11. Gegeben sei die Ebene $E: \begin{pmatrix} 1 \\ -2 \\ 2 \end{pmatrix} \mathfrak{x} - 9 = 0$ und der Punkt P (5/1/12).

a) Berechne den Abstand von P zur Ebene.

b) P′ sei die senkrechte Projektion von P auf die Ebene. Wie läßt sich $\mathfrak{p}'$ vektoriell darstellen? Berechne P′.

12. Gegeben sei die Gerade $g: \begin{pmatrix} 3 \\ -4 \end{pmatrix} \mathfrak{x} + 25 = 0$ und ein Punkt P(3/1). Berechne P′, die Projektion von P auf g.

13. Ein Dreieck sei gegeben durch die Ortsvektoren $\mathfrak{a} = \begin{pmatrix} 3 \\ 2 \end{pmatrix}$, $\mathfrak{b} = \begin{pmatrix} 5 \\ 7 \end{pmatrix}$, $\mathfrak{c} = \begin{pmatrix} 1 \\ 6 \end{pmatrix}$.
Berechne die Länge der Lote, die vom Schwerpunkt auf die drei Seiten gefällt werden.

14. Berechne den Rauminhalt des Vierflachs, dessen Eckpunkte durch $\mathfrak{a} = \begin{pmatrix} 3 \\ 1 \\ 0 \end{pmatrix}$, $\mathfrak{b} = \begin{pmatrix} 5 \\ 2{,}5 \\ 0 \end{pmatrix}$, $\mathfrak{c} = \begin{pmatrix} 8 \\ 1 \\ 0 \end{pmatrix}$, $\mathfrak{d} = \begin{pmatrix} 2 \\ -6 \\ 4 \end{pmatrix}$ gegeben sind.

15. a) Durch A(−2/5) soll eine Gerade g so gelegt werden, daß B(3/−7) und C (−4/1) denselben Abstand von g haben.

b) A(7/11), B(3/4), C(9/5)

16. Gegeben sind die Geraden $g_1: \begin{pmatrix} 3 \\ 4 \end{pmatrix} \mathfrak{x} + 25 = 0$ und $g_2: \begin{pmatrix} 24 \\ 7 \end{pmatrix} \mathfrak{x} + 25 = 0.$

Bestimme die Punkte der Geraden $g_3: \mathfrak{x} = \lambda \begin{pmatrix} 1 \\ 1 \end{pmatrix}$, die von g_1 und g_2 gleich weit entfernt sind. Wie groß sind diese Abstände?

17. Beweise: Für jeden Punkt X innerhalb eines gleichseitigen Dreiecks gilt: Die Summe seiner Abstände von den Seiten des Dreiecks ist gleich der Dreieckshöhe. Diskutiere auch den Fall, daß X außerhalb des Dreiecks liegt.

Anleitung: Lege den Nullpunkt in den Schwerpunkt des Dreiecks und zeige zunächst, daß in einem gleichseitigen Dreieck die Summe der nach außen gerichteten Normaleneinheitsvektoren gleich dem Nullvektor ist.

*18. Berechne den Abstand des Punktes P von der Geraden g.

a) P (0/3/4), $g: \mathfrak{x} = \begin{pmatrix} 2 \\ 0 \\ 1 \end{pmatrix} + \lambda \begin{pmatrix} -4 \\ 1 \\ 1 \end{pmatrix}$, b) P (0/5/6), $g: \mathfrak{x} = \begin{pmatrix} 2 \\ 0 \\ 1 \end{pmatrix} + \lambda \begin{pmatrix} -4 \\ 1 \\ 1 \end{pmatrix}$,

c) P (4/5/5), $g: 3x_1 + 4x_2 - 7 = 0$.

*19. Berechne die Länge der Höhe h_c eines Dreiecks ABC.

a) A (2/1/0), B (4/3/1), C (2/1/5).

b) $g_{AB}: \mathfrak{x} = \begin{pmatrix} 1 \\ 0 \\ 2 \end{pmatrix} + \lambda \begin{pmatrix} 1 \\ 2 \\ 2 \end{pmatrix}$, $g_{CA}: \mathfrak{x} = \begin{pmatrix} 1 \\ 0 \\ 2 \end{pmatrix} + \lambda \begin{pmatrix} 1 \\ 1 \\ -1 \end{pmatrix}$, $g_{BC}: \mathfrak{x} = \begin{pmatrix} 2 \\ 1 \\ 1 \end{pmatrix} + \lambda \begin{pmatrix} 0 \\ 1 \\ 3 \end{pmatrix}$.

*20. Berechne die Länge aller Höhen im Dreieck A (2/1/0) B (7/2/3) C (5/4/3).

*21. Berechne die Höhen in dem Rhombus ABCD, der durch A (1/1/0), B (4/1/0) und D (3/2/2) gegeben ist.

*22. Gegeben sei ein Vierflach durch A (1/0/2), B (2/1/1), C (1/3/3), D (0/4/2). Berechne den Abstand seines Schwerpunktes von der Kante AB.

*23. Führe die Berechnung des Abstands eines Punktes von einer Geraden im Raum allgemein durch!

24. Beschreibe im R^3 die Punktmenge $\{X[\mathfrak{x}] \mid \mathfrak{n}^\circ \mathfrak{x} - d \geqq 0 \text{ und } d > 0\}$.

25. Beschreibe im R^3 die Punktmenge

$$\{X[\mathfrak{x}] \mid \mathfrak{n}^\circ \mathfrak{x} - d_1 \leqq 0 \text{ und } d_1 > 0\} \cap \{X[\mathfrak{x}] \mid \mathfrak{n}^\circ \mathfrak{x} - d_2 > 0 \text{ und } d_2 > 0 \text{ und } d_1 \neq d_2\}.$$

26. Beschreibe im R^2 die Punktmenge

$$\left\{X[\mathfrak{x}] \;\middle|\; \begin{pmatrix} \frac{4}{5} \\ \frac{3}{5} \end{pmatrix} \mathfrak{x} - \frac{1}{5} > 0\right\} \cap \left\{X[\mathfrak{x}] \;\middle|\; \mathfrak{x} = \begin{pmatrix} -2 \\ -2 \end{pmatrix} + \lambda \begin{pmatrix} 3 \\ -4 \end{pmatrix}\right\}.$$

27. Beschreibe im R^3 die Punktmenge

$$\{X[\mathfrak{x}] \mid \mathfrak{n}^\circ \mathfrak{x} - c_1 = -(\mathfrak{n}^\circ \mathfrak{x} - c_2) \quad \text{und} \quad (c_1, c_2) \neq (0, 0) \text{ und } c_1 \neq c_2\}.$$

6.4. Schnitte von Geraden und Ebenen

Vorübungen

Welche Formen der Geraden- und Ebenengleichung haben wir bisher kennengelernt? Welchen Grundformen lassen sich alle diese Formen unterordnen?

---

* s. Fußnote S. 6.12.

Wir wollen uns in diesem Kapitel mit Schnittproblemen beschäftigen und die Rechenverfahren erweitern, die wir hierzu bereits in Kapitel 4 kennengelernt haben. Dort waren Geraden und Ebenen ausschließlich durch Parameterformen festgelegt. Im weiteren sollen nun insbesondere auch die Normalenformen bei der Berechnung von Schnittproblemen mit herangezogen werden.

I. Schnittpunkt von zwei Geraden

1. Verfahren (Beide Geradengleichungen sind in der Parameterform gegeben): $g_1: \mathfrak{x} = \mathfrak{a} + \lambda\, \mathfrak{u}_1$, $g_2: \mathfrak{x} = \mathfrak{b} + \lambda\, \mathfrak{u}_2$. Lösungsverfahren s. Abschnitt 4.2.6.

2. Verfahren (Eine Geradengleichung ist in der Parameterform, die andere in der Normalenform gegeben):

   $$g_1: \mathfrak{x} = \begin{pmatrix}1\\2\end{pmatrix} + \lambda \begin{pmatrix}4\\2\end{pmatrix}, \quad g_2: \begin{pmatrix}3\\4\end{pmatrix} \mathfrak{x} = 111.$$

   Für den Schnittpunkt S gilt $\mathfrak{s} = \mathfrak{a} + \lambda_s\, \mathfrak{u}_1$ und $\mathfrak{n}\,\mathfrak{s} = c$.

   Durch Einsetzen erhält man $\mathfrak{n}\,(\mathfrak{a} + \lambda_s\, \mathfrak{u}_1) = c \Rightarrow \lambda_s\, \mathfrak{n}\, \mathfrak{u}_1 = c - \mathfrak{n}\, \mathfrak{a} \Rightarrow$

   $$\lambda_s = \frac{c - \mathfrak{n}\, \mathfrak{a}}{\mathfrak{n}\, \mathfrak{u}_1} \Rightarrow \lambda_s = \frac{111 - 11}{20} = 5.$$

   Daraus folgt

   $$\mathfrak{s} = \mathfrak{a} + \lambda_s\, \mathfrak{u}_1 \Rightarrow \mathfrak{s} = \begin{pmatrix}1 + 20\\2 + 10\end{pmatrix} = \begin{pmatrix}21\\12\end{pmatrix}.$$

3. Verfahren (Beide Geradengleichungen sind in der Normalenform gegeben):

   $$g_1: \begin{pmatrix}2\\3\end{pmatrix} \mathfrak{x} - 13 = 0, \quad g_2: \begin{pmatrix}5\\-1\end{pmatrix} \mathfrak{x} = 7.$$

   Für den Schnittpunkt S als einen Punkt auf beiden Geraden ergibt sich

   $$\mathfrak{n}_1\, \mathfrak{s} - c_1 = 0 \quad \text{und} \quad \mathfrak{n}_2\, \mathfrak{s} - c_2 = 0.$$

   Damit erhalten wir zwei Gleichungen mit zwei Variablen s_1 und s_2:

   $$\begin{aligned} 2s_1 + 3s_2 - 13 &= 0\\ 5s_1 - s_2 - 7 &= 0 \end{aligned}$$

   $$s_1 = 2,\ s_2 = 3 \Rightarrow \mathfrak{s} = \begin{pmatrix}2\\3\end{pmatrix}.$$

II. Schnittgerade von zwei Ebenen

Wir wollen die Punkte der Schnittgeraden g′ mit X′ bezeichnen.

1. Verfahren (Beide Ebenengleichungen sind in der Parameterform gegeben):

   $E_1: \mathfrak{x} = \mathfrak{a} + \lambda\, \mathfrak{u}_1 + \mu\, \mathfrak{v}_1$, $\quad E_2: \mathfrak{x} = \mathfrak{b} + \lambda\, \mathfrak{u}_2 + \mu\, \mathfrak{v}_2$.

   Die Lösung haben wir im Abschnitt 4.3.6 kennengelernt.

2. Verfahren (Eine Ebenengleichung ist in der Parameterform, die andere in der Normalenform gegeben):

$$E_1: \mathfrak{x} = \begin{pmatrix} 2 \\ 3 \\ 1 \end{pmatrix} + \lambda \begin{pmatrix} -1 \\ 3 \\ 1 \end{pmatrix} + \mu \begin{pmatrix} 4 \\ 5 \\ -2 \end{pmatrix}, \qquad E_2: \begin{pmatrix} 1 \\ 2 \\ 1 \end{pmatrix} \mathfrak{x} - 21 = 0\,.$$

Die Punkte X′ der Schnittgeraden liegen in beiden Ebenen. Wir setzen ein und erhalten $\mathfrak{n}_2\,(\mathfrak{a} + \lambda' \mathfrak{u}_1 + \mu' \mathfrak{v}_1) - c = 0$.
Die Auflösung nach λ' ergibt

$$\lambda' = \frac{c - \mathfrak{n}_2\,\mathfrak{a} - \mu'\,\mathfrak{n}_2\,\mathfrak{v}_1}{\mathfrak{n}_2\,\mathfrak{u}_1} \Rightarrow \lambda' = \frac{21 - 9 - 12\,\mu'}{6} = 2 - 2\mu'.$$

Daraus folgt durch Einsetzen in die Ebenengleichung von E_1

$$\mathfrak{x}' = \mathfrak{a} + (2 - 2\mu')\,\mathfrak{u}_1 + \mu' \mathfrak{v}_1 \Rightarrow \mathfrak{x}' = \begin{pmatrix} 0 \\ 9 \\ 3 \end{pmatrix} + \mu' \begin{pmatrix} 6 \\ -1 \\ -4 \end{pmatrix}.$$

Das ist die Gleichung der Schnittgeraden in der Parameterform.

3. Verfahren (Beide Ebenengleichungen sind in der Normalenform gegeben):

$$E_1: \begin{pmatrix} 1 \\ 2 \\ -3 \end{pmatrix} \mathfrak{x} - 3 = 0, \quad E_2: \begin{pmatrix} 1 \\ 2 \\ -1 \end{pmatrix} \mathfrak{x} - 5 = 0\,.$$

Wir können die Gleichung der Schnittgeraden g′ in der Parameterform aufstellen, wenn wir zwei Punkte A′ und B′ von g′ kennen. Als Punkte wählen wir die Schnittpunkte der Spurgeraden in der x_1x_3- und x_2x_3-Ebene. Die Spurgeraden in der x_1x_2-Ebene sind parallel, wie man an den Normalenvektoren $\mathfrak{n}_1$ und $\mathfrak{n}_2$ unmittelbar sieht (Bild 6.19.1).

A′ sei der Schnittpunkt der beiden Spurgeraden in der x_1x_3-Ebene. Dann gilt

$$\begin{pmatrix} 1 \\ 0 \\ -3 \end{pmatrix} \mathfrak{a}' - 3 = 0\,; \qquad \begin{pmatrix} 1 \\ 0 \\ -1 \end{pmatrix} \mathfrak{a}' - 5 = 0.$$

Daraus ergibt sich

$$\begin{array}{l} a_1' - 3a_3' - 3 = 0 \\ \underline{a_1' - a_3' - 5 = 0} \\ \qquad a_3' = 1, \quad a_1' = 6 \Rightarrow \mathfrak{a}' = \begin{pmatrix} 6 \\ 0 \\ 1 \end{pmatrix}. \end{array}$$

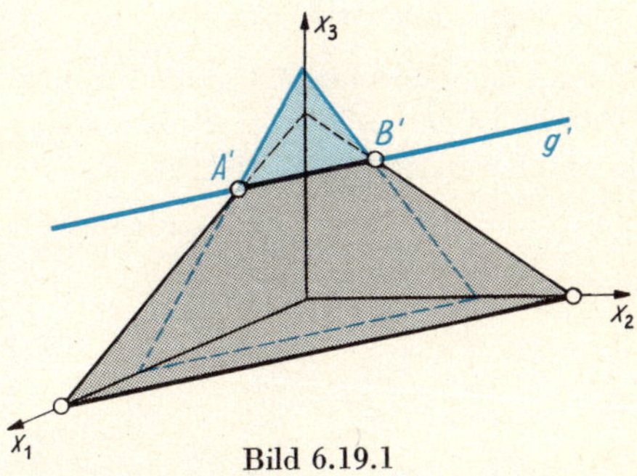

Bild 6.19.1

Analog bestimmen wir den Schnittpunkt B′ der beiden Spurgeraden in der x_2x_3-Ebene. Da B′ auf beiden Spurgeraden liegt, muß gelten

$$2b_2' - 3b_3' - 3 = 0 \quad \text{und} \quad 2b_2' - b_3' - 5 = 0.$$

Man erhält $b_3' = 1$ und $b_2' = 3 \Rightarrow \mathfrak{b}' = \begin{pmatrix} 0 \\ 3 \\ 1 \end{pmatrix}$.

Die Gleichung der Schnittgeraden g' von E_1 und E_2 ergibt sich also als

$$\mathfrak{x}' = \mathfrak{a}' + \lambda' (\mathfrak{b}' - \mathfrak{a}') \Rightarrow \mathfrak{x}' = \begin{pmatrix} 6 \\ 0 \\ 1 \end{pmatrix} + \lambda' \begin{pmatrix} -6 \\ 3 \\ 0 \end{pmatrix}.$$

III. Schnittpunkt von Gerade und Ebene

1. Verfahren (Geraden- und Ebenengleichung sind in der Parameterform gegeben):

$$g\colon \mathfrak{x} = \mathfrak{a} + \lambda \mathfrak{u}\,, \qquad E\colon \mathfrak{x} = \mathfrak{b} + \mu \mathfrak{v} + \nu \mathfrak{w} \qquad \text{(s. Abschnitt 4.3.5)}$$

2. Verfahren (Die Geradengleichung ist in der Parameterform,die Ebenengleichung) in der Normalenform gegeben):

$$g\colon \mathfrak{x} = \begin{pmatrix} 1 \\ 3 \\ 2 \end{pmatrix} + \lambda \begin{pmatrix} 2 \\ 1 \\ 0 \end{pmatrix}, \quad E\colon \begin{pmatrix} 1 \\ 1 \\ 2 \end{pmatrix} \mathfrak{x} - 11 = 0.$$

Die Rechnung verläuft nach dem Verfahren 2 beim Schnitt zweier Geraden. Wir setzen ein und erhalten

$$\mathfrak{n}\,(\mathfrak{a} + \lambda_s \mathfrak{u}) - c = 0 \Rightarrow \lambda_s = \frac{c - \mathfrak{n}\,\mathfrak{a}}{\mathfrak{n}\,\mathfrak{u}} = 1 \Rightarrow \mathfrak{s} = \begin{pmatrix} 1 \\ 3 \\ 2 \end{pmatrix} + 1 \begin{pmatrix} 2 \\ 1 \\ 0 \end{pmatrix} = \begin{pmatrix} 3 \\ 4 \\ 2 \end{pmatrix}.$$

IV. Schnittwinkel

1. Schnittwinkel von Geraden

Zwei sich schneidende Geraden g_1 und g_2 bilden zwei Paare von Scheitelwinkeln. Unter dem Schnittwinkel α von g_1 und g_2 wollen wir den kleineren der beiden Winkel α und β verstehen (Bild 6.20.1).

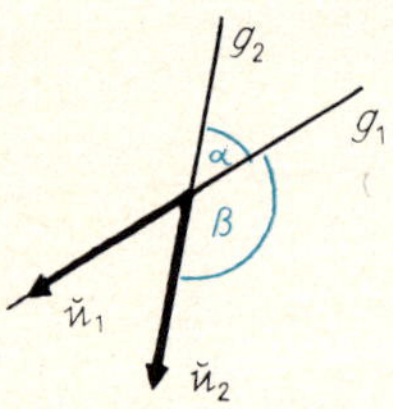

Bild 6.20.1

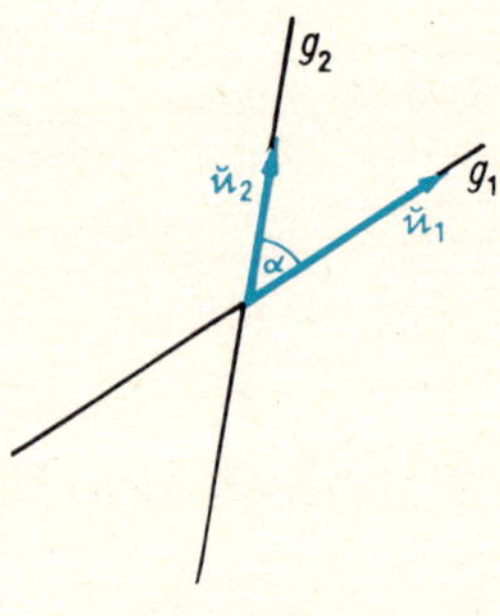

Bild 6.20.2

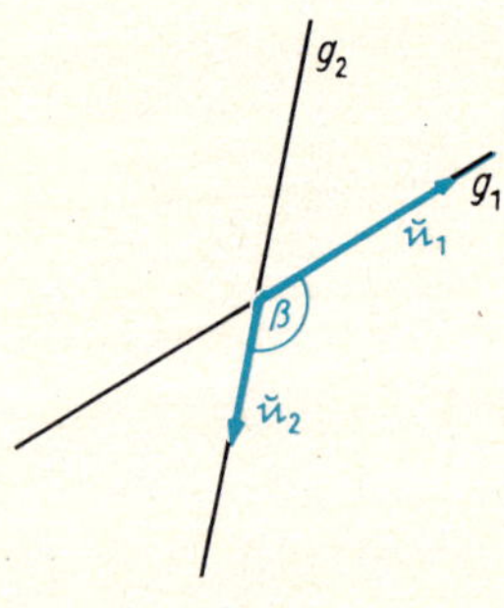

Bild 6.20.2

Zur Berechnung von α betrachten wir die Richtungsvektoren $\mathfrak{u}_1$ und $\mathfrak{u}_2$ der beiden Geraden. Es ist

$$\mathfrak{u}_1\,\mathfrak{u}_2 = u_1\,u_2 \cos(\mathfrak{u}_1; \mathfrak{u}_2).$$

Je nachdem, ob $\mathfrak{u}_1$ und $\mathfrak{u}_2$ einen spitzen oder stumpfen Winkel einschließen (Bild 6.20.2 u. 3), ist

$$\mathfrak{u}_1\,\mathfrak{u}_2 > 0 \text{ und } \cos(\mathfrak{u}_1; \mathfrak{u}_2) = \cos\alpha \quad \text{oder} \quad \mathfrak{u}_1\,\mathfrak{u}_2 < 0 \text{ und } \cos(\mathfrak{u}_1; \mathfrak{u}_2) = \cos\beta.$$

Da $\cos\beta = \cos(180 - \alpha) = -\cos\alpha$ ist, ist im zweiten Fall $\cos(\mathfrak{u}_1; \mathfrak{u}_2) = -\cos\alpha$. Damit ergibt sich der Schnittwinkel α der beiden Geraden g_1 und g_2 aus

$$\cos\alpha = \left|\frac{\mathfrak{u}_1\,\mathfrak{u}_2}{u_1\,u_2}\right|.$$

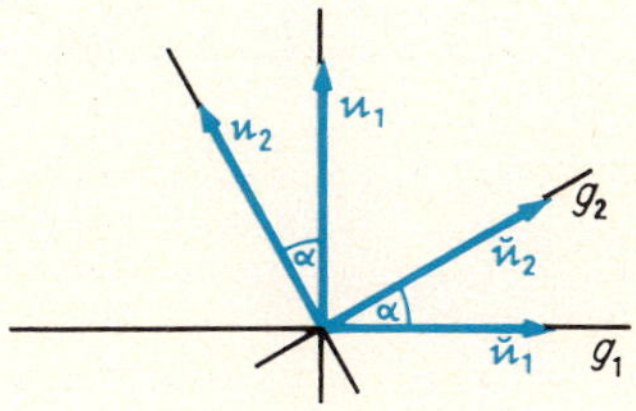

Bild 6.21.1

Von Geraden im R^2, deren Gleichungen in einer Normalenform gegeben sind, kann man den Schnittwinkel auch über die Normalenvektoren berechnen (Bild 6.21.1). Der Schnittwinkel zweier Lotgeraden von g_1 und g_2 ist genauso groß wie der Schnittwinkel der Geraden selbst. Also gilt

$$\cos\alpha = \left|\frac{\mathfrak{n}_1\,\mathfrak{n}_2}{n_1\,n_2}\right|.$$

2. Schnittwinkel von Ebenen

Wenn g die Schnittgerade zweier Ebenen E_1 und E_2 ist, dann wollen wir unter dem Schnittwinkel der beiden Ebenen den Schnittwinkel zwischen zwei beliebigen Geraden g_1 und g_2 verstehen, die in E_1 und E_2 liegen und senkrecht auf g stehen (Bild 6.21.2).

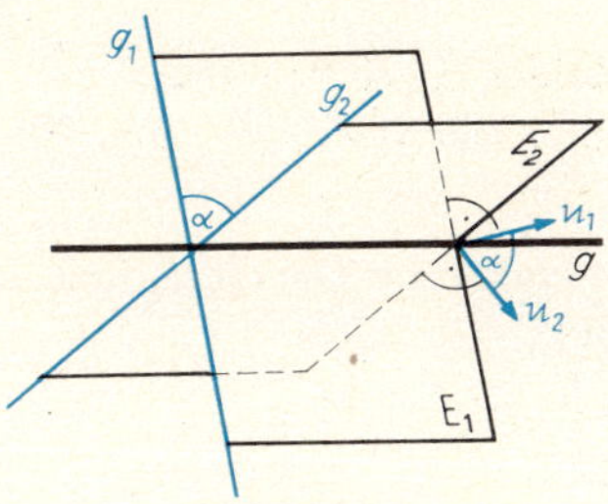

Bild 6.21.2

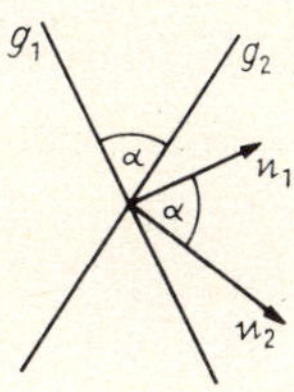

Bild 6.21.3

Dieser Winkel ist wiederum genauso groß wie der Winkel zwischen zwei Geraden in Richtung der beiden Normalenvektoren $\mathfrak{n}_1$ und $\mathfrak{n}_2$ der Ebenen (Bild 6.21.3). Also ist

$$\cos\alpha = \left|\frac{\mathfrak{n}_1\,\mathfrak{n}_2}{n_1\,n_2}\right|.$$

3. Schnittwinkel von Gerade und Ebene

Unter dem Schnittwinkel einer Geraden g mit einer Ebene E verstehen wir den Schnittwinkel zwischen g und der senkrechten Projektion g′ von g auf E (Bild 6.22.1).

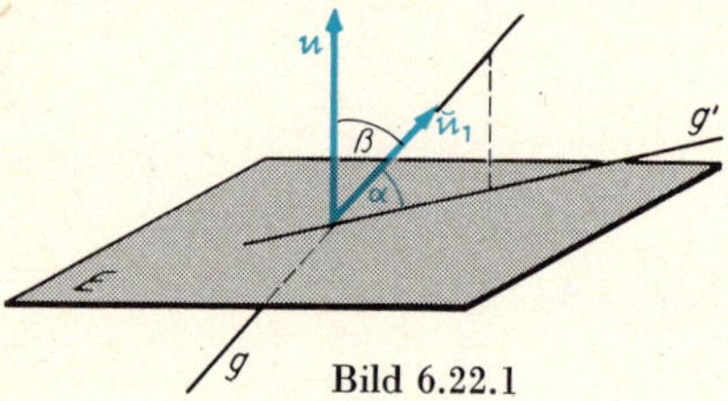

Bild 6.22.1

Für den Winkel β zwischen g und einer Lotgeraden der Ebene gilt:

$$\beta = 90° - \alpha \Rightarrow \cos\beta = \cos(90° - \alpha) = \sin\alpha.$$

Deshalb ist

$$\cos\beta = \left|\frac{\mathfrak{n}\,\mathfrak{u}_1}{n\,u_1}\right| = \sin\alpha.$$

Beispiel

Gegeben sei die Gerade g durch $\mathfrak{x} = \begin{pmatrix}1\\5\\-7\end{pmatrix} + \lambda\begin{pmatrix}-3\\0\\4\end{pmatrix}$ und die Ebene E durch $x_1 + 2x_2 + 2x_3 = 3$.

Berechne den Schnittwinkel von g und E.

Lösung:

Der Richtungsvektor $\mathfrak{u}_1$ der Geraden und der Normalenvektor $\mathfrak{n}$ der Ebene haben die Darstellung

$$\mathfrak{u}_1 = \begin{pmatrix}-3\\0\\4\end{pmatrix} \quad \text{und} \quad \mathfrak{n} = \begin{pmatrix}1\\2\\2\end{pmatrix}.$$

Damit ergibt sich

$$\cos\beta = \left|\frac{\mathfrak{n}\,\mathfrak{u}_1}{n\,u_1}\right| = \frac{5}{15} = 0{,}3333 = \sin\alpha$$

$$\alpha = 19{,}47°.$$

Aufgaben

Die Schnittwinkel in folgenden Aufgaben sind gegebenenfalls mit dem Rechenstab zu berechnen.

1. Berechne den Schnittpunkt und Schnittwinkel der Geraden g mit der Ebene E.

a) g: $\mathfrak{x} = \begin{pmatrix}2\\3\\-1\end{pmatrix} + \lambda\begin{pmatrix}2\\-3\\1\end{pmatrix}$, E: $\begin{pmatrix}3\\4\\-2\end{pmatrix}\mathfrak{x} - 4 = 0$,

b) g: $\mathfrak{x} = \begin{pmatrix}5\\-1\\3\end{pmatrix} + \lambda\begin{pmatrix}7\\-2\\1\end{pmatrix}$, E: $x_1 - 4x_3 = 5$.

c) Berechne im R^3 $\left\{X[\mathfrak{x}] \;\middle|\; \mathfrak{x} = \begin{pmatrix}5\\-1\\3\end{pmatrix} + \lambda\begin{pmatrix}7\\-2\\1\end{pmatrix}\right\} \cap \{X[\mathfrak{x}] \mid x_1 - 4x_3 > 5\}$.

2. Gegeben sind die Ebenen E_1 und E_2. Berechne $E_1 \cap E_2$.

a) $E_1\colon \mathfrak{x} = \begin{pmatrix} 1 \\ 0 \\ -1 \end{pmatrix} + \lambda \begin{pmatrix} -5 \\ 6 \\ 2 \end{pmatrix} + \mu \begin{pmatrix} 3 \\ 2 \\ -8 \end{pmatrix}$, $\quad E_2\colon \begin{pmatrix} 4 \\ 3 \\ 2 \end{pmatrix} \mathfrak{x} - 6 = 0$,

b) $E_1\colon \mathfrak{x} = \begin{pmatrix} 1 \\ -2 \\ 2 \end{pmatrix} + \lambda \begin{pmatrix} -1 \\ 0 \\ -5 \end{pmatrix} + \mu \begin{pmatrix} 3 \\ 0 \\ 1 \end{pmatrix}$, $\quad E_2\colon \begin{pmatrix} 3 \\ 0 \\ -1 \end{pmatrix} \mathfrak{x} = 3$.

3. Bestimme für folgende Ebenen die Spurgeraden und die Schnittpunkte mit den Koordinatenachsen.

a) $E\colon \begin{pmatrix} 2 \\ 3 \\ -4 \end{pmatrix} \mathfrak{x} - 12 = 0$, $\quad$ b) $E\colon \begin{pmatrix} -7 \\ 4 \\ -8 \end{pmatrix} \mathfrak{x} = 112$,

c) $E\colon \mathfrak{x} = \begin{pmatrix} 2 \\ 3 \\ -4 \end{pmatrix} + \lambda \begin{pmatrix} 1 \\ -1 \\ 2 \end{pmatrix} + \mu \begin{pmatrix} -1 \\ -2 \\ 3 \end{pmatrix}$.

4. Bestimme den Schnittpunkt der Geraden g, die durch A und B geht, mit der Ebene E, die durch C, D, F festgelegt ist.

a) A(4/4/0), B(4/4/5), C(2/0/2), D(2/2/3), F(0/2/2).

b) A(1/4/3), B(5/0/1), C(5/5/1,5), D(2/2/3), F(0/2/2).

5. Gegeben sei die Ebene E_1 durch $\mathfrak{x} = \begin{pmatrix} 1 \\ -5 \\ -2 \end{pmatrix} + \lambda \begin{pmatrix} 2 \\ 3 \\ 1 \end{pmatrix} + \mu \begin{pmatrix} -1 \\ 0 \\ 3 \end{pmatrix}$ und die Ebene E_2 durch einen Normalenvektor $\mathfrak{n}_2 = \begin{pmatrix} 1 \\ -2 \\ 0 \end{pmatrix}$ und ihren Abstand $d = \frac{12}{5}\sqrt{5}$ vom Nullpunkt.

Berechne

a) $E_1 \cap E_2$,

b) die Durchstoßpunkte der Schnittgeraden mit den Grundebenen.

6. Berechne den Schnittpunkt der Geraden g_1 und g_2.

a) $g_1\colon \mathfrak{x} = \begin{pmatrix} -2 \\ 5 \end{pmatrix} + \lambda \begin{pmatrix} 3 \\ 2 \end{pmatrix}$, $\quad g_2\colon \begin{pmatrix} 2 \\ 4 \end{pmatrix} \mathfrak{x} + 12 = 0$,

b) $g_1\colon \mathfrak{x} = \begin{pmatrix} 4 \\ 0 \end{pmatrix} + \lambda \begin{pmatrix} 5 \\ -1 \end{pmatrix}$, $\quad g_2\colon \begin{pmatrix} -2 \\ -3 \end{pmatrix} \mathfrak{x} = 6$,

c) Berechne im R^2 $\left\{ X[\mathfrak{x}] \,\middle|\, \mathfrak{x} = \begin{pmatrix} -1 \\ 2 \end{pmatrix} + \lambda \begin{pmatrix} -1 \\ -3 \end{pmatrix} \text{ und } \lambda > 0 \right\} \cap \left\{ X[\mathfrak{x}] \,\middle|\, \begin{pmatrix} 7 \\ 2 \end{pmatrix} \mathfrak{x} - 10 > 0 \right\}$.

7. In welchem Punkt schneidet die von A auf die Ebene E gefällte Lotgerade die Ebene?

a) A(0/0/0), E: $\begin{pmatrix} 2 \\ 1 \\ -5 \end{pmatrix} \mathfrak{x} - 9 = 0,$

b) A(5/3/0), E: $\begin{pmatrix} 2 \\ 1 \\ -5 \end{pmatrix} \mathfrak{x} - 9 = 0.$

8. Gegeben sei die Gerade g durch die Punkte A (9/−15/7) und B (−3/−11/1) und die Ebene E durch $\mathfrak{x} = \begin{pmatrix} 1 \\ -16 \\ 6 \end{pmatrix} + \lambda \begin{pmatrix} 4 \\ 15 \\ 2 \end{pmatrix} + \mu \begin{pmatrix} 6 \\ 21 \\ 2 \end{pmatrix}.$

Berechne

a) $g \cap E$,

b) die Entfernung von E zum Nullpunkt.

c) Zeige, daß g auf E senkrecht steht.

9. Berechne Schnittpunkt und Schnittwinkel folgender Geraden:

a) g_1: $\begin{pmatrix} 4 \\ -5 \end{pmatrix} \mathfrak{x} = 35,$ g_2: $\begin{pmatrix} 7 \\ 2 \end{pmatrix} \mathfrak{x} - 29 = 0,$

b) g_1: $\begin{pmatrix} 7 \\ -13 \end{pmatrix} \mathfrak{x} = -25,$ g_2: $\begin{pmatrix} 21 \\ -39 \end{pmatrix} \mathfrak{x} - 18 = 0,$

c) g_1: $\begin{pmatrix} 7 \\ 8 \end{pmatrix} \mathfrak{x} - 38 = 0,$ g_2: $\begin{pmatrix} 104 \\ -91 \end{pmatrix} \mathfrak{x} + 65 = 0.$

d) Beschreibe im R^2 $\left\{X[\mathfrak{x}] \,\middle|\, \begin{pmatrix} 7 \\ 8 \end{pmatrix} \mathfrak{x} - 38 \geqq 0\right\} \cap \left\{X[\mathfrak{x}] \,\middle|\, \begin{pmatrix} 104 \\ -91 \end{pmatrix} \mathfrak{x} + 65 \geqq 0\right\}.$

10. Berechne den Schnittpunkt und Schnittwinkel folgender Geraden:

a) g_1: $\mathfrak{x} = \begin{pmatrix} 1 \\ 2 \end{pmatrix} + \lambda \begin{pmatrix} -3 \\ 1 \end{pmatrix},$ g_2: $\mathfrak{x} = \begin{pmatrix} 3 \\ 1 \end{pmatrix} + \mu \begin{pmatrix} 1 \\ 0 \end{pmatrix},$

b) g_1: $\mathfrak{x} = \begin{pmatrix} 2 \\ -2 \end{pmatrix} + \lambda \begin{pmatrix} 3 \\ 6 \end{pmatrix},$ g_2: $\mathfrak{x} = \begin{pmatrix} 1 \\ -2 \end{pmatrix} + \mu \begin{pmatrix} 5 \\ 12 \end{pmatrix}.$

11. Gegeben sei die Gerade g_1 durch $3x_1 + 4x_2 = 10$ und der Punkt B(1/3). Berechne

a) die Gerade g_2 durch B, die auf g_1 senkrecht steht,

b) die Gerade g_3 durch B, die parallel zu g_1 verläuft.

12. Berechne die Schnittgerade und den Schnittwinkel von folgenden Ebenen:

E_1: $\mathfrak{x} = \begin{pmatrix} 1 \\ 1 \\ 1 \end{pmatrix} + \lambda \begin{pmatrix} 0 \\ -1 \\ 1 \end{pmatrix} + \mu \begin{pmatrix} 2 \\ -2 \\ -2 \end{pmatrix},$ E_2: $\mathfrak{x} = \begin{pmatrix} 0 \\ 1 \\ 1 \end{pmatrix} + \lambda \begin{pmatrix} 2 \\ -1 \\ -3 \end{pmatrix} + \mu \begin{pmatrix} 2 \\ -2 \\ -1 \end{pmatrix}.$

13. Berechne Schnittgerade und Schnittwinkel von folgenden Ebenen:

a) $E_1: \begin{pmatrix}-3\\-2\\1\end{pmatrix}\mathfrak{x} = 2, \quad E_2: \begin{pmatrix}-3\\-2\\-1\end{pmatrix}\mathfrak{x} + 1 = 0.$

b) $E_1: -x_1 + x_2 - x_3 = 1, \quad E_2: x_1 - x_3 = 2.$
Wie liegt E_2 im Raum?

14. Berechne den Abstand des Punktes A(4/2/4) von der Geraden

$$g: \mathfrak{x} = \begin{pmatrix}1\\5\\1\end{pmatrix} + \lambda\begin{pmatrix}1\\-2\\1\end{pmatrix}.$$

15. Über dem Dreieck A(0/0/0) B(3/4/0) C(0/5/0) ist ein senkrechtes Prisma der Höhe 6 LE errichtet. Wie lang ist die Strecke, die man erhält, wenn man das Dreieck durch A und die gegenüberliegende Kante B_1C_1 mit dem Dreieck durch die Kante BC und den gegenüberliegenden Punkt A_1 zum Schnitt bringt?

16. Berechne den Schnittpunkt der folgenden beiden Geraden durch Anwendung des operativen Verfahrens:

a) $g_1: \mathfrak{x} = \begin{pmatrix}3\\2\\1\end{pmatrix} + \lambda\begin{pmatrix}2\\1\\0\end{pmatrix}, \quad g_2: \mathfrak{x} = \begin{pmatrix}2\\1\\0\end{pmatrix} + \mu\begin{pmatrix}1\\0\\-1\end{pmatrix},$

b) $g_1: \mathfrak{x} = \begin{pmatrix}0\\1\\0\end{pmatrix} + \lambda\begin{pmatrix}1\\2\\1\end{pmatrix}, \quad g_2: \mathfrak{x} = \begin{pmatrix}0\\2\\0\end{pmatrix} + \mu\begin{pmatrix}3\\3\\2\end{pmatrix}.$

Mache in jedem Fall die Probe!

6.5. Geraden- und Ebenenbüschel

Vorübungen

1. Untersuche die Ebenen $E_1: \mathfrak{n}_1\mathfrak{x} - \mathfrak{n}_1\mathfrak{a} = 0$, $E_2: \mathfrak{n}_2\mathfrak{x} - \mathfrak{n}_2\mathfrak{a} = 0$ und $E_3: \mathfrak{n}_3\mathfrak{x} - \mathfrak{n}_3\mathfrak{a} = 0$ auf gemeinsame Eigenschaften, wobei die Vektoren $\mathfrak{n}_1, \mathfrak{n}_2, \mathfrak{n}_3$ wohl komplanar, aber nicht paarweise kollinear sein sollen. Bestimme weitere Ebenen mit denselben Eigenschaften und übertrage das Problem auf den R^2.
2. Gegeben seien zwei nicht kollineare Vektoren $\mathfrak{n}_1$ und $\mathfrak{n}_2$. Bestimme die Menge aller Vektoren, die zu $\mathfrak{n}_1$ und $\mathfrak{n}_2$ komplanar sind.
3. Bestimme die Menge aller Geraden im R^2, die durch den Schnittpunkt A der gegebenen Geraden $g_1: \mathfrak{n}_1\mathfrak{x} - \mathfrak{n}_1\mathfrak{a} = 0$ und $g_2: \mathfrak{n}_2\mathfrak{x} - \mathfrak{n}_2\mathfrak{a} = 0$ gehen.

I. Geradenbüschel

Gegeben seien zwei nicht parallele Geraden $g_1: \mathfrak{n}_1\mathfrak{x} - c_1 = 0$ und $g_2: \mathfrak{n}_2\mathfrak{x} - c_2 = 0$. Wir wollen die Menge der Geraden bestimmen, die durch den Schnittpunkt B von g_1 und g_2 gehen, und diese Menge *Geradenbüschel mit den Trägergeraden g_1 und g_2* nennen. Da g_1 und g_2 nicht parallel, $\mathfrak{n}_1$ und $\mathfrak{n}_2$ also nicht kollinear sein sollen, läßt sich bei geeigneter Einsetzung für λ und μ durch die Linearkombination $\lambda\,\mathfrak{n}_1 + \mu\,\mathfrak{n}_2$ ein Normalenvektor jeder beliebigen Geraden des Büschels darstellen. Deshalb betrachten wir für beliebige, aber feste λ_0 und μ_0, die nicht beide zugleich Null sein sollen, die Gleichung

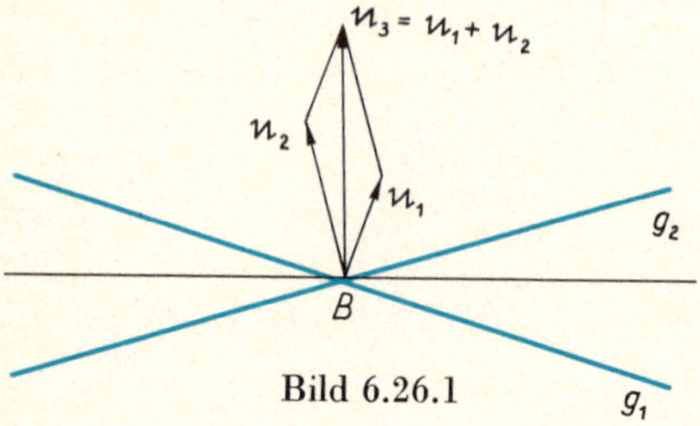

Bild 6.26.1

(1) $\quad (\lambda_0\,\mathfrak{n}_1 + \mu_0\,\mathfrak{n}_2)\,\mathfrak{x} - (\lambda_0\,\mathfrak{c}_1 + \mu_0\,\mathfrak{c}_2) = 0\,.$

Das ist die Gleichung einer Geraden mit dem Normalenvektor $\lambda_0\,\mathfrak{n}_1 + \mu_0\,\mathfrak{n}_2$. Da $B\,[\mathfrak{b}]$ auf g_1 und g_2 liegen soll, gilt

(2) $\quad \mathfrak{n}_1\,\mathfrak{b} - \mathfrak{c}_1 = 0$ und (3) $\mathfrak{n}_2\,\mathfrak{b} - \mathfrak{c}_2 = 0.$

Wie man durch Einsetzen sieht, erfüllt $\mathfrak{b}$ wegen (2) und (3) auch Gleichung (1). Also gehört die Gerade zum Büschel mit den Trägergeraden g_1 und g_2. Lassen wir in der Gleichung

(4) $$(\lambda\,\mathfrak{n}_1 + \mu\,\mathfrak{n}_2)\,\mathfrak{x} - (\lambda\,\mathfrak{c}_1 + \mu\,\mathfrak{c}_2) = 0$$

λ und μ unabhängig voneinander alle reellen Zahlen so durchlaufen, daß λ und μ nicht gleichzeitig Null werden, so stellt Gleichung (4) sicher eine Teilmenge des Geradenbüschels mit den Trägergeraden g_1 und g_2 dar. Für $\lambda_1 = 0$, $\mu_1 = 1$ bzw. $\lambda_2 = 1$, $\mu_2 = 0$ erhalten wir die beiden Trägergeraden.
Es erhebt sich die Frage, ob durch Gleichung (4) jede Gerade des Geradenbüschels erfaßt wird, ob sich also jede Büschelgerade in der Form

$$(\lambda_1\,\mathfrak{n}_1 + \mu_1\,\mathfrak{n}_2)\,\mathfrak{x} - (\lambda_1\,\mathfrak{c}_1 + \mu_1\,\mathfrak{c}_2) = 0$$

darstellen läßt. Es sei deshalb $g_3 : \mathfrak{n}_3\,\mathfrak{x} - \mathfrak{c}_3 = 0$ eine beliebige Büschelgerade. Da sie durch B geht, muß gelten:

(5) $$\mathfrak{n}_3\,\mathfrak{b} - \mathfrak{c}_3 = 0 \Rightarrow \mathfrak{n}_3\,\mathfrak{b} = \mathfrak{c}_3\,.$$

Weil g_1 und g_2 nicht parallel sind, läßt sich $\mathfrak{n}_3$ als Linearkombination von $\mathfrak{n}_1$ und $\mathfrak{n}_2$ schreiben:

(6) $$\mathfrak{n}_3 = \lambda_1\,\mathfrak{n}_1 + \mu_1\,\mathfrak{n}_2.$$

Wir multiplizieren (6) mit $\mathfrak{b}$:

$$\mathfrak{n}_3\,\mathfrak{b} = \lambda_1\,\mathfrak{n}_1\,\mathfrak{b} + \mu_1\,\mathfrak{n}_2\,\mathfrak{b}\,.$$

Wegen (2), (3) und (5) ergibt sich $\mathfrak{c}_3 = \lambda_1\,\mathfrak{c}_1 + \mu_1\,\mathfrak{c}_2$.
Damit ist gezeigt, daß sich die Geradengleichung von $g_3 : \mathfrak{n}_3\,\mathfrak{x} - \mathfrak{c}_3 = 0$ auch in der Form $\;(\lambda_1\,\mathfrak{n}_1 + \mu_1\,\mathfrak{n}_2)\,\mathfrak{x} - (\lambda_1\,\mathfrak{c}_1 + \mu_1\,\mathfrak{c}_2) = 0\;$ schreiben läßt.
Mithin stellt Gleichung (4) genau das Geradenbüschel mit den Trägergeraden g_1 und g_2 dar.
Sind abweichend von der Voraussetzung g_1 und g_2 doch parallel, so stellt Gleichung (4) die Schar aller Parallelen zu g_1 bzw. g_2 dar. Diese Parallelenschar soll auch Geradenbüschel mit den Trägergeraden g_1 und g_2 heißen (s. Aufgabe 1).

II. Ebenenbüschel

Wir können die in I vorgegebenen Gleichungen $\mathfrak{n}_1 \mathfrak{x} - c_1 = 0$ und $\mathfrak{n}_2 \mathfrak{x} - c_2 = 0$ auch deuten als die Gleichungen zweier nicht paralleler Ebenen E_1 und E_2 und uns für die Menge der Ebenen interessieren, die durch die Schnittgerade g von E_1 und E_2 gehen. Diese Menge wollen wir das *Ebenenbüschel mit den Trägerebenen E_1 und E_2* nennen. Wie schon so oft bei Anwendung der Vektormethode verläuft die Rechnung für Ebenen im R^3 analog der für Geraden im R^2, da wir die vorgegebenen Gleichungen nur anders zu interpretieren brauchen. (Bild 6.27.1)

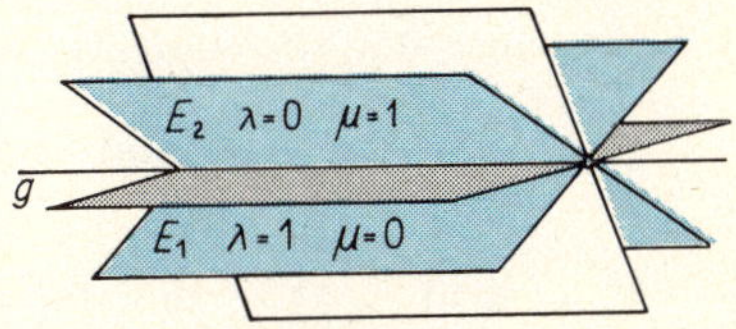

Bild 6.27.1

Damit erhalten wir den

Satz 6.4

Das Geradenbüschel (Ebenenbüschel) mit den Trägergeraden g_1 und g_2 (Trägerebenen E_1 und E_2) $g_1(E_1): \mathfrak{n}_1 \mathfrak{x} - c_1 = 0$, $g_2(E_2): \mathfrak{n}_2 \mathfrak{x} - c_2 = 0$ ist genau die Menge der Geraden (Ebenen), deren Gleichungen sich in der Form schreiben lassen:

$$(\lambda \mathfrak{n}_1 + \mu \mathfrak{n}_2)\mathfrak{x} - (\lambda c_1 + \mu c_2) = 0 \quad \text{mit beliebigen reellen } \lambda \text{ und } \mu \text{ mit } (\lambda/\mu) \neq (0/0).$$

Falls die Trägerebenen parallel sind, erhalten wir die Schar der zu E_1 bzw. E_2 parallelen Ebenen.

Beispiel

Untersuche, ob sich die folgenden Geraden in einem Punkt schneiden:

$$g_1: \begin{pmatrix} 3 \\ -2 \end{pmatrix} \mathfrak{x} + 31 = 0, \quad g_2: \begin{pmatrix} 5 \\ 3 \end{pmatrix} \mathfrak{x} + 20 = 0, \quad g_3: \begin{pmatrix} 7 \\ 27 \end{pmatrix} \mathfrak{x} - 86 = 0$$

Lösung:

Falls sich die Geraden in einem Punkt schneiden, müssen für die drei Normalenvektoren und die drei absoluten Glieder die folgenden Gleichungen gelten:

$$(1)\ \lambda_0 \mathfrak{n}_1 + \mu_0 \mathfrak{n}_2 = \mathfrak{n}_3,$$

$$(2)\ \lambda_0 c_1 + \mu_0 c_2 = c_3.$$

Um λ_0 und μ_0 zu berechnen, setzen wir in Gleichung (1) die gegebenen Vektoren ein und erhalten:

$$\lambda_0 \begin{pmatrix} 3 \\ -2 \end{pmatrix} + \mu_0 \begin{pmatrix} 5 \\ 3 \end{pmatrix} = \begin{pmatrix} 7 \\ 27 \end{pmatrix} \Rightarrow \lambda_0 = -6 \text{ und } \mu_0 = 5.$$

Bei Einsetzen dieser Werte wird auch Gleichung (2) erfüllt:

$$(-6) \cdot (-31) + 5(-20) = 86.$$

Die drei Geraden schneiden sich also in einem Punkt.

Aufgaben

1. Beweise: Falls die Trägergeraden g_1 und g_2 (Trägerebenen E_1 und E_2) parallel sind, stellt die Gleichung $(\lambda \mathfrak{n}_1 + \mu \mathfrak{n}_2)\mathfrak{x} - (\lambda c_1 + \mu c_2) = 0$ die Schar der zu g_1 (E_1) parallelen Geraden (Ebenen) dar.

2. Berechne die Gleichung einer Geraden g, die durch den Schnittpunkt von $g_1: \begin{pmatrix} 24 \\ 7 \end{pmatrix} \mathfrak{x} - 27 = 0$ und $g_2: \begin{pmatrix} 8 \\ -33 \end{pmatrix} \mathfrak{x} - 115 = 0$ läuft und

   a) zu $g_3: \begin{pmatrix} 5 \\ -2 \end{pmatrix} \mathfrak{x} + 18 = 0$ parallel ist,

   b) auf $g_3: \begin{pmatrix} 3 \\ 7 \end{pmatrix} \mathfrak{x} - 21 = 0$ senkrecht steht,

   c) durch den Nullpunkt geht.

3. Gehören die Ebenen $E_1: \begin{pmatrix} 1 \\ 1 \\ 1 \end{pmatrix} \mathfrak{x} - 2 = 0$, $E_2: \begin{pmatrix} 1 \\ 2 \\ 1 \end{pmatrix} \mathfrak{x} + 1 = 0$, $E_3: \begin{pmatrix} 1 \\ 2 \\ -1 \end{pmatrix} \mathfrak{x} = 0$ zu einem Ebenenbüschel?

4. Durch den Schnittpunkt der Geraden $g_1: \begin{pmatrix} 3 \\ -2 \end{pmatrix} \mathfrak{x} + 11 = 0$ und $g_2: \begin{pmatrix} 1 \\ 7 \end{pmatrix} \mathfrak{x} - 50 = 0$ ist eine Gerade zu ziehen, die vom Nullpunkt den Abstand 5 LE hat.

5. Gegeben sei das Dreieck A(2/3) B(4/−5) C(−3/−6). Zeige, daß sich die drei Seitenhalbierenden in einem Punkt schneiden.

6. Gegeben sei das Dreieck OAB. Zeichnet man zu den drei Strecken OA, OB, AB jeweils die Symmetrieebene, so gehören diese drei Ebenen zu einem Ebenenbüschel.

7. Berechne die Gleichung der Ebene, die die Gerade $g: \mathfrak{x} = \begin{pmatrix} 1 \\ 1 \\ 1 \end{pmatrix} + \lambda \begin{pmatrix} 1 \\ 2 \\ 1 \end{pmatrix}$ enthält und die auf der Ebene $E: \begin{pmatrix} 2 \\ 1 \\ 1 \end{pmatrix} \mathfrak{x} - 1 = 0$ senkrecht steht.

8. Unter einem Ebenenbündel mit dem Trägerpunkt A versteht man die Menge der Ebenen, die A enthalten. Bestimme die Gleichung des Ebenenbündels mit dem Trägerpunkt A.

9. Bestimme die gemeinsame Gerade aller Ebenen des Ebenenbüschels, das durch die beiden Trägerebenen $E_1: \begin{pmatrix} -3 \\ -2 \\ 1 \end{pmatrix} \mathfrak{x} - 2 = 0$ und $E_2: \begin{pmatrix} -3 \\ -2 \\ -1 \end{pmatrix} \mathfrak{x} + 1 = 0$ gegeben ist.

10. Gegeben seien die Gleichungen zweier Geraden g_1 und g_2 in der Hesseschen Normalenform. Bestimme die Gleichung der Winkelhalbierenden der Winkel zwischen g_1 und g_2. Interpretiere die vorgegebenen Gleichungen als Ebenengleichungen und deute das gefundene Ergebnis im R^3.

11. Die Seitengeraden eines Dreiecks sind:

$$g_1: \begin{pmatrix}0\\1\end{pmatrix}\mathfrak{x} + 8 = 0, \quad g_2: \begin{pmatrix}4\\3\end{pmatrix}\mathfrak{x} - 24 = 0, \quad g_3: \begin{pmatrix}3\\-4\end{pmatrix}\mathfrak{x} + 7 = 0.$$

a) Bestimme die Gleichungen der Winkelhalbierenden im Dreieck.

b) Bestimme die Gleichungen der Außenwinkelhalbierenden.

c) Zeige, daß sich die Innenwinkelhalbierenden in einem Punkt schneiden.

12. Ein Dreieck sei gegeben durch die Seitengeraden

$$g_1: \begin{pmatrix}4\\7\end{pmatrix}\mathfrak{x} - 28 = 0, \quad g_2: \begin{pmatrix}8\\-1\end{pmatrix}\mathfrak{x} + 8 = 0, \quad g_3: \begin{pmatrix}3\\2\end{pmatrix}\mathfrak{x} - 18 = 0.$$

Bestimme auf g_3 die Punkte, die von g_1 und g_2 gleich weit entfernt sind und gib die Entfernungen an.

6.6. Flächen- und Rauminhalte [1]

Vorübungen

1. Wie bestimmt man den Abstand eines Punktes
a) im R^2 von einer Geraden, b) im R^3 von einer Ebene?
2. In welchem Fall kann man den Abstand zweier Geraden, den zweier Ebenen oder den einer Geraden von einer Ebene bestimmen?
3. Wie berechnet man den Flächeninhalt eines Dreiecks, eines Parallelogramms, eines Trapezes, eines Vierecks?
4. Wie berechnet man den Rauminhalt eines Prismas und einer Pyramide?

Wir wollen zunächst den Flächeninhalt F eines Parallelogramms errechnen, das im R^2 von den Vektoren $\mathfrak{a} = \begin{pmatrix}a_1\\a_2\end{pmatrix}$ und $\mathfrak{b} = \begin{pmatrix}b_1\\b_2\end{pmatrix}$ aufgespannt wird. Da F das Produkt aus Grundlinie und Höhe ist, gilt $F = a \cdot b_{\bar{a}}$ (Bild 6.29.1).

Wählt man als Lotvektor $\bar{\mathfrak{a}}$ einen der Lotvektoren, die mit $\mathfrak{a}$ den gleichen Betrag haben, etwa

$$\bar{\mathfrak{a}} = \begin{pmatrix}-a_2\\a_1\end{pmatrix},$$

dann gilt

$$F = |\bar{\mathfrak{a}}| \cdot |\mathfrak{b}_{\bar{\mathfrak{a}}}|,$$

und weil $\bar{\mathfrak{a}}$ und $\mathfrak{b}_{\bar{\mathfrak{a}}}$ kollinear sind

$$F = |\bar{\mathfrak{a}} \cdot \mathfrak{b}_{\bar{\mathfrak{a}}}|,$$

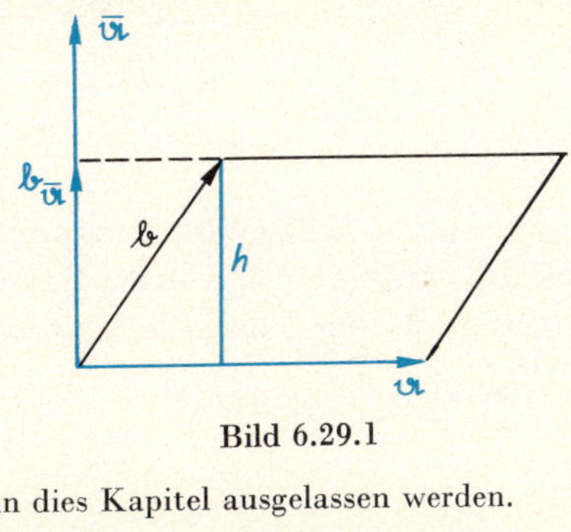

Bild 6.29.1

[1] Falls das Vektorprodukt behandelt wird, kann dies Kapitel ausgelassen werden.

und schließlich nach Def. 5.1a:

$$F = |\bar{\mathfrak{a}} \cdot \mathfrak{b}|\,.$$

Damit ist $F = \left|\begin{pmatrix}-a_2\\ a_1\end{pmatrix}\begin{pmatrix}b_1\\ b_2\end{pmatrix}\right| = \left|\begin{pmatrix}a_2\\ -a_1\end{pmatrix}\begin{pmatrix}b_1\\ b_2\end{pmatrix}\right| = |a_1b_2 - a_2b_1|$. [1]

Faßt man $\mathfrak{b}$ als „Grundlinienvektor“ des Parallelogramms auf, kommt man über $F = |\mathfrak{a} \cdot \bar{\mathfrak{b}}|$ zu der gleichen Formel.

Für den Flächeninhalt eines Dreiecks, in dem $\mathfrak{a}$ und $\mathfrak{b}$ zwei Seitenvektoren sind, gilt demnach

$$F = \frac{1}{2}|\bar{\mathfrak{a}}\mathfrak{b}| = \frac{1}{2}|\mathfrak{a}\bar{\mathfrak{b}}| = \frac{1}{2}|a_1b_2 - a_2b_1|\,.$$

Satz 6.5

Der Flächeninhalt eines Parallelogramms im R^2, das durch die Vektoren $\mathfrak{a} = \begin{pmatrix}a_1\\ a_2\end{pmatrix}$ und $\mathfrak{b} = \begin{pmatrix}b_1\\ b_2\end{pmatrix}$ aufgespannt wird, ist

$$F_{\square} = |a_1b_2 - a_2b_1|\,.$$

Ein Dreieck mit den Seitenvektoren $\mathfrak{a}$ und $\mathfrak{b}$ hat den Flächeninhalt

$$F_{\triangle} = \frac{1}{2}|a_1b_2 - a_2b_1|\,.$$

Den Flächeninhalt eines Parallelogramms oder Dreiecks im R^3 berechnet man einfacher mit einem anderen Verfahren, da es ein wenig mühsam ist, einen Lotvektor $\bar{\mathfrak{a}}$ zu bestimmen, der die Länge von $\mathfrak{a}$ hat und mit $\mathfrak{a}$ und $\mathfrak{b}$ komplanar ist (Bild 6.30.1).

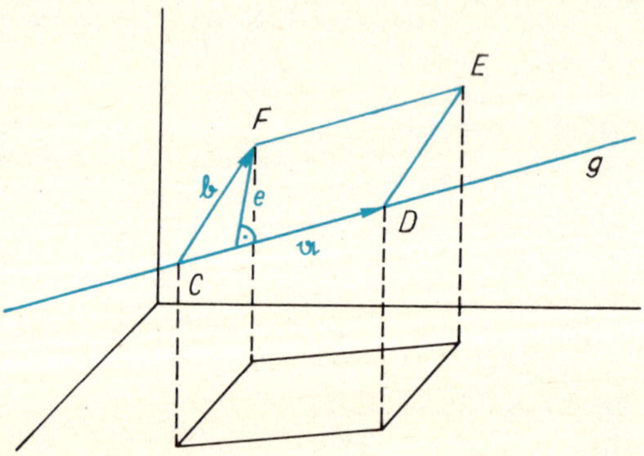

Bild 6.30.1

Wir wählen $|\mathfrak{a}|$ als Länge der Grundseite, die zugehörige Höhe berechnen wir als den Abstand des Punktes F von der Raumgeraden g durch C und D (s. Abschnitt 6.3). Den Rauminhalt eines Vierflachs (Pyramide mit dreieckiger Grundfläche) berechnen

[1] Dabei läßt sich der Term $a_1b_2 - a_2b_1$ als Determinante Δ schreiben:

$$\Delta = \begin{vmatrix}a_1 & b_1\\ a_2 & b_2\end{vmatrix}\,.$$

wir nach der Formel $V = \frac{1}{3} Gh$. Die Grundfläche bestimmen wir nach dem eben angegebenen Verfahren, die Höhe ergibt sich mit Hilfe der Hesseschen Normalenform als der Abstand der Spitze von der Ebene, die die Grundfläche enthält. Entsprechend erhält man den Rauminhalt eines Spats ($V = G \cdot h$).

Beispiel

Bestimme den Rauminhalt des Vierflachs A(1/1/2) B(2/– 1/2) C(3/1/0) D(5/3/3).

Lösung:

a) Berechnung des Flächeninhalts der Grundfläche G (Dreieck ABC):

Die Länge der Grundlinie des Dreiecks ist $|\overrightarrow{AB}| = \left|\begin{pmatrix}1\\-2\\0\end{pmatrix}\right| \text{LE} = \sqrt{5}\,\text{LE}$.

Die Länge der Höhe h_c des Dreiecks bestimmen wir nach Beispiel 2 im Abschnitt 6.3. Für den Ortsvektor $\mathfrak{l}$ zum Fußpunkt L des von C auf AB gefällten Lotes gilt

$$\mathfrak{l} = \mathfrak{a} + \lambda_L(\mathfrak{b} - \mathfrak{a}) = \begin{pmatrix}1\\1\\2\end{pmatrix} + \lambda_L \begin{pmatrix}1\\-2\\0\end{pmatrix}.$$

Da $\mathfrak{c} - \mathfrak{l}$ auf $\mathfrak{b} - \mathfrak{a}$ senkrecht steht, erhält man

$$\lambda_L = \frac{(\mathfrak{c} - \mathfrak{a}) \cdot (\mathfrak{b} - \mathfrak{a})}{(\mathfrak{b} - \mathfrak{a})^2} = \frac{\begin{pmatrix}2\\0\\-2\end{pmatrix} \cdot \begin{pmatrix}1\\-2\\0\end{pmatrix}}{\begin{pmatrix}1\\-2\\0\end{pmatrix}^2} = \frac{2}{5}.$$

Demnach ist

$$\mathfrak{l} = \begin{pmatrix}1\\1\\2\end{pmatrix} + \frac{2}{5}\begin{pmatrix}1\\-2\\0\end{pmatrix} = \frac{1}{5}\begin{pmatrix}7\\1\\10\end{pmatrix}$$

und

$$h_c = |\mathfrak{c} - \mathfrak{l}| = \left|\begin{pmatrix}3\\1\\0\end{pmatrix} - \frac{1}{5}\begin{pmatrix}7\\1\\10\end{pmatrix}\right| = \left|\frac{1}{5}\begin{pmatrix}8\\4\\-10\end{pmatrix}\right| = \frac{2}{5}\left|\begin{pmatrix}4\\2\\-5\end{pmatrix}\right| = \frac{2}{5}\sqrt{45} = \frac{6}{5}\sqrt{5}.$$

Der Flächeninhalt des Dreiecks ergibt sich also zu $F = \frac{1}{2}\sqrt{5}\,\text{LE} \cdot \frac{6\sqrt{5}}{5}\,\text{LE} = 3\,\text{FE}$.

b) Bestimmung der Länge der Pyramidenhöhe:

Um die Länge der Höhe des Vierflachs mit Hilfe der Hesseschen Normalenform bestimmen zu können, brauchen wir einen Normalenvektor $\mathfrak{n}$ auf der Ebene E durch die Punkte ABC. Da $\mathfrak{n}$ sowohl auf $\overrightarrow{AB}$ als auch auf $\overrightarrow{AC}$ senkrecht stehen muß, gilt

$$\mathfrak{n} \cdot \overrightarrow{AB} = 0 \Rightarrow \mathfrak{n} \cdot \begin{pmatrix}1\\-2\\0\end{pmatrix} = 0 \Rightarrow n_1 - 2n_2 = 0$$

und

$$\mathfrak{n} \cdot \overrightarrow{AC} = 0 \Rightarrow \mathfrak{n} \cdot \begin{pmatrix}2\\0\\-2\end{pmatrix} = 0 \Rightarrow 2n_1 - 2n_3 = 0.$$

Es folgt weiter

$$n_1 = n_3 \quad \text{und} \quad 2n_2 = n_1 .$$

Da wir über die Länge von $\mathfrak{n}$ frei verfügen können, setzen wir $n_2 = 1$, und erhalten $n_1 = 2$ und $n_3 = 2$. $\mathfrak{n} = \begin{pmatrix} 2 \\ 1 \\ 2 \end{pmatrix}$ ist also ein Normalenvektor zu E, der zugehörige Einheitsnormalenvektor berechnet sich zu $\mathfrak{n}^0 = \frac{1}{3}\begin{pmatrix} 2 \\ 1 \\ 2 \end{pmatrix}$.

Die Gleichung von E in der Hesseschen Normalenform ist:

$$\frac{1}{3}\begin{pmatrix} 2 \\ 1 \\ 2 \end{pmatrix}\left[\mathfrak{x} - \begin{pmatrix} 1 \\ 1 \\ 2 \end{pmatrix}\right] = 0$$

$$\frac{1}{3}\begin{pmatrix} 2 \\ 1 \\ 2 \end{pmatrix}\mathfrak{x} - \frac{7}{3} = 0 .$$

Die Länge der Pyramidenhöhe h ist der Abstand des Punktes D von dieser Ebene. Deshalb gilt:

$$h = \left| \frac{1}{3}\begin{pmatrix} 2 \\ 1 \\ 2 \end{pmatrix}\begin{pmatrix} 5 \\ 3 \\ 3 \end{pmatrix} - \frac{7}{3} \right| \text{LE} = \frac{12}{3}\,\text{LE} = 4\,\text{LE}.$$

c) Somit ergibt sich der Rauminhalt des Vierflachs als

$$V = \frac{1}{3}\, 3\,\text{FE} \cdot 4\,\text{LE} = 4\,\text{VE} .$$

Aufgaben

1. Berechne den Flächeninhalt der Dreiecke
   a) A(1/1) B(5/2) C(3/4).
   b) A(4/2) B(5/8) C(– 1/5).
   c) A(2/1) B(– 4/– 3) C(– 1/– 1).

2. Untersuche die Art der Vierecke und berechne ihren Flächeninhalt:
   a) A(0/– 5) B(6/– 3) C(4/3) D(– 2/1).
   b) A(– 4/– 3) B(0/– 6) C(6/2) D(2/5).
   c) A(– 2/– 2) B(4/0) C(2/2) D(– 1/1).
   d) A(– 1/– 4) B(3/– 1) C(3/4) D(– 1/1).
   e) A(– 1/– 2) B(3/– 1) C(7/5) D(3/4).

3. Berechne den Flächeninhalt des Vierecks
   A(0/3) B(5/1) C(6/6) D(2/7).

4. Bestimme den Rauminhalt des Vierflachs
   A(2/4/0) B(5/8/0) C(1/2/0) D(4/5/6).

5. Wie groß ist der Rauminhalt des Vierflachs

a) A(1/4/4) B(– 2/4/4) C(0/8/7) D(– 1/1/8) ?

b) A(3/1/4) B(5/2/5) C(4/0/2) D(7/2/3) ?

6. Berechne das Volumen des Spats, der von den Vektoren

$\mathfrak{a} = \begin{pmatrix} 1 \\ -1 \\ 1 \end{pmatrix}$, $\mathfrak{b} = \begin{pmatrix} -1 \\ -3 \\ 3 \end{pmatrix}$, $\mathfrak{c} = \begin{pmatrix} 2 \\ -1 \\ -1 \end{pmatrix}$ aufgespannt wird.

7. Berechne das Volumen der Pyramide, die als Grundfläche das Viereck A(2/2/0) B(7/4/0) C(4/8/0) D(2/5/0) und als Spitze den Punkt S(4/4/5) hat.

8. Ein schiefes Prisma hat zur Grundfläche das Dreieck A(1/5/4) B(3/3/3) C(5/2/1). Ein Eckpunkt der Deckfläche ist R(6/9/7).

a) Welches sind die übrigen Eckpunkte?

b) Berechne den Rauminhalt.

* 6.7. Vermischte Aufgaben

1. Gegeben ist das Vierflach A(0/0/0) B(2/1/0) C(1/2/0) D(1/1/2). Berechne

a) die Länge der Höhe der Pyramide über der Fläche BCD,

b) die Länge der Projektion A′ von A auf die Ebene durch BCD,

c) im Dreieck ABC die Gleichung der Geraden, auf der die Höhe von C auf AB liegt, in der Normalenform,

d) den Schnittwinkel der Ebene durch BCD mit der Geraden durch AB,

e) die Gleichung der Winkelhalbierenden des Winkels DBC in der Punktrichtungsform,

f) den Durchstoßpunkt E der Geraden g: $\mathfrak{x} = \begin{pmatrix} 3 \\ 2 \\ -1 \end{pmatrix} + \lambda \begin{pmatrix} 1 \\ 0 \\ 1 \end{pmatrix}$ mit der Ebene durch BCD,

g) den Schnittwinkel von $\overrightarrow{BD}$ mit den Koordinatenachsen.

2. Gegeben sind die Punkte A(7/2/3), B(7/5/0), C(–1/4/5).

a) Bestimme die Gleichung der Ebene durch ABC und bringe sie in die Achsenabschnittsform.

b) Gegeben ist ferner eine Gerade g durch den Punkt D(0/4/3) und den Richtungsvektor $\mathfrak{u} = \begin{pmatrix} 1 \\ 0 \\ 1 \end{pmatrix}$. Berechne den Schnittwinkel zwischen g und E.

c) Berechne $g \cap E$.

d) Wie lautet die Gleichung der Ebene durch D parallel zu E?

e) Berechne den Abstand der beiden Ebenen.

3. Gegeben sind die Punkte A(10/2/5), B(6/8/3), C(−2/12/7), D(2/6/9).

a) Zeige, daß die vier Punkte in einer Ebene liegen. Um was für ein Viereck handelt es sich?

b) Bestimme die Gleichung der Vierecksebene in der Normalenform.

c) Bestimme den Mittelpunkt E der Diagonalen AC im Viereck ABCD.

d) Berechne den Spurpunkt der Geraden durch A und C in der x_2x_3-Ebene.

e) Wie heißt die Gleichung der Projektion der Geraden durch A und C auf die x_2x_3-Ebene in einer kartesischen Form?

f) Bestimme die Gleichung der Spurgeraden der Vierecksebene in der x_1x_2-Ebene.

g) Berechne den Durchstoßpunkt F der Geraden durch G(3/1/2) und H(14/4/−1) mit der Ebene durch ABC.

4. Durch A(5/2) ist die Gerade g zu legen, die von den Punkten B(5/7) und C(−3/1) den gleichen Abstand hat. Konstruiere auch die gesuchte Gerade.

5. Die beiden Geraden $g_1: \begin{pmatrix} 2 \\ -1 \end{pmatrix} \mathfrak{x} = 4$ und $g_2: \begin{pmatrix} 1 \\ 1 \end{pmatrix} \mathfrak{x} = c$ schließen mit der x_1-Achse ein Dreieck vom Flächeninhalt F = 3 FE ein. Berechne c.

6. Berechne denjenigen Punkt A auf der Geraden $g_1: \begin{pmatrix} -1 \\ 2 \end{pmatrix} \mathfrak{x} = 8$, der von der Geraden $g_2: \begin{pmatrix} 3 \\ 4 \end{pmatrix} \mathfrak{x} = 11$ ebenso weit entfernt ist wie vom Punkt B(8/3). Bestimme auch diese Entfernung.

7. Bringe im Dreieck A(2/1/2) B(4/3/3) C(6/4/2) die Winkelhalbierende des Winkels bei A zum Schnitt mit der gegenüberliegenden Seite und bestätige an diesem Beispiel den Satz: Die Winkelhalbierende teilt die Gegenseite im Verhältnis der Anseiten.

8. Welche Punkte auf der Geraden $g: \mathfrak{x} = \begin{pmatrix} 2 \\ 1 \\ 8 \end{pmatrix} + \lambda \begin{pmatrix} -3 \\ 0 \\ 4 \end{pmatrix}$ haben

a) von der x_1x_2-Ebene den Abstand 5 LE,

b) vom Spurpunkt auf der x_1x_2-Ebene die Entfernung 5 LE?

9. Gegeben ist die Ebene E durch $2x_1 - 2x_2 + x_3 = 6$, ferner eine Gerade g durch die beiden Punkte A(2/1/0) und B(9/5/4).

a) Berechne die Länge und den Lotfußpunkt des vom Nullpunkt auf die Ebene gefällten Lotes.

b) Bestimme Durchstoßungspunkt und Schnittwinkel zwischen g und E.

c) Welchen Punkt A′ erhält man, wenn man A an E spiegelt?

d) Welche Punkte auf g haben von E den Abstand $|e|$ mit $e = \pm 2$?

10. Gegeben sind die vier Punkte
A(2/−3/2), B(−1/3/6), C(5/−5/0), D(6/−7/15).

Bestimme

a) den Abstand des Punktes D von der durch ABC gehenden Ebene E,

b) den Fußpunkt F des Lotes von D auf E,

c) den Winkel, den E mit der x_1x_2-Ebene einschließt,

d) den Flächeninhalt des Dreiecks ABC,

e) den Flächeninhalt der Projektion des Dreiecks ABC in die x_1x_2-Ebene,

f) den Rauminhalt des Vierflachs ABCD.

11. Gegeben sind die fünf Punkte
A(0/2/4), B(1/0/5), C(2/2/4), D(1/6/2), S(3/1/0).

a) Zeige, daß A, B, C, D in einer Ebene liegen.

b) Um was für ein Viereck handelt es sich?

c) Berechne den Inhalt der Vierecksfläche.

d) Bestimme den Rauminhalt der Pyramide mit der Grundfläche ABCD und der Spitze S.

e) Gib die Gleichung der Geraden an, die durch B geht und auf der Geraden durch A und C senkrecht steht.

12. Gegeben sei ein Vierflach durch die Grundfläche
A(3/1/3) B(6/4/5) C(7, 5/1/6) und die Spitze S(4/1/8). Berechne

a) den Rauminhalt,

b) den Fußpunkt des Lotes von S auf die Grundfläche,

c) den Winkel zwischen den Ebenen SAC und SAB,

d) das Spiegelbild des Punktes S an der Ebene ABC,

e) den Abstand des Punktes A von der Geraden durch B und C.

6.8. Die Bestimmung von Punktmengen (Ortsaufgaben)

Vorübungen

1. Kennzeichne folgende Punktmengen durch eine algebraische Bedingung für die zugehörigen Ortsvektoren:

a) im R^2 die Menge der Punkte, die auf der Winkelhalbierenden des 2. Quadranten liegen,

b) im R^3 die Menge derjenigen Punkte, die von der Ebene E: $\begin{pmatrix}2\\3\\6\end{pmatrix} \cdot \mathfrak{x} - 2 = 0$ den Abstand $|e| = 4$ LE haben.

2. Gegeben sind folgende Mengen von Ortsvektoren. Deute die zugehörigen Punktmengen als geometrische Gebilde.

a) im R^3: $\{\mathfrak{x} \mid \mathfrak{x} = \mathfrak{a} + \lambda\,\mathfrak{u}$ und $0 \leqq \lambda \leqq 3\}$,

b) im R^2: $\{\mathfrak{x} \mid x_1 \geqq 2\}$.

3. a) Wie bestimmt man im R^2 die Menge aller Punkte, die zugleich auf zwei gegebenen Geraden liegen?

b) Wie ermittelt man im R^3 die Menge der gemeinsamen Punkte zweier Ebenen? Welche verschiedenen Fälle sind denkbar?

In den bisherigen Kapiteln dieses Buches ist eine Hauptaufgabe der Analytischen Geometrie deutlich geworden: man versucht, Punktmengen, die durch geometrische Bedingungen im R^2 oder R^3 vorgegeben sind, als Erfüllungsmengen algebraischer Gleichungen zu kennzeichnen. So wird die Menge aller Punkte X' im R^3, die auf der Geraden g durch zwei gegebene Punkte P und Q liegen, algebraisch durch eine Gleichung erfaßt, die von den zugehörigen Ortsvektoren $\mathfrak{x}'$ aus der Grundmenge V^3 erfüllt wird. Die Menge

$$\{X' \mid X' \text{ liegt auf } g\}$$

ist gleich der Menge

$$\{X'[\mathfrak{x}'] \mid \mathfrak{x}' = \mathfrak{p} + \lambda(\mathfrak{q} - \mathfrak{p})\}_{\lambda \in R},$$

wobei die geometrische Bedingung

$$B: \quad X' \text{ liegt auf } g$$

durch die algebraische Gleichung

$$B': \quad \mathfrak{x}' = \mathfrak{p} + \lambda(\mathfrak{q} - \mathfrak{p}), \quad \lambda \in R$$

ersetzt worden ist.

Ist umgekehrt eine bestimmte Menge von Punkten durch eine algebraische Bedingung B' für ihre Ortsvektoren charakterisiert, so können wir oft diese Punktmenge im R^2 oder im R^3 als geometrisches Gebilde deuten. Zum Beispiel ist die Punktmenge

$$\left\{X'[\mathfrak{x}'] \;\middle|\; \begin{pmatrix}1\\0\\0\end{pmatrix}\mathfrak{x}' = d\right\}$$

gleich der Punktmenge

$$\{X' \mid X' \text{ liegt auf } E \text{ und } E \text{ schneidet die } x_1\text{-Achse senkrecht in } A(d/0/0)\}.$$

Die algebraische Bedingung

$$B': \quad \begin{pmatrix}1\\0\\0\end{pmatrix}\mathfrak{x}' = d$$

entspricht der geometrischen Bedingung

$$B: X' \text{ liegt auf } E \text{ und } E \text{ schneidet die } x_1\text{-Achse senkrecht in } A(d/0/0).$$

Will man nun die Menge aller Punkte im R^2 oder R^3 bestimmen, die zugleich *zwei* Bedingungen B_1 und B_2 erfüllen sollen, so ergibt sich M als Durchschnitt der Punktmengen $M_1 = \{X' \mid X' \text{ erfüllt } B_1\}$ und $M_2 = \{X' \mid X' \text{ erfüllt } B_2\}$:

$$M = M_1 \cap M_2.$$

Sucht man zum Beispiel im R^3 die Menge M der Punkte X', die zugleich auf den nichtparallelen Ebenen E_1 und E_2 liegen,

$$M = \{X' \mid X' \text{ liegt auf } E_1 \text{ und } X' \text{ liegt auf } E_2\},$$

so muß man also den Durchschnitt der Punktmengen E_1 und E_2 bestimmen. Zu diesem Zweck übersetzt man bekanntlich zunächst die beiden Bedingungen für die Punkte von M

$$B_1: \quad X' \text{ liegt auf } E_1$$

und

$$B_2: \quad X' \text{ liegt auf } E_2$$

in die entsprechenden Vektorbedingungen für die zugehörigen Ortsvektoren. Sind

$$E_1:\quad \mathfrak{x} = \begin{pmatrix} 4 \\ 0 \\ -3 \end{pmatrix} + \lambda \begin{pmatrix} 0 \\ -1 \\ 0 \end{pmatrix} + \mu \begin{pmatrix} -2 \\ 0 \\ 3 \end{pmatrix}$$

und

$$E_2:\quad \mathfrak{x} = \begin{pmatrix} -2 \\ 3 \\ 0 \end{pmatrix} + \varrho \begin{pmatrix} 0 \\ 0 \\ -1 \end{pmatrix} + \sigma \begin{pmatrix} 2 \\ -1 \\ 3 \end{pmatrix}$$

die beiden Ebenen, so lauten die Vektorbedingungen

$$B_1':\quad \mathfrak{x}' = \begin{pmatrix} 4 \\ 0 \\ -3 \end{pmatrix} + \lambda' \begin{pmatrix} 0 \\ -1 \\ 0 \end{pmatrix} + \mu' \begin{pmatrix} -2 \\ 0 \\ 3 \end{pmatrix} \text{ mit } \lambda', \mu' \in R$$

und

$$B_2':\quad \mathfrak{x}' = \begin{pmatrix} -2 \\ 3 \\ 0 \end{pmatrix} + \varrho' \begin{pmatrix} 0 \\ 0 \\ -1 \end{pmatrix} + \sigma' \begin{pmatrix} 2 \\ -1 \\ 3 \end{pmatrix} \text{ mit } \varrho', \sigma' \in R\,.$$

Dieses System von Bedingungen läßt sich, wie wir im Abschnitt 4.3.6 gesehen haben, rechnerisch auf die äquivalente Bedingung

$$C':\quad \mathfrak{x}' = \begin{pmatrix} -2 \\ 3 \\ 6 \end{pmatrix} + \lambda' \begin{pmatrix} 2 \\ -1 \\ -3 \end{pmatrix}$$

zurückführen. Das ursprüngliche System der Bedingungen

B_1: X′ liegt auf E_1

und

B_2: X′ liegt auf E_2

läßt sich also durch die einfachere, äquivalente Bedingung

C: X′ liegt auf g

ersetzen, wobei

$$g:\quad \mathfrak{x} = \begin{pmatrix} -2 \\ 3 \\ 6 \end{pmatrix} + \lambda \begin{pmatrix} 2 \\ -1 \\ -3 \end{pmatrix}$$

die Schnittgerade der beiden Ebenen ist.

Unsere bisherigen Überlegungen lassen sich in folgender Weise verallgemeinern: Gegeben ist als Grundmenge die Menge der Punkte des R^2 bzw. des R^3 und zusätzlich eine Bedingung B bzw. mehrere Bedingungen $B_1, \ldots, B_m$, die an die Punkte der Grundmenge gestellt werden. Wir wollen nun diejenigen Elemente der Grundmenge bestimmen, die diese Bedingungen erfüllen. Es ist üblich, diese Erfüllungsmenge als ***geometrischen Ort*** zu bezeichnen.

Man kann nun im Gegensatz zum letzten Beispiel nicht erwarten, daß man den Bedingungen B bzw. $B_1, \ldots, B_m$ die Erfüllungsmenge unmittelbar ansehen kann. Vielmehr besteht das Problem, eine sog. *Ortsaufgabe* zu lösen, gerade darin, diese Erfüllungsmenge durch eine möglichst einfache Bedingung C zu kennzeichnen, durch die man sie besser überschauen kann.

Um das zu erreichen, muß man zunächst die gegebenen Bedingungen B bzw. $B_1, \ldots, B_m$ in gleichwertige algebraische Bedingungen B′ bzw. $B_1', \ldots, B_m'$ übersetzen und anschließend diese so umformen, zusammenfassen und vereinfachen, daß man aus der „Ergebnisbedingung" die gesuchte Punktmenge unmittelbar ersehen kann.

Nun brauchen algebraische Umformungen nicht immer Äquivalenzumformungen zu sein, d. h. die Erfüllungsmengen zweier durch eine solche Umformung auseinander hervorgegangenen Gleichungen brauchen nicht gleich zu sein. So kann es vorkommen, daß die Erfüllungsmenge M_C einer Bedingung C die Erfüllungsmenge M_B der ursprünglichen Bedingung B (bzw. der Bedingungen $B_1, \ldots, B_m$) als echte Teilmenge enthält. Zum Beispiel ist die Erfüllungsmenge der Bedingung $B'\colon x = 4$ über der Grundmenge der reellen Zahlen die Menge $M_{B'} = \{4\}$. Durch Quadrieren folgt aus der Bedingung $B'\colon x = 4$ die Bedingung $C'\colon x^2 = 16$ mit der Erfüllungsmenge $M_{C'} = \{4, -4\}$. Es gilt hier, wie behauptet, $M_{C'} \supset M_{B'}$.

Aus diesem Grunde hat man bei Ortsaufgaben stets zu prüfen, ob die Ausgangsbedingungen B bzw. $B_1, \ldots, B_m$ und die Schlußbedingung C wirklich äquivalent sind. Das heißt, man hat abschließend zu untersuchen, ob jeder Punkt der Erfüllungsmenge M_C der Bedingung C auch zur Erfüllungsmenge M_B der Bedingung B bzw. der Bedingungen $B_1, \ldots, B_m$ gehört. Stellt man fest, daß $M_C \supset M_B$ gilt, so muß man versuchen, die Bedingung C durch eine Zusatzbedingung so zu ergänzen, daß die Erfüllungsmenge M_C dadurch zur Menge M_B eingeschränkt wird (vgl. Beispiel 4 aus Abschnitt 9.7).

Die folgenden Beispiele sollen nun das Lösungsverfahren bei geometrischen Ortsaufgaben klar machen.

Beispiele

1. Wo liegen im R^3 alle Punkte X′, deren Entfernung von zwei gegebenen Punkten P und Q jeweils gleich ist?

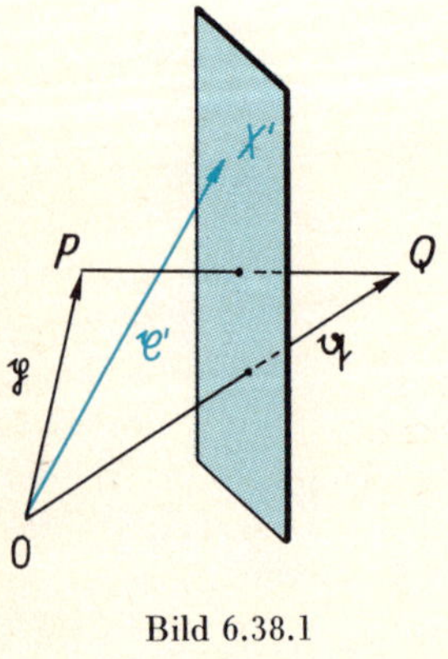

Bild 6.38.1

Lösung:

Die geforderte geometrische Bedingung B läßt sich algebraisch folgendermaßen ausdrücken (Bild 6.38.1):

$$B'\colon |\mathfrak{x}' - \mathfrak{p}| = |\mathfrak{x}' - \mathfrak{q}|$$

oder

$$(\mathfrak{x}' - \mathfrak{p})^2 = (\mathfrak{x}' - \mathfrak{q})^2 .$$

Diese Gleichung stellt bereits die gesuchte Punktmenge dar. Zur Deutung formen wir die Gleichung weiter um.

$$\mathfrak{x}'^2 - 2\mathfrak{x}'\mathfrak{p} + \mathfrak{p}^2 = \mathfrak{x}'^2 - 2\mathfrak{x}'\mathfrak{q} + \mathfrak{q}^2$$

$$-2\mathfrak{x}'\mathfrak{p} + \mathfrak{p}^2 = -2\mathfrak{x}'\mathfrak{q} + \mathfrak{q}^2$$

$$2(\mathfrak{q} - \mathfrak{p})\,\mathfrak{x}' = \mathfrak{q}^2 - \mathfrak{p}^2 .$$

Da der Laufvektor $\mathfrak{x}'$ nur linear in dem Skalarprodukt $2(\mathfrak{q} - \mathfrak{p})\,\mathfrak{x}'$ vorkommt, handelt es sich um die Gleichung einer Ebene. Um ihre besondere Lage angeben zu können, bringen wir die Gleichung in die Punkt-Normalenform $\mathfrak{n}\mathfrak{x} - \mathfrak{n}\mathfrak{a} = 0$:

$$(\mathfrak{q} - \mathfrak{p})\,\mathfrak{x}' = (\mathfrak{q} - \mathfrak{p})\,\frac{\mathfrak{q} + \mathfrak{p}}{2}\,.$$

Wir erhalten:

$$C'\colon\quad (\mathfrak{q} - \mathfrak{p})\,\mathfrak{x}' - (\mathfrak{q} - \mathfrak{p})\,\frac{\mathfrak{q} + \mathfrak{p}}{2} = 0\,.$$

Die Ebene hat also den Normalenvektor $\mathfrak{q} - \mathfrak{p}$, steht somit auf PQ senkrecht und verläuft durch den Mittelpunkt M der Strecke PQ mit $\mathfrak{m} = \dfrac{\mathfrak{p} + \mathfrak{q}}{2}$. Es handelt sich um die Symmetrieebene der Strecke PQ.

Da auch umgekehrt aus C′ die Bedingung B′ folgt, sind deren Erfüllungsmengen gleich. Genau alle Punkte der Symmetrieebene haben die verlangte Eigenschaft.
Löst man das Problem im R^2, so erhält man die Mittelsenkrechte der Strecke PQ.

Wie das folgende Beispiel zeigt, läßt sich die Rechnung häufig dadurch vereinfachen, daß man über die Lage des Koordinatenursprungs zweckmäßig verfügt. Die Erfüllungsmenge einer geometrischen Bedingung ist unabhängig vom gewählten Koordinatensystem.

2. Für welche Punkte X′ ist das Verhältnis der mit Vorzeichen genommenen Abstände von zwei nicht parallelen Geraden g_1 und g_2 gleich $\pm\dfrac{3}{7}$?

Lösung:

Als Koordinatenursprung wählen wir den Schnittpunkt der beiden Geraden, da deren Gleichungen so eine besonders einfache Form bekommen (Bild 6.39.1). Dann lauten ihre Gleichungen in der Hesseschen Normalenform:

$$\mathfrak{n}_1^0\,\mathfrak{x} = 0 \quad \text{und} \quad \mathfrak{n}_2^0\,\mathfrak{x} = 0\,.$$

Hat X′[$\mathfrak{x}'$] die Abstände $|e_1|$ bzw. $|e_2|$ von den Geraden g_1 bzw. g_2, so gilt:

$$\mathfrak{n}_1^0\,\mathfrak{x}' = e_1 \quad \text{und} \quad \mathfrak{n}_2^0\,\mathfrak{x}' = e_2\,.$$

Da das Verhältnis gegeben ist, gilt die Bedingung:

$$B'\colon\quad \frac{e_1}{e_2} = \pm\frac{3}{7}\,.$$

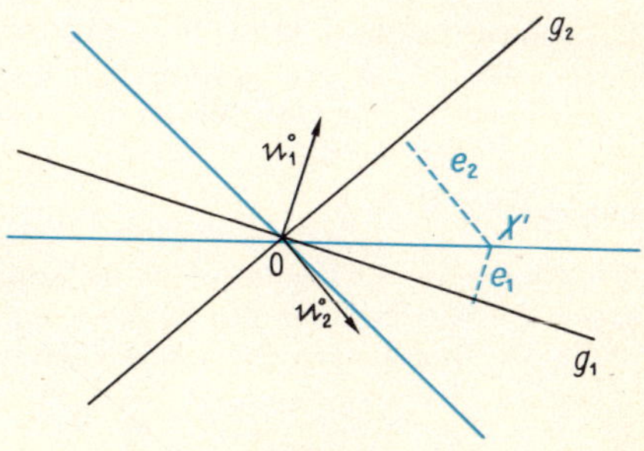

Bild 6.39.1

Durch Einsetzen ergibt sich:

$$\frac{\mathfrak{n}_1^0\,\mathfrak{x}'}{\mathfrak{n}_2^0\,\mathfrak{x}'} = \pm\frac{3}{7}\,.$$

Weiter folgt:

$$\mathfrak{n}_1^0\,\mathfrak{x}' = \pm\frac{3}{7}\,\mathfrak{n}_2^0\,\mathfrak{x}'$$

und daraus

$$C'\colon\quad \left(\mathfrak{n}_1^0 \mp \frac{3}{7}\,\mathfrak{n}_2^0\right)\mathfrak{x}' = 0\,.$$

Diese Gleichung stellt ein Geradenpaar dar, das durch den Ursprung verläuft und die Normalenrichtungen $\mathfrak{n}_1^0 - \frac{3}{7}\mathfrak{n}_2^0$ bzw. $\mathfrak{n}_1^0 + \frac{3}{7}\mathfrak{n}_2^0$ hat.

Umgekehrt hat jeder Punkt des Geradenpaares die ursprünglich verlangte Eigenschaft.

3. Im R^3 liegen von einem Dreieck zwei Eckpunkte P und Q fest, während der dritte Eckpunkt X auf der gegebenen Geraden $g: \mathfrak{x} = \mathfrak{a} + \lambda\,\mathfrak{u}$ wandert. Wie bewegt sich der Schwerpunkt X′ des Dreiecks (Bild 6.40.1)?

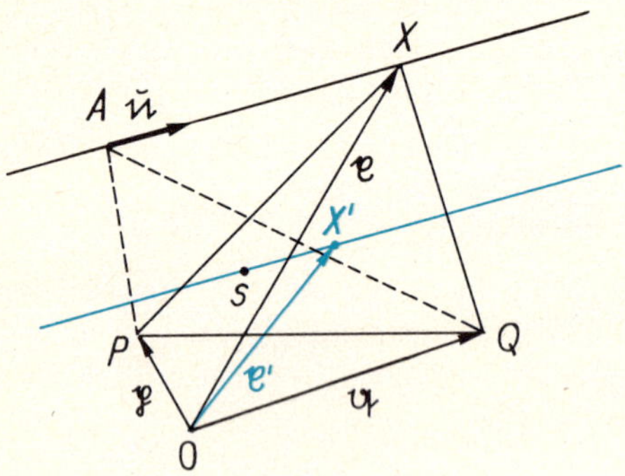

Bild 6.40.1

Lösung:

Der Laufpunkt X′ des geometrischen Ortes erfüllt die Bedingung, immer Schwerpunkt des Dreiecks PQX zu sein. Also gilt:

(1) $$B_1': \mathfrak{x}' = \frac{\mathfrak{p} + \mathfrak{q} + \mathfrak{x}}{3}\,.$$

In dieser Gleichung kommt neben $\mathfrak{x}'$ und den festen Vektoren $\mathfrak{p}$ und $\mathfrak{q}$ der veränderliche Vektor $\mathfrak{x}$ vor. Um nun $\mathfrak{x}$ aus der Gleichung (1) zu eliminieren, berücksichtigen wir, daß X [$\mathfrak{x}$] die durch den Punkt A und den Richtungsvektor $\mathfrak{u}$ festgelegte Gerade g durchläuft. Es gilt also die zweite Bedingung:

(2) $$B_2': \mathfrak{x} = \mathfrak{a} + \lambda\,\mathfrak{u}\,.$$

Aus (2) setzen wir nun den Term für $\mathfrak{x}$ in die erste Gleichung ein. Wir ordnen und erhalten

(3) $$C': \mathfrak{x}' = \frac{\mathfrak{p} + \mathfrak{q} + \mathfrak{a}}{3} + \lambda\,\frac{\mathfrak{u}}{3}\,.$$

Da außer $\mathfrak{x}'$ alle vorkommenden Vektoren konstant sind, läßt sich die Gleichung (3) deuten als die einer Geraden, die parallel zur gegebenen Geraden g durch den Schwerpunkt S des festen Dreiecks PQA verläuft.

Da man umgekehrt aus (3) unter Berücksichtigung von (2) auf (1) schließen kann, ist auch jeder Punkt der Geraden mit der Gleichung (3) Schwerpunkt eines der betrachteten Ausgangsdreiecke.

4. In einem Vierflach ABCD liegen die Punkte A und B fest, während C und D unabhängig voneinander auf zwei gegebenen, sich nicht schneidenden Geraden g_1 und g_2 wandern, die von A und B ausgehen. Wie bewegt sich der Ortsvektor des Schwerpunktes?

Lösung:

Wir nehmen an, daß C auf der Geraden g_1 und D unabhängig davon auf g_2 wandert (Bild 6.41.1). g_1 werde festgelegt durch den Punkt A und den Richtungsvektor $\mathfrak{u}$, g_2 entsprechend durch B und $\mathfrak{v}$. Die Gleichungen von g_1 und g_2 lauten dann

(1) für g_1: $\mathfrak{x} = \mathfrak{a} + \lambda\,\mathfrak{u}$,

(2) für g_2: $\mathfrak{x} = \mathfrak{b} + \mu\,\mathfrak{v}$.

Der Laufvektor $\mathfrak{x}'$ des gesuchten geometrischen Ortes führt zum Schwerpunkt X′ des Vierflachs ABCD. Es gilt also:

(3) $$B_1': \mathfrak{x}' = \frac{\mathfrak{a} + \mathfrak{b} + \mathfrak{c} + \mathfrak{d}}{4}.$$

Aus dieser Gleichung sind die veränderlichen Vektoren $\mathfrak{c}$ und $\mathfrak{d}$ zu eliminieren. Da C auf der Geraden g_1 und D auf g_2 wandern, gilt für die Ortsvektoren $\mathfrak{c}$ bzw. $\mathfrak{d}$:

(4) $$B_2': \mathfrak{c} = \mathfrak{a} + \lambda\,\mathfrak{u}$$

(5) $$B_3': \mathfrak{d} = \mathfrak{b} + \mu\mathfrak{v}.$$

Setzt man die Terme für $\mathfrak{c}$ bzw. $\mathfrak{d}$ aus (4) bzw. (5) in die Gleichung (3) ein, so erhält man nach Umformen

(6) $$C': \mathfrak{x}' = \frac{\mathfrak{a} + \mathfrak{b}}{2} + \lambda\frac{\mathfrak{u}}{4} + \mu\frac{\mathfrak{v}}{4}.$$

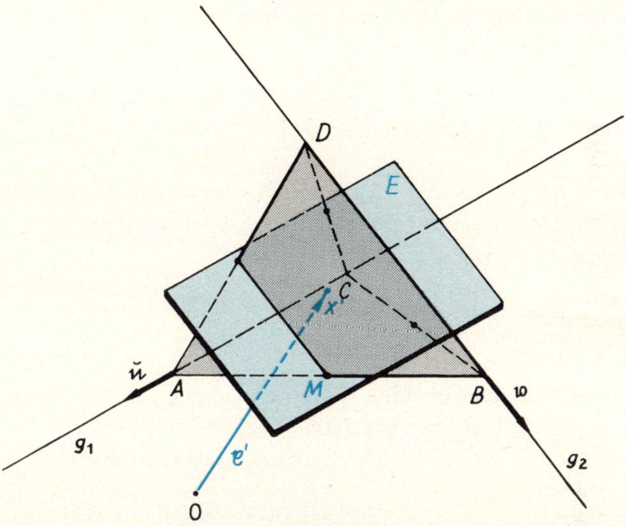

Bild 6.41.1

Die Parameter λ und μ sind unabhängig voneinander veränderlich. Ferner sind $\mathfrak{u}$ und $\mathfrak{v}$ linear unabhängig. Daher ist (6) die Gleichung einer Ebene E, die durch den Mittelpunkt M der Strecke AB und die Richtungsvektoren $\mathfrak{u}$ und $\mathfrak{v}$ bestimmt ist. Die Geraden g_1 und g_2 sind also zu dieser Ebene parallel.
Da man umgekehrt aus (6) in Verbindung mit (4) und (5) die Gleichung (3) erhält, kann jeder Punkt der Ebene E als Schwerpunkt eines der betrachteten Vierflache aufgefaßt werden.

Wir fassen die wesentlichen Überlegungen bei der Lösung von Ortsaufgaben noch einmal zusammen: Zunächst wird je nach Aufgabenstellung der Koordinatenursprung zweckmäßig festgelegt. Sodann werden die in der Aufgabe geforderten Bedingungen für die gesuchte Punktmenge in eine oder auch mehrere Gleichungen übersetzt. Liegt nur eine Gleichung vor, und treten in ihr außer dem Laufvektor nur konstante Vektoren und konstante Zahlen auf, so stellt diese Gleichung bereits die gesuchte Punktmenge dar. Die Gleichung muß nur noch so umgeformt werden, daß Art und Lage des geometrischen Ortes erkennbar sind (Beispiele 1 und 2). Tritt dagegen im Ansatz neben dem Laufvektor eine weitere Variable (z. B. ein Hilfsvektor) auf, so muß diese zunächst eliminiert werden. Dazu braucht man im Ansatz zwei Gleichungen (Beispiel 3). Für jeden weiteren veränderlichen Vektor benötigt man eine weitere Vektorgleichung (Beispiel 4).

Aufgaben

1. Löse die Beispielaufgabe 1. so, daß a) der Punkt P, b) der Mittelpunkt M der Strecke PQ Koordinatenursprung wird.

2. Bestimme im R^2 die Menge aller Punkte X′, für die die Quadrate der Entfernungen von den Punkten A(– 2/1) und B(3/4) sich um den festen Betrag ± 20 unterscheiden. Zeichne die Ortslinien und bestimme dazu die Schnittpunkte der Ortslinien mit den Achsen.

3. Bestimme im R^2 die Menge aller Punkte X′, die mit den Punkten A(2/7) und B(– 1/3) ein Dreieck vom Flächeninhalt F = 20 FE bilden.

4. Gegeben sind vier Ebenen E_1, E_2, E_3, E_4. Bestimme die Menge aller Punkte X′, für die die Summe der (mit Vorzeichen versehenen) Abstände von den vier Ebenen gleich $-5\sqrt{2}$ ist.

   $E_1\colon\ x_1 - x_2 - 2 = 0 \qquad E_2\colon\ x_2 - x_3 - 1 = 0$

   $E_3\colon\ x_1 - x_3 - 3 = 0 \qquad E_4\colon\ x_1 + x_3 - 4 = 0\,.$

5. Zwischen zwei sich schneidenden Geraden g_1 und g_2 im R^2 soll ein Punkt X′ sich so bewegen, daß die Summe (Differenz) seiner Abstände von den beiden Geraden stets gleich bleibt. Welche Ortslinie beschreibt der Punkt X′?

6. Von einem Punkte X′ im R^2 werden auf zwei sich schneidende Geraden die Lote gefällt. Wie bewegt sich X′, wenn die Summe der Entfernungen der Lotfußpunkte vom Schnittpunkt der Geraden konstant bleibt?

7. Von einer veränderlichen Strecke liegt im R^3 der eine Endpunkt P fest, während sich der andere Endpunkt Q auf einer Geraden bewegt. Welche Linie durchläuft der innere Teilpunkt X′, der PQ im Verhältnis $\tau = 2:1$ teilt?

8. S(3/4/–2) sei der Schwerpunkt eines Parallelogramms ABCD. A bewege sich auf der Geraden $g_1\colon \mathfrak{x} = \begin{pmatrix} 2 \\ 1 \\ 4 \end{pmatrix} + \lambda \begin{pmatrix} 3 \\ -1 \\ 2 \end{pmatrix}$ und B auf der Geraden $g_2\colon \mathfrak{x} = \begin{pmatrix} 1 \\ -2 \\ 1 \end{pmatrix} + \lambda \begin{pmatrix} -2 \\ 1 \\ 3 \end{pmatrix}$. Wie bewegt sich a) der Punkt C, b) der Punkt D, falls ABCD stets ein Parallelogramm bleiben soll.

9. Zwei Eckpunkte P und Q eines Dreiecks liegen fest, während sich sein Schwerpunkt in der durch den Punkt A und die Richtungsvektoren $\mathfrak{u}$ und $\mathfrak{v}$ bestimmten Ebene E bewegt. Wo liegt der dritte Eckpunkt X′ des Dreiecks?

$$P(2/1/0),\ Q(-1/5/2),\ A(4/-3/1),\ \mathfrak{u} = \begin{pmatrix} 1 \\ -1 \\ 2 \end{pmatrix},\ \mathfrak{v} = \begin{pmatrix} 3 \\ -2 \\ -1 \end{pmatrix}.$$

10. Die Punkte A(2/1/4) und B(1/−1/2) seien feste Ecken eines Parallelogramms ABCD, während die Ecke C auf der Geraden $g: \mathfrak{x} = \begin{pmatrix} 3 \\ 4 \\ 1 \end{pmatrix} + \lambda \begin{pmatrix} 1 \\ 4 \\ 1 \end{pmatrix}$ wandert. Wie bewegt sich der Teilpunkt X′ der Diagonalen BD, der diese im Verhältnis $\tau = 3$ teilt?

11. Von einem Vierflach PQRX liegen die Punkte P, Q, R fest, während sich X a) auf einer Geraden, b) in einer Ebene bewegt. Bestimme den geometrischen Ort der Spitzen eines anderen Vierflachs, für das P, Q, R die Eckpunkte der Grundfläche bilden und dessen Schwerpunkt X ist.

12. Ein Punkt A wandert auf der Geraden $g: \mathfrak{x} = \begin{pmatrix} 3 \\ 6 \\ 3 \end{pmatrix} + \lambda \begin{pmatrix} 1 \\ 1 \\ -1 \end{pmatrix}$. Durch A werden die Parallelebenen zu den Koordinatenebenen des affinen Koordinatensystems gelegt. Die Schnittpunkte der Parallelebenen mit den Achsen seien B, C, D. Wie bewegt sich der Schwerpunkt des Dreiecks BCD?

13. Ein Punkt A im R^2 bewegt sich so, daß sein Abstand von der Geraden $g_1: \begin{pmatrix} 3 \\ 4 \end{pmatrix} \mathfrak{x} - 10 = 0$ stets doppelt so groß ist wie sein Abstand von der Geraden $g_2: \begin{pmatrix} 5 \\ 12 \end{pmatrix} \mathfrak{x} - 13 = 0$. Er ist mit dem Punkt B(5/3) verbunden. Wie wandert der Mittelpunkt der Strecke AB?

14. Von einem Punkt $A(a_1/a_2)$ des R^2 zieht man die Parallelen zu den Achsen eines ebenen affinen Koordinatensystems. Die Parallelen schneiden die Achsen in P und Q. Wie wandert der Teilpunkt der Strecke PQ, der sie im Verhältnis $\tau = \frac{1}{2}$ teilt, wenn sich A auf der Geraden $g: \mathfrak{x} = \begin{pmatrix} 2 \\ 3 \end{pmatrix} + \lambda \begin{pmatrix} 2 \\ 1 \end{pmatrix}$ bewegt?

15. Gegeben sind zwei Geraden im R^3. X bewegt sich auf der ersten, Y unabhängig davon auf der zweiten Geraden. Wie bewegt sich der Mittelpunkt X′ der Strecke XY?
Wie ist das Ergebnis zu deuten, wenn die Geraden a) sich schneiden, b) parallel zueinander verlaufen?

16. Von einem Punkt A des R^3 aus bewegt sich ein Punkt X in Richtung des Vektors $\mathfrak{u}$ mit gleichförmiger Geschwindigkeit, während sich ein zweiter Punkt Y gleichzeitig von einem anderen Punkt B aus mit gleichförmiger Geschwindigkeit in Richtung des Vektors $\mathfrak{v}$ bewegt. Jedesmal wenn X den Vektor $\mathfrak{u}$ durchläuft, bewege sich Y um $2 \cdot \mathfrak{v}$. Wo liegt der Punkt X′, der die Verbindungsstrecke XY im festen Verhältnis τ teilt?

17. Von einer Strecke AB liegt der Punkt $A(a_1/0/0)$ fest, während B sich in einer Parallelebene zur x_2x_3-Ebene bewegt. Die Parallelebene schneide die x_1-Achse in $C(c_1/0/0)$. H sei der Halbierungspunkt von AB. Wie bewegen sich die Teilpunkte T_i und T_a, die die Strecke HC harmonisch im Verhältnis $|\tau| = \frac{1}{4}$ teilen?

* 7. Das Vektorprodukt

* 7.1. Einführung und Herleitung

Vorübungen

Es sei $\mathfrak{a} = \begin{pmatrix} 1 \\ 2 \\ 2 \end{pmatrix}$ und $\mathfrak{b} = \begin{pmatrix} 4 \\ 2 \\ 4 \end{pmatrix}$.

a) Berechne einen Vektor $\mathfrak{n}$, für den gilt $\mathfrak{n}\mathfrak{a} = 0$ und $\mathfrak{n}\mathfrak{b} = 0$. Was bedeutet diese Forderung geometrisch?

b) Berechne den Flächeninhalt F des durch $\mathfrak{a}$ und $\mathfrak{b}$ aufgespannten Parallelogramms. Beachte dabei, daß sich die Höhe h_a mit Hilfe des Winkels zwischen $\mathfrak{a}$ und $\mathfrak{b}$ bestimmen läßt.

Die Stellung einer Ebene im R^3 läßt sich durch zwei nicht kollineare Richtungsvektoren $\mathfrak{u}$ und $\mathfrak{v}$ oder durch einen Normalenvektor $\mathfrak{n}$ eindeutig festlegen. Das kommt algebraisch darin zum Ausdruck, daß sich ein Normalenvektor $\mathfrak{n}$ aus $\mathfrak{u}$ und $\mathfrak{v}$ errechnen läßt. Andererseits spannen $\mathfrak{u}$ und $\mathfrak{v}$ ein Parallelogramm auf, dessen Flächeninhalt F man aus $\mathfrak{u}$ und $\mathfrak{v}$ bestimmen kann.

In Abschnitt 5.1 wurde bereits erwähnt, daß es grundsätzlich zwei Möglichkeiten für die Produktbildung zweier Vektoren gibt: entweder ist das Produkt eine Zahl (skalares Produkt) oder es ist ein Vektor (vektorielles Produkt). In diesem Kapitel wollen wir durch eine neue Verknüpfung jedem Vektorpaar $(\mathfrak{a}, \mathfrak{b})$ einen Produktvektor zuordnen. Da das dem Vektorpaar zugeordnete Element wiederum ein Vektor sein soll, stellt der lineare Vektorraum V^3 hinsichtlich dieser Verknüpfung ein Verknüpfungsgebilde dar. Diese neue Operation soll so definiert werden, daß sie den oben erwähnten rechnerischen und geometrischen Zusammenhang zwischen $\mathfrak{u}$, $\mathfrak{v}$ und $\mathfrak{n}$ einerseits sowie $\mathfrak{u}$, $\mathfrak{v}$ und F andererseits besonders elegant und anschaulich darstellt.

Als Verknüpfungszeichen wählen wir bei dem neu zu definierenden Vektorprodukt im Unterschied zum skalaren Produkt ein Kreuz. Wir gehen bei der Einführung des Vektorproduktes ähnlich vor wie bei der Herleitung des skalaren Produktes, indem wir einerseits gewisse Rechengesetze als Axiome festlegen wollen, und andererseits definieren, was wir unter dem Vektorprodukt zweier aufeinander senkrecht stehender Einheitsvektoren verstehen wollen. Wir beginnen mit letzterem:

$\mathfrak{a}^\circ$ und $\mathfrak{b}^\circ$ seien also zwei aufeinander senkrecht stehende Einheitsvektoren. Der zu definierende Produktvektor $\mathfrak{a}^\circ \times \mathfrak{b}^\circ$ muß nach Größe, Richtung und Durchlaufsinn bekannt sein. Da $\mathfrak{a}^\circ$ und $\mathfrak{b}^\circ$ als Richtungsvektoren die Stellung einer Ebene festlegen und diese Stellung andererseits durch einen Normalenvektor angegeben werden kann, ist es sinnvoll, als Richtung des Produktvektors die Richtung dieses Normalenvektors zu wählen (Bild 7.2.1). Wir verlangen weiterhin $|\mathfrak{a}^\circ \times \mathfrak{b}^\circ| = 1$. Durch diese beiden Forderungen sind zwar Richtung und Betrag des Vektors $\mathfrak{a}^\circ \times \mathfrak{b}^\circ = \mathfrak{c}^\circ$ bestimmt, nicht aber sein Durchlaufsinn. Deshalb verlangen wir:

Axiom 1

Jedem Paar aufeinander senkrecht stehender Einheitsvektoren $(\mathfrak{a}^\circ, \mathfrak{b}^\circ)$ soll eindeutig als Produktvektor ein Einheitsvektor $\mathfrak{c}^\circ$ zugeordnet werden:

$$\mathfrak{a}^\circ \times \mathfrak{b}^\circ = \mathfrak{c}^\circ.$$

Dabei soll gelten:

$$\mathfrak{c}^\circ \perp \mathfrak{a}^\circ \text{ und } \mathfrak{c}^\circ \perp \mathfrak{b}^\circ.$$

Außerdem sollen $\mathfrak{a}^\circ, \mathfrak{b}^\circ, \mathfrak{c}^\circ$ in dieser Reihenfolge ein Rechtssystem bilden.

Ein solches Rechtssystem können wir uns außer an den Fingern der rechten Hand auch mit der sogenannten Schraubenregel veranschaulichen: Drehen wir $\mathfrak{a}^\circ$ über den kleineren Winkel in die Richtung und Orientierung von $\mathfrak{b}^\circ$, dann entsteht dabei eine Drehrichtung, die, auf eine normale Schraube angewandt, diese Schraube in die Richtung und Orientierung von $\mathfrak{c}^\circ$ bewegen würde.

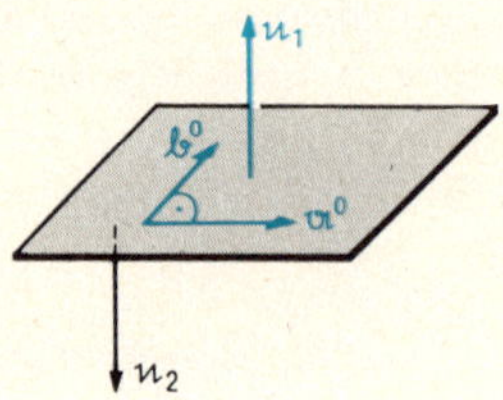

Bild 7.2.1

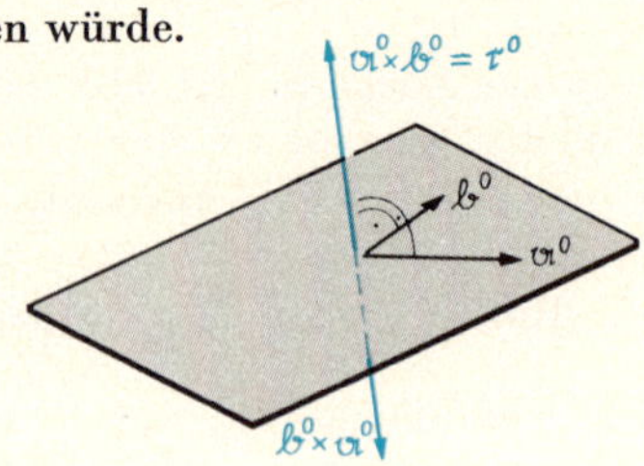

Bild 7.2.2

Aus Axiom 1 ergibt sich zwangsläufig eine Folgerung, die das Vektorprodukt grundsätzlich vom Produkt $a \cdot b$ der gewöhnlichen Algebra und auch vom Skalarprodukt unterscheidet. Es gilt nämlich $\mathfrak{a}^\circ \times \mathfrak{b}^\circ = -(\mathfrak{b}^\circ \times \mathfrak{a}^\circ)$. Denn wie Bild 7.2.2 zeigt, sind $\mathfrak{a}^\circ \times \mathfrak{b}^\circ$ und $\mathfrak{b}^\circ \times \mathfrak{a}^\circ$ Gegenvektoren.

Wir wollen in Analogie zur Einführung des Skalarproduktes nun die Rechenregeln postulieren, denen das Vektorprodukt genügen soll.

Für alle $\mathfrak{a}, \mathfrak{b}, \mathfrak{c}$ und n soll gelten

Axiom 2

$\mathfrak{a} \times \mathfrak{b} = -(\mathfrak{b} \times \mathfrak{a})$ *(alternatives Gesetz)*

Axiom 3

$\mathfrak{a} \times (\mathfrak{b} + \mathfrak{c}) = (\mathfrak{a} \times \mathfrak{b}) + (\mathfrak{a} \times \mathfrak{b}) = \mathfrak{a} \times \mathfrak{b} + \mathfrak{a} \times \mathfrak{c}$ *(distributives Gesetz)*

Axiom 4

$n\,(\mathfrak{a} \times \mathfrak{b}) = (n\,\mathfrak{a}) \times \mathfrak{b} = \mathfrak{a} \times (n\,\mathfrak{b})$ *(gemischt assoziatives Gesetz)*

Bis auf das alternative Gesetz, das auf Grund des Axioms 1 (s. Folgerung) an die Stelle des kommutativen Gesetzes treten muß, verlangen wir mit den Axiomen 2 bis 4 die entsprechenden Gesetze wie beim skalaren Produkt.

Mit Hilfe dieser Axiome lassen sich in weiteren Fällen Vektorprodukte berechnen: Für alle Einheitsvektoren gilt: $\mathfrak{a}^\circ \times \mathfrak{a}^\circ = \mathfrak{o}$

Folgerung 1: $\mathfrak{a}^\circ \times \mathfrak{a}^\circ = \mathfrak{o}$. Da $\mathfrak{a}^\circ \times \mathfrak{a}^\circ$ wegen des alternativen Gesetzes gleich $-(\mathfrak{a}^\circ \times \mathfrak{a}^\circ)$ sein muß, kann $\mathfrak{a}^\circ \times \mathfrak{a}^\circ$ nur der Nullvektor sein.

Folgerung 2: Falls $\mathfrak{a}$ und $\mathfrak{b}$ kollinear sind, gilt für alle $\mathfrak{a}$ und $\mathfrak{b}$:

$$\mathfrak{a} \times \mathfrak{b} = \mathfrak{o}.$$

Denn es ist unter Anwendung des gemischt assoziativen Gesetzes und der Folgerung 1

$$\mathfrak{a}\times\mathfrak{b} = (a\,\mathfrak{a}^\circ)\times(\pm\, b)\,\mathfrak{a}^\circ = \pm\, ab\,(\mathfrak{a}^\circ\times\mathfrak{a}^\circ) = \mathfrak{o}\,.$$

Als Spezialfall ergibt sich: $\mathfrak{a}\times\mathfrak{a} = \mathfrak{o}$.

3. Falls $\mathfrak{a}\perp\mathfrak{b}$, gilt für alle $\mathfrak{a}$ und $\mathfrak{b}$:

$$\mathfrak{a}\times\mathfrak{b} = a\,b\,\mathfrak{c}^\circ \qquad \text{mit} \quad |\mathfrak{a}\times\mathfrak{b}| = a\cdot b\,.$$

Zum Beweis wenden wir das gemischt assoziative Gesetz und das Axiom 1 an und erhalten $\mathfrak{a}\times\mathfrak{b} = a\,\mathfrak{a}^\circ\times b\,\mathfrak{b}^\circ = ab(\mathfrak{a}^\circ\times\mathfrak{b}^\circ) = ab\,\mathfrak{c}^\circ$. Daraus folgt $|\mathfrak{a}\times\mathfrak{b}| = a\cdot b$.

$\mathfrak{a}$ und $\mathfrak{b}$ seien nun zwei nicht kollineare und nicht aufeinander senkrecht stehende Vektoren. Dann gilt

$$\mathfrak{b} = \mathfrak{b}_{\mathfrak{a}} + n\,\bar{\mathfrak{a}}^\circ\,,$$

wobei $\mathfrak{b}_{\mathfrak{a}}$ den Projektionsvektor von $\mathfrak{b}$ auf $\mathfrak{a}$ bedeutet und $\bar{\mathfrak{a}}^\circ$ einen Lotvektor von $\mathfrak{a}^\circ$ in der durch $\mathfrak{a}$ und $\mathfrak{b}$ aufgespannten Ebene (Bild 7.3.1). Wir bilden $\mathfrak{a}\times\mathfrak{b} = \mathfrak{a}\times(\mathfrak{b}_{\mathfrak{a}} + n\,\bar{\mathfrak{a}}^\circ) = \mathfrak{a}\times\mathfrak{b}_{\mathfrak{a}} + n\,\mathfrak{a}\times\bar{\mathfrak{a}}^\circ = \mathfrak{a}\times\mathfrak{b}_{\mathfrak{a}} + na\,(\mathfrak{a}^\circ\times\bar{\mathfrak{a}}^\circ)$. Wegen Folgerung 2 ist $\mathfrak{a}\times\mathfrak{b}_{\mathfrak{a}} = \mathfrak{o}$. $\mathfrak{a}^\circ\times\bar{\mathfrak{a}}^\circ$ ist ein Vektor senkrecht auf $\mathfrak{a}^\circ$ und senkrecht auf $\bar{\mathfrak{a}}^\circ$.

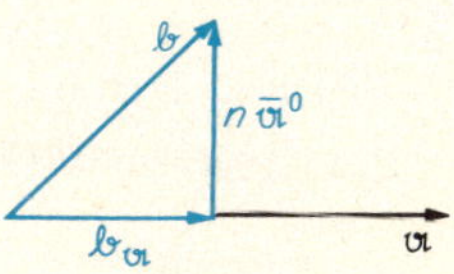

Bild 7.3.1

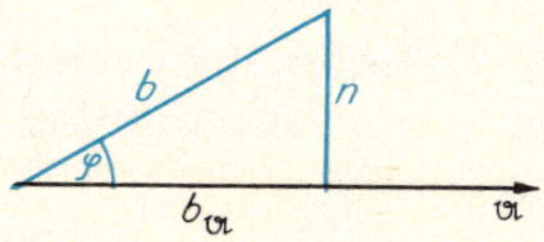

Bild 7.3.2

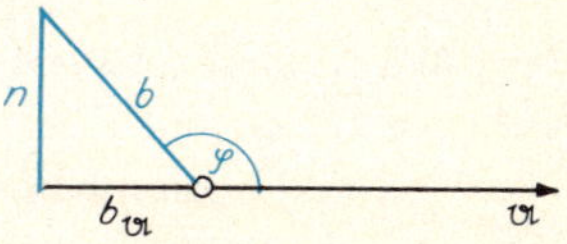

Bild 7.3.3

Damit steht $\mathfrak{a}^\circ\times\bar{\mathfrak{a}}^\circ$ auch senkrecht auf $\mathfrak{a}$ und $\mathfrak{b}$. $\mathfrak{a}^\circ$, $\bar{\mathfrak{a}}^\circ$, $\mathfrak{a}^\circ\times\bar{\mathfrak{a}}^\circ$ bilden in dieser Reihenfolge ein Rechtssystem, ebenso auch $\mathfrak{a}$, $\mathfrak{b}$, $\mathfrak{a}^\circ\times\bar{\mathfrak{a}}^\circ$. Damit steht $\mathfrak{a}\times\mathfrak{b} = na\,(\mathfrak{a}^\circ\times\bar{\mathfrak{a}}^\circ)$ senkrecht auf $\mathfrak{a}$ und $\mathfrak{b}$ und bildet mit $\mathfrak{a}$ und $\mathfrak{b}$ in der Reihenfolge $\mathfrak{a}$, $\mathfrak{b}$, $\mathfrak{a}\times\mathfrak{b}$ ein Rechtssystem. Außerdem ist $|\,\mathfrak{a}\times\mathfrak{b}\,| = n\,a$, da $|\,\mathfrak{a}^\circ\times\bar{\mathfrak{a}}^\circ\,| = 1$ nach Axiom 1.
Für die Streckenlänge n (Bild 7.3.2 u. 3) gilt

$$\sin(\mathfrak{a};\mathfrak{b}) = \frac{n}{b} \Rightarrow n = b\cdot\sin(\mathfrak{a};\mathfrak{b})\,.$$

Setzen wir diesen Term für n in die Beziehung

$$\mathfrak{a}\times\mathfrak{b} = n\cdot a\,(\mathfrak{a}^\circ\times\bar{\mathfrak{a}}^\circ)$$

ein, so erhält man

$$\mathfrak{a}\times\mathfrak{b} = a\cdot b\,\sin(\mathfrak{a};\mathfrak{b})\cdot(\mathfrak{a}^\circ\times\bar{\mathfrak{a}}^\circ)\,.$$

Damit ergibt sich zwangsläufig: Wenn es überhaupt möglich ist, *jedem* Vektorpaar $(\mathfrak{a}, \mathfrak{b})$ eindeutig einen Vektor $\mathfrak{c}$ so zuzuordnen, daß die Axiome 1 bis 4 gelten, dann müssen wir definieren:

Definition 7.1

Der Vektor $\mathfrak{a}\times\mathfrak{b}$ steht senkrecht auf $\mathfrak{a}$ und $\mathfrak{b}$, bildet mit $\mathfrak{a}$ und $\mathfrak{b}$ in der Reihenfolge $\mathfrak{a}$, $\mathfrak{b}$, $\mathfrak{a}\times\mathfrak{b}$ ein Rechtssystem und hat den Betrag $a\cdot b\,\sin(\mathfrak{a};\mathfrak{b})$.

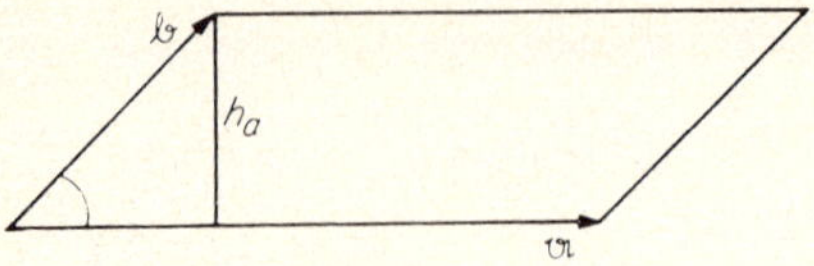

Bild 7.4.1

Die Länge des Produktvektors

$$|\mathfrak{a} \times \mathfrak{b}| = a \cdot b \sin(\mathfrak{a}; \mathfrak{b})$$

hat eine wichtige geometrische Bedeutung. Dazu betrachten wir das Parallelogramm, das durch $\mathfrak{a}$ und $\mathfrak{b}$ aufgespannt wird (Bild 7.4.1). Es hat den Flächeninhalt

$$F = a\, h_a \,.$$

Für h_a dürfen wir schreiben

$$h_a = b \sin(\mathfrak{a}; \mathfrak{b}) .$$

Also ergibt sich für F

$$F = a \cdot b \sin(\mathfrak{a}; \mathfrak{b}) .$$

Damit erhalten wir den

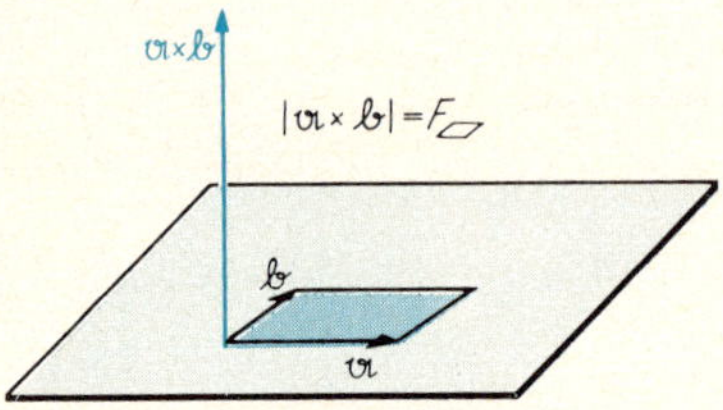

Bild 7.4.2

Satz 7.1

$|\mathfrak{a} \times \mathfrak{b}| = a \cdot b \cdot \sin(\mathfrak{a}; \mathfrak{b})$ ist gleich der Maßzahl des Inhalts der Parallelogrammfläche, die von $\mathfrak{a}$ und $\mathfrak{b}$ aufgespannt wird (Bild 7.4.2).

Aus den Axiomen 1 bis 4 haben wir soeben die Definition 7.1 hergeleitet. Daß umgekehrt auf Grund dieser Definition für alle Vektoren die Axiome 1 bis 4 erfüllt werden, muß noch nachgewiesen werden.

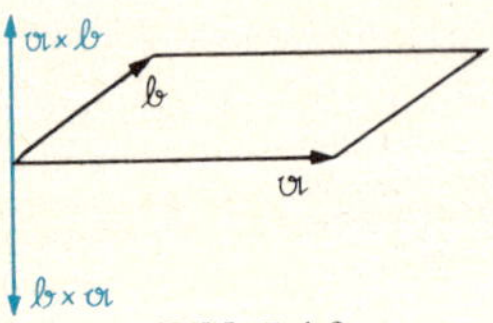

Bild 7.4.3

1. Axiom 1 wird erfüllt wegen $\sin 90° = 1$.
2. Für alle Vektoren $\mathfrak{a}$ und $\mathfrak{b}$ gilt
$$\mathfrak{a} \times \mathfrak{b} = -(\mathfrak{b} \times \mathfrak{a}).$$
Die Vektoren $\mathfrak{a} \times \mathfrak{b}$ und $\mathfrak{b} \times \mathfrak{a}$ haben bei gleicher Länge entgegengesetzte Richtung (Bild 7.4.3).
3. Für alle Vektoren $\mathfrak{a}, \mathfrak{b}, \mathfrak{c}$ gilt
$$\mathfrak{a} \times (\mathfrak{b} + \mathfrak{c}) = \mathfrak{a} \times \mathfrak{b} + \mathfrak{a} \times \mathfrak{c} .$$

Wir denken uns die drei Vektoren $\mathfrak{a}, \mathfrak{b}, \mathfrak{c}$ von einem gemeinsamen Punkt A aus abgetragen und projizieren das durch $\mathfrak{b}$ und $\mathfrak{c}$ aufgespannte Parallelogramm ABCD parallel zu $\mathfrak{a}$ in eine Ebene E, die $\mathfrak{a}$ als Normalenvektor hat. Das durch diese Projektion in E entstehende Viereck ist wiederum ein Parallelogramm A'B'C'D'. Es wird erzeugt durch die Vektoren $\mathfrak{b}'$ und $\mathfrak{c}'$. Der Diagonalenvektor $\mathfrak{b}' + \mathfrak{c}'$ ist auf Grund dieser Projektion gleich $(\mathfrak{b} + \mathfrak{c})'$, wie man Bild 7.5.1 unmittelbar entnimmt. Nun untersuchen wir die im distributiven Gesetz auftretenden Vektoren $\mathfrak{a} \times \mathfrak{b}$, $\mathfrak{a} \times \mathfrak{c}$, $\mathfrak{a} \times (\mathfrak{b} + \mathfrak{c})$. Da das durch $\mathfrak{a}$ und $\mathfrak{b}$ erzeugte Parallelogramm flächengleich mit dem Parallelogramm aus $\mathfrak{a}$ und $\mathfrak{b}'$ ist (Scherung parallel zu $\mathfrak{a}$, s. Bild 7.5.1), da außerdem Richtung und Durchlaufsinn von $\mathfrak{a} \times \mathfrak{b}$ und $\mathfrak{a} \times \mathfrak{b}'$ übereinstimmen, gilt

$$(\mathfrak{a} \times \mathfrak{b}) = (\mathfrak{a} \times \mathfrak{b}')$$

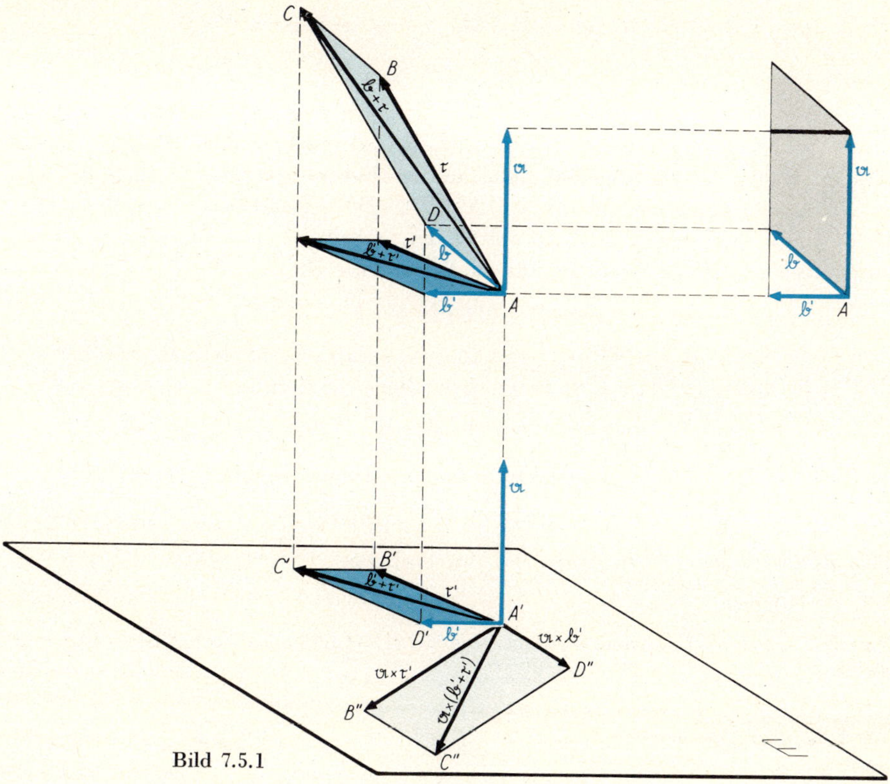

Bild 7.5.1

und entsprechend

$$(\mathfrak{a} \times \mathfrak{c}) = (\mathfrak{a} \times \mathfrak{c}')$$

$$\mathfrak{a} \times (\mathfrak{b} + \mathfrak{c}) = \mathfrak{a} \times (\mathfrak{b} + \mathfrak{c})' = \mathfrak{a} \times (\mathfrak{b}' + \mathfrak{c}').$$

Damit läßt sich das distributive Gesetz

$$\mathfrak{a} \times (\mathfrak{b} + \mathfrak{c}) = \mathfrak{a} \times \mathfrak{b} + \mathfrak{a} \times \mathfrak{c}$$

auch in der Form schreiben

$$\mathfrak{a} \times (\mathfrak{b}' + \mathfrak{c}') = \mathfrak{a} \times \mathfrak{b}' + \mathfrak{a} \times \mathfrak{c}'.$$

Diese Vektoren $\mathfrak{a} \times \mathfrak{b}'$, $\mathfrak{a} \times \mathfrak{c}'$, $\mathfrak{a} \times (\mathfrak{b}' + \mathfrak{c}')$ liegen ebenfalls in der Ebene E, da sie senkrecht auf $\mathfrak{a}$, dem Normalenvektor der Ebene, stehen müssen (s. Def. 7.1). $\mathfrak{a} \times \mathfrak{b}'$ und $\mathfrak{a} \times \mathfrak{c}'$ sind außerdem in E Lotvektoren von $\mathfrak{b}'$ bzw. $\mathfrak{c}'$ (beachte die Schraubenregel!). Sie spannen deshalb ein Parallelogramm A′ B″ C″ D″ auf, das gegen A′ B′ C′ D′ im positiven Sinn um 90° um A′ gedreht ist. Die Seiten dieses Parallelogramms A′ B″ C″ D″ haben die Längen

$$|\mathfrak{a} \times \mathfrak{c}'| = a \cdot c' \cdot \sin(\mathfrak{a}; \mathfrak{c}') = a\, c' ,$$

$$|\mathfrak{a} \times \mathfrak{b}'| = a \cdot b' \cdot \sin(\mathfrak{a}; \mathfrak{b}') = a\, b' ,$$

die entsprechenden Seiten von A′ B′ C′ D′ haben die Längen

$$|\mathfrak{b}'| = b'$$
$$|\mathfrak{c}'| = c'\,.$$

Das Parallelogramm A′ B″ C″ D″ ist also gegenüber dem Parallelogramm A′ B′ C′ D′ um 90° um A′ gedreht *und* um den Faktor a gestreckt. Damit ist auch die Diagonale $(\mathfrak{a}\times\mathfrak{b}') + (\mathfrak{a}\times\mathfrak{c}')$ aus A′ B″ C″ D″ gegenüber der entsprechenden Diagonale $\mathfrak{b}' + \mathfrak{c}'$ aus A′ B′ C′ D′ um 90° um A′ gedreht und um a gestreckt. Es gilt mithin wegen der Streckung für die Beträge der Diagonalen

$$|(\mathfrak{a}\times\mathfrak{b}') + (\mathfrak{a}\times\mathfrak{c}')| = a\,|\mathfrak{b}' + \mathfrak{c}'|\,.$$

Wegen der Drehung um 90° um A steht $(\mathfrak{a}\times\mathfrak{b}') + (\mathfrak{a}\times\mathfrak{c}')$ senkrecht auf $\mathfrak{a}$ und $\mathfrak{b}' + \mathfrak{c}'$ und bildet mit $\mathfrak{a}$ und $\mathfrak{b}' + \mathfrak{c}'$ in dieser Reihenfolge ein Rechtssystem. Also ist

$$(\mathfrak{a}\times\mathfrak{b}') + (\mathfrak{a}\times\mathfrak{c}') = \mathfrak{a}\times(\mathfrak{b}' + \mathfrak{c}') \text{ und damit } \mathfrak{a}\times(\mathfrak{b}+\mathfrak{c}) = \mathfrak{a}\times\mathfrak{b} + \mathfrak{a}\times\mathfrak{c}\,.$$

4\. Für jede Zahl n und jeden Vektor $\mathfrak{a}$ und $\mathfrak{b}$ gilt das gemischt assoziative Gesetz

$$n\,(\mathfrak{a}\times\mathfrak{b}) = (n\,\mathfrak{a})\times\mathfrak{b} = \mathfrak{a}\times(n\,\mathfrak{b}).$$

Den Beweis wollen wir in Aufgabe 1 durchführen.

Beispiel

Berechne den Winkel zwischen $\mathfrak{a}$ und $\mathfrak{b}$, wenn $|\mathfrak{a}\times\mathfrak{b}| = 1$ und $\mathfrak{a}\,\mathfrak{b} = -1$.

Es gilt

$$|\mathfrak{a}\times\mathfrak{b}| = a\,b\,\sin(\mathfrak{a};\mathfrak{b}) = 1,$$
$$\mathfrak{a}\,\mathfrak{b} = a\,b\,\cos(\mathfrak{a};\mathfrak{b}) = -1.$$

Wir bilden den Quotienten

$$\frac{|\mathfrak{a}\times\mathfrak{b}|}{\mathfrak{a}\,\mathfrak{b}} = -1$$

und erhalten

$$\frac{|\mathfrak{a}\times\mathfrak{b}|}{\mathfrak{a}\,\mathfrak{b}} = -1 = \frac{\sin(\mathfrak{a};\mathfrak{b})}{\cos(\mathfrak{a};\mathfrak{b})} = \tan(\mathfrak{a};\mathfrak{b}) \Rightarrow \sphericalangle(\mathfrak{a};\mathfrak{b}) = 135°.$$

Aufgaben

1. Beweise das gemischt assoziative Gesetz $n\,(\mathfrak{a}\times\mathfrak{b}) = (n\,\mathfrak{a})\times\mathfrak{b} = \mathfrak{a}\times(n\,\mathfrak{b})$.
2. Berechne die 9 Vektorprodukte von je zwei der Basisvektoren $\mathfrak{e}_1$, $\mathfrak{e}_2$, $\mathfrak{e}_3$.
3. Berechne
4. Es sei $|\mathfrak{a}| = 3$ LE, $|\mathfrak{b}| = 4$ LE und $\sphericalangle(\mathfrak{a};\mathfrak{b}) = 120°$. Berechne $|\mathfrak{a}\times\mathfrak{b}|$.
5. Drücke den Flächeninhalt eines Dreiecks ABC mit Hilfe des Vektorprodukts aus.
6. Es sei $\mathfrak{x} = \mathfrak{a} + \lambda\mathfrak{u} + \mu\,\mathfrak{v}$ die Gleichung einer Ebene mit dem Normalenvektor $\mathfrak{n}$. $\mathfrak{c}$ sei ein anderer Vektor der Ebene, der weder kollinear mit $\mathfrak{u}$ noch mit $\mathfrak{v}$ ist. Beschreibe die Vektoren $\mathfrak{n}\times\mathfrak{u}$, $\mathfrak{n}\times\mathfrak{v}$, $\mathfrak{u}\times\mathfrak{v}$, $(\mathfrak{u}\times\mathfrak{v})\times\mathfrak{c}$, indem du sie in eine Zeichnung der Ebene einträgst.
7. Unter welchen Bedingungen gilt $\mathfrak{a}\times\mathfrak{b} = +(\mathfrak{b}\times\mathfrak{a})$?
8. Deute geometrisch $\mathfrak{a}\times\mathfrak{b} = (-\mathfrak{b})\times\mathfrak{a}$.
9. Berechne
   a) $(\mathfrak{a}\,\mathfrak{b})^2 + |\mathfrak{a}\times\mathfrak{b}|^2$, b) $\dfrac{\mathfrak{a}\times\mathfrak{b}}{\mathfrak{a}\cdot\mathfrak{b}}$

10. Zeige: Für alle $\mathfrak{a}$ und $\mathfrak{b}$ gilt: $(\mathfrak{a} \times \mathfrak{b})^2 = \mathfrak{a}^2 \mathfrak{b}^2 - (\mathfrak{a}\,\mathfrak{b})^2$.

11. Die Vektoren $\mathfrak{a}$ und $\mathfrak{b}$ schließen den Winkel α ein. Drücke unter Benutzung von $\mathfrak{a} \times \mathfrak{b}$ und $\mathfrak{a}\,\mathfrak{b}$ vektoriell aus: $\sin\alpha$, $\cos\alpha$, $\tan\alpha$, $\cot\alpha$.

* 7.2. Besonderheiten des Vektorproduktes

Vorübung

Welche Rechengesetze kennst du aus der Zahlenalgebra, die sich nicht mehr auf Vektoren übertragen lassen?

Wie wir bei der Einführung des skalaren Produktes festgestellt haben, stimmen einige Rechengesetze für die skalare Multiplikation formal mit den entsprechenden Rechengesetzen der gewöhnlichen Algebra überein. Wir haben in Kapitel 5.2 eine Anzahl von Gesetzen kennengelernt, die sich aus der Zahlenalgebra nicht auf die skalare Multiplikation von Vektoren übertragen lassen. Auch für das Vektorprodukt gelten zunächst nur die in den Axiomen 2 bis 4 verlangten Rechengesetze. Das Verhalten von Vektoren bei vektorieller Multiplikation gegenüber anderen uns aus der Zahlenalgebra vertrauten Gesetzen muß in jedem Fall gesondert untersucht werden.

1. Im Abschnitt 7.1 haben wir bereits gesehen, daß das vektorielle Produkt nicht kommutativ ist. Es gilt das alternative Gesetz $\mathfrak{a} \times \mathfrak{b} = -(\mathfrak{b} \times \mathfrak{a})$, das an die Stelle des kommutativen Gesetzes getreten ist.

2. Auch das assoziative Gesetz, für die skalare Multiplikation schon nicht mehr sinnvoll, ist auch bei Vektorprodukten nicht mehr gültig, wie wir durch Angabe eines Gegenbeispiels zeigen wollen.

   Es sei z. B. $\mathfrak{a} = \mathfrak{e}_1$, $\mathfrak{b} = \mathfrak{e}_2$, $\mathfrak{c} = \mathfrak{e}_2$. Dann gilt
   $$\mathfrak{e}_1 \times (\mathfrak{e}_2 \times \mathfrak{e}_2) \neq (\mathfrak{e}_1 \times \mathfrak{e}_2) \times \mathfrak{e}_2.$$
   Denn es ist $\mathfrak{e}_2 \times \mathfrak{e}_2 = \mathfrak{o} \Rightarrow \mathfrak{e}_1 \times (\mathfrak{e}_2 \times \mathfrak{e}_2) = \mathfrak{e}_1 \times \mathfrak{o} = \mathfrak{o}$.

   Andererseits ist $\mathfrak{e}_1 \times \mathfrak{e}_2 = \mathfrak{e}_3 \Rightarrow (\mathfrak{e}_1 \times \mathfrak{e}_2) \times \mathfrak{e}_2 = \mathfrak{e}_3 \times \mathfrak{e}_2 = -\mathfrak{e}_1$.

   Und damit ist $\quad \mathfrak{e}_1 \times (\mathfrak{e}_2 \times \mathfrak{e}_2) = \mathfrak{o} \neq (\mathfrak{e}_1 \times \mathfrak{e}_2) \times \mathfrak{e}_2 = -\mathfrak{e}_1$.

   (Vgl. auch Aufg. 8, S. 7.11)

3. Da für die vektorielle Multiplikation das assoziative Gesetz nicht gilt, bildet die Menge der Vektoren hinsichtlich der vektoriellen Multiplikation keine Gruppe.

4. Wir fragen uns nun, wann ein Vektorprodukt gleich dem Nullvektor ist.

   Es ist $\mathfrak{a} \times \mathfrak{b} = \mathfrak{o}$ genau dann, wenn auf Grund von Def. 7.1

   a) $\mathfrak{a} = \mathfrak{o}$

   oder b) $\mathfrak{b} = \mathfrak{o}$

   oder c) $\mathfrak{a}$ kollinear $\mathfrak{b}$, da dann $\sin(\mathfrak{a};\mathfrak{b}) = 0$ und mithin
   $$|\mathfrak{a} \times \mathfrak{b}| = a \cdot b \cdot 0 = 0 \text{ ist.}$$

5. Die Gleichung $a\,x = b$ ist in der Zahlenalgebra eindeutig lösbar. Die Lösung dieser Gleichung definiert den Quotienten $\frac{b}{a}$.

   Die entsprechende Gleichung für das skalare Produkt von zwei Vektoren $\mathfrak{a}\,\mathfrak{x} = b$ hat unendlich viele Lösungen. Im Abschnitt 5.2 haben wir aus dieser Tatsache die wichtige Folgerung gezogen, daß man deshalb eine Zahl b nicht durch einen Vektor dividieren kann.

Wir wollen uns nun fragen, ob dafür vielleicht die Gleichung $\mathfrak{a} \times \mathfrak{x} = \mathfrak{b}$ eindeutig nach $\mathfrak{x}$ auflösbar ist. In diesem Falle könnten wir die Lösung $\frac{\mathfrak{b}}{\mathfrak{a}}$ nennen und hätten damit einen Quotienten aus zwei Vektoren $\mathfrak{b}$ und $\mathfrak{a}$ definiert.

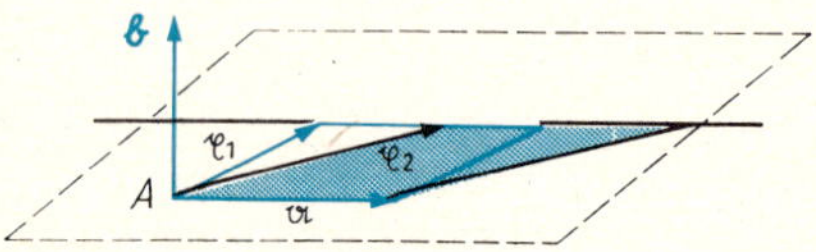

Bild 7.8.1

Wenn wir uns die drei Vektoren von einem gemeinsamen Angriffspunkt A aus abgetragen denken, dann zeigt Bild 7.8.1, daß es auch für diese Gleichung unendlich viele Lösungsvektoren gibt. Sie liegen mit $\mathfrak{a}$ in einer Ebene, zu der $\mathfrak{b}$ Normalenvektor ist. Alle Vektoren $\mathfrak{x}_1, \mathfrak{x}_2, \mathfrak{x}_3 \cdots$ haben ihren Zielpunkt auf einer Geraden parallel zu $\mathfrak{a}$. Die Gerade verläuft in einem solchen Abstand von $\mathfrak{a}$, daß stets wegen der Gleichheit der Inhalte der Parallelogrammflächen

$$\mathfrak{b} = \mathfrak{a} \times \mathfrak{x}_1 = \mathfrak{a} \times \mathfrak{x}_2 = \mathfrak{a} \times \mathfrak{x}_3 = \cdots \text{ ist.}$$

Da es also unendlich viele Lösungsvektoren gibt, ist auch die Division eines Vektors durch einen Vektor nicht möglich.

6. Im Abschnitt 5.7 haben wir das operative Verfahren zur Lösung von Vektorgleichungen kennengelernt. Bei diesem Lösungsverfahren multiplizieren wir die ganze Gleichung skalar mit einem geeigneten Vektor so, daß sich die vorgegebene Gleichung nach einem bestimmten Skalar auflösen läßt. Wir können eine Gleichung zwischen Vektoren aber auch ebenso gut mit einem geeigneten Vektor *vektoriell* multiplizieren unter Beachtung der zugehörigen Rechenregeln für das Vektorprodukt. Das heißt insbesondere, daß wir das alternative Gesetz zu berücksichtigen haben. Das wiederum bedeutet, daß es nicht gleichgültig ist, ob wir die Gleichung von rechts oder von links mit einem Vektor vektoriell multiplizieren. Beispiel 1 macht das an einer Aufgabe deutlich.
7. Die Definition 7.1 ist wegen des Axioms 1 nur auf die Vektoren des V^3 anwendbar. Man kann daher für Vektoren des V^2 kein brauchbares Vektorprodukt definieren, das mit dem Axiomen 1 bis 4 verträglich ist.

Beispiele

1. Beweise den Sinussatz für ein ebenes Dreieck mit den Seitenvektoren $\mathfrak{a}, \mathfrak{b}, \mathfrak{c}$ durch Anwendung des operativen Verfahrens (Bild 7.9.1).
Es gilt $\mathfrak{a} + \mathfrak{b} - \mathfrak{c} = \mathfrak{o}$.
Da wir eine Beziehung zwischen den Beträgen *zweier* Vektoren suchen, multiplizieren wir die Gleichung vektoriell von rechts mit $\mathfrak{c}$ und erhalten, da $\mathfrak{c} \times \mathfrak{c} = \mathfrak{o}$ ist,
$$\mathfrak{a} \times \mathfrak{c} + \mathfrak{b} \times \mathfrak{c} = \mathfrak{o} \Rightarrow \mathfrak{a} \times \mathfrak{c} = - \mathfrak{b} \times \mathfrak{c} \Rightarrow \mathfrak{a} \times \mathfrak{c} = \mathfrak{c} \times \mathfrak{b}.$$
Wir gehen zu den Beträgen über:
$$|\mathfrak{a} \times \mathfrak{c}| = |\mathfrak{c} \times \mathfrak{b}| \Rightarrow a\, c \sin\beta = c\, b \sin\alpha \Rightarrow \frac{a}{b} = \frac{\sin\alpha}{\sin\beta}.$$
2. Zeige, daß in einem dreiseitigen Prisma mit den Kantenvektoren $\mathfrak{a}, \mathfrak{b}, \mathfrak{c}$ die Summe der 5 nach außen gerichteten Produktvektoren der einzelnen Flächen gleich dem Nullvektor ist (Bild 7.9.2).
Wir bilden unter Anwendung des Vektorproduktes die Normalenvektoren der einzelnen Flächen, die laut Aufgabe nach außen zeigen sollen. Wir erhalten:
$$\frac{\mathfrak{a} \times \mathfrak{b}}{2}; \quad \frac{\mathfrak{b} \times \mathfrak{a}}{2}; \quad \mathfrak{a} \times \mathfrak{c}; \quad \mathfrak{c} \times \mathfrak{b}; \quad (\mathfrak{b} - \mathfrak{a}) \times \mathfrak{c}.$$

Wir bilden die Summe unter Anwendung des alternativen Gesetzes:

$$\frac{\mathfrak{a}\times\mathfrak{b}}{2}+\frac{\mathfrak{b}\times\mathfrak{a}}{2}+\mathfrak{a}\times\mathfrak{c}+\mathfrak{c}\times\mathfrak{b}+[(\mathfrak{b}\times\mathfrak{c})-(\mathfrak{a}\times\mathfrak{c})]$$

$$=\frac{\mathfrak{a}\times\mathfrak{b}}{2}-\frac{\mathfrak{a}\times\mathfrak{b}}{2}+\mathfrak{a}\times\mathfrak{c}+\mathfrak{c}\times\mathfrak{b}-\mathfrak{c}\times\mathfrak{b}-\mathfrak{a}\times\mathfrak{c}=\mathfrak{o}.$$

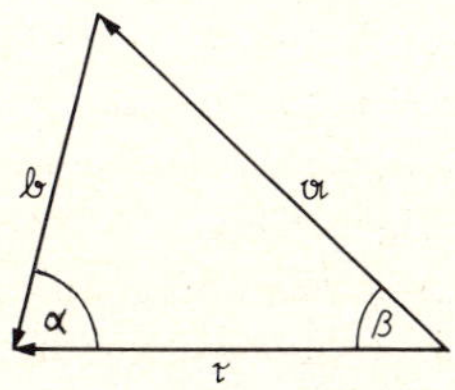

Bild 7.9.1

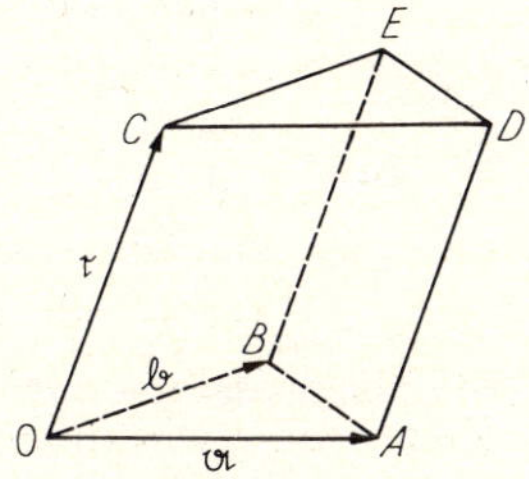

Bild 7.9.2

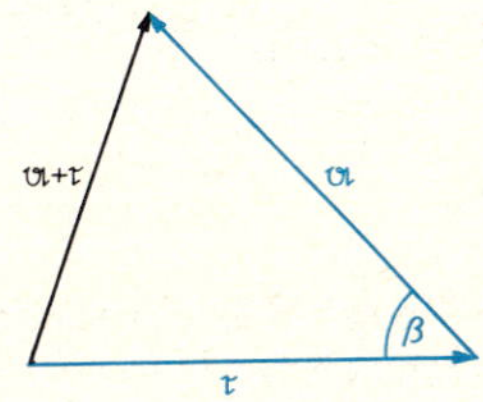

Bild 7.9.3

3. Berechne die fehlenden Seiten, die Winkel und den Flächeninhalt von folgendem Dreieck: $c = 4\,\text{cm}$, $a = 5\,\text{cm}$, $\beta = 45°$ (Bild 7.9.3).
Wir berechnen zunächst den Flächeninhalt des Dreiecks, der halb so groß ist wie der Flächeninhalt des Parallelogramms aus $\mathfrak{c}$ und $(\mathfrak{a}+\mathfrak{c})$.

$$F=\frac{1}{2}\left|(\mathfrak{a}+\mathfrak{c})\times\mathfrak{c}\right|=\frac{1}{2}\left|\mathfrak{a}\times\mathfrak{c}\right|=\frac{1}{2}\,a\,c\sin(180°-\beta)=\frac{1}{2}\cdot 20\cdot\frac{1}{2}\sqrt{2}\Rightarrow F=5\sqrt{2}\,\text{cm}^2.$$

Es ist $\mathfrak{b}=\mathfrak{a}+\mathfrak{c}$. Wir quadrieren die Gleichung und erhalten:

$$b^2=a^2+c^2+2\,\mathfrak{a}\,\mathfrak{c}=25+16+2\cdot 5\cdot 4\cos(180°-45°)=41-40\cdot\frac{1}{2}\sqrt{2}\Rightarrow b=3{,}57\,\text{cm}.$$

α berechnen wir über F.

$$F=\frac{1}{2}\left|\mathfrak{b}\times\mathfrak{c}\right|=\frac{1}{2}\,b\,c\sin\alpha\Rightarrow\sin\alpha=\frac{2F}{b\,c}=\frac{10\sqrt{2}}{3{,}57\cdot 4}\Rightarrow\alpha=82{,}3°.$$

Für γ gilt: $\gamma=180°-(\alpha+\beta)=52{,}7°$.

Aufgaben

1. Suche den Fehler in folgenden Gleichungen:

a) $\mathfrak{a}\times\mathfrak{b}-\mathfrak{b}\times\mathfrak{a}=\mathfrak{o}$ **b)** $\mathfrak{a}\times(\mathfrak{b}\cdot\mathfrak{c})=(\mathfrak{a}\times\mathfrak{b})\cdot(\mathfrak{a}\times\mathfrak{c})$

c) $\mathfrak{a}\times(\mathfrak{b}-2\,\mathfrak{c})=\mathfrak{a}\times\mathfrak{b}-2\,\mathfrak{c}\times\mathfrak{a}$ **d)** $(\mathfrak{a}\times\mathfrak{a})+(\mathfrak{b}\times\mathfrak{b})=\mathfrak{a}^2+\mathfrak{b}^2$

e) $\mathfrak{a}\times\mathfrak{b}+\mathfrak{a}\times\mathfrak{b}=\mathfrak{a}\times(\mathfrak{b}+\mathfrak{a})\times\mathfrak{b}$ **f)** $\mathfrak{a}\times\mathfrak{b}+\mathfrak{c}\times\mathfrak{a}=\mathfrak{a}\times(\mathfrak{b}+\mathfrak{c})$

g) $\mathfrak{c}=\lambda\,\mathfrak{a}+\mu\,\mathfrak{b}\Rightarrow\mathfrak{c}\times\mathfrak{a}=\lambda\,\mathfrak{a}^2+\mu\,(\mathfrak{a}\times\mathfrak{b})$ **bei vektorieller Multiplikation mit** $\mathfrak{a}$

h) $(\mathfrak{a}+\mathfrak{b})\times(\mathfrak{a}+\mathfrak{b})=\mathfrak{a}^2+2\,\mathfrak{a}\times\mathfrak{b}+\mathfrak{b}^2$

i) $\mathfrak{a}\times\mathfrak{b}-\mathfrak{b}\times\mathfrak{a}=\mathfrak{a}\times(\mathfrak{b}-\mathfrak{b})\times\mathfrak{a}=\mathfrak{a}\times\mathfrak{o}\times\mathfrak{a}=\mathfrak{o}.$

2. Zeige: Die Summe der vier nach außen gerichteten Produktvektoren der einzelnen Flächen jedes Vierflachs ist stets gleich dem Nullvektor.

3. Was stellt der Term $(\mathfrak{a}\times\mathfrak{b})\cdot\mathfrak{c}$ dar, eine Zahl oder einen Vektor? Wann ist dieser Ausdruck gleich Null?

4. Berechne:

a) $(2\,\mathfrak{a}+3\,\mathfrak{b})\times(\mathfrak{a}-2\,\mathfrak{b})$, **b)** $(2\,\mathfrak{a}-\mathfrak{b})\times(2\,\mathfrak{a}-\mathfrak{b})$, **c)** $(\mathfrak{a}-\mathfrak{b})\times(\mathfrak{b}-\mathfrak{a})$.

5. Berechne $(\mathfrak{a}+n\mathfrak{b})\times\mathfrak{b}$ und deute das Ergebnis geometrisch.

6. Was läßt sich über den Ausdruck $\mathfrak{a} \times (\mathfrak{b}\,\mathfrak{c})$ sagen?

7. Vergleiche die Terme $(\mathfrak{a} \times \mathfrak{b}) \times \mathfrak{c}$ und $\mathfrak{a} \times (\mathfrak{b} \times \mathfrak{c})$, für den Fall, daß die Vektoren $\mathfrak{a}$, $\mathfrak{b}$, $\mathfrak{c}$ paarweise aufeinander senkrecht stehen.

8. Berechne die fehlenden Seiten, die Winkel und den Flächeninhalt von folgenden Dreiecken:
a) $c = 6\,\text{cm}$, $a = 3\,\text{cm}$, $b = 5\,\text{cm}$, b) $c = 5\,\text{cm}$, $b = 4\,\text{cm}$, $\beta = 45°$,
c) $b = 6\,\text{cm}$, $\alpha = 20°$, $\gamma = 135°$.

9. Untersuche, welche der vier Gruppeneigenschaften für die vektorielle Multiplikation gelten.

*7.3. Das Vektorprodukt in Koordinatendarstellung

Vorübungen

1. Berechne $(3\,\mathfrak{e}_1 + 5\,\mathfrak{e}_2) \times (\mathfrak{e}_1 - \mathfrak{e}_3)$.

2. Es sei $\mathfrak{a} = \begin{pmatrix} 1 \\ 0 \\ 1 \end{pmatrix}$ und $\mathfrak{b} = \begin{pmatrix} 1 \\ 2 \\ 1 \end{pmatrix}$. Berechne $\mathfrak{a} \times \mathfrak{b}$.

Um aus den Koordinaten von $\mathfrak{a} = \begin{pmatrix} a_1 \\ a_2 \\ a_3 \end{pmatrix}$ und $\mathfrak{b} = \begin{pmatrix} b_1 \\ b_2 \\ b_3 \end{pmatrix}$ die Koordinaten des Produktvektors $\mathfrak{a} \times \mathfrak{b}$ berechnen zu können, multiplizieren wir die Vektoren unter Anwendung des distributiven Gesetzes vektoriell miteinander, beachten dabei $\mathfrak{e}_1 \times \mathfrak{e}_1 = \mathfrak{e}_2 \times \mathfrak{e}_2 = \mathfrak{e}_3 \times \mathfrak{e}_3 = \mathfrak{o}$, ordnen nach den Basisvektoren und erhalten:

$$\mathfrak{a} \times \mathfrak{b} = (a_1\,\mathfrak{e}_1 + a_2\,\mathfrak{e}_2 + a_3\,\mathfrak{e}_3) \times (b_1\,\mathfrak{e}_1 + b_2\,\mathfrak{e}_2 + b_3\,\mathfrak{e}_3)$$
$$\mathfrak{a} \times \mathfrak{b} = (a_2\,b_3 - a_3\,b_2)\,\mathfrak{e}_1 - (a_1\,b_3 - a_3\,b_1)\,\mathfrak{e}_2 + (a_1\,b_2 - a_2\,b_1)\,\mathfrak{e}_3\,.$$

Dieser Ausdruck läßt sich der Form nach zu einer Determinante zusammenfassen. So ergibt sich der

Satz 7.2

Für alle $\mathfrak{a}, \mathfrak{b} \in V^3$ gilt:

$$\mathfrak{a} \times \mathfrak{b} = \begin{vmatrix} \mathfrak{e}_1 & a_1 & b_1 \\ \mathfrak{e}_2 & a_2 & b_2 \\ \mathfrak{e}_3 & a_3 & b_3 \end{vmatrix}$$

Beispiel

Berechne einen Lotvektor zu $\mathfrak{a} = \begin{pmatrix} 1 \\ 2 \\ 1 \end{pmatrix}$ und $\mathfrak{b} = \begin{pmatrix} 2 \\ -1 \\ 3 \end{pmatrix}$ und den Flächeninhalt des durch $\mathfrak{a}$ und $\mathfrak{b}$ aufgespannten Parallelogramms.

Ein Lotverkehr ist $\mathfrak{a} \times \mathfrak{b} = \begin{vmatrix} \mathfrak{e}_1 & 1 & 2 \\ \mathfrak{e}_2 & 2 & -1 \\ \mathfrak{e}_3 & 1 & 3 \end{vmatrix} = (6+1)\mathfrak{e}_1 - (3-2)\mathfrak{e}_2 + (-1-4)\mathfrak{e}_3 = 7\mathfrak{e}_1 - \mathfrak{e}_2 - 5\mathfrak{e}_3 = \begin{pmatrix} 7 \\ -1 \\ -5 \end{pmatrix}$.

Der Betrag dieses Vektors ist gleich dem Inhalt des gesuchten Parallelogramms:

$$|\mathfrak{a} \times \mathfrak{b}| = \sqrt{49 + 1 + 25} = 5\sqrt{3}\,.$$

Mit Hilfe des Skalarproduktes können wir uns zur Probe davon überzeugen, daß $\mathfrak{a} \times \mathfrak{b} \perp \mathfrak{a}$ und $\mathfrak{a} \times \mathfrak{b} \perp \mathfrak{b}$.

Aufgaben

1. Berechne das Vektor- und Skalarprodukt folgender Vektoren:

a) $\mathfrak{a} = \begin{pmatrix} 1 \\ 0 \\ -2 \end{pmatrix}$, $\mathfrak{b} = \begin{pmatrix} 2 \\ 1 \\ 0 \end{pmatrix}$ b) $\mathfrak{a} = \begin{pmatrix} 1 \\ 0 \\ 0 \end{pmatrix}$, $\mathfrak{b} = \begin{pmatrix} 2 \\ -1 \\ 0 \end{pmatrix}$ c) $\mathfrak{a} = \begin{pmatrix} -1 \\ 3 \\ -2 \end{pmatrix}$, $\mathfrak{b} = \begin{pmatrix} \frac{1}{2} \\ -\frac{1}{4} \\ 3 \end{pmatrix}$.

2. Berechne den Flächeninhalt folgender Dreiecke unter Zuhilfenahme des Rechenstabes:

a) A (0/0/0) B (1/2/−3) C (3/−4/2)

b) A (1/2/−2) B (2/3/−1) C (4/0/−1)

c) $A\left(\frac{1}{2}\middle|\frac{2}{3}\middle|1\right)$ $B\left(1\middle|\frac{1}{3}\middle|\frac{1}{2}\right)$ $C\left(\frac{1}{2}\middle|\frac{4}{3}\middle|-2\right)$

3. Berechne mit Hilfe des Vektorproduktes den Schnittwinkel zwischen $\mathfrak{a}$ und $\mathfrak{b}$ und mache die Probe durch Anwendung des Skalarproduktes.

a) $\mathfrak{a} = \begin{pmatrix} 3 \\ 4 \\ 0 \end{pmatrix}$, $\mathfrak{b} = \begin{pmatrix} -1 \\ 2 \\ 2 \end{pmatrix}$ b) $\mathfrak{a} = \begin{pmatrix} 2 \\ -3 \\ 6 \end{pmatrix}$, $\mathfrak{b} = \begin{pmatrix} 0 \\ 8 \\ -6 \end{pmatrix}$.

Diskutiere in b) das spezielle Ergebnis.

4. Gegeben ist ein Spat durch drei Kantenvektoren $\mathfrak{a} = \begin{pmatrix} -2 \\ 3 \\ -\frac{1}{2} \end{pmatrix}$, $\mathfrak{b} = \begin{pmatrix} 0 \\ 2 \\ 2 \end{pmatrix}$, $\mathfrak{c} = \begin{pmatrix} 1 \\ 1 \\ \frac{1}{3} \end{pmatrix}$.

Berechne seine Oberfläche.

5. Gegeben sei ein Dreieck durch A (−2/2/1), B (−4/−1/−5), C (−2/5/5). Berechne den Flächeninhalt und daraus die Höhen h_b und h_c.

6. Die Grundfläche einer Pyramide sei ein Parallelogramm, das durch die Ortsvektoren $\mathfrak{a} = \begin{pmatrix} 1 \\ 2 \\ 0 \end{pmatrix}$ und $\mathfrak{b} = \begin{pmatrix} 2 \\ 1 \\ 1 \end{pmatrix}$ aufgespannt wird. Der Vektor zur Spitze sei $\mathfrak{c} = \begin{pmatrix} 3 \\ 3 \\ 2 \end{pmatrix}$. Berechne die Oberfläche.

7. Beweise das Additionstheorem $\sin(\alpha \pm \beta) = \sin\alpha \cdot \cos\beta \pm \sin\beta \cos\alpha$, indem du die Einheitsvektoren $\mathfrak{a}^\circ$ und $\mathfrak{b}^\circ$ miteinander vektoriell multiplizierst (s. Abschnitt 5.5).

8. Beweise den sog. Entwicklungssatz:

Für alle $\mathfrak{a}$, $\mathfrak{b}$, $\mathfrak{c}$ gilt:

$\mathfrak{a} \times (\mathfrak{b} \times \mathfrak{c}) = (\mathfrak{a} \cdot \mathfrak{c})\, \mathfrak{b} - (\mathfrak{a} \cdot \mathfrak{b})\, \mathfrak{c}$

Anleitung: Beweis über Koordinatendarstellung.

*7.4. Das Spatprodukt

7.4.1. Die Bedeutung des Spatproduktes und seine Rechengesetze

Vorübungen

1. Wie groß ist das Volumen eines Spates?
2. Erkläre an Hand einer Zeichnung nochmals die geometrische Bedeutung von $\mathfrak{a} \cdot \mathfrak{b} = \pm a_{\mathfrak{b}} \cdot b = a\, b \cos(\mathfrak{a}; \mathfrak{b})$.

1. Wir wollen das Volumen eines Spates bestimmen, der durch die drei Vektoren $\mathfrak{a}$, $\mathfrak{b}$, $\mathfrak{c}$ aufgespannt wird. Die Benennung dieser Vektoren können wir stets so wählen, daß $\mathfrak{a}$, $\mathfrak{b}$, $\mathfrak{c}$ in dieser Reihenfolge ein Rechtssystem bilden (Bild 7.12.1). Dann ist das Spatvolumen V

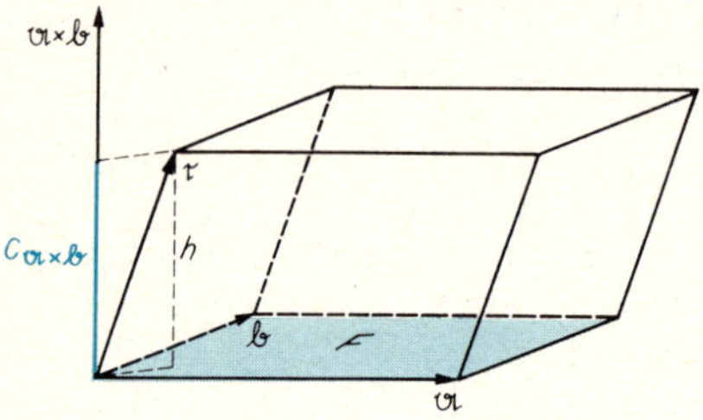

Bild 7.12.1

$$V = F \cdot h \quad \text{mit } F = |\mathfrak{a} \times \mathfrak{b}|.$$

Der Vektor $\mathfrak{a} \times \mathfrak{b}$ steht senkrecht auf $\mathfrak{a}$ und $\mathfrak{b}$ und bildet mit $\mathfrak{a}$ und $\mathfrak{b}$ in der Reihenfolge $\mathfrak{a}$, $\mathfrak{b}$, $\mathfrak{a} \times \mathfrak{b}$ ebenfalls ein Rechtssystem. Die Höhe h des Spates beträgt

$$h = c_{\mathfrak{a} \times \mathfrak{b}} .$$

Damit ist $V = F \cdot h = |\mathfrak{a} \times \mathfrak{b}|\, c_{\mathfrak{a} \times \mathfrak{b}} = |\mathfrak{a} \times \mathfrak{b}|\, c \cos [(\mathfrak{a} \times \mathfrak{b}); \mathfrak{c}]$, also $V = (\mathfrak{a} \times \mathfrak{b}) \cdot \mathfrak{c}$.

Der Ausdruck $(\mathfrak{a} \times \mathfrak{b}) \cdot \mathfrak{c}$ heißt *Spatprodukt.* Er ist gleich dem Volumen eines Spates, wenn die ihn aufspannenden Vektoren $\mathfrak{a}$, $\mathfrak{b}$, $\mathfrak{c}$ ein Rechtssystem bilden.

2. Vertauscht man in dem Ausdruck $(\mathfrak{a} \times \mathfrak{b}) \cdot \mathfrak{c}$ $\mathfrak{a}$ und $\mathfrak{b}$ miteinander, so erhält man formal $(\mathfrak{b} \times \mathfrak{a}) \cdot \mathfrak{c}$. Nun bilden $\mathfrak{b}$, $\mathfrak{a}$, $\mathfrak{c}$ in dieser Reihenfolge ein Linkssystem. Wegen $\mathfrak{b} \times \mathfrak{a} = -\, \mathfrak{a} \times \mathfrak{b}$ ergibt sich

$$(\mathfrak{b} \times \mathfrak{a})\, \mathfrak{c} = -\, (\mathfrak{a} \times \mathfrak{b})\, \mathfrak{c} = -\, V.$$

Bilden also drei Vektoren ein Linkssystem, so wird ihr Spatprodukt negativ.

3. Mit $\mathfrak{a}$, $\mathfrak{b}$, $\mathfrak{c}$ bilden auch $\mathfrak{b}$, $\mathfrak{c}$, $\mathfrak{a}$ und $\mathfrak{c}$, $\mathfrak{a}$, $\mathfrak{b}$ ein Rechtssystem. Zur Berechnung des Spatvolumens können wir als Maßzahl der Grundfläche statt $|\mathfrak{a} \times \mathfrak{b}|$ ebenso gut $|\mathfrak{b} \times \mathfrak{c}|$ oder $|\mathfrak{c} \times \mathfrak{a}|$ nehmen. Wir müssen dann nur zu jeder dieser Grundflächen auch die zugehörige Höhe betrachten. Folglich gilt

$$V = (\mathfrak{a} \times \mathfrak{b})\, \mathfrak{c} = (\mathfrak{b} \times \mathfrak{c})\, \mathfrak{a} = (\mathfrak{c} \times \mathfrak{a})\, \mathfrak{b} .$$

Man sagt dafür: die Vektoren sind im Spatprodukt *zyklisch vertauschbar.*

4. Da das Skalarprodukt kommutativ ist, folgt aus

$$(\mathfrak{a} \times \mathfrak{b}) \cdot \mathfrak{c} = (\mathfrak{b} \times \mathfrak{c}) \cdot \mathfrak{a}$$

$$(\mathfrak{a} \times \mathfrak{b}) \cdot \mathfrak{c} = \mathfrak{a} \cdot (\mathfrak{b} \times \mathfrak{c}) .$$

Das bedeutet: Bei gleicher Reihenfolge der Vektoren sind die Operationen $\times$ und $\cdot$ vertauschbar. Deshalb schreiben wir als Abkürzung des Spatproduktes auch

$$(\mathfrak{a} \times \mathfrak{b}) \cdot \mathfrak{c} = \mathfrak{a} \cdot (\mathfrak{b} \times \mathfrak{c}) = [\mathfrak{a}\, \mathfrak{b}\, \mathfrak{c}] .$$

Wir fassen zusammen:

Satz 7.3

Das Spatprodukt $[\mathfrak{a}\, \mathfrak{b}\, \mathfrak{c}] = (\mathfrak{a} \times \mathfrak{b})\, \mathfrak{c}$ ist gleich der positiven oder negativen Maßzahl des zugehörigen Spatvolumens je nachdem, ob $\mathfrak{a}$, $\mathfrak{b}$, $\mathfrak{c}$, ein Rechts- oder ein Linkssystem bilden.

Satz 7.4

Für das Spatprodukt $[\mathfrak{a}\,\mathfrak{b}\,\mathfrak{c}]$ gilt bei beliebigem $\mathfrak{a}$, $\mathfrak{b}$, $\mathfrak{c}$:
Die Vektoren sind zyklisch vertauschbar: $(\mathfrak{a} \times \mathfrak{b}) \cdot \mathfrak{c} = (\mathfrak{b} \times \mathfrak{c}) \cdot \mathfrak{a} = (\mathfrak{c} \times \mathfrak{a}) \cdot \mathfrak{b}$
Die Rechenoperationen sind vertauschbar: $(\mathfrak{a} \times \mathfrak{b}) \cdot \mathfrak{c} = \mathfrak{a} \cdot (\mathfrak{b} \times \mathfrak{c})$.

7.4.2. Das Spatprodukt in Koordinatenschreibweise

Wir wollen nun das Spatprodukt $\mathfrak{a}\,(\mathfrak{b} \times \mathfrak{c}) = [\mathfrak{a}\,\mathfrak{b}\,\mathfrak{c}]$ durch die Koordinaten von $\mathfrak{a}$, $\mathfrak{b}$ und $\mathfrak{c}$ ausdrücken. Es sei $\mathfrak{a} = \begin{pmatrix} a_1 \\ a_2 \\ a_3 \end{pmatrix}$, $\mathfrak{b} = \begin{pmatrix} b_1 \\ b_2 \\ b_3 \end{pmatrix}$, $\mathfrak{c} = \begin{pmatrix} c_1 \\ c_2 \\ c_3 \end{pmatrix}$.

Dann gilt

$$\mathfrak{b} \times \mathfrak{c} = \begin{vmatrix} \mathfrak{e}_1 & b_1 & c_1 \\ \mathfrak{e}_2 & b_2 & c_2 \\ \mathfrak{e}_3 & b_3 & c_3 \end{vmatrix} = \mathfrak{e}_1 \begin{vmatrix} b_2 & c_2 \\ b_3 & c_3 \end{vmatrix} - \mathfrak{e}_2 \begin{vmatrix} b_1 & c_1 \\ b_3 & c_3 \end{vmatrix} + \mathfrak{e}_3 \begin{vmatrix} b_1 & c_1 \\ b_2 & c_2 \end{vmatrix}.$$

Wir multiplizieren diesen Vektor $\mathfrak{b} \times \mathfrak{c}$ skalar mit $\mathfrak{a}$:

$$\mathfrak{a} \cdot (\mathfrak{b} \times \mathfrak{c}) = a_1 \begin{vmatrix} b_2 & c_2 \\ b_3 & c_3 \end{vmatrix} - a_2 \begin{vmatrix} b_1 & c_1 \\ b_3 & c_3 \end{vmatrix} + a_3 \begin{vmatrix} b_1 & c_1 \\ b_2 & c_2 \end{vmatrix}.$$

An die Stelle von $\mathfrak{e}_1$, $\mathfrak{e}_2$, $\mathfrak{e}_3$ im Vektorprodukt $\mathfrak{b} \times \mathfrak{c}$ treten also im Spatprodukt die Koordinaten von $\mathfrak{a}$.

Satz 7.5

$$\mathfrak{a} \cdot (\mathfrak{b} \times \mathfrak{c}) = [\mathfrak{a}\,\mathfrak{b}\,\mathfrak{c}] = \begin{vmatrix} a_1 & b_1 & c_1 \\ a_2 & b_2 & c_2 \\ a_3 & b_3 & c_3 \end{vmatrix}.$$

Das Spatprodukt $[\mathfrak{a}\,\mathfrak{b}\,\mathfrak{c}]$ ist die dreireihige Determinante, die durch die Vektoren $\mathfrak{a}$, $\mathfrak{b}$, $\mathfrak{c}$ in dieser Reihenfolge gebildet wird.

Umgekehrt kann man jede dreireihige Determinante $\begin{vmatrix} a_1 & b_1 & c_1 \\ a_2 & b_2 & c_2 \\ a_3 & b_3 & c_3 \end{vmatrix}$ auffassen als Spatprodukt der drei Spaltenvektoren $\mathfrak{a} = \begin{pmatrix} a_1 \\ a_2 \\ a_3 \end{pmatrix}$, $\mathfrak{b} = \begin{pmatrix} b_1 \\ b_2 \\ b_3 \end{pmatrix}$, $\mathfrak{c} = \begin{pmatrix} c_1 \\ c_2 \\ c_3 \end{pmatrix}$ und damit ihren Betrag als Volumen des durch $\mathfrak{a}$, $\mathfrak{b}$, $\mathfrak{c}$ aufgespannten Spates.

Damit kann man die Determinantensätze mit Hilfe des Spatproduktes anschaulich deuten und einfacher als früher beweisen.

Beispiele

1. Zeige, daß $\begin{vmatrix} a_1 & b_1 & \lambda a_1 \\ a_2 & b_2 & \lambda a_2 \\ a_3 & b_3 & \lambda a_3 \end{vmatrix} = 0$ ist. (s. Satz 2.5)

   Der Betrag dieser Determinante läßt sich als Volumen des Spates deuten, der durch die Vektoren $\mathfrak{a}$, $\mathfrak{b}$ und $\lambda\mathfrak{a}$ aufgespannt wird. Damit heißt die Behauptung: $[\mathfrak{a}\,\mathfrak{b}\,\lambda\mathfrak{a}] = 0$.
   Das ist unmittelbar einzusehen, da $\mathfrak{a}$, $\mathfrak{b}$ und $\lambda\mathfrak{a}$ in einer Ebene liegen und deshalb der von ihnen aufgespannte Spat den Rauminhalt $V = 0$ hat.

Ebenso einfach läßt sich dieser Beweis rein algebraisch führen, wenn wir die Rechengesetze des skalaren und vektoriellen Produktes zu Hilfe nehmen.
Es gilt nämlich: $[\mathfrak{a}\,\mathfrak{b}\,\lambda\mathfrak{a}] = -[\mathfrak{b}\,\mathfrak{a}\,\lambda\mathfrak{a}] = -\mathfrak{b}\cdot(\mathfrak{a}\times\lambda\,\mathfrak{a}) = -\mathfrak{b}\cdot\mathfrak{o} = 0$, da $\mathfrak{a}\times\lambda\,\mathfrak{a} = \mathfrak{o}$ ist.

2. Gegeben sei das Gleichungssystem

$$\begin{aligned} a_1x + b_1y + c_1z &= d_1\\ a_2x + b_2y + c_2z &= d_2\\ a_3x + b_3y + c_3z &= d_3 \end{aligned}$$

oder, mit Vektoren geschrieben, $\mathfrak{a}\,x + \mathfrak{b}\,y + \mathfrak{c}\,z = \mathfrak{d}$.

Beweise die Cramersche Regel $x = \frac{D_x}{D}$ durch Anwendung des operativen Verfahrens.

Da wir die Vektorgleichung nach der Variablen x auflösen wollen, müssen wir durch geschickte Multiplikation der Gleichung die Variablen y und z eliminieren.
Dazu multiplizieren wir die Gleichung skalar mit einem Vektor, der zugleich senkrecht steht auf $\mathfrak{b}$ und auf $\mathfrak{c}$, d. h. mit $\mathfrak{b}\times\mathfrak{c}$:

$$x\mathfrak{a}\cdot(\mathfrak{b}\times\mathfrak{c}) + y\mathfrak{b}\cdot(\mathfrak{b}\times\mathfrak{c}) + z\mathfrak{c}\cdot(\mathfrak{b}\times\mathfrak{c}) = \mathfrak{d}\cdot(\mathfrak{b}\times\mathfrak{c})$$

Da die Koeffizienten von y und z verschwinden, ergibt sich

$$x\,[\mathfrak{a}\,\mathfrak{b}\,\mathfrak{c}] = [\mathfrak{d}\,\mathfrak{b}\,\mathfrak{c}] \Rightarrow x = \frac{[\mathfrak{d}\,\mathfrak{b}\,\mathfrak{c}]}{[\mathfrak{a}\,\mathfrak{b}\,\mathfrak{c}]} = \frac{D_x}{D}$$

7.4.3. Das Volumen eines Vierflachs

Wir vervollständigen das gegebene Vierflach ABDE zu einem Spat ABCDEFGH (Bild 7.14.1). Das Volumen dieses Spates beträgt

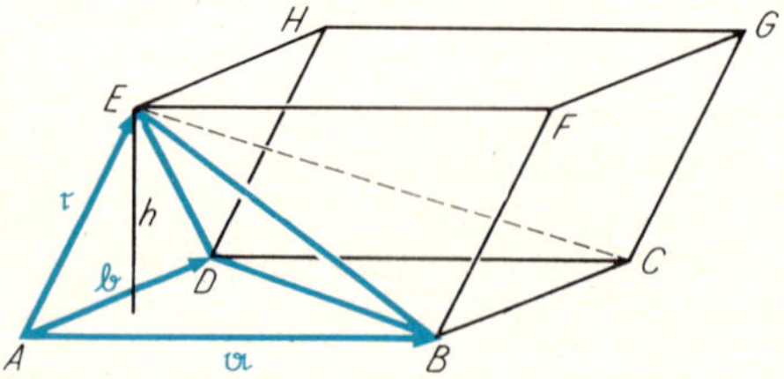

Bild 7.14.1

$$V_s = F\cdot h = [\mathfrak{a}\,\mathfrak{b}\,\mathfrak{c}].$$

Das Volumen der Pyramide ABCDE ist

$$V_p = \frac{1}{3}F\cdot h = \frac{1}{3}[\mathfrak{a}\,\mathfrak{b}\,\mathfrak{c}].$$

Diese Pyramide besteht aus zwei raumgleichen Vierflachen ABDE und BCDE, da diese kongruente Grundflächen und gleiche Höhen haben. Deshalb ergibt sich das Volumen V eines Vierflachs als

$$V = \frac{1}{2}V_p = \frac{1}{2}\left[\frac{1}{3}[\mathfrak{a}\,\mathfrak{b}\,\mathfrak{c}]\right]$$

$$V = \frac{1}{6}[\mathfrak{a}\,\mathfrak{b}\,\mathfrak{c}].$$ *Volumen eines Vierflachs*

Aufgaben

1. Bilden $\mathfrak{a}$, $\mathfrak{b}$ und $\mathfrak{c}$ in dieser Reihenfolge ein Rechts- oder Linkssystem?

a) $\mathfrak{a} = \begin{pmatrix}1\\1\\1\end{pmatrix}, \mathfrak{b} = \begin{pmatrix}2\\1\\0\end{pmatrix}, \mathfrak{c} = \begin{pmatrix}3\\0\\4\end{pmatrix}$ b) $\mathfrak{a} = \begin{pmatrix}0\\2\\1\end{pmatrix}, \mathfrak{b} = \begin{pmatrix}1\\2\\2\end{pmatrix}, \mathfrak{c} = \begin{pmatrix}1\\1\\-1\end{pmatrix}$

c) $\mathfrak{a} = \begin{pmatrix}3\\-1\\2\end{pmatrix}, \mathfrak{b} = \begin{pmatrix}-1\\2\\4\end{pmatrix}, \mathfrak{c} = \begin{pmatrix}9\\-8\\-8\end{pmatrix}$

2. Die Punkte A, B, D, E (s. Bild 7.14.1) seien Eckpunkte eines Spates. Berechne das Volumen dieses Spates.
   a) A (1/2/−1), B (2/1/0), D (0/−1/2), E (3/1/−2),
   b) A (2/1/0), B (1/1/1), D (4/−2/2), E (2/−3/0).

3. Berechne das Volumen des Vierflachs, das durch die Punkte A (1/2/0), B (2/3/1) C (1/5/3), D (1/2/1) gegeben ist.

4. Berechne das Volumen der Pyramide, die als Grundfläche
   a) das Viereck A (2/2/0) B (7/4/0) C (4/8/0) D (2/5/0) und als Spitze S (4/4/5) hat,
   b) das Fünfeck A (0/0/0) B (1/1/1) C (2/3/3) D (2/5/5) E (1/4/4) und als Spitze S (0/0/8) hat.

5. Gegeben sei ein Gleichungssystem von drei Gleichungen mit drei Variablen, das durch die Vektorgleichung $\mathfrak{a}x + \mathfrak{b}y + \mathfrak{c}z = \mathfrak{d}$ beschrieben wird. Beweise durch Anwendung des operativen Verfahrens die Cramersche Regel in der Form $y = \frac{D_y}{D}$ und $z = \frac{D_z}{D}$.

6. Übersetze die folgenden Rechenregeln für Determinanten in die vektorielle Schreibweise und beweise die Regeln mit Hilfe von Vektorgesetzen.

a) $\begin{vmatrix} 0 & b_1 & c_1 \\ 0 & b_2 & c_2 \\ 0 & b_3 & c_3 \end{vmatrix} = 0$ b) $\begin{vmatrix} 1 & 0 & 0 \\ 0 & 1 & 0 \\ 0 & 0 & 1 \end{vmatrix} = 1$

c) $\begin{vmatrix} a_1 & b_1 & c_1 \\ a_2 & b_2 & c_2 \\ a_3 & b_3 & c_3 \end{vmatrix} = - \begin{vmatrix} b_1 & a_1 & c_1 \\ b_2 & a_2 & c_2 \\ b_3 & a_3 & c_3 \end{vmatrix}$ d) $\begin{vmatrix} a_1 & b_1 & c_1 \\ a_2 & b_2 & c_2 \\ a_3 & b_3 & c_3 \end{vmatrix} = \begin{vmatrix} b_1 & c_1 & a_1 \\ b_2 & c_2 & a_2 \\ b_3 & c_3 & a_3 \end{vmatrix}$

e) $\lambda \begin{vmatrix} a_1 & b_1 & c_1 \\ a_2 & b_2 & c_2 \\ a_3 & b_3 & c_3 \end{vmatrix} = \begin{vmatrix} \lambda a_1 & b_1 & c_1 \\ \lambda a_2 & b_2 & c_2 \\ \lambda a_3 & b_3 & c_3 \end{vmatrix} = \begin{vmatrix} a_1 & \lambda b_1 & c_1 \\ a_2 & \lambda b_2 & c_2 \\ a_3 & \lambda b_3 & c_3 \end{vmatrix} = \begin{vmatrix} a_1 & b_1 & \lambda c_1 \\ a_2 & b_2 & \lambda c_2 \\ a_3 & b_3 & \lambda c_3 \end{vmatrix}$

f) $\begin{vmatrix} a_1 & b_1 & c_1 \\ a_2 & b_2 & c_2 \\ a_3 & b_3 & c_3 \end{vmatrix} + \begin{vmatrix} d_1 & b_1 & c_1 \\ d_2 & b_2 & c_2 \\ d_3 & b_3 & c_3 \end{vmatrix} = \begin{vmatrix} a_1 + d_1 & b_1 & c_1 \\ a_2 + d_2 & b_2 & c_2 \\ a_3 + d_3 & b_2 & c_3 \end{vmatrix}$

g) $\begin{vmatrix} a_1 & b_1 & c_1 \\ a_2 & b_2 & c_2 \\ a_3 & b_3 & c_3 \end{vmatrix} = \begin{vmatrix} a_1 + \lambda b_1 & b_1 & c_1 \\ a_2 + \lambda b_2 & b_2 & c_2 \\ a_3 + \lambda b_3 & b_3 & c_3 \end{vmatrix}$

7. Gegeben sei ein Spat durch die Vektoren $\mathfrak{a} = \begin{pmatrix} 1 \\ 1 \\ 1 \end{pmatrix}, \mathfrak{b} = \begin{pmatrix} 2 \\ 0 \\ 1 \end{pmatrix}, \mathfrak{c} = \lambda \begin{pmatrix} 1 \\ -1 \\ -1 \end{pmatrix}$.

   Bestimme λ so, daß das Volumen dieses Spates 6 VE beträgt.

*7.5. Vermischte Aufgaben

1. Entwickle das Produkt $(\mathfrak{a} + \mathfrak{b}) \times (\mathfrak{a} - \mathfrak{b})$ und deute das Ergebnis geometrisch.
2. Es sei $\mathfrak{x}_1 = \lambda_1 \mathfrak{a} + \mu_1 \mathfrak{b} + \nu_1 \mathfrak{c}$. Drücke die Parameter λ_1, μ_1, ν_1 durch Spatprodukte aus $\mathfrak{a}$, $\mathfrak{b}$ und $\mathfrak{c}$ aus unter Anwendung des operativen Verfahrens.

3. Beweise operativ die Cramersche Regel für zwei Gleichungen mit zwei Variablen.

4. Durch $\mathfrak{a}$ und $\mathfrak{b}$ werde ein gleichseitiges Dreieck aufgespannt. Berechne vektoriell den Flächeninhalt der Dreiecksfläche.

5. Untersuche, ob die Vektoren $\mathfrak{a} = \begin{pmatrix} 1 \\ 2 \\ 3 \end{pmatrix}$, $\mathfrak{b} = \begin{pmatrix} 2 \\ 1 \\ 0 \end{pmatrix}$ und $\mathfrak{c} = \begin{pmatrix} -1 \\ 1 \\ 1 \end{pmatrix}$ komplanar sind.

6. Beweise rechnerisch: Der Flächeninhalt des Dreiecks ABC beträgt

$$F = \frac{1}{2} \left| (\mathfrak{a} \times \mathfrak{b}) + (\mathfrak{b} \times \mathfrak{c}) + (\mathfrak{c} \times \mathfrak{a}) \right| .$$

Was besagt die Gleichung $(\mathfrak{a} \times \mathfrak{b}) + (\mathfrak{b} \times \mathfrak{c}) + (\mathfrak{c} \times \mathfrak{a}) = \mathfrak{o}$?

7. Durch $\mathfrak{a}$ und $\mathfrak{b}$ sei ein Dreieck aufgespannt. Für seinen Flächeninhalt F gilt:
a) $F^2 = \frac{1}{4} (\mathfrak{a} \times \mathfrak{b})^2$ b) $F^2 = \frac{1}{4} [\mathfrak{a}^2 \mathfrak{b}^2 - (\mathfrak{a}\,\mathfrak{b})^2]$.

8. Berechne $\frac{\mathfrak{a} \times \mathfrak{b}}{\mathfrak{a}\,\mathfrak{b}}$. Betrachte auch die Spezialfälle $\mathfrak{a} = \mathfrak{b}$ und $\mathfrak{a} \perp \mathfrak{b}$.

*8. Analytische Geometrie III
Determinantenformen der Geraden- und Ebenengleichung

*8.1. Die Geraden- und Ebenengleichung in der Determinantenform

8.1.1. Die Geradengleichung in der Determinantenform

Vorübungen

1. Warum läßt sich die Gleischung einer Geraden im R^3 nur in der Parameterform, aber nicht in der Normalenform aufstellen?
2. Gegeben sei eine Gerade im R^3 durch $\mathfrak{x} = \mathfrak{x}_1 + \lambda\mathfrak{u}$. Eliminiere λ durch vektorielle Multiplikation der Gleichung mit einem geeigneten Vektor und deute das Ergebnis geometrisch.
3. Vergleiche die Vektoren $\mathfrak{x} - \mathfrak{x}_1$ und $\mathfrak{u}$ aus der Geradengleichung und drücke die gefundene Beziehung mit Hilfe des Vektorproduktes aus.

Bisher haben wir eine Gerade im R^3 nur durch eine Parametergleichung dargestellt. Die Gleichung einer Geraden in einer Normalenform ist zwar parameterfrei, sie läßt sich jedoch nur für Geraden im R^2 aufstellen, da eine Gerade im R^3 unendlich viele nicht kollineare Normalenvektoren besitzt. Wir wollen in diesem Kapitel mit Hilfe des Vektorproduktes eine parameterfreie Gleichung einer Raumgeraden herleiten, die eine ebenso wichtige Bedeutung für Abstandsberechnungen im R^3 hat wie die parameterfreie Hessesche Normalenform für Abstandsberechnungen im R^2.
Die Raumgerade sei uns durch A $[\mathfrak{a}]$ und einen Richtungsvektor $\mathfrak{u}$ durch die Gleichung $\mathfrak{x} = \mathfrak{a} + \lambda\mathfrak{u}$ gegeben. Zur Elimination von λ multiplizieren wir die Gleichung vektoriell von links mit $\mathfrak{u}$ und erhalten, da $\lambda\mathfrak{u}$ und $\mathfrak{u}$ kollinear sind, also $\mathfrak{u} \times \lambda\mathfrak{u} = \mathfrak{o}$ ist,

$$\mathfrak{u} \times \mathfrak{x} = \mathfrak{u} \times \mathfrak{a}.$$

Diese Gleichung ist geometrisch leicht zu deuten (Bild 8.2.1): Da $\mathfrak{x}$, $\mathfrak{a}$ und $\mathfrak{u}$ komplanar sind, haben $\mathfrak{u} \times \mathfrak{x}$ und $\mathfrak{u} \times \mathfrak{a}$ dieselbe Richtung. Das durch $\mathfrak{x}$ und $\mathfrak{u}$ aufgespannte Parallelogramm ist gegenüber dem Parallelogramm aus $\mathfrak{a}$ und $\mathfrak{u}$ parallel zu g verschert. Beide Parallelogramme sind damit flächengleich.

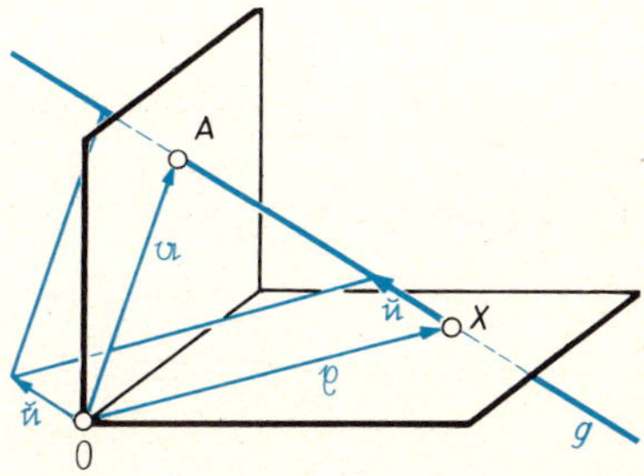

Bild 8.2.1

Wir bringen nun die erhaltene Geradengleichung $\mathfrak{u} \times \mathfrak{x} = \mathfrak{u} \times \mathfrak{a}$ in die Form

$$\mathfrak{u} \times \mathfrak{x} - \mathfrak{u} \times \mathfrak{a} = \mathfrak{o},$$

klammern aus

$$\mathfrak{u} \times (\mathfrak{x} - \mathfrak{a}) = \mathfrak{o}$$

und schreiben das Vektorprodukt als Determinante.

$$\mathfrak{u} \times (\mathfrak{x} - \mathfrak{a}) = \mathfrak{o} \Rightarrow \begin{vmatrix} \mathfrak{e}_1 & u_1 & x_1 - a_1 \\ \mathfrak{e}_2 & u_2 & x_2 - a_2 \\ \mathfrak{e}_3 & u_3 & x_3 - a_3 \end{vmatrix} = \mathfrak{o}$$

Punktrichtungsgleichung der Geraden in der Determinantenform

Die Geradengleichung $\mathfrak{u} \times (\mathfrak{x} - \mathfrak{a}) = \mathfrak{o}$ bedeutet geometrisch, daß $\mathfrak{x} - \mathfrak{a}$ und $\mathfrak{u}$ kollinear sind (s. Bild 8.2.1).
Falls die Gerade g in der x_1x_2-Ebene liegt, lautet die Determinantenform ihrer Gleichung

$$\begin{vmatrix} \mathfrak{e}_1 & u_1 & x_1 - a_1 \\ \mathfrak{e}_2 & u_2 & x_2 - a_2 \\ \mathfrak{e}_3 & 0 & 0 \end{vmatrix} = \mathfrak{o} \Rightarrow \mathfrak{e}_3 \begin{vmatrix} u_1 & x_1 - a_1 \\ u_2 & x_2 - a_2 \end{vmatrix} = \mathfrak{o}\,.$$

Da $\mathfrak{e}_3 \neq \mathfrak{o}$ ist, folgt daraus

$$\begin{vmatrix} u_1 & x_1 - a_1 \\ u_2 & x_2 - a_2 \end{vmatrix} = 0$$

als Punktrichtungsgleichung einer Geraden der x_1x_2-Ebene in der Determinantenform.

8.1.2. Die Ebenengleichung in der Determinantenform

Vorübungen

1. In welchen Formen läßt sich die Gleichung einer Ebene darstellen?
2. Gegeben sei eine Ebene durch $\mathfrak{x} = \mathfrak{a} + \lambda\mathfrak{u} + \mu\mathfrak{v}$. Eliminiere die Parameter λ und μ durch geeignete vektorielle und anschließende skalare Multiplikation und deute das Ergebnis geometrisch.
3. Welche geometrische Beziehung besteht zwischen den Vektoren $\mathfrak{x} - \mathfrak{a}$, $\mathfrak{u}$ und $\mathfrak{v}$ aus der Ebenengleichung? Drücke diese Beziehung mit Hilfe des Spatproduktes aus.

Aus der Ebenengleichung $\mathfrak{x} = \mathfrak{a} + \lambda\,\mathfrak{u} + \mu\,\mathfrak{v}$ eliminieren wir durch skalare Multiplikation der Gleichung mit $\mathfrak{u} \times \mathfrak{v}$ die Parameter λ und μ und erhalten

$$(\mathfrak{u} \times \mathfrak{v}) \cdot \mathfrak{x} = (\mathfrak{u} \times \mathfrak{v}) \cdot \mathfrak{a}\,.$$

Diese Gleichung bringt zum Ausdruck, daß die durch $\mathfrak{u}, \mathfrak{v}, \mathfrak{x}$ und $\mathfrak{u}, \mathfrak{v}, \mathfrak{a}$ aufgespannten Spate (s. Bild 8.3.1) raumgleich sind, was geometrisch sofort einleuchtet, da beide Spate durch eine Scherung parallel zu E auseinander hervorgehen.

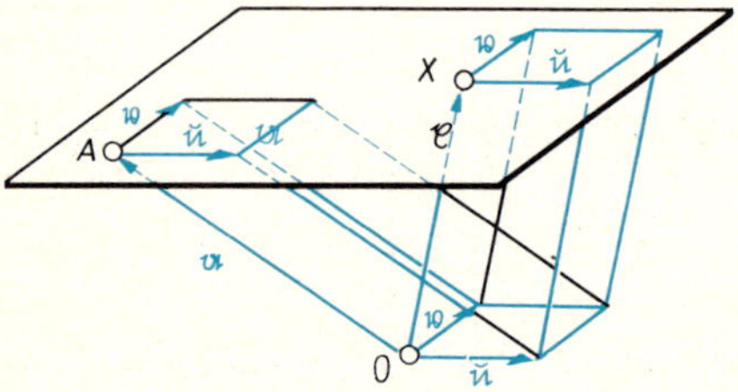

Bild 8.3.1

Wir formen die erhaltene Gleichung $(\mathfrak{u} \times \mathfrak{v}) \cdot \mathfrak{x} = (\mathfrak{u} \times \mathfrak{v}) \cdot \mathfrak{a}$ um, indem wir die Spatprodukte auf eine Seite der Gleichung bringen und ausklammern:

$$(\mathfrak{u} \times \mathfrak{v})\,(\mathfrak{x} - \mathfrak{a}) = 0.$$

Diese Form der Ebenengleichung enthält ein Spatprodukt und läßt sich deshalb mit einer Determinante schreiben:

$$(\mathfrak{u} \times \mathfrak{v})\,(\mathfrak{x} - \mathfrak{a}) = 0 \Rightarrow \begin{vmatrix} u_1 & v_1 & x_1 - a_1 \\ u_2 & v_2 & x_2 - a_2 \\ u_3 & v_3 & x_3 - a_3 \end{vmatrix} = 0$$

Punktrichtungsgleichung der Ebene in der Determinantenform.

Die Ebenengleichung $(\mathfrak{u} \times \mathfrak{v})\,(\mathfrak{x} - \mathfrak{a}) = 0$ bedeutet geometrisch, daß $\mathfrak{u}, \mathfrak{v}$ und $\mathfrak{x} - \mathfrak{a}$ komplanar sind (s. Bild 8.3.2).
Wir multiplizieren in der Ebenengleichung $(\mathfrak{u} \times \mathfrak{v})\,(\mathfrak{x} - \mathfrak{a}) = 0$ die Klammer aus:

$$(\mathfrak{u} \times \mathfrak{v})\,\mathfrak{x} - (\mathfrak{u} \times \mathfrak{v})\,\mathfrak{a} = 0.$$

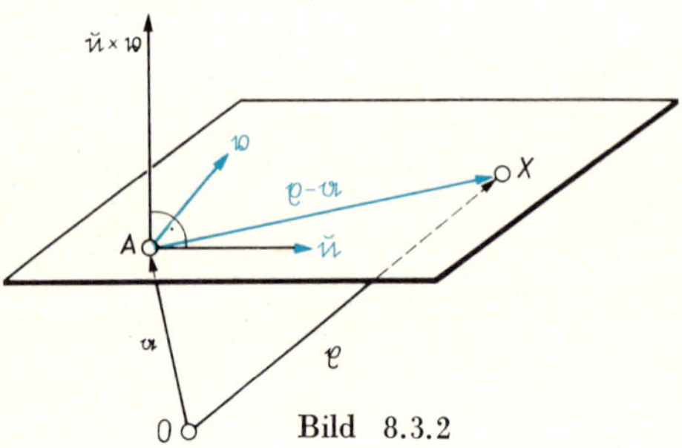

Bild 8.3.2

Damit erhalten wir die Punktnormalenform der Gleichung einer Ebene, die durch A geht und den Normalenvektor $\mathfrak{n} = (\mathfrak{u} \times \mathfrak{v})$ hat.
Insgesamt kennen wir jetzt drei Formen der Ebenen- bzw. Geradengleichung:

1. die Parameterformen,
2. die Normalenformen,
3. die Determinantenformen.

Sie alle sind gekennzeichnet durch eine einprägsame Anschaulichkeit und Bildhaftigkeit: An den Parameterformen sieht man unmittelbar, wie bei Variation der Parameter der Ortsvektor jeden Punkt der Ebene (Geraden) abtastet. Die Normalenform zeigt in der Schreibweise $\mathfrak{n}\,(\mathfrak{x} - \mathfrak{a}) = 0$, daß der Normalenvektor senkrecht steht auf jedem Vektor der Ebene (Geraden), während die Determinantenform $(\mathfrak{u} \times \mathfrak{v})\,(\mathfrak{x} - \mathfrak{a}) = 0$ die Komplanarität von Vektoren der Ebene ($\mathfrak{u} \times (\mathfrak{x} - \mathfrak{a}) = \mathfrak{o}$ die Kollinearität von Vektoren der Geraden) veranschaulicht.

Beispiele

1. Gegeben sei eine Gerade im R^3 durch A (1/1/1) und einen Richtungsvektor $\mathfrak{u} = \begin{pmatrix} 1 \\ 2 \\ 1 \end{pmatrix}$.

   Berechne ihre Gleichung in der Determinantenform.

Die Gleichung der Geraden ist

$$\begin{vmatrix} \mathfrak{e}_1 & 1 & x_1 - 1 \\ \mathfrak{e}_2 & 2 & x_2 - 1 \\ \mathfrak{e}_3 & 1 & x_3 - 1 \end{vmatrix} = \mathfrak{o}\,.$$

Wir lösen die Determinante auf, um so eine weitere geometrische Deutung für die Gleichung unserer Geraden in der Determinantenform zu erhalten:

$$\mathfrak{e}_1 \begin{vmatrix} 2 & x_2 - 1 \\ 1 & x_3 - 1 \end{vmatrix} - \mathfrak{e}_2 \begin{vmatrix} 1 & x_1 - 1 \\ 1 & x_3 - 1 \end{vmatrix} + \mathfrak{e}_3 \begin{vmatrix} 1 & x_1 - 1 \\ 2 & x_2 - 1 \end{vmatrix} = \mathfrak{o}\,.$$

Da $\mathfrak{e}_1, \mathfrak{e}_2, \mathfrak{e}_3$ drei linear unabhängige Vektoren sind, kann diese Gleichung nur bestehen, wenn die drei Unterdeterminanten alle gleich Null sind.

$$\begin{vmatrix} 2 & x_2 - 1 \\ 1 & x_3 - 1 \end{vmatrix} = 0 \Rightarrow 2x_3 - 2 - x_2 + 1 = 0 \Rightarrow -x_2 + 2x_3 - 1 = 0$$

$$\begin{vmatrix} 1 & x_1 - 1 \\ 1 & x_3 - 1 \end{vmatrix} = 0 \Rightarrow x_3 - 1 - x_1 + 1 = 0 \Rightarrow -x_1 + x_3 = 0$$

$$\begin{vmatrix} 1 & x_1 - 1 \\ 2 & x_2 - 1 \end{vmatrix} = 0 \Rightarrow x_2 - 1 - 2x_1 + 2 = 0 \Rightarrow -2x_1 + x_2 + 1 = 0\,.$$

Die sich aus diesen Unterdeterminanten ergebenden drei Gleichungen sind die Gleichungen von drei Geraden, wobei jede einzelne in einer der drei Grundebenen liegt. Wir sehen, daß die Geradengleichung in der Determinantenform die Projektionen der Geraden in die drei Grundebenen erkennen läßt.

2. Bestimme die Gleichung der Ebene E: $\mathfrak{x} = \begin{pmatrix} 1 \\ -1 \\ 0 \end{pmatrix} + \lambda \begin{pmatrix} 2 \\ 0 \\ 1 \end{pmatrix} + \mu \begin{pmatrix} 0 \\ 1 \\ 1 \end{pmatrix}$ in der Determinantenform und berechne daraus die Normalenform der Ebenengleichung.
Wir bilden das Spatprodukt $[\mathfrak{u}\,\mathfrak{v}\,(\mathfrak{x} - \mathfrak{a})]$ und setzen es gleich Null.

$$\begin{vmatrix} 2 & 0 & x_1 - 1 \\ 0 & 1 & x_2 + 1 \\ 1 & 1 & x_3 \end{vmatrix} = 0 \Rightarrow -x_1 - 2x_2 + 2x_3 - 1 = 0 \Rightarrow \begin{pmatrix} -1 \\ -2 \\ 2 \end{pmatrix} \mathfrak{x} - 1 = 0\,.$$

Aufgaben

1. Eine Gerade sei gegeben durch einen Punkt A und einen Richtungsvektor $\mathfrak{u}$. Bestimme ihre Gleichung in der Determinantenform und berechne die Gleichungen der Projektionsgeraden in den drei Grundebenen.

   a) A (1/2), $\mathfrak{u} = \begin{pmatrix} 2 \\ -3 \end{pmatrix}$ b) A (2/1/−1), $\mathfrak{u} = \begin{pmatrix} 1 \\ -1 \\ 1 \end{pmatrix}$ c) A (0/3/1), $\mathfrak{u} = \begin{pmatrix} 0 \\ 2 \\ 1 \end{pmatrix}$

2. Eine Gerade sei gegeben durch A (1/0) und B (0/2). Berechne ihre Gleichung in der Determinantenform, der Normalenform und der Achsenabschnittsform.

3. Bestimme die Gleichungen der Geraden durch A und B in der Determinantenform und gib die Gleichungen der Projektionsgeraden in den Grundebenen an.

   a) A (2/1), B (3/1) b) A (2/1/1), B (3/1/2)

4. Berechne die Gleichungen der folgenden Ebenen in der Determinantenform und Normalenform.

a) A (1/1/2), $\mathfrak{u} = \begin{pmatrix} 1 \\ 0 \\ 1 \end{pmatrix}$, $\mathfrak{v} = \begin{pmatrix} 2 \\ 1 \\ 1 \end{pmatrix}$ b) A (0/0/0), $\mathfrak{u} = \begin{pmatrix} 1 \\ 1 \\ 1 \end{pmatrix}$, $\mathfrak{v} = \begin{pmatrix} 2 \\ 0 \\ 1 \end{pmatrix}$

c) A (1/2/1), B (2/1/−1), C (1/0/1).

5. Die Gerade g sei gegeben durch $\begin{vmatrix} \mathfrak{e}_1 & 1 & x_1 - 1 \\ \mathfrak{e}_2 & 2 & x_2 \\ \mathfrak{e}_3 & 1 & x_3 + 1 \end{vmatrix} = \mathfrak{o}$. Bestimme die Gleichung der Ebene, die durch B (2/2/0) geht und in der g liegt.

6. Berechne in der Determinantenform die Gleichung der Geraden, die durch A (2/2) geht und

a) zur Geraden g': $\mathfrak{x} = \begin{pmatrix} 1 \\ 2 \end{pmatrix} + \lambda \begin{pmatrix} 1 \\ 3 \end{pmatrix}$ parallel ist,

b) auf der Geraden g': $\mathfrak{x} = \begin{pmatrix} 1 \\ -1 \end{pmatrix} + \lambda \begin{pmatrix} 1 \\ -2 \end{pmatrix}$ senkrecht steht.

7. Untersuche mit Hilfe des Spatproduktes, ob folgende Punkte in einer Ebene liegen.

a) A (1/1/1), B (3/1/−3), C (2/0/0), D (1/−1/3),
b) A (4/2/6), B (1/0/−1), C (2/1/2), D (1/0/1).

8. Bestimme die Gleichung der Ebene, die durch A (1/2/2) geht und zur Ebene E' parallel ist, in der Normalenform.

a) E': $\mathfrak{x} = \begin{pmatrix} 1 \\ 1 \\ 2 \end{pmatrix} + \lambda \begin{pmatrix} 2 \\ 0 \\ 1 \end{pmatrix} + \mu \begin{pmatrix} 1 \\ 1 \\ 1 \end{pmatrix}$,

b) E' sei festgelegt durch A' (1/3/1), B' (3/0/−1), C' (0/1/0).

9. Wie heißt die Gleichung der Geraden, die durch den Schnittpunkt von g_1 und g_2 geht und auf g_1 und g_2 senkrecht steht, in der Determinantenform?

g_1: $\mathfrak{x} = \begin{pmatrix} 3 \\ 4 \\ 5 \end{pmatrix} + \lambda \begin{pmatrix} 1 \\ 1 \\ 2 \end{pmatrix}$ g_2: $\mathfrak{x} = \begin{pmatrix} -3 \\ 0 \\ -3 \end{pmatrix} + \mu \begin{pmatrix} 2 \\ 1 \\ 2 \end{pmatrix}$.

10. Eine Ebene sei gegeben durch A, B, C. Berechne ihren Abstand vom Nullpunkt.

a) A (1/−1/0), B (2/1/2), C (−1/−1/−1),
b) A (1/−16/6), B (5/−1/8), C (7/5/8).

11. Untersuche mit Hilfe des Vektorproduktes, ob A, B, C auf einer Geraden liegen.

a) A (4/4/1), B (2/4/1), C (1/1/1),
b) A (4/3/3/), B (3/3/1), C (2/1/4).

12. Eine Gerade g im R^3 sei gegeben durch zwei ihrer Projektionsgeraden in den Grundebenen. Berechne die Gleichung von g in der Determinantenform.

a) $g'': \begin{vmatrix} x_2 - 2 & 3 \\ x_3 - 1 & 1 \end{vmatrix} = 0, \quad g''': \begin{vmatrix} x_1 - 2 & 1 \\ x_3 - 1 & 1 \end{vmatrix} = 0,$

b) $g': x_1 + x_2 = 1, \quad g''': x_3 - x_1 = 2,$

c) $g': 2\,x_1 - x_2 = 1, \quad g'': x_2 + x_3 = 0.$

*8.2. Abstände von einer Geraden im R^3

Aus der Hesseschen Normalenform $\mathfrak{n}^\circ \mathfrak{x} - d = 0$ der Geraden- bzw. Ebenengleichung können wir unmittelbar den Abstand der Geraden (Ebene) vom Nullpunkt ablesen. Allerdings muß die Gerade in einer der drei Grundebenen gegeben sein, da wir die Gleichung einer Geraden im R^3 nicht in der Hesseschen Normalenform schreiben können. Darüber hinaus macht es die Hessesche Normalenform möglich, durch Einsetzen der Koordinaten eines beliebigen Ortsvektors $\mathfrak{p}$ festzustellen, welchen Abstand der Punkt P $[\mathfrak{p}]$ von der Geraden bzw. Ebene hat.
Ebenso einfach erhält man den Abstand zweier paralleler Geraden (Ebenen), da man ja nur den Abstand eines beliebigen Punktes der einen Geraden (Ebene) von der anderen Geraden (Ebene) zu berechnen braucht. Der Wert der Hesseschen Normalenform besteht also in erster Linie in der Möglichkeit, Abstände von Punkten, Geraden und Ebenen bestimmen zu können. Der Abstand eines Punktes von einer Geraden läßt sich mit Hilfe der Hesseschen Normalenform jedoch nur bestimmen, wenn Punkt und Gerade im R^2 liegen.

Wir wollen uns in diesem Kapitel damit beschäftigen, Abstände von einer Geraden im R^3 zu bestimmen. An die Stelle der Hesseschen Normalenform wird die Determinantenform der Geradengleichung treten. Die herzuleitenden Abstandsformeln für Gerade und Punkte im R^3 haben eine erstaunliche Ähnlichkeit mit den entsprechenden Abstandsformeln für Gerade und Punkte im R^2. Die Determinantenform der Geradengleichung schließt damit gerade die „Lücke“, die die Hessesche Normalenform für Abstandsberechnungen gelassen hat.

8.2.1. Abstand eines Punktes von einer Geraden im R^3

Vorübungen

1. Gegeben sei die Gleichung einer Geraden in der Punkt-Normalenform $\mathfrak{n}\mathfrak{x} - \mathfrak{n}\mathfrak{a} = 0$. Was bedeutet das Produkt $\mathfrak{n}\,\mathfrak{a}$? Welcher Zusammenhang besteht zwischen $\mathfrak{n}\,\mathfrak{a}$ und dem Abstand der Geraden vom Nullpunkt?
2. Gegeben sei eine Gerade durch $\mathfrak{u} \times \mathfrak{x} - \mathfrak{u} \times \mathfrak{a} = \mathfrak{o}$. Besteht auch hier ein Zusammenhang zwischen $\mathfrak{u} \times \mathfrak{a}$ und dem Abstand der Geraden vom Nullpunkt?

Gegeben ist die Gleichung einer Geraden g im R^3 in der Determinantenform

$$\mathfrak{u} \times (\mathfrak{x} - \mathfrak{a}) = \mathfrak{o} \text{ oder } \mathfrak{u} \times \mathfrak{x} - \mathfrak{u} \times \mathfrak{a} = \mathfrak{o}.$$

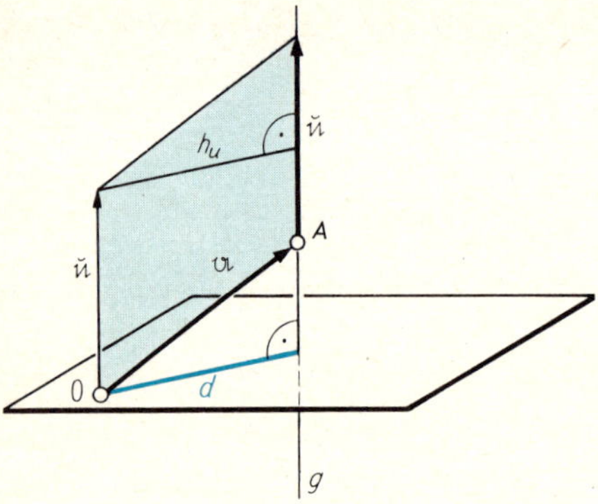

Bild 8.7.1

Der Betrag des Vektors $\mathfrak{u} \times \mathfrak{a}$ ist gleich dem Flächeninhalt des durch $\mathfrak{u}$ und $\mathfrak{a}$ aufgespannten Parallelogramms (Bild 8.7.1):

$$|\mathfrak{u} \times \mathfrak{a}| = F_{\square} = u \cdot h_u .$$

Diese Höhe h_u ist gleich dem Abstand d der Geraden vom Nullpunkt. Mithin gilt:

$$|\mathfrak{u} \times \mathfrak{a}| = u \cdot d .$$

Wählen wir in der Darstellung der Geraden g also als Richtungsvektor $\mathfrak{u}$ einen Einheitsvektor $\mathfrak{u}^\circ$, so ist

$$|\mathfrak{u}^\circ \times \mathfrak{a}| = u^\circ \cdot d = d.$$

Damit hat die Punkt-Normalenform $\mathfrak{n}\mathfrak{x} - \mathfrak{n}\mathfrak{a} = 0$ der Geradengleichung nicht nur rein formal eine gewisse Ähnlichkeit mit der Punkt-Richtungsgleichung $\mathfrak{u} \times \mathfrak{x} - \mathfrak{u} \times \mathfrak{a} = \mathfrak{o}$ in der Determinantenform. Man kann darüber hinaus auch aus beiden Gleichungen an „derselben Stelle" den Abstand d der Geraden vom Nullpunkt ablesen, wenn man als Normalen- bzw. Richtungsvektor einen Einheitsvektor wählt.

Die folgende Gegenüberstellung macht die überraschende Analogie besonders deutlich:

Eine Gerade g im R^2 sei gegeben durch A $[\mathfrak{a}]$ und $\mathfrak{n}$.

Dann heißt ihre Gleichung in der Punkt-Normalenform

$$\mathfrak{n}(\mathfrak{x} - \mathfrak{a}) = 0$$
$$\Rightarrow \mathfrak{n}\mathfrak{x} - \mathfrak{n}\mathfrak{a} = 0.$$

Hierbei ist

$$\mathfrak{n}\mathfrak{a} = n\,d$$

Eine Gerade g im R^3 sei gegeben durch A $[\mathfrak{a}]$ und $\mathfrak{u}$.

Dann heißt ihre Gleichung in der Determinantenform

$$\mathfrak{u} \times (\mathfrak{x} - \mathfrak{a}) = \mathfrak{o}$$
$$\Rightarrow \mathfrak{u} \times \mathfrak{x} - \mathfrak{u} \times \mathfrak{a} = \mathfrak{o}.$$

Hierbei ist

$$|\mathfrak{u} \times \mathfrak{a}| = u\,d$$

wobei d den Abstand der Geraden vom Nullpunkt angibt.

$$|\mathfrak{n}| = 1 \Rightarrow \mathfrak{n}^\circ \mathfrak{x} - \mathfrak{n}^\circ \mathfrak{a} = 0$$
$$\text{mit } \mathfrak{n}^\circ \mathfrak{a} = d$$

$$|\mathfrak{u}| = 1 \Rightarrow \mathfrak{u}^\circ \times \mathfrak{x} - \mathfrak{u}^\circ \times \mathfrak{a} = \mathfrak{o}$$
$$\text{mit } |\mathfrak{u}^\circ \times \mathfrak{a}| = d.$$

Der Abstand $|\mathfrak{e}|$ eines Punktes P von der Geraden g im R^3 ist gleich der Höhe h_{u° des Parallelogramms, das durch $\mathfrak{p} - \mathfrak{a}$ und $\mathfrak{u}^\circ$ aufgespannt wird (s. Bild 8.8.1):

$$|\mathfrak{e}| = h_{u^\circ}$$

Da die Seite $\mathfrak{u}^\circ$ dieses Parallelogramms die Länge 1 LE hat, ist

$$\begin{aligned} F_{\square} &= 1 \cdot h_{\mathfrak{u}^\circ} = |\mathfrak{e}| \\ &= |\mathfrak{u}^\circ \times (\mathfrak{p} - \mathfrak{a})| \\ &= |\mathfrak{u}^\circ \times \mathfrak{p} - \mathfrak{u}^\circ \times \mathfrak{a}|\,. \end{aligned}$$

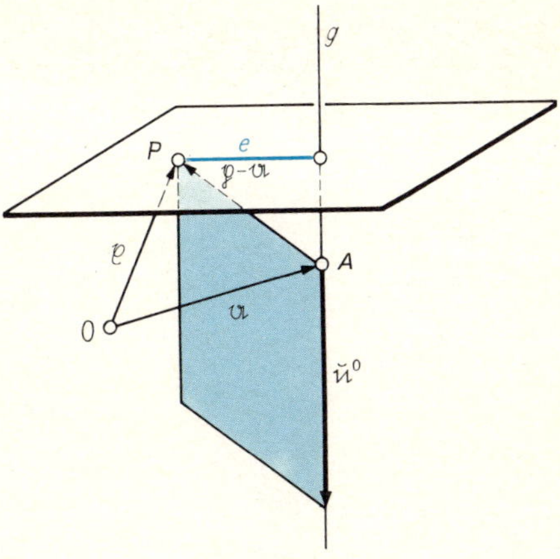

Bild 8.8.1

Setzt man also in die Punktrichtungsgleichung $\mathfrak{u}^\circ \times \mathfrak{x} - \mathfrak{u}^\circ \times \mathfrak{a} = \mathfrak{o}$ der Geraden mit $\mathfrak{u}^\circ$ als Einheitsvektor den Ortsvektor $\mathfrak{p}$ eines beliebigen Punktes P ein, so stellt der Betrag des auf der linken Seite der Gleichung stehenden Vektors $\mathfrak{u}^\circ \times \mathfrak{p} - \mathfrak{u}^\circ \times \mathfrak{a}$ den Abstand des Punktes P von der Geraden dar:

$$|\mathfrak{e}| = |\mathfrak{u}^\circ \times \mathfrak{p} - \mathfrak{u}^\circ \times \mathfrak{a}| = |\mathfrak{u}^\circ \times (\mathfrak{p} - \mathfrak{a})|\,.$$

Dieser Abstand ist als Vektorlänge stets positiv. Eine entsprechende Unterscheidung wie bei der Hesseschen Normalenform darüber, ob Nullpunkt und P auf derselben Seite von g liegen oder nicht, ist im R^3 sinnlos, da eine Gerade im R^3 nicht zwei „Seiten“ besitzt.

Damit läßt sich die in der vorstehenden Tabelle zum Ausdruck gebrachte Analogie zwischen der Punkt-Normalenform und der Determinantenform der Geradengleichung noch weiter führen:

Für den **Abstand | e | eines Punktes P von g** gilt:

$|\mathfrak{n}^\circ \mathfrak{p} - \mathfrak{n}^\circ \mathfrak{a}| = |\mathfrak{e}|$	$|\mathfrak{u}^\circ \times \mathfrak{p} - \mathfrak{u}^\circ \times \mathfrak{a}| = |\mathfrak{e}|$
oder	**oder**
$|\mathfrak{n}^\circ (\mathfrak{p} - \mathfrak{a})| = |\mathfrak{e}|\,.$	$|\mathfrak{u}^\circ \times (\mathfrak{p} - \mathfrak{a})| = |\mathfrak{e}|\,.$

Beispiel

Berechne den Abstand des Punktes P (5/0/0) von der Geraden g: $\mathfrak{x} = \begin{pmatrix}1\\1\\1\end{pmatrix} + \lambda \begin{pmatrix}2\\1\\1\end{pmatrix}$.

Wir berechnen die Vektoren

$$\mathfrak{p} - \mathfrak{a} = \begin{pmatrix}4\\-1\\-1\end{pmatrix} \text{ und } \mathfrak{u}^\circ = \begin{pmatrix}\frac{2}{\sqrt{6}}\\ \frac{1}{\sqrt{6}}\\ \frac{1}{\sqrt{6}}\end{pmatrix},$$

bilden

$$\mathfrak{u}^0 \times (\mathfrak{p} - \mathfrak{a}) = \begin{vmatrix} \mathfrak{e}_1 & \frac{2}{\sqrt{6}} & 4 \\ \mathfrak{e}_2 & \frac{1}{\sqrt{6}} & -1 \\ \mathfrak{e}_3 & \frac{1}{\sqrt{6}} & -1 \end{vmatrix} = \begin{pmatrix} 0 \\ +\frac{6}{\sqrt{6}} \\ -\frac{6}{\sqrt{6}} \end{pmatrix} = \begin{pmatrix} 0 \\ \sqrt{6} \\ -\sqrt{6} \end{pmatrix}$$

und erhalten $|\mathfrak{e}| = |\mathfrak{u}^\circ \times (\mathfrak{p} - \mathfrak{a})| = \sqrt{6 + 6} = 2\sqrt{3}$ LE.

Aufgaben

1. Berechne den Abstand des Punktes P von der Geraden g.

   a) P (0/3/4), $g: \mathfrak{x} = \begin{pmatrix} 2 \\ 0 \\ 1 \end{pmatrix} + \lambda \begin{pmatrix} -4 \\ 1 \\ 1 \end{pmatrix}$, b) P (0/5/6), $g: \mathfrak{x} = \begin{pmatrix} 2 \\ 0 \\ 1 \end{pmatrix} + \lambda \begin{pmatrix} -4 \\ 1 \\ 1 \end{pmatrix}$,

   c) P (4/5/5), g: $3x_1 + 4x_2 - 7 = 0$.

2. Berechne die Höhe h_c eines Dreiecks ABC.

   a) A (2/1/0), B (4/3/1), C (2/1/5).

   b) $g_{AB}: \mathfrak{x} = \begin{pmatrix} 1 \\ 0 \\ 2 \end{pmatrix} + \lambda \begin{pmatrix} 1 \\ 2 \\ 2 \end{pmatrix}$, $g_{CA}: \mathfrak{x} = \begin{pmatrix} 1 \\ 0 \\ 2 \end{pmatrix} + \lambda \begin{pmatrix} 1 \\ 1 \\ -1 \end{pmatrix}$, $g_{BC}: \mathfrak{x} = \begin{pmatrix} 2 \\ 1 \\ 1 \end{pmatrix} + \lambda \begin{pmatrix} 0 \\ 1 \\ 3 \end{pmatrix}$.

3. Berechne alle Höhen im Dreieck A (2/1/0) B (7/2/3) C (5/4/3).

4. Berechne die Höhen in dem Rhombus ABCD, der durch A (1/1/0), B (4/1/0) und D (3/2/2) gegeben ist.

5. Gegeben sei ein Vierflach durch A (1/0/2), B (2/1/1), C (1/3/3), D (0/4/2). Berechne den Abstand seines Schwerpunktes von der Kante AB.

6. Gegeben sei eine Ebene durch A (1/0/0), B (−3/1/1) und C (−1/2/−1). Berechne den Abstand des Punktes D $(-1/3/d_3)$, der in der Ebene liegen soll, von der Spurgeraden der Ebene in der x_1x_2-Ebene.

8.2.2. Abstand zweier Geraden im R^3

Vorübungen

1. Zwei Geraden im R^2 schneiden sich oder laufen parallel. Welche Möglichkeiten gibt es für zwei beliebige Geraden im R^3?
2. Was versteht man unter dem Abstand zweier paralleler Geraden im R^3?

Zwei Geraden g_1 und g_2 im R^3 können sich schneiden, sie können parallel oder sie können windschief sein. Wenn wir also den Abstand zweier Geraden, die sich nicht schneiden, berechnen wollen, haben wir zu unterscheiden zwischen den beiden Fällen:

1) g_1 ist parallel zu g_2,

2) g_1 ist windschief zu g_2.

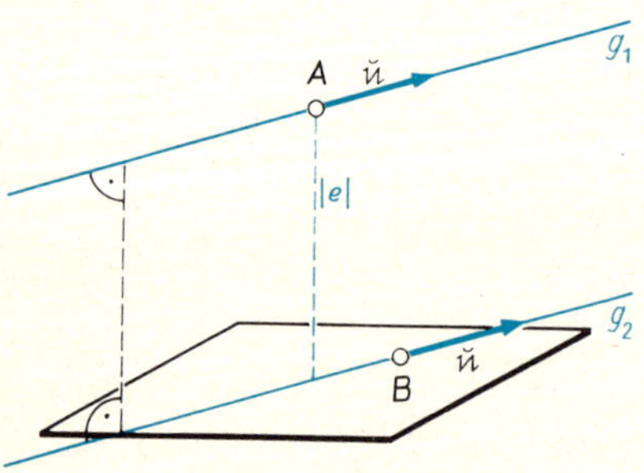

Bild 8.9.1

1. *g_1 ist parallel zu g_2* (Bild 8.9.1).

Die Geraden g_1 und g_2 seien durch $\mathfrak{x} = \mathfrak{a} + \lambda \mathfrak{u}$ und $\mathfrak{x} = \mathfrak{b} + \lambda \mathfrak{u}$ gegeben. Der Abstand von g_1 und g_2 ist gleich dem Abstand eines beliebigen Punktes auf g_1 von der Geraden g_2. Als Punkt auf g_1 wählen wir A, dessen Ortsvektor mit der Punktrichtungsgleichung von g_1 bekannt ist. Nach Abschnitt 8.2.1 ergibt sich also für den gesuchten Abstand der beiden Geraden

$$|e| = |\mathfrak{u}^\circ \times (\mathfrak{a} - \mathfrak{b})|$$

2. g_1 *ist windschief zu* g_2 (Bild 8.10.1).

g_1 und g_2 seien durch ihre Punktrichtungsgleichungen gegeben:

$$g_1: \mathfrak{x} = \mathfrak{a} + \lambda\,\mathfrak{u} \text{ und } g_2: \mathfrak{x} = \mathfrak{b} + \mu\,\mathfrak{v}.$$

Unter dem Abstand dieser beiden windschiefen Geraden versteht man den Abstand der beiden parallelen Ebenen E_1: $\mathfrak{x} = \mathfrak{a} + \lambda\,\mathfrak{u} + \mu\,\mathfrak{v}$ und E_2: $\mathfrak{x} = \mathfrak{b} + \lambda\,\mathfrak{u} + \mu\,\mathfrak{v}$. Da die Geraden windschief sein sollen, ist $\mathfrak{u} \times \mathfrak{v} \neq \mathfrak{o}$. Die Ebenen E_1 und E_2 haben den Normalenvektor $\mathfrak{n} = \mathfrak{u} \times \mathfrak{v}$. Also heißt die Gleichung von E_1 in der Hesseschen Normalenform

$$(\mathfrak{u} \times \mathfrak{v})^\circ\,\mathfrak{x} - (\mathfrak{u} \times \mathfrak{v})^\circ\,\mathfrak{a} = 0.$$

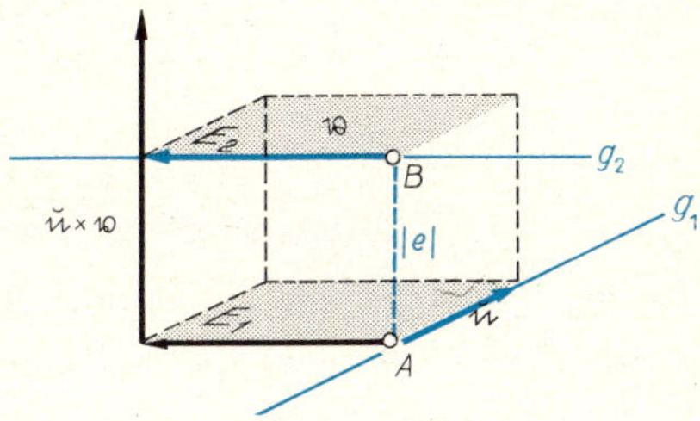

Bild 8.10.1

Der Abstand $|e|$ des Punktes B auf g_2 von dieser Ebene E_1 ist der gesuchte Abstand der beiden Geraden. Man erhält zunächst

$$e = (\mathfrak{u} \times \mathfrak{v})^\circ\,\mathfrak{b} - (\mathfrak{u} \times \mathfrak{v})^\circ\,\mathfrak{a} \text{ oder } e = (\mathfrak{u} \times \mathfrak{v})^\circ\,(\mathfrak{b} - \mathfrak{a}).$$

Da es uns auf die gegenseitige Lage von Hilfsebene E_1, B und Nullpunkt nicht ankommt, interessiert uns das Vorzeichen von e nicht. Wir betrachten deshalb $|e|$:

$$|e| = |(\mathfrak{u} \times \mathfrak{v})^\circ(\mathfrak{b} - \mathfrak{a})|$$

Zur Herleitung dieser Formel hatten wir vorausgesetzt, daß g_1 und g_2 nicht parallel sein sollen, daß also $\mathfrak{u} \times \mathfrak{v} \neq \mathfrak{o}$ ist. Deshalb kann der Ausdruck für $|e|$ nur dann Null werden, wenn

1. $\mathfrak{b} - \mathfrak{a} = \mathfrak{o}$, d. h. $\mathfrak{b} = \mathfrak{a}$ ist (g_1 schneidet g_2 in A = B) oder
2. $\mathfrak{b} - \mathfrak{a} \neq \mathfrak{o}$, und $\mathfrak{u} \times \mathfrak{v} \neq \mathfrak{o}$, aber dennoch $|(\mathfrak{u} \times \mathfrak{v})\,(\mathfrak{b} - \mathfrak{a})| = 0$ ist. Das bedeutet, daß der Spat, der durch $\mathfrak{u}$, $\mathfrak{v}$ und $\mathfrak{b} - \mathfrak{a}$ aufgespannt wird, das Volumen Null hat. $\mathfrak{u}$, $\mathfrak{v}$, $\mathfrak{b} - \mathfrak{a}$ sind also komplanar. Die Geraden schneiden sich dann in einem Punkt $C \neq A \neq B$ (Bild 8.10.2).

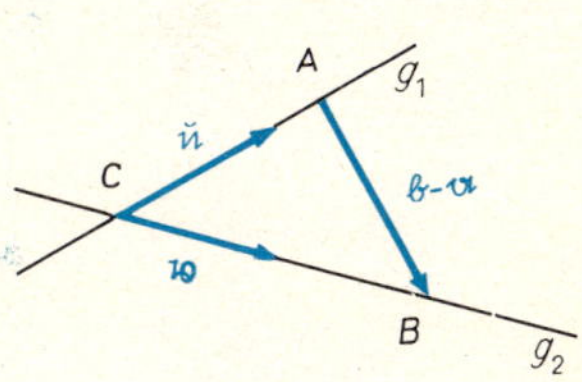

Bild 8.10.2

Wenn wir die Lage zweier Geraden g_1 und g_2 zueinander untersuchen wollen, ist zunächst festzustellen, ob sie parallel (s. Abschnitt 4.2.5) oder nicht parallel sind. Sodann können wir ihren Abstand nach den in diesem Abschnitt hergeleiteten Formeln berechnen.

Beispiel

Berechne den Abstand der beiden Geraden $g_1: \mathfrak{x} = \begin{pmatrix}1\\1\\0\end{pmatrix} + \lambda\begin{pmatrix}1\\4\\-3\end{pmatrix}$ und $g_2: \mathfrak{x} = \lambda\begin{pmatrix}1\\0\\-2\end{pmatrix}$.

Da $\mathfrak{u}$ und $\mathfrak{v}$ nicht kollinear sind, bestimmen wir den gesuchten Abstand nach der Formel $|e| = |(\mathfrak{u} \times \mathfrak{v})^\circ\,(\mathfrak{b} - \mathfrak{a})|$. Es gilt:

$$\mathfrak{b} - \mathfrak{a} = \begin{pmatrix}-1\\-1\\0\end{pmatrix} \text{ und } \mathfrak{u} \times \mathfrak{v} = \begin{vmatrix}\mathfrak{e}_1 & 1 & 1\\ \mathfrak{e}_2 & 4 & 0\\ \mathfrak{e}_3 & -3 & -2\end{vmatrix} = \begin{pmatrix}-8\\-1\\-4\end{pmatrix} \Rightarrow |\mathfrak{u} \times \mathfrak{v}| = 9.$$

Wir bilden den Einheitsvektor $(\mathfrak{u} \times \mathfrak{v})^\circ$ und setzen in die Formel ein:

$$(\mathfrak{u} \times \mathfrak{v})^\circ = \begin{pmatrix} -\frac{8}{9} \\ -\frac{1}{9} \\ -\frac{4}{9} \end{pmatrix} \Rightarrow |\mathfrak{e}| = 1\,.$$

Der Abstand der beiden Geraden beträgt 1 LE. g_1 und g_2 sind windschief.

Aufgaben

1. Berechne die Gleichung der Ebene, in der $g_1: \mathfrak{x} = \begin{pmatrix} 3 \\ -1 \\ 1 \end{pmatrix} + \lambda \begin{pmatrix} 1 \\ 1 \\ 1 \end{pmatrix}$ liegt und die zu $g_2: \mathfrak{x} = \begin{pmatrix} 1 \\ 2 \\ 3 \end{pmatrix} + \mu \begin{pmatrix} 2 \\ 2 \\ 1 \end{pmatrix}$ parallel ist, in der Punktnormalenform und bestimme den Abstand von g_2 zur Ebene.

2. Untersuche in folgenden Aufgaben die Lage der Geraden g_1 und g_2 zueinander und berechne gegebenenfalls ihren Abstand und Schnittpunkt.

a) $g_1: \mathfrak{x} = \begin{pmatrix} 1 \\ 2 \\ 1 \end{pmatrix} + \lambda \begin{pmatrix} 3 \\ 2 \\ -2 \end{pmatrix}, \quad g_2: \mathfrak{x} = \begin{pmatrix} 4 \\ 3 \\ 3 \end{pmatrix} + \mu \begin{pmatrix} 0 \\ -2 \\ 1 \end{pmatrix}$

b) $g_1: \mathfrak{x} = \begin{pmatrix} 1 \\ 0 \\ 2 \end{pmatrix} + \lambda \begin{pmatrix} 1 \\ 3 \\ -1 \end{pmatrix}, \quad g_2: \mathfrak{x} = \begin{pmatrix} 3 \\ 6 \\ 0 \end{pmatrix} + \mu \begin{pmatrix} \frac{1}{3} \\ 1 \\ -\frac{1}{3} \end{pmatrix}$

c) $g_1: \mathfrak{x} = \begin{pmatrix} 2 \\ 1 \\ 1 \end{pmatrix} + \lambda \begin{pmatrix} 1 \\ 2 \\ 1 \end{pmatrix}, \quad g_2: \mathfrak{x} = \begin{pmatrix} 2 \\ 1 \\ 1 \end{pmatrix} + \mu \begin{pmatrix} 2 \\ 4 \\ 1 \end{pmatrix}$

d) $g_1: \mathfrak{x} = \begin{pmatrix} 2 \\ 2 \\ 3 \end{pmatrix} + \lambda \begin{pmatrix} -2 \\ 0 \\ 1 \end{pmatrix}, \quad g_2: \mathfrak{x} = \begin{pmatrix} 1 \\ 4 \\ 6 \end{pmatrix} + \mu \begin{pmatrix} 2 \\ 0 \\ -1 \end{pmatrix}$

e) $g_1: \mathfrak{x} = \begin{pmatrix} 2 \\ 3 \\ 0 \end{pmatrix} + \lambda \begin{pmatrix} 1 \\ 2 \\ -1 \end{pmatrix}, \quad g_2: \mathfrak{x} = \begin{pmatrix} 2 \\ 1 \\ 2 \end{pmatrix} + \mu \begin{pmatrix} 2 \\ 0 \\ 2 \end{pmatrix}$

f) $g_1: \mathfrak{x} = \begin{pmatrix} 0 \\ 0 \\ 3 \end{pmatrix} + \lambda \begin{pmatrix} -2 \\ 2 \\ -1 \end{pmatrix}, \quad g_2: \mathfrak{x} = \begin{pmatrix} 5 \\ -1 \\ 0 \end{pmatrix} + \mu \begin{pmatrix} 2 \\ -3 \\ 2 \end{pmatrix}$

g) $g_1: \mathfrak{x} = \begin{pmatrix} 1 \\ 2 \\ -1 \end{pmatrix} + \lambda \begin{pmatrix} 2 \\ 2 \\ -4 \end{pmatrix}, \quad g_2: \mathfrak{x} = \begin{pmatrix} -1 \\ 0 \\ 3 \end{pmatrix} + \mu \begin{pmatrix} -1 \\ -1 \\ 2 \end{pmatrix}$

h) $g_1\colon\ \mathfrak{x} = \begin{pmatrix} 2 \\ 1 \\ 2 \end{pmatrix} + \lambda \begin{pmatrix} 0 \\ 4 \\ -3 \end{pmatrix},\quad g_2\colon\ \mathfrak{x} = \begin{pmatrix} 2 \\ 8 \\ 3 \end{pmatrix} + \mu \begin{pmatrix} 0 \\ -4 \\ 3 \end{pmatrix}$

i) $g_1\colon\ \mathfrak{x} = \begin{pmatrix} 4 \\ 4 \\ 4 \end{pmatrix} + \lambda \begin{pmatrix} 3 \\ 2 \\ 1 \end{pmatrix},\quad g_2\colon\ \mathfrak{x} = \begin{pmatrix} 1 \\ 3 \\ 4 \end{pmatrix} + \mu \begin{pmatrix} 0 \\ 1 \\ 1 \end{pmatrix}$

j) $g_1\colon\ \mathfrak{x} = \begin{pmatrix} 2 \\ 4 \\ 3 \end{pmatrix} + \lambda \begin{pmatrix} 1 \\ 3 \\ 2 \end{pmatrix},\quad g_2\colon\ \mathfrak{x} = \begin{pmatrix} 1 \\ 1 \\ 1 \end{pmatrix} + \mu \begin{pmatrix} 2 \\ 1 \\ 1 \end{pmatrix}.$

3. Ein Spat mit der Grundfläche ABCD und der Deckfläche EFGH sei gegeben durch A (1/0/1), B (3/0/0), D (1/1/0) und E (2/1/1). Berechne
   a) den Abstand der Diagonalgeraden durch A und C von der Diagonalgeraden durch F und H,
   b) die Höhe des Spates über der Grundfläche.
   c) Deute den Zusammenhang der Ergebnisse aus a) und b).

*8.3. Vermischte Aufgaben

1. Gegeben sei ein Spat durch den Punkt P (3/−5/4) und die drei von ihm ausgehenden Kantenvektoren

$$\overrightarrow{PA} = \mathfrak{a}' = \begin{pmatrix} 0 \\ -1 \\ 5 \end{pmatrix},\quad \overrightarrow{PB} = \mathfrak{b}' = \begin{pmatrix} 3 \\ -1 \\ 5 \end{pmatrix},\quad \overrightarrow{PC} = \mathfrak{c}' = \begin{pmatrix} 6 \\ -1 \\ 2 \end{pmatrix}.$$

   Berechne den Rauminhalt des Spats
   a) mit Hilfe des Spatprodukts,
   b) aus der Seitenfläche, die die Vektoren $\mathfrak{a}'$ und $\mathfrak{c}'$ enthält, und der zugehörigen Höhe.
   c) Wie groß ist der Abstand der Ebene durch P, A und C vom Nullpunkt?

2. Gegeben sei ein Vierflach durch die Spitze S (1/1/1) und die drei von S ausgehenden Kantenvektoren

$$\overrightarrow{SA} = \mathfrak{a}' = \begin{pmatrix} -2 \\ 0 \\ 4 \end{pmatrix},\quad \overrightarrow{SB} = \mathfrak{b}' = \begin{pmatrix} -2 \\ 6 \\ 4 \end{pmatrix},\quad \overrightarrow{SC} = \mathfrak{c}' = \begin{pmatrix} -2 \\ -3 \\ 7 \end{pmatrix}.$$

   Berechne den Rauminhalt des Vierflachs
   a) mit Hilfe des Spatproduktes,
   b) aus der Seitenfläche SAB und der zugehörigen Höhe.
   c) Wie groß ist der Abstand der Ebene durch S, A und B vom Nullpunkt?

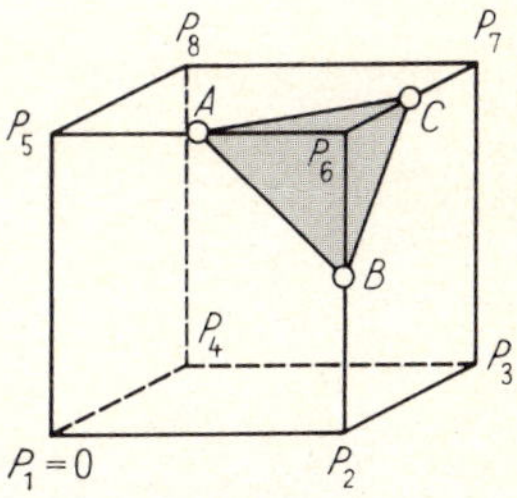

Bild 8.12.1

3. Gegeben sei ein Würfel mit der Kantenlänge a (Bild 8.12.1).
   a) Wie heißt die Gleichung der Ebene durch P_7 (a/a/a), die auf der durch P_7 gehenden Raumdiagonalen senkrecht steht?
   b) Welchen Abstand hat die durch A, B, C (Kantenmittelpunkte) gelegte Ebene vom Nullpunkt?

4. Gegeben seien die 6 Punkte A (5/3/−2), B (17/−3/7), C (7/7/−6), D (5/1/−1), E (2/5/−6), F (12/−5/7).
Zeige, daß die Ebene durch A, B, C zur Ebene durch D, E, F parallel ist, und bestimme den Abstand der beiden Ebenen.

5. Wie groß ist der Rauminhalt des Vierflachs, das die Ebene E: $x_1 + 3x_2 + 2x_3 = 6$ vom ersten Oktanten abschneidet?

6. Gegeben sind die vier Punkte A (2/−3/2), B (−1/3/6), C (5/−5/0), D (6/−7/15). Bestimme
a) den Abstand des Punktes D von der durch A, B, C bestimmten Ebene E,
b) den Fußpunkt D′ des Lotes von D auf E,
c) den Winkel, den E mit der x_1x_2-Ebene einschließt.

7. Gegeben sei die Ebene E durch $\mathfrak{x} = \begin{pmatrix} 2 \\ -1 \\ -3 \end{pmatrix} + \lambda \begin{pmatrix} 1 \\ 0 \\ 1 \end{pmatrix} + \mu \begin{pmatrix} 2 \\ -1 \\ 0 \end{pmatrix}$ und der Punkt P (7/3/−2). Bestimme die Projektion P′ von P auf E und den Abstand des Punktes P von E.

8. Gegeben seien die fünf Punkte A (0/2/4), B (1/0/5), C (2/2/4), D (1/4/3), E (3/1/0).
a) Zeige, daß A, B, C, D in einer Ebene liegen.
b) Zeige, daß das Viereck ABCD ein Rhombus ist.
c) Berechne die Vierecksfläche.
d) Berechne den Rauminhalt des Vierflachs ABCE.
e) Berechne den Winkel, den die Gerade durch B und E mit der Ebene durch ABC einschließt.

9. Kreis und Kugel

Wir haben bisher in der Analytischen Geometrie die Geraden und Ebenen behandelt. Um diese Gebilde zu beschreiben und rechnerisch zu erfassen, erwies sich der Vektorbegriff als das entscheidende Hilfsmittel. Obwohl die Vektoren als Klassen von Pfeilen besonders gut für die Behandlung von Geraden und Ebenen geeignet sind, kann man sie auch zur Untersuchung von Kreisen und Kugeln in vorteilhafter Weise verwenden.

9.1. Die Gleichung von Kreis und Kugel

9.1.1. Die Mittelpunktsform

Vorübungen

1. Wie läßt sich der Kreis als Punktmenge (Ortslinie) kennzeichnen? Drücke den Inhalt der Definition durch eine Gleichung für Vektoren aus.
2. Vergleiche die Länge der Ortsvektoren

$$\mathfrak{x}_1 = \begin{pmatrix} 2 \\ 3 \\ 6 \end{pmatrix}, \ \mathfrak{x}_2 = \begin{pmatrix} 5 \\ -4 \\ 2\sqrt{2} \end{pmatrix}, \ \mathfrak{x}_3 = \begin{pmatrix} 0 \\ 7 \\ 0 \end{pmatrix}, \ \mathfrak{x}_4 = \begin{pmatrix} 2\sqrt{6} \\ 1 \\ -2\sqrt{6} \end{pmatrix}.$$

Welche weiteren Ortsvektoren haben die gleiche Länge? Deute das Ergebnis geometrisch.

Wir betrachten einen Kreis im R^2 mit dem Mittelpunkt im Ursprung O (Bild 9.1.1). Dann ist für alle Punkte $X[\mathfrak{x}]$ des Kreises die Entfernung r vom Mittelpunkt konstant. Es ist also

$$|\mathfrak{x}| = r$$

oder

$$\mathfrak{x}^2 = r^2$$

die Gleichung des betrachteten Kreises.

Wir denken uns nun eine Kugel vom Radius r um den Ursprung gelegt. Wiederum gilt für den Betrag aller Ortsvektoren $\mathfrak{x}$, die zu einem Punkt der Kugel führen, $|\mathfrak{x}| = r$ oder $\mathfrak{x}^2 = r^2$.

Wir erhalten den

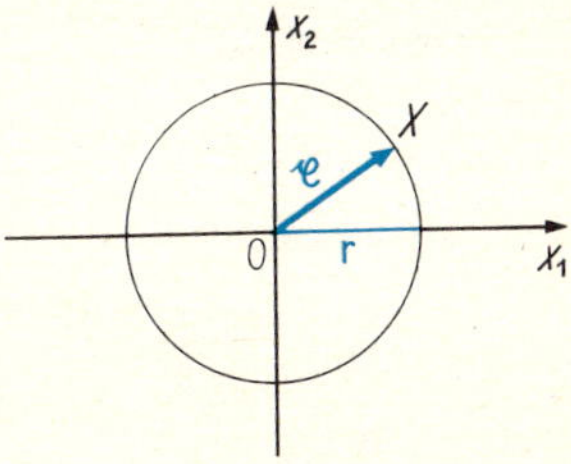

Bild 9.1.1

Satz 9.1

Der Kreis (die Kugel) um den Ursprung mit dem Radius r hat die Gleichung

(1) $\mathfrak{x}^2 = r^2$. ***Mittelpunktsform der Kreisgleichung (Kugelgleichung)***

Übertragen wir diese Gleichung in Koordinatenschreibweise, so ergibt sich für den Kreis im R^2

$$x_1^2 + x_2^2 = \sum_{i=1}^{2} x_i^2 = r^2$$

und für die Kugel im R^3

$$x_1^2 + x_2^2 + x_3^2 = \sum_{i=1}^{3} x_i^2 = r^2 .$$

Beim Vergleich dieser beiden Gleichungen mit der Gleichung (1) erkennen wir den Vorteil der Vektorschreibweise. Gleichung (1) ist nicht nur kürzer, sondern sie gilt zugleich für den Kreis und die Kugel. Ähnlich haben wir schon mit den Normalenformen die Gerade und die Ebene durch dieselbe Gleichung erfaßt. Wie wir damals alle Überlegungen zugleich für die Gerade und die Ebene angestellt haben, so wollen wir auch jetzt den Kreis und die Kugel immer gemeinsam betrachten.

9.1.2. Die Verschiebungsform

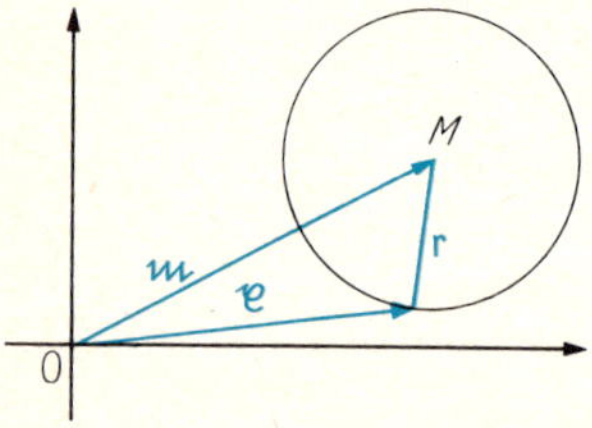

Bild 9.2.1

Der Mittelpunkt M eines Kreises im R^2 (einer Kugel im R^3) liege nicht mehr im Ursprung. Wir bezeichnen den Ortsvektor von M mit $\mathfrak{m}$. Wenn dann der Laufpunkt X auf der Kreislinie (Kugelfläche) wandert, bleibt der Differenzvektor $\mathfrak{x} - \mathfrak{m}$ dem Betrage nach konstant, und zwar gilt $|\mathfrak{x} - \mathfrak{m}| = r$ oder $(\mathfrak{x} - \mathfrak{m})^2 = r^2$ (Bild 9.2.1). Es ergibt sich der

Satz 9.2

Der Kreis (die Kugel) mit dem Mittelpunkt M [$\mathfrak{m}$] und dem Radius r hat die Gleichung

(2) $$(\mathfrak{x} - \mathfrak{m})^2 = r^2.$$ *Verschiebungsform der Kreis-(Kugel-)Gleichung*

Die Verschiebungsform der Kreis-(Kugel-)Gleichung kann man auch auf folgende Weise herleiten: Verschiebt man alle Punkte des R^2 (R^3) um den Vektor $\mathfrak{v}$, so gilt für jeden Punkt X [$\mathfrak{x}$] und seinen Bildpunkt X' [$\mathfrak{x}'$]

$$\mathfrak{x}' = \mathfrak{x} + \mathfrak{v}$$

oder

(3) $$\mathfrak{x} = \mathfrak{x}' - \mathfrak{v}.$$

Bei dieser Abbildung wird ein Kreis (eine Kugel) K mit der Gleichung

$$\mathfrak{x}^2 = r^2$$

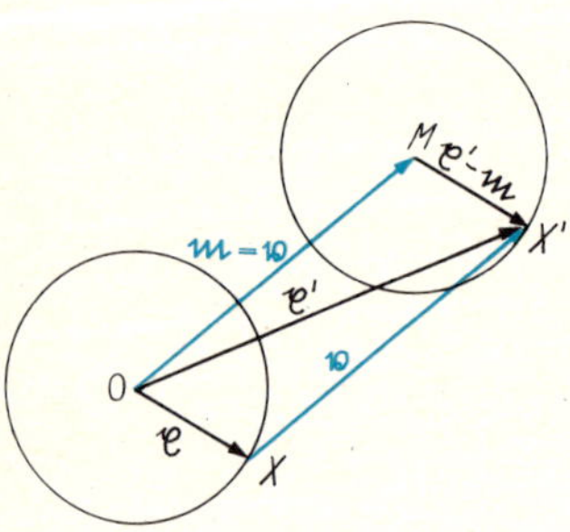

Bild 9.2.2

abgebildet in einen Kreis (eine Kugel) K', dessen (deren) Mittelpunkt M den Ortsvektor $\mathfrak{v} = \mathfrak{m}$ hat (Bild 9.2.2). Um die Gleichung von K' zu erhalten, müssen wir eine Gleichung suchen, in der nicht mehr der Laufvektor $\mathfrak{x}$, sondern der zu den Bildpunkten führende Laufvektor $\mathfrak{x}'$ vorkommt. Deshalb setzen wir aus Gleichung (3) den Ausdruck für $\mathfrak{x}$ in die Gleichung $\mathfrak{x}^2 = r^2$ ein und erhalten

$$(\mathfrak{x}' - \mathfrak{v})^2 = r^2$$

oder wegen $\mathfrak{v} = \mathfrak{m}$

$$(\mathfrak{x}' - \mathfrak{m})^2 = r^2.$$

Wenn wir nun wie bisher den Laufvektor mit $\mathfrak{x}$ bezeichnen, erhalten wir die Verschiebungsform

$$(\mathfrak{x} - \mathfrak{m})^2 = r^2$$

oder

$$\sum_{i=1}^{2(3)} (x_i - m_i)^2 = r^2 .$$

9.1.3. Die allgemeine Form

Löst man in der Verschiebungsform die Klammer auf, so erhält man

$$\mathfrak{x}^2 - 2\,\mathfrak{x}\,\mathfrak{m} + \mathfrak{m}^2 - r^2 = 0 .$$

Jeder Kreis (jede Kugel) läßt sich also durch eine Gleichung der Form

$$\mathfrak{x}^2 + \mathfrak{p}\,\mathfrak{x} + q = 0$$

beschreiben. Stellt nun auch jede Gleichung dieser Art wieder einen Kreis (eine Kugel) dar? Wir versuchen diese Gleichung in die Form (2) zu überführen, um daraus gegebenenfalls Mittelpunkt und Radius ablesen zu können. Wir addieren auf beiden Seiten der Gleichung $\left(\frac{\mathfrak{p}}{2}\right)^2$ und erhalten

$$\mathfrak{x}^2 + \mathfrak{p}\,\mathfrak{x} + \left(\frac{\mathfrak{p}}{2}\right)^2 + q = \left(\frac{\mathfrak{p}}{2}\right)^2$$

$$\left(\mathfrak{x} + \frac{\mathfrak{p}}{2}\right)^2 = \frac{\mathfrak{p}^2}{4} - q.$$

Man erhält also nur für den Fall $\frac{\mathfrak{p}^2}{4} - q > 0$ einen Kreis (eine Kugel). Der Ortsvektor des Mittelpunktes ist $\mathfrak{m} = -\frac{\mathfrak{p}}{2}$, der Radius $r = \sqrt{\frac{\mathfrak{p}^2}{4} - q}$.

Für $\frac{\mathfrak{p}^2}{4} - q = 0$ ergibt sich der Punkt M mit dem Ortsvektor $\mathfrak{m} = -\frac{\mathfrak{p}}{2}$.

*9.1.4. Die Scheitelform

Liegt insbesondere der Ursprung auf dem Kreis (der Kugel), so ist der Betrag des Ortsvektors $\mathfrak{m}$ zum Mittelpunkt gleich dem Radius r (Bild 9.3.1).

$$|\mathfrak{m}| = r$$

oder

$$\mathfrak{m}^2 = r^2.$$

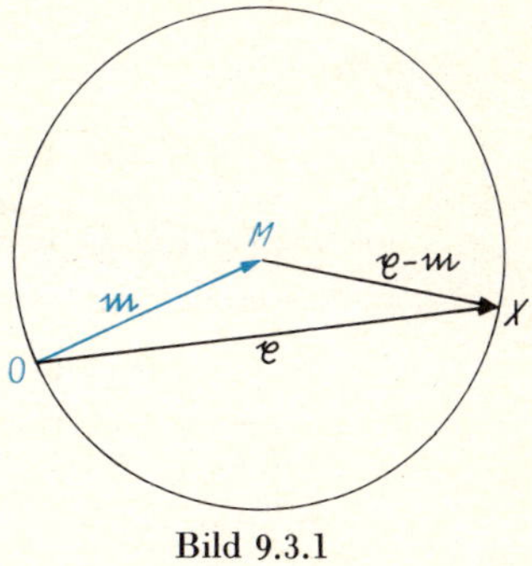

Bild 9.3.1

Dann folgt aus (2):

$$(\mathfrak{x} - \mathfrak{m})^2 = \mathfrak{x}^2 - 2\mathfrak{x}\,\mathfrak{m} + \mathfrak{m}^2 = r^2$$

(4) $$\mathfrak{x}^2 - 2\mathfrak{x}\,\mathfrak{m} = 0.$$ *Scheitelform der Kreisgleichung (Kugelgleichung)*

Wie bei den Normalenformen für Gerade und Ebene handelt es sich bei den Gleichungen für Kreis und Kugel um Gleichungen zwischen Skalaren. Die Gleichung

$\mathfrak{n}\,\mathfrak{x} - c = 0$ stellt im R^3 niemals eine Gerade, sondern immer eine Ebene dar. Ebenso ist durch die Gleichung $(\mathfrak{x} - \mathfrak{m})^2 = r^2$ im R^3 niemals ein Kreis, sondern immer eine Kugel festgelegt. Die eindimensionalen Gebilde Gerade und Kreislinie werden nur im R^2 durch diese Gleichungen erfaßt. Wie für eine Gerade im R^3 läßt sich auch für den Kreis im R^3 nur eine Gleichung zwischen Vektoren (etwa mit Hilfe eines Parameters) finden.

Beispiele

1. Welche Gleichung hat die Kugel mit dem Mittelpunkt M (2/3/—4) und dem Radius 3? Prüfe, ob die Punkte A(3/1/—2) und B(8/5/—4) auf der Kugel liegen! Wie lassen sich alle Punkte im Inneren der Kugel charakterisieren?

Lösung: Die Verschiebungsform der Kugelgleichung lautet

$$\left[\mathfrak{x} - \begin{pmatrix} 2 \\ 3 \\ -4 \end{pmatrix}\right]^2 = 9.$$

Der Punkt A liegt auf der Kugel. Denn es ist

$$(\mathfrak{a} - \mathfrak{m})^2 = \left[\begin{pmatrix} 3 \\ 1 \\ -2 \end{pmatrix} - \begin{pmatrix} 2 \\ 3 \\ -4 \end{pmatrix}\right]^2 = \begin{pmatrix} 1 \\ -2 \\ 2 \end{pmatrix}^2 = 1 + 4 + 4 = 9.$$

Setzt man die Koordinaten von B ein, so erhält man als Quadrat der Entfernung $\overline{BM}$

$$(\mathfrak{b} - \mathfrak{m})^2 = \left[\begin{pmatrix} 8 \\ 5 \\ -4 \end{pmatrix} - \begin{pmatrix} 2 \\ 3 \\ -4 \end{pmatrix}\right]^2 = \begin{pmatrix} 6 \\ 2 \\ 0 \end{pmatrix}^2 = 36 + 4 = 40 > 9.$$

Der Punkt B liegt also außerhalb der Kugel. Sein Abstand von der Kugel beträgt

$$d = \sqrt{40} - 3 = 2 \cdot \sqrt{10} - 3 \approx 3{,}3.$$

Die Menge der Punkte innerhalb der Kugel ist $\left\{X\,[\mathfrak{x}]\;\middle|\;\left[\mathfrak{x} - \begin{pmatrix} 2 \\ 3 \\ -4 \end{pmatrix}\right]^2 < 9\right\}$.

2. Wird durch die Gleichung $\mathfrak{x}^2 - \begin{pmatrix} 4 \\ 6 \end{pmatrix}\mathfrak{x} - 3 = 0$ ein Kreis (eine Kugel) dargestellt? Gib gegebenenfalls Mittelpunkt und Radius an.

Lösung: Da der Vektor $\begin{pmatrix} 4 \\ 6 \end{pmatrix}$ in der gegebenen Gleichung nur zwei Koordinaten hat, kommt höchstens ein Kreis im R^2 als Lösung in Frage. Wir addieren auf beiden Seiten der Gleichung die quadratische Ergänzung $\begin{pmatrix} 2 \\ 3 \end{pmatrix}^2$ und erhalten

$$\mathfrak{x}^2 - 2 \cdot \begin{pmatrix} 2 \\ 3 \end{pmatrix}\mathfrak{x} + \begin{pmatrix} 2 \\ 3 \end{pmatrix}^2 - 3 = \begin{pmatrix} 2 \\ 3 \end{pmatrix}^2$$

$$\left[\mathfrak{x} - \begin{pmatrix} 2 \\ 3 \end{pmatrix}\right]^2 - 3 = 4 + 9$$

$$\left[\mathfrak{x} - \begin{pmatrix} 2 \\ 3 \end{pmatrix}\right]^2 = 16.$$

Die Gleichung stellt einen Kreis mit dem Mittelpunkt M (2/3) und dem Radius 4 dar.

Aufgaben

1. Gib die Gleichung des Kreises an, der
   a) den Radius 9 und den Mittelpunkt M (2/8),
   b) den Radius $\sqrt{5}$ und den Mittelpunkt M (0,5/3) hat.

2. Gegeben ist der Kreis K: $\mathfrak{x}^2 = 25$. Stelle fest, ob die Punkte A (1/−3), B (−3/4), C (0/5), D (4/4) auf dem Kreise, innerhalb oder außerhalb des Kreises liegen.

3. Gegeben ist die Kugel mit dem Mittelpunkt M (2/−3/1) und dem Radius 9. Wo liegen folgende Punkte in bezug auf die Kugel? A (1/−1/−7), B (−2/4/5), C (−5/−1/−4)

4. Ein Kreis um den Ursprung geht durch den Punkt A. Welche Ortsvektoren auf den Achsen führen α) zu Kreispunkten, β) zu Punkten außerhalb der Kreisfläche?
   a) A (5/−12), b) A (9/12), c) A (−8/15)

5. Welche Gleichung hat der Kreis, der durch den Punkt A geht und den Mittelpunkt M (−1/−3) hat?
   a) A (6/0), b) A (−4/4)

6. Bestimme die Gleichung der Kugel, auf der die Punkte A und B liegen und die die Strecke AB als Durchmesser hat.
   a) A (−1/2/7), B (3/−2/5), b) A (2/0/6), B (6/−4/4)

7. Bestimme die Menge der Punkte im Innern einer Kugel, die durch den Nullpunkt geht und den Mittelpunkt M hat.
   a) M (7/−4/4), b) M (3/4/−12), c) M (−6/−2/−3)

8. Bestimme die Menge aller Kugeln vom Radius 3, die eine Grundebene im Ursprung berühren.

9. Bestimme Mittelpunkt und Radius folgender Kreise (Kugeln).
   a) K: $x_1^2 + 2x_1 + x_2^2 - 8x_2 - 19 = 0$
   b) K: $x_1^2 - 4x_1 + x_2^2 - 12 = 0$
   c) K: $x_1^2 - 2x_1 + x_2^2 + 8x_2 + x_3^2 - 4x_3 - 4 = 0$
   d) K: $x_1^2 - 6x_1 + x_2^2 + 4x_2 + x_3^2 + 4 = 0$
   e) K: $x_1^2 - 6x_1 + x_2^2 + 4x_2 + x_3^2 - 8x_3 + 29 = 0$

10. Prüfe, ob es sich bei den folgenden Gleichungen um Kreisgleichungen handelt.
   a) $\mathfrak{x}^2 - \begin{pmatrix}6\\8\end{pmatrix}\mathfrak{x} + 21 = 0$ b) $4\mathfrak{x}^2 + \begin{pmatrix}48\\-32\end{pmatrix}\mathfrak{x} + 104 = 0$
   c) $2\mathfrak{x}^2 + \begin{pmatrix}4\\-12\end{pmatrix}\mathfrak{x} + 38 = 0$ d) $\mathfrak{x}^2 - \begin{pmatrix}10\\6\end{pmatrix}\mathfrak{x} - 2 = 0$
   e) $x_1^2 + x_2^2 - 8x_2 + 19 = 0$

11. Welche Beziehung muß zwischen den Koeffizienten in den folgenden Kreisgleichungen bestehen, damit die Kreise konzentrisch sind?

$x_1^2 + x_2^2 + a_1 x_1 + b_1 x_2 + c_1 = 0, \qquad x_1^2 + x_2^2 + a_2 x_1 + b_2 x_2 + c_2 = 0$

12. Prüfe, ob die Punktmengen, die durch folgende Gleichungen bzw. Ungleichungen beschrieben werden, gemeinsame Punkte haben. Wie groß ist bei leerem Durchschnitt der kleinste Abstand zwischen je zwei Punkten der beiden Punktmengen?

a) $\left[\mathfrak{x} - \begin{pmatrix} 4 \\ 0 \\ 2 \end{pmatrix}\right]^2 - 81 \leqq 0, \qquad \left[\mathfrak{x} - \begin{pmatrix} -8 \\ -5 \\ 2 \end{pmatrix}\right]^2 - 4 = 0,$

b) $\left[\mathfrak{x} - \begin{pmatrix} 2 \\ -3 \\ 6 \end{pmatrix}\right]^2 - 16 \leqq 0, \qquad \mathfrak{x}^2 - 9 \leqq 0,$

c) $\left[\mathfrak{x} - \begin{pmatrix} 2 \\ 3 \\ 1 \end{pmatrix}\right]^2 - 64 = 0, \qquad \left[\mathfrak{x} - \begin{pmatrix} 8 \\ -3 \\ 4 \end{pmatrix}\right]^2 - 16 = 0$

13. Ein Kreis vom Radius r geht durch den Punkt A. Sein Mittelpunkt liegt auf der Geraden g.

a) $r = 5$, A (−1/−2), $\quad g\colon \mathfrak{x} = \begin{pmatrix} 3 \\ 1 \end{pmatrix} + \lambda \begin{pmatrix} 1 \\ -1 \end{pmatrix}$,

b) $r = 5$, A (−1/6), $\quad g\colon \mathfrak{x} = \begin{pmatrix} 0 \\ 10 \end{pmatrix} + \lambda \begin{pmatrix} -1 \\ 1 \end{pmatrix}$

14. Bestimme die Gleichung des Kreises, der durch A (10/9) und B (4/−5) geht und dessen Mittelpunkt auf der Geraden g: $\begin{pmatrix} 3 \\ -2 \end{pmatrix} \mathfrak{x} - 17 = 0$ liegt.

15. Bestimme die Gleichung des Kreises, der durch A (−5/1) geht und die x_2-Achse in B (0/3) berührt.

16. Ein Kreis geht durch A und B. Sein Mittelpunkt hat von der x_2-Achse den Abstand d.

a) A (5/2), B (1/6), d = 1 LE, $\qquad$ b) A (−2/5), B (6/−1), d = 2 LE

17. Welches ist die kleinste Kreisfläche, die das Dreieck ABC ganz umschließt?

a) A (5/7), B (−1/−1), C (6/0), $\qquad$ b) A (5/0), B (7/2), C (−7/0)

18. Zeige, daß die vier Punkte A (3/5/7), B (−4/10/−1), C (11/6/−2), D (−5/14/−8) nicht in einer Ebene liegen. Auf welcher Kugel liegen diese vier Punkte?

9.2. Schnittpunkte von Geraden mit Kreisen und Kugeln

Vorübungen

1. Wie prüft man, ob der Punkt A (3/—4) auf dem Kreis $\mathfrak{x}^2 = 25$ liegt? Kann man mit diesem Verfahren auch feststellen, ob Punkte der Geraden $\mathfrak{x} = \begin{pmatrix}1\\0\end{pmatrix} + \lambda \begin{pmatrix}1\\1\end{pmatrix}$ auf dem Kreise liegen?
2. Welche Schwierigkeit besteht, wenn man die Schnittpunkte eines Kreises mit einer Geraden bestimmen will, deren Gleichung in der Normalenform gegeben ist?

1. Verfahren: Die Gerade ist in der Parameterform gegeben.

Ein Kreis (eine Kugel) K hat mit einer Geraden g entweder zwei Schnittpunkte, einen Berührungspunkt oder keinen Punkt gemeinsam. Wir betrachten den Fall, daß der Mittelpunkt des Kreises (der Kugel) im Ursprung liegt. Es ist also

$$\mathfrak{x}^2 = r^2$$

die Gleichung des Kreises (der Kugel). Ferner sei die Gerade g durch die Gleichung

$$\mathfrak{x} = \mathfrak{a} + \lambda\,\mathfrak{u}$$

gegeben (Bild 9.7.1). Der Ortsvektor $\mathfrak{s}$ eines gemeinsamen Punktes von K und g muß beide Gleichungen erfüllen. Setzt man daher

$$\mathfrak{s} = \mathfrak{a} + \lambda_s\,\mathfrak{u}$$

in die Gleichung von K ein, so erhält man

$$(\mathfrak{a} + \lambda_s\,\mathfrak{u})^2 = r^2.$$

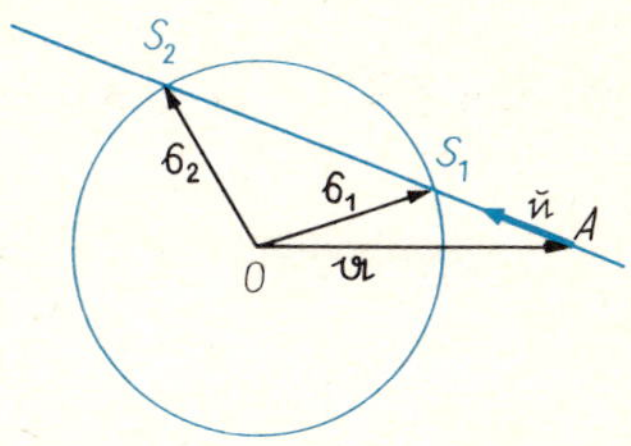

Bild 9.7.1

Wir quadrieren aus und lösen nach λ_s auf:

$$\mathfrak{a}^2 + 2\,\lambda_s\,\mathfrak{a}\,\mathfrak{u} + \lambda_s^2\,\mathfrak{u}^2 = r^2$$

$$\lambda_{s_1/s_2} = -\frac{\mathfrak{a}\,\mathfrak{u}}{\mathfrak{u}^2} \pm \frac{1}{\mathfrak{u}^2}\sqrt{(\mathfrak{a}\,\mathfrak{u})^2 - \mathfrak{a}^2\,\mathfrak{u}^2 + r^2\,\mathfrak{u}^2}\,.$$

Die Lösungsmenge enthält zwei, ein oder kein Element, je nachdem der Radikand positiv, gleich 0 oder negativ ist. Das bedeutet: Die Gerade ist eine Sekante, Tangente oder Passante.

2. Verfahren: Die Gerade ist in der Normalenform gegeben.

Im R^2 sei durch die Gleichung

$$\mathfrak{x}^2 = r^2$$

der Kreis K, durch

$$\mathfrak{n} \cdot \mathfrak{x} - c = 0$$

die Gerade g gegeben. Da wir diese Gleichung nicht nach $\mathfrak{x}$ auflösen können, machen wir für den Ortsvektor des Schnittpunktes den Ansatz

(5) $$\mathfrak{s} = \lambda_s\mathfrak{n} + \mu_s\bar{\mathfrak{n}} \quad \text{mit} \quad |\mathfrak{n}| = |\bar{\mathfrak{n}}|\,.$$

Denn jeder Vektor im V^2 muß sich eindeutig als Linearkombination von $\mathfrak{n}$ und $\bar{\mathfrak{n}}$ darstellen lassen (Bild 9.8.1).

Nun multiplizieren wir zunächst (5) mit $\mathfrak{n}$, berücksichtigen $\mathfrak{n}\mathfrak{s} = c$ und erhalten:

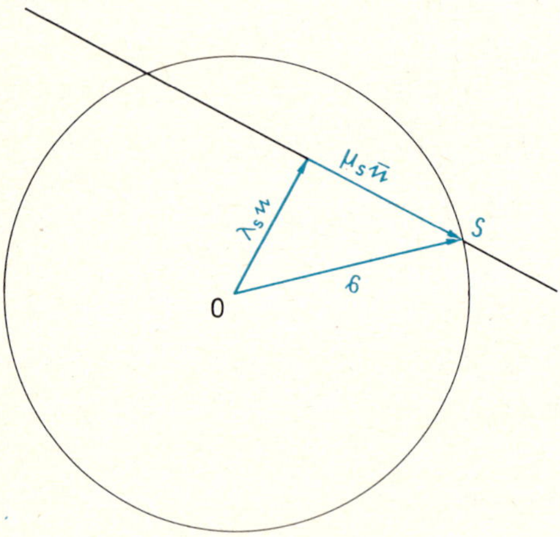

Bild 9.8.1

$$c = \lambda_s \mathfrak{n}^2$$

$$\lambda_s = \frac{c}{\mathfrak{n}^2}$$

Wegen $\mathfrak{s}^2 = r^2$ gilt weiter

$$(\lambda_s \mathfrak{n} + \mu_s \bar{\mathfrak{n}})^2 = r^2$$

$$\lambda_s^2 \mathfrak{n}^2 + \mu_s^2 \bar{\mathfrak{n}}^2 = r^2$$

$$\mu_s = \pm \sqrt{\frac{r^2}{\mathfrak{n}^2} - \lambda_s^2}, \text{ da } \mathfrak{n}^2 = \bar{\mathfrak{n}}^2.$$

Damit ergibt sich:

$$\mathfrak{s}_{1/2} = \frac{c}{\mathfrak{n}^2}\mathfrak{n} \pm \frac{1}{\mathfrak{n}^2}\sqrt{r^2\mathfrak{n}^2 - c^2}\;\bar{\mathfrak{n}}.$$

Wir bekommen wiederum zwei Schnittpunkte, einen Berührungspunkt oder keinen gemeinsamen Punkt, je nachdem der Radikand positiv, gleich Null oder negativ ist.

Beispiele

1. Bestimme $g \cap K$ für die Mengen

$$g = \left\{ X \;\middle|\; \mathfrak{x} = \lambda \begin{pmatrix}2\\1\\1\end{pmatrix} \right\} \text{ und } K = \left\{ X \;\middle|\; \left[\mathfrak{x} - \begin{pmatrix}1\\1\\1\end{pmatrix}\right]^2 \leqq 1 \right\}.$$

Lösung: Es sind die gemeinsamen Punkte der Geraden $g : \mathfrak{x} = \lambda \begin{pmatrix}2\\1\\1\end{pmatrix}$ und des Kugelkörpers

$K: \left[\mathfrak{x} - \begin{pmatrix}1\\1\\1\end{pmatrix}\right]^2 \leqq 1$ zu ermitteln.

Es sei $\mathfrak{s} = \lambda_s \begin{pmatrix}2\\1\\1\end{pmatrix}$ der Ortsvektor eines der gesuchten Punkte auf der Geraden. Dann gilt

$$\left[\mathfrak{s} - \begin{pmatrix}1\\1\\1\end{pmatrix}\right]^2 \leqq 1,$$

da der Punkt auch zum Kugelkörper gehört. Setzt man den Ausdruck für $\mathfrak{s}$ in diese Ungleichung ein, so erhält man

$$\left[\lambda_s \begin{pmatrix}2\\1\\1\end{pmatrix} - \begin{pmatrix}1\\1\\1\end{pmatrix}\right]^2 \leqq 1.$$

Wir formen die linke Seite um:

$$(2\,\lambda_s - 1)^2 + (\lambda_s - 1)^2 + (\lambda_s - 1)^2 \leqq 1$$

Nach Auflösen der Klammern und Zusammenfassen erhält man für λ_s die quadratische Ungleichung

$$6\,\lambda_s^2 - 8\,\lambda_s + 2 \leqq 0$$

oder

$$\lambda_s^2 - \frac{4}{3}\lambda_s + \frac{1}{3} \leqq 0\,.$$

Es folgt

$$\lambda_s^2 - \frac{4}{3}\lambda_s + \frac{4}{9} = \left(\lambda_s - \frac{2}{3}\right)^2 \leqq \frac{1}{9}\,.$$

Daraus erhält man

$$-\frac{1}{3} \leqq \lambda_s - \frac{2}{3} \leqq \frac{1}{3}$$

oder

$$\frac{1}{3} \leqq \lambda_s \leqq 1\,.$$

Genügt umgekehrt λ_s dieser Ungleichung, so gehört der zugehörige Punkt S zur gesuchten Punktmenge $g \cap K$, da man alle Umformungen auch rückwärts durchlaufen kann.
Es ist also

$$g \cap K = \left\{ S \,\middle|\, \mathfrak{s} = \lambda_s \begin{pmatrix} 2 \\ 1 \\ 1 \end{pmatrix} \text{ mit } \frac{1}{3} \leqq \lambda_s \leqq 1 \right\}.$$

Die Punkte der Strecke $S_1\left(\frac{2}{3}\middle|\frac{1}{3}\middle|\frac{1}{3}\right)$ $S_2\,(2/1/1)$ stellen die Punktmenge $g \cap K$ dar.

2. Bestimme die Menge der gemeinsamen Punkte des Kreises $K\colon \left[\mathfrak{x} - \begin{pmatrix} 3 \\ 1 \end{pmatrix}\right]^2 = 16$ und der Geraden $g\colon \begin{pmatrix} -1 \\ 1 \end{pmatrix} \mathfrak{x} - 2 = 0\,.$

Lösung:

Da der Kreis in der Verschiebungsform gegeben ist, machen wir für die Ortsvektoren $\mathfrak{s}$ der gesuchten Schnittpunkte den Ansatz:

$$\mathfrak{s} = \mathfrak{m} + \lambda_s \mathfrak{n} + \mu_s \overline{\mathfrak{n}} \quad \text{oder}$$

$$\mathfrak{s} = \begin{pmatrix} 3 \\ 1 \end{pmatrix} + \lambda_s \begin{pmatrix} -1 \\ 1 \end{pmatrix} + \mu_s \begin{pmatrix} 1 \\ 1 \end{pmatrix}$$

Wir multiplizieren mit $\mathfrak{n}$ und erhalten wegen $\mathfrak{n} \cdot \mathfrak{s} = c$:

$$2 = -2 + 2\,\lambda_s \qquad\qquad \lambda_s = 2\,.$$

Wegen $(\mathfrak{s} - \mathfrak{m})^2 = r^2$ folgt weiter:

$$16 = 4 \begin{pmatrix} -1 \\ 1 \end{pmatrix}^2 + \mu_s^2 \begin{pmatrix} 1 \\ 1 \end{pmatrix}^2 \qquad\qquad \mu_{s_1/s_2} = \pm 2\,.$$

Damit ergibt sich:

$$\mathfrak{s}_{1/2} = \begin{pmatrix} 3 \\ 1 \end{pmatrix} + 2 \begin{pmatrix} -1 \\ 1 \end{pmatrix} \pm 2 \begin{pmatrix} 1 \\ 1 \end{pmatrix}$$

Die Lösungsmenge besteht aus den beiden Punkten S_1, S_2 mit den Ortsvektoren

$$\mathfrak{s}_1 = \begin{pmatrix} 3 \\ 5 \end{pmatrix}, \quad \mathfrak{s}_2 = \begin{pmatrix} -1 \\ 1 \end{pmatrix}.$$

Aufgaben

1. Bestimme die gemeinsamen Punkte des Kreises bzw. der Kreisfläche K und der Geraden g.

   a) $K: \mathfrak{x}^2 = 40$, $\quad g: \mathfrak{x} = \lambda \begin{pmatrix} 3 \\ 1 \end{pmatrix}$ $\qquad$ b) $K: \mathfrak{x}^2 \leqq 45$, $\quad g: \mathfrak{x} = \lambda \begin{pmatrix} 2 \\ 1 \end{pmatrix}$

   c) $K: \left[\mathfrak{x} - \begin{pmatrix} 4 \\ -2 \end{pmatrix}\right]^2 = 20$, $\quad g: \mathfrak{x} = \lambda \begin{pmatrix} 2 \\ -1 \end{pmatrix}$ $\qquad$ d) $K: \left[\mathfrak{x} - \begin{pmatrix} 2 \\ 1 \end{pmatrix}\right]^2 \leqq 9$, $\quad g: \mathfrak{x} = \lambda \begin{pmatrix} 1 \\ 1 \end{pmatrix}$

2. Wo schneiden sich folgende Kreise K und Geraden g?

   a) $K: \mathfrak{x}^2 = 34$, $\qquad g: \mathfrak{x} = \begin{pmatrix} 1 \\ -5 \end{pmatrix} + \lambda \begin{pmatrix} 2 \\ 1 \end{pmatrix}$

   b) $K: \left[\mathfrak{x} - \begin{pmatrix} 3 \\ 2 \end{pmatrix}\right]^2 = 9$, $\qquad g: \mathfrak{x} = \begin{pmatrix} -3 \\ -7 \end{pmatrix} + \lambda \begin{pmatrix} 1 \\ 2 \end{pmatrix}$

3. Von einer Geraden kennt man den Fußpunkt F des vom Ursprung auf sie gefällten Lotes. Bestimme die Schnittpunkte mit dem Kreis K.

   a) $F\left(\frac{64}{25} \Big/ -\frac{48}{25}\right)$, $\qquad K: \left[\mathfrak{x} - \begin{pmatrix} 1 \\ -4 \end{pmatrix}\right]^2 = 100$

   b) $F\left(-\frac{17}{50} \Big/ \frac{119}{50}\right)$, $\qquad K: \mathfrak{x}^2 = 25$

4. Bestimme die Menge der gemeinsamen Punkte der Geraden $g: \mathfrak{x} = \mathfrak{a} + \lambda \mathfrak{u}$ und der Kugel $K: (\mathfrak{x} - \mathfrak{m})^2 = r^2$.

   a) $\mathfrak{a} = \begin{pmatrix} 1 \\ 1 \\ 1 \end{pmatrix}$, $\quad \mathfrak{u} = \begin{pmatrix} 2 \\ 1 \\ 1 \end{pmatrix}$, $\quad \mathfrak{m} = \begin{pmatrix} 0 \\ 0 \\ 0 \end{pmatrix}$, $\quad r = 1$

   b) $\mathfrak{a} = \begin{pmatrix} 6 \\ 8 \\ 4 \end{pmatrix}$, $\quad \mathfrak{u} = \begin{pmatrix} 1 \\ 1 \\ 1 \end{pmatrix}$, $\quad \mathfrak{m} = \begin{pmatrix} -8 \\ 2 \\ -1 \end{pmatrix}$, $\quad r = 13$

5. Wo schneidet der Kreis mit dem Radius 5 und dem Mittelpunkt M (–4/3) die x_1-Achse bzw. x_2-Achse, und wie lang sind die dadurch entstehenden Sehnen?

6. Bestimme den Mittelpunkt und die Länge der Sehne, die die Kugel K aus der Geraden g ausschneidet.

   a) $K: \mathfrak{x}^2 = 36$, $\quad g: \mathfrak{x} = \begin{pmatrix} 5 \\ 5 \\ 4 \end{pmatrix} + \lambda \begin{pmatrix} 3 \\ 1 \\ 0 \end{pmatrix}$ $\qquad$ b) $K: \mathfrak{x}^2 = 225$, $\quad g: \mathfrak{x} = \begin{pmatrix} 19 \\ -52 \\ -34 \end{pmatrix} + \lambda \begin{pmatrix} 7 \\ -19 \\ -16 \end{pmatrix}$

7. Berechne die Schnittpunkte des Kreises K und der Geraden g aus Beispiel 2, indem du zunächst die Geradengleichung in die Parameterform überführst.

8. Innerhalb der Kreisfläche $K: 5x_1^2 + 5x_2^2 - 9x_2 - 38 \leqq 0$ liegt der Punkt A (1/0,5). Welche Sehne durch A wird in A halbiert? Bestimme die Endpunkte der Sehne.

9. Durch den Punkt A $(8/a_2 < 0)$ des Kreises $K: \mathfrak{x}^2 = 100$ ist eine Sekante zu legen, die zur Geraden $g: \begin{pmatrix} 1 \\ -2 \end{pmatrix} \mathfrak{x} - 7 = 0$ parallel ist. Bestimme die Gleichung der Sekante und ihren Durchschnitt mit der Kreisfläche $K_1: \mathfrak{x}^2 \leqq 100$.

10. Beweise: Wenn die Gerade $g: \mathfrak{x} = \mathfrak{a} + \lambda \mathfrak{u}$ den Kreis $K: \mathfrak{x}^2 = r^2$ berührt, gilt

$$r^2 = \frac{\mathfrak{a}^2 \mathfrak{u}^2 - (\mathfrak{a}\mathfrak{u})^2}{\mathfrak{u}^2} \quad \text{(Tangentenbedingung).}$$

11. Bestimme die Menge aller Punkte, die der Kugelkörper mit dem Mittelpunkt M (2/−3/6) und dem Radius 7 mit den drei Koordinatenebenen gemeinsam hat. Wo schneidet die Kugelfläche die Koordinatenachsen?

12. Gegeben sind die Punkte A und B. Zeige, daß durch die Gleichung $(\mathfrak{x} - \mathfrak{a}) \cdot (\mathfrak{x} - \mathfrak{b}) = 0$ ein Kreis gegeben ist. Bestimme Mittelpunkt und Radius. Welchen Lehrsatz drückt die linke Seite der gegebenen Gleichung aus?

13. Übertrage die Aufgabe 12 auf die Kugel.

14. Welche Punkte des Kreises $K: \mathfrak{x}^2 = 1$ sind von den Punkten A (3/1) und B (2/−2) gleich weit entfernt?

15. Gegeben sind der Kreis $K: x_1^2 + x_2^2 - 4x_1 + 6x_2 - 12 = 0$ und die beiden Geraden $g_1: \begin{pmatrix} 4 \\ 3 \end{pmatrix} \mathfrak{x} + 1 = 0$ und $g_2: \begin{pmatrix} 3 \\ 1 \end{pmatrix} \mathfrak{x} + 2 = 0$.
    a) Berechne die Schnittpunkte der Geraden mit dem Kreis.
    b) Welchen Abstand haben die Geraden vom Mittelpunkt des Kreises?
    c) Bestimme die Länge der ausgeschnittenen Sehnen.
    d) Zeige, daß sich die Mittelsenkrechten beider Sehnen im Mittelpunkt des Kreises schneiden.

16. Gegeben ist der Kreis $K: \mathfrak{x}^2 = 25$ sowie der Mittelpunkt A (3,5/−0,5) einer Sehne s.
    a) Bestimme die Gleichung der Sekante, die durch s bestimmt ist.
    b) Berechne die Länge von s.
    c) Berechne die Winkel im aus Sehne und Kreismittelpunkt gebildeten Dreieck.

9.3. Tangente des Kreises, Tangentialebene der Kugel

9.3.1. Die Mittelpunktsform

Vorübung

B sei ein gemeinsamer Punkt der Geraden $g: \mathfrak{r} = \mathfrak{b} + \lambda \mathfrak{u}$ und des Kreises (der Kugel) $K: \mathfrak{x}^2 = r^2$. Bestimme den anderen Schnittpunkt. Leite die Tangentenbedingung her für den Fall, daß B der Berührungspunkt ist.

Gegeben sind ein Kreis (eine Kugel) K: $\mathfrak{x}^2 = r^2$ und ein Punkt B auf K. Bringen wir K zum Schnitt mit einer durch B gehenden Geraden g: $\mathfrak{x} = \mathfrak{b} + \lambda\,\mathfrak{u}$, so ergeben sich als Parameterwerte der Schnittpunkte

$$\lambda_{B_1} = 0 \text{ und } \lambda_{B_2} = -\frac{2\,\mathfrak{b}\cdot\mathfrak{u}}{\mathfrak{u}^2}.$$

Ist g Tangente in B_1, so fällt B_2 auf B_1, und es gilt

$$\lambda_{B_2} = -\frac{2\,\mathfrak{b}\cdot\mathfrak{u}}{\mathfrak{u}^2} = 0 \Rightarrow \mathfrak{b}\cdot\mathfrak{u} = 0,$$

d. h. der Berührungsradius steht auf der Tangente senkrecht. Bei der Kugel gilt das für jede Tangente in B. Alle diese Tangenten liegen deshalb in einer Ebene, der sog. Tangentialebene, mit dem Normalenvektor $\mathfrak{b}$.

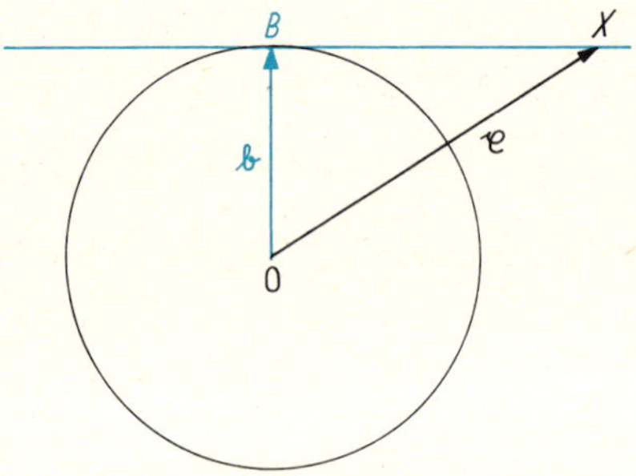

Bild 9.12.1

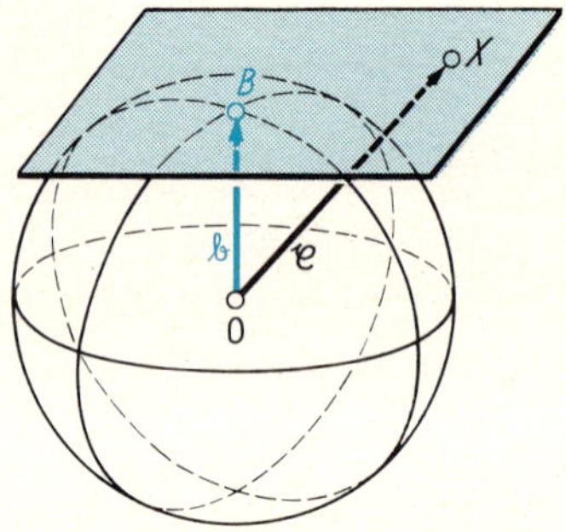

Bild 9.12.2

Deshalb gilt für den Ortsvektor $\mathfrak{x}$ eines beliebigen Punktes auf der Tangente (in der Tangentialebene) (Bild 9.12.1 und 2)

$$\mathfrak{b}\cdot(\mathfrak{x} - \mathfrak{b}) = 0$$

oder ausgerechnet

$$\mathfrak{b}\cdot\mathfrak{x} - \mathfrak{b}^2 = 0.$$

B ist ein Punkt des Kreises (der Kugel), also ist $\mathfrak{b}^2 = r^2$. Setzt man diesen Wert ein, so erhält man

$$\mathfrak{b}\,\mathfrak{x} - r^2 = 0.$$

Satz 9.3

Die Tangente des Kreises (Tangentialebene der Kugel) K: $\mathfrak{x}^2 = r^2$ hat die Gleichung

$$\mathfrak{b}\,\mathfrak{x} = r^2.$$

Gleichung der Tangente des Kreises (Tangentialebene der Kugel) in der Mittelpunktsform

Die Gleichung der Tangente (Tangentialebene) ist die Gleichung einer Geraden (Ebene) in der Normalenform. Insbesondere ist hier der Normalenvektor $\mathfrak{b}$ zugleich

der Ortsvektor des Lotfußpunktes für das Lot vom Ursprung auf die Gerade (Ebene), während die Konstante r^2 das Quadrat des Abstandes d der Geraden (Ebene) vom Ursprung darstellt.
Wir gehen nun von der allgemeinen Normalenform $\mathfrak{n} \cdot \mathfrak{x} = c$ der Gleichung einer Geraden (Ebene) aus und fragen, unter welcher Bedingung diese Gerade Tangente für den vorgegebenen Kreis (Tangentialebene für die Kugel) $K: \mathfrak{x}^2 = r^2$ ist.
Die Gleichung der Tangente (Tangentialebene) lautet $\mathfrak{b}\,\mathfrak{x} = r^2$. Soll $\mathfrak{n} \cdot \mathfrak{x} = c$ diese Tangente (Tangentialebene) darstellen, so muß es einen Proportionalitätsfaktor k geben, so daß

$$k \cdot c = r^2$$

und zugleich

$$k \cdot \mathfrak{n} = \mathfrak{b}$$

gilt. Löst man die erste Gleichung nach k auf:

$$k = \frac{r^2}{c}$$

und setzt diesen Wert in die zweite Gleichung ein, so folgt

$$\mathfrak{b} = \frac{r^2}{c} \cdot \mathfrak{n}\,.$$

Da $\mathfrak{b} = \frac{r^2}{c} \cdot \mathfrak{n}$ der Ortsvektor für einen Punkt des Kreises (der Kugel) ist, muß $\mathfrak{b}^2 = r^2$ sein. Man erhält also

$$\frac{r^4}{c^2}\,\mathfrak{n}^2 = r^2$$

oder

$$r^2 \cdot \mathfrak{n}^2 = c^2. \qquad \textit{Tangentenbedingung}$$

Das ist die sog. Tangentenbedingung für die Gerade (Ebene) mit der Gleichung $\mathfrak{n} \cdot \mathfrak{x} = c$ an den Kreis (die Kugel) $K: \mathfrak{x}^2 = r^2$.

9.3.2. Die Verschiebungsform

Um die Gleichung der Tangente (Tangentialebene) eines Kreises (einer Kugel) in allgemeiner Lage zu bestimmen, verschieben wir den Kreis (die Kugel) um O mit der Tangente (Tangentialebene) $\mathfrak{b}\,\mathfrak{x} = r^2$ um den Vektor $\mathfrak{v} = \mathfrak{m}$ in die allgemeine Lage (Bild 9.13.1).
Ist $\mathfrak{x}$ der Ortsvektor irgendeines Punktes X, so ist

$$\mathfrak{x}' = \mathfrak{x} + \mathfrak{v} = \mathfrak{x} + \mathfrak{m}$$

der Ortsvektor des Bildpunktes X'.
Umgekehrt gilt

$$\mathfrak{x} = \mathfrak{x}' - \mathfrak{v} = \mathfrak{x}' - \mathfrak{m}\,.$$

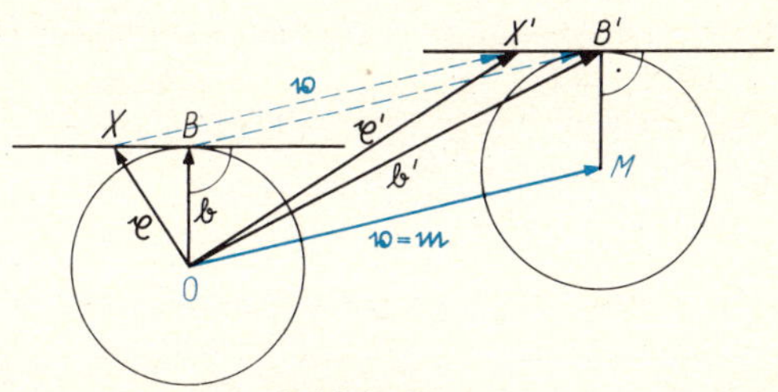

Bild 9.13.1

Berücksichtigt man diese Beziehung sowohl für den Ortsvektor $\mathfrak{b}$ des Berührungspunktes als auch für den Laufvektor $\mathfrak{x}$ in der Tangentengleichung, so erhält man

$$(\mathfrak{b}' - \mathfrak{m}) \cdot (\mathfrak{x}' - \mathfrak{m}) = r^2\,.$$

Wir bezeichnen die neuen Vektoren $\mathfrak{b}'$ und $\mathfrak{x}'$ wieder mit $\mathfrak{b}$ und $\mathfrak{x}$ und erhalten den

Satz 9.4

Die Tangente an den Kreis (Tangentialebene an die Kugel) mit dem Mittelpunkt M [$\mathfrak{m}$] hat die Gleichung

$$(\mathfrak{b} - \mathfrak{m}) \cdot (\mathfrak{x} - \mathfrak{m}) = r^2 .$$ *Gleichung der Tangente (Tangentialebene) in der Verschiebungsform*

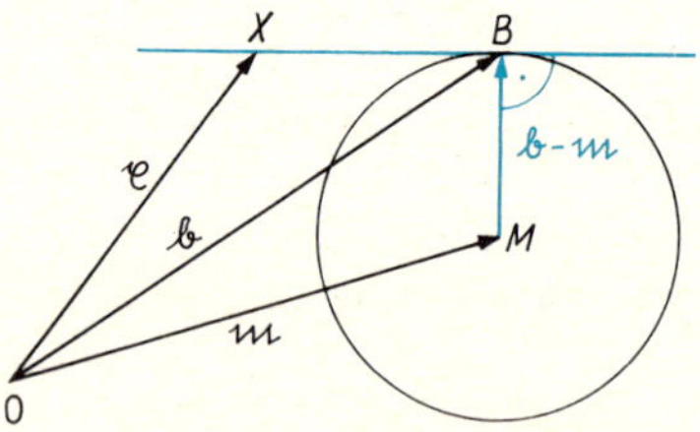

Bild 9.14.1

Multipliziert man in dieser Gleichung die zweite Klammer aus, so ergibt sich

$$(\mathfrak{b} - \mathfrak{m}) \cdot \mathfrak{x} - (\mathfrak{b} - \mathfrak{m})\,\mathfrak{m} - r^2 = 0 .$$

$\mathfrak{b} - \mathfrak{m}$ ist also der Normalenvektor der Tangente (Tangentialebene) (Bild 9.14.1).

Beispiele

1. Wie lautet die Gleichung der Tangente in B $(4/b_2 < 0)$ an den Kreis K: $\mathfrak{x}^2 = 25$?

Lösung: Setzt man den Ortsvektor $\mathfrak{b} = \begin{pmatrix} 4 \\ b_2 \end{pmatrix}$ in die Kreisgleichung ein, so erhält man $16 + b_2^2 = 25$. Daraus folgt $b_2 = -3$, da b_2 kleiner als Null sein sollte. Die Gleichung der Tangente durch B lautet also

$$\begin{pmatrix} 4 \\ -3 \end{pmatrix} \cdot \mathfrak{x} = 25 .$$

2. Im Punkt B (5/9/—3) ist die Tangentialebene an die Kugel mit dem Mittelpunkt M (2/3/—1) zu legen.

Lösung: Da B auf der Kugel liegt, ist $|\mathfrak{b} - \mathfrak{m}| = r$ der Kugelradius.

$$r = \sqrt{(\mathfrak{b} - \mathfrak{m})^2} = \sqrt{\begin{pmatrix} 3 \\ 6 \\ -2 \end{pmatrix}^2} = \sqrt{9 + 36 + 4} = 7 .$$

Die Kugelgleichung lautet $\left[\mathfrak{x} - \begin{pmatrix} 2 \\ 3 \\ -1 \end{pmatrix}\right]^2 = 49 .$

Wir stellen die Gleichung der Tangentialebene auf und bringen sie in die Normalenform:

$$\left[\begin{pmatrix}5\\9\\-3\end{pmatrix}-\begin{pmatrix}2\\3\\-1\end{pmatrix}\right]\left[\mathfrak{x}-\begin{pmatrix}2\\3\\-1\end{pmatrix}\right]=49$$

$$\Rightarrow \begin{pmatrix}3\\6\\-2\end{pmatrix}\cdot\left[\mathfrak{x}-\begin{pmatrix}2\\3\\-1\end{pmatrix}\right]=49 \Rightarrow \begin{pmatrix}3\\6\\-2\end{pmatrix}\mathfrak{x}-(6+18+2)=49\,.$$

Die Tangentialebene hat die Gleichung $\begin{pmatrix}3\\6\\-2\end{pmatrix}\mathfrak{x}=75\,.$

3. Welcher Kreis mit dem Radius $r = 5$ LE geht durch den Punkt A (4/6) und berührt zugleich die Gerade g: $\begin{pmatrix}-4\\3\end{pmatrix}\cdot\mathfrak{x}=27$?

Lösung: Der gesuchte Kreis habe die Gleichung

$$(\mathfrak{x}-\mathfrak{m})^2=25\,.$$

Der Vektor $\mathfrak{m}=\begin{pmatrix}m_1\\m_2\end{pmatrix}$ ist also zu bestimmen.

Da A auf dem Kreise liegt, ist

$$\left[\begin{pmatrix}4\\6\end{pmatrix}-\begin{pmatrix}m_1\\m_2\end{pmatrix}\right]^2=25$$

oder

(1) $$(4-m_1)^2+(6-m_2)^2=25\,.$$

Da die gegebene Gerade Kreistangente sein soll, muß $|e| = 5$ der Abstand des gesuchten Mittelpunktes von dieser Geraden sein.

Der gesuchte Punkt M muß auf der gleichen Seite der Geraden liegen wie A, da g sonst nicht Tangente sein kann. Wir stellen die Lage von A zur Geraden fest und setzen deshalb seine Koordinaten in die Abstandsformel $\mathfrak{n}^\circ\cdot\mathfrak{a}-d=e$ ein.

$$\begin{pmatrix}-\frac{4}{5}\\\frac{3}{5}\end{pmatrix}\begin{pmatrix}4\\6\end{pmatrix}-\frac{27}{5}=-\frac{16}{5}+\frac{18}{5}-\frac{27}{5}<0\,.$$

e ist also negativ. Die Abstandsformel führt daher mit $e = -5$ zu einer zweiten Gleichung für m_1 und m_2:

(2) $$\begin{pmatrix}-\frac{4}{5}\\\frac{3}{5}\end{pmatrix}\begin{pmatrix}m_1\\m_2\end{pmatrix}-\frac{27}{5}=-5$$

Löst man (2) nach m_2 auf, erhält man

(3) $$m_2=\frac{4}{3}m_1+\frac{2}{3}\,.$$

Diesen Ausdruck für m_2 setzen wir in (1) ein:

$$(4-m_1)^2+\left(\frac{16}{3}-\frac{4}{3}m_1\right)^2=25\,.$$

Daraus folgt schließlich

$$m_1^2-8m_1+7=0\,.$$

$$m_{11}=7 \quad\text{und}\quad m_{12}=1.$$

Aus (3) folgen als zugehörige m_2-Werte

$$m_{21} = 10 \quad \text{und} \quad m_{22} = 2\,.$$

Die beiden Kreise

$$K_1: \left[\mathfrak{x} - \begin{pmatrix} 7 \\ 10 \end{pmatrix}\right]^2 = 25 \quad \text{und} \quad K_2: \left[\mathfrak{x} - \begin{pmatrix} 1 \\ 2 \end{pmatrix}\right]^2 = 25$$

genügen den Bedingungen der Aufgabe.

Aufgaben

1. Eine Kugel vom Radius $r = 13$ LE hat ihren Mittelpunkt im Ursprung. Auf ihr liegt der Punkt B ($b_1 > 0/4/3$). Stelle die Gleichung der Tangentialebene in B auf.

2. Wie heißen die Gleichungen der Tangentialebenen
   a) in B ($2/b_2/2$) an die Kugel $K: \mathfrak{x}^2 = 9$,
   b) in B ($b_1/-2/3$) an die Kugel $K: (\mathfrak{x} - \mathfrak{m})^2 = 6$ mit M (1/0/2)?

3. Gegeben ist der Kreis K. Wie lauten die Gleichungen der Tangenten mit dem Richtungsvektor $\mathfrak{u}$ an den Kreis?

   a) $K: \mathfrak{x}^2 = 29, \quad \mathfrak{u} = \begin{pmatrix} 5 \\ -2 \end{pmatrix}$ b) $K: \mathfrak{x}^2 = 36, \quad \mathfrak{u} = \begin{pmatrix} 1 \\ \sqrt{3} \end{pmatrix}$

4. Wie lautet die Gleichung der Kugel mit dem Mittelpunkt M (5/1/−1), die die Ebene $E: \begin{pmatrix} 1 \\ -2 \\ 2 \end{pmatrix} \cdot \mathfrak{x} = 10$ berührt?

5. Wie lauten die Gleichungen der Tangenten durch die Schnittpunkte des Kreises $K: \mathfrak{x}^2 = 10$ mit der Geraden $g: \mathfrak{x} = \begin{pmatrix} 0 \\ -6 \end{pmatrix} + \lambda \begin{pmatrix} 1 \\ 3 \end{pmatrix}$? Berechne ferner den Schnittpunkt der Tangenten und ihren Schnittwinkel.

6. Zeige, daß die Gerade $g: \mathfrak{x} = \begin{pmatrix} 11 \\ 8 \\ 0 \end{pmatrix} + \lambda \begin{pmatrix} 6 \\ 2 \\ 1 \end{pmatrix}$ Tangente an die Kugel $K: \mathfrak{x}^2 = 21$ ist. Bestimme den Berührungspunkt.

7. Bestimme Radius und Berührungspunkt einer Kugel um den Ursprung, für die die folgende Ebene Tangentialebene ist.
   a) $E: 3x_1 - 2x_2 + 4x_3 = 1$ b) $E: 2x_1 + x_2 - x_3 = 3$
   c) Ebene durch A (3/1/4), B (0/1/8), C (1/0/0)

8. Ein Kreis mit dem Radius $r = 10$ LE soll so bestimmt werden, daß er die Gerade $g: \begin{pmatrix} 4 \\ 3 \end{pmatrix} \mathfrak{x} = 70$ in B ($10/b_2$) berührt.

9. Gib die Gleichung des Kreises an, der den Punkt M (1/−3) zum Mittelpunkt und die Gerade $g: \mathfrak{x} = \begin{pmatrix} 3{,}5 \\ 2 \end{pmatrix} + \lambda \begin{pmatrix} 4 \\ 3 \end{pmatrix}$ zur Tangente hat.

10. An den Kreis $K: x_1^2 + x_2^2 - 6x_1 + 10x_2 - 66 = 0$ sind die zur Geraden $g: \begin{pmatrix} 4 \\ -3 \end{pmatrix} \cdot \mathfrak{x} = 0$ parallelen Tangenten zu legen.

11. Bestimme den Kreis, der durch A (−1/−2) und B (3/2) geht und die Gerade $g: \mathfrak{x} = \begin{pmatrix} 1 \\ 4 \end{pmatrix} + \lambda \begin{pmatrix} 1 \\ 1 \end{pmatrix}$ berührt.

12. Unter welchen Winkeln schneidet der Kreis $K: \left[\mathfrak{x} - \begin{pmatrix} 8 \\ 6 \end{pmatrix}\right]^2 = 100$ die Koordinatenachsen?

13. Welcher Kreis vom Radius r = 10 LE geht durch den Punkt A (6/8) und berührt die Gerade $g: \begin{pmatrix} 4 \\ 3 \end{pmatrix} \mathfrak{x} + 50 = 0$?

14. Gegeben sind die Geraden

$g_1: \begin{pmatrix} 2 \\ -1 \end{pmatrix} \mathfrak{x} = 0, \quad g_2: \begin{pmatrix} 1 \\ -2 \end{pmatrix} \mathfrak{x} - 6 = 0, \quad g_3: \begin{pmatrix} 5 \\ -7 \end{pmatrix} \mathfrak{x} - 8 = 0.$

Welcher Kreis, dessen Mittelpunkt auf g_3 liegt, berührt die Geraden g_1 und g_2?

15. Gegeben sind die Kugel K und die Punkte A und B. Berechne die Schnittpunkte der Geraden durch A und B mit der Kugel und stelle die Gleichungen der Tangentialebenen in den Schnittpunkten auf. Welche Richtung hat die Schnittgerade der beiden Tangentialebenen?

a) $K: \mathfrak{x}^2 - 41 = 0,$	A (9/6/0),	B (−6/0/9)
b) $K: \mathfrak{x}^2 - 62 = 0,$	A (4/4/4),	B (−2/6/8)
c) $K: \mathfrak{x}^2 - 38 = 0,$	A (1/7/0),	B (8/0/7)
d) $K: \mathfrak{x}^2 - 105 = 0,$	A (16/1/22),	B (−4/−14/−23)

16. An einen Kreis, der die Achsen berührt und durch A (8/1) geht, sollen die beiden Tangenten gelegt werden, die zur Geraden $g: \begin{pmatrix} 3 \\ -4 \end{pmatrix} \mathfrak{x} - 2 = 0$ senkrecht verlaufen.

17. Prüfe, ob die Gerade g Tangente für den Kreis K ist.

a) $g: \begin{pmatrix} 2 \\ 1 \end{pmatrix} \mathfrak{x} - 10 = 0,$	$K: \mathfrak{x}^2 = 20$
b) $g: \begin{pmatrix} -2 \\ 3 \end{pmatrix} \mathfrak{x} - 20 = 0,$	$K: \mathfrak{x}^2 = 10$
c) $g: \begin{pmatrix} 4 \\ 1 \end{pmatrix} \mathfrak{x} + 17 = 0,$	$K: \mathfrak{x}^2 = 17$
d) $g: \begin{pmatrix} -1 \\ 1 \end{pmatrix} \mathfrak{x} - 12 = 0,$	$K: \mathfrak{x}^2 = 72$

18. Für welche Kugel um den Ursprung ist die Ebene E Tangentialebene?

a) E: $\begin{pmatrix} 2 \\ 3 \\ 6 \end{pmatrix} \mathfrak{x} - 10 = 0$ b) E: $\begin{pmatrix} 3 \\ 6 \\ 6 \end{pmatrix} \mathfrak{x} - 9 = 0$

c) E: $\begin{pmatrix} 5 \\ 14 \\ -2 \end{pmatrix} \mathfrak{x} + 50 = 0$ d) E: $\begin{pmatrix} -3 \\ 12 \\ 4 \end{pmatrix} \mathfrak{x} + 39 = 0.$

*9.4. Pol und Polare, Pol und Polarebene

Vorübung

Unter welchen Umständen liegt der Punkt $P[\mathfrak{p}]$ auf der Geraden $g: \mathfrak{p}\mathfrak{x} - r^2 = 0$?

Wir haben im letzten Abschnitt die Tangentengleichung (Tangentialebenengleichung) $\mathfrak{b}\,\mathfrak{x} = r^2$ hergeleitet, wobei $B[\mathfrak{b}]$ der Berührungspunkt war. Wir bilden jetzt eine entsprechende Gleichung $\mathfrak{p} \cdot \mathfrak{x} = r^2$ für einen Punkt $P[\mathfrak{p}]$, der nicht auf dem Kreis (Kugel) liegt. Diese Beziehung stellt der Form nach sicher eine Gerade (Ebene) dar. Hat auch diese Gerade (Ebene) in bezug auf den Kreis (die Kugel) $K: \mathfrak{x}^2 = r^2$ eine geometrische Bedeutung? Wir untersuchen diese Frage zunächst für den Kreis.
$P[\mathfrak{p}]$ sei also ein Punkt, der nicht auf dem Kreise $K: \mathfrak{x}^2 = r^2$ liegt (Bild 9.19.1).
Dann ist

$$\mathfrak{p}\,\mathfrak{x} - r^2 = 0$$

die Normalenform einer Geradengleichung. Der Ortsvektor $\mathfrak{p}$ ist zugleich der Normalenvektor dieser Geraden. Aus der Hesseschen Normalenform

$$\mathfrak{p}^0\,\mathfrak{x} - \frac{r^2}{p} = 0$$

ergibt sich der Abstand $d = \frac{r^2}{p}$ der Geraden vom Nullpunkt. Es gilt also

$$p\,d = r^2.$$

Daraus liest man ab: Ist $p > r$, so gilt $d < r$, d. h. liegt P außerhalb des Kreises, so schneidet die Gerade den Kreis in zwei Punkten $B_1[\mathfrak{b}_1]$ und $B_2[\mathfrak{b}_2]$
Da diese auf der Geraden $g: \mathfrak{p}\,\mathfrak{x} = r^2$ liegen, gilt:

(1) $$\mathfrak{p}\,\mathfrak{b}_1 = r^2 \text{ und } \mathfrak{p}\,\mathfrak{b}_2 = r^2.$$

Andererseits haben die Tangenten durch B_1 und B_2 an den Kreis die Gleichungen

(2) $$\mathfrak{b}_1\,\mathfrak{x} = r^2 \quad \text{und} \quad \mathfrak{b}_2\,\mathfrak{x} = r^2.$$

Wegen der Gültigkeit von (1) liegt aber P auf beiden Tangenten, P stellt also ihren Schnittpunkt dar. $\mathfrak{p}\,\mathfrak{x} - r^2 = 0$ ist also die Gleichung der Geraden, die durch die Berührungspunkte B_1 und B_2 der Tangenten geht, die von P aus an den Kreis $K: \mathfrak{x}^2 - r^2 = 0$ gelegt werden können.

Im Raum stellt die Gleichung $\mathfrak{p}\,\mathfrak{x} - r^2 = 0$ eine Ebene E mit dem Normalenvektor $\mathfrak{p}$ und dem Abstand $d = \frac{r^2}{p}$ vom Ursprung dar (Bild 9.19.2). Für $p > r$ schneidet E die Kugel. Ist B ein Punkt auf der Kugel $\mathfrak{x}^2 = r^2$, der zugleich in E liegt, so ist

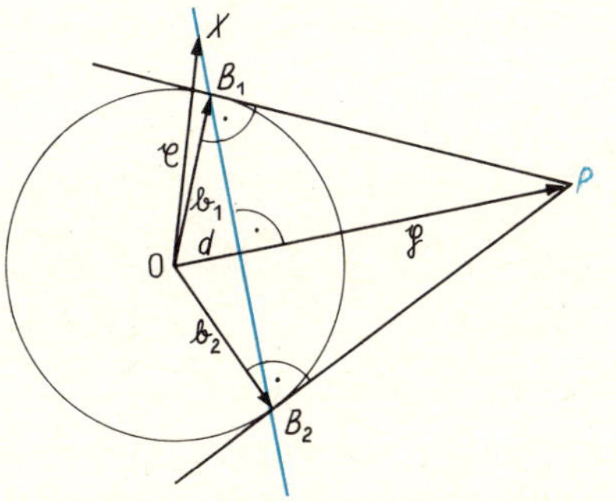

Bild 9.19.1

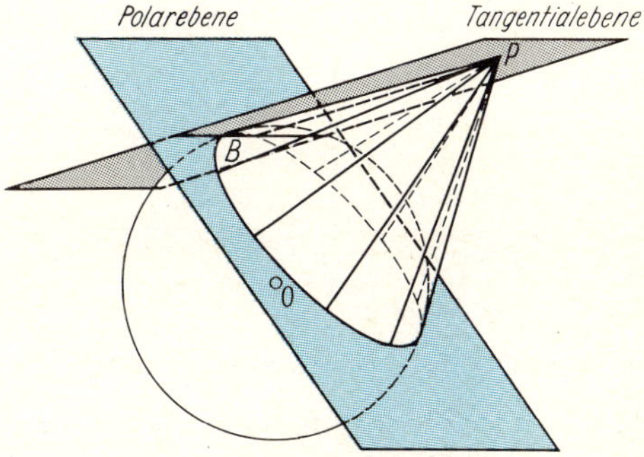

Bild 9.19.2

$\mathfrak{p}\,\mathfrak{b} = r^2$. Diese Beziehung läßt sich so deuten, daß P in der Tangentialebene $\mathfrak{x}\,\mathfrak{b} = r^2$ des Kugelpunktes B liegt. Da nun die Ebene E die Kugel in einem Kreise, dem Berührungskreise, schneidet, ist P gemeinsamer Punkt aller Tangentialebenen, die man in je einem Punkt des Berührungskreises an die Kugel legen kann.
Wir führen folgende Bezeichnungsweise ein:

Definition 9.1

Die Gerade (Ebene) mit der Gleichung

$$\mathfrak{p}\,\mathfrak{x} = r^2$$ *Mittelpunktsform der Gleichung der Polaren (Polarebene)*

heißt die Polare (Polarebene) des Poles P in bezug auf den Kreis (die Kugel) $K: \mathfrak{x}^2 = r^2$

Zusammenfassend erhalten wir

Satz 9.5

Falls der Pol P außerhalb des Kreises liegt, geht seine Polare durch die Berührungspunkte B_1 und B_2 der Tangenten, die man von P aus an den Kreis legen kann. Die Strecke B_1B_2 heißt auch Berührungssehne.

Satz 9.6

Liegt der Pol P außerhalb der Kugel, so enthält seine Polarebene die Berührungspunkte aller Tangentialebenen, die man von P aus an die Kugel legen kann. Die Tangenten von P aus an die Kugel sind die Mantellinien des „Berührungskegels".

Nähert sich der Pol P von außen dem Kreis, so entfernt sich nach der Gleichung $p\,d = r^2$ die Polare vom Mittelpunkt des Kreises und rückt auf den Pol zu, bis die Polare zur Tangente und der Pol zum Berührungspunkt wird. Wandert schließlich der Pol in das Innere des Kreises, so verläuft die Polare ganz außerhalb (Bild 9.20.1). Ihre Lage ist dann durch die Richtung des Normalenvektors $\mathfrak{p}$ und durch den Abstand d nach der Gleichung $p \cdot d = r^2$ bestimmt. Eine entsprechende Überlegung gilt für Pol und Polarebene einer Kugel.

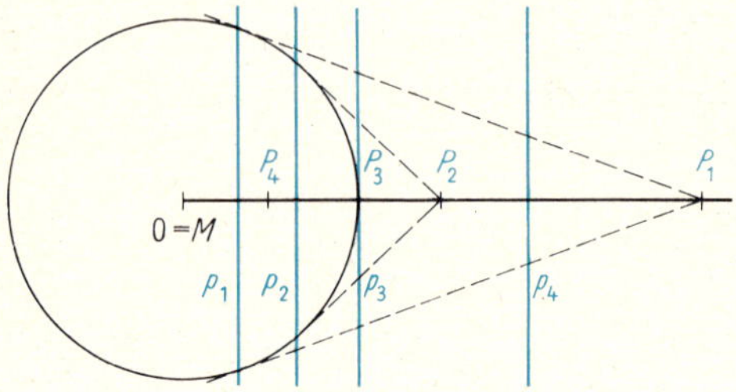

Bild 9.20.1

Hat ein Kreis (eine Kugel) den Mittelpunkt M $[\mathfrak{m}]$, so lautet die Gleichung der Polaren (Polarebene) p eines Punktes P in bezug auf den Kreis (die Kugel)

$$(\mathfrak{p} - \mathfrak{m})\,(\mathfrak{x} - \mathfrak{m}) = r^2.$$ *Gleichung der Polaren (Polarebene) in der Verschiebungsform*

Beispiele

1. Vom Punkte P (6/8) sollen an den Kreis K: $\mathfrak{x}^2 = 64$ die Tangenten gelegt werden.

   Lösung: Die Polare zu P (6/8) in bezug auf den Kreis ist p: $\begin{pmatrix}6\\8\end{pmatrix} \cdot \mathfrak{x} = 64$. Auf ihr liegt z. B. der Punkt A (0/8). Also lautet die Punkt-Richtungs-Form der Polarengleichung $\mathfrak{x} = \begin{pmatrix}0\\8\end{pmatrix} + \lambda \begin{pmatrix}-8\\6\end{pmatrix}$ oder $\mathfrak{x} = \begin{pmatrix}0\\8\end{pmatrix} + \lambda \begin{pmatrix}-4\\3\end{pmatrix}$.

   Die Ortsvektoren $\mathfrak{s}$ der Schnittpunkte genügen der Kreis- und der Polarengleichung:

   (1) $$\mathfrak{s}^2 = 64$$

   (2) $$\mathfrak{s} = \begin{pmatrix}0\\8\end{pmatrix} + \lambda_s \begin{pmatrix}-4\\3\end{pmatrix}$$

   Setzt man den Term für $\mathfrak{s}$ aus (2) in (1) ein, erhält man für λ_s die Gleichung

   $$25\,\lambda_s^2 + 48\,\lambda_s = 0$$

   und daraus $\lambda_{s_1} = 0$ und $\lambda_{s_2} = -\frac{48}{25}$. Diese Werte in (2) eingesetzt liefern die Ortsvektoren der Schnittpunkte $\mathfrak{s}_1 = \begin{pmatrix}0\\8\end{pmatrix}$ und $\mathfrak{s}_2 = \begin{pmatrix}7\frac{17}{25}\\[4pt] 2\frac{6}{25}\end{pmatrix}$.

   Die Tangentengleichungen heißen also

   $$\begin{pmatrix}0\\8\end{pmatrix} \cdot \mathfrak{x} = 64$$

   und

   $$\begin{pmatrix}7\frac{17}{25}\\[4pt] 2\frac{6}{25}\end{pmatrix} \mathfrak{x} = 64.$$

2. Welches ist der Pol der Ebene E: $\begin{pmatrix}1\\-1\\1\end{pmatrix}\mathfrak{x}\cdot = -72$ in bezug auf die Kugel K: $\mathfrak{x}^2 = 144$?

Welchen Abstand a hat der Pol von der Kugel?

Lösung: Wir bringen die Gleichung der Ebene in die Polarenform $\mathfrak{p}\,\mathfrak{x} = r^2$. Wir multiplizieren also mit (—2) und erhalten

$$\begin{pmatrix}-2\\2\\-2\end{pmatrix}\mathfrak{x} = 144\,.$$

Der Pol heißt P(—2/2/—2). Sein Abstand vom Ursprung beträgt $2\sqrt{3}$ LE. Da der Kugelradius $r = 12$ ist, liegt P im Innern der Kugel. Der Abstand von P zur Kugel beträgt

$$a = 12 - 2\sqrt{3} \approx 8{,}536\,.$$

3. Bestimme den Pol P der Geraden g: $\mathfrak{x} = \begin{pmatrix}0\\-7\end{pmatrix} + \lambda\begin{pmatrix}1\\2\end{pmatrix}$ in bezug auf den Kreis

$$K: \left[\mathfrak{x} + \begin{pmatrix}2\\2\end{pmatrix}\right]^2 = 36\,.$$

Lösung: Die Geradengleichung heißt in der Punkt-Normalenform

(1) $$\begin{pmatrix}2\\-1\end{pmatrix}\mathfrak{x} = 7\,.$$

Diese Gleichung muß identisch sein mit der Polarengleichung

$$\left[\mathfrak{p} + \begin{pmatrix}2\\2\end{pmatrix}\right]\left[\mathfrak{x} + \begin{pmatrix}2\\2\end{pmatrix}\right] = 36.$$

Wir formen (1) schrittweise um und addieren zunächst zu $\mathfrak{x}$ formal den Vektor $\begin{pmatrix}2\\2\end{pmatrix}$, d. h. auf beiden Seiten von (1) das Skalarprodukt $\begin{pmatrix}2\\-1\end{pmatrix}\begin{pmatrix}2\\2\end{pmatrix}$.

$$\begin{pmatrix}2\\-1\end{pmatrix}\left[\mathfrak{x} + \begin{pmatrix}2\\2\end{pmatrix}\right] = 9\,.$$

Wir multiplizieren mit 4 und erhalten:

$$\begin{pmatrix}8\\-4\end{pmatrix}\cdot\left[\mathfrak{x} + \begin{pmatrix}2\\2\end{pmatrix}\right] = 36$$

Dafür schreiben wir $\left[\begin{pmatrix}6\\-6\end{pmatrix} + \begin{pmatrix}2\\2\end{pmatrix}\right]\cdot\left[\mathfrak{x} + \begin{pmatrix}2\\2\end{pmatrix}\right] = 36\,.$

Der Pol P hat also den Ortsvektor $\mathfrak{p} = \begin{pmatrix}6\\-6\end{pmatrix}$.

Aufgaben

1. Bestimme den Pol folgender Geraden in bezug auf den Kreis K: $\mathfrak{x}^2 = 81$.

a) g: $\begin{pmatrix}3\\4\end{pmatrix}\cdot\mathfrak{x} = 27$ b) g: $-2x_1 + 7x_2 = 162$ c) g: $\mathfrak{x} = \begin{pmatrix}5\\4\end{pmatrix} + \lambda\begin{pmatrix}2\\1\end{pmatrix}$

2. Wie heißt der Pol folgender Ebenen in bezug auf die Kugel $K: \mathfrak{x}^2 = 144$?

a) $E: \begin{pmatrix} 2 \\ -3 \\ 1 \end{pmatrix} \cdot \mathfrak{x} = 144$ b) $E: \begin{pmatrix} 2 \\ 3 \\ -1 \end{pmatrix} \cdot \mathfrak{x} = 6$ c) $E: 4x_1 + 3x_2 - 2x_3 = -18$

3. Gegeben ist ein Kreis K und ein Punkt P. Konstruiere die Polare bezüglich K nach der Beziehung $p \cdot d = r^2$. Nimm dabei P einmal innerhalb, einmal außerhalb von K an.

4. Gegeben ist ein Kreis K und eine Gerade g. Konstruiere den Pol zu g bezüglich K nach der Gleichung $p \cdot d = r^2$. Nimm g a) als Sekante, b) als Passante an.

5. Bestimme die Tangenten vom Punkt P an den Kreis $K: \mathfrak{x}^2 = 5$.
a) P (−1/3), b) P (1/2)

6. Vom Punkt P aus werden die Tangenten an den Kreis K gezogen. Berechne die Berührungspunkte und stelle die Gleichungen der Tangenten auf.
a) P (4/8), $K: \mathfrak{x}^2 - 40 = 0$ b) P (12/−1), $K: \mathfrak{x}^2 - 29 = 0$
c) P (2/8), $K: \mathfrak{x}^2 - 34 = 0$

7. Unter welchem Winkel schneiden sich die beiden Tangenten, die vom Punkt P aus an den Kreis K gelegt werden?
a) P (4/0), $K: \mathfrak{x}^2 = 8$ b) P (18/1), $K: \mathfrak{x}^2 = 100$

8. Bestimme den Pol der Geraden $g: \mathfrak{x} = \begin{pmatrix} 2 \\ 1 \end{pmatrix} + \lambda \begin{pmatrix} -3 \\ 1 \end{pmatrix}$ in bezug auf den Kreis $K: \left[\mathfrak{x} + \begin{pmatrix} 3 \\ 1 \end{pmatrix}\right]^2 = 44$.

9. Zeige, daß im Dreieck ABC jede Ecke der Pol zur gegenüberliegenden Seitengeraden in bezug auf den Kreis K ist (ABC heißt dann Polardreieck).
a) A (2/4), B (10/4), C (0/9), $K: \mathfrak{x}^2 = 36$
b) A (2/3), B (3/−1), $C\left(1\frac{1}{11} \middle/ \frac{3}{11}\right)$, $K: \mathfrak{x}^2 = 3$

10. Gegeben ist das Vierflach ABCD und die Kugel K. Zeige, daß jede Ecke des Vierflachs der Pol zur gegenüberliegenden Seitenebene ist.
a) A (−1/1/1), B (2/−6/12), C (2/4/2), D (−1,6/1,2/1,2), $K: \mathfrak{x}^2 = 4$
b) A (26/0/−39), B (2/6/−3), C (26/26/13), D (−13/26/−13), $K: \mathfrak{x}^2 = 169$

11. Gegeben ist der Kreis $K: \mathfrak{x}^2 = 16$ und der Punkt A (3/4). Bestimme die Punkte B $(4/b_2)$ und C (c_1/c_2) so, daß ABC ein Polardreieck des Kreises ist (vgl. Aufgabe 9).

12. Wieviele Eckpunkte eines Polardreiecks bezüglich eines Kreises K können innerhalb von K liegen? Wie liegen die Verhältnisse bei einem Polarvierflach bezüglich einer Kugel K?

13. Gegeben ist der Kreis $K: \mathfrak{x}^2 = 25$ und die Punkte $P_1(5/10)$ und $P_2(20/0)$.
a) Bestimme den Schnittpunkt S der zugehörigen Polaren.
b) Beweise: Alle Polaren, die zu Punkten der Geraden durch P_1 und P_2 gehören, gehen durch S.

9.5. Zwei Kreise, zwei Kugeln

Vorübung

Gegeben sind zwei konzentrische Kreise $K: (\mathfrak{x} - \mathfrak{m})^2 = r^2$ und $K': (\mathfrak{x} - \mathfrak{m}')^2 = r'^2$ mit $r > r'$. Verschiebe den kleineren Kreis auf einem Strahl. Beschreibe die verschiedenen Lagen der Kreise zueinander und gib dazu die Beziehungen zwischen $\mathfrak{m}$, $\mathfrak{m}'$, r und r' an. Betrachte auch den Fall, daß sich beide Kreise rechtwinklig schneiden.
Gelten diese Bedingungen auch für zwei Kugeln?

Um die Schnittpunkte zweier Kreise zu bestimmen, nehmen wir an, daß sich die Kreise in A und B schneiden (Bild 9.23.1). Es gilt also

$$|\mathfrak{m} - \mathfrak{m}'| < r + r'.$$

Da A auf beiden Kreisen liegt, gilt

$$(\mathfrak{a} - \mathfrak{m})^2 = r^2 \quad \text{und} \quad (\mathfrak{a} - \mathfrak{m}')^2 = r'^2$$

oder

(1) $$\mathfrak{a}^2 - 2\mathfrak{a}\mathfrak{m} + \mathfrak{m}^2 - r^2 = 0$$

(2) $$\mathfrak{a}^2 - 2\mathfrak{a}\mathfrak{m}' + \mathfrak{m}'^2 - r'^2 = 0.$$

Subtrahiert man (1) von (2), so erhält man

(3) $$2(\mathfrak{m} - \mathfrak{m}')\mathfrak{a} + \mathfrak{m}'^2 - \mathfrak{m}^2 - r'^2 + r^2 = 0.$$

Entsprechend ergibt sich für B [$\mathfrak{b}$]

(4) $$2(\mathfrak{m} - \mathfrak{m}')\mathfrak{b} + \mathfrak{m}'^2 - \mathfrak{m}^2 - r'^2 + r^2 = 0.$$

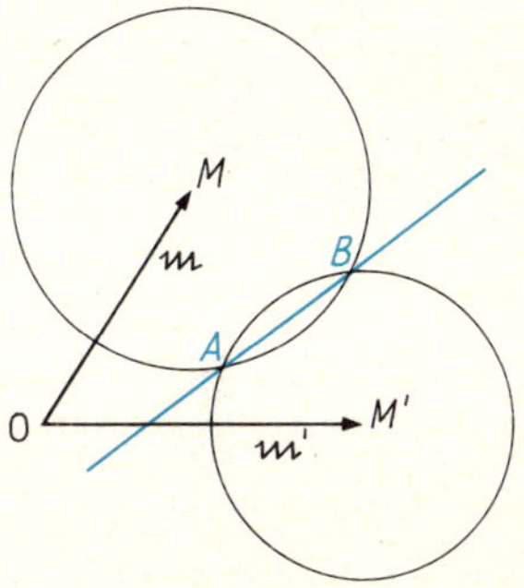

Bild 9.23.1

Ersetzt man formal in den letzten beiden Gleichungen $\mathfrak{a}$ bzw. $\mathfrak{b}$ durch $\mathfrak{x}$, so erhält man in beiden Fällen

(5) $$2(\mathfrak{m} - \mathfrak{m}')\mathfrak{x} + \mathfrak{m}'^2 - \mathfrak{m}^2 - r'^2 + r^2 = 0.$$

Das ist die Gleichung einer Geraden, auf der wegen (3) und (4) die Schnittpunkte beider Kreise liegen müssen, die also die gemeinsame Sehne der beiden Kreise enthält. Diese Gleichung ergibt sich durch formale Subtraktion der Kreisgleichungen $(\mathfrak{x} - \mathfrak{m}')^2 = r'^2$ und $(\mathfrak{x} - \mathfrak{m})^2 = r^2$. Da der Normalenvektor dieser Geraden $\mathfrak{m} - \mathfrak{m}'$ ist, verläuft sie senkrecht zur Verbindungslinie der beiden Mittelpunkte. Die gesuchten Schnittpunkte A und B erhält man, wenn man diese Gerade mit einem der beiden Kreise zum Schnitt bringt.
Eine entsprechende Überlegung für zwei Kugeln liefert wiederum Gleichung (5). Sie stellt die Gleichung der Ebene dar, in der der Schnittkreis der beiden Kugeln liegt. Die Gleichung für den Schnittkreis können wir an dieser Stelle nicht herleiten, da wir Kreise nur im R^2 betrachtet haben.

Beispiel

Prüfe, ob sich die Kreise $K: \mathfrak{x}^2 = 10$ und $K': \left[\mathfrak{x} - \begin{pmatrix}5\\5\end{pmatrix}\right]^2 = 20$ schneiden. Bestimme gegebenenfalls ihre Schnittpunkte.
Lösung: Es ist

$$|\mathfrak{m} - \mathfrak{m}'| = \sqrt{25 + 25} = 5\sqrt{2} \approx 7{,}07$$

und

$$r + r' = \sqrt{10} + 2\sqrt{5} \approx 3{,}16 + 4{,}47 = 7{,}63.$$

Wegen $|\mathfrak{m} - \mathfrak{m}'| < r + r'$ schneiden sich also die Kreise. Die Gleichung der Geraden, auf der die gemeinsame Sehne beider Kreise liegt, erhält man durch formales Subtrahieren der gegebenen Kreisgleichungen:

$$-2\begin{pmatrix}5\\5\end{pmatrix}\mathfrak{x} = -40 \qquad | : (-10)$$

$$\begin{pmatrix}1\\1\end{pmatrix}\mathfrak{x} = 4\,.$$

Für den Ortsvektor $\mathfrak{s}$ des Schnittpunktes machen wir den Ansatz (siehe S. 7.7)

$$\mathfrak{s} = \lambda_s\begin{pmatrix}1\\1\end{pmatrix} + \mu_s\begin{pmatrix}-1\\1\end{pmatrix}.$$

$\mathfrak{s}$ erfüllt die Gleichung der Geraden und des ersten Kreises.

(1) $$4 = 2\lambda_s \Rightarrow \lambda_s = 2$$

(2) $$10 = 2\lambda_s^2 + 2\mu_s^2 \Rightarrow \mu_{s_1/s_2} = \pm 1\,.$$

Damit ergibt sich:

$$\mathfrak{s} = 2\begin{pmatrix}1\\1\end{pmatrix} \pm \begin{pmatrix}-1\\1\end{pmatrix}$$

$$\mathfrak{s}_1 = \begin{pmatrix}1\\3\end{pmatrix},\ \mathfrak{s}_2 = \begin{pmatrix}3\\1\end{pmatrix}.$$

Die Kreise schneiden sich in S_1 (1/3) und S_2 (3/1).

Aufgaben

1. Wie liegen folgende Kreise (Kreisflächen) zueinander?

a) $K_1: \mathfrak{x}^2 = 4, \quad K_2: \left[\mathfrak{x} - \begin{pmatrix}-3\\4\end{pmatrix}\right]^2 = 1$

b) $K_1: \left[\mathfrak{x} - \begin{pmatrix}1\\2\end{pmatrix}\right]^2 \leqq 9, \quad K_2: \left[\mathfrak{x} - \begin{pmatrix}13\\11\end{pmatrix}\right]^2 \leqq 144$

c) $K_1: \left[\mathfrak{x} - \begin{pmatrix}-4\\8\end{pmatrix}\right]^2 = 25, \quad K_2: \left[\mathfrak{x} - \begin{pmatrix}8\\3\end{pmatrix}\right]^2 = 144$

d) $K_1: \left[\mathfrak{x} - \begin{pmatrix}-6\\-7\end{pmatrix}\right]^2 \leqq 49, \quad K_2: \left[\mathfrak{x} - \begin{pmatrix}9\\1\end{pmatrix}\right]^2 = 64$

2. Prüfe, ob sich folgende Kugeln (Kugelkörper) durchdringen.

a) $K_1: \mathfrak{x}^2 = 4, \quad K_2: \left[\mathfrak{x} - \begin{pmatrix}2\\1\\-2\end{pmatrix}\right]^2 = 1$

b) $K_1: \left[\mathfrak{x} - \begin{pmatrix}2\\-3\\4\end{pmatrix}\right]^2 \leqq 15, \quad K_2: \left[\mathfrak{x} - \begin{pmatrix}8\\-6\\6\end{pmatrix}\right]^2 = 15$

c) $K_1: \left[\mathfrak{x} - \begin{pmatrix} 9 \\ 1 \\ -10 \end{pmatrix}\right]^2 = 81, \quad K_2: \left[\mathfrak{x} - \begin{pmatrix} 7 \\ -4 \\ 4 \end{pmatrix}\right]^2 = 25$

d) $K_1: \left[\mathfrak{x} - \begin{pmatrix} 3 \\ 1 \\ -11 \end{pmatrix}\right]^2 \leqq 50, \quad K_2: \left[\mathfrak{x} - \begin{pmatrix} -1 \\ 0 \\ -3 \end{pmatrix}\right]^2 \leqq 5$

3. Bestimme den Kreis mit $r = 4$ LE, dessen Mittelpunkt auf der x_1-Achse liegt und der den Kreis $K: \left[\mathfrak{x} - \begin{pmatrix} 5 \\ 4 \end{pmatrix}\right]^2 = 1$ berührt.

4. Welche Kreise um M (10/9) berühren den Kreis $K: \left[\mathfrak{x} - \begin{pmatrix} 4 \\ 1 \end{pmatrix}\right]^2 = 16$?

5. Welche Kugeln um M (4/3/8) berühren die Kugel $K: \left[\mathfrak{x} - \begin{pmatrix} 2 \\ 0 \\ 2 \end{pmatrix}\right]^2 = 1$?

6. Gegeben sind die Kreise $K: \left[\mathfrak{x} - \begin{pmatrix} -10 \\ 12 \end{pmatrix}\right]^2 = 136$ und $K': \left[\mathfrak{x} - \begin{pmatrix} -5 \\ 15 \end{pmatrix}\right]^2 = 34$.
   a) Zeige, daß sich K und K′ berühren, und berechne den Berührungspunkt B.
   b) Bestimme den Kreis, der K und K′ ebenfalls in B berührt und außerdem durch den Ursprung geht.

7. Welcher Kreis berührt die Koordinatenachsen und wird vom Kreis $K: \left[\mathfrak{x} - \begin{pmatrix} 4 \\ 3 \end{pmatrix}\right]^2 = 4$ von innen berührt?

8. Berechne den Kreis K′, der den Mittelpunkt M′(12/5) hat und der den Kreis $K: \mathfrak{x}^2 = 144$ rechtwinklig schneidet.

9. Welche Kugel um M′(4/3/7) schneidet die Kugel $K: \left[\mathfrak{x} - \begin{pmatrix} 2 \\ -2 \\ -7 \end{pmatrix}\right]^2 = 144$ rechtwinklig?

10. Welcher Kreis K′ geht durch A (0/3) und B(0/−3) und berührt den Kreis $K: \left[\mathfrak{x} - \begin{pmatrix} 4 \\ -3 \end{pmatrix}\right]^2 = 4$?

11. Bestimme den Kreis K′ mit dem Radius $r' = 7{,}5$ LE, der den Kreis $K: 4x_1^2 + 4x_2^2 - 8x_1 - 28x_2 - 47 = 0$ in $A(-2/a_2)$ rechtwinklig schneidet $(a_2 > 0)$.

12. Bestimme den Kreis K′ mit dem Mittelpunkt M′(5/−4), der den Kreis $K: \left[\mathfrak{x} - \begin{pmatrix} -4 \\ 3 \end{pmatrix}\right]^2 = 40$ rechtwinklig schneidet.

13. Bestimme den Durchschnitt folgender Punktmengen.

a) $\left\{X \,\middle|\, \mathfrak{x}^2 = 25\right\}, \left\{X \,\middle|\, \left[\mathfrak{x} - \begin{pmatrix} 8 \\ 0 \end{pmatrix}\right]^2 = 25\right\}$

b) $\left\{X \,\middle|\, \left[\mathfrak{x} - \begin{pmatrix} 1 \\ 0 \end{pmatrix}\right]^2 = 169\right\}, \left\{X \,\middle|\, \left[\mathfrak{x} - \begin{pmatrix} 6 \\ 5 \end{pmatrix}\right]^2 = 49\right\}$

14. Unter welchem Winkel schneiden sich die Kreise

$K: \left[\mathfrak{x} - \begin{pmatrix} 2 \\ 0 \end{pmatrix}\right]^2 = 100$ und $K': \left[\mathfrak{x} - \begin{pmatrix} 2 \\ 16 \end{pmatrix}\right]^2 = 100$?

15. Bestimme die Gleichung des Kreises K″, der durch die Schnittpunkte der Kreise $K: \mathfrak{x}^2 - \begin{pmatrix} 8 \\ 10 \end{pmatrix} \mathfrak{x} = 8$ und $K': \mathfrak{x}^2 - \begin{pmatrix} 2 \\ 4 \end{pmatrix} \mathfrak{x} = 20$ geht und dessen Mittelpunkt M″ auf der Geraden $g: \begin{pmatrix} 5 \\ -3 \end{pmatrix} \mathfrak{x} - 7 = 0$ liegt.

16. Berechne die gemeinsamen Tangenten an folgende Kreise:

a) $\left[\mathfrak{x} - \begin{pmatrix} 5 \\ 3 \end{pmatrix}\right]^2 = 16, \quad \left[\mathfrak{x} - \begin{pmatrix} 4 \\ 0 \end{pmatrix}\right]^2 = 9$ b) $\left[\mathfrak{x} - \begin{pmatrix} 2 \\ 1 \end{pmatrix}\right]^2 = 1, \quad \left[\mathfrak{x} - \begin{pmatrix} -2 \\ -1 \end{pmatrix}\right]^2 = 9$

c) $\mathfrak{x}^2 - \begin{pmatrix} 6 \\ 8 \end{pmatrix} \mathfrak{x} = 0, \quad \mathfrak{x}^2 - \begin{pmatrix} 4 \\ 6 \end{pmatrix} \mathfrak{x} = 3$

Anleitung: Setze die Tangentengleichung allgemein in der Hesseschen Normalenform an.

17. Zeige, daß sich die Kugeln $K: \mathfrak{x}^2 = 81$ und $K': \left[\mathfrak{x} - \begin{pmatrix} 2 \\ 6 \\ -3 \end{pmatrix}\right]^2 = 4$ berühren. Wo schneidet die Tangentialebene durch den gemeinsamen Berührungspunkt die Koordinatenachsen?

18. Gegeben sind die beiden Kugeln $K: \mathfrak{x}^2 = 25$ und $K': \left[\mathfrak{x} - \begin{pmatrix} 4 \\ 2 \\ 4 \end{pmatrix}\right]^2 = 25$.

Bestimme Mittelpunkt und Radius des Schnittkreises.

*9.6. Vermischte Aufgaben

1. Zwei Kugeln berühren sich in B (2/−2/3). Ihre Radien sind r = 3 LE und r′ = 6 LE. Die Verbindungsgerade ihrer Mittelpunkte hat den Richtungsvektor $\mathfrak{u} = \begin{pmatrix} 1 \\ -2 \\ 2 \end{pmatrix}$. Bestimme die Kugelgleichungen.

2. Welcher Kreis mit dem Radius 6 LE geht durch die Schnittpunkte der beiden Kreise $K: \mathfrak{x}^2 = 100$ und $K': \left[\mathfrak{x} + \begin{pmatrix} 0 \\ 12 \end{pmatrix}\right]^2 = 52$?

3. Welcher Kreis mit dem Mittelpunkt $M'(3/9)$ schneidet den Kreis $K: \left[\mathfrak{x} - \begin{pmatrix} 5 \\ 0 \end{pmatrix}\right]^2 = 36$ rechtwinklig?

4. Unter welchem Winkel schneiden sich die Kreise $K: \left[\mathfrak{x} - \begin{pmatrix} 1 \\ 1 \end{pmatrix}\right]^2 = 17$ und $K': \left[\mathfrak{x} - \begin{pmatrix} 4 \\ -2 \end{pmatrix}\right]^2 = 17$?

5. Gegeben ist eine Kugel mit dem Mittelpunkt M und ein Pol P. Der Schnittpunkt der zugehörigen Polarebene mit der Geraden MP sei S. Zeige, daß der Kugelradius das geometrische Mittel der Streckenlängen $\overline{MS}$ und $\overline{MP}$ ist.

6. Wie lautet die Gleichung des Kreises mit dem Radius $r = 2{,}5$ LE, der die Gerade $g: \begin{pmatrix} 3 \\ -4 \end{pmatrix} \mathfrak{x} + 36 = 0$ in $B(-4/b_2)$ berührt?

7. Bestimme die Gleichung des Kreises, der durch die Punkte A (8/9) und B (14/7) geht und dessen Mittelpunkt auf der Geraden $g: \begin{pmatrix} -1 \\ 1 \end{pmatrix} \mathfrak{x} + 9 = 0$ liegt.

8. Gegeben ist die Ebene $E: \begin{pmatrix} 1 \\ 2 \\ -2 \end{pmatrix} \cdot \mathfrak{x} = 18$.

   a) Bestimme ihren Abstand vom Ursprung.

   b) Bestimme den Fußpunkt des Lotes vom Ursprung auf E.

   c) Welche Abschnitte schneidet E auf den Koordinatenachsen ab?

   d) Für welche Kugel um den Ursprung ist E Tangentialebene? Wie heißt der Berührungspunkt?

   e) Welches ist der Pol von E in bezug auf die Kugel $K: \mathfrak{x}^2 = 1$? Welches sind die Pole in bezug auf die Kugeln $K': \mathfrak{x}^2 = 9$ und $K'': \mathfrak{x}^2 = 54$?

   f) Welchen Abstand haben diese Pole jeweils von E?

   g) Welche Ebenen sind parallel zu E und haben von E den Abstand $|e| = 6$ LE?

9. Bestimme für die Ebene $E: \mathfrak{n} \cdot \mathfrak{x} - c = 0$ die Zahl c so, daß E Tangentialebene der Kugel $K: (\mathfrak{x} - \mathfrak{m})^2 = r^2$ wird.

   a) $\mathfrak{m} = \begin{pmatrix} 3 \\ 3 \\ 9 \end{pmatrix}$, $r = 5$ LE, $\mathfrak{n} = \begin{pmatrix} 1 \\ 2 \\ -2 \end{pmatrix}$.

   b) allgemeine Lösung.

10. Bestimme für die Kugel $K: \mathfrak{x}^2 = r^2$ den Radius r so, daß sie die Kugel $K': \left[\mathfrak{x} - \begin{pmatrix} 3 \\ -2 \\ 6 \end{pmatrix}\right]^2 = 196$ berührt. Wie heißt die Gleichung der gemeinsamen Tangentialebene?

11. Gegeben sind die Punkte A $(9/-15/18)$ und B$(-3/15/-6)$ und die Kugel K : $\mathfrak{x}^2 = 45$.
   a) Wo schneidet die Gerade durch A und B die Kugel?
   b) Welches ist die Schnittgerade der beiden Tangentialebenen, die in den Schnittpunkten an die Kugel gelegt werden?
   c) Welchen Winkel bilden die Tangentialebenen miteinander?

9.7. Die Bestimmung von Punktmengen (Ortsaufgaben)

Beispiele

1. Gegeben ist eine Kugel mit dem Radius r. Bestimme die Menge der Mittelpunkte aller Sehnen, die von ein und demselben Punkt P der Kugeloberfläche ausgehen.

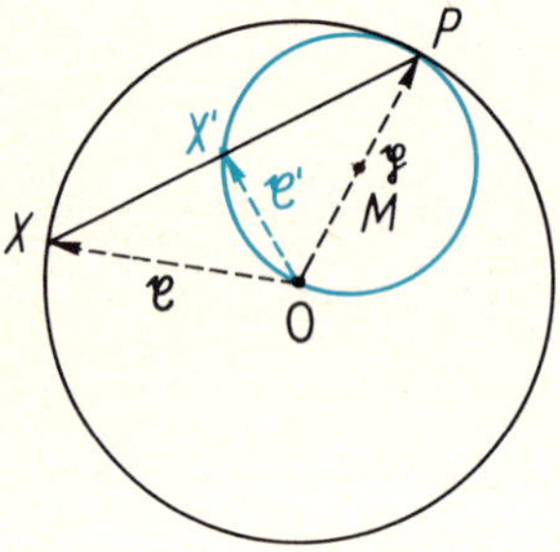

Bild 9.28.1

Lösung: Wir legen den Ursprung O des Koordinatensystems in den Mittelpunkt der Kugel (Bild 9.28.1). Der veränderliche Endpunkt X der Sehne bewegt sich auf der Kugelfläche als Leitfläche. Für seinen Ortsvektor $\mathfrak{x}$ gilt also:

(1) $$\mathfrak{x}^2 = r^2 .$$

Der Ortsvektor $\mathfrak{x}'$ vom Mittelpunkt X' der Sehne PX erfüllt die Beziehung

(2) $$\mathfrak{x}' = \frac{\mathfrak{p} + \mathfrak{x}}{2} .$$

Diese Abbildungsgleichung wird nach $\mathfrak{x}$ aufgelöst,

(3) $$\mathfrak{x} = 2\mathfrak{x}' - \mathfrak{p} ,$$

und der gefundene Ausdruck für $\mathfrak{x}$ in die Gleichung (1) eingesetzt

$$(2\mathfrak{x}' - \mathfrak{p})^2 = r^2 .$$

Nach Division durch 4 folgt

(4) $$\left(\mathfrak{x}' - \frac{\mathfrak{p}}{2}\right)^2 = \frac{r^2}{4} .$$

Alle Punkte X' liegen also auf einer Kugel mit dem Mittelpunkt M $\left[\frac{\mathfrak{p}}{2}\right]$ und dem Radius $\frac{r}{2}$.

Umgekehrt läßt sich jeder Punkt der Kugel (4) als Mittelpunkt einer Sehne mit dem Endpunkt P auf der Kugel (1) auffassen, da sich aus (4) durch Einsetzen von (2) wieder (1) ergibt. (P selbst wird dabei als Mittelpunkt der „Sehne" PP betrachtet.)

Die gesuchte Punktmenge ist also

$$\left\{X' \,\middle|\, \left(\mathfrak{x}' - \frac{\mathfrak{p}}{2}\right)^2 = \frac{r^2}{4}\right\} .$$

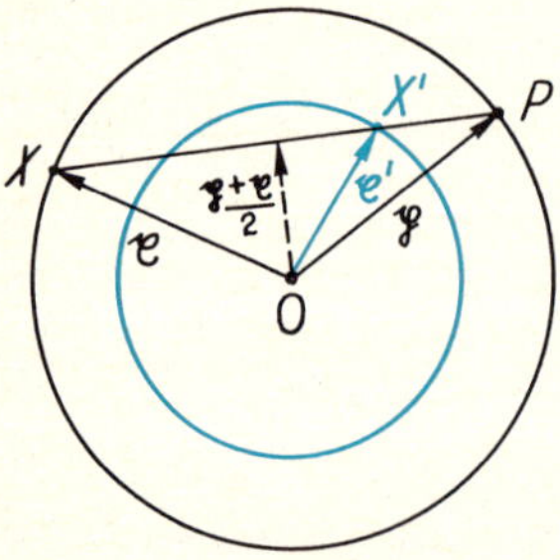

Bild 9.28.2

2. In einem Kreis dreht sich eine Sehne um einen ihrer Endpunkte P. Ein Punkt X' teilt die Sehne stets so, daß das Produkt aus den Sehnenabschnitten konstant bleibt. Wo bewegt sich X'?

Lösung: Wir legen den Ursprung in den Mittelpunkt des gegebenen Kreises (Bild 9.28.2). Die Sehne habe die Endpunkte P und X. X' sei der Teilpunkt. Da das Produkt der Sehnenabschnitte konstant ist, gilt

$$|\mathfrak{x}' - \mathfrak{x}| \cdot |\mathfrak{p} - \mathfrak{x}'| = c .$$

Wegen der gleichen Richtung von $\mathfrak{x}' - \mathfrak{x}$ und $\mathfrak{p} - \mathfrak{x}'$ ergibt sich daraus

(1) $$(\mathfrak{x}' - \mathfrak{x})(\mathfrak{p} - \mathfrak{x}') = c\,.$$

Wir entwickeln, ordnen und fassen die Glieder mit $\mathfrak{x}$ zusammen

(2) $$\mathfrak{x}(\mathfrak{x}' - \mathfrak{p}) = c - \mathfrak{x}'\mathfrak{p} + \mathfrak{x}'^2\,.$$

Um $\mathfrak{x}$ zu eliminieren, beachten wir, daß $\frac{\mathfrak{p} + \mathfrak{x}}{2}$ auf $\mathfrak{x}' - \mathfrak{p}$ senkrecht steht, d. h. es gilt

(3) $$\frac{\mathfrak{p} + \mathfrak{x}}{2} \cdot (\mathfrak{x}' - \mathfrak{p}) = 0$$

oder

(4) $$\mathfrak{x}(\mathfrak{x}' - \mathfrak{p}) = -\mathfrak{x}'\mathfrak{p} + \mathfrak{p}^2\,.$$

Wir subtrahieren (4) von (2) und erhalten nach Umformung

$$\mathfrak{x}'^2 = \mathfrak{p}^2 - c\,.$$

Wegen $\mathfrak{p}^2 = r^2$ folgt

(5) $$\mathfrak{x}'^2 = r^2 - c\,.$$

X′ bewegt sich auf einem Kreis um O mit dem Radius $\sqrt{r^2 - c}$.
Umgekehrt kann man aus (5) unter Berücksichtigung von (3) und damit von (4) auf die Gültigkeit der Gleichung (1) schließen. Jeder Punkt des Kreises wird also auch von X′ durchlaufen.

3. Gegeben sind zwei Kreise mit den Radien r_1, r_2 und dem Mittelpunktsabstand m. Ein dritter Kreis schneidet die gegebenen Kreise zugleich in den Endpunkten je eines Durchmessers. Auf welcher Ortslinie liegt der Mittelpunkt X′ des dritten Kreises?

Lösung: Wir legen den Ursprung in den Mittelpunkt des ersten Kreises. A, A′ sowie B, B′ sind die Endpunkte je eines Durchmessers der gegebenen Kreise (Bild 9.29.1). Da A und B auf dem dritten Kreis um X′ liegen, gilt

$$(\mathfrak{a} - \mathfrak{x}')^2 = (\mathfrak{b} - \mathfrak{x}')^2\,.$$

Daraus ergibt sich:

$$\mathfrak{a}^2 - 2\mathfrak{a}\mathfrak{x}' + \mathfrak{x}'^2 = \mathfrak{b}^2 - 2\mathfrak{b}\mathfrak{x}' + \mathfrak{x}'^2$$

(1) $$\mathfrak{a}^2 - 2\mathfrak{a}\mathfrak{x}' = \mathfrak{b}^2 - 2\mathfrak{b}\mathfrak{x}'\,.$$

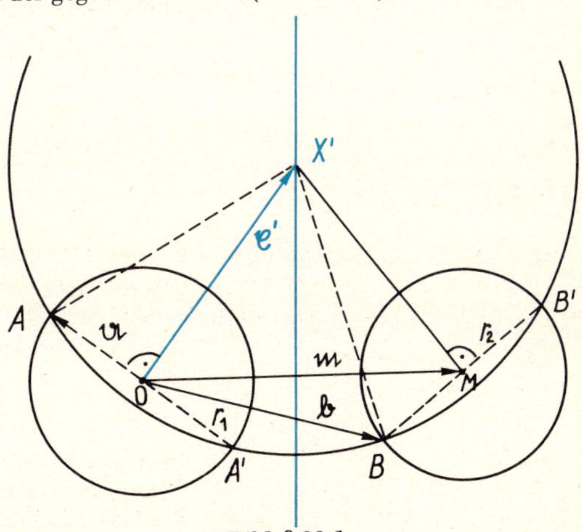

Bild 9.29.1

Die veränderlichen Vektoren $\mathfrak{a}$ und $\mathfrak{b}$ müssen eliminiert werden. Da AA′ als Sehne des dritten Kreises auf der Strecke OX′ senkrecht steht, gilt:

(2) $$\mathfrak{a}\mathfrak{x}' = 0\,.$$

Ferner ist

(2′) $$\mathfrak{a}^2 = r_1^2\,.$$

Berücksichtigt man diese Beziehungen in (1), so folgt:

(3) $$r_1^2 = -2\mathfrak{b}\mathfrak{x}' + \mathfrak{b}^2\,.$$

Entsprechend zu (2) ergibt sich, wenn M[$\mathfrak{m}$] Mittelpunkt des zweiten Kreises ist

(4) $$(\mathfrak{x}' - \mathfrak{m})(\mathfrak{b} - \mathfrak{m}) = 0\,,$$

da die Strecke X′M senkrecht auf BM steht. Schließlich gilt, da BM Radius des zweiten Kreises ist

(4′) $$(\mathfrak{b} - \mathfrak{m})^2 = r_2^2\,.$$

Wir lösen (4) nach $\mathfrak{b}\,\mathfrak{x}'$ und (4′) nach $\mathfrak{b}^2$ auf, setzen in (3) ein, fassen zusammen und erhalten

$$2\mathfrak{m}\,\mathfrak{x}' = \mathfrak{m}^2 - r_1^2 + r_2^2 .$$

Das ist die Gleichung einer Geraden, die wir in die Hessesche Normalenform überführen:

$$(5) \qquad \mathfrak{m}^0\,\mathfrak{x}' - \frac{\mathfrak{m}^2 - r_1^2 + r_2^2}{2m} = 0 .$$

X′ bewegt sich also auf einer Geraden, die senkrecht zu OM verläuft und den Abstand $\frac{\mathfrak{m}^2 - r_1^2 + r_2^2}{2m}$ vom Ursprung hat.

Um den Vektor $\mathfrak{a}$ zu eliminieren, benötigt man hier im Gegensatz zu früheren Aufgaben zwei weitere Gleichungen (2) und (2′). Das liegt daran, daß sich $\mathfrak{a}$ nicht explizit darstellen läßt. (Entsprechendes gilt für den Vektor $\mathfrak{b}$.) Grundsätzlich benötigt man zur Elimination eines Vektors immer so viele skalare Gleichungen wie der Vektor Koordinaten hat.
Da man umgekehrt aus (5) unter Berücksichtigung der Nebenbedingungen (2), (2′), (4), (4′), auf die Gültigkeit der Ausgangsgleichung $(\mathfrak{a} - \mathfrak{x}')^2 = (\mathfrak{b} - \mathfrak{x}')^2$ schließen kann, gehört jeder Punkt der Geraden (5) auch zur gesuchten Punktmenge.

Es gibt nun gelegentlich Probleme in der Analytischen Geometrie, bei denen die Rechnung in Koordinatenschreibweise schneller zum Ziele führt als in Vektorschreibweise (vgl. etwa 6.4 I, 3. Verfahren). So lassen sich auch manche Ortsaufgaben am einfachsten mit Hilfe von Koordinatengleichungen lösen. Die Rechnung wird dabei weitgehend vereinfacht, wenn man zu Beginn der Lösung nicht nur die Lage des Ursprungs, sondern auch die Richtung der Koordinatenachsen zweckmäßig wählt. Natürlich müssen auch bei Anwendung der Koordinatenmethode alle veränderlichen Größen eliminiert werden, die neben den Koordinaten des Laufpunktes vorkommen. Dazu benötigt man bei n veränderlichen Hilfsgrößen insgesamt n + 1 voneinander unabhängige Gleichungen.

4. Über der festen Grundseite AB = 2c sind Dreiecke ABX′ mit positivem Umlaufsinn gezeichnet, so daß die Summe der Winkel an der Grundseite konstant ist. Bestimme die Menge aller Punkte X′.

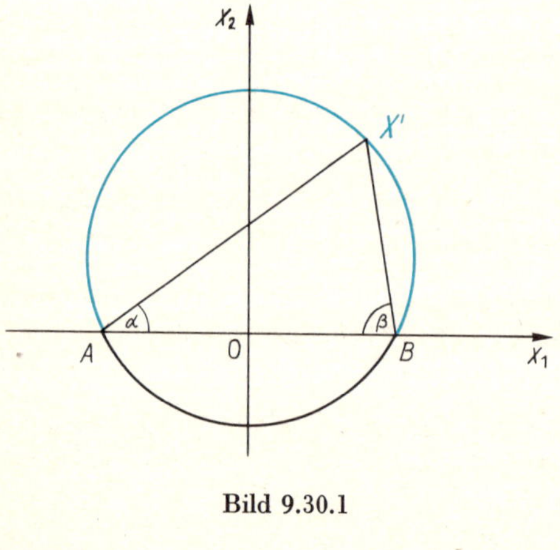

Bild 9.30.1

Lösung: Wir legen den Ursprung in den Mittelpunkt der Strecke AB und wählen die Gerade durch A und B als x_1-Achse (Bild 9.30.1). Dann haben die Punkte A und B die Koordinaten A(− c/0) und B(c/0). Die fest vorgegebene Winkelsumme nennen wir δ. Dann gilt

$$\alpha + \beta = \delta .$$

Um in diese Gleichung am einfachsten die Koordinaten der gegebenen Punkte A und B sowie des Punktes X′ einzuführen, benutzt man die Tangensfunktion und wendet das Additionstheorem für den Tangens (5.5. Beispiel 1) an

$$\tan(\alpha + \beta) = \tan\delta$$

$$(1) \qquad \frac{\tan\alpha + \tan\beta}{1 - \tan\alpha \cdot \tan\beta} = \tan\delta .$$

Nun gilt

(2) $$\tan\alpha = \frac{x_2'}{c + x_1'} \quad \text{und} \quad \tan\beta = \frac{x_2'}{c - x_1'}\,.$$

Wir setzen in (1) ein, multiplizieren mit dem Nenner $1 - \tan\alpha\tan\beta$ und erhalten

$$\frac{x_2'}{c + x_1'} + \frac{x_2'}{c - x_1'} = \tan\delta\cdot\left(1 - \frac{x_2'}{c + x_1'}\cdot\frac{x_2'}{c - x_1'}\right).$$

Multipliziert man mit dem Hauptnenner, so folgt

$$x_2' c - x_1' x_2' + x_2' c + x_1' x_2' = \tan\delta\cdot(c^2 - x_1'^2 - x_2'^2)\,.$$

Wir dividieren durch $\tan\delta$, ordnen

$$x_1'^2 + x_2'^2 + \frac{2c}{\tan\delta}\,x_2' = c^2$$

und addieren die quadratische Ergänzung

$$x_1'^2 + \left(x_2' + \frac{c}{\tan\delta}\right)^2 = c^2 + \frac{c^2}{\tan^2\delta}\,.$$

Wegen $\tan\delta = \dfrac{\sin\delta}{\cos\delta}$ und $\sin^2\delta + \cos^2\delta = 1$ folgt

(3) $$x_1'^2 + \left(x_2' + \frac{c}{\tan\delta}\right)^2 = \frac{c^2}{\sin^2\delta}\,.$$

Wir erhalten einen Kreis mit dem Mittelpunkt $M\left(0\Big/\dfrac{-c}{\tan\delta}\right)$ und dem Radius $\dfrac{c}{\sin\delta}$.
Eine genauere Untersuchung zeigt jedoch, daß nur die Punkte des Kreises zur gesuchten Punktmenge gehören, die bei der Wahl unseres Koordinatensystems im ersten und zweiten Quadranten liegen (Satz vom Umfangswinkel). Außerdem ist nur in diesem Fall der Umlaufsinn des betrachteten Dreiecks ABX′ positiv.

Aufgaben

1. Wo liegen die Mittelpunkte aller Kugeln mit dem Radius 9 LE, die durch den Punkt P(4/− 1/2) gehen?
2. In dem Kreis $K: \mathfrak{x}^2 - 2\mathfrak{m}\,\mathfrak{x} = 0$ seien vom Ursprung Sehnen gezogen und jede werde um sich selbst verlängert. Wo liegen die Endpunkte dieser Strecken?
3. In einem Dreieck ABC liegen A und B fest. C bewege sich auf einem Kreis um B mit dem Radius a. Bestimme die Ortslinie für die Mittelpunkte der Strecken AC.
4. Bestimme die Menge aller Punkte X′ im R^3, für die die Entfernungen von zwei festen Punkten A und B im Verhältnis a) 1:2, b) m:n stehen?
5. Ein Stab der festen Länge s gleitet mit seinen Enden auf zwei zueinander senkrechten Führungsschienen. Welche Kurve durchläuft der Mittelpunkt des Stabes?
6. Zwei von den festen Punkten A und B ausgehende Vektoren mit gleichem Zielpunkt stehen stets senkrecht aufeinander. Bestimme die Menge der gemeinsamen Zielpunkte im R^3.
7. Im gleichschenkligen Dreieck ABC liegt der Schenkel AC fest. Welche Punktmenge erzeugt der Schwerpunkt des Dreiecks, wenn B sich im R^3 so bewegt, daß das Dreieck gleichschenklig bleibt?

8. Gegeben sind drei Punkte A, B, C. Wie kann sich ein vierter Punkt X′ bewegen, wenn die Summe der Quadrate der Entfernungen von den drei gegebenen Punkten konstant bleiben soll?

9. Die Spitze S einer dreiseitigen Pyramide ABCS bewege sich auf einer Kugel um den Eckpunkt A der Grundfläche. X′ sei der Schwerpunkt des Dreiecks SBC. Wie bewegt sich

   a) der Schwerpunkt X′ des Dreiecks SBC,

   b) der Punkt Y′, der die Strecke BX′ im Verhältnis $\tau = \frac{1}{5}$ teilt?

10. Eine Sekante drehe sich um den festen Kreispunkt A eines vorgegebenen Kreises. Der Punkt C teilt jeweils die herausgeschnittene Sehne AB im Verhältnis $\tau = 1:2$ und ist mit einem anderen festen Punkt D des R^2 verbunden. Welche Bahn beschreibt

    a) der Mittelpunkt der Strecke CD,

    b) der Schwerpunkt des Dreiecks BCD?

11. Von einem Punkt X′ werden an eine gegebene Kugel die Tangenten gezogen. Ferner wird X′ mit dem festen Punkt P außerhalb der Kugel verbunden. Wie kann sich X′ bewegen, wenn $\overline{X'P}$ a) gleich der Länge des Tangentenabschnitts, b) stets doppelt so groß wie dieser sein soll?

12. Gegeben seien im R^2 zwei Kreise mit den Radien r_1 und r_2, deren Mittelpunkte die Entfernung c haben. Bestimme die Menge aller Punkte, von denen aus die an die Kreise gezogenen Tangentenlängen sich wie 2:1 verhalten.

13. Die Strecke AB mit $\overline{AB} = 5\text{LE}$ werde durch den Punkt C im Verhältnis $\tau = 3:2$ geteilt. Bestimme im R^2 die Menge aller Punkte X′ so, daß die Strecke CX′ stets die Winkelhalbierende des Winkels AX′B ist (Koordinatenmethode).

14. Im R^2 erscheint die Strecke AB mit $\overline{AB} = 2c$ von einem beweglichen Punkte X′ aus stets unter dem Winkel $\gamma = 60°$. Bestimme die Menge aller Punkte X′.

15. In einem veränderlichen Dreieck ABC liegt die Seite AB mit $\overline{AB} = 2c$ fest. Ferner sei die Summe der Winkel α und β konstant. Bestimme die Menge der Inkreismittelpunkte aller dieser Dreiecke.

10. Kegelschnitte

10.1. Anschauliche Einführung der Kegelschnitte

Immer wieder haben wir gesehen, daß in der Analytischen Geometrie Schnittprobleme eine wichtige Rolle spielen. Ja, man kann sich sogar die uns bekannten ebenen Kurven als Schnittfiguren erzeugt denken: die Gerade als Schnittlinie zweier Ebenen, den Kreis als Schnittkurve einer Ebene mit einer Kugel. Nun ergeben sich aber beim Schnitt von Ebenen und Kugeln untereinander stets wieder Geraden und Kreise. Wenn wir also neue ebene Kurven durch Schnitte gewinnen wollen, müssen wir eine andere Fläche im Raum in den Kreis unserer Betrachtungen hineinnehmen. Wir wollen deshalb eine Kegelfläche mit einer Ebene zum Schnitt bringen. Die sich dabei ergebenden „Kegelschnitte" sind seit dem Altertum von besonderer Bedeutung.

Wir denken uns zwei Strahlen mit dem Scheitelpunkt S, die den Winkel ω einschließen. Rotiert der eine um den anderen, so entsteht eine Kegelfläche.

Denken wir uns die den Kegel erzeugenden Strahlen zu Geraden verlängert, so entsteht bei der Rotation ein Doppelkegel (Bild 10.3.2). Den so entstandenen Kegel bringen wir zum Schnitt mit einer Ebene E.

Ehe wir nun rechnerisch die Kegelschnittgleichung herleiten, wollen wir uns zunächst anschaulich überlegen, wie diese Schnittlinien von Doppelkegel und Ebene aussehen. Im einfachsten Fall entsteht als Schnittkurve ein *Kreis*, dann nämlich, wenn der Winkel α zwischen Kegelachse und Ebene 90° beträgt (Bild 10.1.1). Drehen wir nun diese Ebene um eine der Kreistangenten, so entsteht als Schnittkurve eine *Ellipse*, solange $\alpha > \omega$ ist (Bild 10.1.2). Mit kleiner werdendem α wird die Ellipse immer

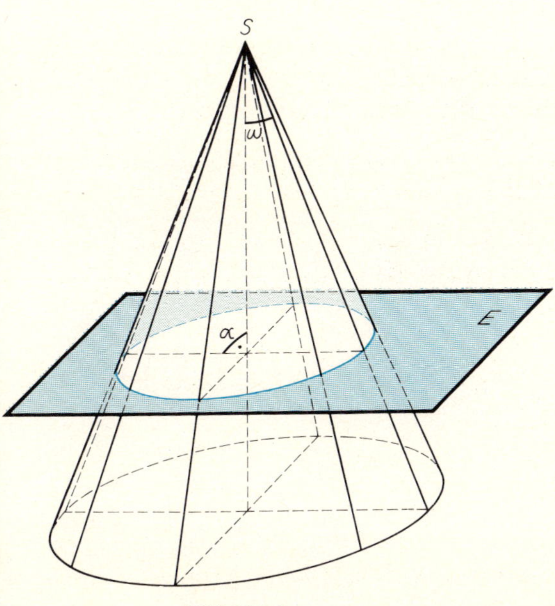

Bild 10.1.1

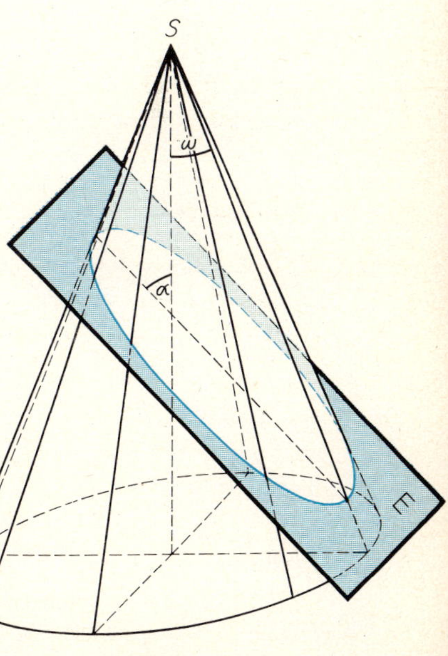

Bild 10.1.2

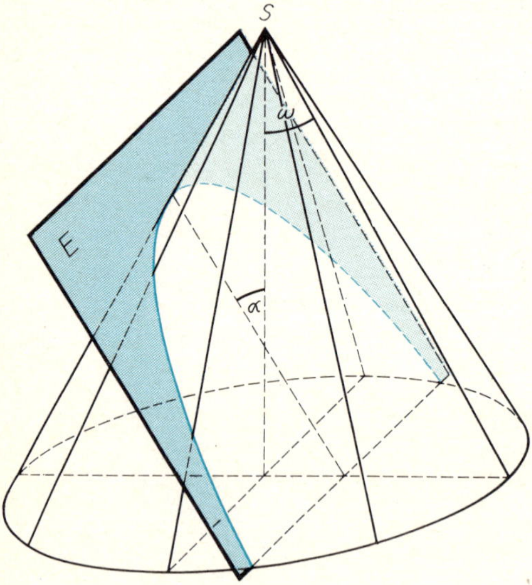

Bild 10.2.1

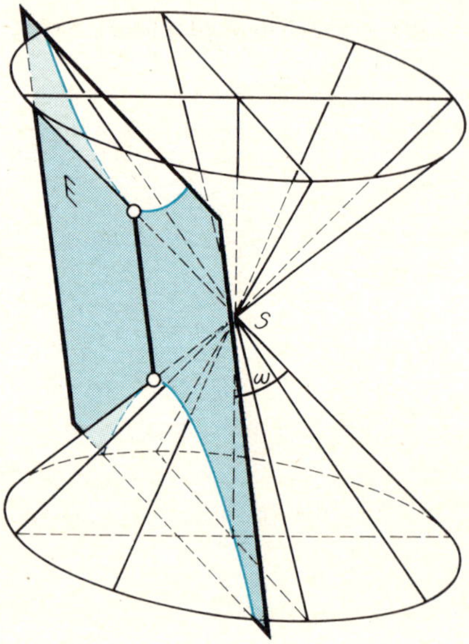

Bild 10.2.2

länger. Schließlich schneidet eine Mantellinie die Ebene nicht mehr, diese Mantellinie verläuft zur Ebene parallel ($\alpha = \omega$), die Ellipse öffnet sich zur ***Parabel*** (Bild 10.2.1). Wir drehen die Ebene weiter, damit wird $\alpha < \omega$, und die Ebene schneidet auch die

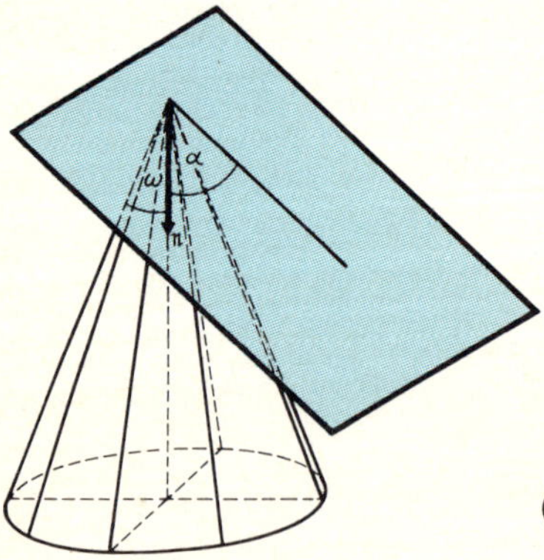

$\alpha > \omega$

Bild 10.2.3

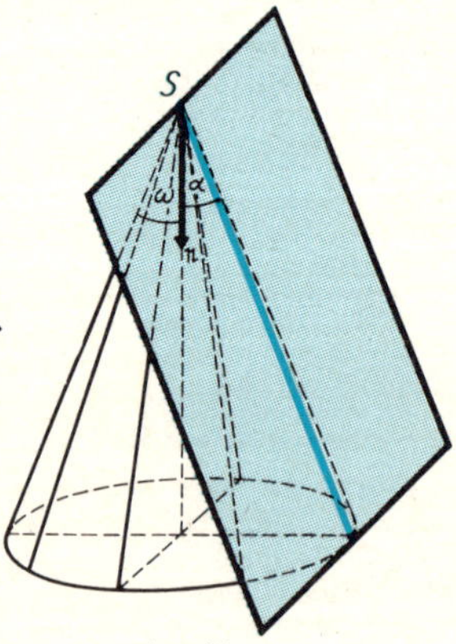

$\alpha = \omega$

Bild 10.2.4

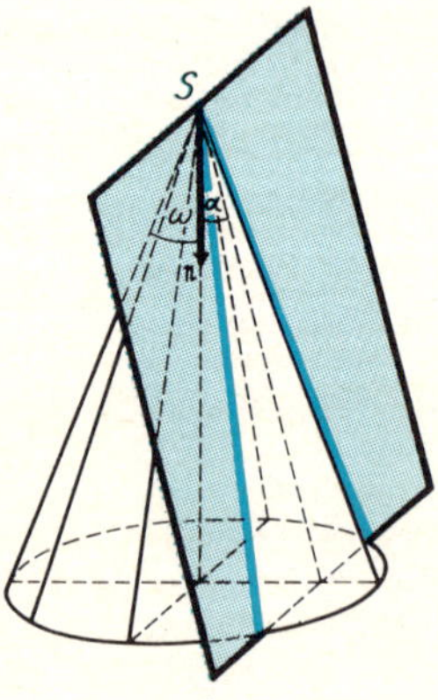

$\alpha < \omega$

Bild 10.2.5

obere Hälfte des Doppelkegels. Die Schnittkurve ist eine ***Hyperbel***. Sie hat zwei „Äste" (Bild 10.2.2). Sonderfälle treten auf, wenn die Ebene durch die Spitze des Kegels geht. Wir erhalten für $\alpha > \omega$ als Schnittfigur den Punkt S, für $\alpha = \omega$ eine Mantellinie, für $\alpha < \omega$ zwei Mantellinien (Bild 10.2.3, 4, 5).

*10.2. Die Vektorgleichung des Doppelkegels

Vorübung

Durch welche Angaben ist a) die Form eines Kegels, b) seine Lage im Raum eindeutig festgelegt?

Die Spitze S eines Kegels sei durch ihren Ortsvektor $\mathfrak{s}$, die Kegelachse durch einen Einheitsvektor $\mathfrak{e}$ festgelegt (Bild 10.3.1). $\mathfrak{x}$ sei der Ortsvektor eines beliebigen Punktes X auf der Kegelfläche. Dann gilt

$$\sphericalangle (\mathfrak{x} - \mathfrak{s}; \mathfrak{e}) = \omega,$$

da $\mathfrak{x} - \mathfrak{s}$ immer ein Vektor auf der Mantellinie ist. Aus der Definition des Skalarproduktes ergibt sich also

$$(\mathfrak{x} - \mathfrak{s}) \cdot \mathfrak{e} = |\mathfrak{x} - \mathfrak{s}| \cdot 1 \cdot \cos \omega .$$

Wir setzen nun

(1) $$\cos \omega = c$$

und erhalten

(2) $$(\mathfrak{x} - \mathfrak{s}) \cdot \mathfrak{e} = |\mathfrak{x} - \mathfrak{s}| \cdot c$$

als Gleichung des Kegels.

Denken wir uns die den Kegel erzeugenden Strahlen zu Geraden verlängert, so entsteht bei der Rotation ein Doppelkegel (Bild 10.3.2). Der Achseneinheitsvektor, der von S in den „oberen" Teilkegel zeigt, ist $-\mathfrak{e}$. Damit ergibt sich entsprechend für den oberen Teil des Doppelkegels die Gleichung

(2') $$-(\mathfrak{x} - \mathfrak{s}) \cdot \mathfrak{e} = |\mathfrak{x} - \mathfrak{s}| \cdot c .$$

Die Gleichungen (2) und (2') unterscheiden sich nur durch das Vorzeichen auf der linken Seite. Deshalb quadrieren wir und erhalten als Gleichung des Doppelkegels

(3) $$(\mathfrak{x} \cdot \mathfrak{e} - \mathfrak{s} \cdot \mathfrak{e})^2 = c^2 \cdot (\mathfrak{x} - \mathfrak{s})^2$$

Gleichung des Doppelkegels in der allgemeinen Form

Der Einfachheit halber wollen wir einen Doppelkegel im folgenden auch als Kegel bezeichnen.

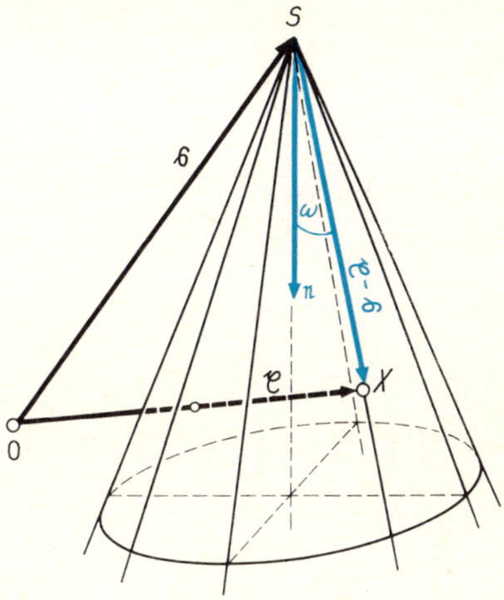

Bild 10.3.1

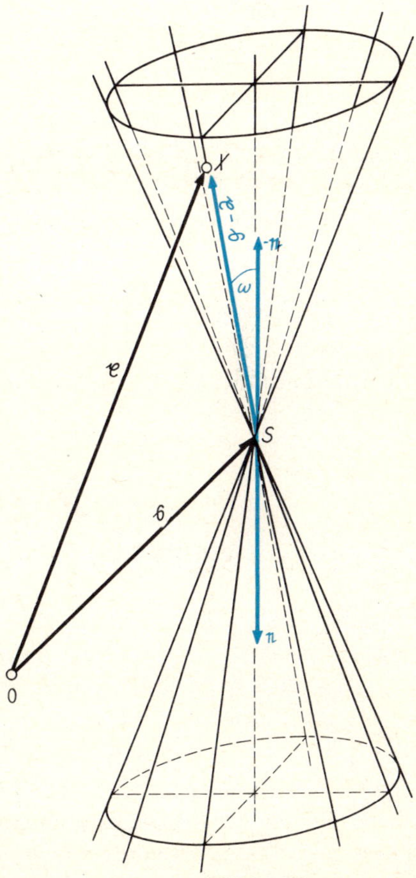

Bild 10.3.2

Die Kegelgleichung (3) wird besonders einfach, wenn die Spitze S des Kegels im Ursprung liegt. Dann folgt aus (3) wegen $\mathfrak{s} = \mathfrak{o}$

(4) $$(\mathfrak{x} \cdot \mathfrak{e})^2 = c^2 \cdot \mathfrak{x}^2$$ *Gleichung des Kegels in der Ursprungsform*

Jede Gleichung dieser Form stellt einen Kegel dar, wenn nur $0 < c^2 < 1$ gilt.

Beispiele

1. Zeige, daß durch die Gleichung $\left[\mathfrak{x} \cdot \begin{pmatrix} 6 \\ 2 \\ 3 \end{pmatrix}\right]^2 = 28 \cdot \mathfrak{x}^2$ ein Kegel gegeben ist. Bestimme Achsenrichtung und Öffnungswinkel.

   Lösung: Wir müssen zunächst dafür sorgen, daß auf der linken Seite der Faktor bei $\mathfrak{x}$ ein Einheitsvektor ist. Es gilt $\left|\begin{pmatrix} 6 \\ 2 \\ 3 \end{pmatrix}\right| = \sqrt{36 + 4 + 9} = 7$. Wir dividieren die Ausgangsgleichung durch 7^2 und erhalten

$$\left[\mathfrak{x} \cdot \begin{pmatrix} \frac{6}{7} \\ \frac{2}{7} \\ \frac{3}{7} \end{pmatrix}\right]^2 = \frac{4}{7}\,\mathfrak{x}^2 .$$

   Wegen $0 < \frac{4}{7} < 1$ handelt es sich um einen Kegel. Aus $\cos \omega = \frac{2}{7}\sqrt{7}$ folgt $\omega = 40°53'$, d. h. $2\,\omega = 81°46'$. Die Achsenrichtung des Kegels ist durch den Vektor $\mathfrak{e} = \begin{pmatrix} \frac{6}{7} \\ \frac{2}{7} \\ \frac{3}{7} \end{pmatrix}$ oder $\mathfrak{a} = \begin{pmatrix} 6 \\ 2 \\ 3 \end{pmatrix}$ bestimmt, der Öffnungswinkel beträgt $2\,\omega = 81°\,46'$.

2. Ein Kegel hat den Öffnungswinkel $2\,\omega = 90°$. Seine Spitze liegt in S (2/—1/1), seine Achsenrichtung ist durch den Vektor $\mathfrak{e}_1 = \begin{pmatrix} 1 \\ 0 \\ 0 \end{pmatrix}$ bestimmt. Stelle die Gleichung des Doppelkegels auf und prüfe, ob folgende Punkte auf ihm liegen.
   a) A (7/2/5), b) B (3/2/—3).

   Lösung: Da S nicht im Ursprung liegt, stellen wir die Kegelgleichung in der allgemeinen Form auf. Der Vektor $\mathfrak{e}_1$ ist bereits ein Einheitsvektor, also ist $\mathfrak{e} = \mathfrak{e}_1$. Ferner gilt $c = \cos 45° = \frac{1}{2}\sqrt{2}$. Also heißt die Kegelgleichung

$$\left[\mathfrak{x} \cdot \begin{pmatrix} 1 \\ 0 \\ 0 \end{pmatrix} - \begin{pmatrix} 2 \\ -1 \\ 1 \end{pmatrix} \begin{pmatrix} 1 \\ 0 \\ 0 \end{pmatrix}\right]^2 = \frac{1}{2} \cdot \left[\mathfrak{x} - \begin{pmatrix} 2 \\ -1 \\ 1 \end{pmatrix}\right]^2$$

   oder

$$\left[\mathfrak{x} \cdot \begin{pmatrix} 1 \\ 0 \\ 0 \end{pmatrix} - 2\right]^2 = \frac{1}{2}\left[\mathfrak{x} - \begin{pmatrix} 2 \\ -1 \\ 1 \end{pmatrix}\right]^2 .$$

Um zu prüfen, ob A auf dem Kegel liegt, setzen wir den Ortsvektor $\mathfrak{a} = \begin{pmatrix} 7 \\ 2 \\ 5 \end{pmatrix}$ in die Kegelgleichung ein. Dann ergibt die linke Seite

$$\left[\mathfrak{a}\begin{pmatrix} 1 \\ 0 \\ 0 \end{pmatrix} - 2\right]^2 = \left[\begin{pmatrix} 7 \\ 2 \\ 5 \end{pmatrix} \cdot \begin{pmatrix} 1 \\ 0 \\ 0 \end{pmatrix} - 2\right]^2 = (7 - 2)^2 = 25.$$

Auf der rechten Seite ist

$$\frac{1}{2}\left[\mathfrak{a} - \begin{pmatrix} 2 \\ -1 \\ 1 \end{pmatrix}\right]^2 = \frac{1}{2}\left[\begin{pmatrix} 7 \\ 2 \\ 5 \end{pmatrix} - \begin{pmatrix} 2 \\ -1 \\ 1 \end{pmatrix}\right]^2 = \frac{1}{2}\begin{pmatrix} 5 \\ 3 \\ 4 \end{pmatrix}^2 = \frac{1}{2}(25 + 9 + 16) = 25.$$

A liegt auf dem Kegel.

Für B ergibt sich entsprechend:

linke Seite: $$\left[\begin{pmatrix} 3 \\ 2 \\ -3 \end{pmatrix}\begin{pmatrix} 1 \\ 0 \\ 0 \end{pmatrix} - 2\right]^2 = (3 - 2)^2 = 1$$

rechte Seite: $$\frac{1}{2}\left[\begin{pmatrix} 3 \\ 2 \\ -3 \end{pmatrix} - \begin{pmatrix} 2 \\ -1 \\ 1 \end{pmatrix}\right]^2 = \frac{1}{2}\begin{pmatrix} 1 \\ 3 \\ -4 \end{pmatrix}^2 = \frac{1}{2}(1 + 9 + 16) = \frac{1}{2} \cdot 26 = 13.$$

B liegt nicht auf dem Kegel.

Aufgaben

1. Ein Kegel mit der Spitze im Ursprung hat den Öffnungswinkel 2ω und die Achsenrichtung $\mathfrak{a}$. Wie heißt seine Gleichung?

   a) $2\omega = 60°$, $\mathfrak{a} = \begin{pmatrix} 0 \\ 1 \\ 0 \end{pmatrix}$ b) $2\omega = 120°$, $\mathfrak{a} = \begin{pmatrix} 2 \\ 3 \\ -6 \end{pmatrix}$

2. Gegeben ist der Kegel K. Prüfe, ob die Punkte P, Q auf ihm liegen.

   a) K: $\left[\mathfrak{x} \cdot \begin{pmatrix} 0 \\ 1 \\ 0 \end{pmatrix}\right]^2 = \frac{1}{2}\mathfrak{x}^2$, P(6/10/–8), Q(12/13/5)

   b) K: $\left[\mathfrak{x} \cdot \begin{pmatrix} 0 \\ 1 \\ 1 \end{pmatrix}\right]^2 = \frac{1}{3}\mathfrak{x}^2$, P(3/1/1), Q($2\sqrt{2}$/6/–2)

3. Die Spitze S, der Öffnungswinkel 2ω und die Achsenrichtung $\mathfrak{a}$ eines Kegels sind gegeben. Stelle die Gleichung des Kegels auf.

   a) S(4/1/3), $2\omega = 90°$, $\mathfrak{a} = \begin{pmatrix} 1 \\ 0 \\ 0 \end{pmatrix}$ b) S(–2/0/0), $2\omega = 60°$, $\mathfrak{a} = \begin{pmatrix} 0 \\ 3 \\ 4 \end{pmatrix}$

   c) S(1/1/0), $2\omega = 120°$, $\mathfrak{a} = \begin{pmatrix} 1 \\ 2 \\ 2 \end{pmatrix}$

4. Auf einem Kegel mit der Spitze im Ursprung liegt der Punkt P. Die Achsenrichtung des Kegels ist durch den Vektor $\mathfrak{a}$ gegeben. Wie heißt die Kegelgleichung? Welche Größe hat der Öffnungswinkel?

a) $P(3\sqrt{2}/-\sqrt{2}/2)$, $\quad \mathfrak{a} = \begin{pmatrix} 1 \\ 1 \\ 0 \end{pmatrix}$ $\qquad$ b) $P(3/5/4)$, $\quad \mathfrak{a} = \begin{pmatrix} 2 \\ 0 \\ 1 \end{pmatrix}$

5. Die Gerade $g: \mathfrak{x} = \begin{pmatrix} 1 \\ 3 \\ 4 \end{pmatrix} + \lambda \begin{pmatrix} 2 \\ 1 \\ 2 \end{pmatrix}$ ist Mantellinie eines Kegels mit der Spitze $S(-1/2/2)$ und der Achsenrichtung $\mathfrak{a} = \begin{pmatrix} 2 \\ 2 \\ 1 \end{pmatrix}$. Stelle die Kegelgleichung auf und berechne den Öffnungswinkel.

6. Die Geraden $g_1: \mathfrak{x} = \begin{pmatrix} 9 \\ 11 \\ -8 \end{pmatrix} + \lambda \begin{pmatrix} 1 \\ 2 \\ -2 \end{pmatrix}$ und $g_2: \mathfrak{x} = \begin{pmatrix} 3 \\ 5 \\ 1 \end{pmatrix} + \lambda \begin{pmatrix} -2 \\ 2 \\ 1 \end{pmatrix}$ schließen als Mantellinien genau den Öffnungswinkel eines Kegels ein. Wie heißt die Kegelgleichung?

7. Wo schneidet die Gerade durch A und B den Kegel $Ke: (\mathfrak{x} \cdot \mathfrak{e}_1)^2 = \frac{1}{2} \mathfrak{x}^2$?
a) $A(3/0/1)$, $B(-2/10/-4)$ $\qquad$ b) $A(1/2/5)$, $B(3/0/3)$

8. Zeige, daß die Gerade $g: \mathfrak{x} = \begin{pmatrix} 1 \\ 0{,}8 \\ 0{,}6 \end{pmatrix} + \lambda \begin{pmatrix} 0 \\ -3 \\ 4 \end{pmatrix}$ eine Tangente an den Kegel $Ke: (\mathfrak{x} \cdot \mathfrak{e}_1)^2 = \frac{1}{2} \mathfrak{x}^2$ ist.

9. Bestimme die gemeinsamen Punkte des Kegels $Ke: (\mathfrak{x} \cdot \mathfrak{e}_3)^2 = \frac{1}{2} \mathfrak{x}^2$ und der Geraden g. Deute das Ergebnis geometrisch.

a) $g: \mathfrak{x} = \begin{pmatrix} 6 \\ -8 \\ -10 \end{pmatrix} + \lambda \begin{pmatrix} -3 \\ 4 \\ 5 \end{pmatrix}$ $\qquad$ b) $g: \mathfrak{x} = \begin{pmatrix} 2 \\ 0 \\ 0 \end{pmatrix} + \lambda \begin{pmatrix} 3 \\ 1 \\ 0 \end{pmatrix}$

10. Was wird durch die Gleichung $(\mathfrak{x} \cdot \mathfrak{e})^2 = c^2 \mathfrak{x}^2$ a) für $c = 0$, b) für $c = 1$ dargestellt?

11. Gegeben ist der Kegel $Ke: (\mathfrak{x} \cdot \mathfrak{e})^2 = c^2 \mathfrak{x}^2$ und die Kugel $K: \mathfrak{x}^2 = r^2$. Zeige, daß die Ortsvektoren der gemeinsamen Punkte von Kegel und Kugel dann auch der Gleichung $(\mathfrak{x} \cdot \mathfrak{e})^2 = c^2 r^2$ genügen. Deute diese Gleichung geometrisch und untersuche, ob durch sie die Durchschnittspunktmenge von Kegel und Kugel charakterisiert wird.

12. Führe die entsprechende Überlegung aus Aufgabe 11 für den Kegel $Ke: (\mathfrak{x}\,\mathfrak{e} - \mathfrak{s}\,\mathfrak{e})^2 = c^2 (\mathfrak{x} - \mathfrak{s})^2$ und die Kugel $K: (\mathfrak{x} - \mathfrak{s})^2 = r^2$ aus.

13. Gegeben ist der Kegel Ke: $\left[\mathfrak{x}\cdot\begin{pmatrix}0{,}6\\0{,}8\\0\end{pmatrix}\right]^2 = \frac{1}{4}\mathfrak{x}^2$ und die Ebene E: $\begin{pmatrix}3\\4\\0\end{pmatrix}\mathfrak{x} = 30$.

Zeige, daß die gemeinsamen Punkte der Ebene und des Kegels auf einer Kugel um den Ursprung liegen. Welche Entfernung haben diese Punkte vom Ursprung? Anleitung: Bringe zunächst die Gleichung der Ebene in die Hessesche Normalenform.

14. Gegeben ist die Ebene E: $\begin{pmatrix}2\\1\\2\end{pmatrix}\cdot\mathfrak{x} = 9$ und die Kugel K: $\mathfrak{x}^2 = 36$. Die gemeinsamen Punkte von Ebene und Kugel (der Schnittkreis) bestimmen einen Kegel mit der Spitze im Ursprung. Bestimme dessen Gleichung und Öffnungswinkel (Vgl. Aufg. 11 und 13).

*10.3. Die Scheitelgleichung der Kegelschnitte

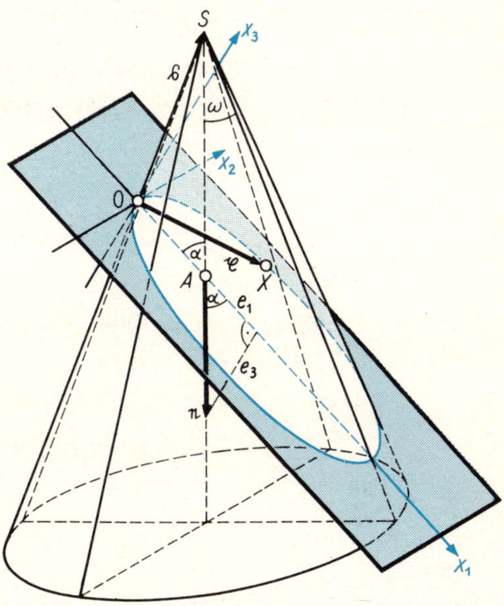

Bild 10.7.1

Wir wollen nun einen Kegel mit einer Ebene zum Schnitt bringen, um die Gleichung der Schnittkurve zu berechnen. Zur Vereinfachung der Rechnungen führen wir ein kartesisches Koordinatensystem ein, über dessen Lage wir folgende Voraussetzungen machen (Bild 10.7.1):

1. Die Schnittebene E sei die $x_1 x_2$-Ebene.

2. Die Projektion der Kegelachse in die $x_1 x_2$-Ebene sei die x_1-Achse. Damit liegt die Kegelachse in der $x_1 x_3$-Ebene.

3. Der Ursprung O sei derjenige Schnittpunkt des Kegels mit der x_1-Achse, der von der Kegelspitze S den kleinsten Abstand hat. Positiv sei der Teil der x_1-Achse, in dem die Kegelachse die x_1-Achse trifft. Mit diesen Voraussetzungen gilt immer $\alpha \leqq 90°$.

Aus der Lage unseres Koordinatensystems ergibt sich, daß die Kegelschnitte zur x_1-Achse symmetrisch sein müssen. Wir nennen die Schnittpunkte des Kegelschnitts mit der Symmetrieachse Scheitelpunkte. Damit ist der Ursprung O ein Scheitelpunkt des Kegelschnitts.

Ferner folgt aus den Voraussetzungen über das Koordinatensystem für den Ortsvektor $\mathfrak{s}$ der Spitze S sowie für den Achseneinheitsvektor $\mathfrak{e}$ des Kegels

$$(1) \qquad \mathfrak{s} = \begin{pmatrix} s_1 \\ 0 \\ s_3 \end{pmatrix} \quad \text{und} \quad \mathfrak{e} = \begin{pmatrix} e_1 \\ 0 \\ e_3 \end{pmatrix}.$$

Nun ist

$$\mathfrak{s} \cdot \mathfrak{e} = s \cdot 1 \cdot \cos(180 - \omega) = - s \cdot \cos \omega = - sc,$$

also

$$(2) \qquad \mathfrak{s} \cdot \mathfrak{e} = - sc\,.$$

Schließlich bekommt die Kegelgleichung in diesem Koordinatensystem eine vereinfachte Form. Aus der Gleichung

$$(\mathfrak{x}\,\mathfrak{e} - \mathfrak{s}\,\mathfrak{e}\,)^2 = c^2(\mathfrak{x} - \mathfrak{s})^2$$

erhält man zunächst

$$(\mathfrak{x}\,\mathfrak{e})^2 - 2(\mathfrak{x}\,\mathfrak{e})\,(\mathfrak{s}\mathfrak{e}) + (\mathfrak{s}\mathfrak{e})^2 = c^2\,\mathfrak{x}^2 - 2c^2\,(\mathfrak{x}\,\mathfrak{s}) + c^2\,\mathfrak{s}^2\,.$$

Wegen (2) ergibt sich schließlich

$$(3) \qquad (\mathfrak{x}\,\mathfrak{e})^2 + 2\,s\,c\,(\mathfrak{x}\,\mathfrak{e}) = c^2\,\mathfrak{x}^2 - 2c^2\,(\mathfrak{x}\,\mathfrak{s}).$$

Nun wollen wir die Gleichung der Schnittkurve bestimmen. Dazu müssen wir diejenigen Laufvektoren $\mathfrak{x}$ betrachten, die der Kegelgleichung (3) genügen und die zugleich als Vektoren der x_1x_2-Ebene die x_3-Koordinate 0 haben. Für sie muß gelten $\mathfrak{x} = \begin{pmatrix} x_1 \\ x_2 \\ 0 \end{pmatrix}$.

Setzt man die Vektorkoordinaten für $\mathfrak{x}$ und für $\mathfrak{s}$ und $\mathfrak{n}$ aus (1) in die Kegelgleichung (3) ein, so ergibt sich

$$\left[\begin{pmatrix} x_1 \\ x_2 \\ 0 \end{pmatrix}\begin{pmatrix} e_1 \\ 0 \\ e_3 \end{pmatrix}\right]^2 + 2sc\left[\begin{pmatrix} x_1 \\ x_2 \\ 0 \end{pmatrix}\begin{pmatrix} e_1 \\ 0 \\ e_3 \end{pmatrix}\right] = c^2\begin{pmatrix} x_1 \\ x_2 \\ 0 \end{pmatrix}^2 - 2c^2\begin{pmatrix} x_1 \\ x_2 \\ 0 \end{pmatrix}\begin{pmatrix} s_1 \\ 0 \\ s_3 \end{pmatrix}.$$

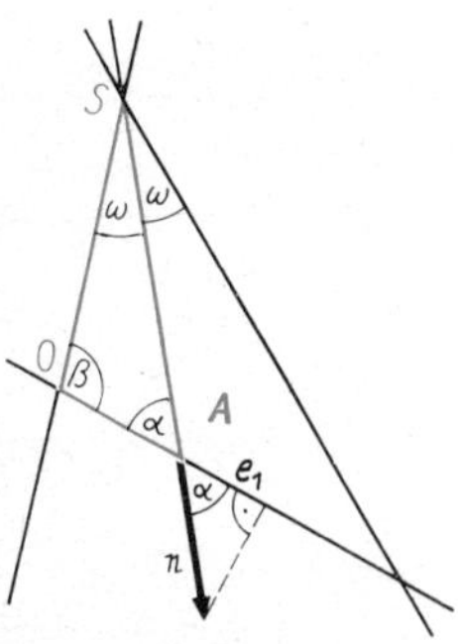

Bild 10.8.1

Es folgt

$$x_1^2 e_1^2 + 2scx_1\,e_1 = c^2 x_1^2 + c^2 x_2^2 - 2c^2 x_1 s_1$$

$$c^2\,x_2^2 = 2\,(sce_1 + c^2 s_1)\,x_1 - (c^2 - e_1^2)\,x_1^2$$

$$(4) \qquad x_2^2 = 2\,\frac{e_1 s + c s_1}{c}\,x_1 - \left(1 - \frac{e_1^2}{c^2}\right)x_1^2.$$

Gleichung (4) stellt bereits die Koordinatengleichung der möglichen Schnittlinien dar. In dieser Gleichung kommen außer den schon gedeuteten Größen $c = \cos\omega$ und $s = \overline{OS}$ noch die Koordinaten e_1 und s_1 vor. e_1 ist als x_1-Koordinate eines Einheitsvektors der Richtungskosinus von $\mathfrak{e}$ bezüglich der x_1-Achse (Bild 10.8.1):

$$(5) \qquad e_1 = \cos\alpha.$$

Ferner gilt entsprechend

(6) $$\frac{s_1}{s} = \cos\beta .$$

Der Schnittpunkt der Kegelachse mit der x_1-Achse soll A genannt werden.
Das Dreieck OAS enthält die für den Kegelschnitt wichtigen Stücke s, ω, α und β.
Wir wollen es daher das *charakteristische Dreieck* des Kegelschnitts nennen.
Wie wir gesehen haben, ist für die Art der Schnittlinie die Größenbeziehung zwischen α und ω und damit zwischen zwei Winkeln des charakteristischen Dreiecks entscheidend. In Gleichung (4) tritt das Verhältnis der Kosinuswerte dieser Winkel auf. Wir definieren daher

Definition 10.1

Unter der *numerischen Exzentrizität* ε eines Kegelschnitts verstehen wir die Größe

$$\varepsilon = \frac{e_1}{c} = \frac{\cos\alpha}{\cos\omega} .$$

Der Abkürzung halber definieren wir ferner

Definition 10.2

Unter dem *Parameter* p eines Kegelschnitts verstehen wir die Größe

$$p = \frac{e_1 s + c s_1}{c} = \varepsilon s + s_1 = s(\varepsilon + \cos\beta).$$

Berücksichtigen wir diese Definitionen in Gleichung (4), so erhalten wir den

Satz 10.1

Die allgemeine Gleichung eines Kegelschnitts mit dem Scheitel im Ursprung lautet

(7) $$x_2^2 = 2px_1 - (1-\varepsilon^2)\,x_1^2 .$$ *Scheitelform der Kegelschnittsgleichung*

Beispiel

Gegeben ist das charakteristische Dreieck eines Kegelschnitts durch $s = 6 \cdot \sqrt{2}$ LE, $\omega = 45°$, $\beta = 45°$. Bestimme die Gleichung des Kegelschnitts sowie die Spitze und Achsenrichtung des zugehörigen Kegels.

Lösung: Wegen $\omega = 45°$ und $\beta = 45°$ ist der Winkel $\alpha = 90°$. Daraus folgt $\varepsilon = \frac{\cos\alpha}{\cos\omega} = 0$.
Der Kegelschnitt ist also ein Kreis. Aus $\frac{s_1}{s} = \cos\beta$ erhält man $s_1 = s \cdot \cos\beta = 6$ LE. Damit wird $p = \varepsilon \cdot s + s_1 = 6$ LE.
Die Gleichung des Kreises lautet

$$x_2^2 = 12\,x_1 - x_1^2$$

oder in der Verschiebungsform

$$x_2^2 + (x_1 - 6)^2 = 36 .$$

Wegen $\beta = 45°$ ist $s_3 = s \cdot \sin\beta = 6$. Die Spitze des Kegels liegt im Punkte S(6/0/6). Da der Winkel α gleich 90° ist, steht die Kegelachse senkrecht auf der x_1x_2-Ebene. Die Richtung der Kegelachse ist also durch den Vektor $\mathfrak{e} = -\mathfrak{e}_3$ bestimmt.

Aufgaben

1. Zeichne Kegelschnitte mit p = 1LE und a) $\varepsilon = 0, \frac{1}{2}\sqrt{2}, 1, \sqrt{2}$ b) $\varepsilon = 0, \frac{1}{2}, 1, 2$.

2. Berechne für folgende Kegelschnitte die Schnittpunkte mit der x_1-Achse.

   a) $p = 3\,\text{LE}, \quad \varepsilon = \frac{1}{2}$ b) $p = 4\,\text{LE}, \quad \varepsilon = \frac{1}{3}$ c) $p = 2\,\text{LE}, \quad \varepsilon = 2$

   d) $p = 7\,\text{LE}, \quad \varepsilon = 0$ e) allgemeine Lösung

3. Gibt es Kegelschnitte mit der Gleichung $x_2^2 = 2px_1 - (1 - \varepsilon^2)\,x_1^2$, die die Winkelhalbierende des 1. und 3. Quadranten des Koordinatensystems a) nicht schneiden, b) nur einmal schneiden?

4. Diskutiere die allgemeine Scheitelform der Kegelschnittsgleichung für den Fall, daß die Schnittebene durch die Kegelspitze geht.

5. Ein Kegel werde von der x_1x_2-Ebene so geschnitten, daß der Winkel β im charakteristischen Dreieck 90° beträgt (Steilkegel). Bestimme die Seite s und die beiden anderen Winkel im charakteristischen Dreieck für folgende Kegelschnitte:

   a) Ks: $x_2^2 = 4x_1$ b) Ks: $x_2^2 = 20x_1$ c) Ks: $x_2^2 = 2px_1$

6. Löse Aufgabe 5 für die Kegelschnitte

   a) Ks: $x_2^2 = 2x_1 - \frac{3}{4}x_1^2$ b) Ks: $x_2^2 = 6x_1 + 3x_1^2$

7. Zeige, daß man im Falle des Steilkegels (vgl. Aufg. 5) den Parameter p als eine Seite des charakteristischen Dreiecks deuten kann.

8. Gegeben ist das charakteristische Dreieck durch

   a) $s = 3\sqrt{3}\,\text{LE}, \quad \omega = 30°, \quad \alpha = 60°$,

   b) $s = \sqrt{6}\,\text{LE}, \quad \omega = 60°, \quad \alpha = 30°$.

   Bestimme die Gleichung des zugehörigen Kegelschnitts.

*10.4. Die Gleichungen der einzelnen Kegelschnitte

Vorübungen

1. Welcher algebraische Zusammenhang besteht zwischen einer Funktion und ihrer Umkehrfunktion, welcher geometrische zwischen ihren Bildern?
2. Verschiebe den Kreis K: $\mathfrak{x}^2 - r^2 = 0$ um den Vektor $\mathfrak{m} = \begin{pmatrix} r \\ 0 \end{pmatrix}$, und gib die gefundene Kreisgleichung als Koordinatengleichung an.
3. Wie kann man die Arten der Kegelschnitte durch ihre numerische Exzentrizität ε unterscheiden?

Ausgehend von der Scheitelform der Kegelschnittgleichung

$$x_2^2 = 2px_1 - (1 - \varepsilon^2)\,x_1^2$$

mit $$p = \varepsilon s + s_1$$

und $$\varepsilon = \frac{\cos\alpha}{\cos\omega}$$

wollen wir nun die verschiedenen Arten der Kegelschnitte näher untersuchen.

*10.4.1. Der Kreis

Als Kegelschnitt entsteht ein Kreis, wenn der Schnitt senkrecht zur Kegelachse geführt wird. Wir wollen uns rechnerisch davon überzeugen, daß in diesem Sonderfall die allgemeine Scheitelgleichung zur Scheitelgleichung des Kreises wird.

Es ist dann $\alpha = 90°$ und damit $\varepsilon = \frac{\cos\alpha}{\cos\omega} = 0$.

So vereinfacht sich die Scheitelgleichung

$$x_2^2 = 2(\varepsilon s + s_1)\,x_1 - (1 - \varepsilon^2)\,x_1^2$$

zu $$x_2^2 = 2\,s_1\,x_1 - x_1^2.$$

Setzen wir nun noch $\mathfrak{m} = \begin{pmatrix} s_1 \\ 0 \end{pmatrix}$, so geht diese Gleichung über in

$$\mathfrak{x}^2 - 2\,\mathfrak{m}\cdot\mathfrak{x} = 0\,.$$

Das ist die in 7.1.4 hergeleitete Scheitelform der Kreisgleichung.

*10.4.2. Die Parabel

Betrachten wir nun den Fall der Parabel. Da $\omega = \alpha$ ist, ist $\varepsilon = \frac{\cos\alpha}{\cos\omega} = 1$, und die Scheitelgleichung geht über in

$$x_2^2 = 2\,px_1$$

mit $$p = s + s_1 = s(1 + \cos\beta)\,.$$

Der Parabelgleichung entnimmt man, daß eine Parabel um so weiter geöffnet ist, je größer der Parameter p ist.

Die uns von früher bekannte Parabelfunktion

$$x_2 = ax_1^2$$

ist die Umkehrung der Relation $x_2^2 = 2px_1$. Vertauschen wir nämlich x_1 und x_2, so ergibt sich

$$x_1^2 = 2px_2$$

oder $x_2 = \frac{1}{2p}\,x_1^2$, d. h. $x_2 = ax_1^2$ mit $a = \frac{1}{2p}$.

$x_1^2 = 2px_2$ ist die Gleichung einer nach oben geöffneten, $x_1^2 = -2px_1$ die Gleichung einer nach unten, $x_2^2 = -2px_1$ die einer nach links geöffneten Parabel. Diese Parabelgleichungen sind nicht als Sonderfälle in der von uns hergeleiteten Scheitelgleichung enthalten, sie setzen eine andere Lage des Kegels voraus.

*10.4.3. Die Ellipse und die Hyperbel

Als Kegelschnitte erhält man Ellipsen und Hyperbeln, wenn $\alpha \neq \omega$ ist, d. h. wenn $\varepsilon \neq 1$ ist. Für die Ellipse $(\alpha > \omega)$ gilt $\varepsilon = \frac{\cos \alpha}{\cos \omega} < 1$, für die Hyperbel $(\alpha < \omega)$ $\varepsilon > 1$. Man entnimmt der Scheitelgleichung

$$x_2^2 = 2px_1 - (1 - \varepsilon^2)x_1^2,$$

daß alle Kegelschnitte zur x_1-Achse symmetrisch sind, denn die Funktionsgleichung bleibt die gleiche, wenn man x_2 durch $-x_2$ ersetzt. Da nun Ellipse und Hyperbel die x_1-Achse zweimal schneiden, könnten diese Kurven eine weitere zur ersten senkrecht stehende Symmetrieachse besitzen und damit zentralsymmetrisch sein. Um diese eventuell vorhandene Symmetrieachse aufzufinden, verschieben wir die Kurven in der x_1x_2-Ebene um c nach links (dann wird für die Ellipse c positiv) und prüfen die gefundene Gleichung daraufhin, ob sie die gewünschte Symmetrie erkennen läßt. Für den Verschiebungsvektor $\mathfrak{v}$ gilt deshalb $\mathfrak{v} = \begin{pmatrix} -c \\ 0 \end{pmatrix}$ und für die Ortsvektoren $\mathfrak{x}'$ zu den verschobenen Punkten

$$\mathfrak{x}' = \mathfrak{x} + \mathfrak{v} = \mathfrak{x} - \begin{pmatrix} c \\ 0 \end{pmatrix}.$$

Umgekehrt ist

$$\mathfrak{x} = \mathfrak{x}' + \begin{pmatrix} c \\ 0 \end{pmatrix}.$$

Wir setzen demnach $\qquad x_1 = x_1' + c$

und $\qquad x_2 = x_2'$

in die Scheitelgleichung ein, so daß sich ergibt

$$(x_2')^2 = 2p(x_1' + c) - (1 - \varepsilon^2)(x_1' + c)^2.$$

Wir formen um und lassen dabei die Striche fort, die uns ja nur anzeigen sollen, daß es sich um die Koordinaten verschobener Punkte handelt:

$$\begin{aligned} x_2^2 &= 2px_1 + 2pc - (1 - \varepsilon^2)x_1^2 - 2c(1 - \varepsilon^2)x_1 - (1 - \varepsilon^2)c^2 \\ &= 2pc - (1 - \varepsilon^2)c^2 + 2[p - c(1 - \varepsilon^2)]x_1 - (1 - \varepsilon^2)x_1^2 \end{aligned}$$

Diese verschobene Kurve ist zur x_2-Achse symmetrisch, wenn das in x_1 lineare Glied verschwindet, denn anderenfalls würde sich die Funktionsgleichung ändern, wenn man x_1 durch $-x_1$ ersetzt. Wir müssen also c so wählen, daß

$$p - c(1 - \varepsilon^2) = 0,$$

d. h.

$$c = \frac{p}{1 - \varepsilon^2}$$

ist. Nach Verschiebung um $\mathfrak{v} = \begin{pmatrix} -c \\ 0 \end{pmatrix} = \begin{pmatrix} -\frac{p}{1-\varepsilon^2} \\ 0 \end{pmatrix}$ sind also Ellipse und Hyperbel zur x_2-Achse symmetrisch. Jede Ellipse und jede Hyperbel besitzen also zwei

aufeinander senkrecht stehende Symmetrieachsen und damit in deren Schnittpunkt ein Symmetriezentrum.
Als Gleichung der so verschobenen Kegelschnitte ergibt sich

$$x_2^2 = 2\,pc - (1-\varepsilon^2)\,c^2 - (1-\varepsilon^2)\,x_1^2$$

und mit $p = c\,(1-\varepsilon^2)$

$$x_2^2 = (1-\varepsilon^2)\,c^2 - (1-\varepsilon^2)\,x_1^2$$

oder

$$(1-\varepsilon^2)\,x_1^2 + x_2^2 = (1-\varepsilon^2)\,c^2$$

und nach Division durch $(1-\varepsilon^2)\,c^2$

$$\frac{x_1^2}{c^2} + \frac{x_2^2}{(1-\varepsilon^2)\,c^2} = 1\,.$$

Für die Ellipse ist c positiv, und damit zeigt der Verschiebungsvektor $\mathfrak{v} = \begin{pmatrix} -c \\ 0 \end{pmatrix}$ nach links. Bei der Hyperbel hingegen ist $1-\varepsilon^2$ wegen $\varepsilon > 1$ negativ und damit auch c negativ. Die Hyperbel muß also um $-c = -\frac{p}{1-\varepsilon^2}$ nach rechts verschoben werden, damit ihr Mittelpunkt auf den Ursprung fällt. Der doppelte Betrag der Verschiebung ist gleich dem Abstand der Scheitelpunkte S_1 und S_2 auf der x_1-Achse, die Strecke S_1S_2 heißt *Hauptachse* 2a des Kegelschnitts. Für die halbe Hauptachse gilt

$$a = |c| = \frac{p}{\pm(1-\varepsilon^2)}\,,$$

wobei wir vereinbaren wollen, daß hier wie in folgenden Fällen das obere Vorzeichen für die Ellipse, das untere für die Hyperbel gelten soll. Setzen wir nun noch

$$b^2 = \pm(1-\varepsilon^2)\,c^2 = \pm(1-\varepsilon^2)\,a^2,$$

so ergibt sich der

Satz 10.2

Die Kegelschnittsgleichungen in Mittelpunktsform lauten

$$\frac{x_1^2}{a^2} \pm \frac{x_2^2}{b^2} = 1\,.$$ *Gleichung der Ellipse (Hyperbel) in Mittelpunktsform*

Für die Ellipse ist 2b der Abstand der Scheitelpunkte auf der x_2-Achse, die sogenannte *Nebenachse*

Beispiel

Von einem Kegelschnitt kennt man $a = 12\,\text{LE}$ und $p = 3\,\text{LE}$.
Berechne b und ε.
Gib die Scheitel- und Mittelpunktsgleichung an.

Lösung: b errechnet man am einfachsten über die Beziehung $p = \frac{b^2}{a}$ (Vgl. Aufg. 1!) zu $b = \sqrt{a \cdot p} = \sqrt{12 \cdot 3}\,\text{LE} = 6\,\text{LE}$.

$\pm(1-\varepsilon^2)$ ergibt sich aus der Beziehung $a = \frac{p}{\pm(1-\varepsilon^2)}$ zu $\pm(1-\varepsilon^2) = \frac{p}{a} = \frac{1}{4}$ oder $1-\varepsilon^2 = \pm\frac{1}{4}$. Es folgt $\varepsilon^2 = 1 \mp \frac{1}{4}$ und damit ergeben sich zwei mögliche Kegelschnitte, einmal eine Ellipse mit $\varepsilon = \frac{1}{2}\sqrt{3}$, zum anderen eine Hyperbel mit $\varepsilon = \frac{1}{2}\sqrt{5}$. Die Scheitelgleichungen sind

$$x_2^2 = 6x_1 \mp \frac{1}{4}x_1^2,$$

die Mittelpunktsgleichungen

$$\frac{x_1^2}{144} \pm \frac{x_2^2}{36} = 1.$$

Aufgaben

1. Beweise, daß für Ellipse und Hyperbel die Beziehung $p = \frac{b^2}{a}$ gilt.

2. Berechne den Parameter p und die numerische Exzentrizität des Kegelschnittes Ks: $4x_1^2 + 9x_2^2 = 36$.

3. Ein Kegelschnitt ist gegeben durch seine Scheitelgleichung $x_2^2 = 5\frac{5}{9}x_1 - \frac{25}{81}x_1^2$. Bestimme die Art des Kegelschnitts und gegebenenfalls seine Mittelpunktsgleichung.

4. Bestimme Scheitel- und Mittelpunktsgleichung der Hyperbel mit $b = 3\,\text{LE}$ und $\varepsilon = \frac{5}{4}$.

5. Von einer Ellipse sind gegeben $p = 2{,}5\,\text{LE}$ und $b = 3\,\text{LE}$. Bestimme a und die Scheitelgleichung der Ellipse.

6. Berechne ε für eine Hyperbel, bei der $a = b$ ist (gleichseitige Hyperbel). Ist die gefundene Bedingung notwendig und hinreichend?

7. Bestimme die Scheitelgleichung für den Fall, daß der rechte Scheitel der Ellipse bzw. der linke Scheitel der Hyperbel im Ursprung liegt. Was ergibt sich, wenn man in der gefundenen Scheitelgleichung $\varepsilon = 1$ setzt?

8. Wie heißt die Gleichung einer Ellipse, deren unterer Nebenscheitel im Ursprung liegt? Vergleiche die gefundene Gleichung mit der Scheitelgleichung.

*10.5. Allgemeine Beziehungen zwischen Doppelkegeln und Kegelschnitten

Vorübungen

a) Kann man den Kreis mit dem Radius $r = 3\,\text{LE}$ als Schnittlinie eines Kegels vom Öffnungswinkel 2ω mit der x_1x_2-Ebene erhalten? Gib die Lage des Kegels durch $\mathfrak{s}$ und β an.
b) Läßt sich jeder Kreis als Schnittlinie dieses Kegels erhalten?
c) Kann jeder Kreis als Schnittlinie an jedem Kegel auftreten?

*10.5.1. Der Kreis

Als Kegelschnitt entsteht ein Kreis, wenn die x_1x_2-Ebene auf der Kegelachse senkrecht steht. Der Radius r dieses Kreises stimmt mit s_1 überein. Folglich kann man durch geeignete Wahl von $\mathfrak{s}$ jeden Kreis als Schnittlinie eines beliebig gewählten Kreiskegels mit der x_1x_2-Ebene erhalten. Die Frage liegt nahe, ob überhaupt jeder Kegelschnitt sich als ebener Schnitt eines beliebigen Doppelkegels darstellen läßt.

*10.5.2. Die Parabel

Wir untersuchen diese Frage zunächst für die Parabel. Ein Kegel sei durch ein festes, aber beliebiges ω vorgegeben. Wenn als Schnittlinie eine Parabel entstehen soll, muß $\varepsilon = 1$, d. h. $\omega = \alpha$, also genau eine Mantellinie parallel zur Schnittebene sein. Verschiebt man die Ebene parallel, so ändert sich α nicht, es bleibt $\alpha = \omega$ und damit $\varepsilon = 1$, als Schnittkurven entstehen stets Parabeln. Legt man die Schnittebene durch s fest, erhält man wegen $\varepsilon = 1$ die Schnittparabel

$$P_1\colon x_2^2 = 2(s + s_1)\, x_1 \, .$$

Man kann an diesem einen Kegel jede Parabel

$$P\colon x_2^2 = 2px_1$$

als Schnittlinie erhalten, wenn sich zu jedem p ein $\mathfrak{s}$ bestimmen läßt, so daß gilt

$$p = s + s_1 = s\,(1 + \cos\beta)\, .$$

Die Beziehungen am charakteristischen Dreieck führen zu folgenden Umformungen:

$$p = s\,(1 + \cos\beta) = s\,[1 + \cos(180° - 2\omega)] = s\,(1 - \cos 2\omega)$$

oder

$$s = \frac{p}{1 - \cos 2\,\omega}\, .$$

Nach dieser Formel läßt sich zu jedem p und zu jedem ω zwischen 0° und 90° ein s berechnen. Ferner erhält man $s_1 = -\, s \cdot \cos 2\omega$. Damit ergibt sich $\mathfrak{s}$ und so die Lage des Kegels für den Fall, daß als Schnittlinie eine Parabel mit vorgegebenem Parameter p entstehen soll. Es gilt also der

Satz 8.3

Jede Parabel läßt sich an jedem Kreiskegel erzeugen.

*10.5.3. Die Ellipse

Untersuchen wir nun die gleiche Frage für die Ellipse: Gegeben sei ein Kegel durch seinen Öffnungswinkel 2ω. Kann man ihn so mit einer Ebene schneiden, daß eine beliebig – etwa durch ε und p – vorgegebene Ellipse als Schnittlinie entsteht? Ihre Gleichung ist

$$x_2^2 = 2\,px_1 - (1 - \varepsilon^2)\, x_1^2 \qquad \text{mit } \varepsilon < 1.$$

Wegen $\varepsilon = \frac{\cos\alpha}{\cos\omega}$ wählen wir zunächst die Lage der Ebene so, daß sie mit der Kegelachse denjenigen Winkel α einschließt, der durch

$$\cos\alpha = \varepsilon \cdot \cos\omega$$

bestimmt ist. Durch das vorgegebene ε liegt demnach die Ebene bis auf Parallelverschiebung fest, und es gilt der

Satz 10.4

Parallele Ebenen schneiden einen Kegel in Ellipsen gleicher numerischer Exzentrizität (ähnliche Ellipsen).

Wir müssen nun noch untersuchen, ob diese Schar von Ellipsen mit dem vorgegebenen ε die Ellipse enthält, für die p den vorgeschriebenen Wert hat. Es muß gelten

$$p = s(\varepsilon + \cos\beta).$$

Mit ω und α liegt auch β als dritter Winkel im charakteristischen Dreieck fest. Durch

$$s = \frac{p}{\varepsilon + \cos\beta}$$

wird also von allen Ebenen, die mit der Kegelachse den Winkel α einschließen, diejenige festgelegt, die vom Kegel in der durch ε und p vorgegebenen Ellipse geschnitten wird. Da $\varepsilon + \cos\beta$ immer positiv ist (Beweis als Aufgabe!), läßt sich in jedem Fall ein positiver Wert für s berechnen.
Man erhält also den

Satz 10.5

Durch einen geeignet geführten Schnitt kann man jede Ellipse als Schnittlinie an jedem Kegel erhalten.

*10.5.4. Die Hyperbel

Da man an einem beliebig gewählten Kegel jede Parabel und jede Ellipse als Schnittlinie erhalten kann, wird man vermuten, daß Entsprechendes für die Hyperbel gilt. Versuchen wir, die Überlegung von der Ellipse ($\varepsilon < 1$) auf die Hyperbel ($\varepsilon > 1$) zu übertragen, so zeigt sich, daß man aus der Beziehung

$$\cos\alpha = \varepsilon \cdot \cos\omega$$

genau dann keinen Schnittwinkel α erhält, wenn $\varepsilon \cdot \cos\omega > 1$ ist. Man kann also Hyperbeln „zu großer" numerischer Exzentrizität ε an „zu schlanken" Kegeln nicht als Schnittlinien erhalten. Ist $\varepsilon \cdot \cos\omega \leqq 1$, so läßt sich wie bei der Ellipse die Ebene immer so legen, daß die Schnitthyperbel einen beliebig vorgegebenen Parameter p bekommt. Es gilt also

Satz 10.6

An einem Doppelkegel mit dem Öffnungswinkel 2ω lassen sich als Schnittlinien nur die Hyperbeln erzeugen, für deren numerische Exzentrizität ε gilt

$$\varepsilon \leqq \frac{1}{\cos\omega}.$$

Während wir in Abschnitt 8.3 gesehen haben, daß jeder Kegelschnitt der Scheitelgleichung $x_2^2 = 2px_1 - (1-\varepsilon^2)x_1^2$ genügt, gestatten es die Ergebnisse dieses Abschnitts 10.5, diesen Sachverhalt umzukehren. Zusammenfassend läßt sich sagen:

Satz 10.7

Jeder Kegelschnitt hat die Scheitelgleichung

$$x_2^2 = 2px_1 - (1-\varepsilon^2)x_1^2.$$

Umgekehrt tritt jede Kurve mit der Gleichung

$$x_2^2 = 2px_1 - (1-\varepsilon^2)x_1^2$$

tatsächlich als Schnittlinie einer Ebene mit jedem Kegel auf, wenn $\varepsilon \leqq 1$ ist, mit beliebig vielen geeignet gewählten Kegeln, wenn $\varepsilon > 1$ ist.

Beispiel

Gegeben sei ein Kegel mit dem Öffnungswinkel $2\omega = 60°$. Wie muß der Kegel geschnitten werden, damit die Schnittlinie die Scheitelgleichung

$$x_2^2 = 2x_1 - \frac{2}{3}x_1^2$$

hat? Bestimme

a) die Art des Kegelschnitts,
b) den Schnittwinkel α zwischen Ebene und Kegelachse,
c) den Ortsvektor $\mathfrak{s}$ zur Spitze des Kegels und
d) gegebenenfalls die Achsen des Kegelschnitts.

Lösung:

a) $1-\varepsilon^2 = \frac{2}{3} \Rightarrow \varepsilon^2 = \frac{1}{3} \Rightarrow \varepsilon = \frac{1}{\sqrt{3}}$. Der Kegelschnitt ist eine Ellipse.

b) $\cos\alpha = \varepsilon \cdot \cos\omega = \frac{1}{\sqrt{3}} \cdot \frac{1}{2}\sqrt{3} = \frac{1}{2} \Rightarrow \alpha = 60°$

c) Wir berechnen zunächst $\beta = 180° - (\alpha + \omega) = 90°$, aus der gegebenen Gleichung entnehmen wir $p = 1\,\text{LE}$.

Sodann berechnen wir $s = \frac{p}{\varepsilon + \cos\beta} = \frac{1}{\frac{1}{\sqrt{3}} + 0}\,\text{LE} = \sqrt{3}\,\text{LE}$.

Da $\mathfrak{s} = \begin{pmatrix} s_1 \\ 0 \\ s_3 \end{pmatrix}$ und $s_1 = s \cdot \cos\beta = 0$, gilt $s_3 = s = \sqrt{3}$ und somit $\mathfrak{s} = \begin{pmatrix} 0 \\ 0 \\ \sqrt{3} \end{pmatrix}$.

d) $a = \frac{p}{1-\varepsilon^2} = \frac{1}{1-\frac{1}{3}}\,\text{LE} = \frac{3}{2}\,\text{LE}$

$b = a \cdot \sqrt{1-\varepsilon^2} = \frac{3}{2}\sqrt{\frac{2}{3}}\,\text{LE} = \sqrt{\frac{3}{2}}\,\text{LE} = \frac{1}{2}\sqrt{6}\,\text{LE}$.

Die Ellipse hat die Mittelpunktsgleichung $\frac{x_1^2}{\frac{9}{4}} + \frac{x_2^2}{\frac{3}{2}} = 1$.

Aufgaben

1. Ein Kegel mit dem Öffnungswinkel $2\omega = 120°$ soll so geschnitten werden, daß sich als Kegelschnitt ein Kreis mit dem Radius $r = 3$ LE ergibt. Berechne

   a) $\mathfrak{s}$ und b) die Scheitelgleichung des Kreises.

2. Beweise: Für Parabeln, die an Kegeln mit $2\omega \gtreqless 90°$ entstehen, ist $s_1 \gtreqless 0$. Gib entsprechende Bedingungen für Ellipse und Hyperbel an.

3. Eine Mantellinie eines Kegels fällt mit der x_3-Achse zusammen, seine Spitze ist $S(0/0/4)$. Wie muß man

   a) Achsenrichtung und b) Öffnungswinkel des Kegels wählen, damit als Schnittlinie mit der x_1x_2-Ebene eine Parabel entsteht?

   c) Wie heißt ihre Gleichung?

4. Ein Kegel mit dem Achsenvektor $\mathfrak{e} = \frac{1}{2}\begin{pmatrix} 1 \\ 0 \\ -\sqrt{3} \end{pmatrix}$ wird von einer Ebene so geschnitten, daß der Scheitelpunkt O der entstehenden Parabel von der Kegelspitze $s = 8$ LE entfernt ist.

   a) Wie heißt die Parabelgleichung?

   b) Wie ändert sich die Parabelgleichung, wenn O bei gleichem ω seine Entfernung von der Kegelspitze vergrößert oder verkleinert?

5. Ein Kegel mit dem Öffnungswinkel $2\omega = 120°$ soll durch eine Ebene so geschnitten werden, daß die Parabel $x_2^2 = 8\sqrt{3} \cdot x_1$ entsteht. Berechne $\mathfrak{e}$ und $\mathfrak{s}$.

6. Gegeben sei ein Kegel mit dem Achsenvektor $\mathfrak{e} = \begin{pmatrix} \frac{1}{2}\sqrt{3} \\ 0 \\ -\frac{1}{2} \end{pmatrix}$. P_1 sei ein Punkt des Kegels, in dem der Kegelradius 3 LE beträgt. Welche Parabel entsteht, wenn man den Kegel in P_1 schneidet?

7. Ein Kegel wird von einer Ebene geschnitten, die parallel zu einer Mantellinie im Abstand $e = 5$ LE verläuft. Die entstehende Parabel hat den Parameter $p = 5$ LE. Berechne $\mathfrak{e}$ und ω.

8. Gegeben ist ein Kegel vom Öffnungswinkel $2\omega = 90°$. Unter welchem Winkel muß die x_1x_2-Ebene die Kegelachse schneiden, und wo muß die Spitze des Kegels liegen (s, β), damit als Schnittlinie die Ellipse $E\colon x_2^2 = 4x_1 - \frac{1}{2}x_1^2$ entsteht?

9. Ein Kegel mit dem Öffnungswinkel $2\omega = 60°$ wird durch eine Ebene, deren Abstand von der Spitze $e = 2$ LE beträgt, unter dem Winkel $\alpha = 45°$ geschnitten. Berechne

   a) $\mathfrak{e}$, b) $\mathfrak{s}$, c) die Scheitelgleichung des entstehenden Kegelschnitts und d) gegebenenfalls dessen Achsen.

10. Gegeben sei von einem Kegel die Achsenrichtung durch $\mathfrak{e} = \begin{pmatrix} \frac{1}{2} \\ 0 \\ -\frac{1}{2}\sqrt{3} \end{pmatrix}$ sowie die Mantellinie $m: \mathfrak{x} = \lambda \begin{pmatrix} 0 \\ 0 \\ -1 \end{pmatrix}$.

a) Was für Kegelschnitte entstehen auf der x_1x_2-Ebene, wenn der Kegel so verschoben wird, daß die Kegelspitze S auf m wandert?

b) Wie hängt der Parameter des entstehenden Kegelschnitts von s ab?

c) Wo muß S liegen, wenn der entstehende Kegelschnitt die kleine Achse $b = 2$ LE haben soll?

11. Ein Kegel wird von einer Ebene E unter $\alpha = 30°$ so geschnitten, daß ein Kegelschnitt mit der Gleichung $x_2^2 = 6x_1 + 2x_1^2$ entsteht. Bestimme

a) ε und damit die Art des Kegelschnitts,

b) den Öffnungswinkel 2ω des Kegels,

c) den Ortsvektor $\mathfrak{s}$ zur Spitze S des Kegels,

d) gegebenenfalls die Achsen des Kegelschnitts.

12. Wie muß man einen Kegel mit dem Öffnungswinkel $2\omega = 150°$ schneiden, damit die Hyperbel $H: x_2^2 = 8x_1 + 15x_1^2$ entsteht?

13. Wie groß muß der Öffnungswinkel eines Kegels mindestens sein, damit als Schnittlinien gleichseitige Hyperbeln entstehen können? Wie muß im Grenzfall die Kegelachse liegen?

14. Gibt es einen Kegel, den man $s = \sqrt{3}$ LE von der Spitze entfernt so schneiden kann, daß die Hyperbel $H: x_2^2 = 3x_1 + 2x_1^2$ entsteht?

15. Ein Kegel mit dem Öffnungswinkel $2\omega = 120°$ wird von einer Ebene so geschnitten, daß diese mit der Kegelachse den Winkel $\alpha = 45°$ einschließt und die Achse in der Entfernung $e = 10$ LE von der Kegelspitze trifft.
Untersuche die Art des Kegelschnitts und berechne gegebenenfalls seine Achsen.

*10.6. Vermischte Aufgaben

1. Wo muß ein Kegel vom Öffnungswinkel $2\omega = 60°$ geschnitten werden, damit die Parabel $P: x_2^2 = 8x_1$ als Schnittlinie entsteht? Gib den Ortsvektor $\mathfrak{s}$ zur Spitze und die Kegelgleichung an.

2. Ein Kegel mit dem Öffnungswinkel 2ω wird von einer Ebene E geschnitten, die im Abstand e parallel zu einer Mantellinie des Kegels verläuft. Bestimme die Scheitelgleichung des entstehenden Kegelschnitts. a) $2\omega = 90°$, $e = 6$ LE, b) allgemeine Lösung.

3. Ein Kegel wird durch eine zur Kegelachse parallele Ebene so geschnitten, daß eine gleichseitige Hyperbel entsteht. Berechne den Öffnungswinkel des Kegels.

4. Berechne den Öffnungswinkel desjenigen Kegels, der unter einem Winkel von $\alpha = 60°$ geschnitten eine Ellipse mit der kleinen Halbachse b = 1 LE und der großen Halbachse $a = \sqrt{2}$ LE als Schnittlinie hat. Berechne auch den Abstand der Kegelspitze von der Schnittebene.

5. Ein Kegel mit dem Öffnungswinkel $2\omega = 120°$ wird von einer Ebene geschnitten, die parallel zur Kegelachse im Abstand e = 3 LE von dieser Achse verläuft. Bestimme

   a) ε und damit die Art des Kegelschnitts,

   b) den Ortsvektor $\mathfrak{s}$ zur Spitze des Kegels,

   c) die Scheitelgleichung des entstehenden Kegelschnitts,

   d) gegebenenfalls seine Mittelpunktsgleichung.

6. Ein Doppelkegel hat den Öffnungswinkel $2\omega = 90°$, seine Achsenrichtung ist durch den Einheitsvektor $\mathfrak{e} = \begin{pmatrix} 1 \\ 0 \\ 0 \end{pmatrix}$ gegeben.

   a) Was entstehen für Schnittlinien auf der x_1x_2-Ebene, wenn sich die Kegelspitze auf der Geraden g: $\mathfrak{x} = \lambda \begin{pmatrix} -1 \\ 0 \\ 1 \end{pmatrix}$ bewegt?

   b) Wo muß die Kegelspitze S liegen ($s_3 > 0$), damit der Kegelschnitt den Parameter p = 2 LE hat?

   c) Verschiebe den Kegelschnitt aus b) so, daß sein Mittelpunkt im Ursprung liegt, und gib seine Mittelpunktsgleichung an.

10.7. Die Brennpunktseigenschaften der Kegelschnitte nach Dandelin

Wir wollen nun geometrische Eigenschaften der Kegelschnitte kennenlernen und orientieren uns deshalb zunächst am Kreis. Der Kreis läßt sich, wie wir gesehen haben, als spezieller Kegelschnitt am geraden Kreiskegel erzeugen und könnte daher als solcher definiert werden. Vertrauter ist uns jedoch seine Definition als Punktmenge: der Kreis ist die Menge aller Punkte, die von einem festen Punkte, dem Mittelpunkt des Kreises, die gleiche Entfernung haben.
Wir fragen nun, ob eine entsprechende Definition auch für die anderen Kegelschnitte möglich ist.

I. Die Ellipse

Wir betrachten Bild 10.21.1. In den Kegel werden zwei Kugeln, die sogenannten Dandelinschen[1]) Kugeln einbeschrieben: sie sollen die Schnittebene E in je einem Punkte, in F_1 bzw. F_2, berühren. Diese Punkte nennt man *Brennpunkte* der Ellipse. Die Kugeln berühren den Kegel in je einem Kreise. Dabei sind die Ebenen E_1 und E_2,

[1] Dandelin (1794 bis 1847, belgischer Ingenieuroffizier).

in denen diese Kreise liegen, zueinander parallel. Zieht man nun durch einen beliebigen Punkt X der Ellipse die Mantellinie des Kegels, so schneidet diese die beiden Kreise in A_1 bzw. A_2. Nun gilt: $\overline{XA_1} = \overline{XF_1}$, da die von X an die erste Kugel gelegten Tangentenstrecken gleich lang sind.
Entsprechend gilt: $\overline{XF_2} = \overline{XA_2}$. Es ist somit für alle Punkte X auf der Ellipse $\overline{XF_1} + \overline{XF_2} = \overline{XA_1} + \overline{XA_2} = \overline{A_1A_2}$. Da die Länge der Strecke A_1A_2 unabhängig von der Wahl des Ellipsenpunktes X ist, gilt der

Satz 10.8

Für alle Punkte X einer Ellipse ist die Summe der Entfernungen von den beiden Brennpunkten konstant.

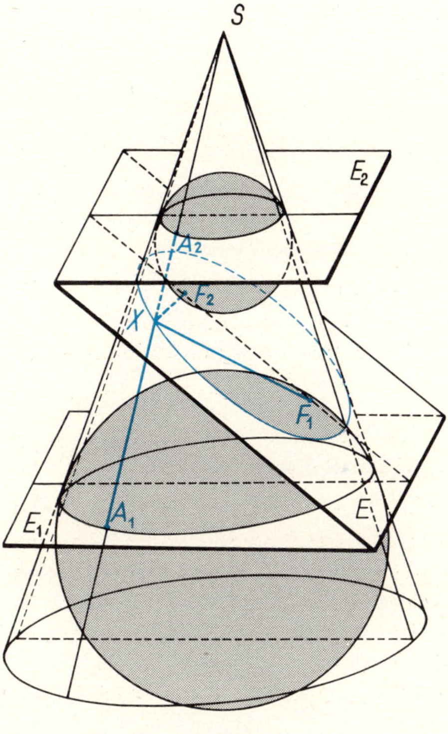

Bild 10.21.1

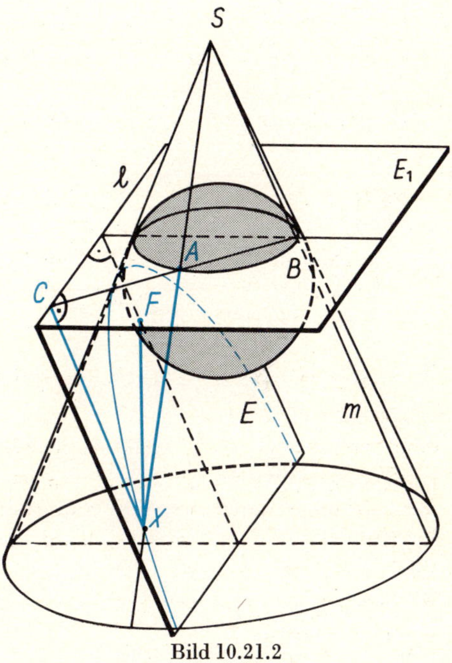

Bild 10.21.2

II. Die Parabel

Wir betrachten nun eine Schnittebene E, die den Kegel so schneidet, daß $\alpha = \omega$ ist (Bild 10.21.2). Dann gibt es genau eine Mantellinie m, die zu E parallel ist (Bild 10.2.1), und nur eine Dandelinsche Kugel. Sie berührt den Kegel im Schnittkreis der Ebene E_1 sowie die Ebene E im Brennpunkt F der Parabel. B sei der Berührungspunkt der Mantellinie m mit der Dandelinschen Kugel. Zieht man durch einen beliebigen

Punkt X der Parabel die Mantellinie XS, so schneidet diese den Berührungskreis in A, und die Tangentenstrecken AS und BS sind gleich lang. Die Gerade durch A und B schneidet die Schnittgerade l von E und E_1 in C. Dann ist XC parallel zu SB (S, B, A, C und X liegen in einer Ebene), und nach dem zweiten Strahlensatz (A ist Strahlenzentrum) ist wegen $\overline{AS} = \overline{BS}$ auch $\overline{XC} = \overline{XF}$. Schließlich sind m und l Lotgeraden und deshalb steht XC senkrecht auf l. Wir nennen l die *Leitgerade* der Parabel und erhalten den

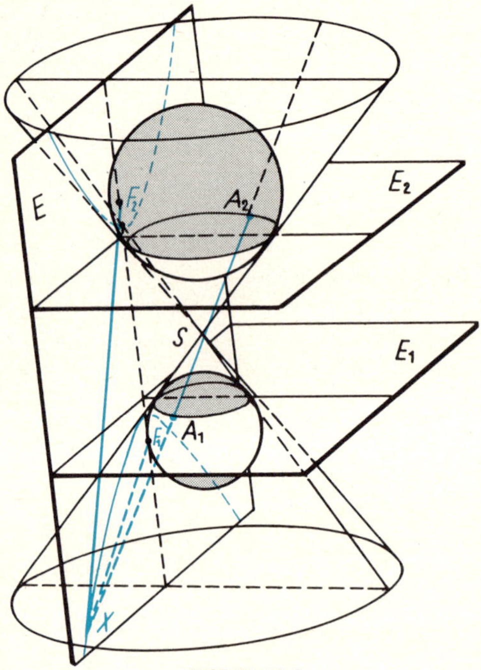

Bild 10.22.1

Satz 10.9

Für alle Punkte X einer Parabel ist die Entfernung vom Brennpunkt gleich dem Abstand von der Leitgeraden.

III. Die Hyperbel

In Bild 10.22.1 berühren die Dandelinschen Kugeln die Schnittebene E in den Brennpunkten der Hyperbel F_1 und F_2 sowie den Doppelkegel in den Kreisen durch A_1 bzw. A_2. Die Ebenen E_1 und E_2, in denen diese Kreise liegen, sind zueinander parallel. Zieht man vom Punkt X der Hyperbel aus die Mantellinie durch S, so schneidet diese die Berührungskreise in A_1 und A_2. Es ist $\overline{XF_1} = \overline{XA_1}$ und $\overline{XF_2} = \overline{XA_2}$, da es sich wieder um Tangentenstrecken von X aus an die Dandelinschen Kugeln handelt. Es folgt nunmehr $\overline{XF_2} - \overline{XF_1} = \overline{XA_2} - \overline{XA_1} = \overline{A_1A_2}$. Die Länge der Strecke A_1A_2 ist unabhängig von der Wahl des Punktes X auf der Hyperbel. Also gilt:

Satz 10.10

Für alle Punkte X einer Hyperbel ist die Differenz der Entfernungen von den beiden Brennpunkten konstant.

In den Sätzen 10.8 bis 10.10 haben wir geometrische Eigenschaften für die Punkte der Kegelschnitte festgehalten. Wir wollen nun prüfen, ob diese Eigenschaften wirklich nur den Punkten der Kegelschnitte zukommen oder ob es in der Ebene E noch weitere Punkte, die nicht Punkte der Kegelschnitte sind, mit diesen Eigenschaften gibt. Wir untersuchen diese Frage für den Fall der Ellipse. In Bild 10.23.1 ist eine Schnittellipse mit ihren Brennpunkten F_1 und F_2 dargestellt, und es gilt für jeden

Punkt X der Kurve $\overline{XF_1} + \overline{XF_2} = c$. Dann ist aber für einen außerhalb der Ellipse liegenden Punkt X'

$$\overline{X'F_1} + \overline{X'F_2} = \overline{XF_1} + \overline{XX'} + \overline{X'F_2}\,.$$

Wegen $\overline{XX'} + \overline{X'F_2} > \overline{XF_2}$ (Dreiecksungleichung) folgt:

$$\overline{XF_1} + \overline{XX'} + \overline{X'F_2} > \overline{XF_1} + \overline{XF_2}\,.$$

Damit ist

$$\overline{X'F_1} + \overline{X'F_2} > c\,.$$

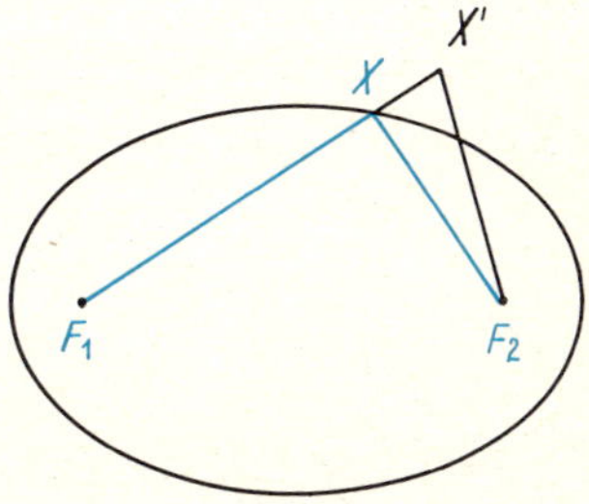

Bild 10.23.1

Also ist für keinen Punkt außerhalb der Ellipse die Summe der Brennstrecken gleich c. Entsprechend weist man nach, daß für alle Punkte X' innerhalb der Ellipse gilt:

$$\overline{X'F_1} + \overline{X'F_2} < c \text{ (vgl. Aufgabe 1)}\,.$$

Damit haben wir gezeigt, daß *nur* die Punkte X der Ellipse die in Satz 10.8 ausgedrückte Eigenschaft haben.
Eine entsprechende Überlegung kann für die Parabel und Hyperbel durchgeführt werden (vgl. Aufgaben 2 u. 3). Damit können wir definieren:

Definition 10.3

Die Ellipse ist die Menge aller Punkte, für die die Summe der Entfernungen von zwei festen Punkten, ihren Brennpunkten, konstant ist.

Definition 10.4

Die Parabel ist die Menge aller Punkte, für die die Entfernung zu einem festen Punkt, dem Brennpunkt, gleich dem Abstand von einer festen Geraden, der Leitgeraden, ist.

Definition 10.5

Die Hyperbel ist die Menge aller Punkte, für die die Differenz der Entfernungen von zwei festen Punkten, ihren Brennpunkten, konstant ist.

Aufgaben

1. Beweise: Ist X ein beliebiger Punkt einer Ellipse und liegt X' im Innern dieser Kurve, so ist $\overline{X'F_1} + \overline{X'F_2} < \overline{XF_1} + \overline{XF_2}$, wenn F_1 und F_2 die beiden Brennpunkte sind.
2. Zeige: Für alle und nur die Punkte einer Parabel ist der Abstand von der Leitlinie gleich der Entfernung vom Brennpunkt!
3. Zeige entsprechend der Aufgabe 2 die Berechtigung der Definition 10.5 für die Hyperbel.

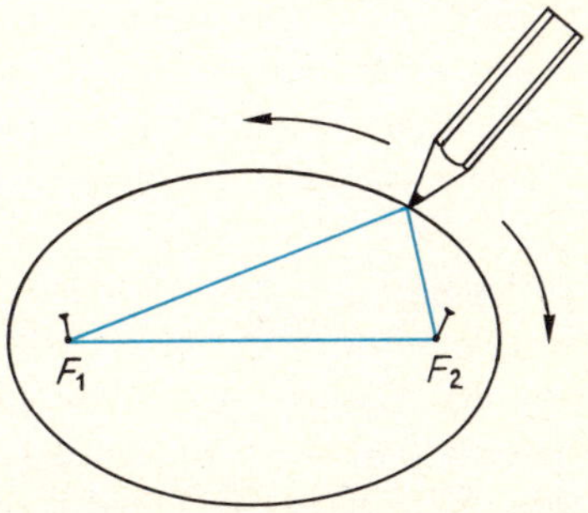

Bild 10.23.2

4. Führe nach Bild 10.23.2 die Fadenkonstruktion einer Ellipse durch und begründe dieses Verfahren.

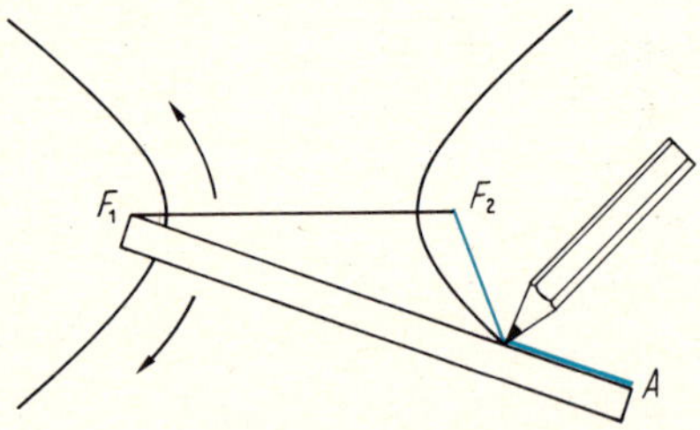

Bild 10.24.1

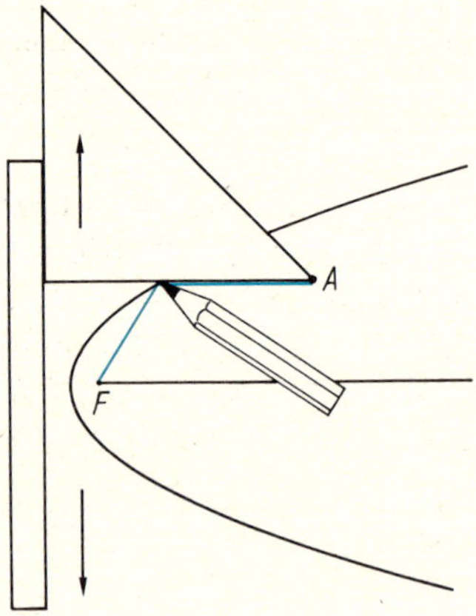

Bild 10.24.2

5. In Bild 10.24.1 dreht sich ein Lineal um F_1. Ein Faden, der in A am Lineal und in F_2 befestigt ist, wird durch den Bleistift stets straff gespannt. Zeige, daß die Bleistiftspitze eine Hyperbel beschreibt (Fadenkonstruktion der Hyperbel).

6. Begründe die Fadenkonstruktion der Parabel gemäß Bild 10.24.2.

10.8. Die Gleichungen der einzelnen Kegelschnitte als Punktmengen

Vorübungen

1. Wie löst man eine geometrische Ortsaufgabe?
2. Wie lassen sich die Kegelschnitte als Punktmengen definieren?

Da wir in den Definitionen 10.3 bis 10.5 geometrische Eigenschaften festgehalten haben, die die Kegelschnitte als Punktmengen charakterisieren, die also genau für jeden Punkt des betrachteten Kegelschnitts gelten, können wir aus diesen geometrischen Eigenschaften die Gleichungen dieser Punktmengen gewinnen.

10.8.1. Die Parabel

Um die Parabelgleichung zu erhalten, wählen wir zunächst ein geeignetes Koordinatensystem. Gegeben sind der Brennpunkt F und die Leitgerade l, mit ihnen der Abstand p zwischen F und l. Die x_1-Achse legen wir auf die Symmetrieachse der gegebenen Stücke, d. h. auf das Lot von F auf l, der Ursprung liege in der Mitte zwischen F und l (Bild 10.25.1). Nun muß nach Def. 10.4 für jeden Parabelpunkt X gelten

$$\overline{XL} = \overline{XF},$$

wobei L der Fußpunkt des von X auf l gefällten Lotes ist.
Daraus gewinnt man die Beziehung

$$\frac{p}{2} + x_1 = \sqrt{\left(x_1 - \frac{p}{2}\right)^2 + x_2^2}$$

Da in ihr außer den Koordinaten des Laufpunkts der gesuchten Ortslinie nur die vorgegebene feste Größe p enthalten ist, stellt diese Beziehung bereits die Gleichung der gesuchten Ortslinie, d. h. also die der Parabel dar. Wir formen zur Vereinfachung um:

$$\frac{p^2}{4} + px_1 + x_1^2 = x_1^2 - px_1 + \frac{p^2}{4} + x_2^2$$

$$x_2^2 = 2px_1$$

Scheitelform der Parabelgleichung

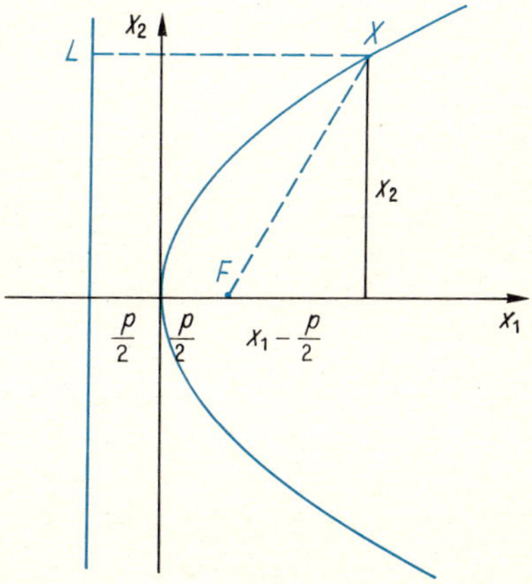

Bild 10.25.1

p heißt *Parameter* der Parabel und soll stets positiv sein.
Parabelpunkte gibt es nur für $x_1 \geqq 0$. Die Parabel ist nach rechts geöffnet. Schon aus der Wahl des Koordiantensystems ergibt sich, daß die x_1-Achse Symmetrieachse der Parabel ist. Wir sprechen von der Scheitelform der Parabelgleichung, weil der Scheitelpunkt der Parabel im Ursprung liegt.
Spiegelt man die Parabel an der x_2-Achse, so erhält man die Gleichung der nach links geöffneten Parabel:

$$x_2^2 = -2px_1.$$

Spiegelt man an der Winkelhalbierenden $w: x_2 = x_1$ des I. und III. Quadranten, so erhält man die nach oben geöffnete Parabel:

$$x_1^2 = 2px_2.$$

Schließlich ist die Gleichung der nach unten geöffneten Parabel:

$$x_1^2 = -2px_2.$$

Verschiebt man die Parabel $P: x_2^2 = 2px_1$ so, daß ihr Scheitel statt in 0 in $S(s_1/s_2)$ liegt, so erhält man

$$(x_2 - s_2)^2 = 2p(x_1 - s_1).$$ *Verschiebungsform der Parabelgleichung*

(Vgl. Abschnitt 9.3.2.)

10.8.2. Die Ellipse und die Hyperbel

Um die Gleichungen für Ellipse und Hyperbel aus den Definitionen 10.3 und 10.5 zu gewinnen, wählen wir wieder das Koordinatensystem so, daß die Ortslinien möglichst viele Symmetrien zu den Koordinatenachsen erwarten lassen: Wir legen die x_1-Achse durch die gegebenen Brennpunkte F_1 und F_2, als x_2-Achse wählen wir die Mittelsenkrechte auf der Strecke F_1F_2. Der mit F_1 und F_2 vorgegebene Abstand zwischen den Brennpunkten heiße 2e,

die konstante Summe | die konstante Differenz

der Brennstrecken 2a.

e heißt auch *lineare Exzentrizität.*

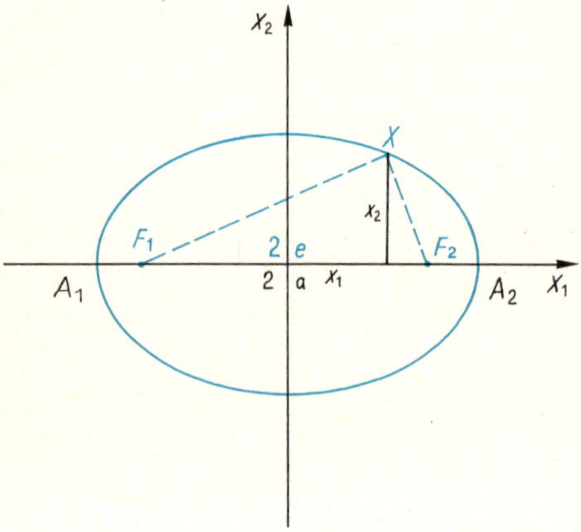

Bild 10.26.1

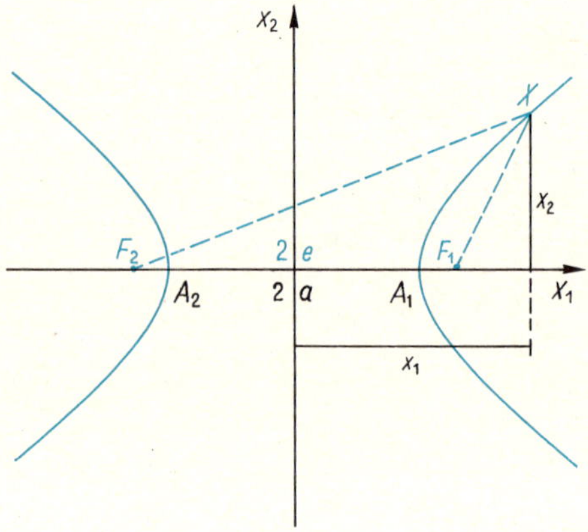

Bild 10.26.2

Wir überlegen uns zunächst die geometrische Bedeutung der Strecke 2a. Dazu betrachten wir diejenigen Punkte A_1 und A_2 auf der x_1-Achse, die auf

der Ellipse (Bild 10.26.1) | der Hyperbel (Bild 10.26.2)

liegen. Da A_1 ein

Ellipsenpunkt | Hyperbelpunkt

ist, muß für ihn, wie für jeden anderen, nach der Ortsliniendefinition gelten:

$\overline{F_1A_1} + \overline{F_2A_1} = 2a$ | $\overline{F_2A_1} - \overline{F_1A_1} = 2a.$

Aus Symmetriegründen ist nun $\overline{F_1A_1} = \overline{F_2A_2}$, so daß gilt:

$\overline{F_1A_1} + \overline{F_2A_1} = \overline{F_2A_2} + \overline{F_2A_1} = \overline{A_1A_2}$ | $\overline{F_2A_1} - \overline{F_1A_1} = \overline{F_2A_1} - \overline{F_2A_2} = \overline{A_2A_1}.$

2a ist demnach die Entfernung der beiden *Hauptscheitel* A_1 und A_2, die sogenannte *Hauptachse*

der Ellipse. | der Hyperbel.
Nach Def. 10.3 | Nach Def. 10.5

gilt für alle Punkte X

auf der Ellipse | auf der Hyperbel
$\overline{F_1X} + \overline{F_2X} = 2a,$ | $\overline{F_2X} - \overline{F_1X} = 2a,$

das heißt:

$$\sqrt{(e+x_1)^2+x_2^2}+\sqrt{(e-x_1)^2+x_2^2}=2a \quad | \quad \sqrt{(e+x_1)^2+x_2^2}-\sqrt{(e-x_1)^2+x_2^2}=2a$$

Nach zweimaligem Quadrieren und Umformen erhält man

$$(a^2-e^2)\,x_1^2+a^2x_2^2=a^2(a^2-e^2)\,.$$

Nun ist für die Ellipse

$$a>e\,.$$

| Nun ist für die Hyperbel

$$e>a\,.$$

Wir setzen deshalb

$$b^2=a^2-e^2 \quad | \quad -b^2=a^2-e^2$$

und erhalten

$$b^2x_1^2+a^2x_2^2=a^2b^2 \quad | \quad b^2x_1^2-a^2x_2^2=a^2b^2$$

oder

$$\frac{x_1^2}{a^2}+\frac{x_2^2}{b^2}=1\,. \quad | \quad \frac{x_1^2}{a^2}-\frac{x_2^2}{b^2}=1\,.$$

Mittelpunktsform der Ellipsengleichung | *Mittelpunktsform der Hyperbelgleichung*

Die geometrische Bedeutung von b zeigt Bild 10.27.1

B_1 und B_2 sind die Punkte der Ellipse, die auf der x_2-Achse liegen, die sogenannten *Nebenscheitel* der Ellipse. B_1B_2 mit $\overline{B_1B_2}=2b$ heißt *Nebenachse*.

| Eine geometrische Bedeutung für b wird in 10.8.3 gegeben.

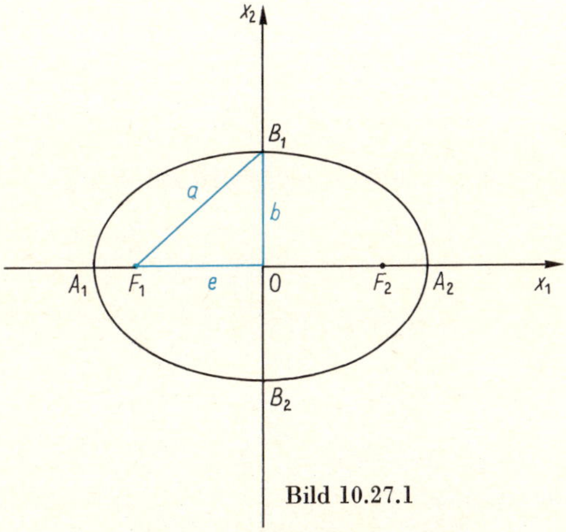

Bild 10.27.1

In der Mittelpunktslage ist

die Ellipse | die Hyperbel

– und das war nach Wahl des Koordinatensystems zu erwarten – zu beiden Achsen symmetrisch und damit zum Ursprung zentralsymmetrisch.

Ellipsenpunkte	Hyperbelpunkte
gibt es nur für	
$-a \leqq x_1 \leqq +a$.	$x_1 \leqq -a$ oder $+a \leqq x_1$.

Ist $b = a$, so wird aus der

Ellipse der Kreis $x_1^2 + x_2^2 = a^2$.	Hyperbel die *gleichseitige Hyperbel* $x_1^2 - x_2^2 = a^2$.

Liegt der Mittelpunkt nicht im Ursprung, sondern in $M(m_1/m_2)$, so erhält man

$\frac{(x_1 - m_1)^2}{a^2} + \frac{(x_2 - m_2)^2}{b^2} = 1$.	$\frac{(x_1 - m_1)^2}{a^2} - \frac{(x_2 - m_2)^2}{b^2} = 1$.
Verschiebungsform der Ellipsengleichung	*Verschiebungsform der Hyperbelgleichung*

(Vgl. Abschnitt 9.3.2.)

Zusammenfassend läßt sich sagen, daß sich die Gleichung jedes Kegelschnitts, dessen Achsen parallel zu den Koordinatenachsen sind, in die Form

$$px_1^2 + qx_1 + rx_2^2 + sx_2 + t = 0$$

bringen läßt (vgl. Abschnitt 9.1.3).

Umgekehrt braucht aber nicht jede Gleichung dieser Form einen Kegelschnitt darzustellen (vgl. Aufg. 15).

10.8.3. Die Asymptoten der Hyperbel

Verbindet man den Ursprung mit einem Hyperbelpunkt X im I. Quadranten, so hat die Verbindungsstrecke den Anstieg

$$m = \frac{x_2}{x_1} = \frac{\frac{b}{a}\sqrt{x_1^2 - a^2}}{x_1} = \frac{b}{a}\sqrt{1 - \frac{a^2}{x_1^2}}\,.$$

Dieser Anstieg wächst, wenn x_1 größer wird, wenn sich also X auf der Hyperbel vom Ursprung entfernt. m wächst aber nicht über alle Grenzen, da sich $\frac{a^2}{x_1^2}$ mit zunehmendem x_1 immer mehr dem Wert Null nähert. Deshalb gibt es für m einen Grenzwert

$$m_A = \frac{b}{a},$$

zu dem eine Ursprungsgerade gehört, die *Asymptote*. Dieser Grenzgeraden kommt die Hyperbel bei hinreichend großem x_1 beliebig nahe, ohne sie aber jemals zu erreichen. Entsprechende Überlegungen für die übrigen Quadranten zeigen, daß es zwei Asymptoten gibt. Ihre Gleichungen sind

$$x_2 = \pm \frac{b}{a} x_1\,.$$

Mit Hilfe der Asymptoten läßt sich nun eine geometrische Bedeutung für die Nebenachse der Hyperbel finden. Da der Punkt $B(a/b)$ sowohl auf der Asymptote $x_2 = \frac{b}{a} x_1$ als auch auf der Scheiteltangente liegt, ist $2b$ diejenige Streckenlänge, die die

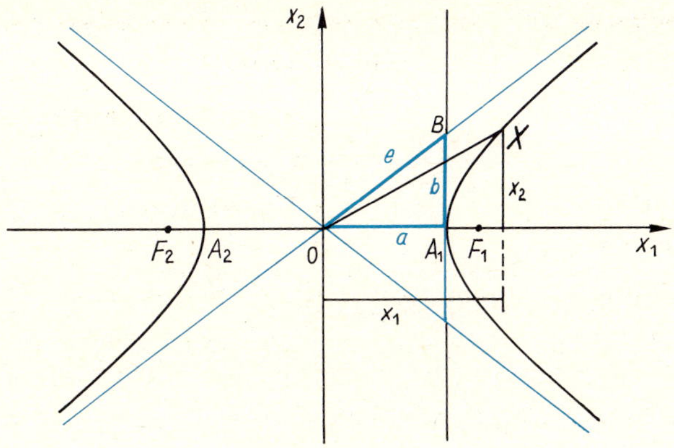

Bild 10.29.1

Asymptoten aus der Scheiteltangente herausschneiden. Wegen $e^2 = a^2 + b^2$ ist $e = \overline{OB}$ (Bild 10.29.1). Bei der gleichseitigen Hyperbel $x_1^2 - x_2^2 = a^2$ haben die Asymptoten die Gleichungen $x_2 = \pm x_1$. Sie stehen senkrecht aufeinander.

Beispiel

Bestimme Mittelpunkt, Achsen, Scheitelpunkte, Brennpunkte und Asymptoten der Hyperbel (Bild 10.29.2)

$$H: 16x_1^2 - 96x_1 - 9x_2^2 + 18x_2 = 9 \,.$$

Um die Aufgabe zu lösen, bringen wir die Gleichung in die Verschiebungsform und klammern deshalb zunächst aus wie folgt:

$$16(x_1^2 - 6x_1) - 9(x_2^2 - 2x_2) = 9 \,.$$

Wir addieren zweimal die quadratische Ergänzung:

$$16(x_1 - 3)^2 - 9(x_2 - 1)^2 = 9 + 16 \cdot 9 - 9$$

$$16(x_1 - 3)^2 - 9(x_2 - 1)^2 = 144 \,.$$

Nach Division durch 144 ergibt sich

$$\frac{(x_1 - 3)^2}{9} - \frac{(x_2 - 1)^2}{16} = 1 \,.$$

Aus dieser Gleichung können wir den Mittelpunkt M(3/1) und die Achsen a = 3 LE, b = 4 LE entnehmen. Damit erhält man weiter $e = \sqrt{a^2 + b^2} = 5$ LE.

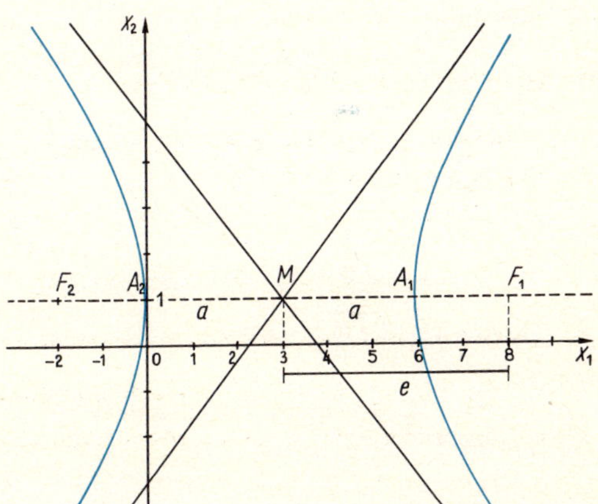

Bild 10.29.2

Die Scheitelpunkte sind demnach $A_1(6/1)$ und $A_2(0/1)$, die Brennpunkte $F_1(8/1)$ und $F_2(-2/1)$.

Der Richtungsvektor der Asymptoten ist $\mathfrak{u} = \begin{pmatrix} a \\ \pm b \end{pmatrix} = \begin{pmatrix} 3 \\ \pm 4 \end{pmatrix}$. Da die Asymptoten g_1 und g_2 durch M gehen müssen, erhält man als Punktrichtungsgleichung der Asymptoten:

$$g_1: \begin{pmatrix} -4 \\ 3 \end{pmatrix} \left[\mathfrak{x} - \begin{pmatrix} 3 \\ 1 \end{pmatrix} \right] = 0 \quad \Rightarrow \quad g_1: x_2 = \frac{4}{3} x_1 - 3 \,,$$

$$g_2: \begin{pmatrix} 4 \\ 3 \end{pmatrix} \left[\mathfrak{x} - \begin{pmatrix} 3 \\ 1 \end{pmatrix} \right] = 0 \quad \Rightarrow \quad g_2: x_2 = -\frac{4}{3} x_1 + 5 \,.$$

Aufgaben

1. Zeige: Eine Parabel P: $x_2^2 = 2px_1$ ist um so weiter geöffnet, je größer p ist.

2. Beweise: Errichtet man im Brennpunkt einer Parabel die Senkrechte auf der Achse, so schneidet die Parabel aus dieser Geraden eine Sehne der Länge 2p heraus.

3. Leite die Gleichung einer nach unten geöffneten Parabel als Ortslinie durch geeignete Wahl des Koordinatensystems her.

4. Bestimme Scheitelpunkt, Brennpunkt und Leitgerade der Parabel
   a) P: $x_2^2 = 6x_1$,
   b) P: $x_2^2 = -x_1 + 1$,
   c) P: $x_1^2 - 2x_1 + 16x_2 + 49 = 0$.

5. Welche Parabel mit der Gleichung $x_2^2 = 2px_1$ geht durch A(5/10)?

6. Wie heißt die Gleichung der Parabel mit dem Scheitel S(2/5) und dem Brennpunkt F(0/5)?

7. Bestimme die Menge aller Parabeln mit dem Scheitel S(−1/3), deren Achsen zu den Koordinatenachsen parallel laufen und die durch A(1/1) gehen.

8. Gegeben ist ein rechtwinkliges Dreieck durch die Hypotenuse $\overline{AB} = 5$ LE und die Kathete $\overline{BC} = 3$ LE. Bestimme die Gleichung derjenigen Ellipse, die A und B als Brennpunkte hat, während C auf der Ellipse liegt.

9. Welche Ellipse in Mittelpunkslage mit der linearen Exzentrizität e = 3 LE geht durch $A\left(\sqrt{5}\Big/\frac{8}{5}\sqrt{5}\right)$?

10. Welche Hyperbel in Mittelpunktslage mit der Hauptachse 2a = 6 LE hat die lineare Exzentrizität e = 8 LE?

11. Für welche Punkte der Hyperbel H: $\frac{x_1^2}{16} - \frac{x_2^2}{9} = 1$ stehen die Brennstrecken (Verbindungslinien des Punktes mit den Brennpunkten) aufeinander senkrecht?

12. Für welche Ellipse mit der Hauptachse 2a ist das Viereck $F_1B_1F_2B_2$ ein Quadrat?

13. Verschiebe a) die Ellipse E: $\frac{x_1^2}{a^2} + \frac{x_2^2}{b^2} = 1$,
    b) die Hyperbel H: $\frac{x_1^2}{a^2} - \frac{x_2^2}{b^2} = 1$

    so, daß der Hauptscheitel A_1 in den Ursprung fällt und löse die Gleichung nach x_2^2 auf (Scheitelform der Ellipsen- bzw. Hyperbelgleichung).

14. Bestimme die Art, Achsen und Mittelpunkte folgender Kegelschnitte:

a) Ks: $2x_1^2 + 3x_2^2 - 6 = 0$,

b) Ks: $4x_1^2 - x_2^2 - 6x_2 - 13 = 0$,

c) Ks: $x_1^2 - 2x_1 - x_2^2 + 2x_2 - 1 = 0$,

d) Ks: $9x_1^2 + 18x_1 + 4x_2^2 - 16x_2 - 29 = 0$.

15. Untersuche die Punktmengen

a) $\{X[\mathfrak{x}] \mid 4x_1^2 - 16x_1 + x_2^2 - 2x_2 + 13 = 0\}$,

b) $\{X[\mathfrak{x}] \mid 2x_1^2 - x_2^2 - 6x_2 - 5 = 0\}$,

c) $\{X[\mathfrak{x}] \mid 4x_1^2 - 8x_1 - x_2^2 + 6x_2 - 5 = 0\}$,

d) $\{X[\mathfrak{x}] \mid x_2^2 \geqq 8x_1\}$,

e) $\{X[\mathfrak{x}] \mid 9x_1^2 + 16x_2^2 = 144 \text{ und } x_1 > 0\}$,

f) $\{X]\mathfrak{x}] \mid 9x_1^2 - 16x_2^2 = 144 \text{ und } x_1 \geqq x_2\}$.

16. Gegeben ist die Ellipse E: $b^2 x_1^2 + a^2 x_2^2 = a^2 b^2$. Welche Hyperbel hat die gleichen Brennpunkte und die gleiche Nebenachse?

17. Bestimme die Gleichung derjenigen Ellipse, deren Hauptscheitel in den Brennpunkten und deren Brennpunkte in den Hauptscheiteln der Hyperbel H: $b^2x_1^2 - a^2x_2^2 = a^2b^2$ liegen.

18. Berechne die Brennpunkte und Asymptoten der Hyperbeln

a) H: $\frac{x_1^2}{12} - \frac{x_2^2}{4} = 1$,

b) H: $9x_1^2 - 36x_1 - 16x_2^2 + 64x_2 = 124$.

19. a) Bestimme die Menge aller Hyperbeln, die die Geraden $g_{1/2}$: $x_2 = \pm 2x_1$ zu Asymptoten haben.

b) Welche dieser Hyperbeln geht durch A $(2/\sqrt{7})$?

20. Eine Hyperbel ist gegeben durch die Gleichung

$$4x_1^2 - 16x_1 - x_2^2 - 2x_2 = -7.$$

Bestimme Mittelpunkt, Achsen, lineare Exzentrizität und Asymptoten.

21. Eine Hyperbel hat die Asymptoten $g_1: x_2 = x_1 + 2$ und $g_2: x_2 = -x_1 + 4$. Sie geht durch A$(6/-1)$. Bestimme ihre Gleichung.

10.9. Kegelschnitte und Gerade

Vorübungen

1. Welche verschiedenen Lagen können eine Gerade und ein Kegelschnitt zueinander haben?

2. Bestimme die Schnittpunkte der Ellipse E: $\frac{x_1^2}{9} + \frac{x_2^2}{4} = 1$ mit der Geraden a) g: $x_2 = 1$, b) g: $x_2 = 2$, c) g: $x_2 = 3$.

3. Bestimme die Schnittpunkte der Hyperbel H: $\frac{x_1^2}{4} - \frac{x_2^2}{4} = 1$ mit der Geraden a) g: $x_2 = \frac{1}{2}x_1$, b) g: $x_2 = x_1$, c) g: $x_2 = 2x_1$.

Will man eine Gerade

(1) $$g\colon x_2 = mx_1 + n$$

zum Schnitt bringen mit der Parabel

(2) $$P\colon x_2^2 = 2px_1$$

oder der Ellipse

(2′) $$E\colon \frac{x_1^2}{a^2} + \frac{x_2^2}{b^2} = 1$$

oder der Hyperbel

(2″) $$H\colon \frac{x_1^2}{a^2} - \frac{x_2^2}{b^2} = 1,$$

so muß man die Menge der Wertepaare bestimmen, die die Gleichung (1) und eine der Gleichungen (2), (2′) oder (2″) zugleich erfüllen. Durch Einsetzen von (1) in (2) bzw. (2′), (2″) erhält man:

(3) $$x_{11/12} = \frac{p - mn \pm \sqrt{p(p - 2mn)}}{m^2} \quad (m \neq 0),$$

(3′) $$x_{11/12} = \frac{-mna^2 \pm ab\sqrt{b^2 + a^2m^2 - n^2}}{b^2 + a^2m^2},$$

(3″) $$x_{11/12} = \frac{mna^2 \pm ab\sqrt{b^2 - a^2m^2 + n^2}}{b^2 - a^2m^2} \quad (b^2 - a^2m^2 \neq 0).$$

Die x_2-Werte bestimmt man durch Einsetzen von $x_{11/12}$ in (1).
Aus den Gleichungen (3), (3′), (3″) geht hervor, daß man genau dann zwei Lösungen, eine Lösung oder keine erhält, wenn der Radikand positiv, gleich Null oder negativ ist. Das bedeutet, die Gerade ist eine Sekante, Tangente oder Passante des Kegelschnitts.
Man erhält also den

Satz 10.11

Eine Gerade $g\colon x_2 = mx_1 + n$ ist genau dann Tangente
an die Parabel $P\colon x_2^2 = 2px_1$, wenn gilt: $p - 2mn = 0$,
an die Ellipse $E\colon \frac{x_1^2}{a^2} + \frac{x_2^2}{b^2} = 1$, wenn gilt: $b^2 + a^2m^2 - n^2 = 0$,
an die Hyperbel $H\colon \frac{x_1^2}{a^2} - \frac{x_2^2}{b^2} = 1$, wenn gilt: $b^2 - a^2m^2 + n^2 = 0$.

(Tangentenbedingungen)

Ist in (3″) $b^2 = a^2m^2$, so kann man mit Hilfe dieser Formel keine Schnittpunkte bestimmen. Es ist dann $m = \pm\frac{b}{a}$ und somit die Gerade zu einer Asymptote der Hyperbel parallel. Um in diesem Fall gemeinsame Punkte von Gerade und Hyperbel zu bestimmen, muß man die Geraden $g\colon x_2 = \pm\frac{b}{a}x_1 + n$ mit der Hyperbel $H\colon \frac{x_1^2}{a^2} - \frac{x_2^2}{b^2} = 1$ zum Schnitt bringen.

Beispiel

Welche Geraden des Büschels durch den Punkt P(0/4) berühren die Ellipse E: $\frac{x_1^2}{9} + \frac{x_2^2}{4} = 1$? Bestimme die Berührungspunkte.

Lösung: Da P auf der x_2-Achse liegt, hat das Geradenbüschel die Gleichung

$$x_2 = mx_1 + 4\,.$$

Eine Gerade berührt die Ellipse, wenn für den Radikanden aus (3′) gilt:

$$b^2 + a^2 m^2 - n^2 = 0\,.$$

Setzt man $a = 3$, $b = 2$ und $n = 4$ in diese Gleichung ein, so folgt:

$$m_{1/2} = \pm \frac{2}{3}\sqrt{3}\,.$$

Die Geraden

(4) $$g_{1/2}\colon x_2 = \pm \frac{2}{3}\sqrt{3}\, x_1 + 4$$

sind Tangenten der Ellipse.
Die x_1-Koordinaten der Berührungspunkte ergeben sich aus (3′):

$$x_{11/12} = \frac{-mna^2}{b^2 + a^2 m^2} = \frac{\mp \frac{2}{3}\sqrt{3}\cdot 4\cdot 9}{4 + 9\cdot \frac{4}{3}} = \mp \frac{3\sqrt{3}}{2}\,.$$

Setzt man diese Werte in (4) ein, erhält man weiter:

$$x_{21/22} = \pm \frac{2}{3}\sqrt{3}\cdot\left(\mp \frac{3\sqrt{3}}{2}\right) + 4 = 1.$$

Die Berührungspunkte sind $P_1\left(-\frac{3\sqrt{3}}{2}\Big/1\right)$ und $P_2\left(\frac{3\sqrt{3}}{2}\Big/1\right)$.

Aufgaben

1. Bestimme die Menge der gemeinsamen Punkte folgender Kegelschnitte (Kegelschnittsflächen) und Geraden:

   a) Ks: $x_2^2 = 6x_1$ — g: $6x_1 - x_2 - 12 = 0$,

   b) Ks: $\frac{x_1^2}{36} + \frac{x_2^2}{25} \leqq 1$ — g: $\begin{pmatrix}10\\-9\end{pmatrix}\mathfrak{x} - 75 = 0$,

   c) Ks: $2x_1^2 + 5x_2^2 = 40$ — g: $x_2 = x_1 + 10$,

   d) Ks: $\frac{x_1^2}{4} - \frac{x_2^2}{9} = 1$ — g: $\begin{pmatrix}1\\1\end{pmatrix}\mathfrak{x} = 2$,

   e) Ks: $x_2^2 \leqq 10x_1$ — g: $\begin{pmatrix}2\\2\end{pmatrix}\mathfrak{x} + 5 = 0$,

   f) Ks: $x_2^2 = 14x_1$ — g: $x_1 - x_2 + 8 = 0$.

2. Bestimme die Länge der Sehne, die die Parabel P: $x_2^2 = \frac{16}{3}x_1$ aus der Geraden g: $2x_1 + x_2 - 2 = 0$ herausschneidet.

3. Durch den Brennpunkt der Parabel P: $x_2^2 = 2px_1$ ist eine Gerade gezogen, die von den positiven Koordinatenachsen gleiche Strecken abschneidet. Bestimme die Schnittpunkte dieser Geraden mit der Parabel sowie die Länge der herausgeschnittenen Sehne.

4. Welche Geraden der Parallelenschar mit der Gleichung $\begin{pmatrix} 5 \\ -3 \end{pmatrix} \mathfrak{x} - c = 0$ berühren die Hyperbel H: $x_1^2 - x_2^2 = 64$? Bestimme die Berührungspunkte.

5. Gegeben ist die Ellipse

$$E: 9x_1^2 + 25x_2^2 - 36x_1 - 150x_2 + 36 = 0 .$$

Durch den Ursprung werden die Verbindungsgeraden zu den beiden Brennpunkten der Ellipse gezogen. Welchen Winkel schließen diese Geraden ein?

6. Der Ellipse E: $\frac{x_1^2}{a^2} + \frac{x_2^2}{b^2} = 1$ ist ein Quadrat mit achsenparallelen Seiten einzubeschreiben. Wie groß ist sein Flächeninhalt?

7. Welche Geraden der Parallelenschar mit der Gleichung $x_2 = -x_1 + n$ berühren die Ellipse E: $\frac{x_1^2}{16} + \frac{x_2^2}{9} = 1$? Bestimme die Berührungspunkte.

8. Der Ellipse E: $b^2x_1^2 + a^2x_2^2 = a^2b^2$ ist ein Quadrat umzubeschreiben, dessen Ecken auf den Koordinatenachsen liegen. Berechne Seitenlänge und Flächeninhalt.

9. Welche Geraden berühren die Parabel P: $x_2^2 = 6x_1$ und bilden jeweils mit den beiden Koordinatenachsen ein Dreieck vom Flächeninhalt 9 FE? Bestimme den Berührungspunkt.

10. Welche Parabel mit dem Scheitel im Ursprung und der x_1-Achse als Symmetrieachse berührt die Gerade g: $x_2 = x_1 + 2$? Wie lang ist die Sehne, die vom Berührungspunkt durch den Brennpunkt der Parabel gezogen wird?

11. Bestimme die Menge der Tangenten an die Hyperbel H: $9x_1^2 - 25x_2^2 = 225$, die zur Geraden g: $4x_1 - 5x_2 + 12 = 0$ parallel sind.

12. Gib die Gleichungen der Tangenten an, die man durch den Punkt P(1/4) an die Hyperbel H: $\frac{x_1^2}{25} - \frac{x_2^2}{16} = 1$ legen kann.

13. Bestimme die Menge der gemeinsamen Tangenten an die Parabel P: $x_2^2 = -16x_1$ und die Hyperbel H: $\frac{x_1^2}{36} - \frac{x_2^2}{20} = 1$. In welchen Punkten wird jede Kurve von den Tangenten berührt?

14. An die Parabel P: $x_2^2 = 12x_1$ und die Ellipse E: $\frac{x_1^2}{36} + \frac{x_2^2}{27} = 1$ sollen die gemeinsamen Tangenten gezogen werden. Bestimme die Gleichungen der Tangenten und die Koordinaten der Berührungspunkte.

15. An die Parabel $P: x_2^2 = 20x_1$ wird im Punkte $B(5/b_2 > 0)$ die Tangente gezogen. Um den Scheitelpunkt der Parabel als Mittelpunkt soll eine Ellipse gelegt werden, deren große Halbachse $a = 4\,\text{LE}$ die Richtung der x_1-Achse hat. Außerdem soll die Ellipse von der Parabeltangente ebenfalls berührt werden. Bestimme die Gleichung der Ellipse sowie den Berührungspunkt.

16. In welchen Punkten schneiden sich folgende Kreise und Ellipsen?

a) $K: x_1^2 + x_2^2 = 25 \qquad E: \frac{x_1^2}{64} + \frac{x_2^2}{12} = 1,$

b) $K: x_1^2 + x_2^2 = 97 \qquad E: \frac{x_1^2}{225} + \frac{x_2^2}{25} = 1,$

c) $K: x_1^2 + x_2^2 = 16 \qquad E: \frac{x_1^2}{25} + \frac{x_2^2}{9} = 1.$

17. In welchen Punkten schneiden sich die Ellipsen

$$E_1: 9x_1^2 + 64x_2^2 = 144 \quad \text{und} \quad E_2: 4x_1^2 + 9x_2^2 = 36\,?$$

18. Über der großen Achse der Ellipse $E: \frac{x_1^2}{36} + \frac{x_2^2}{16} = 1$ wird ein Kreis beschrieben und an beide Kurven werden vom Punkte $P(7{,}5/0)$ die Tangenten gezogen. Bestimme die Berührungspunkte und die Gleichungen der Tangenten.

19. Gegeben ist die Gleichung einer Parabel $P: x_2^2 = 6x_1$ und eines Kreises $K: 9x_1^2 + 9x_2^2 = 208$. Bestimme die Schnittpunkte beider Kurven, die Gleichungen der in diesen Punkten an beide Kurven gelegten Tangenten sowie den Schnittwinkel der Kurven.

20. In den Schnittpunkten der Parabel $P: x_2^2 = \frac{8}{3}x_1$ und des Kreises $K: x_1^2 + x_2^2 = 20$ werden die Tangenten an beide Kurven gelegt. Bestimme den Flächeninhalt des Vierecks, das von den Schnittpunkten und den Tangentenschnittpunkten auf der x_1-Achse gebildet wird.

10.10. Die Gleichungen der Kegelschnittstangenten

Vorübungen

1. Was versteht man unter der Steigung einer Kurve im Punkt B? Wie kann man diese Steigung berechnen?
2. Wie heißt die Kettenregel der Differentialrechnung? Wann wendet man sie an?
3. Was versteht man unter dem Steigungsvektor $\mathfrak{u}_m$ einer Geraden? Wie heißen seine Koordinaten?

Gegeben seien eine Parabel P, eine Ellipse E und eine Hyperbel H:

$$P: x_2^2 = 2px_1, \qquad E: \frac{x_1^2}{a^2} + \frac{x_2^2}{b^2} = 1, \qquad H: \frac{x_1^2}{a^2} - \frac{x_2^2}{b^2} = 1.$$

Wir wollen die Gleichungen der Tangenten aufstellen, die wir im Kurvenpunkt B an die einzelnen Kegelschnitte legen können. Die Rechnung führen wir in zwei parallel verlaufenden Rechengängen durch: links für die Parabel (Bild 10.36.1) und rechts für Ellipse und Hyperbel gemeinsam (Bild 10.36.2), wobei das obere Vorzeichen für die Ellipse, das untere für die Hyperbel gelten soll.

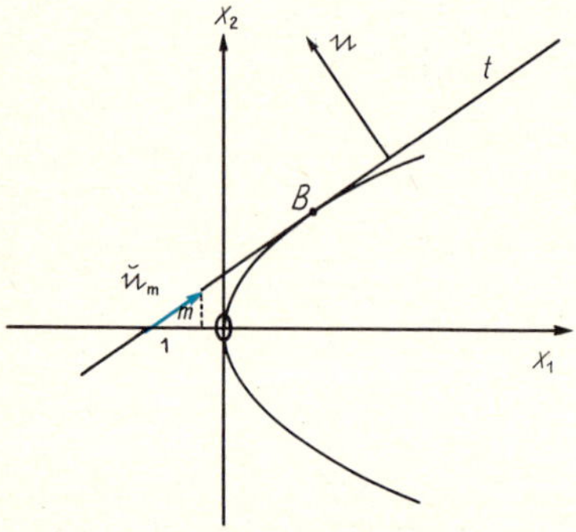

Bild 10.36.1

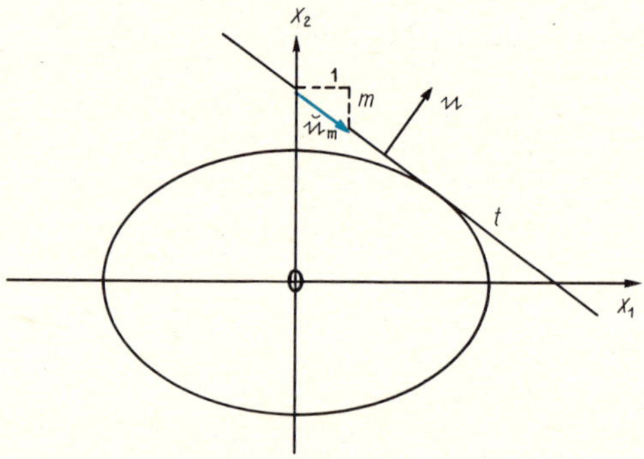

Bild 10.36.2

Um zunächst die Steigung m des Kegelschnitts in B zu bestimmen, bringen wir die Gleichung in die explizite Form:

$$(1)\quad x_2 = \sqrt{2px_1}. \qquad \Big| \qquad (1)\quad x_2 = \sqrt{\pm b^2 \mp \frac{b^2}{a^2}x_1^2}.$$

Wir bilden die erste Ableitung mit Hilfe der Kettenregel und berücksichtigen (1)

$$\frac{dx_2}{dx_1} = \frac{2p}{2\sqrt{2px_1}} = \frac{p}{x_2}. \qquad \Big| \qquad \frac{dx_2}{dx_1} = \frac{\mp 2\frac{b^2}{a^2}x_1}{2\sqrt{\pm b^2 \mp \frac{b^2}{a^2}x_1^2}} = \mp\frac{b^2x_1}{a^2x_2}.$$

Damit erhalten wir als *Steigung des Kegelschnitts in $B(b_1/b_2)$*:

$$m = \frac{p}{b_2}. \qquad \Big| \qquad m = \mp\frac{b^2b_1}{a^2b_2}.$$

Als Richtungsvektor der Tangente in B wählen wir zuerst den Steigungsvektor $\mathfrak{u}_m = \begin{pmatrix}1\\ m\end{pmatrix}$ (s. S. 4.38) und erhalten

$$\mathfrak{u}_m = \begin{pmatrix}1\\ \frac{p}{b_2}\end{pmatrix}. \qquad \Big| \qquad \mathfrak{u}_m = \begin{pmatrix}1\\ \mp\frac{b^2b_1}{a^2b_2}\end{pmatrix}.$$

Ein anderer, zu $\mathfrak{u}_m$ kollinearer Richtungsvektor der Tangente ist

$$\mathfrak{u} = \begin{pmatrix}b_2\\ p\end{pmatrix}. \qquad \Big| \qquad \mathfrak{u} = \begin{pmatrix}a^2b_2\\ \mp b^2b_1\end{pmatrix}.$$

Nun stellen wir die Gleichung der Tangente in der Punkt-Normalenform auf:

$$(2)\qquad \mathfrak{n}\,\mathfrak{x} = \mathfrak{n}\,\mathfrak{b}.$$

Dazu wählen wir als Normalenvektor einen Lotvektor von $\mathfrak{u}$

$$\mathfrak{n} = \bar{\mathfrak{u}} = \begin{pmatrix}-p\\ b_2\end{pmatrix}, \qquad \Big| \qquad \mathfrak{n} = \bar{\mathfrak{u}} = \begin{pmatrix}b^2b_1\\ \pm a^2b_2\end{pmatrix},$$

setzen seine Koordinaten in (2) ein und bekommen

$$-px_1 + b_2x_2 = -pb_1 + b_2^2. \qquad \Big| \qquad b^2b_1x_1 \pm a^2b_2x_2 = b^2b_1^2 \pm a^2b_2^2.$$

Da B ein Punkt des Kegelschnitts ist, ergibt sich

$$-px_1 + b_2x_2 = -pb_1 + 2pb_1$$
$$-px_1 + b_2x_2 = pb_1$$
$$x_2b_2 = p(x_1 + b_1).$$

$$b^2b_1x_1 \pm a^2b_2x_2 = b^2b_1^2 + a^2b^2 - b^2b_1^2$$
$$b^2b_1x_1 \pm a^2b_2x_2 = a^2b^2$$
$$\frac{x_1 b_1}{a^2} \pm \frac{x_2 b_2}{b^2} = 1.$$

Satz 10.12

Die Gleichung der Tangente im Punkt B ist

$x_2b_2 = p(x_1 + b_1)$ für die Parabel $P: x_2^2 = 2px_1$,

$\frac{x_1 b_1}{a^2} + \frac{x_2 b_2}{x^2} = 1$ für die Ellipse $E: \frac{x_1^2}{a^2} + \frac{x_2^2}{b^2} = 1$,

$\frac{x_1 b_1}{a^2} - \frac{x_2 b_2}{b^2} = 1$ für die Hyperbel $H: \frac{x_1^2}{a^2} - \frac{x_2^2}{b^2} = 1$.

Die *Verschiebungsform der Tangentengleichung* erhalten wir analog zum Abschnitt 9.3.2

$$(x_2 - s_2)(b_2 - s_2) = p(x_1 - 2s_1 + b_1)$$

$$\frac{(x_1 - m_1)(b_1 - m_1)}{a^2} \pm \frac{(x_2 - m_2)(b_2 - m_2)}{b^2} = 1.$$

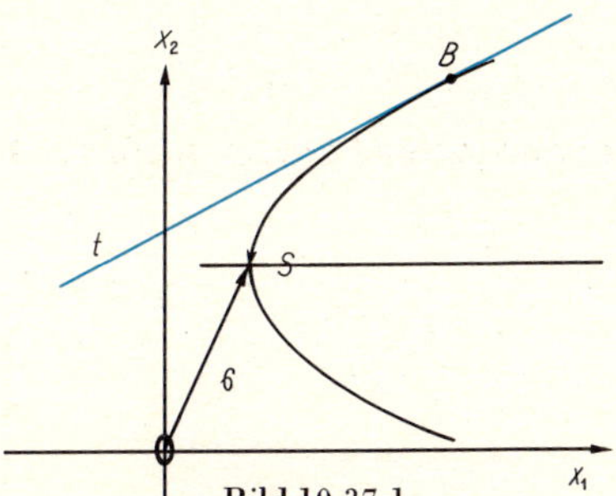

Bild 10.37.1

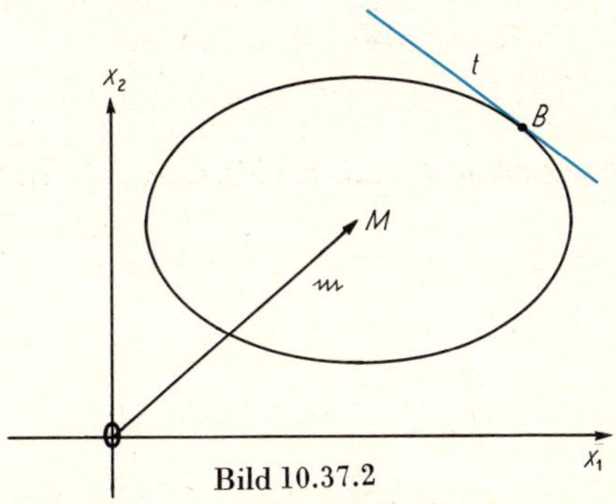

Bild 10.37.2

Beispiele

1. Bestimme den Berührungspunkt B der Geraden $g: 4x_1 + 6x_2 + 9 = 0$ mit der Parabel $P: x_2^2 = 4x_1$.

Lösung:

Die Gleichung einer Tangente an die vorgegebene Parabel muß wegen $p = 2$ die Form haben:

$$x_2 b_2 = 2(x_1 + b_1),$$

(1) $$x_2 b_2 = 2x_1 + 2b_1.$$

Gleichung (1) vergleichen wir mit der Gleichung der vorgegebenen Geraden g, die ja eine Parabeltangente sein soll. Da der Koeffizient von x_1 der Parameter p der Parabel ist, teilen wir die vorgegebene Geradengleichung durch 2 und bringen sie anschließend in die Form

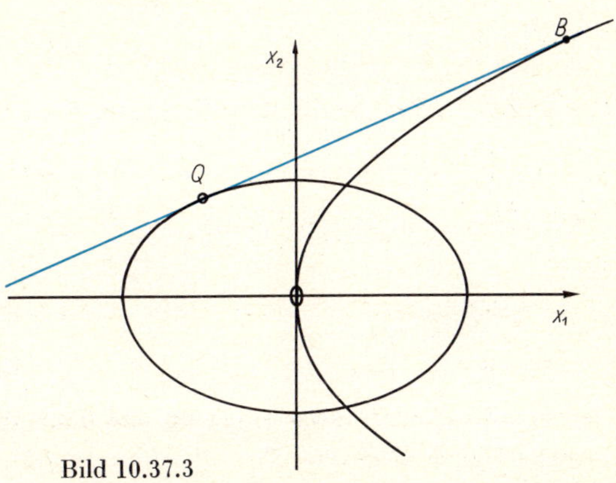

Bild 10.37.3

von Gleichung (1):

(2) $$-3x_2 = 2x_1 + \frac{9}{2}.$$

Durch Koeffizientenvergleich von (1) und (2) ergibt sich der Berührungspunkt $B\left(\frac{9}{4}\Big/-3\right)$.

2. Bestimme den Parameter p der Parabel $P: x_2^2 = 2px_1$ und die Länge der Nebenachse b der Ellipse $E: \frac{x_1^2}{9} + \frac{x_2^2}{b^2} = 1$, die die Gerade $g: x_2 = \frac{1}{3}x_1 + 3$ als gemeinsame Tangente haben. Berechne auch die Berührungspunkte (Bild 10.37.3).

Lösung:

Da die vorgegebene Gerade gemeinsame Tangente an eine Parabel und Ellipse in Nullpunktslage sein soll, müssen die beiden Tangentenbedingungen für die Parabel und Ellipse (s. Kapitel 8.9) gelten:

1) $p = 2mn \Rightarrow p = 2 \cdot \frac{1}{3} \cdot 3 \Rightarrow p = 2.$

Mithin erhalten wir als Parabelgleichung: $x_2^2 = 4x_1$.

2) $b^2 + a^2m^2 - n^2 = 0 \Rightarrow b^2 = 3^2 - 9 \cdot \frac{1}{9} \Rightarrow b^2 = 8.$

Die Ellipse hat also die Gleichung: $\frac{x_1^2}{9} + \frac{x_2^2}{8} = 1.$

Für den Berührungspunkt B der Geraden g mit der Parabel muß gelten:

$$m = \frac{p}{b_2} \Rightarrow \frac{1}{3} = \frac{2}{b_2} \Rightarrow b_2 = 6.$$

Da B ein Punkt von g ist, ergibt sich:

$$6 = \frac{1}{3}b_1 + 3 \Rightarrow b_1 = 9 \Rightarrow B(9/6).$$

Analog erhält man für den Berührungspunkt Q von g mit E:

$$m = -\frac{b^2q_1}{a^2q_2} \Rightarrow \frac{1}{3} = -\frac{8q_1}{9q_2}$$

(1) $$9q_2 = -24\,q_1.$$

Weil Q auf g liegt, gilt:

(2) $$q_2 = \frac{1}{3}q_1 + 3.$$

Aus (1) und (2) errechnet man $q_1 = -1$, und wegen (2) ergibt sich schließlich $q_2 = \frac{8}{3}$. Deshalb hat Q die Koordinaten $Q\left(-1\Big/\frac{8}{3}\right)$.

Aufgaben

1. Durch den Punkt $B\left(1\frac{3}{5}\Big/b_2\right)$ mit $b_2 > 0$ der Parabel mit der Gleichung $x_2^2 = 10x_1$ werden die Tangente und die Normale (Senkrechte auf der Tangente) gezeichnet. Bestimme ihre Gleichungen.

2. Bestimme die Gleichung der Tangente t, die man in $B(3/b_2)$ mit $b_2 < 0$ an die Ellipse $E: \frac{x_1^2}{25} + \frac{x_2^2}{4} = 1$ legen kann. Berechne den Schnittwinkel von t mit der x_1-Achse und die Entfernung des Berührungspunktes vom Schnittpunkt der Tangente mit der x_1-Achse.

3. An die Hyperbel $H: \frac{x_1^2}{4} - \frac{x_2^2}{9} = 1$ sollen zwei Tangenten so gelegt werden, daß sie zur Geraden $g: \begin{pmatrix} 15 \\ -8 \end{pmatrix} \mathfrak{x} - 30 = 0$ parallel sind. Lassen sich zur vorgegebenen Hyperbel zu jeder beliebigen Geraden g zwei solche parallelen Tangenten bestimmen?

4. Zu der Parabel $P: x_2^2 = 16x_1$ sind die Gleichung und Länge der Normalen (das ist die Entfernung vom Schnittpunkt der Normalen mit der x_1-Achse bis zum Berührungspunkt der zur Normalen gehörigen Tangente an die Parabel) zu bestimmen, wenn die Normale die Richtung der Geraden $g: 4x_2 = -3x_1 + 40$ hat.

5. Der Mittelpunkt der Ellipse $E: \frac{x_1^2}{64} + \frac{x_2^2}{32} = 1$ sei Scheitelpunkt einer Parabel, auf deren Achse die kleine Achse der Ellipse liegen soll und deren Parameter $p = 4$ sein soll. Berechne die Schnittpunkte und Schnittwinkel der beiden Kurven.

6. Bestimme die Gleichung der Hyperbel, deren Mittelpunkt im Nullpunkt liegt und die die Gerade $g: \begin{pmatrix} 25 \\ 21 \end{pmatrix} \mathfrak{x} - 140 = 0$ in $B\left(8\frac{3}{4} \middle| -3\frac{3}{4}\right)$ berührt.

7. Welche Hyperbel, deren Mittelpunkt der Nullpunkt ist, geht durch $P(10/-4)$ und hat die Asymptoten $a_{1/2}: x_2 = \pm \frac{1}{2} x_1$?

8. Welche zur x_2-Achse symmetrische Parabel geht durch die Brennpunkte der Ellipse $E: \frac{x_1^2}{25} + \frac{x_2^2}{9} = 1$ und berührt die Gerade $g: 2x_1 + x_2 = 10$?

9. Berechne den Schnittpunkt einer Parabeltangente t mit der x_1-Achse, wenn die Parabel durch die Gleichung $x_2^2 = 2px_1$ gegeben ist. Formuliere das Ergebnis als mathematischen Satz.

10. Bestimme die Halbachsen der Ellipse $E: b^2x_1^2 + 36x_2^2 = 36b^2$, die die Gerade $g: \begin{pmatrix} 3 \\ 8 \end{pmatrix} \mathfrak{x} - 30 = 0$ berührt. Berechne den Berührungspunkt.

11. Welche Tangenten kann man von $Q(2/5)$ aus an die Hyperbel $H: \frac{x_1^2}{9} - \frac{x_2^2}{25} = 1$ legen?

12. Unter welchem Winkel schneiden sich eine Hyperbel und eine konfokale*) Parabel mit gleicher Symmetrieachse, deren Scheitelpunkt im Mittelpunkt der Hyperbel liegt?

*) Konfokale Kegelschnitte haben gemeinsame Brennpunkte.

13. Gegeben sei die gleichseitige Hyperbel $H: x_1^2 - x_2^2 = a^2$.
a) Berechne die Gleichung der Normalen in einem beliebigen Hyperbelpunkt B und bestimme den Schnittpunkt C dieser Normalen mit der x_1-Achse.
b) Zeige, daß $\overline{BO} = \overline{BC}$ ist.

14. Ein Kreis, der die x_1-Achse berührt, berühre auch eine nach rechts geöffnete Parabel mit dem Scheitelpunkt S(6/0) im Punkt B(18/9). Bestimme die Gleichungen der beiden Kurven.

15. Die beiden Geraden $g_1: \sqrt{2}x_1 - x_2 - 6 = 0$ und $g_2: 2x_1 - x_2 - 6\sqrt{3} = 0$ seien Tangenten an eine Hyperbel $H: \frac{x_1^2}{a^2} - \frac{x_2^2}{b^2} = 1$. Bestimme die Achsen der Hyperbel und die Berührungspunkte.

16. Die Gerade $g: 2x_1 - 3x_2 + 9 = 0$ berühre in B eine Parabel $P: x_2^2 = 2px_1$ und einen Kreis, dessen Mittelpunkt auf der Geraden $g_2: 12x_1 - 4x_2 + 3 = 0$ liegt. Bestimme die Gleichungen der beiden Kurven.

17. Gegeben sei die Hyperbel $H: 9x_1^2 + 36x_1 - 16x_2^2 + 128x_2 - 364 = 0$. Welcher Kreis, dessen Mittelpunkt im rechten Brennpunkt der Hyperbel liegt, berührt die Asymptoten der Hyperbel?

18. An die Hyperbel $H: \frac{x_1^2}{36} - \frac{x_2^2}{81} = 1$ wird in $B(-10/b_2)$ mit $b_2 > 0$ die Tangente t gezogen. Bestimme die Gleichung der Parabel, die ihren Scheitelpunkt im Mittelpunkt der Hyperbel hat und die ebenfalls t berührt. Bestimme auch die Berührungspunkte.

19. Bestimme die Gleichung der Hyperbel, deren Asymptoten die Gleichungen $x_2 = \pm\frac{2}{3}x_1$ haben und die die Gerade $g: x_2 = x_1 - 3$ berührt. Bestimme auch den Berührungspunkt.

20. Um den Brennpunkt der Parabel $P: x_2^2 = 12x_1$ wird ein Kreis mit dem Radius $r = 4$ LE gezeichnet. Berechne den Flächeninhalt des Dreiecks, das durch die gemeinsame Sehne der beiden Kurven und den in den Schnittpunkten an die Parabel gezogenen Tangenten begrenzt wird.

21. Beweise: Wenn man die Tangenten in einem beliebigen Punkt B der Hyperbel $H: \frac{x_1^2}{a^2} - \frac{x_2^2}{b^2} = 1$ mit den beiden Scheiteltangenten zum Schnitt bringt, dann geht der Kreis, der durch diese beiden Schnittpunkte R und S läuft und als Mittelpunkt den Mittelpunkt der Strecke RS hat, durch die Brennpunkte der Hyperbel.

22. Der Ellipse $E: \frac{x_1^2}{81} + \frac{x_2^2}{36} = 1$ ist ein Quadrat umbeschrieben, dessen Ecken auf den Koordinatenachsen liegen. Bestimme die Gleichungen der Geraden, auf denen die Quadratseiten liegen.

23. Bestimme den Kreis, der die Parabel mit der Gleichung $x_2^2 = 6x_1$ in $B\left(\frac{3}{2}\middle/3\right)$ und $Q\left(\frac{3}{2}\middle/-3\right)$ berührt. Berechne anschließend den Inhalt der Fläche, die durch den Parabelbogen und den kürzeren der beiden Kreisbögen zwischen B und Q begrenzt wird.

24. Gegeben sei die Ellipse $E: \frac{x_1^2}{a^2} + \frac{x_2^2}{b^2} = 1$. Durch welchen Ellipsenpunkt im ersten Quadranten muß man eine Tangente legen, damit der Flächeninhalt zwischen den beiden Achsen und der Tangente möglichst klein wird?

25. Welche Tangente an die Ellipse $E: \frac{x_1^2}{a^2} + \frac{x_2^2}{b^2} = 1$ erzeugt bei Rotation um die x_1-Achse zwischen den Achsen den kleinsten Kegel?

26. Gegeben sei eine Ellipse durch ihren Mittelpunkt M(4/0), durch ihre große Halbachse a = 4 LE und einen Ellipsenpunkt P(6/6). Welcher Punkt der Ellipse ist vom Nullpunkt am weitesten entfernt?

27. Beschreibe die folgenden Punktmengen:

a) $\{X \mid x_2^2 = 4x_1\} \cap \{X \mid 2x_1 - 2x_2 + 2 = 0\}$.

b) $\{X \mid x_2 < \sqrt{4x_1}\} \cap \{X \mid x_2 > 0\}$.

c) $\{X \mid 2x_1 - 2x_2 + 2 \leqq 0\} \cap \{X \mid x_2 = \sqrt{4x_1}\}$.

d) $\left\{X \,\middle|\, x_2 \leqq \sqrt{b^2 - \frac{b^2 x_1^2}{a^2}} \text{ und } x_2 \geqq 0\right\} \cap \{X \mid x_1 = 0\}$.

e) $\left\{X \,\middle|\, x_2 > \sqrt{1 - \frac{x_1^2}{4}}\right\} \cap \left\{X \,\middle|\, \frac{\sqrt{3}\,x_1}{4} + \frac{1}{2}x_2 < 1\right\}$.

10.11. Die Bestimmung von Punktmengen (Ortsaufgaben)

Beispiele

1. Um O als Schnittpunkt drehen sich zwei zueinander senkrechte Geraden. Die erste Gerade schneidet die dritte Gerade $g_3: x_1 = -c\ (c > 0)$ in A. Wie bewegt sich der Schnittpunkt X', den die zweite Gerade mit der Parallelen zur x_1-Achse durch A erzeugt?

Lösung (Bild 10.42.1):

Da der Punkt A mit X' stets auf einer Parallelen zur x_1-Achse liegt, hat er die Koordinaten $A(-c/x_2')$. Die Ortsvektoren von A und X' stehen stets aufeinander senkrecht, also gilt für ihr skalares Produkt:

$$\mathfrak{a} \cdot \mathfrak{x}' = 0$$

oder

$$-cx_1' + x_2'^2 = 0$$

(1) $$x_2'^2 = cx_1'.$$

Da c konstant ist, beschreibt diese Gleichung die Menge aller Punkte X′, nämlich eine nach rechts geöffnete Parabel mit dem Scheitel im Ursprung, der x_1-Achse als Symmetrieachse und dem Parameter $p = \frac{c}{2}$.

Denn umgekehrt steht jeder Ortsvektor $\mathfrak{x}' = \begin{pmatrix} x_1' \\ x_2' \end{pmatrix}$, der zu einem Punkt dieser Parabel führt, auf dem zugehörigen Ortsvektor $\mathfrak{a} = \begin{pmatrix} -c \\ x_2' \end{pmatrix}$, dessen Spitze mit der Spitze von $\mathfrak{x}'$ auf einer Parallelen zur x_1-Achse liegt, wegen (1) senkrecht. Die Spitzen aller dieser Vektoren $\mathfrak{a}$ liegen aber wegen $a_1 = -c$ auf der Geraden $x_1 = -c$.

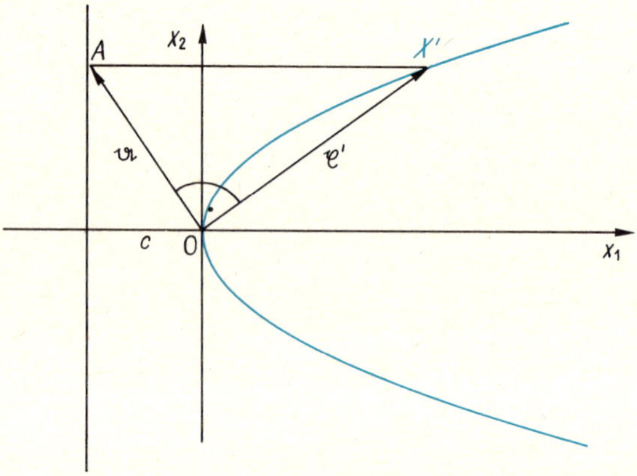

Bild 10.42.1

2. Gegeben sind die Punkte P(a/0) und Q(−a/0). Durch P und Q sind Geraden gezeichnet mit den Anstiegen m und m′. Bestimme die Menge aller Schnittpunkte X′ der beiden Geraden, wenn stets $m \cdot m' = c$ ist.

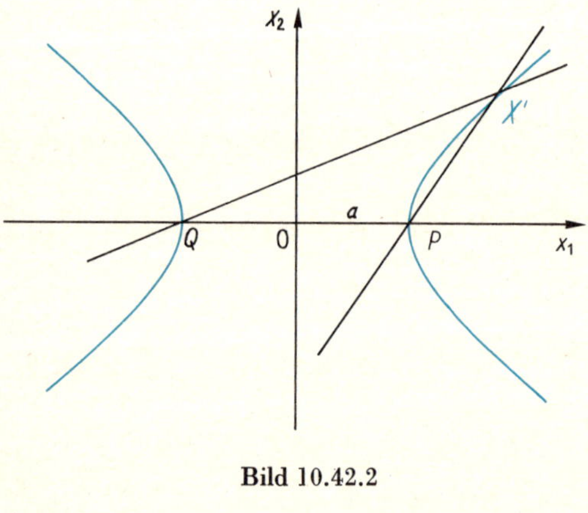

Bild 10.42.2

Lösung (Bild 10.42.2):

Wir drücken zunächst die Anstiege m und m′ durch die Koordinaten der Punkte P, Q und X′ aus:

$$m = \frac{x_2'}{x_1' - a}, \quad m' = \frac{x_2'}{x_1' + a}.$$

Da das Produkt von m und m′ konstant ist, gilt $m \cdot m' = c$

(1) $$\Rightarrow \frac{x_2'^2}{x_1'^2 - a^2} = c.$$

Nach Umformung erhält man:

(2) $$\frac{x_1'^2}{a^2} - \frac{x_2'^2}{ca^2} = 1.$$

Für $c > 0$ handelt es sich um die Gleichung einer Hyperbel in Mittelpunktslage mit der Hauptachse 2a. Insbesondere ist für $c = 1$ die Hyperbel gleichseitig.

Für $c = 0$ läßt sich (2) nicht deuten. Aus (1) folgt in diesem Fall:

$$x_2'^2 = 0 \Rightarrow x_2' = 0 .$$

Die gesuchte Punktmenge besteht in diesem Fall aus allen Punkten der x_1-Achse.

Ist $c < 0$, ist (2) die Gleichung einer Ellipse in Mittelpunktslage mit den Achsen 2a und $2a\sqrt{c}$. Insbesondere liegt für $c = -1$ ein Kreis mit dem Radius a vor.

Erfüllen umgekehrt die Koordinaten eines Punktes X′ die Gleichung (2) bzw. (1), so kann man aus (1) durch Faktorenzerlegung die Gleichung $\frac{x_2'}{x_1' - a} \cdot \frac{x_2'}{x_2' + a} = c$ gewinnen. Die Faktoren der linken Seite kann man aber als Anstiege m bzw. m′ der Geraden PX′ bzw. QX′ deuten, für die also $m \cdot m' = c$ gilt. Das bedeutet aber, daß alle Punkte der ermittelten Punktmengen auch die Ausgangsbedingungen erfüllen.

3. Eine Gerade dreht sich um den Punkt A. Bestimme die Menge der Mittelpunkte aller Sehnen, die die Parabel $P: x_2 = \frac{1}{2p} x_1^2$ aus dem erzeugten Geradenbüschel ausschneidet.

Lösung (Bild 10.43.1):

Für die Geradengleichung machen wir den Ansatz:

$$x_2 = mx_1 + b .$$

Da A auf der Geraden liegt, ist

$$a_2 = ma_1 + b \Rightarrow b = a_2 - ma_1 .$$

Also lautet die Gleichung der sich drehenden Geraden:

$$x_2 = mx_1 + (a_2 - ma_1) .$$

Bringt man die Gerade mit der Parabel

$$P: x_2 = \frac{1}{2p} x_1^2$$

zum Schnitt, erhält man für die x_1-Koordinaten der Schnittpunkte:

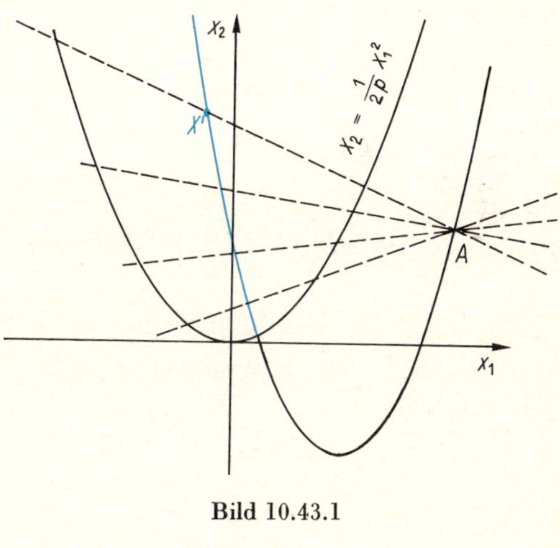

Bild 10.43.1

$$x_{11/12} = pm \pm \sqrt{p^2m^2 + 2p(a_2 - ma_1)} .$$

Der Halbierungspunkt X′ hat folglich die Koordinaten:

(1) $$x_1' = \frac{x_{11} + x_{12}}{2} = pm$$

(2) $$x_2' = mx_1' + b = m^2p + a_2 - ma_1 .$$

Aus beiden Gleichungen läßt sich die Hilfsveränderliche m eliminieren. Wir lösen (1) nach m auf

$$m = \frac{x_1'}{p},$$

setzen in (2) ein und ordnen:

$$x_2' = \frac{x_1'^2}{p} - \frac{a_1}{p} x_1' + a_2 .$$

Das ist die Gleichung einer Parabel, die wir noch in die Verschiebungsform bringen:

(3) $$\left(x_1' - \frac{a_1}{2}\right)^2 = p \cdot \left[x_2' - \left(a_2 - \frac{a_1^2}{4p}\right)\right].$$

Es handelt sich um eine Parabel mit dem Parameter $\frac{p}{2}$ und dem Scheitelpunkt $S\left(\frac{a_1}{2} \middle/ a_2 - \frac{a_1^2}{4p}\right)$. Sie ist nach oben geöffnet. Genau diejenigen Punkte dieser Parabel gehören zur gesuchten Punktmenge, die im Innenbereich der gegebenen Parabel liegen. Die anderen Punkte von (3) können nämlich nicht als Sehnenmittelpunkte erhalten werden.

Aufgaben

1. Die Ordinate jedes Punktes der Ellipse E: $\frac{x_1^2}{a^2} + \frac{x_2^2}{b^2} = 1$ wird auf das c-fache verlängert. Wo liegen die Endpunkte der verlängerten Ordinaten? Wann entsteht als Ortslinie ein Kreis?

2. Ein veränderliches Rechteck vom festen Flächeninhalt F = 4 FE liegt mit zwei Seiten auf den positiven Achsen des Koordinatensystems. Bestimme a) die Menge der nicht auf den Achsen liegenden Eckpunkte, b) die Menge der Diagonalenschnittpunkte.

3. Über der fest vorgegebenen Strecke c sind Dreiecke gezeichnet, so daß stets $4s_c^2 + 5h_c^2 = c^2$ ist. Wo liegen die Spitzen dieser Dreiecke?

4. Wo liegen die Mittelpunkte aller Kreise, die zugleich den Kreis um $M(m_1/0)$ mit dem Radius r und die x_2-Achse berühren?

5. Auf welcher Kurve liegen die Punkte, deren Entfernung vom Nullpunkt zu ihrem Abstand von der Geraden g: $\begin{pmatrix}1\\-1\end{pmatrix}\mathfrak{x} = 0$ im Verhältnis $\sqrt{2}$ steht?

6. In der Ellipse E: $b^2x_1^2 + a^2x_2^2 = a^2b^2$ mit dem Mittelpunkt O werden alle zur x_2-Achse parallelen Sehnen gezogen. Ihre Endpunkte sind Q und R. Bestimme die Menge derjenigen Punkte X′ auf den Sehnen QR, für die $\overline{OX'} = \frac{1}{2}\,\overline{QR}$ ist.

7. Gegeben sind die Punkte O(0/0), P(4/0) und Q(−4/0). Bestimme die Menge aller Punkte X′, für die die Länge der Strecke OX′ das geometrische Mittel der Streckenlängen $\overline{OP}$ und $\overline{OQ}$ ist.

8. Bestimme die Menge der Mittelpunkte aller Sehnen der Parabel P: $x_2^2 = 2px_1$, die durch den Brennpunkt verlaufen.

9. Wo liegen die Spitzen aller Dreiecke vom konstanten Umfang 2u, die die festliegende Grundseite 2c haben?

10. Wo liegen alle Punkte X′, deren Abstand von einem Kreis mit dem Mittelpunkt M und dem Radius r jeweils gleich der Entfernung von einem festen Punkt P außerhalb des Kreises ist?

11. Bestimme die Menge der Mittelpunkte aller Kreise, die einen gegebenen Kreis vom Radius r und eine gegebene Gerade g berühren, falls a) g Zentrale, b) g Tangente des Kreises ist.

12. Zwei zueinander senkrechte Geraden drehen sich um ihren Schnittpunkt $A(a_1/0)$. Der Schnittpunkt P der einen Geraden mit der x_2-Achse wird mit dem festen Punkt $B(-a_1/0)$ verbunden. Wie bewegt sich der Schnittpunkt X′ der anderen Geraden mit der Geraden durch B und P?

13. Wo liegen alle Punkte, deren Abstand von einer gegebenen Geraden g a) doppelt so groß, b) halb so groß ist wie die Entfernung von einem festen Punkt P?

14. Gegeben sind zwei Kreise mit den Mittelpunkten $M_1(-5/0)$ und $M_2(5/0)$ sowie den Radien $r_1 = 4$ LE und $r_2 = 2$ LE. Wo liegen die Mittelpunkte aller Kreise, die die gegebenen Kreise zugleich von außen berühren?

15. Ein Dreieck werde parallel zu seiner festen Grundseite AB geschert. Wie bewegt sich der Höhenschnittpunkt?

16. Gegeben ist ein Kreis K, auf dem sich ein Punkt B bewegt. In B wird an K die Tangente gelegt. Sie schneidet die Verlängerung eines festen Durchmessers DE in Q. Die Senkrechte auf dem Durchmesser durch Q schneidet die Gerade DB in X′. Bestimme die Menge aller Punkte X′.

17. Eine Strecke der festen Länge l gleitet mit ihren Endpunkten auf den Achsen eines kartesischen Koordinatensystems. Wie bewegt sich der Teilpunkt X′, der die Strecke im Verhältnis τ teilt (Zahlenbeispiel: $l = 6$ LE, $\tau = 2$)?

18. Ein Kreis um O geht durch den festen Punkt $A(-r/0)$. Eine Parallele zur x_1-Achse schneidet den Kreis in $P(p_1 > 0/p_2)$ die x_2-Achse in Q. Sie wird in Richtung der x_2-Achse verschoben. Bestimme die Menge der Schnittpunkte der Geraden OP und AQ.

19. Um einen festen Punkt P auf der Hauptachse einer Ellipse dreht sich eine Gerade. Bestimme die Menge der Mittelpunkte aller Sehnen, die die Ellipse aus der sich drehenden Geraden ausschneidet.

11. Abbildungsgeometrie

11.1. Einführung

Wir haben im Laufe unserer Schulzeit eine Vielzahl geometrischer Sätze kennengelernt, die zwar mathematisch exakt aus anderen vorher bekannten Sätzen abgeleitet werden können, die jedoch scheinbar zusammenhanglos vor uns stehen: die Satzgruppe des Pythagoras, die Kongruenzsätze, die Viereckssätze, die Strahlensätze, die Sätze der Trigonometrie, die Sätze über Kegelschnitte, um nur einige wenige zu nennen. Bei der Herleitung dieser Sätze sind wir lediglich davon ausgegangen, bestimmte Eigenschaften einzelner Figuren, von Dreiecken, Vierecken und Kegelschnitten z. B., zu untersuchen.

Um nun eine Ordnung in die Vielfalt der geometrischen Sätze zu bringen, werden wir im folgenden bestimmte Abbildungen, die affinen und projektiven, kennenlernen und sehen, daß sie hinsichtlich der Verknüpfung des Nacheinanderausführens die Gruppenstruktur besitzen.

Durch das Studium dieser Gruppen und der abzubildenden Objekte wird in der Geometrie durch strukturelles, nämlich gruppentheoretisches Denken unter Hinzunahme des Abbildungsbegriffs aus dem beziehungslosen Nebeneinander von Einzeltatsachen eine gegliederte und gestufte Verbindung von Tatsachenkomplexen: *die* Geometrie löst sich auf in einzelne Geometrien, wobei jede für sich als die Menge derjenigen wahren Aussagen aufgefaßt werden kann, die gültig bleiben, wenn man die Punktmengen, von denen in den Aussagen die Rede ist, gewissen Abbildungen unterwirft. Den entscheidenden Schritt zu einer solchen Systematik der Geometrie tat der deutsche Mathematiker Felix Klein[1]) in seinem berühmten „Erlanger Programm“ (1872).

11.2. Affine Abbildungen

11.2.1. Der Begriff der Abbildung

Definition 11.1

Wird jedem Element einer Menge $\mathbb{D}$ eindeutig ein Element einer zweiten Menge $\mathbb{W}$ zugeordnet, so nennen wir diese eindeutige Zuordnung auch *Abbildung* $\mathfrak{A}$ und schreiben $\mathbb{D} \to \mathbb{W}$ (gelesen: Abbildung $\mathfrak{A}$ von $\mathbb{D}$ in $\mathbb{W}$). Wir sprechen von einer *Punktabbildung*, wenn $\mathbb{D}$ und $\mathbb{W}$ Punktmengen sind. Die Menge $\mathbb{D}$ nennen wir *Original-* oder *Definitionsmenge*, die Menge $\mathbb{W}$ heißt *Wertevorrat*.
Ist $x \in \mathbb{D}$, so nennen wir das Bild von x bei der gegebenen Abbildung x'; die Menge aller Bilder heißt *Bildmenge*.

In den Bildern 11.2.1a–d wird die Zuordnung durch einen Pfeil zum Ausdruck gebracht; die Pfeilspitze zeigt auf den Bildpunkt.

---

[1] Felix Klein (1849—1925), berühmter Mathematiker in Göttingen, der den Abbildungs- und Funktionsbegriff in den Mittelpunkt des mathematischen Unterrichts stellte.

In Bild 11.2. 1 a liegt keine Abbildung vor, da die Zuordnung $\mathbb{D} \to \mathbb{W}$ nicht eindeutig ist. Wenn jedes Element von $\mathbb{W}$ Bild *mindestens* eines Elementes von $\mathbb{D}$ ist, dann sprechen wir von einer ***surjektiven*** Abbildung (Bild 11.2.1b).

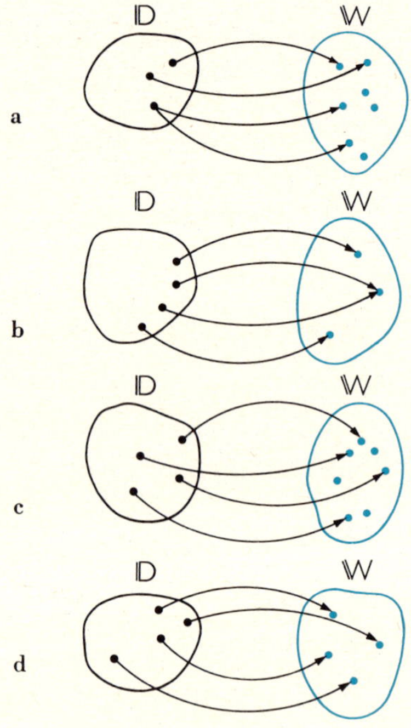

Bild 11.2.1

Wenn jedes Element von $\mathbb{W}$ Bild *höchstens* eines Elementes von $\mathbb{D}$ ist, dann heißt die Abbildung ***injektiv*** (Bild 11.2.1c).
Ist hingegen jedes Element von $\mathbb{W}$ Bild *genau* eines Elementes von $\mathbb{D}$, nennen wir die Abbildung ***bijektiv*** (Bild 11.2.1d).

Jede bijektive Abbildung ist also zugleich injektiv und surjektiv.

Beispiele

1. $\mathbb{D}$ sei die Menge aller Punkte im Innern eines Kreises um O mit dem Radius r ohne den Nullpunkt. $\mathbb{W}$ sei die Menge aller Punkte auf dem Kreisumfang. Durch die Zuordnung $\mathfrak{x} \to r\mathfrak{x}^\circ$ wird $\mathbb{D}$ auf $\mathbb{W}$ abgebildet (Bild 11.2.2); diese Abbildung ist surjektiv.

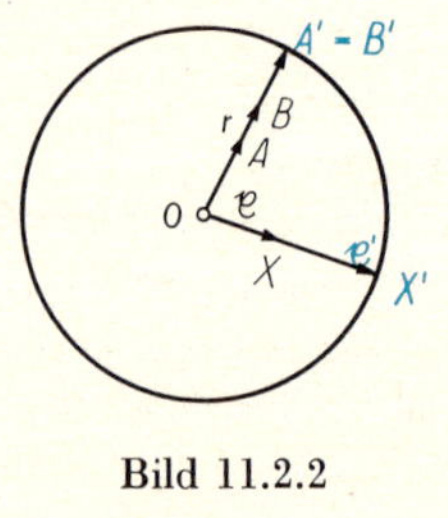

Bild 11.2.2

2. $\mathbb{D}$ sei die Menge aller Punkte auf dem Kreisumfang des Einheitskreises um den Ursprung, $\mathbb{W}$ die Menge aller Punkte außerhalb dieses Kreises. Die Abbildung $\mathfrak{x} \to 2\mathfrak{x}$ ist injektiv (Bild 11.3.1).

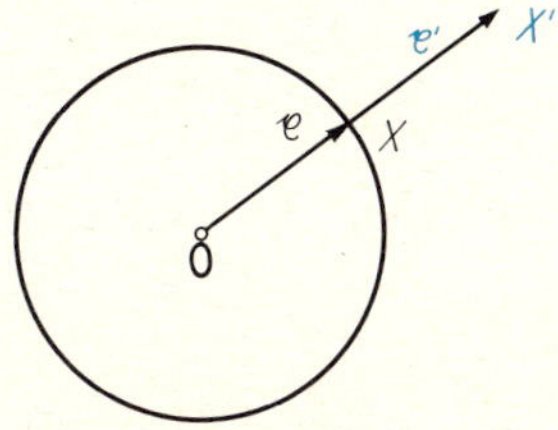

Bild 11.3.1

3. Die Parallelprojektion einer Ebene E in die Ebene E'(Bild 11.3.2) ist eine bijektive Punktabbildung der Ebene E auf die Ebene E'.

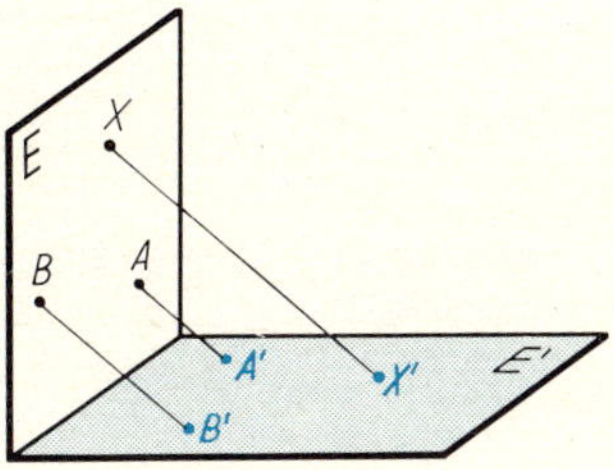

Bild 11.3.2

11.2.2. Die Gleichung der affinen Abbildung

Vorübungen

1. Was versteht man in der Geometrie unter einer Abbildung?
2. Welche Abbildungen haben wir in der Mittelstufe kennengelernt? Wodurch sind sie festgelegt?

Im weiteren wollen wir bei der Behandlung von Punktabbildungen Definitionsmenge und Wertevorrat zusammenfallen lassen, also $\mathbb{D} = \mathbb{W}$ setzen, und insbesondere nur Abbildungen des R^2 in sich betrachten: Parallelverschiebungen, Drehungen, Spiegelungen, Scherungen, zentrische Streckungen und andere. Das Ziel dieser Untersuchungen soll sein, die Abbildungsvorschrift soweit möglich in Form einer Abbildungsgleichung auszudrücken, um daraus durch Verallgemeinerung wichtige Abbildungen zu gewinnen, die uns zu neuen geometrischen Erkenntnissen führen sollen. Die folgende Zusammenstellung macht einen beschreibenden und erklärenden Text überflüssig, wenn man nur beachtet, daß sich jeder Punkt X eindeutig durch seinen Ortsvektor $\mathfrak{x}$ darstellen läßt.

Graph der Abbildung	Name der Abbildung	Abbildungsgleichung in Koordinatenschreibweise	Abbildungsgleichung in Spaltenschreibweise
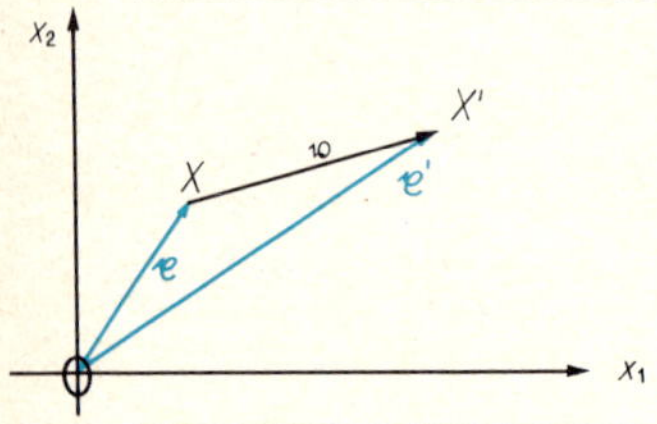	Parallelverschiebung	$\mathfrak{x}' = \mathfrak{x} + \mathfrak{v} \Rightarrow$ $x_1' = x_1 \quad + v_1$ $x_2' = \quad x_2 + v_2$	$\mathfrak{x}' = x_1 \begin{pmatrix} 1 \\ 0 \end{pmatrix} + x_2 \begin{pmatrix} 0 \\ 1 \end{pmatrix} + \begin{pmatrix} v_1 \\ v_2 \end{pmatrix}$
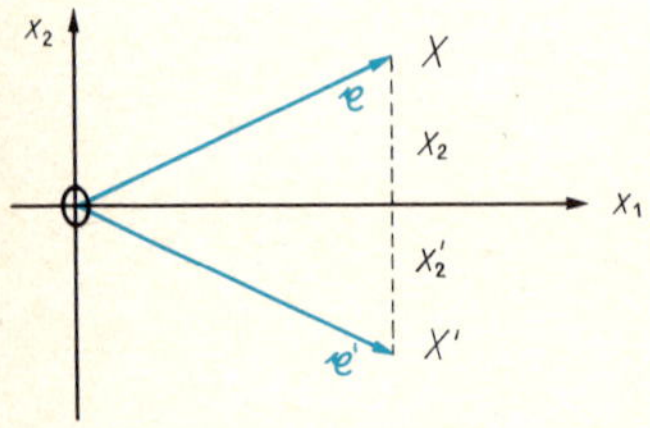	Spiegelung an der x_1-Achse	$x_1' = x_1$ $x_2' = \quad -x_2$	$\mathfrak{x}' = x_1 \begin{pmatrix} 1 \\ 0 \end{pmatrix} + x_2 \begin{pmatrix} 0 \\ -1 \end{pmatrix}$
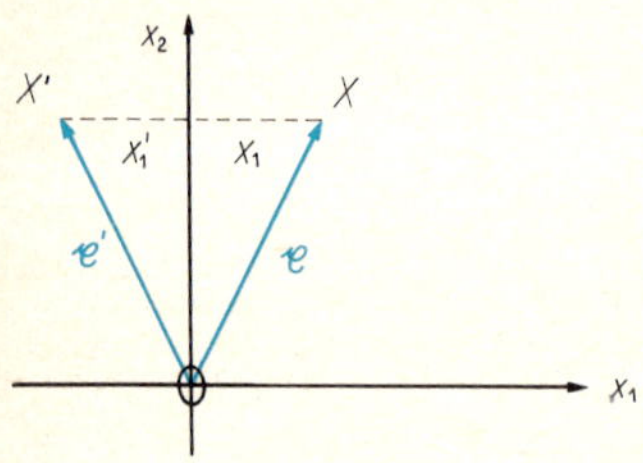	Spiegelung an der x_2-Achse	$x_1' = -x_1$ $x_2' = \quad x_2$	$\mathfrak{x}' = x_1 \begin{pmatrix} -1 \\ 0 \end{pmatrix} + x_2 \begin{pmatrix} 0 \\ 1 \end{pmatrix}$
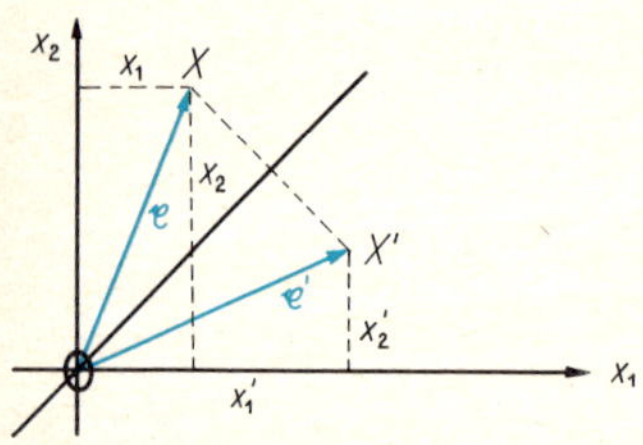	Spiegelung an der Winkelhalbierenden des 1. Quadranten	$x_1' = \quad x_2$ $x_2' = x_1$	$\mathfrak{x}' = x_1 \begin{pmatrix} 0 \\ 1 \end{pmatrix} + x_2 \begin{pmatrix} 1 \\ 0 \end{pmatrix}$
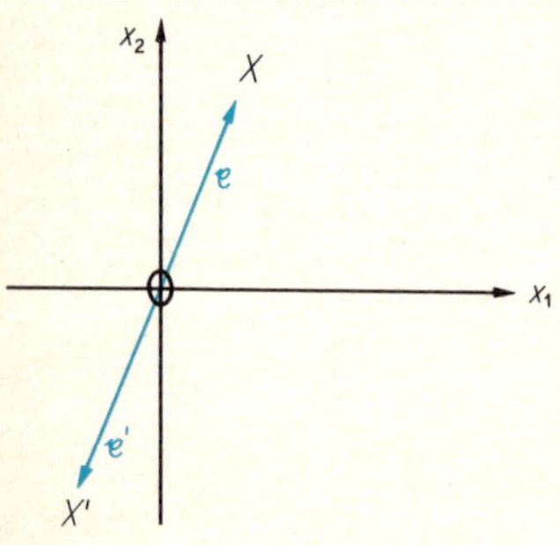	Halbdrehung um den Ursprung	$\mathfrak{x}' = -\mathfrak{x} \Rightarrow$ $x_1' = -x_1$ $x_2' = \quad -x_2$	$\mathfrak{x}' = x_1 \begin{pmatrix} -1 \\ 0 \end{pmatrix} + x_2 \begin{pmatrix} 0 \\ -1 \end{pmatrix}$

Graph der Abbildung	Name der Abbildung	Abbildungsgleichung in Koordinatenschreibweise	Abbildungsgleichung in Spaltenschreibweise
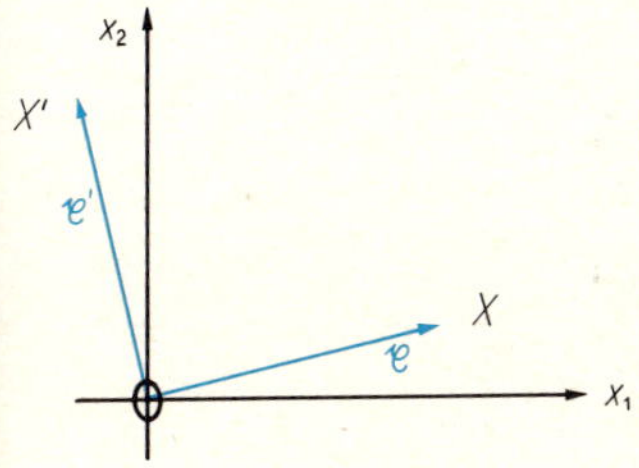	Drehung um 90° um den Ursprung	$\mathfrak{x}' = \bar{\mathfrak{x}} \Rightarrow$ $x_1' = \quad -x_2$ $x_2' = x_1$	$\mathfrak{x}' = x_1 \begin{pmatrix} 0 \\ 1 \end{pmatrix} + x_2 \begin{pmatrix} -1 \\ 0 \end{pmatrix}$
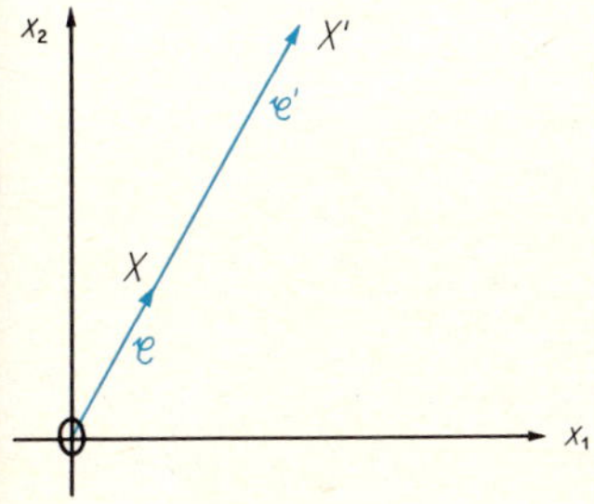	Zentrische Streckung vom Ursprung aus	$\mathfrak{x}' = k\mathfrak{x} \Rightarrow$ $x_1' = k x_1$ $x_2' = \quad k x_2$	$\mathfrak{x}' = x_1 \begin{pmatrix} k \\ 0 \end{pmatrix} + x_2 \begin{pmatrix} 0 \\ k \end{pmatrix}$
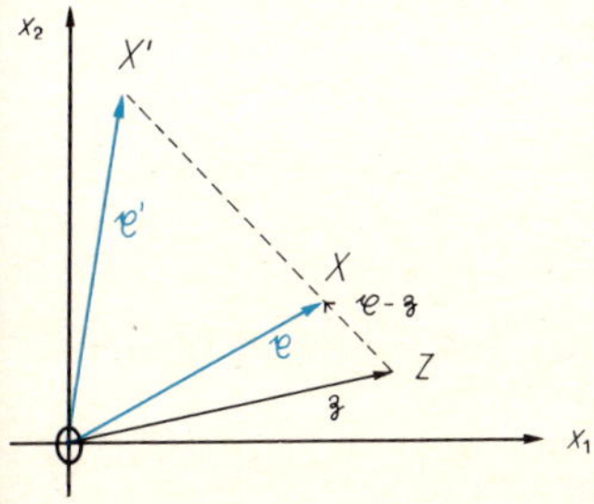	Zentrische Streckung von Z aus	$\mathfrak{x}' = \mathfrak{z} + k(\mathfrak{x} - \mathfrak{z}) \Rightarrow$ $\mathfrak{x}' = k\mathfrak{x} + (1-k)\mathfrak{z} \Rightarrow$ $x_1' = k x_1 + (1-k) z_1$ $x_2' = \quad k x_2 + (1-k) z_2$	$\mathfrak{x}' = x_1 \begin{pmatrix} k \\ 0 \end{pmatrix} + x_2 \begin{pmatrix} 0 \\ k \end{pmatrix} + \begin{pmatrix} (1-k) z_1 \\ (1-k) z_2 \end{pmatrix}$
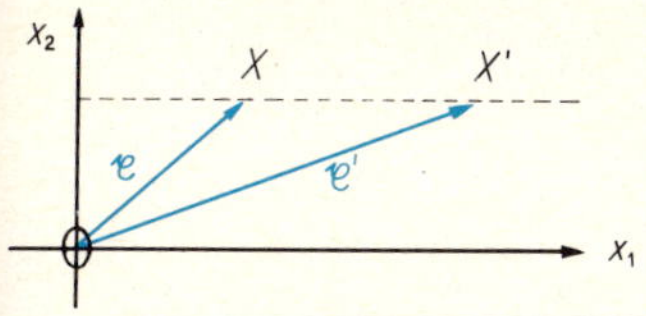	Dehnung parallel zur x_1-Achse	$x_1' = k x_1$ $x_2' = \quad x_2$	$\mathfrak{x}' = x_1 \begin{pmatrix} k \\ 0 \end{pmatrix} + x_2 \begin{pmatrix} 0 \\ 1 \end{pmatrix}$
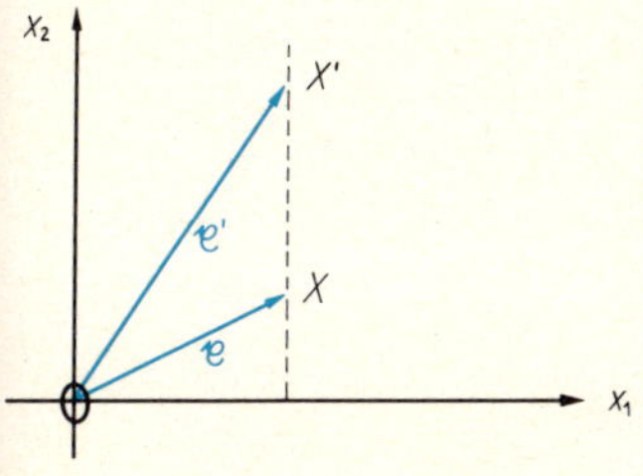	Dehnung parallel zur x_2-Achse	$x_1' = x_1$ $x_2' = \quad k x_2$	$\mathfrak{x}' = x_1 \begin{pmatrix} 1 \\ 0 \end{pmatrix} + x_2 \begin{pmatrix} 0 \\ k \end{pmatrix}$

Wie man aus der letzten Spalte der Zusammenstellung erkennen kann, lassen sich alle von uns betrachteten Abbildungsgleichungen in der Form schreiben:

(1) $$\mathfrak{x}' = x_1\mathfrak{a} + x_2\mathfrak{b} + \mathfrak{v}\,,$$

wobei die Vektoren $\mathfrak{a}$, $\mathfrak{b}$ und $\mathfrak{v}$ von Abbildung zu Abbildung verschieden sind.
Wir verallgemeinern nun dahingehend, daß wir von jetzt ab für $\mathfrak{a}$, $\mathfrak{b}$ und $\mathfrak{v}$ beliebige Vektoren des zweidimensionalen Vektorraumes $\mathbb{V}^2$ zulassen wollen. Die Gleichung (1) ordnet auch unter dieser Voraussetzung jedem Punkt X $[\mathfrak{x}]$ des R^2 eindeutig einen Bildpunkt X′ $[\mathfrak{x}']$ des R^2 zu und ist mithin eine Abbildungsgleichung, die die vorher behandelten Gleichungen in der Tabelle als Spezialfälle enthält. Zur Vereinfachung der Schreibweise wollen wir in Zukunft Abbildungen durch große Frakturbuchstaben kennzeichnen: $\mathfrak{A}$, $\mathfrak{B}$, $\mathfrak{C}$, ...

Die geometrische Deutung der Abbildungsgleichung $\mathfrak{x}' = x_1\mathfrak{a} + x_2\mathfrak{b} + \mathfrak{v}$ ist einfach: Wir überziehen die Zeichenebene mit zwei Gitternetzen, mit dem Quadratgitternetz, das durch die Basisvektoren $\mathfrak{e}_1$, $\mathfrak{e}_2$ und den Koordinatenursprung festgelegt ist, und mit einem Parallelogrammgitternetz, das gegen das erste Netz um den Vektor $\mathfrak{v}$ verschoben ist und dessen „Maschen" durch die Vektoren $\mathfrak{a}$ und $\mathfrak{b}$ gegeben sind. Man braucht jetzt nur die Koordinaten des Originalpunktes X im Quadratgitternetz abzulesen und sie zu übertragen in das Parallelogrammgitternetz, um den Bildpunkt X′ von X zu erhalten. Denn X′ hat, wie die Abbildungsgleichung zeigt, bezüglich $\mathfrak{a}$ und $\mathfrak{b}$ dieselben Koordinaten wie X bezüglich $\mathfrak{e}_1$ und $\mathfrak{e}_2$. Insbesondere gehen O in den Zielpunkt O′ von $\mathfrak{v}$ und die Zielpunkte von $\mathfrak{e}_1$ und $\mathfrak{e}_2$ in die Zielpunkte von $\mathfrak{a}$ und $\mathfrak{b}$ über. Im Bild 11.6.1 wird durch die Abbildung $\mathfrak{A}: \mathfrak{x}' = x_1\begin{pmatrix}2\\-1\end{pmatrix} + x_2\begin{pmatrix}3\\1\end{pmatrix} + \begin{pmatrix}3\\2\end{pmatrix}$ der Punkt X(1/2) in den Bildpunkt X′ (11/3) abgebildet.

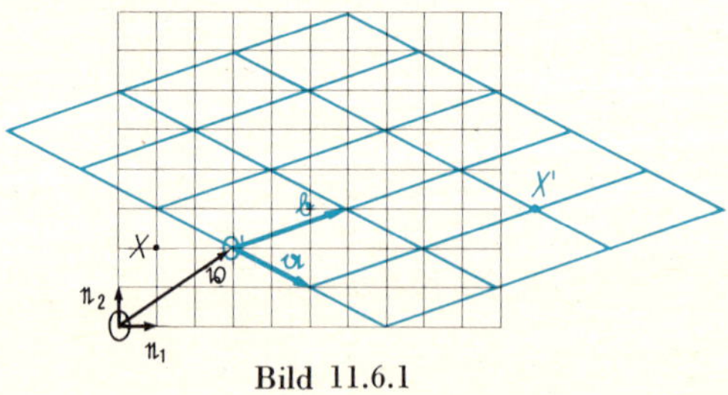

Bild 11.6.1

Mit Hilfe der Abbildungsgleichung (1) kann man zu jedem Punkt X seinen Bildpunkt X′ ermitteln. Wir fragen uns nun, ob sich auch umgekehrt zu jedem $X' \in R^2$ eindeutig ein Originalpunkt X bestimmen läßt, ob also die Abbildung bijektiv ist. Dazu übertragen wir Gleichung (1) in die Koordinatenschreibweise und versuchen, nach x_1 bzw. x_2 aufzulösen:

$$x_1' = x_1 a_1 + x_2 b_1 + v_1$$
$$x_2' = x_1 a_2 + x_2 b_2 + v_2\,.$$

Man erhält:

$$x_1 = \frac{(x_1' - v_1)\,b_2 - (x_2' - v_2)\,b_1}{a_1 b_2 - a_2 b_1}, \qquad x_2 = \frac{(x_2' - v_2)\,a_1 - (x_1' - v_1)\,a_2}{a_1 b_2 - a_2 b_1}.$$

Falls $a_1 b_2 - a_2 b_1 \neq 0$ ist, existiert eindeutig zu jedem $X' \in R^2$ ein Originalpunkt X, ist also die vorgegebene Abbildung bijektiv. Wenn dagegen $a_1 b_2 - a_2 b_1 = 0$ ist, gibt es zum vorgegebenen $X' \in R^2$ keinen Originalpunkt oder es gibt unendlich viele (s. Aufg. 9), mithin kann die der Gleichung $\mathfrak{x}' = x_1 \mathfrak{a} + x_2 \mathfrak{b} + \mathfrak{v}$ zugeordnete Abbildung nicht bijektiv sein.

Wie wir im Abschnitt 6.6 gesehen haben, ist der Betrag des Terms $a_1 b_2 - a_2 b_1$ gleich dem Flächeninhalt des Parallelogramms, das durch die Vektoren $\mathfrak{a} = \begin{pmatrix} a_1 \\ a_2 \end{pmatrix}$ und $\mathfrak{b} = \begin{pmatrix} b_1 \\ b_2 \end{pmatrix}$ aufgespannt wird. Deshalb sind die Vektoren $\mathfrak{a}$ und $\mathfrak{b}$ genau dann kollinear, wenn der Wert dieses Terms gleich Null ist. Der R^2 wird dann abgebildet auf die Gerade $g: \mathfrak{x}' = \mathfrak{v} + \lambda \mathfrak{a}$, falls $\mathfrak{a} \neq \mathfrak{o}$ ist (oder auf den Punkt $O'\,[\mathfrak{v}]$, falls $\mathfrak{a} = \mathfrak{b} = \mathfrak{o}$ ist), Da in der Geometrie bijektive Abbildungen besonders wichtig sind, liegt folgende Definition nahe:

Definition 11.2

Jede Abbildung mit der Gleichung $\mathfrak{x}' = x_1 \mathfrak{a} + x_2 \mathfrak{b} + \mathfrak{v}$ soll *affine Abbildung* heißen, falls $a_1 b_2 - a_2 b_1 \neq 0$ ist. Der Term $a_1 b_2 - a_2 b_1$ heißt *Determinante Δ der Affinität.*

Damit ist gleichzeitig die früher eingeführte Bezeichnung „affines Koordinatensystem" gerechtfertigt, da man sich ein solches Koordinatensystem durch eine affine Abbildung aus einem kartesischen Koordinatensystem entstanden denken kann.

Beispiel

Welche affine Abbildung bildet die Ecken C(0/0), D(5/0), E(5/5) eines Dreiecks ab in die Ecken des Dreiecks C′(4/3) D′(8/3) E′(8/6)?

Zu berechnen sind die Vektoren $\mathfrak{a}$, $\mathfrak{b}$ und $\mathfrak{v}$ der affinen Abbildung $\mathfrak{x}' = x_1 \mathfrak{a} + x_2 \mathfrak{b} + \mathfrak{v}$. Aus den vorgegebenen Zuordnungen ergeben sich folgende Gleichungen:

$$C(0/0) \to C'(4/3) \Rightarrow \begin{pmatrix} 4 \\ 3 \end{pmatrix} = 0 \cdot \mathfrak{a} + 0 \cdot \mathfrak{b} + \mathfrak{v} \Rightarrow \mathfrak{v} = \begin{pmatrix} 4 \\ 3 \end{pmatrix}$$

$$D(5/0) \to D'(8/3) \Rightarrow \begin{pmatrix} 8 \\ 3 \end{pmatrix} = 5\mathfrak{a} + 0\mathfrak{b} + \mathfrak{v} \Rightarrow 5\mathfrak{a} = \begin{pmatrix} 8 \\ 3 \end{pmatrix} - \begin{pmatrix} 4 \\ 3 \end{pmatrix} \Rightarrow \mathfrak{a} = \begin{pmatrix} \frac{4}{5} \\ 0 \end{pmatrix}$$

$$E(5/5) \to E'(8/6) \Rightarrow \begin{pmatrix} 8 \\ 6 \end{pmatrix} = 5\mathfrak{a} + 5\mathfrak{b} + \mathfrak{v} \Rightarrow 5\mathfrak{b} = \begin{pmatrix} 8 \\ 6 \end{pmatrix} - 5\begin{pmatrix} \frac{4}{5} \\ 0 \end{pmatrix} - \begin{pmatrix} 4 \\ 3 \end{pmatrix} \Rightarrow \mathfrak{b} = \begin{pmatrix} 0 \\ \frac{3}{5} \end{pmatrix}$$

Damit heißt die gesuchte Abbildungsgleichung $\mathfrak{x}' = x_1 \begin{pmatrix} \frac{4}{5} \\ 0 \end{pmatrix} + x_2 \begin{pmatrix} 0 \\ \frac{3}{5} \end{pmatrix} + \begin{pmatrix} 4 \\ 3 \end{pmatrix}$. Da $\mathfrak{a} = \begin{pmatrix} \frac{4}{5} \\ 0 \end{pmatrix}$ und $\mathfrak{b} = \begin{pmatrix} 0 \\ \frac{3}{5} \end{pmatrix}$ nicht kollinear sind, gehört diese Gleichung zu einer affinen Abbildung.

Aufgaben

1. Zeichne das Pfeildiagramm einer Abbildung, die weder injektiv noch surjektiv ist.

2. Stelle die zur Gleichung $\mathfrak{x}' = x_1 \begin{pmatrix} 1 \\ 1 \end{pmatrix} + x_2 \begin{pmatrix} 0 \\ 3 \end{pmatrix} + \begin{pmatrix} 2 \\ 1 \end{pmatrix}$ gehörenden Gitternetze dar und trage die folgenden Punkte mit ihren Bildern ein: A(2/1), B(1/2), C(1/0), D(0/1), E(0/0).

3. Wie heißt die Abbildungsgleichung für eine Drehung um den Nullpunkt, wenn um 90° mit dem Uhrzeigersinn gedreht wird?

4. Wie unterscheiden sich geometrisch die zentrischen Streckungen vom Nullpunkt aus, wenn $|k| \leqq 1$, $|k| \geqq 1$, $k > 0$, $k < 0$ ist?

5. a) Stelle die zur Gleichung $\mathfrak{x}' = x_1 \begin{pmatrix} 3 \\ 0 \end{pmatrix} + x_2 \begin{pmatrix} 0 \\ 3 \end{pmatrix} + \begin{pmatrix} 2 \\ 2 \end{pmatrix}$ gehörenden Gitternetze dar und bilde die Ecken des Einheitsquadrates A(0/0), B(1/0), C(1/1), D(0/1) ab. Um was für eine Abbildung handelt es sich?

   b) Bilde die Ecken desselben Quadrates ab nach der Gleichung $\mathfrak{x}' = x_1 \begin{pmatrix} 4 \\ 0 \end{pmatrix} + x_2 \begin{pmatrix} 0 \\ 4 \end{pmatrix} - \begin{pmatrix} 6 \\ 6 \end{pmatrix}$. Wie unterscheidet sich diese Abbildung von der vorhergehenden?

6. Führe eine Netzkonstruktion durch für die Abbildung $\mathfrak{A}: \mathfrak{x}' = x_1 \begin{pmatrix} 2 \\ 0 \end{pmatrix} + x_2 \begin{pmatrix} 0 \\ 3 \end{pmatrix}$.

   a) In welche Punkte werden die Ecken des Einheitsquadrats (s. Aufg. 5a) abgebildet?

   b) Bilde mehrere Punkte der Geraden $g_1: \begin{pmatrix} 2 \\ -1 \end{pmatrix} \mathfrak{x} = 0$ ab.

   c) Bilde mehrere Punkte der Geraden $g_2: \begin{pmatrix} 2 \\ -1 \end{pmatrix} \mathfrak{x} - 1 = 0$ ab.

   Diskutiere die Ergebnisse von b) und c) einzeln und im Vergleich zueinander.

7. Welche affine Abbildung bildet die Ecken des Dreiecks CDE in die Ecken des Dreiecks C'D'E' ab?
   a) C(1/2), D(2/2), E(0/4), C'(2/2), D'(3/2), E'(1/3),
   b) C(1/1), D(0/0), E(– 1/3), C'(3/2), D'(0/1), E'(5/0),
   c) C(0/0), D(1/1), E(2/– 1), C'(0/0), D'(3/0), E'(0/– 3).

8. Konstruiere das Bild des Kreises $K: \mathfrak{x}^2 = 1$ punktweise mit Hilfe einer Netzkonstruktion, wenn die Abbildung durch die Gleichung $\mathfrak{x}' = x_1 \begin{pmatrix} 1 \\ 0 \end{pmatrix} + x_2 \begin{pmatrix} 0 \\ 2 \end{pmatrix}$ gegeben ist.

9. Gegeben sei eine Abbildung durch die Gleichung $\mathfrak{x}' = x_1 \begin{pmatrix} 1 \\ 2 \end{pmatrix} + x_2 \begin{pmatrix} 2 \\ 4 \end{pmatrix} + \begin{pmatrix} 1 \\ 1 \end{pmatrix}$. Konstruiere die Bildpunkte von 4 beliebigen Punkten C, D, E, F und diskutiere das Ergebnis.

10. Gegeben sei eine affine Abbildung durch die Gleichung $\mathfrak{x}' = x_1 \begin{pmatrix} 1 \\ 1 \end{pmatrix} + x_2 \begin{pmatrix} 2 \\ 1 \end{pmatrix} + \begin{pmatrix} 2 \\ 1 \end{pmatrix}$.
Berechne die Originalpunkte der folgenden Bildpunkte: C′(2/1), D′(1/1), E′(2/1), F′(– 1/1), G′(2/3).

11. Gegeben seien die Eckpunkte eines Vierecks: C(1/5), D(3/1), E(9/4), F(5/7).
a) Zeige, daß es sich um ein rechtwinkliges Trapez handelt.
b) Berechne F′, wenn die Bilder der drei übrigen Punkte gegeben sind: C′(2/9), D′(0/– 5), E′(9/– 2).
c) Sind C′, D′, E′, F′ wieder Eckpunkte eines rechtwinkligen Trapezes?

11.2.3. Die Invarianten der affinen Abbildung

Vorübungen

1. Welche Eigenschaften von Punktmengen bleiben bei Parallelverschiebungen, Drehungen und Spiegelungen erhalten, welche bei zentrischen Streckungen?
2. Untersuche, ob bei der Abbildung $\mathfrak{x}' = x_1 \begin{pmatrix} 1 \\ 1 \end{pmatrix} + x_2 \begin{pmatrix} -1 \\ 3 \end{pmatrix}$ der Mittelpunkt M der Strecke CD mit C(1/3) und D(3/5) in den Mittelpunkt M′ der Bildstrecke C′D′ abgebildet wird.

Wir wollen in diesem Kapitel solche Eigenschaften von Punktmengen kennenlernen, die bei allen affinen Abbildungen erhalten bleiben. Wir nennen diese Eigenschaften *Invarianten* der affinen Abbildungen.

1. Wir wissen bereits:
Jede affine Abbildung bildet einen Punkt des R^2 umkehrbar eindeutig wieder auf einen Punkt des R^2 ab.

2. Es ist naheliegend zu fragen, ob die Eigenschaft, daß 3 oder mehr Punkte auf einer gemeinsamen Geraden liegen, ebenfalls invariant ist gegenüber allen affinen Abbildungen. Wird also eine Gerade g wiederum in eine Gerade g′ abgebildet oder in einen Kreis, eine Parabel oder in eine andere Kurve?
Gegeben seien eine Gerade (Bild 11.9.1)

(1) $$g : \mathfrak{x} = \mathfrak{c} + \lambda \mathfrak{u}$$

und eine affine Abbildung durch ihre Gleichung

(2) $$\mathfrak{x}' = x_1 \mathfrak{a} + x_2 \mathfrak{b} + \mathfrak{v} \,.$$

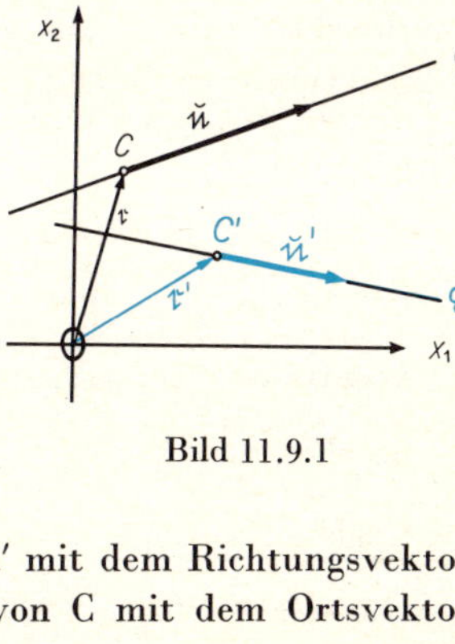

Bild 11.9.1

Wir gehen in (1) zu den Koordinatengleichungen über und setzen die Terme für x_1 und x_2 in (2) ein:

$$\mathfrak{x}' = (c_1 + \lambda u_1)\mathfrak{a} + (c_2 + \lambda u_2)\mathfrak{b} + \mathfrak{v} \Rightarrow$$
$$\mathfrak{x}' = (c_1 \mathfrak{a} + c_2 \mathfrak{b} + \mathfrak{v}) + \lambda (u_1 \mathfrak{a} + u_2 \mathfrak{b}) \,.$$

Das ist die Gleichung einer Geraden $g' : \mathfrak{x}' = \mathfrak{c}' + \lambda \mathfrak{u}'$ mit dem Richtungsvektor $\mathfrak{u}' = u_1 \mathfrak{a} + u_2 \mathfrak{b}$. Sie geht durch den Bildpunkt C′ von C mit dem Ortsvektor $\mathfrak{c}' = c_1 \mathfrak{a} + c_2 \mathfrak{b} + \mathfrak{v}$. Damit erhalten wir den

Satz 11.1

Das affine Bild einer Geraden g ist wieder eine Gerade g'. Insbesondere wird eine Strecke wieder in eine Strecke abgebildet.

Aus dem vorhergehenden Beweis folgt außerdem der

Satz 11.2

Bei der affinen Abbildung $\mathfrak{A}: \mathfrak{x}' = x_1 \mathfrak{a} + x_2 \mathfrak{b} + \mathfrak{v}$ ist das affine Bild eines freien Vektors $\mathfrak{u} = u_1 \mathfrak{e}_1 + u_2 \mathfrak{e}_2$ der freie Vektor $\mathfrak{u}' = u_1 \mathfrak{a} + u_2 \mathfrak{b}$.

Die Abbildungsgleichung für freie Vektoren entsteht also aus der Abbildungsgleichung für Punkte durch Fortlassen des Verschiebungsvektors $\mathfrak{v}$. Damit bekommen die in der Gleichung der affinen Abbildung $\mathfrak{x}' = x_1 \mathfrak{a} + x_2 \mathfrak{b} + \mathfrak{v}$ auftretenden Vektoren $\mathfrak{a}$ und $\mathfrak{b}$ eine überraschend einfache geometrische Bedeutung:

Satz 11.3

Die in der affinen Abbildungsgleichung auftretenden Vektoren $\mathfrak{a}$ und $\mathfrak{b}$ sind die affinen Bilder der freien Basisvektoren $\mathfrak{e}_1$ und $\mathfrak{e}_2$.

3. Weil nach Satz 11.2 zwei freie kollineare Vektoren $\mathfrak{u}_1$ und $\mathfrak{u}_2$ wieder in zwei freie kollineare Vektoren abgebildet werden, ergibt sich der

Satz 11.4

Parallele Geraden werden durch eine affine Abbildung in parallele Geraden abgebildet.

Die Parallelität ist also eine Invariante bei allen affinen Abbildungen.

4. Da Streckenlängen und Winkelgrößen sicherlich keine Invarianten gegenüber allen affinen Abbildungen sind – sie verändern sich ja z. B. bei Streckungen bzw. Scherungen – und da wir andererseits in Vorübung 2 gesehen haben, daß der Mittelpunkt M einer Strecke CD in den Mittelpunkt M' ihrer Bildstrecke abgebildet wird, ist es naheliegend zu fragen, ob das Teilverhältnis τ, in dem ein Punkt T eine Strecke CD teilt, invariant ist gegenüber allen affinen Abbildungen (Bild 11.10.1).

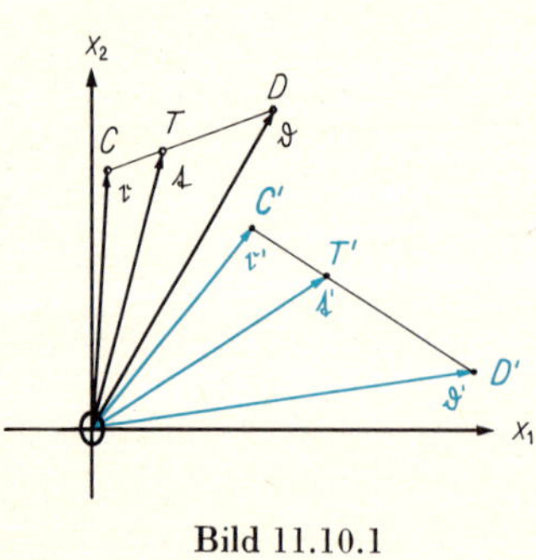

Bild 11.10.1

Für T [t] gilt: $\mathfrak{t} = \dfrac{\mathfrak{c} + \tau \mathfrak{d}}{1 + \tau}$. Wir setzen die Terme für t_1 und t_2 in die Abbildungsgleichung ein: $\mathfrak{t}' = \dfrac{c_1 + \tau d_1}{1 + \tau} \mathfrak{a} + \dfrac{c_2 + \tau d_2}{1 + \tau} \mathfrak{b} + \mathfrak{v}$. Wir multiplizieren $\mathfrak{v}$ mit dem Skalar $\dfrac{1 + \tau}{1 + \tau}$, ordnen und erhalten: $\mathfrak{t}' = \dfrac{(c_1 \mathfrak{a} + c_2 \mathfrak{b} + \mathfrak{v}) + \tau (d_1 \mathfrak{a} + d_2 \mathfrak{b} + \mathfrak{v})}{1 + \tau}$.

Da die Terme in den Klammern gedeutet werden können als die affinen Bilder der Ortsvektoren $\mathfrak{c}$ bzw. $\mathfrak{d}$, erhalten wir $\mathfrak{t}' = \frac{\mathfrak{c}' + \tau\mathfrak{d}'}{1+\tau}$ und damit teilt T' die Strecke C' D' im gleichen Verhältnis τ wie T die Strecke C D.

Satz 11.5

Das Teilverhältnis eines Punktes auf einer Strecke ist invariant gegenüber allen affinen Abbildungen.

5. Wir wollen nun untersuchen, in welcher Beziehung der Flächeninhalt F einer Figur mit dem Flächeninhalt F' ihrer Bildfigur steht. Als Figur wählen wir zunächst ein achsenparalleles Rechteck mit den Seitenvektoren $\mathfrak{c} = \begin{pmatrix} c_1 \\ 0 \end{pmatrix}$ und $\mathfrak{d} = \begin{pmatrix} 0 \\ d_2 \end{pmatrix}$. Es hat den Flächeninhalt $F = |c_1 d_2|$. Das affine Bild des Rechtecks ist ein Parallelogramm mit den Seitenvektoren $\mathfrak{c}' = c_1\mathfrak{a} = \begin{pmatrix} c_1 a_1 \\ c_1 a_2 \end{pmatrix}$ und $\mathfrak{d}' = d_2\mathfrak{b} = \begin{pmatrix} d_2 b_1 \\ d_2 b_2 \end{pmatrix}$ (s. Satz 11.2). Nach Kapitel 6.6 beträgt sein Flächeninhalt $F' = |c_1' d_2' - c_2' d_1'| = |c_1 a_1 \cdot d_2 b_2 - c_1 a_2 \cdot d_2 b_1| = |c_1 d_2 \cdot (a_1 b_2 - a_2 b_1)| \Rightarrow F' = |c_1 d_2| \cdot |a_1 b_2 - a_2 b_1| = F \cdot |\Delta|$, wobei $|a_1 b_2 - a_2 b_1|$ der Betrag der Determinante Δ der Affinität $\mathfrak{x}' = x_1\mathfrak{a} + x_2\mathfrak{b} + \mathfrak{v}$ ist. Somit gilt für den Flächeninhalt F' aller affinen Bilder aller achsenparalleler Rechtecke mit dem Flächeninhalt F

$$F' = F \cdot |\Delta| \,.$$

Nun läßt sich jede von einer Kurve begrenzte Fläche durch ein hinreichend feines Netz achsenparalleler Rechtecke approximieren, und alle diese Rechtecke gehen bei der affinen Abbildung in Parallelogramme vom $|\Delta|$-fachen Flächeninhalt über. Diese wiederum approximieren in ihrer Gesamtheit gerade die Bildfläche. Damit ergibt sich

Satz 11.6

Eine Figur mit dem Flächeninhalt F wird durch eine affine Abbildung in eine Bildfigur abgebildet, für deren Flächeninhalt F' gilt:

$$F' = |\Delta| \cdot F \quad \text{mit} \quad |\Delta| = |a_1 b_2 - a_2 b_1| \,.$$

Eine Abbildung mit $\Delta = \pm 1$ nennen wir *flächentreu*.
Betrachten wir nun zwei Figuren mit den Flächeninhalten F_1 und F_2, so gilt für die Flächeninhalte ihrer Bildfiguren:

$$F_1' = F_1 \cdot |\Delta| \quad \text{und} \quad F_2' = F_2 \cdot |\Delta| \quad \text{oder} \quad \frac{F_1}{F_2} = \frac{F_1'}{F_2'} \,.$$

Wir erhalten also den

Satz 11.7

Das Verhältnis der Flächeninhalte zweier beliebiger Figuren ist affin invariant, d. h. es gilt

$$\frac{F_1}{F_2} = \frac{F_1'}{F_2'} \,.$$

Beispiel

Zeige, daß die Abbildung $\mathfrak{A}: \mathfrak{x}' = x_1 \begin{pmatrix} 1 \\ -1 \end{pmatrix} + x_2 \begin{pmatrix} 2 \\ -1 \end{pmatrix} + \begin{pmatrix} 1 \\ 2 \end{pmatrix}$ die Gerade $g: \mathfrak{x} = \begin{pmatrix} 1 \\ 0 \end{pmatrix} + \lambda \begin{pmatrix} 1 \\ 1 \end{pmatrix}$ in eine zu g nicht parallele Bildgerade abbildet.

Da das Bild einer Geraden eine Gerade ist, berechnen wir die Bildgerade g′, indem wir mit Hilfe der Abbildungsgleichung das Bild C′ des Punktes C (1/0) und das Bild des Richtungsvektors $\mathfrak{u} = \begin{pmatrix} 1 \\ 1 \end{pmatrix}$ bestimmen.

C(1/0) wird abgebildet in C′:

$$\mathfrak{c}' = c_1 \mathfrak{a} + c_2 \mathfrak{b} + \mathfrak{v} \Rightarrow \mathfrak{c}' = 1 \begin{pmatrix} 1 \\ -1 \end{pmatrix} + 0 \begin{pmatrix} 2 \\ -1 \end{pmatrix} + \begin{pmatrix} 1 \\ 2 \end{pmatrix} \Rightarrow \mathfrak{c}' = \begin{pmatrix} 2 \\ 1 \end{pmatrix}$$

$\mathfrak{u} = \begin{pmatrix} 1 \\ 1 \end{pmatrix}$ wird abgebildet in $\mathfrak{u}' = u_1 \mathfrak{a} + u_2 \mathfrak{b} \Rightarrow \mathfrak{u}' = \begin{pmatrix} 3 \\ -2 \end{pmatrix}$. Damit erhalten wir für die Bildgerade g′ die Gleichung:

$$\mathfrak{x}' = \mathfrak{c}' + \lambda \mathfrak{u}', \quad \text{also} \quad \mathfrak{x}' = \begin{pmatrix} 2 \\ 1 \end{pmatrix} + \lambda \begin{pmatrix} 3 \\ -2 \end{pmatrix}$$

Da $\mathfrak{u} = \begin{pmatrix} 1 \\ 1 \end{pmatrix}$ nicht zu $\mathfrak{u}' = \begin{pmatrix} 3 \\ -2 \end{pmatrix}$ kollinear ist, sind die beiden Geraden g und g′ nicht parallel.

Schneller kommt man zum Ziel, wenn man die Koordinaten des Laufvektors der Geraden unmittelbar in die Abbildungsgleichung einsetzt:

$$\mathfrak{x}' = (1 + \lambda) \begin{pmatrix} 1 \\ -1 \end{pmatrix} + \lambda \begin{pmatrix} 2 \\ -1 \end{pmatrix} + \begin{pmatrix} 1 \\ 2 \end{pmatrix} \Rightarrow \mathfrak{x}' = \begin{pmatrix} 2 \\ 1 \end{pmatrix} + \lambda \begin{pmatrix} 3 \\ -2 \end{pmatrix}.$$

Aufgaben

1. Untersuche an Hand der Sätze über Invarianten affiner Abbildungen, ob bei jeder affinen Abbildung
   a) der Mittelpunkt M einer beliebigen Strecke AB in den Mittelpunkt der Bildstrecke A′B′ abgebildet wird,
   b) der Schwerpunkt S eines beliebigen Dreiecks ABC in den Schwerpunkt des Bilddreiecks A′B′C′ abgebildet wird,
   c) eine axialsymmetrische Figur (zentralsymmetrische Figur) wieder in eine axialsymmetrische Figur (zentralsymmetrische Figur) abgebildet wird.

2. Berechne das affine Bild S′ des Schwerpunktes S im Dreieck CDE.

3. Ist das affine Bild eines Trapezes (Quadrates) wieder ein Trapez (Quadrat)?

4. Nenne spezielle affine Abbildungen mit ihren Abbildungsgleichungen, die flächentreu sind.

5. Zeige rechnerisch, daß der Mittelpunkt des Einheitsquadrates affin abgebildet wird in den Schnittpunkt der Diagonalen des zugehörigen Bildparallelogramms.

6. Zeige rechnerisch, daß bei der zentrischen Streckung $\mathfrak{x}' = x_1 \begin{pmatrix} 2 \\ 0 \end{pmatrix} + x_2 \begin{pmatrix} 0 \\ 2 \end{pmatrix}$ die Streckenlänge $\overline{AB}$ nicht invariant bleibt. A(1/1), B(3/1).

7. Zeige rechnerisch, daß die affine Abbildung $\mathfrak{A}: \mathfrak{x}' = x_1 \begin{pmatrix} 2 \\ 0 \end{pmatrix} + x_2 \begin{pmatrix} 0 \\ 3 \end{pmatrix}$ die Größe des Winkels zwischen den Vektoren $\mathfrak{c} = \begin{pmatrix} 1 \\ 2 \end{pmatrix}$ und $\mathfrak{d} = \begin{pmatrix} -2 \\ 1 \end{pmatrix}$ nicht invariant läßt.

8. Berechne das Bild der Geraden $g: \mathfrak{x} = \begin{pmatrix} 1 \\ 2 \end{pmatrix} + \lambda \begin{pmatrix} 2 \\ 3 \end{pmatrix}$ bezüglich der Abbildung $\mathfrak{A}: \mathfrak{x}' = x_1 \begin{pmatrix} 1 \\ 0 \end{pmatrix} + x_2 \begin{pmatrix} 1 \\ 3 \end{pmatrix}$. Wo schneiden sich g und g'? Welches Bild hat dieser Schnittpunkt?

9. Strecke die Gerade $g: \mathfrak{x} = \begin{pmatrix} 1 \\ 2 \end{pmatrix} + \lambda \begin{pmatrix} -1 \\ 1 \end{pmatrix}$ vom Zentrum Z(1/1) aus um $k = 2$.

10. Welche affine Abbildung bildet den Nullpunkt in den Nullpunkt und die Gerade $g: \mathfrak{x} = \begin{pmatrix} 2 \\ 3 \end{pmatrix} + \lambda \begin{pmatrix} 1 \\ 1 \end{pmatrix}$ so in die Gerade $g': \mathfrak{x} = \begin{pmatrix} 1 \\ 0 \end{pmatrix} + \lambda \begin{pmatrix} 0 \\ 1 \end{pmatrix}$ ab, daß Punkte mit gleichem λ-Wert einander zugeordnet sein sollen?

11. Welche affine Abbildung bildet die beiden Geraden $g_1: \mathfrak{x} = \begin{pmatrix} 1 \\ 0 \end{pmatrix} + \lambda \begin{pmatrix} 1 \\ 1 \end{pmatrix}$ und $g_2: \mathfrak{x} = \mu \begin{pmatrix} 1 \\ 1 \end{pmatrix}$ so in die Geraden $g_1': \mathfrak{x}' = \begin{pmatrix} 1 \\ 1 \end{pmatrix} + \lambda \begin{pmatrix} 0 \\ 1 \end{pmatrix}$ und $g_2': \mathfrak{x}' = \mu \begin{pmatrix} 0 \\ 1 \end{pmatrix}$ ab, daß Punkte mit gleichem λ- bzw. μ-Wert einander zugeordnet sein sollen?

12. Welche affine Abbildung bildet die 3 Geraden $g_1: \mathfrak{x} = \begin{pmatrix} 1 \\ 1 \end{pmatrix} + \lambda \begin{pmatrix} -1 \\ 2 \end{pmatrix}$, $g_2: \mathfrak{x} = \begin{pmatrix} 0 \\ 2 \end{pmatrix} + \mu \begin{pmatrix} 1 \\ 2 \end{pmatrix}$ und $g_3: \mathfrak{x} = \begin{pmatrix} -1 \\ 0 \end{pmatrix} + \nu \begin{pmatrix} 1 \\ -1 \end{pmatrix}$ so in die 3 Geraden $g_1': \mathfrak{x} = \begin{pmatrix} 2 \\ 2 \end{pmatrix} + \lambda \begin{pmatrix} 1 \\ 4 \end{pmatrix}$, $g_2': \mathfrak{x} = \begin{pmatrix} 2 \\ 4 \end{pmatrix} + \mu \begin{pmatrix} 3 \\ 4 \end{pmatrix}$ und $g_3': \mathfrak{x} = \begin{pmatrix} -1 \\ 0 \end{pmatrix} + \nu \begin{pmatrix} 0 \\ -2 \end{pmatrix}$ ab, daß Punkte mit gleichem λ- bzw. μ- bzw. ν-Wert einander zugeordnet sein sollen?

13. Gegeben seien 4 Punkte C, D, E, F, von denen je drei nicht auf einer Geraden liegen sollen, und die Bildpunkte C', D', E', die ebenfalls nicht auf einer Geraden liegen sollen. Konstruiere F'. (Nutze die Invarianz des Teilverhältnisses aus!)

14. Gegeben ist das Dreieck C(1/1) D(−1/0) E(3/1) und sein affines Bild C'(3/3) D'(0/−1) E'(5/7). Berechne den Flächeninhalt F' der Bildfigur, die bei der gleichen affinen Abbildung das affine Bild des Kreises $K: \mathfrak{x}^2 = 9$ ist.

*11.2.4. Fixpunkte und Eigenvektoren, spezielle affine Abbildungen

Vorübungen

1. Wie lassen sich in der vektoriellen Abbildungsgleichung affiner Abbildungen die Vektoren $\mathfrak{a}$, $\mathfrak{b}$ und $\mathfrak{v}$ geometrisch deuten?

2. Wie heißt die Abbildungsgleichung für eine Spiegelung an der Winkelhalbierenden des 1. und 3. Quadranten?

3. Was versteht man unter einer Scherung?

4. Gegeben sei die Abbildung $\mathfrak{A}$: $\mathfrak{x}' = x_1 \begin{pmatrix} \frac{1}{2}\sqrt{3} \\ \frac{1}{2} \end{pmatrix} + x_2 \begin{pmatrix} -\frac{1}{2} \\ \frac{1}{2}\sqrt{3} \end{pmatrix}$. Berechne den Punkt C, der mit seinem Bildpunkt zusammenfällt.

1. *Drehungen und Spiegelungen*

Zunächst wollen wir die Abbildungsgleichungen für Drehungen um den Nullpunkt und für Spiegelungen an Ursprungsgeraden herleiten. Dazu nutzen wir aus, daß $\mathfrak{a}$ und $\mathfrak{b}$ die Bilder von $\mathfrak{e}_1$ und $\mathfrak{e}_2$ sind.

a) Gegeben sei also eine Drehung um O durch ihren Drehwinkel α. Da $\mathfrak{a}$ durch diese Drehung aus $\mathfrak{e}_1$ hervorgeht, ist $\mathfrak{a}$ ein Einheitsvektor, dessen Koordinaten gleich den Richtungskosinus sind. Also gilt (Bild 11.14.1)

$$\mathfrak{a} = \begin{pmatrix} \cos\alpha \\ \sin\alpha \end{pmatrix}.$$

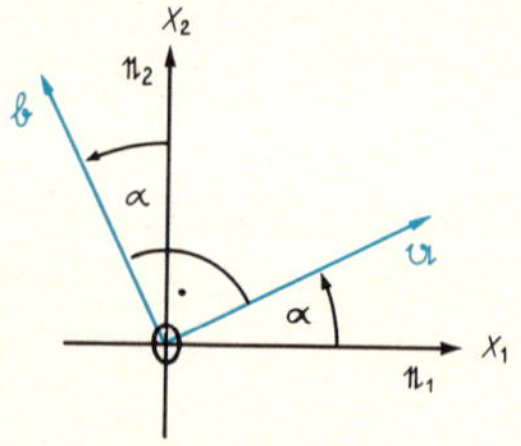

Bild 11.14.1

$\mathfrak{e}_2$ ist Lotvektor von $\mathfrak{e}_1$ und geht bei der Drehung in $\mathfrak{b}$ über. Für diesen Lotvektor $\mathfrak{b}$ von $\mathfrak{a}$ gilt: $\mathfrak{b} = \begin{pmatrix} -\sin\alpha \\ \cos\alpha \end{pmatrix}$.

Somit erhalten wir als Abbildungsgleichung einer Drehung um den Nullpunkt

$$\mathfrak{x}' = x_1 \begin{pmatrix} \cos\alpha \\ \sin\alpha \end{pmatrix} + x_2 \begin{pmatrix} -\sin\alpha \\ \cos\alpha \end{pmatrix}.$$

Das ist die Gleichung einer affinen Abbildung, da sie die verlangte Form hat und die Abbildungsdeterminante $\Delta = \cos^2\alpha + \sin^2\alpha = 1$ und damit ungleich Null ist.

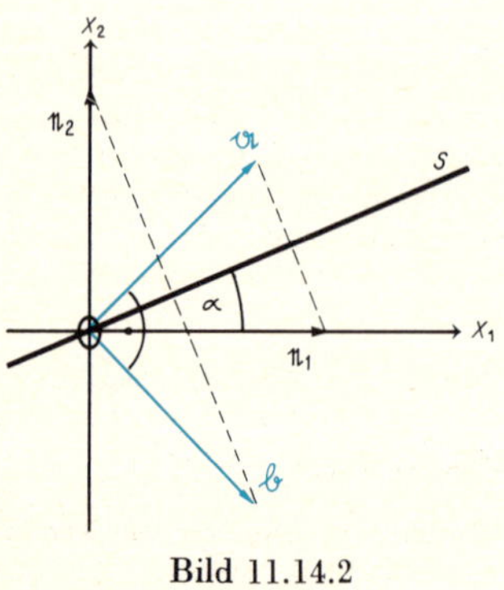

Bild 11.14.2

b) Gegeben sei eine Spiegelung durch ihre Spiegelachse s, die durch den Ursprung geht und mit der x_1-Achse den Winkel α einschließt. Dann gilt: $|\mathfrak{a}| = 1$, $\sphericalangle(\mathfrak{e}_1; \mathfrak{a}) = 2\alpha$ und $\sphericalangle(\mathfrak{a}; \mathfrak{e}_2) = 90° - 2\alpha$. Daraus folgt (Bild 11.14.2)

$$\mathfrak{a} = \begin{pmatrix} \cos 2\alpha \\ \sin 2\alpha \end{pmatrix}.$$

Ferner ist $|\mathfrak{b}| = 1$, $\sphericalangle(\mathfrak{e}_1; \mathfrak{b}) = 90° - 2\alpha$ und $\sphericalangle(\mathfrak{b}; \mathfrak{e}_2) = 180° - 2\alpha$. Somit ergibt sich

$$\mathfrak{b} = \begin{pmatrix} \sin 2\alpha \\ -\cos 2\alpha \end{pmatrix}.$$

Die Abbildungsgleichung einer Spiegelung an der Achse s, die durch den Nullpunkt läuft und mit der x_1-Achse den Winkel α einschließt, heißt also:

$$\mathfrak{x}' = x_1 \begin{pmatrix} \cos 2\alpha \\ \sin 2\alpha \end{pmatrix} + x_2 \begin{pmatrix} \sin 2\alpha \\ -\cos 2\alpha \end{pmatrix}.$$

Aus dieser Gleichung erkennt man, daß jede Spiegelung an einer Ursprungsgeraden eine affine Abbildung darstellt.

2. Fixpunkte und Eigenvektoren[1])

Mit den Drehungen haben wir Abbildungen kennengelernt, bei denen ein Punkt, nämlich der Drehpunkt, auf sich selbst abgebildet wird.

Definition 11.3

Ein Punkt, der bei einer Abbildung sich selbst zum Bild hat, soll *Fixpunkt* heißen.

Bei den Spiegelungen hat sogar jeder Punkt der Achse sich selbst zum Bild.

Definition 11.4

Eine Gerade, die Punkt für Punkt auf sich abgebildet wird, heißt *Fixpunktgerade*. Bei affinen Abbildungen heißt eine Fixpunktgerade auch *Affinitätsachse*.

Definition 11.5

Geraden, die als Ganzes, nicht aber Punkt für Punkt auf sich abgebildet werden, heißen *Fixgeraden*.

Bei einer Achsenspiegelung ist die Spiegelachse Fixpunktgerade, jede Gerade, die auf der Achse senkrecht steht, ist eine Fixgerade.
Wir wollen nun die Fixpunkte einer affinen Abbildung bestimmen. Nach Def. 11.3 muß gelten

$$\mathfrak{x}' = \mathfrak{x}$$

und damit

$$\mathfrak{x} = x_1\mathfrak{a} + x_2\mathfrak{b} + \mathfrak{v}$$

$$\Rightarrow \quad \begin{aligned} x_1 &= x_1 a_1 + x_2 b_1 + v_1 \\ x_2 &= x_1 a_2 + x_2 b_2 + v_2 \end{aligned}$$

$$\Rightarrow \quad \begin{aligned} x_1(a_1 - 1) + x_2 b_1 \qquad &= -v_1 \\ x_1 a_2 \qquad + x_2(b_2 - 1) &= -v_2 \end{aligned}$$

Fixpunkte gibt es nur, wenn dieses Gleichungssystem Lösungen besitzt.

[1] In diesem Abschnitt werden Kenntnisse über zweireihige Determinanten vorausgesetzt, insbesondere Satz 2.1 und Satz 4.4.

Genau einen Fixpunkt hat die Abbildung, wenn die Determinante des Gleichungssystems von Null verschieden ist, d. h. wenn gilt

$$\begin{vmatrix} a_1 - 1 & b_1 \\ a_2 & b_2 - 1 \end{vmatrix} \neq 0,$$

oder, anders ausgedrückt, wenn die Vektoren

$$\mathfrak{a} - \mathfrak{e}_1 = \begin{pmatrix} a_1 - 1 \\ a_2 \end{pmatrix} \quad \text{und} \quad \mathfrak{b} - \mathfrak{e}_2 = \begin{pmatrix} b_1 \\ b_2 - 1 \end{pmatrix}$$

linear unabhängig sind, weil es nur eine Möglichkeit gibt, im R^2 einen dritten Vektor $\begin{pmatrix} -v_1 \\ -v_2 \end{pmatrix}$ durch zwei linear unabhängige darzustellen:

$$x_1(\mathfrak{a} - \mathfrak{e}_1) + x_2(\mathfrak{b} - \mathfrak{e}_2) = -\mathfrak{v}$$

Ist hingegen

$$\begin{vmatrix} a_1 - 1 & b_1 \\ a_2 & b_2 - 1 \end{vmatrix} = 0,$$

d. h. sind die Vektoren

$$\mathfrak{a} - \mathfrak{e}_1 \quad \text{und} \quad \mathfrak{b} - \mathfrak{e}_2$$

linear abhängig und ist $\mathfrak{a} \neq \mathfrak{e}_1$ oder $\mathfrak{b} \neq \mathfrak{e}_2$, so gibt es zwei Möglichkeiten:
Entweder ist $-\mathfrak{v}$ von $\mathfrak{a} - \mathfrak{e}_1$ und $\mathfrak{b} - \mathfrak{e}_2$ linear unabhängig, dann ist die Gleichung

$$x_1(\mathfrak{a} - \mathfrak{e}_1) + x_2(\mathfrak{b} - \mathfrak{e}_2) = -\mathfrak{v}$$

nicht erfüllbar, d. h. die Affinität hat keine Fixpunkte.
Ist jedoch $-\mathfrak{v}$ auch zu $\mathfrak{a} - \mathfrak{e}_1$ und $\mathfrak{b} - \mathfrak{e}_2$ kollinear, gibt es beliebig viele Lösungspaare (x_1/x_2), die Affinität hat unendlich viele Fixpunkte. Dann müssen die beiden Gleichungen

$$\begin{aligned} x_1(a_1 - 1) + x_2 b_1 \qquad &= -v_1 \\ x_1 a_2 \qquad + x_2(b_2 - 1) &= -v_2, \end{aligned}$$

deren Graphen ja Geraden sind, dieselbe Gerade darstellen. Jedes Wertepaar, das eine Gleichung erfüllt, erfüllt auch die andere. Damit erhält man den

Satz 11.8

Hat die affine Abbildung

$$\mathfrak{A}: \mathfrak{x}' = x_1\mathfrak{a} + x_2\mathfrak{b} + \mathfrak{v} \text{ mit } \mathfrak{a} \neq \mathfrak{e}_1 \text{ oder } \mathfrak{b} \neq \mathfrak{e}_2$$

mehr als einen Fixpunkt, dann hat sie unendlich viele, die alle auf einer Geraden liegen. Die Gleichung dieser Fixpunktgeraden ist

$$x_1(a_1 - 1) + x_2 b_1 \qquad = -v_1$$

oder

$$x_1 a_2 \qquad + x_2(b_2 - 1) = -v_2.$$

Ist schließlich $\mathfrak{a} = \mathfrak{e}_1$ und $\mathfrak{b} = \mathfrak{e}_2$, so ist $\mathfrak{A}$ für $\mathfrak{v} \neq \mathfrak{o}$ eine Parallelverschiebung und für $\mathfrak{v} = \mathfrak{o}$ die identische Abbildung. Also besitzt $\mathfrak{A}$ entweder keine oder alle Punkte als Fixpunkte.

Um zu prüfen, ob eine Gerade $\mathfrak{g}:\mathfrak{x} = \mathfrak{c} + \lambda\mathfrak{u}$ Fixgerade bei der Abbildung

$$\mathfrak{A} : \mathfrak{x}' = x_1\mathfrak{a} + x_2\mathfrak{b} + \mathfrak{v}$$

ist, bilden wir sie nach Abschnitt 11.2.3 ab und erhalten

$$g' : \mathfrak{x}' = \mathfrak{c}' + \lambda\mathfrak{u}'$$

mit $\mathfrak{c}' = c_1\mathfrak{a} + c_2\mathfrak{b} + \mathfrak{v}$ und $\mathfrak{u}' = u_1\mathfrak{a} + u_2\mathfrak{b}$.
Das ist nach Satz 4.6 die gleiche Gerade wie vorher, wenn die drei Vektoren $\mathfrak{u}$, $\mathfrak{u}'$ und $\mathfrak{c}' - \mathfrak{c}$ kollinear sind.
Sind nur $\mathfrak{u}$ und $\mathfrak{u}'$ kollinear, so behält die Gerade ihre Richtung bei; Gerade g und Bildgerade g' laufen parallel.

Definition 11.6

Ein freier Vektor $\mathfrak{u} \neq \mathfrak{o}$, der bei einer Abbildung in einen kollinearen Vektor abgebildet wird, so daß also gilt

$$\mathfrak{u}' = \lambda\mathfrak{u} ,$$

heißt *Eigenvektor* der Abbildung. Das zugehörige λ heißt *Eigenwert*.

Um die Eigenvektoren der affinen Abbildung

$$\mathfrak{A} : \mathfrak{x}' = x_1\mathfrak{a} + x_2\mathfrak{b} + \mathfrak{v}$$

zu bestimmen, bilden wir den freien Vektor $\mathfrak{u}$ nach Satz 11.2 ab, dabei entfällt für den Bildvektor der Verschiebungsanteil der Abbildung:

$$\mathfrak{u}' = u_1\mathfrak{a} + u_2\mathfrak{b} .$$

Nach Definition 11.6 muß nun für die Eigenvektoren $\mathfrak{u}$ von $\mathfrak{A}$ gelten

$$u_1\mathfrak{a} + u_2\mathfrak{b} = \lambda\mathfrak{u} .$$

Die Bestimmung der Eigenvektoren $\mathfrak{u}$ läuft also darauf hinaus, das lineare Gleichungssystem

$$u_1 a_1 + u_2 b_1 = \lambda u_1$$
$$u_1 a_2 + u_2 b_2 = \lambda u_2$$

zu lösen. Durch Umformung erhält man

$$\begin{aligned} u_1(a_1 - \lambda) + u_2 b_1 \qquad &= 0 \\ u_1 a_2 \qquad + u_2(b_2 - \lambda) &= 0 . \end{aligned}$$

Dies Gleichungssystem hat genau eine Lösung $\begin{pmatrix} u_1 \\ u_2 \end{pmatrix}$ (Cramersche Regel, Satz 2.1), wenn die Determinante dieses Systems verschieden von Null ist. Diese Lösung ist $\begin{pmatrix} u_1 \\ u_2 \end{pmatrix} = \begin{pmatrix} 0 \\ 0 \end{pmatrix}$ und deshalb, da die Eigenvektoren als vom Nullvektor verschieden vorausgesetzt waren, für unsere Untersuchung unwesentlich. Demnach kann es

Eigenvektoren nur dann geben, wenn die Determinante des Systems gleich Null ist. Das bedeutet, daß die Vektoren $\mathfrak{a}^* = \mathfrak{a} - \lambda\mathfrak{e}_1$ und $\mathfrak{b}^* = \mathfrak{b} - \lambda\mathfrak{e}_2$ kollinear sein müssen.

$$\begin{vmatrix} a_1 - \lambda & b_1 \\ a_2 & b_2 - \lambda \end{vmatrix} = 0$$

$$(a_1 - \lambda)(b_2 - \lambda) - a_2 b_1 = 0$$

(1) $$\lambda^2 - (a_1 + b_2)\lambda + a_1 b_2 - a_2 b_1 = 0\,.$$

Diese Gleichung heißt *charakteristische Gleichung* der Abbildung. Ihre Lösungen sind die Eigenwerte λ_1 und λ_2 der Abbildung.

$$\lambda_{1/2} = \frac{a_1 + b_2}{2} \pm \sqrt{\frac{(a_1 + b_2)^2}{4} - \Delta}$$

Die affine Abbildung $\mathfrak{A} : \mathfrak{x}' = x_1\mathfrak{a} + x_2\mathfrak{b} + \mathfrak{v}$ hat also

$$\left.\begin{matrix} 2 \\ 1 \\ 0 \end{matrix}\right\} \text{ Eigenwerte, je nachdem } \frac{(a_1 + b_2)^2}{4} \gtreqless \Delta \text{ ist.}$$

Für die Koordinaten der zu den Eigenwerten λ_1, λ_2 gehörenden Eigenvektoren $\mathfrak{u}$ muß nun gelten

(2) $$\begin{aligned} u_1(a_1 - \lambda) + u_2 b_1 \qquad\qquad &= 0 \\ u_1 a_2 \qquad\qquad + u_2(b_2 - \lambda) &= 0\,. \end{aligned}$$

Aus diesem Gleichungssystem lassen sich die zugehörigen Eigenvektoren berechnen. Beide Gleichungen (2) kann man als skalare Produkte deuten

(3) $$\begin{aligned} \mathfrak{u}\begin{pmatrix} a_1 - \lambda \\ b_1 \end{pmatrix} &= 0 \\ \mathfrak{u}\begin{pmatrix} a_2 \\ b_2 - \lambda \end{pmatrix} &= 0\,. \end{aligned}$$

Es gilt nun, die Menge derjenigen Vektoren $\mathfrak{u}$ zu bestimmen, die beide Gleichungen erfüllen. Da mit

$$\begin{vmatrix} a_1 - \lambda & b_1 \\ a_2 & b_2 - \lambda \end{vmatrix} = 0$$

nach Satz 2.2 auch gelten muß

$$\begin{vmatrix} a_1 - \lambda & a_2 \\ b_1 & b_2 - \lambda \end{vmatrix} = 0,$$

sind die Vektoren $\begin{pmatrix} a_1 - \lambda \\ b_1 \end{pmatrix}$ und $\begin{pmatrix} a_2 \\ b_2 - \lambda \end{pmatrix}$ nach Satz 4.4 kollinear.

Gilt weder $\begin{pmatrix} a_1 - \lambda \\ b_1 \end{pmatrix} = \mathfrak{o}$ noch $\begin{pmatrix} a_2 \\ b_2 - \lambda \end{pmatrix} = \mathfrak{o}$, so besteht die Menge E der Eigenvektoren aus allen denjenigen Vektoren $\mathfrak{u}$, die auf $\begin{pmatrix} a_1 - \lambda \\ b_1 \end{pmatrix}$ senkrecht stehen. Wegen der Kollinearität von $\begin{pmatrix} a_1 - \lambda \\ b_1 \end{pmatrix}$ und $\begin{pmatrix} a_2 \\ b_2 - \lambda \end{pmatrix}$ sind das die gleichen Vektoren, die auf $\begin{pmatrix} a_2 \\ b_2 - \lambda \end{pmatrix}$ senkrecht stehen. Es gilt also für diesen Fall

$$E = \left\{ \mathfrak{u} \,\middle|\, \mathfrak{u} = k \begin{pmatrix} b_1 \\ \lambda - a_1 \end{pmatrix} \right\} = \left\{ \mathfrak{u} \,\middle|\, \mathfrak{u} = k \begin{pmatrix} \lambda - b_2 \\ a_2 \end{pmatrix} \right\},$$

wobei k die Menge der reellen Zahlen außer Null durchläuft.

Ist $\begin{pmatrix} a_1 - \lambda \\ b_1 \end{pmatrix} = \mathfrak{o}$ und $\begin{pmatrix} a_2 \\ b_2 - \lambda \end{pmatrix} \neq \mathfrak{o}$, so wird die erste der Gleichungen (3) von allen Vektoren des R^2 erfüllt, die zweite von allen zu $\begin{pmatrix} \lambda - b_2 \\ a_2 \end{pmatrix}$ kollinearen Vektoren. Die Lösungsmenge des Gleichungssystems ist der Durchschnitt der Lösungsmengen der Einzelgleichungen. Deshalb gilt in diesem Fall

$$E = \left\{ \mathfrak{u} \,\middle|\, \mathfrak{u} = k \begin{pmatrix} \lambda - b_2 \\ a_2 \end{pmatrix} \right\}.$$

Entsprechend erhält man für $\begin{pmatrix} a_1 - \lambda \\ b_1 \end{pmatrix} \neq \mathfrak{o}$ und $\begin{pmatrix} a_2 \\ b_2 - \lambda \end{pmatrix} = \mathfrak{o}$:

$$E = \left\{ \mathfrak{u} \,\middle|\, \mathfrak{u} = k \begin{pmatrix} b_1 \\ \lambda - a_1 \end{pmatrix} \right\}.$$

Ist schließlich sowohl $\begin{pmatrix} a_1 - \lambda \\ b_1 \end{pmatrix} = \mathfrak{o}$ als auch $\begin{pmatrix} a_2 \\ b_2 - \lambda \end{pmatrix} = \mathfrak{o}$, so wird jede der beiden Gleichungen (3) von allen Vektoren des R^2 erfüllt. Alle Vektoren des R^2 sind Eigenvektoren bis auf den Nullvektor.

Beispiele

1. Für die Drehung

$$\mathfrak{D}: \mathfrak{x}' = x_1 \begin{pmatrix} \cos\alpha \\ \sin\alpha \end{pmatrix} + x_2 \begin{pmatrix} -\sin\alpha \\ \cos\alpha \end{pmatrix}$$

gilt wegen $\frac{(a_1 + b_2)^2}{4} = \cos^2\alpha$, $\Delta = 1$ und $\cos^2\alpha \leqq 1$

$$\frac{(a_1 + b_2)^2}{4} \leqq \Delta .$$

Also gibt es für $\alpha \neq 0°$ und $\alpha \neq 180°$ keine Eigenwerte und damit auch keine Eigenvektoren. Für $\alpha = 0°$ ($\alpha = 180°$) ist $\cos^2\alpha = 1$, und es gibt genau einen Eigenwert, nämlich

$\lambda = \frac{a_1 + b_2}{2} = \cos 0° = 1$. ($\lambda = \cos 180° = -1$). Das Gleichungssystem (2) wird bei diesen Abbildungen zu

$$u_1 \cdot 0 + u_2 \cdot 0 = 0$$
$$u_1 \cdot 0 + u_2 \cdot 0 = 0\,.$$

Es wird in beiden Fällen von allen Wertepaaren (u_1, u_2) erfüllt. Alle Vektoren bis auf den Nullvektor sind Eigenvektoren.

2. Die Spiegelung an der Winkelhalbierenden des 1. und 3. Quadranten

$$\mathfrak{S}: \mathfrak{x}' = x_1 \begin{pmatrix} 0 \\ 1 \end{pmatrix} + x_2 \begin{pmatrix} 1 \\ 0 \end{pmatrix}$$

hat wegen $\frac{(a_1 + b_2)^2}{4} = 0, \quad \Delta = -1$ und damit

$$\frac{(a_1 + b_2)^2}{4} > \Delta$$

zwei Eigenwerte $\lambda_1 = +1, \lambda_2 = -1$.
Wir bestimmen die zugehörigen Eigenvektoren:
Die Gleichungssysteme

für $\lambda_1 = 1$	für $\lambda_2 = -1$
$-u_1 + u_2 = 0$	$u_1 + u_2 = 0$
$u_1 - u_2 = 0$	$u_1 + u_2 = 0$

haben die Lösungsmengen

$$E_1 = \left\{ u \,\middle|\, u = k \begin{pmatrix} 1 \\ 1 \end{pmatrix} \right\} \qquad E_2 = \left\{ u \,\middle|\, u = k \begin{pmatrix} 1 \\ -1 \end{pmatrix} \right\}.$$

Es werden also alle zur Spiegelachse parallelen und die auf ihr senkrecht stehenden Geraden in parallele Geraden abgebildet. Die Menge aller Eigenvektoren ist also $E = E_1 \cup E_2$.

3. Die zentrische Streckung

$$\mathfrak{Z}: \mathfrak{x}' = x_1 \begin{pmatrix} k \\ 0 \end{pmatrix} + x_2 \begin{pmatrix} 0 \\ k \end{pmatrix}$$

hat die charakteristische Gleichung

$$(k - \lambda)^2 = 0$$

mit der einen Lösung $\lambda = k$, die der einzige Eigenwert dieser Abbildung ist.
Die Koordinaten der Eigenvektoren sind die Lösungen des Gleichungssystems

$$u_1(k - k) + u_2 \cdot 0 = 0$$
$$u_1 \cdot 0 + u_2 \cdot (k - k) = 0\,.$$

Alle Vektoren des R^2 bis auf den Nullvektor sind Eigenvektoren.

3. *Achsenaffinitäten*

Für die weiteren Untersuchungen sind affine Abbildungen mit einer Fixpunktgeraden, die sog. *Achsenaffinitäten*, besonders wichtig. Zur Vereinfachung wollen wir die Affinitätsachse auf die x_1-Achse legen. Dann muß notwendigerweise

$\mathfrak{v} = \mathfrak{o}$ und $\mathfrak{e}_1' = \mathfrak{e}_1$, also $\mathfrak{a} = \mathfrak{e}_1$ sein. Wir erhalten also für eine Achsenaffinität bei dieser Wahl der Affinitätsachse die Abbildungsgleichung

$$\mathfrak{x}' = x_1 \begin{pmatrix} 1 \\ 0 \end{pmatrix} + x_2 \begin{pmatrix} b_1 \\ b_2 \end{pmatrix}.$$

$E_2(0/1)$ wird abgebildet in $E_2'(b_1/b_2)$. Um den Ortsvektor des Bildpunktes X' von X zu erhalten, hängen wir entsprechend der Abbildungsgleichung an den Vektor $x_1\mathfrak{e}_1$ den Vektor $x_2\mathfrak{b}$. Da $\overrightarrow{E_2E_2'} = -\mathfrak{e}_2 + \mathfrak{b}$ und $\overrightarrow{XX'} = -x_2\mathfrak{e}_2 + x_2\mathfrak{b}$ ist, ergibt sich (s. Bild 11.21.1)

$$\overrightarrow{XX'} = x_2(-\mathfrak{e}_2 + \mathfrak{b}) = x_2\overrightarrow{E_2E_2'},$$

d. h. $\overrightarrow{E_2E_2'}$ ist kollinear zu $\overrightarrow{XX'}$ oder E_2E_2' ist parallel zu XX'. Die Verbindungsstrecken von Original- und Bildpunkt sind also für jedes Punktepaar X, X'

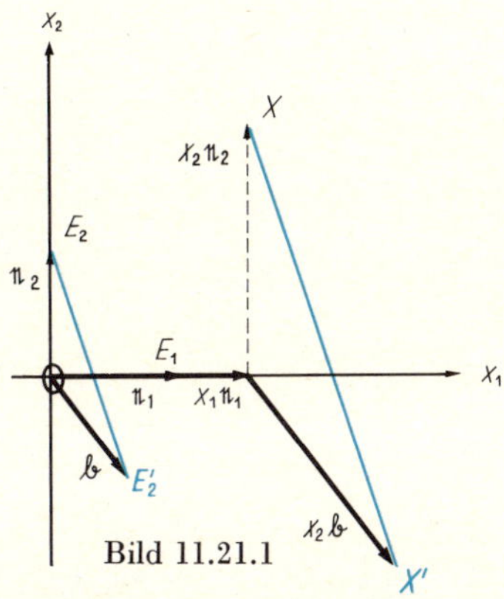

Bild 11.21.1

zueinander parallel. Man nennt diese Achsenaffinitäten auch *Schrägaffinitäten*
Soll eine Schrägaffinität flächentreu sein, so muß $\Delta = 1 \cdot b_2 - 0 \cdot b_1 = \pm 1$ und damit $b_2 = \pm 1$ sein.

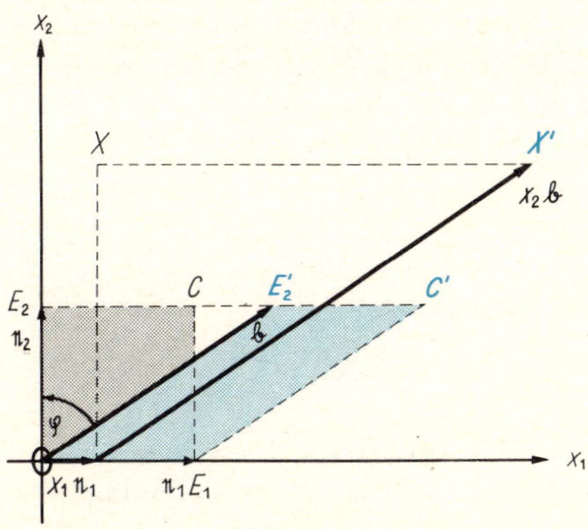

Bild 11.21.2

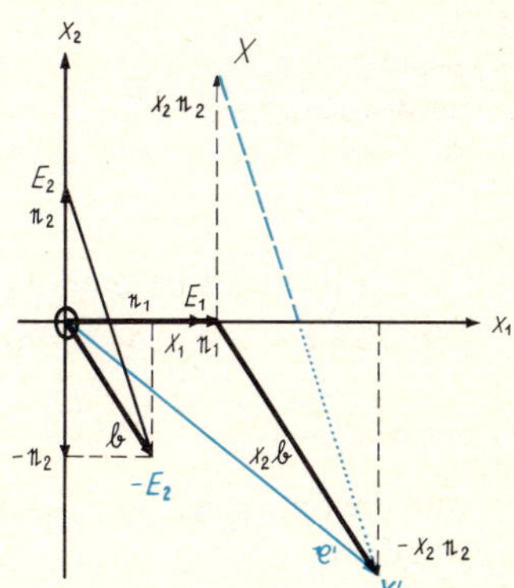

Bild 11.21.3

a) Wir untersuchen zunächst die flächentreue Schrägaffinität für den Fall, daß $\mathfrak{b} = \begin{pmatrix} b_1 \\ 1 \end{pmatrix}$, also $\Delta = +1$ ist.

Dem Bild 11.21.2 entnehmen wir, daß es sich um eine *Scherung* parallel zur x_1-Achse handelt. X' hat, wie die Abbildungsgleichung $\mathfrak{x}' = x_1 \begin{pmatrix} 1 \\ 0 \end{pmatrix} + x_2 \begin{pmatrix} b_1 \\ 1 \end{pmatrix}$ zeigt, im Quadratgitternetz dieselbe x_2-Koordinate wie X. Die Scherungsachse ist die x_1-Achse, der Scherungswinkel φ ist der Winkel zwischen $\mathfrak{b}$ und $\mathfrak{e}_2$; es gilt $\tan \varphi = b_1$.

b) Nun betrachten wir die flächentreue Schrägaffinität mit $\mathfrak{b} = \begin{pmatrix} b_1 \\ -1 \end{pmatrix}$ und damit $\Delta = -1$. X' hat die negative x_2-Koordinate von X. Daher halbiert die Affinitätsachse die Verbindungslinie entsprechender Punkte (s. Bild 11.21.3). Eine solche Abbildung heißt *Schrägspiegelung* oder *Affinspiegelung*. Falls $\mathfrak{b} = \begin{pmatrix} 0 \\ -1 \end{pmatrix}$ ist, erhalten wir die uns bekannte (senkrechte) *Spiegelung* an der x_1-Achse (s. Bild 11.22.1).

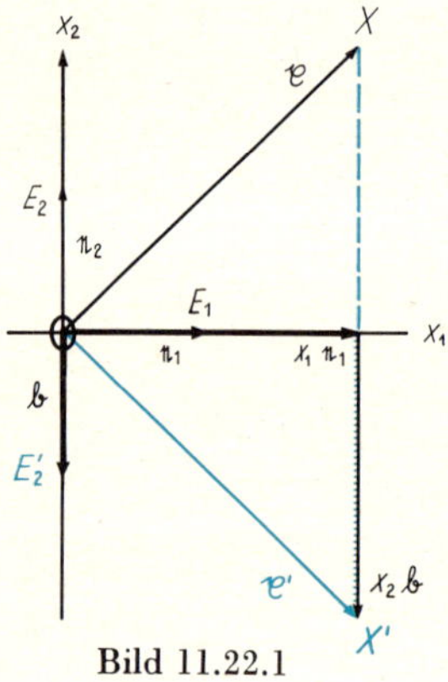

Bild 11.22.1

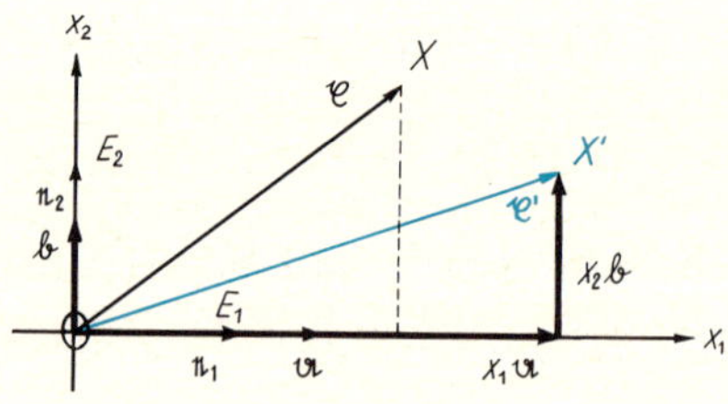

Bild 11.22.2

c) Nun wollen wir noch eine weitere wichtige affine Abbildung kennenlernen, die man erhält, wenn man in der Abbildungsgleichung $\mathfrak{a}$ und $\mathfrak{b}$ in die Richtung der Basisvektoren $\mathfrak{e}_1$ und $\mathfrak{e}_2$ legt (Bild 11.22.2). Wir setzen also

$$\mathfrak{a} = k_1\mathfrak{e}_1, \quad \mathfrak{b} = k_2\mathfrak{e}_2, \quad \mathfrak{v} = \mathfrak{o}$$

und erhalten als Abbildungsgleichung

$$\mathfrak{x}' = x_1 \begin{pmatrix} k_1 \\ 0 \end{pmatrix} + x_2 \begin{pmatrix} 0 \\ k_2 \end{pmatrix}.$$

Diese Affinitäten, zu denen für $k_1 = 1$ bzw. $k_2 = 1$ auch die sogenannten *Normalaffinitäten* zur x_2- bzw. x_1-Achse gehören (Dehnungen parallel zur x_2- bzw. x_1-Achse), nennt man *Eulersche Affinitäten.*

Man erkennt an der Abbildungsgleichung, daß die Eulerschen Affinitäten mit Ausnahme der Normalaffinitäten zur x_2- bzw. zur x_1-Achse keine Achsenaffinitäten sind (s. Aufgabe 1). Sie haben nämlich genau einen Fixpunkt, und zwar den Nullpunkt. Die x_1- und x_2-Achse werden nicht Punkt für Punkt, wohl aber als Ganzes in sich abgebildet, sind also Fixgeraden.

Beispiel

Welche affine Abbildung hat die Affinitätsachse a: $x_2 = x_1$ und bildet C(1/2) in C'(2/0) ab?
Lösung:

Da eine affine Abbildung eindeutig bestimmt ist durch die drei Vektoren $\mathfrak{a}$, $\mathfrak{b}$ und $\mathfrak{v}$, wählen wir zu C und C' noch zwei weitere Punktepaare D, D' und E, E' auf der Affinitätsachse, die als Fixpunkte auf sich abgebildet werden: D(0/0) → D'(0/0) und E(1/1) → E'(1/1). Nun setzen wir die Koordinaten der jeweils zugeordneten Punkte in die Abbildungsgleichung $\mathfrak{x}' = x_1\mathfrak{a} + x_2\mathfrak{b} + \mathfrak{v}$ ein und erhalten:

$$\mathfrak{d} = \begin{pmatrix}0\\0\end{pmatrix} \to \mathfrak{d}' = \begin{pmatrix}0\\0\end{pmatrix} \Rightarrow \mathfrak{d}' = 0\cdot\mathfrak{a} + 0\cdot\mathfrak{b} + \mathfrak{v} \Rightarrow \mathfrak{v} = \mathfrak{d}' = \mathfrak{o}$$

$$\mathfrak{e} = \begin{pmatrix}1\\1\end{pmatrix} \to \mathfrak{e}' = \begin{pmatrix}1\\1\end{pmatrix} \Rightarrow \mathfrak{e}' = 1\mathfrak{a} + 1\mathfrak{b} = \begin{pmatrix}1\\1\end{pmatrix}$$

$$\mathfrak{c} = \begin{pmatrix}1\\2\end{pmatrix} \to \mathfrak{c}' = \begin{pmatrix}2\\0\end{pmatrix} \Rightarrow \mathfrak{c}' = 1\mathfrak{a} + 2\mathfrak{b} = \begin{pmatrix}2\\0\end{pmatrix}.$$

Die Lösungsmenge dieses Gleichungssystems besteht aus dem einen Vektorpaar $(\mathfrak{a}, \mathfrak{b}) = \left(\begin{pmatrix}0\\2\end{pmatrix}, \begin{pmatrix}1\\-1\end{pmatrix}\right)$. Damit heißt die gesamte Abbildungsgleichung

$$\mathfrak{x}' = x_1\begin{pmatrix}0\\2\end{pmatrix} + x_2\begin{pmatrix}1\\-1\end{pmatrix} \quad \text{mit} \quad \Delta = -2.$$

Aufgaben

1. Zeige rechnerisch, daß die Eulersche Affinität mit $k_1 \neq 1$ und $k_2 \neq 1$ genau einen Fixpunkt hat. Was ergibt sich für den Fall, daß
   a) $k_1 = k_2$,
   b) $k_1 = k_2 = 1$ ist?
2. Bestimme die Abbildungsgleichung einer Schrägaffinität an der x_2-Achse. Leite daraus die Abbildungsgleichung für eine Affinspiegelung an der x_2-Achse ab.
3. Bestimme die Abbildungsgleichung einer Scherung parallel zur x_2-Achse.
4. Welchen Fixpunkt hat jede affine Abbildung, deren Gleichung sich in der Form schreiben läßt $\mathfrak{x}' = x_1\mathfrak{a} + x_2\mathfrak{b}$?
5. Welche affine Abbildung hat die Affinitätsachse mit der Gleichung
   a) $x_1 - 4 = 0$ und bildet O(0/0) in O'(0/1) ab,
   b) $x_2 + 2 = 0$ und bildet C(1/0) in C'(1/1) ab,
   c) $3x_1 + 4x_2 - 5 = 0$ und bildet C(1/1) in C'(–1/–3) ab,
   d) $x_1 + x_2 = 0$ und bildet C(1/2) in C'(–1/0) ab?
6. Welche Fixpunkte besitzt die affine Abbildung

   a) $\mathfrak{A}: \mathfrak{x}' = x_1\begin{pmatrix}2\\0\end{pmatrix} + x_2\begin{pmatrix}0\\2\end{pmatrix} + \begin{pmatrix}1\\1\end{pmatrix}$ b) $\mathfrak{A}: \mathfrak{x}' = x_1\begin{pmatrix}5\\3\end{pmatrix} + x_2\begin{pmatrix}20\\16\end{pmatrix}$

c) $\mathfrak{A}: \mathfrak{x}' = x_1 \begin{pmatrix} 0 \\ -2 \end{pmatrix} + x_2 \begin{pmatrix} -2 \\ -3 \end{pmatrix} + \begin{pmatrix} 3 \\ 6 \end{pmatrix}$ d) $\mathfrak{A}: \mathfrak{x}' = x_1 \begin{pmatrix} 0 \\ 1 \end{pmatrix} + x_2 \begin{pmatrix} 1 \\ 0 \end{pmatrix} + \mathfrak{v}$

e) $\mathfrak{A}: \mathfrak{x}' = x_1 \begin{pmatrix} 2 \\ -1 \end{pmatrix} + x_2 \begin{pmatrix} 1 \\ 0 \end{pmatrix} + \begin{pmatrix} -2 \\ 1 \end{pmatrix}$.

7. Welche affine Abbildung mit dem Fixpunkt C(1/1) bildet D(1/−1) in D′(0/0) und E(2/0) in E′(1/2) ab?

8. Gegeben sei ein Dreieck durch die drei Geraden $g_1: \mathfrak{x} = \begin{pmatrix} 3 \\ -2 \end{pmatrix} + \lambda \begin{pmatrix} 7 \\ -1 \end{pmatrix}$, $g_2: \mathfrak{x} = \begin{pmatrix} -1 \\ 0 \end{pmatrix} + \mu \begin{pmatrix} 3 \\ 1 \end{pmatrix}$ und $g_3: \mathfrak{x} = \begin{pmatrix} 2 \\ 1 \end{pmatrix} + \nu \begin{pmatrix} 1 \\ -3 \end{pmatrix}$.

   a) Drehe das Dreieck um den Nullpunkt um 90°.
   b) Spiegele das Dreieck an der Winkelhalbierenden des 1. Quadranten und zeige, daß die entstehenden Bilddreiecke zum Urdreieck kongruent sind.

9. Welche Abbildungen gehören zu den folgenden Abbildungsgleichungen:

   a) $\mathfrak{x}' = x_1 \begin{pmatrix} a_1 \\ a_2 \end{pmatrix} + x_2 \begin{pmatrix} 0 \\ 1 \end{pmatrix}$ b) $\mathfrak{x}' = x_1 \begin{pmatrix} \frac{1}{2}\sqrt{2} \\ \frac{1}{2}\sqrt{2} \end{pmatrix} + x_2 \begin{pmatrix} -\frac{1}{2}\sqrt{2} \\ \frac{1}{2}\sqrt{2} \end{pmatrix}$

   c) $\mathfrak{x}' = x_1 \begin{pmatrix} 7 \\ 0 \end{pmatrix} + x_2 \begin{pmatrix} 0 \\ \frac{1}{2} \end{pmatrix}$ d) $\mathfrak{x}' = x_1 \begin{pmatrix} -1 \\ a_2 \end{pmatrix} + x_2 \begin{pmatrix} 0 \\ 1 \end{pmatrix}$

   e) $\mathfrak{x}' = x_1 \begin{pmatrix} 3 \\ 0 \end{pmatrix} + x_2 \begin{pmatrix} 0 \\ 3 \end{pmatrix}$ f) $\mathfrak{x}' = x_1 \begin{pmatrix} \frac{1}{2}\sqrt{3} \\ \frac{1}{2} \end{pmatrix} + x_2 \begin{pmatrix} \frac{1}{2} \\ -\frac{1}{2}\sqrt{3} \end{pmatrix}$

10. Das Dreieck C(2/1) D(6/2) E(5/3) soll durch eine Achsenaffinität mit der x_1-Achse als Affinitätsachse in ein gleichschenkliges, rechtwinkliges Dreieck abgebildet werden ($\sphericalangle$ C′E′D′ = 90°).

11. Gegeben sei eine affine Abbildung durch die 3 Punkte C(1/0), D(0/1) und E(1/1) und deren Bildpunkte C′(1/0), D′(3/1), E′(4/1). Bestimme die Art der Abbildung.

12. Berechne die Gleichung der affinen Abbildung, die die Gerade $g: x_2 = \frac{x_1}{2}$ zur Affinitätsachse hat und die x_2-Achse in die x_1-Achse abbildet.

13. Bestimme die Eigenwerte und die Menge der Eigenvektoren bei folgenden affinen Abbildungen:

   a) $\mathfrak{A}: \mathfrak{x}' = x_1 \begin{pmatrix} 2 \\ 4 \end{pmatrix} + x_2 \begin{pmatrix} -1 \\ -3 \end{pmatrix} + \begin{pmatrix} 1 \\ 2 \end{pmatrix}$

   b) $\mathfrak{A}: \mathfrak{x}' = x_1 \begin{pmatrix} 1 \\ 1 \end{pmatrix} + x_2 \begin{pmatrix} -1 \\ 3 \end{pmatrix} + \begin{pmatrix} 2 \\ 0 \end{pmatrix}$.

   Zeige, daß zum gleichen Eigenwert kollineare, zu verschiedenen Eigenwerten linear unabhängige Eigenvektoren gehören.

14. Untersuche die folgenden affinen Abbildungen auf Eigenvektoren. Bestimme gegebenenfalls die Menge dieser Eigenvektoren.

a) $\mathfrak{A}: \mathfrak{x}' = x_1 \begin{pmatrix} 1 \\ -2 \end{pmatrix} + x_2 \begin{pmatrix} 1 \\ 3 \end{pmatrix}$

b) $\mathfrak{A}: \mathfrak{x}' = x_1 \begin{pmatrix} -3 \\ 2 \end{pmatrix} + x_2 \begin{pmatrix} -2 \\ 1 \end{pmatrix} + \begin{pmatrix} 2 \\ 0 \end{pmatrix}.$

15. Bestimme die Eigenwerte und Eigenvektoren der Abbildungen

$$\mathfrak{A}_1: \mathfrak{x}' = x_1 \begin{pmatrix} 4 \\ -3 \end{pmatrix} + x_2 \begin{pmatrix} 2 \\ -3 \end{pmatrix} + \begin{pmatrix} 1 \\ 1 \end{pmatrix} \quad \text{und}$$

$$\mathfrak{A}_2: \mathfrak{x}' = x_1 \begin{pmatrix} -3 \\ 3 \end{pmatrix} + x_2 \begin{pmatrix} -2 \\ 4 \end{pmatrix} + \begin{pmatrix} 1 \\ 1 \end{pmatrix}$$

und vergleiche die Ergebnisse.

16. Bestimme die Menge aller affinen Abbildungen, für die jeder Vektor Eigenvektor ist. Zeige ferner, daß jede dieser Abbildungen genau einen Eigenwert besitzt. Welche anschauliche Bedeutung hat dieser Eigenwert?

17. Bestimme die Eigenwerte und Eigenvektoren
a) einer Scherung parallel zur x_1-Achse,
b) der Eulerschen Affinität $\mathfrak{A}: \mathfrak{x}' = x_1 \begin{pmatrix} k_1 \\ 0 \end{pmatrix} + x_2 \begin{pmatrix} 0 \\ k_2 \end{pmatrix}$. Wie kann man die Abbildungsgleichungen der Eulerschen Affinität mit Hilfe von λ_1, λ_2 schreiben?

18. Untersuche
a) die allgemeine gleichsinnige ähnliche Abbildung

$$\ddot{\mathfrak{A}}_+: \mathfrak{x}' = x_1 \begin{pmatrix} a_1 \\ a_2 \end{pmatrix} + x_2 \begin{pmatrix} -a_2 \\ a_1 \end{pmatrix} + \begin{pmatrix} v_1 \\ v_2 \end{pmatrix}$$

b) die allgemeine ungleichsinnig ähnliche Abbildung

$$\ddot{\mathfrak{A}}_-: \mathfrak{x}' = x_1 \begin{pmatrix} a_1 \\ a_2 \end{pmatrix} + x_2 \begin{pmatrix} a_2 \\ -a_1 \end{pmatrix} + \begin{pmatrix} v_1 \\ v_2 \end{pmatrix}$$

auf Eigenwerte und Eigenvektoren.

19. Beweise: Eine affine Abbildung mit der Gleichung

$$\mathfrak{x}' = x_1 \begin{pmatrix} a_1 \\ c \end{pmatrix} + x_2 \begin{pmatrix} c \\ b_2 \end{pmatrix} + \begin{pmatrix} v_1 \\ v_2 \end{pmatrix}$$

besitzt stets reelle Eigenwerte. In welchem Spezialfall liegt nur ein Eigenwert vor?

20. Gegeben sei eine affine Abbildung, die den Nullpunkt als Fixpunkt hat, reelle Eigenwerte besitzt und nicht als zentrische Streckung gedeutet werden kann. Beweise:

a) Bei dieser Abbildung sind je zwei Eigenvektoren, die zu demselben Eigenwert gehören, kollinear.
b) Je zwei Eigenvektoren, die zu verschiedenen Eigenwerten gehören, sind linear unabhängig.
(Beachte, daß die Zeilenvektoren $\begin{pmatrix} a_1 - \lambda \\ b_1 \end{pmatrix}$ und $\begin{pmatrix} a_2 \\ b_2 - \lambda \end{pmatrix}$ des Gleichungssystems

$$(2) \qquad \begin{aligned} u_1(a_1 - \lambda) + u_2 b_1 \qquad &= 0 \\ u_1 a_2 \qquad + u_2(b_2 - \lambda) &= 0 \end{aligned}$$

auch Nullvektoren sein können.)

21. Durch eine affine Abbildung mit den Eigenwerten $\lambda_1 = 1$ und $\lambda_2 = 3$, die den Ursprung als Fixpunkt hat, wird das Parallelogramm A(1/0) B(3/2) C(2/6) D(0/4) so abgebildet, daß die Seiten des Bildparallelogramms jeweils parallel zu den Urbildseiten sind. Bestimme die Eckpunkte des Bildparallelogramms. (2 Lösungen; beachte Aufgabe 20).

22. Eine affine Abbildung mit den Eigenwerten $\lambda_1 = -2$ und $\lambda_2 = 4$ bildet den Ursprung O in O′(4/1) und das Viereck A(3/1) B(5/0) C(9/1) D(5/4) so ab, daß jede Diagonale des Bildvierecks parallel ist zu der jeweiligen Urbilddiagonale. Bestimme das Bildviereck (2 Lösungen).

23. Unter welchem Winkel schneiden sich zwei Geraden, die bei der Abbildung

$$\mathfrak{A}: \mathfrak{x}' = x_1 \begin{pmatrix} a_1 \\ a_2 \end{pmatrix} + x_2 \begin{pmatrix} a_2 \\ a_1 \end{pmatrix} + \begin{pmatrix} v_1 \\ v_2 \end{pmatrix} \quad \text{mit} \quad a_2 \neq 0$$

einen invarianten Anstieg haben?

24. Beweise: Eine affine Abbildung, zu der ein Eigenwert $\lambda = 1$ gehört, besitzt entweder keinen oder unendlich viele Fixpunkte. Zeige auch die Umkehrung des Satzes.

*11.2.5. Die Gruppenstruktur affiner Abbildungen

Vorübungen

1. Was versteht man unter einer Gruppe und unter einem linearen Vektorraum? Nenne Beispiele für Gruppen aus dem Bereich der Algebra und der Geometrie.
2. Was versteht man unter Kongruenzabbildungen und Ähnlichkeitsabbildungen? Nenne dafür spezielle Beispiele.

I. Die Gruppe der affinen Abbildungen

Führen wir hintereinander zwei Parallelverschiebungen um $\mathfrak{v}_1$ und $\mathfrak{v}_2$ aus, so können die beiden Verschiebungen ersetzt werden durch eine einzige Verschiebung um $\mathfrak{v}_3$, wobei sich $\mathfrak{v}_3$ als Vektorsumme der beiden Verschiebungsvektoren darstellen läßt: $\mathfrak{v}_3 = \mathfrak{v}_1 + \mathfrak{v}_2$. Auch zwei hintereinander ausgeführte Drehungen um dasselbe Zentrum

können ersetzt werden durch eine einzige Drehung um eben dieses Zentrum, wobei für den Drehwinkel φ_3 der resultierenden Drehung gilt: $\varphi_3 = \varphi_1 + \varphi_2$. Diese uns aus der Geometrie bekannten Sätze lassen sich auch analytisch unter Anwendung der entsprechenden Abbildungsgleichungen beweisen (s. Aufg. 12).
Wir wollen nun zeigen, daß zwei hintereinander ausgeführte affine Abbildungen ersetzt werden können durch eine einzige affine Abbildung.
Gegeben sei also die affine Abbildung

(1) $$\mathfrak{A}_1 : \mathfrak{x}' = x_1 \mathfrak{a} + x_2 \mathfrak{b} + \mathfrak{v} \quad \text{mit} \quad a_1 b_2 - a_2 b_1 \neq 0 ,$$

die X in X′ abbildet. Dazu betrachten wir die zweite affine Abbildung

(2) $$\mathfrak{A}_2 : \mathfrak{x}'' = x_1' \mathfrak{c} + x_2' \mathfrak{d} + \mathfrak{w} \quad \text{mit} \quad c_1 d_2 - c_2 d_1 \neq 0 ,$$

die X′ in X″ überführt. Welche Abbildung bildet X unmittelbar in X″ ab? Wir setzen aus (1) die Koordinaten von $\mathfrak{x}'$ in (2) ein:

$$\mathfrak{x}'' = (x_1 a_1 + x_2 b_1 + v_1)\, \mathfrak{c} + (x_1 a_2 + x_2 b_2 + v_2)\, \mathfrak{d} + \mathfrak{w} .$$

Wir ordnen nach x_1 und x_2 und erhalten:

$$\mathfrak{x}'' = x_1 \begin{pmatrix} a_1 c_1 + a_2 d_1 \\ a_1 c_2 + a_2 d_2 \end{pmatrix} + x_2 \begin{pmatrix} b_1 c_1 + b_2 d_1 \\ b_1 c_2 + b_2 d_2 \end{pmatrix} + \begin{pmatrix} v_1 c_1 + v_2 d_1 + w_1 \\ v_1 c_2 + v_2 d_2 + w_2 \end{pmatrix} .$$

Das ist die Gleichung einer affinen Abbildung in der Form $\mathfrak{x}'' = x_1 \mathfrak{g} + x_2 \mathfrak{h} + \mathfrak{p}$ falls $g_1 h_2 - g_2 h_1 \neq 0$ ist. Nun ist aber

$$g_1 h_2 - g_2 h_1 = (a_1 c_1 + a_2 d_1) \cdot (b_1 c_2 + b_2 d_2) - (a_1 c_2 + a_2 d_2)(b_1 c_1 + b_2 d_1) .$$

Wir multiplizieren aus, fassen zusammen und erhalten

$$g_1 h_2 - g_2 h_1 = (a_1 b_2 - a_2 b_1)(c_1 d_2 - c_2 d_1) .$$

Dieses Produkt ist sicherlich ungleich Null, da nach Voraussetzung $\mathfrak{A}_1$ und $\mathfrak{A}_2$ affine Abbildungen und mithin die Terme in der 1. und 2. Klammer als Abbildungsdeterminanten ungleich Null sein sollten. Wenn wir im Diagramm eine Abbildung durch einen gebogenen Pfeil symbolisieren, läßt sich das Ergebnis wie in Bild 11.27.1 darstellen: Dieses Hintereinanderausführen zweier affiner Abbildungen, das ersetzt werden kann durch eine einzige affine Abbildung, können wir deuten als eine Operation (Verknüpfung) in der Menge aller affinen Abbildungen: jedem geordneten Paar affiner Abbildungen wird eindeutig eine weitere affine Abbildung zugeordnet:

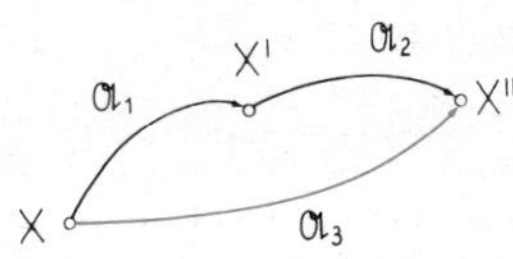

Bild 11.27.1

$$(\mathfrak{A}_1, \mathfrak{A}_2) \to \mathfrak{A}_3 .$$

Dafür schreiben wir $\mathfrak{A}_1 \circ \mathfrak{A}_2 = \mathfrak{A}_3$ und sprechen abkürzend vom „Produkt“ der beiden Abbildungen $\mathfrak{A}_1$ und $\mathfrak{A}_2$, unter anderem deshalb, weil die Abbildungsdeterminante von $\mathfrak{A}_1 \circ \mathfrak{A}_2$ das Produkt der Abbildungsdeterminanten von $\mathfrak{A}_1$ und $\mathfrak{A}_2$ ist.
Man kann nun leicht zeigen, daß das so definierte Produkt zweier Abbildungen im allgemeinen nicht kommutativ ist, daß es also Abbildungen $\mathfrak{A}_1$ und $\mathfrak{A}_2$ gibt, für die gilt: $\mathfrak{A}_1 \circ \mathfrak{A}_2 \neq \mathfrak{A}_2 \circ \mathfrak{A}_1$.

Dazu betrachten wir die Normalaffinität $\mathfrak{A}_1 : \mathfrak{x}' = x_1 \begin{pmatrix} k \\ 0 \end{pmatrix} + x_2 \begin{pmatrix} 0 \\ 1 \end{pmatrix}$ und die Verschiebung $\mathfrak{A}_2 : \mathfrak{x}' = x_1 \begin{pmatrix} 1 \\ 0 \end{pmatrix} + x_2 \begin{pmatrix} 0 \\ 1 \end{pmatrix} + \mathfrak{v}$. Wir bilden zunächst $\mathfrak{A}_1 \circ \mathfrak{A}_2$, d. h. wir dehnen zuerst und verschieben sodann:

$$\mathfrak{A}_1 \circ \mathfrak{A}_2 : \mathfrak{x}'' = x_1 \begin{pmatrix} k \\ 0 \end{pmatrix} + x_2 \begin{pmatrix} 0 \\ 1 \end{pmatrix} + \begin{pmatrix} v_1 \\ v_2 \end{pmatrix}.$$

Wenn wir dagegen zunächst verschieben und anschließend dehnen, also $\mathfrak{A}_2 \circ \mathfrak{A}_1$ bilden, ergibt sich $\mathfrak{A}_2 \circ \mathfrak{A}_1 : \tilde{\mathfrak{x}}'' = x_1 \begin{pmatrix} k \\ 0 \end{pmatrix} + x_2 \begin{pmatrix} 0 \\ 1 \end{pmatrix} + \begin{pmatrix} k\,v_1 \\ v_2 \end{pmatrix}$. Für diese affinen Abbildungen gilt also sicherlich $\mathfrak{A}_1 \circ \mathfrak{A}_2 \neq \mathfrak{A}_2 \circ \mathfrak{A}_1$. Die Konstruktion in Bild 11.28.1 macht den Sachverhalt geometrisch deutlich:

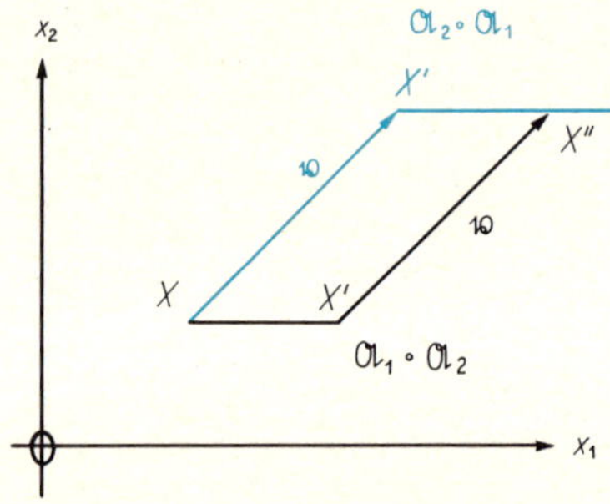

Bild 11.28.1

Da wir für die Menge der affinen Abbildungen eine Verknüpfung definiert haben, nämlich das Hintereinanderausführen zweier Abbildungen, stellt sich die Frage, ob die affinen Abbildungen bezüglich dieser Verknüpfung eine Gruppe bilden. Dazu müssen die Gruppenaxiome erfüllt sein.

Die Gültigkeit von Axiom 1 haben wir soeben nachgewiesen. Das assoziative Gesetz gilt bei allen Abbildungen. Das erkennt man so: $\mathfrak{A}_1$ bilde X in X', $\mathfrak{A}_2$ X' in X'' und $\mathfrak{A}_3$ X'' in X'''ab. Aus Bild 11.28.2 erkennt man, daß durch $(\mathfrak{A}_1 \circ \mathfrak{A}_2) \circ \mathfrak{A}_3$ und durch $\mathfrak{A}_1 \circ (\mathfrak{A}_2 \circ \mathfrak{A}_3)$ X in X''' überführt wird. Da das für jeden Punkt des R^2 gilt, ist damit die Gültigkeit des assoziativen Gesetzes $(\mathfrak{A}_1 \circ \mathfrak{A}_2) \circ \mathfrak{A}_3 = \mathfrak{A}_1 \circ (\mathfrak{A}_2 \circ \mathfrak{A}_3)$ bewiesen.

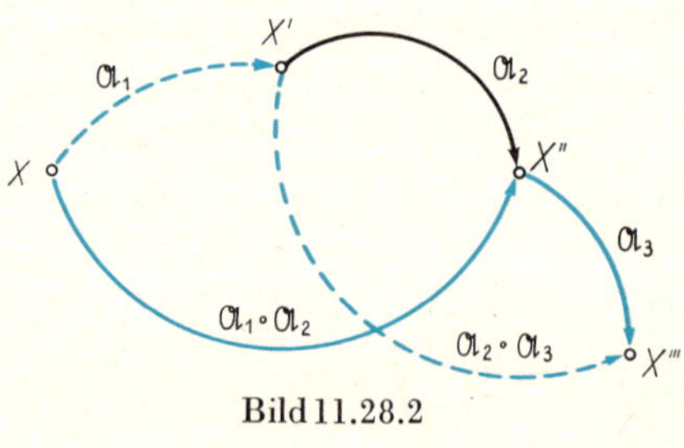

Bild 11.28.2

Um die Gültigkeit des dritten Gruppenaxioms nachzuweisen, muß gezeigt werden, daß es in der Menge der affinen Abbildungen eine Abbildung $\mathfrak{E}$ gibt, so daß für jedes $\mathfrak{A}$ gilt:

$$\mathfrak{A} \circ \mathfrak{E} = \mathfrak{E} \circ \mathfrak{A} = \mathfrak{A}$$

Die Abbildung mit dieser Eigenschaft ist die identische Abbildung (Bild 11.29.1)

$$\mathfrak{E} : \mathfrak{x}' = x_1 \begin{pmatrix} 1 \\ 0 \end{pmatrix} + x_2 \begin{pmatrix} 0 \\ 1 \end{pmatrix},$$

die jeden Punkt auf sich abbildet.

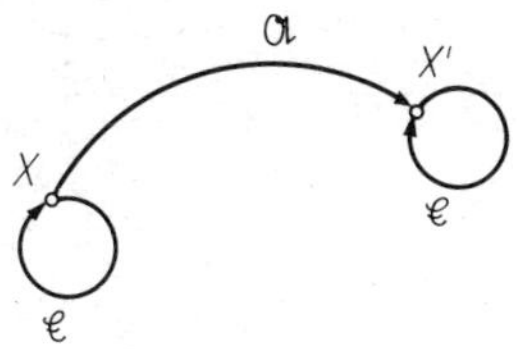

Bild 11.29.1

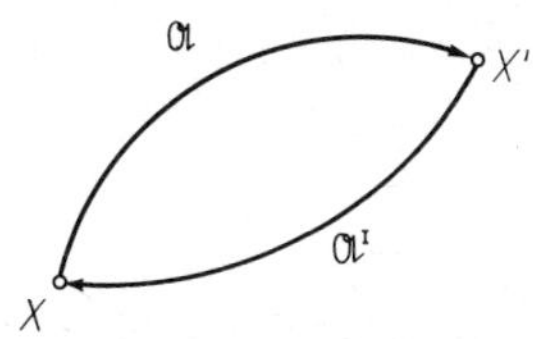

Bild 11.29.2

Axiom 4 verlangt, daß in der Menge der affinen Abbildungen zu jedem $\mathfrak{A}$ eine inverse Abbildung $\mathfrak{A}^{I}$ existieren muß, so daß stets

$$\mathfrak{A} \circ \mathfrak{A}^{I} = \mathfrak{A}^{I} \circ \mathfrak{A} = \mathfrak{E} \quad \text{ist.}$$

$\mathfrak{A}^{I}$ muß die Abbildung sein, die X′ wieder zurückabbildet in X, wenn $\mathfrak{A}$ X in X′ überführt (Bild 11.29.2). Eine solche Abbildung existiert stets, da unsere affinen Abbildungen umkehrbar eindeutig sind (s. Abschnitt 11.2.2.). Wir berechnen die Gleichung dieser inversen Abbildung:

$$\text{Es sei } \mathfrak{A} : \mathfrak{x}' = x_1 \begin{pmatrix} a_1 \\ a_2 \end{pmatrix} + x_2 \begin{pmatrix} b_1 \\ b_2 \end{pmatrix} + \begin{pmatrix} v_1 \\ v_2 \end{pmatrix} \quad \text{und} \quad \Delta = a_1 b_2 - a_2 b_1 \neq 0.$$

Dann ist (s. S. 11.7)

$$x_1 = \frac{(x_1' - v_1)\, b_2 - (x_2' - v_2)\, b_1}{a_1 b_2 - a_2 b_1} \quad \text{und} \quad x_2 = \frac{(x_2' - v_2)\, a_1 - (x_1' - v_1)\, a_2}{a_1 b_2 - a_2 b_1}.$$

Dafür können wir auch schreiben

$$(1) \qquad \mathfrak{x} = x_1' \begin{pmatrix} \dfrac{b_2}{a_1 b_2 - a_2 b_1} \\ -\dfrac{a_2}{a_1 b_2 - a_2 b_1} \end{pmatrix} + x_2' \begin{pmatrix} -\dfrac{b_1}{a_1 b_2 - a_2 b_1} \\ \dfrac{a_1}{a_1 b_2 - a_2 b_1} \end{pmatrix} + \begin{pmatrix} \dfrac{v_2 b_1 - v_1 b_2}{a_1 b_2 - a_2 b_1} \\ \dfrac{v_1 a_2 - v_2 a_1}{a_1 b_2 - a_2 b_1} \end{pmatrix}.$$

Wir berechnen nun noch die Determinante Δ^{I} dieser Abbildung:

$$\Delta^{I} = \frac{a_1 b_2}{(a_1 b_2 - a_2 b_1)^2} - \frac{a_2 b_1}{(a_1 b_2 - a_2 b_1)^2} = \frac{1}{(a_1 b_2 - a_2 b_1)} = \frac{1}{\Delta} \neq 0.$$

Gleichung (1) stellt mithin eine affine Abbildung dar. Sie ordnet jedem Bildpunkt seinen Originalpunkt zu. Damit erhalten wir den wichtigen

Satz 11.9

Die Menge der affinen Abbildungen bildet eine Gruppe hinsichtlich der Operation des Hintereinanderausführens zweier Abbildungen.

II. Die Gruppe der Kongruenzabbildungen (Euklidische Gruppe)

Wir definieren:

Definition 11.7

Eine affine Abbildung, die alle Längen invariant läßt, heißt Kongruenzabbildung.

Um die Abbildungsgleichungen von Kongruenzabbildungen zu berechnen, müssen wir die Bilder $\mathfrak{a}$ und $\mathfrak{b}$ der Basisvektoren $\mathfrak{e}_1$ und $\mathfrak{e}_2$ berechnen.
$\mathfrak{K}: \mathfrak{x}' = x_1\mathfrak{a} + x_2\mathfrak{b} + \mathfrak{v}$ sei eine Kongruenzabbildung. Dann gilt für jedes Punktepaar (C, D), daß die Länge des Vektors $\overrightarrow{CD}$ gleich der Länge seines Bildvektors sein muß:

$$|\mathfrak{d} - \mathfrak{c}| = |\mathfrak{d}' - \mathfrak{c}'| \Rightarrow$$

$$(d_1 - c_1)^2 + (d_2 - c_2)^2 = [(d_1\mathfrak{a} + d_2\mathfrak{b} + \mathfrak{v}) - (c_1\mathfrak{a} + c_2\mathfrak{b} + \mathfrak{v})]^2 \Rightarrow$$

$$(d_1 - c_1)^2 + (d_2 - c_2)^2 = (d_1 - c_1)^2\, a^2 + 2(d_1 - c_1)(d_2 - c_2)\,\mathfrak{a}\mathfrak{b} + (d_2 - c_2)^2 b^2.$$

Die beiden Terme links und rechts sind für jeden Vektor $\mathfrak{c}$ und $\mathfrak{d}$ genau dann gleich, wenn

$$\mathfrak{a}^2 = a^2 = \mathfrak{b}^2 = b^2 = 1 \quad \text{und} \quad \mathfrak{a}\mathfrak{b} = 0 \quad \text{sind.}$$

$\mathfrak{a}$ und $\mathfrak{b}$ müssen also ***orthogonale***[1]) Einheitsvektoren sein.

Wählen wir den Vektor $\mathfrak{a} = \begin{pmatrix} a_1 \\ a_2 \end{pmatrix}$ mit $\mathfrak{a}^2 = a_1^2 + a_2^2 = 1$, so gibt es zwei Möglichkeiten, $\mathfrak{b}$ als dazu senkrechten Einheitsvektor zu wählen:

$$\mathfrak{b} = \begin{pmatrix} -a_2 \\ a_1 \end{pmatrix} \quad \text{oder} \quad \mathfrak{b} = \begin{pmatrix} a_2 \\ -a_1 \end{pmatrix}.$$

Damit muß die Gleichung jeder Kongruenzabbildung eine der beiden Formen haben:

$$\mathfrak{x}' = x_1\begin{pmatrix} a_1 \\ a_2 \end{pmatrix} + x_2\begin{pmatrix} -a_2 \\ a_1 \end{pmatrix} + \mathfrak{v} \text{ mit } \Delta = 1 \text{ oder } \mathfrak{x}' = x_1\begin{pmatrix} a_1 \\ a_2 \end{pmatrix} + x_2\begin{pmatrix} a_2 \\ -a_1 \end{pmatrix} + \mathfrak{v} \text{ mit } \Delta = -1.$$

Umgekehrt ist jede affine Abbildung, deren Gleichung sich in einer dieser Formen schreiben läßt, eine Kongruenzabbildung, da man den Beweis auch rückwärts durchlaufen kann.

---

1 Vektoren heißen orthogonal, wenn sie aufeinander senkrecht stehen.

Man kann leicht zeigen, daß bei jeder Kongruenzabbildung alle Winkelgrößen invariant bleiben (s. Aufgabe 11 a).
Wie wir eben gesehen haben, ist der Bildvektor $\mathfrak{a}$ von $\mathfrak{e}_1$ ein Einheitsvektor. Also gilt $\mathfrak{a} = \begin{pmatrix} \cos\alpha \\ \sin\alpha \end{pmatrix}$, wobei α der Winkel zwischen $\mathfrak{a}$ und $\mathfrak{e}_1$ ist. Damit ergibt sich der

Satz 11.10

Die Gleichung jeder Kongruenzabbildung hat die Form

$$\mathfrak{x}' = x_1 \begin{pmatrix} \cos\alpha \\ \sin\alpha \end{pmatrix} + x_2 \begin{pmatrix} -\sin\alpha \\ \cos\alpha \end{pmatrix} + \mathfrak{v} \quad \text{oder} \quad \mathfrak{x}' = x_1 \begin{pmatrix} \cos\alpha \\ \sin\alpha \end{pmatrix} + x_2 \begin{pmatrix} \sin\alpha \\ -\cos\alpha \end{pmatrix} + \mathfrak{v}\,.$$

Dieser Darstellung entnehmen wir:

Eine Kongruenzabbildung ist entweder
eine Drehung um den Nullpunkt oder
eine Parallelverschiebung oder
eine Drehung um den Nullpunkt mit anschließender Parallelverschiebung –
diese Abbildungen nennen wir *eigentliche Bewegungen* – oder sie ist

eine Spiegelung an einer Geraden durch den Nullpunkt oder
eine solche Spiegelung mit anschließender Parallelverschiebung –
diese Abbildungen nennen wir *uneigentliche Bewegungen.*

Wir haben gesehen, daß jede geradlinig begrenzte Figur in eine Figur mit gleichen Streckenlängen und Winkelgrößen abgebildet wird. Solche Figuren haben wir früher kongruent genannt. Wir definieren deshalb:

Definition 11.8

Zwei Figuren F und F′ sollen genau dann kongruent heißen, wenn es eine Kongruenzabbildung $\mathfrak{K}$ gibt, die F auf F′ abbildet.

Damit haben wir zusätzlich festgesetzt, wann zwei krummlinig begrenzte Figuren kongruent heißen sollen. Wenn Figur und Bildfigur durch eine eigentliche Bewegung auseinander hervorgehen, wenn also $\Delta = 1$ ist, wollen wir von *gleichsinniger Kongruenz* sprechen, bei uneigentlichen Bewegungen ($\Delta = -1$) von *gegensinniger Kongruenz.*
Man kann folgenden Satz beweisen (s. Aufg. 12):

Satz 11.11

Die Menge der Kongruenzabbildungen bildet eine Gruppe, die sog. Euklidische Gruppe $\mathfrak{G}_{\mathfrak{K}}$. Alle Drehungen um einen festen Punkt, alle Verschiebungen und alle eigentlichen Bewegungen bilden jeweils eine Untergruppe der Euklidischen Gruppe. Alle möglichen Spiegelungen und auch die uneigentlichen Bewegungen bilden keine Gruppe.

Der mengentheoretische Zusammenhang der einzelnen Untergruppen läßt sich folgendermaßen darstellen:

Es seien:

$\mathfrak{G}_{\mathfrak{A}}$: die Gruppe der affinen Abbildungen,

$\mathfrak{G}_{\mathfrak{K}}$: die Gruppe der Kongruenzabbildungen,

$\mathfrak{G}_{\mathfrak{K}_+}$: die Gruppe der eigentlichen Bewegungen,

$\mathfrak{G}_{\mathfrak{D}}$: die Gruppe der Drehungen um einen festen Punkt,

$\mathfrak{G}_{\mathfrak{V}}$: die Gruppe der Verschiebungen

und es bedeute

$\mathfrak{G}_1 \supset \mathfrak{G}_2$: jedes Element von $\mathfrak{G}_2$ ist auch Element von $\mathfrak{G}_1$.

Dann gilt:

$$\mathfrak{G}_{\mathfrak{A}} \supset \mathfrak{G}_{\mathfrak{K}} \supset \mathfrak{G}_{\mathfrak{K}_+} \supset \mathfrak{G}_{\mathfrak{D}} \quad \text{und} \quad \mathfrak{G}_{\mathfrak{K}_+} \supset \mathfrak{G}_{\mathfrak{V}} .$$

III. Die Gruppe der Ähnlichkeitsabbildungen (Hauptgruppe)

Wir definieren:

Definition 11.9

Eine affine Abbildung heißt Ähnlichkeitsabbildung, wenn es einen konstanten Faktor $k \neq 0$ gibt, so daß für jede Strecke CD mit dem Bild C'D' gilt:

$$\overline{C'D'} = k \cdot \overline{CD}$$

Bei der Herleitung der zugehörigen Abbildungsgleichungen gehen wir vor wie bei der Behandlung der Kongruenzabbildungen. Nach einer entsprechenden Rechnung stellen wir fest, daß für die Bilder $\mathfrak{a}$ und $\mathfrak{b}$ von $\mathfrak{e}_1$ und $\mathfrak{e}_2$ bei einer Ähnlichkeitsabbildung die folgenden Beziehungen gelten müssen:

$$a^2 = b^2 = k^2 \quad \text{oder} \quad |\mathfrak{a}| = |\mathfrak{b}| = k \quad \text{und} \quad \mathfrak{a} \cdot \mathfrak{b} = 0 .$$

$\mathfrak{a}$ und $\mathfrak{b}$ müssen also orthogonale Vektoren sein, die im Vergleich zu ihren Urbildern $\mathfrak{e}_1$ und $\mathfrak{e}_2$ auf das k-fache gestreckt sind. Als einzig mögliche Gleichungen für Ähnlichkeitsabbildungen kommen also nur in Frage:

$$\mathfrak{x}' = x_1 \begin{pmatrix} a_1 \\ a_2 \end{pmatrix} + x_2 \begin{pmatrix} -a_2 \\ a_1 \end{pmatrix} + \mathfrak{v} \quad \text{mit} \quad \Delta = k^2$$

oder

$$\mathfrak{x}' = x_1 \begin{pmatrix} a_1 \\ a_2 \end{pmatrix} + x_2 \begin{pmatrix} a_2 \\ -a_1 \end{pmatrix} + \mathfrak{v} \quad \text{mit} \quad \Delta = -k^2 .$$

Wiederum läßt sich nachweisen, daß bei jeder Ähnlichkeitsabbildung alle Winkelgrößen invariant bleiben (s. Aufg. 11b).

Da wir $\mathfrak{a}$ in der Form $\mathfrak{a} = k\mathfrak{a}^\circ$ und $\mathfrak{a}^\circ$ in der Form $\mathfrak{a}^\circ = \begin{pmatrix}\cos\alpha\\ \sin\alpha\end{pmatrix}$ schreiben können, ergibt sich der

Satz 11.12

Die Gleichung jeder Ähnlichkeitsabbildung hat die Form:

$$\mathfrak{x}' = x_1 \begin{pmatrix}k\cos\alpha\\ k\sin\alpha\end{pmatrix} + x_2 \begin{pmatrix}-k\sin\alpha\\ k\cos\alpha\end{pmatrix} + \mathfrak{v}$$

oder

$$\mathfrak{x}' = x_1 \begin{pmatrix}k\cos\alpha\\ k\sin\alpha\end{pmatrix} + x_2 \begin{pmatrix}k\sin\alpha\\ -k\cos\alpha\end{pmatrix} + \mathfrak{v}\,.$$

Dieser Darstellung entnehmen wir:

Eine Ähnlichkeitsabbildung ist also entweder

eine zentrische Streckung mit dem Nullpunkt als Zentrum oder

eine solche zentrische Streckung mit anschließender Parallelverschiebung oder

eine Drehstreckung (Streckung mit anschließender Drehung) aus dem Nullpunkt heraus oder

eine solche Drehstreckung mit anschließender Parallelverschiebung –

all diese Abbildungen nennen wir *gleichsinnige Ähnlichkeitsabbildungen*. Für sie ist $\Delta = k^2 > 0$ – oder sie ist

eine Streckspiegelung (Spiegelung an einer Ursprungsgeraden mit anschließender Streckung mit dem Zentrum O) oder

eine solche Streckspiegelung mit anschließender Parallelverschiebung –

diese Abbildungen heißen *ungleichsinnige Ähnlichkeitsabbildungen*. Für sie ist $\Delta = -k^2 < 0$.

Bei einer Ähnlichkeitsabbildung ist das Verhältnis von Bild- und Urstreckenlänge konstant und zwar gleich k, außerdem bleiben die Winkelgrößen erhalten (vgl. Aufg. 1f). n-Ecke mit diesen Eigenschaften haben wir früher ähnlich genannt. Wir definieren deshalb:

Definition 11.10

Zwei Figuren F und F′ sollen genau dann ähnlich heißen, wenn es eine Ähnlichkeitsabbildung $\mathfrak{A}$ gibt, die F auf F′ abbildet.

Man kann zeigen (s. Aufg. 12)

Satz 11.13

Die Menge der Ähnlichkeitsabbildungen bildet eine Untergruppe der affinen Gruppe. Die Gruppe der Ähnlichkeitsabbildungen umfaßt die Kongruenzgruppe. Sie enthält als Untergruppe die Gruppe der gleichsinnigen Ähnlichkeitsabbildungen und die Gruppe der zentrischen Streckungen mit gemeinsamem Zentrum.

Diese Ergebnisse können wir in der folgenden Übersicht zusammenfassen. Es seien:

$\mathfrak{G}_{\mathfrak{A}}$: die Gruppe der affinen Abbildungen
$\mathfrak{G}_{\ddot{\mathfrak{A}}}$: die Gruppe der Ähnlichkeitsabbildungen
$\mathfrak{G}_{\ddot{\mathfrak{A}}_+}$: die Gruppe der gleichsinnigen Ähnlichkeitsabbildungen
$\mathfrak{G}_{\mathfrak{Z}}$: die Gruppe der zentrischen Streckungen mit gemeinsamem Zentrum.

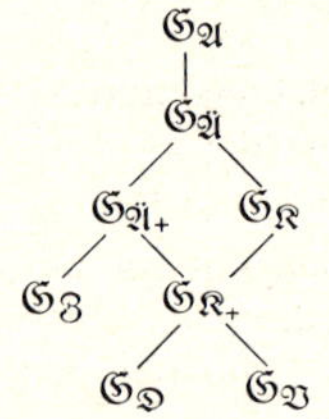

$\mathfrak{G}_1$
| bedeutet in diesem Diagramm: $\mathfrak{G}_2$ ist Teilmenge von $\mathfrak{G}_1$.
$\mathfrak{G}_2$

Beispiele

1. Wie heißt die Gleichung einer Drehung $\mathfrak{D}_Z$ um das Zentrum $Z\,[\mathfrak{z}]$, das nicht im Koordinatenursprung liegen soll?
   Wir kennen die Abbildungsgleichung für eine Drehung $\mathfrak{D}_0$ um den Nullpunkt:

$$\mathfrak{D}_0 : \mathfrak{x}' = x_1 \begin{pmatrix} \cos\alpha \\ \sin\alpha \end{pmatrix} + x_2 \begin{pmatrix} -\sin\alpha \\ \cos\alpha \end{pmatrix}$$

und die Abbildungsgleichung für eine Parallelverschiebung

$$\mathfrak{V} : \mathfrak{x}' = \mathfrak{x} + \mathfrak{v}\,.$$

Eine Verschiebung $\mathfrak{V}_1$ um $\mathfrak{v}_1 = -\mathfrak{z}$, eine anschließende Drehung $\mathfrak{D}_0$ um α mit dem Zentrum $Z = O$ und eine erneute Verschiebung $\mathfrak{V}_2$ um $\mathfrak{v}_2 = +\mathfrak{z}$ ergeben hintereinander ausgeführt die verlangte Drehung (s. Bild 11.34.1):

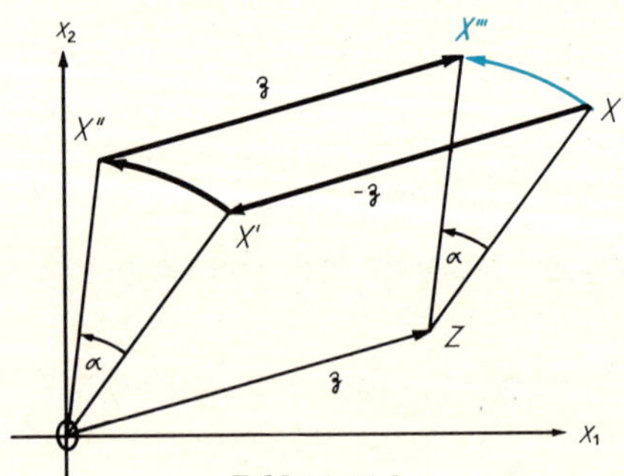

Bild 11.34.1

$$\mathfrak{V}_1 : \mathfrak{x}' = \mathfrak{x} - \mathfrak{z}; \quad \mathfrak{D}_0 : \mathfrak{x}'' = x_1' \begin{pmatrix} \cos\alpha \\ \sin\alpha \end{pmatrix} + x_2' \begin{pmatrix} -\sin\alpha \\ \cos\alpha \end{pmatrix}; \quad \mathfrak{V}_2 : \mathfrak{x}''' = \mathfrak{x}'' + \mathfrak{z}\,.$$

Durch Einsetzen bilden wir $\mathfrak{V}_1 \circ \mathfrak{D}_0$:

$$\mathfrak{V}_1 \circ \mathfrak{D}_0 : \mathfrak{x}'' = (x_1 - z_1) \begin{pmatrix} \cos\alpha \\ \sin\alpha \end{pmatrix} + (x_2 - z_2) \begin{pmatrix} -\sin\alpha \\ \cos\alpha \end{pmatrix}.$$

Wir bilden $(\mathfrak{V}_1 \circ \mathfrak{D}_0) \circ \mathfrak{V}_2 = \mathfrak{D}_Z$ und erhalten durch erneutes Einsetzen:

$$\mathfrak{D}_Z : \mathfrak{x}''' = (x_1 - z_1)\begin{pmatrix}\cos\alpha\\ \sin\alpha\end{pmatrix} + (x_2 - z_2)\begin{pmatrix}-\sin\alpha\\ \cos\alpha\end{pmatrix} + \begin{pmatrix}z_1\\ z_2\end{pmatrix}.$$

Wir ordnen nach x_1 und x_2 und ersetzen $\mathfrak{x}'''$ durch $\mathfrak{x}'$:

$$\mathfrak{D}_Z : \mathfrak{x}' = x_1\begin{pmatrix}\cos\alpha\\ \sin\alpha\end{pmatrix} + x_2\begin{pmatrix}-\sin\alpha\\ \cos\alpha\end{pmatrix} + (-z_1)\begin{pmatrix}\cos\alpha\\ \sin\alpha\end{pmatrix} + (-z_2)\begin{pmatrix}-\sin\alpha\\ \cos\alpha\end{pmatrix} + \begin{pmatrix}z_1\\ z_2\end{pmatrix}.$$

Das ist die gesuchte Abbildungsgleichung, aus der wir ablesen können, daß eine Drehung $\mathfrak{D}_Z$ mit dem Zentrum $Z[\mathfrak{z}]$ ersetzt werden kann durch eine Drehung $\mathfrak{D}_0$ mit anschließender Verschiebung um den gedrehten Vektor $-\mathfrak{z}$ und einer weiteren Verschiebung um $\mathfrak{z}$.

2. Zeige, daß die Menge der Spiegelungen an allen Geraden eines Büschels mit dem Trägerpunkt T keine Gruppenstruktur besitzt.
Wir wählen den Trägerpunkt als Koordinatenursprung. Dann läßt sich die Gleichung jeder Spiegelung $\mathfrak{S}$ in der Form schreiben

$$\mathfrak{S} : \mathfrak{x}' = x_1\begin{pmatrix}\cos\alpha\\ \sin\alpha\end{pmatrix} + x_2\begin{pmatrix}\sin\alpha\\ -\cos\alpha\end{pmatrix},$$

wobei $\frac{\alpha}{2}$ den Steigungswinkel der jeweiligen Spiegelachse darstellt. Das neutrale Element $\mathfrak{E}$ aller affinen Abbildungen $\mathfrak{E} : \mathfrak{x}' = x_1\begin{pmatrix}1\\ 0\end{pmatrix} + x_2\begin{pmatrix}0\\ 1\end{pmatrix}$, die identische Abbildung, ist kein Element der zu untersuchenden Menge. Denn es läßt sich nicht in der Form schreiben

$$\mathfrak{x}' = x_1\begin{pmatrix}\cos\alpha\\ \sin\alpha\end{pmatrix} + x_2\begin{pmatrix}\sin\alpha\\ -\cos\alpha\end{pmatrix}.$$

Mithin können die Spiegelungen an allen Geraden eines Büschels keine Gruppe bilden.

Aufgaben

1. Berechne zu folgenden Abbildungen die inversen Abbildungen:

a) $\mathfrak{A} : \mathfrak{x}' = x_1\begin{pmatrix}k_1\\ 0\end{pmatrix} + x_2\begin{pmatrix}0\\ k_2\end{pmatrix}$ b) $\mathfrak{A} : \mathfrak{x}' = x_1\begin{pmatrix}1\\ 0\end{pmatrix} + x_2\begin{pmatrix}b_1\\ b_2\end{pmatrix}$.

c) $\mathfrak{A} : \mathfrak{x}' = x_1\begin{pmatrix}\cos\alpha\\ \sin\alpha\end{pmatrix} + x_2\begin{pmatrix}-\sin\alpha\\ \cos\alpha\end{pmatrix}$ d) $\mathfrak{A} : \mathfrak{x}' = x_1\begin{pmatrix}3\\ -4\end{pmatrix} + x_2\begin{pmatrix}1\\ 2\end{pmatrix}$

2. Leite die Abbildungsgleichung einer Spiegelung her, deren Achse nicht durch den Nullpunkt geht.

3. Wie heißt die Abbildungsgleichung einer zentrischen Streckung mit dem Zentrum $Z[\mathfrak{z}] \neq O$?

4. Spiegele das Dreieck $C(-3/2)$ $D(2/1)$ $E(1/5)$ an der Geraden, die durch C und D geht.

5. Zeige: Zwei hintereinander ausgeführte Spiegelungen an zwei parallelen Achsen mit dem Abstand $\frac{v}{2}$ ergeben eine Parallelverschiebung um einen Vektor $\mathfrak{v}$ mit $|\mathfrak{v}| = v$, wobei $\mathfrak{v}$ senkrecht steht auf den Spiegelachsen.

6. Das Produkt zweier Spiegelungen an zwei Achsen, die sich unter dem Winkel φ schneiden, ist eine Drehung um den Schnittpunkt der Achsen mit dem Drehwinkel α, wobei $|\alpha| = 2\varphi$ ist.

7. Bilde das Produkt einer Parallelverschiebung mit
   a) einer zentrischen Streckung aus dem Ursprung,
   b) einer Scherung in Richtung der x_1-Achse.
   Sind die Produkte kommutativ?

8. Zeige: Eine Drehung um den Nullpunkt mit dem Drehwinkel α mit anschließender Spiegelung an der x_1-Achse ist ersetzbar durch eine Spiegelung an einer Geraden, die die x_1-Achse unter dem Winkel $\varphi = -\frac{\alpha}{2}$ schneidet.

9. Zeige: Das Produkt dreier Spiegelungen an drei sich in einem Punkt schneidenden Achsen ist wieder eine Spiegelung.

10. Bestimme die Abbildungsgleichung für eine Spiegelung an der Geraden

    a) $g: x_2 = \frac{1}{3}\sqrt{3}\, x_1$ b) $g: x_2 = x_1 + 2$ c) $g: x_2 = \sqrt{3}\, x_1 - 1$.

11. Zeige, daß für alle a) Kongruenzabbildungen, b) Ähnlichkeitsabbildungen die Winkelgröße eine Invariante ist.

12. Untersuche, ob die folgenden Mengen von Abbildungen eine Untergruppe der affinen Gruppe bilden:
    a) alle Drehungen um einen festen Punkt,
    b) alle zentrischen Streckungen mit gemeinsamem Zentrum,
    c) alle gleichsinnigen Kongruenzabbildungen,
    d) alle ungleichsinnigen Kongruenzabbildungen,
    e) alle Streckspiegelungen an derselben Achse,
    f) alle Eulerschen Affinitäten,
    g) alle Drehstreckungen mit gemeinsamem Zentrum,
    h) alle ungleichsinnigen Ähnlichkeitsabbildungen,
    i) alle gleichsinnigen Ähnlichkeitsabbildungen,
    j) alle Achsenaffinitäten mit derselben Achse.

13. Bei einer Scherung mit der x_1-Achse als Affinitätsachse wird $C(1/1)$ in $C'(4/1)$ abgebildet. Bestimme die Abbildungsgleichung.

14. Gegeben sei die Affinität $\mathfrak{A}: \mathfrak{x}'' = x_1\mathfrak{a} + x_2\mathfrak{b} + \mathfrak{v}$. Zeige: Zu dieser Abbildung lassen sich stets Größen $\mathfrak{c}$, $\mathfrak{d}$, k und α so bestimmen, daß $\mathfrak{A} = \mathfrak{A}_1 \circ \mathfrak{A}_2$ ist, wobei $\mathfrak{A}_1: \mathfrak{x}' = x_1\begin{pmatrix}1\\0\end{pmatrix} + x_2\begin{pmatrix}c_1\\c_2\end{pmatrix}$ und $\mathfrak{A}_2: \mathfrak{x}'' = x_1'\begin{pmatrix}k\cos\alpha\\k\sin\alpha\end{pmatrix} + x_2'\begin{pmatrix}-k\sin\alpha\\k\cos\alpha\end{pmatrix} + \mathfrak{d}$ ist.
    Deute das Ergebnis geometrisch.

15. Zeige: Jede Achsenaffinität mit der x_1-Achse als Affinitätsachse läßt sich zusammensetzen aus einer Scherung parallel zur x_1-Achse und einer Dehnung senkrecht zur x_1-Achse.

11.2.6. Abbildung von Kurven

Vorübung

Bilde vier Punkte des Kreises

$$K: x_1^2 + x_2^2 = 25$$

durch die Abbildung

$$\mathfrak{A}: \mathfrak{x}' = x_1 \begin{pmatrix} 1 \\ 0 \end{pmatrix} + x_2 \begin{pmatrix} 2 \\ 1 \end{pmatrix}$$

ab und untersuche, ob die vier Bildpunkte wieder auf einem Kreise liegen.

Die Abbildungsgleichung gibt uns an, wie Punkte abgebildet werden. Um etwa die Bildpunkte von P(5/0) und Q(0/5) bei der (Eulerschen) Affinität

(1) $$\mathfrak{A}: \mathfrak{x}' = x_1 \begin{pmatrix} 2 \\ 0 \end{pmatrix} + x_2 \begin{pmatrix} 0 \\ 3 \end{pmatrix}$$

zu bestimmen, setzen wir die Koordinaten von P bzw. Q in (1) ein und erhalten

$$\mathfrak{p}' = 5 \cdot \begin{pmatrix} 2 \\ 0 \end{pmatrix} + 0 \cdot \begin{pmatrix} 0 \\ 3 \end{pmatrix} = \begin{pmatrix} 10 \\ 0 \end{pmatrix}$$

$$\mathfrak{q}' = 0 \cdot \begin{pmatrix} 2 \\ 0 \end{pmatrix} + 5 \cdot \begin{pmatrix} 0 \\ 3 \end{pmatrix} = \begin{pmatrix} 0 \\ 15 \end{pmatrix}.$$

Demnach ist P′(10/0) und Q′(0/15).
Wir wollen nun alle Punkte des Kreises

(2) $$K: x_1^2 + x_2^2 = 25$$

durch $\mathfrak{A}$ abbilden. Dabei müssen wir bedenken, daß wir wohl die Relation kennen, in der die Koordinaten der Urpunkte stehen, während wir aber die Relation zwischen den Koordinaten der Bildpunkte bestimmen müssen.
Dazu stellen wir die Gleichungen derjenigen Abbildung auf, die jedem Bildpunkt seinen Urpunkt zuordnet. Das ist die zu $\mathfrak{A}$ inverse Abbildung

(3) $$\mathfrak{A}^I: \begin{cases} x_1 = \frac{1}{2} x_1' \\ x_2 = \frac{1}{3} x_2' \end{cases}.$$

Da wir die Relation kennen, die zwischen den Koordinaten der Urpunkte besteht, können wir die Terme für die Koordinaten aus den Gleichungen für $\mathfrak{A}^I$ in (2) einsetzen:

(4) $$\left(\frac{1}{2} x_1'\right)^2 + \left(\frac{1}{3} x_2'\right)^2 = 25\,.$$

Diese Gleichung ist eine Beziehung zwischen den Koordinaten der Bildpunkte, stellt also schon die gesuchte Relation zwischen den Koordinaten der Bildpunkte dar. Um nun erkennen zu können, welche Bildpunktmenge durch (4) dargestellt wird, müssen wir nur noch umformen. Man erhält

$$E: \frac{x_1'^2}{100} + \frac{x_2'^2}{225} = 1\,.$$

Demnach wird der Kreis $x_1^2 + x_2^2 = 25$ durch die Abbildung $\mathfrak{A}$ in eine Ellipse in Mittelpunktslage mit den Halbachsen a = 10 LE und b = 15 LE abgebildet.
Da es also eine affine Abbildung gibt, die den Kreis K in die Ellipse E abbildet, sagen wir: der Kreis K und die Ellipse E sind *affin verwandt.* Entsprechend gilt:

Satz 11.14

Die Ellipse E: $\frac{x_1^2}{a^2} + \frac{x_2^2}{b^2} = 1$ und der Kreis K: $x_1^2 + x_2^2 = a^2$ (Hauptscheitelkreis der Ellipse, falls $a > b$) sind affin verwandt.

Der Beweis ergibt sich daraus, daß die Abbildung $\mathfrak{A}: \mathfrak{x}' = x_1 \begin{pmatrix} 1 \\ 0 \end{pmatrix} + x_2 \begin{pmatrix} 0 \\ \frac{b}{a} \end{pmatrix}$ den Kreis K in die Ellipse E abbildet.
Wir wissen, daß der Flächeninhalt F′ einer Bildfigur und der Flächeninhalt F ihrer Urfigur in der Beziehung

$$F' = |\Delta| \cdot F$$

stehen. Deshalb gilt für die Ellipsenfläche F_E als Bild der Kreisfläche F_K bei der affinen Abbildung $\mathfrak{A}: \mathfrak{x}' = x_1 \begin{pmatrix} 1 \\ 0 \end{pmatrix} + x_2 \begin{pmatrix} 0 \\ \frac{b}{a} \end{pmatrix}$ wegen $\Delta = \frac{b}{a}$

$$F_E = \frac{b}{a} \cdot \pi a^2 \Rightarrow F_E = \pi a b.$$

Beispiel

Gegeben seien die Punktmengen $M_1 = \{X[\mathfrak{x}] \mid x_1 \leqq 0\}$, $M_2 = \{X[\mathfrak{x}] \mid x_2 \geqq 0\}$ und $M_3 = \{X[\mathfrak{x}] \mid x_2 \leqq x_1 + 1\}$. Bilde die Punktmenge $M = M_1 \cap M_2 \cap M_3$ ab durch die Abbildung $\mathfrak{A}: \mathfrak{x}' = x_1 \begin{pmatrix} 1 \\ 0 \end{pmatrix} + x_2 \begin{pmatrix} 1 \\ 1 \end{pmatrix}$.
Lösung: M_1, M_2 und M_3 sind Halbebenen. Ihre Bilder ergeben sich mit Hilfe der Gleichungen der inversen Abbildung

$$\mathfrak{A}^I: \begin{cases} x_1 = x_1' - x_2' \\ x_2 = \phantom{x_1' - {}} x_2' \end{cases}$$

zu $M_1' = \{X'[\mathfrak{x}'] \mid x_1' - x_2' \leqq 0\} = \{X'[\mathfrak{x}'] \mid x_2' \geqq x_1'\}$, $M_2' = \{X'[\mathfrak{x}'] \mid x_2' \geqq 0\}$ und $M_3' = \{X'[\mathfrak{x}'] \mid x_2' \leqq x_1' - x_2' + 1\} = \left\{X' \mid x_2' \leqq \frac{1}{2} x_1' + \frac{1}{2}\right\}$.

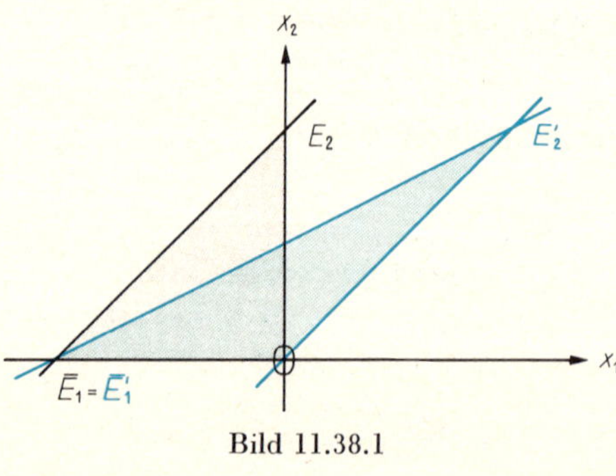

Bild 11.38.1

Da die Urpunkte Elemente jeder der drei Punktmengen M_1, M_2 und M_3 sind, müssen die Bildpunkte in jeder der drei Bildpunktmengen M_1', M_2' und M_3' liegen. Demnach ist das gesuchte Bild die Punktmenge $M' = M_1' \cap M_2' \cap M_3'$.
Die Lösung ergibt sich einfacher aus der Überlegung, daß die Urpunktmenge aus allen inneren Punkten und Randpunkten des Dreiecks $O(0/0)$ $E_2(0/1)$ $\overline{E}_1(-1/0)$ besteht, während die Abbildung eine Scherung an der x_1-Achse mit dem Scherungswinkel $\varphi = 45°$ ist. Demzufolge muß die Bildpunktmenge aus allen inneren Punkten und Randpunkten des Dreiecks $O'(0/0)$ $E_2'(1/1)$ $\overline{E}_1'(-1/0)$ bestehen (Bild 11.38.1).

Aufgaben

*1. Beweise: der Kreis $K: \mathfrak{x}^2 = r^2$ (die Kreisfläche $K_F: \mathfrak{x}^2 \leqq r^2$) wird durch jede Drehung um den Mittelpunkt auf sich abgebildet.

2. Strecke den Kreis $K: \mathfrak{x}^2 = r^2$ vom Mittelpunkt aus um den Faktor k.

*3. Drehe die Parabel $P: x_2^2 = 2px_1$ um ihren Scheitelpunkt um 90° (30°, 180°).

*4. Drehe die gleichseitige Hyperbel $H: \frac{x_1^2}{a^2} - \frac{x_2^2}{a^2} = 1$ um ihren Mittelpunkt um 45°.

*5. Gegeben sei der Kreis $K: \mathfrak{x}^2 = r^2$ und die Tangente $t_1: x_1 = r$. Leite die Tangentengleichung für eine beliebige Kreistangente t her, indem du den Kreis und die Tangente t_1 geeignet drehst.

6. Gegeben sei die Abbildung $\mathfrak{A}: \mathfrak{x}' = x_1 \begin{pmatrix} 1 \\ 0 \end{pmatrix} + x_2 \begin{pmatrix} 0 \\ c \end{pmatrix}$.

a) Um was für eine Abbildung handelt es sich?

b) Zeige, daß alle Abbildungen, deren Gleichungen sich in dieser Form schreiben lassen, eine Untergruppe der affinen Gruppe bilden.

c) Bilde die Kreisfläche $K_F: \mathfrak{x}^2 \leqq a^2$ ab durch die Abbildung

$\mathfrak{A}_1: \mathfrak{x}' = x_1 \begin{pmatrix} 1 \\ 0 \end{pmatrix} + x_2 \begin{pmatrix} 0 \\ \frac{b}{a} \end{pmatrix}$. Welche Bildpunktmenge erhältst du?

d) Berechne die Gleichung des Bildes einer Tangente an den Kreis $K: \mathfrak{x}^2 = a^2$ und deute die Bildkurve geometrisch.

7. Welche Dehnung parallel zur x_2-Achse bildet die Parabel $P: x_2 = x_1^2$ auf die Parabel $P': x_2' = a x_1'^2$ ab?

8. Zeige: Man erhält das gleiche Bild, wenn man die Parabel $P: x_2 = x_1^2$ auf das a-fache in Richtung der x_2-Achse dehnt oder sie mit $\frac{1}{\sqrt{a}}$ in Richtung der x_1-Achse dehnt.

9. Gegeben sind die Abbildungsgleichungen

$$x_1' = -\frac{1}{2}x_1 - \frac{1}{2}x_2$$

$$x_2' = \frac{1}{2}x_1 - \frac{1}{2}x_2 .$$

a) Bilde das Quadrat PQRS ab. P(1/1), Q(3/1), R(3/3), S(1/3).
b) Bestimme die Bildpunktmenge des Kreises K: $\mathfrak{x}^2 = 4$.
c) Welche Gerade wird in $g': x_2 = x_1 + 2$ abgebildet?
d) Hat die Abbildung Fixpunkte?

10. Gibt es eine zentrische Streckung von (0/1) aus, die die Parabel $P: x_2 = 1 - x_1^2$ in die Parabel $P': x_2 = 1 + 3x_1^2$ abbildet?

11. Zeige, daß die Parabeln $P_1: 4x_1 - x_2^2 + 2x_2 + 19 = 0$ und $P_2: x_1^2 + 4x_1 - 4x_2 + 16 = 0$ kongruent sind.

*12. Zeige ohne Rechnung: Alle Parallelogramme sind affin verwandt.

*13. Zeige, daß der Kreis K: $\mathfrak{x}^2 = r^2$ bei einer Spiegelung an der Geraden $g: x_2 = \tan\frac{\alpha}{2} \cdot x_1$ in sich übergeht.

*14. Beweise: Alle Parabeln mit der Gleichung $x_2 = a x_1^2$ sind ähnlich.

*15. Zeige, daß alle Parabeln ähnlich sind. Benutze dabei das Ergebnis von Aufgabe 14.

16. Beweise: Alle Hyperbeln mit der Gleichung $\frac{x_1^2}{a^2} - \frac{x_2^2}{b^2} = 1$ sind mit der gleichseitigen Hyperbel $H: x_1^2 - x_2^2 = a^2$ affin verwandt.

17. Zeige ohne Rechnung, daß alle Ellipsen (Hyperbeln) affin verwandt sind.

18. Bilde die Punktmenge $\{X \mid x_2 < x_1 - 1\}$ ab durch die Abbildung

$$\mathfrak{A}: \mathfrak{x}' = x_1 \begin{pmatrix} 2 \\ 0 \end{pmatrix} + x_2 \begin{pmatrix} 0 \\ 1 \end{pmatrix}.$$

19. Drehe die Punktmenge $\{X[\mathfrak{x}] \mid \mathfrak{x}^2 = r^2\} \cap \{X \mid x_1 > 0\}$ um 45° um den Ursprung.

20. Spiegele die Punktmenge $\{X[\mathfrak{x}] \mid \mathfrak{x}^2 \leqq 5\} \cap \left\{X[\mathfrak{x}] \,\middle|\, \mathfrak{x} = \lambda \begin{pmatrix} 1 \\ 2 \end{pmatrix}\right\}$ an der Winkelhalbierenden des ersten Quadranten.

21. Gegeben seien die Punktmengen $M_1 = \{X[\mathfrak{x}] \mid \mathfrak{x}^2 = 4\}$, $M_2 = \{X \mid x_2 \geqq 0\}$, $M_3 = \{X \mid x_1 \geqq 0\}$, $M_4 = \{X[\mathfrak{x}] \mid \mathfrak{x} = \lambda \mathfrak{e}_1$ und $0 \leqq \lambda \leqq 2\}$ und $M_5 = \{X[\mathfrak{x}] \mid \mathfrak{x} = \mu \mathfrak{e}_2$ und $0 \leqq \mu \leqq 2\}$. Strecke die Punktmenge $(M_1 \cap M_2 \cap M_3) \cup (M_4 \cup M_5)$ vom Ursprung aus um $k = 3$.

22. Bilde die Punktmenge $\{X \mid x_2^2 < x_1\} \cap \left\{X[\mathfrak{x}] \,\middle|\, \mathfrak{x} = \lambda \begin{pmatrix} 1 \\ 1 \end{pmatrix}\right\}$ ab durch die Abbildung $\mathfrak{A}: \mathfrak{x}' = x_1 \begin{pmatrix} 1 \\ 2 \end{pmatrix} + x_2 \begin{pmatrix} 2 \\ 1 \end{pmatrix}$.

11.2.7. Die abbildungsgeometrische Behandlung von Ortsaufgaben im R^2

Vorübungen

1. Zeige, daß in Aufgabe 2 aus dem Kapitel 9.7 insofern von einer Abbildung die Rede ist, als jedem Kreispunkt X der Endpunkt der um sich selbst verlängerten Sehne OX als Bildpunkt X′ zugeordnet ist. Um was für eine Abbildung handelt es sich? Gib die Abbildungsgleichung an!
2. Stelle eine entsprechende Überlegung an für die Aufgabe 3 des Kapitels 9.7.

Wie wir aus früheren Überlegungen wissen, verstehen wir unter einem geometrischen Ort im R^2 die Menge aller Punkte, die eine oder mehrere Bedingungen erfüllen. In der analytischen Geometrie müssen diese Bedingungen, wenn möglich, zunächst als Gleichungen oder Ungleichungen formuliert werden. Dann ist der geometrische Ort die Erfüllungsmenge dieses Systems von Bedingungen über dem R^2 als Grundmenge. In Vorübung 1 kann die gesuchte Punktmenge als $\{X'[\mathfrak{x}'] \mid \mathfrak{x}' = 2\mathfrak{x} \text{ und } \mathfrak{x}^2 = a^2\}$ beschrieben werden. Die erste Bedingung kann als zentrische Streckung vom Nullpunkt aus gedeutet werden, und damit ist die gesuchte Punktmenge das Bild des vorgegebenen Kreises bezüglich dieser Streckung. An dieser und einer Vielzahl ähnlicher Aufgaben erkennt man, daß sich sehr oft bei der Bestimmung der Erfüllungsmenge eines Systems von zwei Bedingungen die eine Bedingung als eine Abbildung auffassen läßt, während die zweite Bedingung die Urbildmenge kennzeichnet. Der gesuchte geometrische Ort kann dann als Bildmenge einer vorgegebenen Urbildmenge bezüglich der Abbildung verstanden werden.

Beispiel

Durch einen Punkt P werden zur x_1- und zur x_2-Achse die Parallelen gezogen, die die gegebene Gerade g: $x_2 = mx_1$ in Y bzw. Z schneiden. Die Parallelen durch Y zur x_2-Achse und durch Z zur x_1-Achse treffen sich in P′.

a) Stelle die Abbildungsgleichungen für die Punktabbildung $P \to P'$ auf.
* b) Um was für eine Abbildung handelt es sich?
* c) Kann man m so wählen, daß es sich um eine Ähnlichkeits- oder Kongruenzabbildung handelt?
d) Wie bewegt sich P′, wenn P auf dem Kreis um M mit dem Radius r wandert?

Lösung (Bild 11.41.1):

a) Die Parallele durch $P(p_1/p_2)$ zur x_1-Achse trifft die Gerade g: $x_2 = mx_1$ wegen $p_2 = y_2$ und $y_2 = my_1$ in $Y\left(\frac{p_2}{m}\Big/ p_2\right)$. Für Z erhält man wegen $z_1 = p_1$ und $z_2 = mz_1$ $Z(p_1/mp_1)$.
Nun ist $p_1' = y_1$ und $p_2' = z_2$ und deshalb

$$P'\left(\frac{p_2}{m}\Big/ mp_1\right).$$

Es gilt also

$$p_1' = \frac{p_2}{m} \qquad p_2' = mp_1.$$

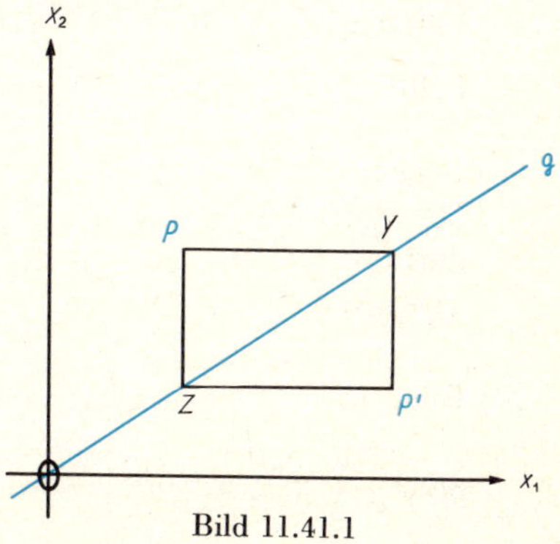

Bild 11.41.1

Durch diese Vorschrift wird nicht nur dem Punkt P der Punkt P′ sondern jedem Punkt X des R^2 sein Bildpunkt X′ zugeordnet, insbesondere

$$x_1' = \frac{x_2}{m}, \quad x_2' = m x_1 .$$

Das heißt

$$\mathfrak{x}' = x_1 \begin{pmatrix} 0 \\ m \end{pmatrix} + x_2 \begin{pmatrix} \frac{1}{m} \\ 0 \end{pmatrix}$$

ist die Gleichung der gesuchten Abbildung.

* b) Da im allgemeinen die Abbildungsvektoren $\mathfrak{a} = \begin{pmatrix} 0 \\ m \end{pmatrix}$ und $\mathfrak{b} = \begin{pmatrix} \frac{1}{m} \\ 0 \end{pmatrix}$ verschiedene Länge haben, handelt es sich nicht um eine Ähnlichkeits- oder Kongruenzabbildung. Die Abbildung ist aber wegen

$$\Delta = 0 \cdot 0 - m \cdot \frac{1}{m} = -1$$

flächentreu. Wir bestimmen die Fixpunkte:

$$\begin{pmatrix} x_1 \\ x_2 \end{pmatrix} = \begin{pmatrix} 0 \\ m \end{pmatrix} x_1 + \begin{pmatrix} \frac{1}{m} \\ 0 \end{pmatrix} x_2$$

$$\Rightarrow \begin{cases} x_1 = \frac{1}{m} x_2 \\ x_2 = m x_1 \end{cases}$$

Beide Gleichungen werden von allen Punkten der Geraden $g: x_2 = m x_1$ erfüllt. Die gegebene Gerade

$$g: x_2 = m x_1$$

ist demnach Fixpunktgerade. Da die Abbildung flächentreu ist und den Umlaufssinn umkehrt, handelt es sich um eine Affinspiegelung an g.

* c) $\mathfrak{a} = \begin{pmatrix} 0 \\ m \end{pmatrix}$ und $\mathfrak{b} = \begin{pmatrix} \frac{1}{m} \\ 0 \end{pmatrix}$ stehen zwar aufeinander senkrecht, sind aber wegen $|\mathfrak{a}| = |m|$ und $|\mathfrak{b}| = \frac{1}{|m|}$ nur dann gleich lang, wenn $|m| = \frac{1}{|m|}$, d. h. wenn

$$m^2 = 1$$

$$\text{also} \quad m = \pm 1$$

ist. Dann ist $|\mathfrak{a}| = |\mathfrak{b}| = 1$, es handelt sich um eine Kongruenzabbildung und zwar um eine Spiegelung an einer der beiden Achsen $a_1: x_2 = x_1$ oder $a_2: x_2 = -x_1$.

d) Die gesuchten Punkte müssen folgende Bedingungen erfüllen:

1. Sie sollen Bildpunkte sein bezüglich der Abbildung $\mathfrak{A}: \mathfrak{x}' = x_1 \begin{pmatrix} 0 \\ m \end{pmatrix} + x_2 \begin{pmatrix} \frac{1}{m} \\ 0 \end{pmatrix}$.

2. Ihre Urpunkte liegen auf dem Kreis K: $(\mathfrak{x} - \mathfrak{m})^2 = r^2$.
Es muß also die Punktmenge

$$\left\{X'[\mathfrak{x}'] \;\middle|\; \mathfrak{x}' = x_1 \begin{pmatrix} 0 \\ m \end{pmatrix} + x_2 \begin{pmatrix} \frac{1}{m} \\ 0 \end{pmatrix} \quad \text{und} \quad (\mathfrak{x} - \mathfrak{m})^2 = r^2 \right\}$$

bestimmt werden.
Die Bildkurve des Kreises erhalten wir, wenn wir die Gleichungen für die inverse Abbildung aufstellen und die Terme für x_1 und x_2 in die Kreisgleichung einsetzen, um so die gesuchte Beziehung zwischen den Koordinaten der Bildpunkte zu erhalten. Für $\mathfrak{A}^I$ ergibt sich:

$$\mathfrak{A}^I: \begin{cases} x_1 = \dfrac{1}{m} x_2' \\ x_2 = m x_1' \end{cases}.$$

Diese Gleichungen lassen sich unmittelbar gewinnen, wenn man sich klar macht, daß eine Affinspiegelung den Bildpunkt wieder in den Urpunkt abbildet, eine Affinspiegelung also zu sich selbst invers ist.
Wir setzen ein:

$$\left(\frac{x_2'}{m} - m_1\right)^2 + (m x_1' - m_2)^2 = r^2 .$$

Da bei der Umformung quadratische und lineare Glieder in x_1' und x_2' auftreten, vermuten wir, daß es sich bei der Bildkurve um einen verschobenen Kegelschnitt handelt. Wir bringen deshalb die Gleichung in die Verschiebungsform:

$$m^2 \left(x_1' - \frac{m_2}{m}\right)^2 + \frac{1}{m^2} (x_2' - m_1 \cdot m)^2 = r^2$$

$$\frac{\left(x_1' - \dfrac{m_2}{m}\right)^2}{\left(\dfrac{r}{m}\right)^2} + \frac{(x_2' - m_1 \cdot m)^2}{(r \cdot m)^2} = 1 .$$

Demnach werden alle Kreise in Ellipsen abgebildet, deren Achsen $a = \dfrac{r}{m}$ und $b = rm$ parallel zu den Koordinatenachsen verlaufen. Der Mittelpunkt der Ellipse ist das Bild $M'\left(\dfrac{m_2}{m} \middle/ m_1 \cdot m\right)$ des Kreismittelpunktes $M(m_1/m_2)$. Der Ellipsengleichung entnimmt man ferner, daß kongruente Kreise in kongruente Ellipsen abgebildet werden.

Aufgaben

Gib bei den Aufgaben, auch wenn es nicht ausdrücklich verlangt wird, in jedem Fall die Abbildungsgleichung an.

1. Der Punkt $S(0/-4)$ wird mit allen Punkten der Ellipse

$$E: \frac{x_1^2}{16} + \frac{x_2^2}{9} = 1$$

verbunden. Wo liegen die Mittelpunkte der Verbindungsstrecken?

2. Auf welcher Kurve liegen die Mittelpunkte aller von einem Brennpunkt einer Hyperbel ausgehenden Brennstrecken?

3. Die Strecke $C(-3/-2)$ $D(-3/2)$ ist die Grundseite eines Dreiecks, dessen dritter Eckpunkt F auf der Parabel $P: x_2^2 = 6x_1$ wandert. Wie bewegt sich der Schwerpunkt des Dreiecks?

4. Gegeben ist die Ellipse

$$E: 9x_1^2 - 36x_1 + 25x_2^2 - 50x_2 = 164 .$$

Wie bewegt sich der Schwerpunkt des Dreiecks F_1F_2P, wenn F_1 und F_2 die Brennpunkte der Ellipse sind, während P auf der Ellipse wandert?

5. Q sei der Endpunkt der um sich selbst verlängerten Strecke OP, P′ derjenige Punkt, der die Strecke SQ mit $S(6/0)$ im Verhältnis 1 : 2 teilt.
a) Stelle die Abbildungsgleichung für die Punktabbildung $P \to P'$ auf.
b) Wie bewegt sich P′, wenn P auf der Hyperbel

$$H: x_1^2 - x_2^2 = 36$$

wandert?

6. Gegeben sind die Punkte $S(a/0)$ und $T(-a/0)$. Verlängert man die Strecke SP um sich selbst, so erhält man Q als Endpunkt der verdoppelten Strecke. Dem Punkt P wird als Bildpunkt der Schnittpunkt P′ der Geraden[1]) OQ und TP zugeordnet.
a) Bestimme die Abbildungsgleichungen.
b) Wie bewegt sich P′, wenn P auf dem Kreis um O wandert, der durch S und T geht?

7. Auf der Parallelen zur x_2-Achse durch P liege der Punkt Q im dreifachen Abstand von der x_1-Achse wie P. Dem Punkt P wird als Bildpunkt derjenige Punkt P′ zugeordnet, der die Verbindungsstrecke zwischen dem festen Punkt $S(0/8)$ und Q halbiert.
a) Stelle die Abbildungsgleichungen auf.
* b) Um was für eine Abbildung handelt es sich?
c) Wie wird die Punktmenge $\{X \mid x_1^2 + (x_2 - 4)^2 \leqq 16\}$ abgebildet?

8. Der feste Punkt $S(2/1)$ wird an allen Punkten der Parabel $P: x_2 = x_1^2$ gespiegelt. Bestimme die Menge der Spiegelpunkte.

9. Q sei der Spiegelpunkt von P bezüglich der x_1-Achse, R der Fußpunkt des Lotes von P auf die x_2-Achse. Dem Punkt P wird der Schnittpunkt P′ der Geraden OP und RQ als Bild zugeordnet.
a) Wie heißt die Abbildungsgleichung?
* b) Um was für eine Abbildung handelt es sich?
c) Auf welcher Kurve bewegt sich P′, wenn P den Kreis

$$K: (x_1 - 1)^2 + (x_2 - 1)^2 = 9$$

durchläuft?

---

[1] Die Gerade, die durch O und Q verläuft, wollen wir der Einfachheit halber „die Gerade OQ" nennen.

d) Welche Punktmenge ist das Urbild der Ellipse

$$E': \frac{x_1'^2}{81} + \frac{x_2'^2}{36} = 1\ ?$$

10. Gegeben sind die Punkte S(s/0) und T(– t/0). Dem Punkt P wird auf folgende Weise ein Bildpunkt P′ zugeordnet: Q sei das Spiegelbild von P bezüglich der x_2-Achse, P′ ist der Schnittpunkt der Geraden durch O, die parallel zu T Q verläuft, mit der Geraden S Q.

a) Um was für eine Abbildung handelt es sich?

b) Welche Bildgeraden sind zu ihren Urgeraden parallel?

11. Von einem Punkt P wird das Lot auf die Gerade g: $x_2 = m x_1$ gefällt, durch den Lotfußpunkt Q zieht man die Parallele zur x_1-Achse. Der Schnittpunkt P′ dieser Parallelen mit der Parallelen durch P zur x_2-Achse wird dem Punkt P als Bildpunkt zugeordnet.

a) Stelle die Abbildungsgleichungen auf.

* b) Hat die Abbildung Fixpunkte?

c) Wie bewegt sich P′, wenn P die Parabel mit der Gleichung $x_2 = x_1^2$ durchläuft?

12. Von einem Punkt P wird das Lot auf die x_1-Achse gefällt und durch den Fußpunkt Q eine Gerade mit dem Anstieg m gezogen. Sodann fällt man von P das Lot auf die x_2-Achse und zieht durch den Fußpunkt R eine Gerade mit dem Anstieg – m. Dem Punkt P wird der Schnittpunkt P′ der beiden Geraden als Bildpunkt zugeordnet.

a) Wie heißen die Abbildungsgleichungen?

* b) Kann man m so wählen, daß die Abbildung eine Ähnlichkeitsabbildung wird?

c) Wie bewegt sich P′, wenn P die Hyperbel H: $x_1 x_2 = 4$ durchläuft?

11.3. Projektive Abbildungen

11.3.1. Die Untersuchung einer speziellen projektiven Abbildung

Vorübungen

1. Was versteht man unter einer Abbildung?
2. Wann heißt eine Abbildung injektiv, surjektiv, bijektiv?
3. Jedem Punkt M des R^2 wird der Kreis um M mit dem Radius 1 LE zugeordnet. Handelt es sich um eine Abbildung?

Wir haben in den letzten Kapiteln die Gruppe der affinen Abbildungen und einige ihrer Untergruppen kennengelernt und untersucht. Nun sind die affinen Abbildungen aber nicht die allgemeinsten Punktabbildungen, die es gibt; es gibt Mengen von Abbildungen, die die Affinitäten als Teilmengen enthalten.
So ist z. B. die Menge aller bijektiven Punktabbildungen des R^2 auf sich eine Obermenge aller affinen Abbildungen. Die wichtigste Eigenschaft der affinen Abbildungen war, daß Geraden immer wieder als Geraden abgebildet wurden (Kollinearität). Es

erhebt sich die Frage, ob es Abbildungen gibt, die nicht affin sind, aber dennoch diese Eigenschaft haben.
Dazu betrachten wir die Vorschrift:

$$(1)\qquad \mathfrak{P}: \begin{cases} x_1' = \dfrac{4x_1}{x_2 - 4} \\[2mm] x_2' = \dfrac{5x_2}{x_2 - 4} \end{cases}.$$

Man erkennt leicht, daß es sich hier nicht um die Gleichungen einer affinen Abbildung handeln kann, da sie sich wegen des Nenners nicht in der Form

$$\mathfrak{x}' = x_1\mathfrak{a} + x_2\mathfrak{b} + \mathfrak{v}$$

zusammenfassen lassen. Da der Nenner nicht konstant ist, erhält man auch den ersten Unterschied zu den affinen Abbildungen: Es gibt nämlich Punkte, denen nach dieser Vorschrift (1) kein Bildpunkt zugeordnet ist, und zwar alle die, für die $x_2 = 4$ ist. Demnach haben alle Punkte der Geraden $v: x_2 = 4$ kein Bild. Eine solche Gerade nennen wir ***Verschwindungsgerade*** v. Die Gleichungen (1) werden erst dadurch zu einer Abbildungsgleichung, daß wir die Punkte der Verschwindungsgeraden aus dem R^2 herausnehmen, mithin als Definitionsmenge $\mathbb{D} = R^2 \setminus v$ wählen.

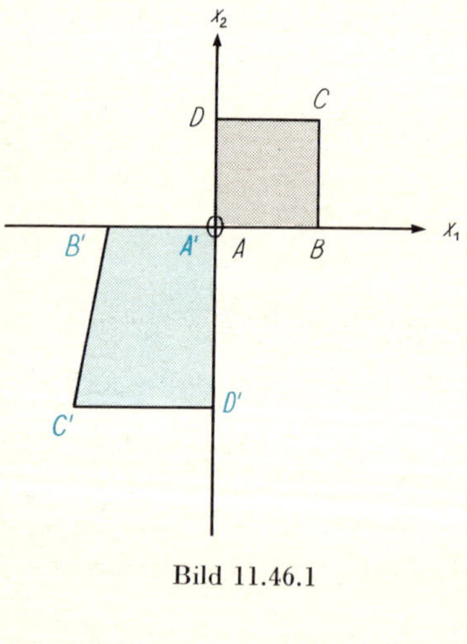

Bild 11.46.1

Um einige Eigenschaften dieser Abbildung zu finden, wollen wir — ähnlich wie bei den affinen Abbildungen — zunächst das Quadratgitternetz des kartesischen Koordinatensystems der x_1x_2-Ebene abbilden. Wir beginnen mit den Eckpunkten des Einheitsquadrats, von dem eine Ecke im Ursprung liegt. Mit Hilfe der Abbildungsgleichungen (1) erhält man (Bild 11.46.1):

$$A(0/0) \to A'(0/0)$$
$$B(1/0) \to B'(-1/0)$$
$$C(1/1) \to C'\left(-\frac{4}{3}\Big/-\frac{5}{3}\right)$$
$$D(0/1) \to D'\left(0\Big/-\frac{5}{3}\right).$$

Daß das Bild des Quadrats ABCD das Viereck A′B′C′D′ ist, können wir erst dann behaupten, wenn wir wissen, daß die Strecken, die das Einheitsquadrat begrenzen, wieder als Strecken abgebildet werden. Wir untersuchen deshalb, ob die Abbildung eine ***Kollineation*** ist, d. h., ob sie jede Gerade g wieder in eine Gerade g′ abbildet. Dazu versuchen wir, die Abbildungsgleichungen für die inverse Abbildung aufzustellen:

$$x_1' = \frac{4x_1}{x_2 - 4} \quad \Rightarrow \quad 4x_1 = x_1'x_2 - 4x_1'$$
$$x_2' = \frac{5x_2}{x_2 - 4} \quad \Rightarrow \quad 5x_2 = x_2'x_2 - 4x_2'.$$

Daraus erhält man weiter:

(2) $$\mathfrak{P}^{I}: \begin{cases} x_1 = \dfrac{5x_1'}{x_2' - 5} \\ x_2 = \dfrac{4x_2'}{x_2' - 5} \end{cases}.$$

An diesen Gleichungen erkennt man, daß es im R^2 Punkte gibt, zu denen keine Urpunkte gehören, und zwar sind das alle Punkte der Geraden $f': x_2' = 5$. Eine solche Gerade nennen wir ***Fluchtgerade*** f'. Die Definitionsmenge $\mathbb{D}'$ der zu $\mathfrak{P}$ inversen Abbildung $\mathfrak{P}^I$ ist also $\mathbb{D}' = R^2 \setminus f'$. Damit ist gezeigt, daß $\mathfrak{P}$ eine bijektive Abbildung der Punktmenge $R^2 \setminus v$ auf die Punktmenge $R^2 \setminus f'$ ist. Deshalb können Punkte einer Geraden g nur abgebildet werden, sofern sie nicht zugleich auf v liegen und Punkte einer Geraden g' nur als Bilder auftreten, wenn sie nicht zu f' gehören.

Nur mit dieser Einschränkung können wir nun nachweisen, daß jede Gerade g wieder in eine Gerade g' abgebildet wird.

Da sich jede Geradengleichung in der allgemeinen Normalenform

$$\mathfrak{n} \cdot \mathfrak{x} - c = 0$$

oder

(3) $$n_1 x_1 + n_2 x_2 - c = 0$$

schreiben läßt, wobei wir nur $\mathfrak{n} \neq \mathfrak{o}$ verlangen müssen, setzen wir, um die Gerade abzubilden, die Terme für x_1 und x_2 aus (2) in (3) ein und erhalten:

$$\frac{5n_1 x_1'}{x_2' - 5} + \frac{4n_2 x_2'}{x_2' - 5} - c = 0$$

$$5n_1 x_1' + 4n_2 x_2' - c x_2' + 5c = 0$$

$$5n_1 x_1' + (4n_2 - c)\, x_2' + 5c = 0\,.$$

Das ist aber wieder die Gleichung einer Geraden, falls nicht der Normalenvektor $\mathfrak{n}' = \begin{pmatrix} 5n_1 \\ 4n_2 - c \end{pmatrix}$ gleich dem Nullvektor ist. Das heißt, wir erhalten nur dann keine Bildgerade, wenn $5n_1 = 0$ und zugleich $4n_2 - c = 0$ ist. Setzt man diese Bedingungen in (3) ein, so erhält man die Gleichung $x_2 = 4$, die Gleichung der Verschwindungsgeraden. Damit ist gezeigt, daß alle Geraden mit Ausnahme der Verschwindungsgeraden, d. h. alle Geraden, die überhaupt abgebildet werden, mit der oben formulierten Einschränkung wieder als Geraden abgebildet werden.

Da die Abbildungsgleichungen für $\mathfrak{P}$ und $\mathfrak{P}^I$ vom gleichen Typ sind, ergibt sich entsprechend, daß das Urbild jeder Geraden mit Ausnahme der Fluchtgeraden auch eine Gerade sein muß.

Damit können wir nun das Quadratgitternetz der x_1x_2-Ebene abbilden, indem wir zunächst die Bilder weiterer Gitterpunkte berechnen. So ergibt sich für Punkte auf der x_1-Achse

$$(a/0) \to (-a/0)\,,$$

für Punkte auf der x_2-Achse

$$(0/b) \to \left(0 \Big/ \frac{5b}{b-4}\right).$$

Schließlich berechnen wir noch die Bilder der Gittergeraden:
Zunächst bilden wir eine Parallele zur x_1-Achse ab, indem wir aus deren Gleichung $x_2 = b$ den Term für x_2 in die zweite der Abbildungsgleichungen für $\mathfrak{P}^I$ einsetzen:

$$b = \frac{4x_2'}{x_2' - 5} \Rightarrow bx_2' - 5b = 4x_2' \Rightarrow (b-4)x_2' = 5b \Rightarrow x_2' = \frac{5b}{b-4}.$$

Parallelen zur x_1-Achse bleiben also Parallelen zur x_1-Achse.
Sodann bilden wir die Parallelen zur x_2-Achse ab. Dazu setzen wir aus der Gleichung $x_1 = a$ den Term für x_1 in die erste der Abbildungsgleichungen für $\mathfrak{P}^I$ ein:

$$a = \frac{5x_1'}{x_2' - 5} \Rightarrow ax_2' - 5a = 5x_1' \Rightarrow x_2' = \frac{5}{a}x_1' + 5. \text{ für } a \neq 0, \text{ und } x_1' = 0 \text{ für } a = 0.$$

Demnach werden alle Parallelen zur x_2-Achse so abgebildet, daß ihre Bilder durch den Punkt (0/5) auf der x_2-Achse laufen, der allerdings selbst nicht zum Bild der Parallelen gehört.
In Bild 11.49.1 ist links von der x_2-Achse das Bild der rechten Halbebene gezeichnet (Möbiusnetz). Dabei wird die Teilfläche des ersten Quadranten zwischen x_1-Achse und der Verschwindungsgeraden auf den ganzen dritten Quadranten abgebildet, während die Teilfläche des vierten Quadranten zwischen der x_2-Achse und der Geraden $x_1 = 5$ auf das Dreieck (0/0), (0/5), (−5/0) im zweiten Quadranten fällt.

Bei den affinen Abbildungen hatten wir als weitere Invarianten die Parallelität, das Teilverhältnis und das Flächenverhältnis kennengelernt. Für die Abbildung $\mathfrak{P}$ erkennt man aus Bild 11.49.1:

1. Die Parallelität ist keine Invariante dieser Abbildung. Denn wir haben gesehen, daß die Schar der Parallelen zur x_2-Achse in ein Geradenbüschel mit dem Trägerpunkt F(0/5) abgebildet wird *(Fluchtpunkt)*. (Vgl. Aufg. 4.)
2. Auch das Teilverhältnis bleibt nicht erhalten. Zum Beispiel wird der Mittelpunkt der Strecke A(0/0) B(0/2) nicht wieder in den Mittelpunkt der Strecke A′(0/0) B′(0/−5) abgebildet.
3. Schließlich bleibt auch das Verhältnis der Flächeninhalte nicht invariant, denn die Einheitsquadrate haben verschieden große Bildflächen.

Der Hauptunterschied zu den Affinitäten ist jedoch, daß bei $\mathfrak{P}$ eine Verschwindungs- und eine Fluchtgerade existieren oder anders gesagt, daß die Definitionsmenge $R^2 \setminus v$ und die Bildmenge $R^2 \setminus f'$ nicht übereinstimmen. Dieser Mangel läßt sich jedoch dadurch beheben, daß man sich zu den eigentlichen Punkten des R^2 *uneigentliche Punkte* hinzugefügt denkt, die sowohl die fehlenden Bilder zu den Punkten der Verschwindungsgeraden als auch die fehlenden Urbilder zu den Punkten der Fluchtgeraden sein sollen. So ergänzen wir jede Gerade durch einen uneigentlichen Punkt, dessen Bild auf der Fluchtgeraden liegt. Die uneigentlichen Punkte heißen auch *Fernpunkte*. Denn wenn ein Punkt auf einer Geraden g genügend weit nach außen rückt, dann nähert sich sein Bildpunkt auf der Bildgeraden g′ beliebig der Fluchtgeraden. Die Bilder aller uneigentlichen Punkte liegen auf der Fluchtgeraden. Wenn auch in diesem Fall Geraden umkehrbar eindeutig in Geraden abgebildet werden sollen, müssen alle uneigentlichen Punkte selbst auf einer Geraden liegend gedacht werden, der *uneigentlichen Geraden* oder auch *Ferngeraden* , die sowohl das

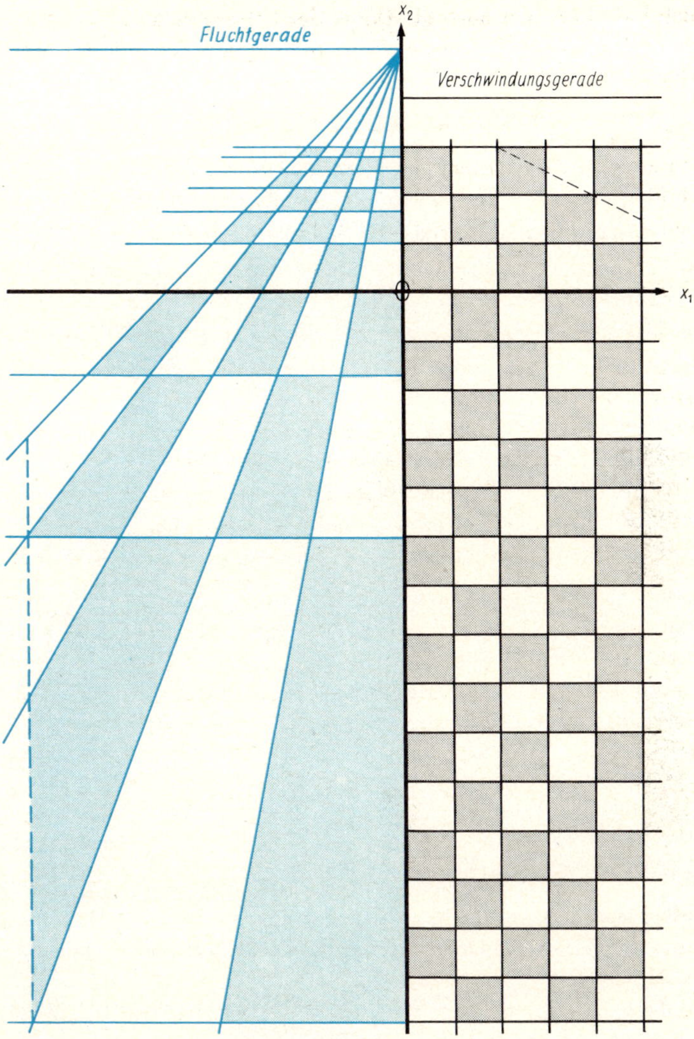

Bild 11.49.1

Urbild f der Fluchtgeraden f′ als auch das Bild v′ der Verschwindungsgeraden v ist. Diese uneigentliche Gerade ergänzt die uns bisher bekannte affine Ebene R^2 zur sogenannten *projektiven Ebene* R^2_∞. Diese projektive Ebene enthält die durch ihren Fernpunkt ergänzten Geraden, die zusammen mit der uneigentlichen Geraden die Menge der sogenannten *projektiven Geraden* bilden.

Da sich die Bilder paralleler Geraden in einem Punkt der Fluchtgeraden, dem Fluchtpunkt, schneiden (s. Aufg. 4), ist derjenige uneigentliche Punkt, dessen Bild der Fluchtpunkt dieser Parallelenschar ist, der gemeinsame Punkt all dieser Parallelen. So erklärt sich die gelegentlich zu hörende Redeweise, daß „Parallelen sich im

Unendlichen schneiden". Die Einführung der uneigentlichen Punkte beseitigt demnach den Ausnahmefall, den die parallelen Geraden in der affinen Ebene darstellen: Während sich in der affinen Ebene zwei verschiedene Geraden genau dann schneiden, wenn sie nicht parallel sind, haben in der projektiven Ebene zwei Geraden immer einen gemeinsamen Punkt, einen eigentlichen, wenn sie nicht parallel sind, einen uneigentlichen, wenn sie parallel sind oder wenn eine der Geraden die uneigentliche Gerade ist.
Da weiter ein Geradenbüschel, dessen Trägerpunkt auf der Verschwindungsgeraden liegt, als Parallelenschar abgebildet wird (s. Aufg. 5), ordnet man jedem Punkt der Verschwindungsgeraden als Bildpunkt den uneigentlichen, gemeinsamen Punkt dieser Parallelenschar zu. Insofern ist eine Parallelenschar ein uneigentliches Geradenbüschel, weil der Trägerpunkt ein uneigentlicher Punkt ist.
Durch diese Festsetzungen wird die von uns betrachtete Abbildung $\mathfrak{P}$ eine bijektive Abbildung der projektiven Ebene auf sich, da nun jedem Punkt der projektiven Ebene umkehrbar eindeutig ein Punkt der projektiven Ebene zugeordnet ist. Deshalb nennen wir diese Abbildung eine *projektive Abbildung.*

Aufgaben

1. Untersuche die Abbildung $\mathfrak{P}$ auf Fixpunkte. Zeige, daß die Koordinatenachsen Fixgeraden sind.

2. Bilde mit Hilfe der Abbildung $\mathfrak{P}$ das Quadrat A(2/0) B(0/2) C(– 2/0) D(0/– 2) ab und zeichne das Quadrat mit seinem Bild.

3. Beschreibe genau, wie sich der Bildpunkt X′ bei der Abbildung $\mathfrak{P}$ bewegt, wenn der Urpunkt X mit gleichmäßiger Geschwindigkeit
   a) eine Parallele zur x_1-Achse,
   b) eine Parallele zur x_2-Achse durchläuft.

4. Beweise: Durch $\mathfrak{P}$ werden Parallelen mit dem Anstieg $m \neq 0$ so abgebildet, daß sich die Bildgeraden in einem Punkt der Fluchtgeraden schneiden.

5. Zeige: Geraden, die sich in einem Punkt der Verschwindungsgeraden schneiden, werden durch $\mathfrak{P}$ als parallele Geraden abgebildet.

6. Zeichne das Bild des Quadratgitternetzes und bestimme Verschwindungs- sowie Fluchtgerade für die Abbildungen:

   a) $$\mathfrak{P}_1: \begin{cases} x_1' = \dfrac{2x_1}{x_2 - 2} \\ x_2' = \dfrac{3x_2}{x_2 - 2} \end{cases}$$

   b) $$\mathfrak{P}_2: \begin{cases} x_1' = \dfrac{2x_1}{x_2 + 4} \\ x_2' = \dfrac{3x_2}{x_2 + 4} \end{cases}.$$

7. Zeige rechnerisch, daß die in 6a) gegebene Abbildung die Seitenhalbierende s_b des Dreiecks A(0/0) B(2/0) C(2/4) nicht auf die entsprechende Seitenhalbierende des Bilddreiecks abbildet.

8. Untersuche, wie durch die Abbildung $\mathfrak{P}$ die Menge der Rechtecke mit den Eckpunkten A (0/0), B (a/0), C (a/1), D (0/1) (a = 1, 2, 3, ...) abgebildet wird. Zeichne für a = 2, a = 4 und a = 6 die Rechtecke mit ihren Bildern.

9. Löse Aufgabe 8 für die Menge der Quadrate A(a/0) B(0/a) C(– a/0) D(0/– a).

10. Bilde die Dreiecke mit den Eckpunkten A(0/0), B(2/2) und dem veränderlichen dritten Eckpunkt C(a/1) mit Hilfe der Abbildungsgleichungen

$$x_1' = \frac{3x_1}{4 - x_1}$$

$$x_2' = \frac{4x_2}{4 - x_1}$$

ab. Zeichne für die Fälle a = 3, a = 4, a = 6 die Dreiecke mit ihren Bildern und beschreibe, wie sich das Bild des Dreiecks ändert, wenn C auf der Geraden $g: x_2 = 1$ wandert.

*11.3.2. Die Gleichung der projektiven Abbildung[1]

Vorübungen

Gegeben seien die Abbildungsgleichungen

1. $x_1' = x_1^2 + x_2^2$, $\quad x_2' = x_2$

2. $x_1' = \frac{1}{x_1}$, $\quad x_2' = \frac{1}{x_2}$

3. $x_1' = \frac{x_1}{x_1^2 + x_2^2}$, $\quad x_2' = \frac{x_2}{x_1^2 + x_2^2}$.

Bilde nach diesen Abbildungsgleichungen je drei Punkte je einer geeignet gewählten Geraden ab und zeige, daß die Bildpunkte nicht auf einer Geraden liegen.

Im vorigen Abschnitt haben wir eine spezielle, nicht affine Abbildung kennengelernt, die im R_∞^2 jede projektive Gerade wieder als projektive Gerade abbildet und umgekehrt. Nun wollen wir uns für die allgemeinste Abbildung mit dieser Eigenschaft interessieren.
Abbildungen mit Gleichungen, die nicht linear in x_1 und x_2 sind, bilden, wie Vorübung 1 zeigt, nicht jede Gerade wieder als Gerade ab. So wird hier die x_2-Achse in die Parabel $x_1 = x_2^2$ abgebildet. Durch einen Nenner, der x_1 oder x_2 enthält, braucht, wie wir am Beispiel des vorigen Abschnitts gesehen haben, die Eigenschaft, daß Geraden in Geraden abgebildet werden, nicht verlorenzugehen. Vorübung 3 macht deutlich, daß dann jedoch im Nenner x_1 und x_2 höchstens linear auftreten dürfen. Demnach könnte man als allgemeine Form der Abbildungsgleichungen vermuten:

$$x_1' = \frac{a_1x_1 + a_2x_2 + a_3}{c_1x_1 + c_2x_2 + c_3}$$

$$x_2' = \frac{b_1x_1 + b_2x_2 + b_3}{d_1x_1 + d_2x_2 + d_3}.$$

---

[1] In diesem Abschnitt werden Kenntnisse über dreireihige Determinanten vorausgesetzt (Kapitel 2).

Nun soll aber das Urbild jeder Bildgeraden

(1) $$g': \mathfrak{n}' \cdot \mathfrak{x}' - c' = 0$$

wieder eine Gerade sein. Als Gleichung dieses Urbildes erhält man durch Einsetzen

(2) $$n_1' \frac{a_1 x_1 + a_2 x_2 + a_3}{c_1 x_1 + c_2 x_2 + c_3} + n_2' \frac{b_1 x_1 + b_2 x_2 + b_3}{d_1 x_1 + d_2 x_2 + d_3} - c' = 0 .$$

Multipliziert man mit dem Hauptnenner, so sieht man, daß im allgemeinen nichtverschwindende quadratische Glieder in x_1 oder x_2 auftreten. Das Urbild der Geraden ist sicher keine Gerade. x_1^2, x_2^2 oder $x_1 x_2$ können dann nicht vorkommen, wenn die Nenner proportional sind. Dann läßt sich aber einer der Brüche so durch den Proportionalitätsfaktor kürzen, daß die Nenner gleich werden. Demnach können wir vermuten, daß die Gleichungen der Abbildungen, für die wir uns interessieren, die Form

(3) $$\begin{aligned} x_1' &= \frac{a_1 x_1 + a_2 x_2 + a_3}{c_1 x_1 + c_2 x_2 + c_3} \\ x_2' &= \frac{b_1 x_1 + b_2 x_2 + b_3}{c_1 x_1 + c_2 x_2 + c_3} \end{aligned}$$

haben.
Dann ist nach (3) und (1)

$$g: n_1'(a_1 x_1 + a_2 x_2 + a_3) + n_2'(b_1 x_1 + b_2 x_2 + b_3) - c'(c_1 x_1 + c_2 x_2 + c_3) = 0$$

oder

(4) $$g: (n_1' a_1 + n_2' b_1 - c' c_1) x_1 + (n_1' a_2 + n_2' b_2 - c' c_2)\, x_2 + (n_1' a_3 + n_2' b_3 - c' c_3) = 0$$

das Urbild der Geraden g'. Das ist genau dann die Gleichung einer Geraden, wenn mindestens einer der Koeffizienten von x_1 und x_2 ungleich Null ist. Sind dagegen beide Koeffizienten gleich Null und das absolute Glied $n_1 a_3 + n_2 b_3 - c c_3$ ungleich Null, dann wird (4) durch die Koordinaten keines eigentlichen Punktes erfüllt. Demnach gibt es unter den Geraden g' eine, deren Punkte in der affinen Ebene keine Urbilder haben. Nach unseren Überlegungen im vorigen Kapitel muß es sich um die Fluchtgerade f' handeln. Durch Erweiterung der affinen zur projektiven Ebene erhält auch die Fluchtgerade als Urbild eine Gerade, nämlich die uneigentliche Gerade.
Schließlich ist der Fall denkbar, daß beide Koeffizienten von x_1 und x_2 und das absolute Glied zugleich Null werden, daß also gilt:

(5) $$\begin{aligned} n_1' a_1 + n_2' b_1 - c' c_1 &= 0 \\ n_1' a_2 + n_2' b_2 - c' c_2 &= 0 \\ n_1' a_3 + n_2' b_3 - c' c_3 &= 0. \end{aligned}$$

Dann erfüllen die Koordinaten aller Punkte der $x_1 x_2$-Ebene die Gleichung (4). Die Gerade hat also als Urbild die gesamte $x_1 x_2$-Ebene. Da aber jede Gerade als Urbild eine Gerade haben soll, wollen wir diesen Fall ausschließen. Die Koeffizienten der Abbildungsgleichungen müssen also so gewählt werden, daß es keine Gerade dieser

Art gibt, d. h. das Gleichungssystem (5) darf sich nicht nach $(n_1'/n_2'/c') \neq (0/0/0)$ auflösen lassen. Nach der Cramerschen Regel (Satz 2.1) darf also die Determinante

$$\begin{vmatrix} a_1 & b_1 & -c_1 \\ a_2 & b_2 & -c_2 \\ a_3 & b_3 & -c_3 \end{vmatrix}$$

nicht gleich Null sein, d. h. es muß nach Satz 2.6

$$\Delta = \begin{vmatrix} a_1 & b_1 & c_1 \\ a_2 & b_2 & c_2 \\ a_3 & b_3 & c_3 \end{vmatrix} \neq 0$$

sein.

Wir haben bisher festgestellt, daß bei der Abbildung (3) in der projektiven Ebene jede Gerade als Urbild genau dann eine Gerade hat, wenn für die Koeffizienten der Abbildungsgleichungen die Bedingung $\Delta \neq 0$ gilt. Wir müssen nun untersuchen, ob bei diesen Abbildungen jede Gerade wieder in eine Gerade übergeht. Wir wissen bereits, daß zu jeder Urgeraden, deren Gleichung sich in der Form

(4) $(n_1'a_1 + n_2'b_1 - c'c_1)\,x_1 + (n_1'a_2 + n_2'b_2 - c'c_2)\,x_2 + (n_1'a_3 + n_2'b_3 - c'c_3) = 0$

schreiben läßt, die Bildgerade mit der Gleichung

(1a) $$n_1'x_1' + n_2'x_2' - c' = 0$$

gehört. Wenn nun jede beliebige Gerade

(5) $$g\colon n_1x_1 + n_2x_2 - c = 0$$

als Gerade abgebildet werden soll, müssen sich zu allen Koeffiziententripeln $(n_1/n_2/c)$ die der Bildgeraden $(n_1'/n_2'/c')$ bis auf Proportionalität eindeutig bestimmen lassen. Wählt man als Proportionalitätsfaktor 1, so muß man das Gleichungssystem, das sich durch Koeffizientenvergleich von (4) und (5) ergibt,

$$\begin{aligned} n_1'a_1 + n_2'b_1 - c'c_1 &= n_1 \\ n_1'a_2 + n_2'b_2 - c'c_2 &= n_2 \\ n_1'a_3 + n_2'b_3 - c'c_3 &= -c \end{aligned}$$

mit $(n_1/n_2/c) \neq (0/0/0)$ eindeutig nach n_1', n_2' und c' auflösen können. Das ist nach der Cramerschen Regel (Satz 2.1) wieder genau dann möglich, wenn die Dererminante des Systems von Null verschieden ist. Die Lösung $n_1' = 0$, $n_2' = 0$, $c' \neq 0$, die ja zu keiner eigentlichen Geraden gehört, erhält man dann, wenn man die Verschwindungsgerade $v\colon c_1x_1 + c_2x_2 + c_3 = 0$ abzubilden versucht, wie man durch Einsetzen in (4) leicht erkennt. Das Bild der Verschwindungsgeraden in der projektiven Ebene, die uneigentliche Gerade, erhält man eben durch Rechnung nicht.

Da die eben untersuchten Abbildungen für die Mathematik eine besondere Bedeutung haben, wollen wir festsetzen:

Definition 11.11

Unter einer *projektiven Abbildung* wollen wir jede Abbildung des R^2_∞ auf den R^2_∞ verstehen, bei der die Punkte des $R^2 \setminus v$ auf die Punkte des $R^2 \setminus f'$ abgebildet werden durch Gleichungen der Form:

$$x_1' = \frac{a_1 x_1 + a_2 x_2 + a_3}{c_1 x_1 + c_2 x_2 + c_3}$$

$$x_2' = \frac{b_1 x_1 + b_2 x_2 + b_3}{c_1 x_1 + c_2 x_2 + c_3} .$$

Für die Determinante der Abbildung gilt:

$$\Delta = \begin{vmatrix} a_1 & b_1 & c_1 \\ a_2 & b_2 & c_2 \\ a_3 & b_3 & c_3 \end{vmatrix} \neq 0 .$$

Die Punkte von v und die uneigentlichen Punkte werden so abgebildet, daß stets projektive Geraden in projektive Geraden übergehen.

Durch die Abbildungsgleichungen lassen sich die uneigentlichen Punkte rechnerisch nicht erfassen.
Weil im R^2_∞ jede projektive Abbildung jede projektive Gerade in eine projektive Gerade abbildet und umgekehrt, heißen die projektiven Abbildungen auch *kollineare Abbildungen*. Wie bei den affinen Abbildungen bedeutet die Voraussetzung $\Delta \neq 0$, daß die projektiven Abbildungen bijektiv sind.

Beispiel

Von einer projektiven Abbildung kennt man die Verschwindungsgerade v: $x_1 = 1$ und die Fluchtgerade f': $x_1' = -2$. Außerdem soll der Punkt O Fixpunkt der projektiven Abbildung sein, während der Punkt P(3/—2) in P'(—3/1) abgebildet wird. Bestimme die Abbildungsgleichungen!
Lösung: Da O Fixpunkt der Abbildung ist, müssen in den allgemeinen Abbildungsgleichungen (3) a_3 und b_3 gleich Null sein. Daß v: $x_1 = 1$ Verschwindungsgerade ist, bedeutet, daß der Nenner in beiden Gleichungen $x_1 - 1$ heißen muß. Damit können wir ansetzen:

$$x_1' = \frac{a_1 x_1 + a_2 x_2}{x_1 - 1}$$

$$x_2' = \frac{b_1 x_1 + b_2 x_2}{x_1 - 1} .$$

Wir müssen nun den Nenner für die inversen Abbildungsgleichungen bestimmen, um auszunutzen, daß uns die Gleichung der Fluchtgeraden f' bekannt ist: $x_1' = -2$. Denn man erhält die Gleichung der Fluchtgeraden, wenn man den Nenner in den Gleichungen der inversen Abbildungen gleich Null setzt. Wir kehren also die Abbildung um:

$$x_1' x_1 - x_1' = a_1 x_1 + a_2 x_2$$
$$x_2' x_1 - x_2' = b_1 x_1 + b_2 x_2$$
$$(x_1' - a_1) x_1 - a_2 x_2 = x_1'$$
$$(x_2' - b_1) x_1 - b_2 x_2 = x_2' \,.$$

Der Nenner in den Gleichungen der inversen Abbildung ist nach der Cramerschen Regel gleich der Determinante dieses Gleichungssystems:

$$\begin{vmatrix} x_1' - a_1 & -a_2 \\ x_2' - b_1 & -b_2 \end{vmatrix} = -b_2 x_1' + a_2 x_2' + a_1 b_2 - a_2 b_1 \,.$$

Da $x_1' = -2$ die Gleichung der Fluchtgeraden ist, muß sich dieser Nenner als $x_1' + 2$ schreiben lassen. Damit erhält man durch Koeffizientenvergleich

$$b_2 = -1, \quad a_2 = 0, \quad a_1 = -2,$$

und die Abbildungsgleichungen vereinfachen sich zu

$$x_1' = \frac{-2x_1}{x_1 - 1}$$
$$x_2' = \frac{b_1 x_1 - x_2}{x_1 - 1} \,.$$

Um b_1 zu bestimmen, müssen wir noch ausnutzen, daß $P(3/-2)$ in $P'(-3/1)$ abgebildet wird. Deshalb gilt:

$$-3 = \frac{-6}{2} \quad \text{und} \quad 1 = \frac{3b_1 + 2}{2} \,.$$

Die erste Gleichung ist richtig, aus der zweiten folgt $b_1 = 0$. Deshalb heißen die gesuchten Abbildungsgleichungen:

$$x_1' = \frac{-2x_1}{x_1 - 1}$$
$$x_2' = \frac{-x_2}{x_1 - 1} \,.$$

Aufgaben

1. Untersuche, ob durch die folgenden Abbildungsgleichungen projektive Abbildungen im Sinne der Definition 11.11 dargestellt werden:

a) $x_1' = \dfrac{3x_1 + x_2 + 4}{2x_1 - x_2 - 1}$, $x_2' = \dfrac{x_1 - 3x_2 + 1}{2x_1 - x_2 - 1}$

b) $x_1' = \dfrac{x_1 + 2x_2 - 1}{2x_1 - x_2 + 3}$, $x_2' = \dfrac{5x_2 - 5}{2x_1 - x_2 + 3}$

c) $x_1' = \dfrac{a_1 x_1 + a_2 x_2}{c_1 x_1 + c_2 x_2}$, $x_2' = \dfrac{b_1 x_1 + b_2 x_2}{c_1 x_1 + c_2 x_2}$.

Gib gegebenenfalls die Gerade an, auf die die ganze $x_1 x_2$-Ebene abgebildet wird.

2. Bestimme die Abbildungsgleichungen derjenigen projektiven Abbildung, für die gilt:

$P(0/0) \to P'(0/0)$, $Q(4/0) \to Q'(-3/0)$, $R(3/3) \to R'(-9/-12)$, $S(0/2) \to S'(0/-4)$.

3. Welche projektive Abbildung bildet $P(2/0)$ in $P'(1/0)$, $Q(2/2)$ in $Q'\left(\frac{1}{2}\Big/\frac{1}{2}\right)$, $R(0/2)$ in $R'(0/1)$ und $S(-2/4)$ in $S'(-1/2)$ ab?

4. Gegeben sei die projektive Abbildung

$$\mathfrak{P}: \begin{cases} x_1' = \dfrac{x_1}{x_1 + 2x_2 + 2} \\ x_2' = \dfrac{x_2}{x_1 + 2x_2 + 2} \end{cases}.$$

Bestimme

a) die Verschwindungsgerade,
b) die Fluchtgerade,
c) das Bild des Nullpunkts,
d) das Bild der x_1-Achse,
e) das Bild der x_2-Achse.

5. Gegeben ist die projektive Abbildung

$$\mathfrak{P}: \begin{cases} x_1' = \dfrac{x_1}{x_1 + x_2 + 1} \\ x_2' = \dfrac{x_2}{x_1 + x_2 + 1} \end{cases}.$$

a) Bilde das Einheitsquadrat P(0/0), Q(1/0), R(1/1), S(0/1) ab.
b) Bestimme die Fluchtpunkte für die beiden Scharen der Parallelen zur x_1- und x_2-Achse.

6. Eine kollineare Abbildung bildet P(0/1) in P′(1/0) und Q(1/0) in Q′(0/1) ab. Die Verschwindungsgerade hat die Gleichung $x_2 = x_1$, die Fluchtgerade $x_2' = 0$. Bestimme die Abbildungsgleichungen.

7. Beweise: Die Menge der Abbildungen mit den Gleichungen

$$x_1' = \frac{x_1}{cx_1 + dx_2 + 1}$$

$$x_2' = \frac{x_2}{cx_1 + dx_2 + 1}$$

ist eine kommutative Gruppe.

11.3.3. Die Bestimmung von Punktmengen (Ortsaufgaben)

Vorübungen

1. Was läßt sich über das affine Bild eines Kreises sagen?
2. Wie unterscheiden sich die projektiven von den affinen Abbildungen?
3. Was versteht man unter einer Verschwindungsgeraden, was unter einer Fluchtgeraden?

Beispiel

Gegeben sind die beiden Punkte A(a/0) und B(2a/0) mit $a > 0$. Jedem Punkt P wird auf folgende Weise ein Bildpunkt P′ zugeordnet: Man zieht die Gerade BP, die die x_2-Achse in Q schneidet. Die Parallele durch Q zur x_1-Achse und die Gerade AP schneiden sich in P′.

a) Stelle die Abbildungsgleichungen auf.
* b) Hat die Abbildung Fixpunkte?
c) Wie bewegt sich P′, wenn P auf dem Kreis K: $(x_1 - r)^2 + x_2^2 = r^2$ wandert?

Lösung (Bild 11.57.1):

a) Der nächstliegende Weg ist, der Konstruktionsvorschrift folgend, Gleichungen für die angegebenen Geraden aufzustellen und deren Schnittpunkte zu berechnen. Aus den Koordinaten von P′ bestimmt man dann die Abbildungsgleichungen. Wir wollen hier die Beziehungen zwischen den Koordinaten der Punkte P und P′ mit Hilfe der Strahlensätze aus Bild 11.57.1 gewinnen.

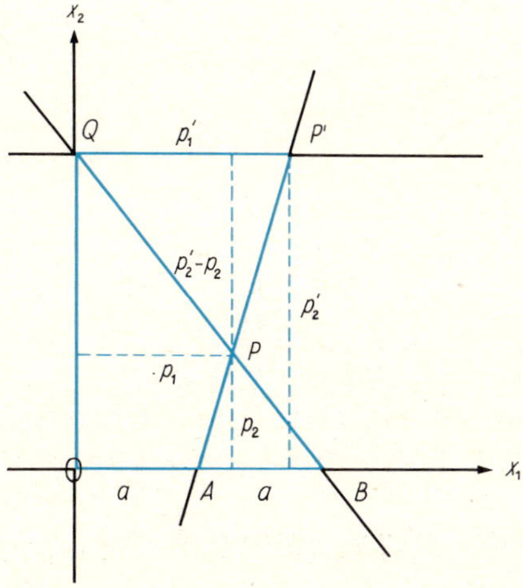

Bild 11.57.1

Man liest zunächst ab:

(1) $$\frac{p_2'}{p_2' - p_2} = \frac{2a}{p_1} \quad \text{(Q als Zentrum)}$$

und

(2) $$\frac{p_2}{p_2' - p_2} = \frac{a}{p_1'} \quad \text{(P als Zentrum).}$$

Wir lösen (1) nach p_2' auf:

$$p_1 p_2' = 2a p_2' - 2a p_2$$

(3) $$p_2' = \frac{2a p_2}{2a - p_1}.$$

Dividiert man (1) durch (2), erhält man weiter

$$\frac{2p_1'}{p_1} = \frac{p_2'}{p_2}$$

und daraus

(4) $$p_1' = \frac{p_1}{2p_2} p_2'.$$

Durch Kombination von (3) und (4) ergibt sich schließlich

(5) $$p_1' = \frac{a p_1}{2a - p_1}.$$

(5) und (3) geben an, wie sich die Koordinaten von P′ aus denen von P berechnen lassen. Nennen wir den Punkt X und seinen Bildpunkt X′, so erhalten wir die Abbildungsgleichungen:

$$x_1' = \frac{a x_1}{2a - x_1}$$

$$x_2' = \frac{2a x_2}{2a - x_1}$$

Da x_1 und x_2 im Zähler und im Nenner der Abbildungsgleichungen nur linear vorkommen, da ferner der Nenner in beiden Abbildungsgleichungen gleich ist und weil schließlich die Determinante der Abbildung

$$\Delta = \begin{vmatrix} a & 0 & -1 \\ 0 & 2a & 0 \\ 0 & 0 & 2a \end{vmatrix} = 4a^3.$$

wegen $a > 0$ von Null verschieden ist, handelt es sich hier um eine projektive Abbildung.

* b) Für Fixpunkte muß gelten: $X = X'$ und deshalb

$$x_1 = \frac{a x_1}{2a - x_1} \quad \text{und} \quad x_2 = \frac{2a x_2}{2a - x_1}$$

oder

$$a x_1 - x_1^2 = 0 \quad \text{und} \quad -x_1 x_2 = 0\,.$$

Beide Gleichungen werden erfüllt von $x_1 = 0$ bei beliebigem x_2, d. h. alle Punkte der x_2-Achse sind Fixpunkte, die x_2-Achse ist Fixpunktgerade.
Die erste der beiden Gleichungen wird auch erfüllt von $x_1 = a$. Für den Fall ergibt die zweite Gleichung $x_2 = 0$. Außer der Fixpunktgeraden hat also die Abbildung noch den einzelnen Fixpunkt A(a/0).

c) Um den Kreis K abzubilden, bestimmen wir zunächst die Gleichungen für die inverse Abbildung. Man erhält:

$$x_1 = \frac{2a x_1'}{a + x_1'}$$

$$x_2 = \frac{a x_2'}{a + x_1'}\,.$$

Wir setzen die Terme für x_1 und x_2 in die umgeformte Kreisgleichung

$$x_1^2 - 2r x_1 + x_2^2 = 0$$

ein und erhalten unter Fortlassung der Striche

$$\frac{4a^2 x_1^2}{(a + x_1)^2} - 2r\,\frac{2a x_1}{a + x_1} + \frac{a^2 x_2^2}{(a + x_1)^2} = 0\,.$$

Wir formen weiter um:

$$4a x_1^2 - 4r x_1(a + x_1) + a x_2^2 = 0$$

(6)
$$4(a - r)\,x_1^2 - 4ar x_1 + a x_2^2 = 0\,.$$

Da x_1 und x_2 quadratisch vorkommen, wissen wir, daß es sich um einen Kegelschnitt handelt. Wir formen deshalb so um, daß wir eine Verschiebungsform der Kegelschnittsgleichung erhalten.

$$4(a - r)\left(x_1^2 - \frac{ar}{a - r}\,x_1\right) + a x_2^2 = 0\,.$$

Wir fügen die quadratische Ergänzung hinzu

$$4(a - r)\left(x_1 - \frac{ar}{2(a-r)}\right)^2 + a x_2^2 = \frac{a^2 r^2}{a - r},$$

dividieren durch $\frac{a^2 r^2}{a - r}$ und erhalten

$$\frac{\left(x_1 - \frac{ar}{2(a-r)}\right)^2}{\frac{a^2 r^2}{4(a-r)^2}} + \frac{x_2^2}{\frac{a r^2}{a - r}} = 1 .$$

Das ist für $a > r$ die Gleichung einer Ellipse mit dem Mittelpunkt $M\left(\frac{ar}{2(a-r)}/0\right)$ und den Halbachsen $\frac{ar}{2(a-r)}$ und $r\sqrt{\frac{a}{a-r}}$.

Für $a < r$ stellt die Gleichung eine Hyperbel dar. Ihr Mittelpunkt ist $M\left(\frac{ar}{2(r-a)}/0\right)$, ihre Halbachsen sind $\frac{ar}{2(r-a)}$ und $r\sqrt{\frac{a}{r-a}}$.

Ist schließlich $a = r$, so entnimmt man der Gleichung (6), daß das Bild des Kreises die Parabel $P: x_2^2 = 4 r x_1$ ist. Es handelt sich, da r immer positiv ist, um eine nach rechts geöffnete Parabel mit dem Parameter $2r$, deren Scheitel im Ursprung liegt.

Da $v: x_1 = 2a$ die Verschwindungsgerade der durch die Aufgabe vermittelten projektiven Abbildung ist, zeigt sich, daß als Bild des Kreises eine Ellipse entsteht, wenn der Kreis die Verschwindungsgerade nicht trifft. Berührt der Kreis die Verschwindungsgerade, so ist sein Bild eine Parabel. Schneidet schließlich der Kreis die Verschwindungsgerade in zwei Punkten, so wird er in eine Hyperbel abgebildet.

Aufgaben

1. Gegeben seien die Punkte $A(-4/0)$ und $B(-2/0)$. Dem Punkt P wird durch folgende Konstruktion ein Bildpunkt zugeordnet: Q sei der Fußpunkt des Lotes von P auf die x_2-Achse, der Schnittpunkt der Geraden AQ und BP ist der Bildpunkt P′ von P.
   a) Stelle die Abbildungsgleichungen auf.
   b) Bewegt sich P′ immer auf einer Geraden, wenn P eine Gerade durchläuft?
   * c) Hat die Abbildung Fixpunkte?
   d) Wie bewegt sich P′, wenn P auf der Hyperbel $H: x_1^2 - x_2^2 = 4$ wandert?

2. Dem Punkt P wird durch die folgende Vorschrift ein Bildpunkt P′ zugeordnet: Man verbindet P mit dem festen Punkt $S(s/0)$ $(s > 0)$ und zieht die Gerade PS, die die x_2-Achse in Q schneidet. Die Parallele durch Q zur x_1-Achse schneidet die Ursprungsgerade durch P in P′.
   a) Stelle die Abbildungsgleichungen auf.
   * b) Bestimme die Fixpunkte.
   c) Wie bewegt sich P′, wenn P die Parabel $x_2^2 = 2x_1$ durchläuft?

3. Gegeben ist die Parabel $Pa: x_2 = a x_1^2$ und der Punkt $S(0/-s)$ $(s > 0)$. Von dem Parabelpunkt P wird auf die x_1-Achse das Lot gefällt mit dem Lotfußpunkt Q. Die Geraden OP und SQ schneiden sich im Bildpunkt P′ von P.
   a) Wie bewegt sich P′, wenn P auf der Parabel wandert?
   b) Gibt es einen Wert für a, so daß P′ sich auf einem Kreis bewegt?

4. Dem Punkt P wird durch folgende Vorschrift ein Bildpunkt zugeordnet: Die Ursprungsgerade durch P schneidet die Parallele durch den festen Punkt S(s/0) ($s > 0$) zur x_2-Achse in Q. Die Parallele durch Q zur x_1-Achse schneidet die Gerade SP in P'.

a) Wie heißen die Abbildungsgleichungen?

b) Bestimme die Verschwindungs- und die Fluchtgerade der Abbildung.

c) Wie wandert P', wenn P den Kreis um O mit dem Radius r durchläuft?

5. Gegeben ist der feste Punkt A(−1/0). Der Fußpunkt des Lotes von P auf die x_2-Achse sei Q. Der Schnittpunkt der Geraden OP und AQ sei der Bildpunkt P' von P.

a) Wie heißen die Abbildungsgleichungen?

b) Wie bewegt sich P', wenn P den Kreis um O mit dem Radius r durchläuft?

c) Auf welchem Kreis um O muß sich P bewegen, damit P' auf einer Parabel wandert?

6. Dem Punkt P wird durch folgende Vorschrift ein Bildpunkt P' zugeordnet: Die Senkrechte in S(s/0) ($s > 0$) auf der x_1-Achse schneidet die Gerade OP in T, die Parallele durch T zur x_1-Achse schneidet die Gerade SP in P'.

a) Wie heißen die Abbildungsgleichungen?

* b) Bestimme die Fixpunkte.

* c) Gibt es Fixgeraden?

d) Wie werden die Hyperbeln $H: x_1^2 - x_2^2 = a^2$ abgebildet? Bestimme auch die Bilder der Asymptoten!

7. Der Punkt P bewegt sich auf dem Kreis $K: x_1^2 + x_2^2 = r^2$. Die Tangente an den Kreis in P schneidet die x_1-Achse in Q. Die Gerade durch den festen Punkt A(−r/0) und P schneidet die Senkrechte in Q auf der x_1-Achse in P'. Wie bewegt sich P'?

8. P sei der Diagonalenschnittpunkt eines Quadrates STUV, von dem die beiden Ecken S und T auf der x_1-Achse liegen. Der Punkt A(−r/0) wird mit U, der Punkt B(r/0) mit V verbunden. Wie bewegt sich der Schnittpunkt P' der beiden Geraden AU und BV, wenn P auf dem Kreis mit dem Durchmesser AB wandert?

9. Gegeben ist der feste Punkt F(f/0). Die Parallele durch P schneidet die x_2-Achse in Q. Die Gerade PF schneidet die x_2-Achse in R. Die Gerade QF und die Parallele zur x_1-Achse durch R schneiden sich im Bildpunkt P' des Punktes P.

a) Wie heißen die Abbildungsgleichungen?

* b) Hat die Abbildung Fixpunkte?

* c) Bestimme die Fixgeraden.

d) Wie bewegt sich P', wenn P auf einem Kreis wandert, dessen Mittelpunkt auf der x_1-Achse liegt?

* Nichtprojektive Abbildungen

*10. Von einem Dreieck kennt man die Ecken $A(-a/0)$ und $B(a/0)$ der Grundseite. Dem dritten Eckpunkt P wird als Bildpunkt P′ der Höhenschnittpunkt im Dreieck ABP zugeordnet.

a) Wie heißen die Abbildungsgleichungen?

b) Hat die Abbildung Fixpunkte?

c) Wie bewegt sich P′, wenn P auf einer Parallelen zur x_1-Achse wandert?

d) Wie bewegt sich P′, wenn P eine Ellipse mit den Hauptscheiteln A und B durchläuft?

*11. Gegeben sei der feste Punkt $A(a/0)$ $(a > 0)$. Die Gerade OP schneidet die Senkrechte in A auf AP im Bildpunkt P′ von P.

a) Stelle die Abbildungsgleichungen auf.

b) Auf welcher Kurve liegen die Verschwindungspunkte, auf welcher die Fluchtpunkte?

c) Wie werden Parallelen zu den Achsen abgebildet?

*12. Gegeben sei die Gerade $g: x_2 = x_1 + 1$ und der auf ihr liegende Punkt $A(0/1)$. Der Fußpunkt des Lotes von P auf g sei Q. Die Parallele durch Q zur x_1-Achse schneidet die Gerade AP in P′.

a) Wie heißen die Abbildungsgleichungen? Begründe, warum es sich weder um eine affine, noch um eine projektive Abbildung handelt.

b) Bestimme die Fixpunkte.

c) Wie bewegt sich P′, wenn P auf der x_1-Achse wandert?

11.4. Der Aufbau der Geometrie

Im Abschnitt 11.2.5 haben wir gesehen, daß die affinen Abbildungen eine Gruppe bilden. Anschließend haben wir einige Untergruppen dieser affinen Gruppe kennengelernt, z. B. die Ähnlichkeitsabbildungen, die Kongruenzabbildungen und die Parallelverschiebungen. Man kann nun zeigen, daß auch die projektiven Abbildungen die Gruppenstruktur besitzen, wenn wir, wie bei all diesen Gruppen, als Verknüpfung die Hintereinanderausführung der Abbildungen wählen. Man kann nun jede affine Abbildung, die ja zunächst nur im R^2 definiert ist, zu einer affinen Abbildung in der projektiven Ebene R^2_∞ machen. Dazu haben wir zusätzlich festzusetzen, welche Punkte den Fernpunkten als Bildpunkte zugeordnet werden sollen: da jeder Fernpunkt als gemeinsamer Punkt einer Parallelenschar aufgefaßt werden kann (siehe S. 11.49), ordnen wir ihm als Bildpunkt denjenigen Fernpunkt zu, der der gemeinsame Punkt der Bildparallelenschar ist. So ist die Ferngerade bei jeder affinen Abbildung eine Fixgerade. Weil nun jede affine Abbildung zu einer speziellen projektiven Abbildung geworden ist ($c_1 = c_2 = 0$ und $c_3 \neq 0$), umfaßt die projektive Gruppe die affine Gruppe.

Wir stellen zunächst noch einmal die wichtigsten Abbildungsgruppen mit ihren Invarianten und Abbildungsgleichungen zusammen:

Projektive Gruppe $\mathfrak{G}_{\mathfrak{P}}$

$$\left.\begin{aligned} x_1' &= \frac{a_1 x_1 + a_2 x_2 + a_3}{c_1 x_1 + c_2 x_2 + c_3} \\ x_2' &= \frac{b_1 x_1 + b_2 x_2 + b_3}{c_1 x_1 + c_2 x_2 + c_3} \end{aligned}\right\} \quad \text{mit} \quad \Delta = \begin{vmatrix} a_1 & b_1 & c_1 \\ a_2 & b_2 & c_2 \\ a_3 & b_3 & c_3 \end{vmatrix} \neq 0$$

Invariant: Punkt, Gerade

Affine Gruppe $\mathfrak{G}_{\mathfrak{A}}$

$$\mathfrak{x}' = x_1 \begin{pmatrix} a_1 \\ a_2 \end{pmatrix} + x_2 \begin{pmatrix} b_1 \\ b_2 \end{pmatrix} + \begin{pmatrix} v_1 \\ v_2 \end{pmatrix} \quad \text{mit} \quad \Delta = \begin{vmatrix} a_1 & b_1 \\ a_2 & b_2 \end{vmatrix} \neq 0 .$$

Invariant: Punkt, Gerade, Parallelität,
Teilverhältnis, Verhältnis der Flächeninhalte

Ähnlichkeitsgruppe $\mathfrak{G}_{\ddot{\mathfrak{A}}}$

$$\mathfrak{x}' = x_1 \begin{pmatrix} k \cos\alpha \\ k \sin\alpha \end{pmatrix} + x_2 \begin{pmatrix} \pm k \sin\alpha \\ \mp k \cos\alpha \end{pmatrix} + \begin{pmatrix} v_1 \\ v_2 \end{pmatrix}$$

Invariant: Punkt, Gerade, Parallelität,
Teilverhältnis, Verhältnis der Flächeninhalte,
Verhältnis der Streckenlängen, Winkelgröße

Kongruenzgruppe $\mathfrak{G}_{\mathfrak{K}}$

$$\mathfrak{x}' = x_1 \begin{pmatrix} \cos\alpha \\ \sin\alpha \end{pmatrix} + x_2 \begin{pmatrix} \mp \sin\alpha \\ \pm \cos\alpha \end{pmatrix} + \begin{pmatrix} v_1 \\ v_2 \end{pmatrix}$$

Invariant: Punkt, Gerade, Parallelität,
Teilverhältnis, Verhältnis der Flächeninhalte,
Verhältnis der Streckenlängen, Winkelgröße,
Streckenlänge.

Da jede Gruppe in allen darüberstehenden Gruppen enthalten ist – jede Ähnlichkeitsabbildung ist ja z. B. auch eine affine Abbildung –, sind alle Invarianten einer Gruppe gleichzeitig auch Invarianten aller ihrer Untergruppen. Jede Ähnlichkeitsabbildung bildet z. B. als affine Abbildung parallele Geraden in parallele Geraden ab und läßt das Teil- und Flächenverhältnis invariant.

11.62

Wir definieren jetzt:

Definition 11.12

Unter der durch die Gruppe $\mathfrak{G}$ gegebenen Geometrie – abgekürzt $\mathfrak{G}$-Geometrie – wollen wir die Menge aller wahren Aussagen verstehen, die invariant sind gegenüber allen Abbildungen der Gruppe $\mathfrak{G}$.

Trifft also eine Aussage aus der $\mathfrak{G}$-Geometrie für eine bestimmte Figur zu, so trifft sie auch zu auf jedes $\mathfrak{G}$-Bild dieser Figur. Dabei verstehen wir unter einem $\mathfrak{G}$-Bild einer Figur das Bild dieser Figur bei einer beliebigen Abbildung aus $\mathfrak{G}$. In diesem Sinne wollen wir von der projektiven, der affinen, der äquiformen Geometrie und der Kongruenzgeometrie sprechen.
Aus der Definition 11.12 und der Anordnung der einzelnen Gruppen mit ihren Invarianten ergibt sich der folgende wichtige

Satz 11.15

Wenn $\mathfrak{G}_1$ die Gruppe $\mathfrak{G}_2$ umfaßt, ist jede wahre Aussage der $\mathfrak{G}_1$-Geometrie auch ein Satz der $\mathfrak{G}_2$-Geometrie:

$$\mathfrak{G}_1 \supset \mathfrak{G}_2 \Rightarrow \mathfrak{G}_1\text{-Geometrie} \subset \mathfrak{G}_2\text{-Geometrie}\,.$$

So umfaßt die Ähnlichkeitsgruppe die Kongruenzgruppe. Deshalb sind die Sätze der Ähnlichkeitsgeometrie auch Sätze der Kongruenzgeometrie. Die Kongruenzsätze gehören – überraschenderweise – zur Ähnlichkeitsgeometrie. Denn sind zwei Dreiecke $A_1B_1C_1$ und $A_2B_2C_2$ kongruent, dann sind auch zu ihnen ähnliche Dreiecke kongruent. Selbstverständlich gehören die Kongruenzsätze auch zur Kongruenzgeometrie. Umgekehrt ist eine typische Aussage der Kongruenzgeometrie wie z. B.: „Die Seite c des Dreiecks ABC ist 10 cm lang" keine Aussage der Ähnlichkeitsgeometrie, weil sie im allgemeinen falsch wird für ein dem Dreieck ABC ähnliches Dreieck.
Die Strahlensätze sind Sätze der affinen Geometrie und damit natürlich auch Sätze der Ähnlichkeits- und Kongruenzgeometrie.
Je umfassender also die zu einer Geometrie gehörige Gruppe ist, desto weniger Aussagen enthält ihre Geometrie. Die beiden folgenden Eulerschen Diagramme machen diesen Sachverhalt noch einmal deutlich (Bild 11.63.1).

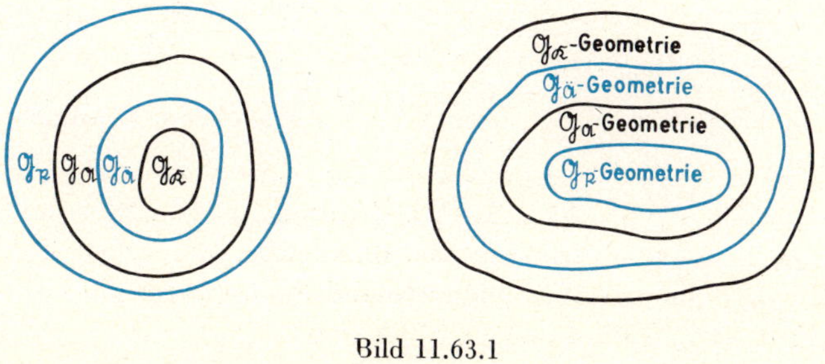

Bild 11.63.1

Durch diese abbildungstheoretischen und gruppentheoretischen Überlegungen ist es also gelungen, die Geometrie neu zu ordnen und aus dem beziehungslosen Nebeneinander von Einzelsätzen eine gegliederte und gestufte Verbindung zu schaffen. Darüber hinaus gelingt es mit Hilfe eben dieses Denkens recht einfach, neue geometrische Sätze zu finden, indem man etwa eine Figur mit ganz bestimmten Eigenschaften einer allgemeinen projektiven oder affinen Abbildung unterwirft und prüft, ob irgendwelche dieser Eigenschaften bei dieser Abbildung invariant bleiben.
So wird z. B. bei einer affinen Abbildung jeder Kreisdurchmesser in einen Ellipsendurchmesser abgebildet. Die Bilder zweier aufeinander senkrecht stehender Kreisdurchmesser – wir wollen sie konjugierte Durchmesser des Kreises nennen – werden im allgemeinen in der Bildellipse nicht aufeinander senkrecht stehen. Die Bilder konjugierter Kreisdurchmesser sollen konjugierte Ellipsendurchmesser heißen. Die folgenden Sätze sind am Kreis leicht einzusehen. Da sie nur affin invariante Begriffe enthalten, gelten sie auch für die Ellipse (Bild 11.64.1):

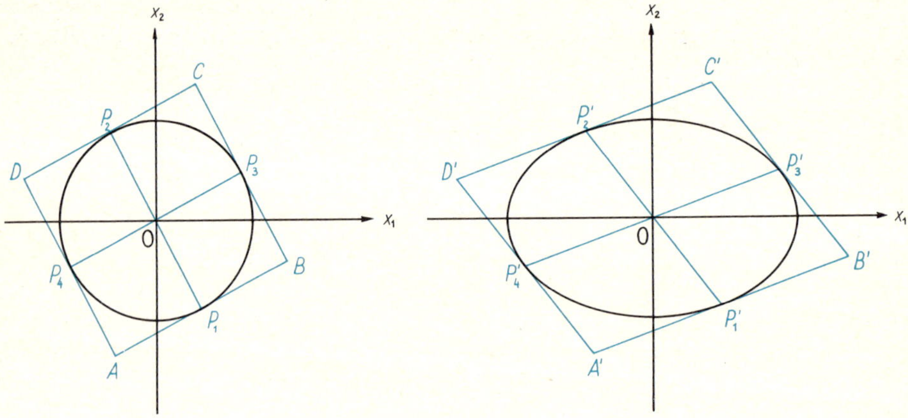

Bild 11.64.1

1. Die Tangenten in den Endpunkten eines Durchmessers laufen zum konjugierten Durchmesser parallel.

2. Die Tangenten in den Endpunkten zweier beliebiger zueinander konjugierter Durchmesser ein und derselben Ellipse bilden Parallelogramme mit konstantem Flächeninhalt.

3. Zwei konjugierte Durchmesser teilen die Ellipse in vier gleiche Flächenstücke.

4. Die zu einem Durchmesser parallelen Sehnen werden vom konjugierten Durchmesser halbiert.

Eine Einbettung dieses geometrischen, gruppentheoretischen Denkens in ein viel allgemeingültigeres Denken, das zugleich alle Bereiche der Mathematik umfaßt, gelang erst mit Hilfe der Auffassung der Mathematik als Lehre von den mathematischen Strukturen.

Denn dadurch, daß die moderne Mathematik nicht mehr ausschließlich Zahlen und geometrische Gebilde, sondern Mengen beliebiger Elemente (Objekte) betrachtet, ist sie viel umfassender geworden. Sie ist heute nicht mehr nur die Lehre von den Zahlen und geometrischen Gebilden. Man prägt diesen beliebigen Mengen bestimmte Strukturen auf, indem man eine Verknüpfung oder mehrere zwischen den Elementen erklärt und Gesetze als Axiome vorgibt, denen die Elemente der Menge hinsichtlich dieser Verknüpfung genügen sollen. So treibt man z. B. Gruppentheorie, Körpertheorie oder untersucht lineare Vektorräume. Mengen von Zahlen oder bestimmten geometrischen Elementen sind in bezug auf Verknüpfungen Modelle für gewisse Strukturtypen (Gruppe, Ring, Körper u. a.). Liegen uns zwei verschiedene Modelle ein und desselben Strukturtyps vor, so kann man in beiden Modellen nach den gleichen Rechengesetzen „operieren": man addiert und subtrahiert z. B. Vektoren so wie man auch reelle Zahlen addiert und subtrahiert.
So beschäftigt man sich heute in der Mathematik vorwiegend mit strukturierten Mengen und erreicht dadurch eine größere Allgemeingültigkeit, eine bessere Durchschaubarkeit und damit eine Ordnung und Systematisierung im gesamten Bereich der Mathematik.

11.65

Namen- und Sachverzeichnis

Antiqua		Fraktur Druck		Griechisch		
a	A	𝔞	𝔄	α	*A*	Alpha
b	B	𝔟	𝔅	β	*B*	Beta
c	C	𝔠	ℭ	γ	*Γ*	Gamma
d	D	𝔡	𝔇	δ	*Δ*	Delta
e	E	𝔢	𝔈	ε	*E*	Epsilon
f	F	𝔣	𝔉	ζ	*Z*	Zeta
g	G	𝔤	𝔊	η	*H*	Eta
h	H	𝔥	ℌ	ϑ	*Θ*	Theta
i	I	𝔦	ℑ	ι	*I*	Jota
j	J	𝔧	𝔍	ϰ	*K*	Kappa
k	K	𝔨	𝔎	λ	*Λ*	Lambda
l	L	𝔩	𝔏	μ	*M*	My
m	M	𝔪	𝔐	ν	*N*	Ny
n	N	𝔫	𝔑	ξ	*Ξ*	Xi
o	O	𝔬	𝔒	ο	*O*	Omikron
p	P	𝔭	𝔓	π	*Π*	Pi
q	Q	𝔮	𝔔	ϱ	*P*	Rho
r	R	𝔯	ℜ	σ	*Σ*	Sigma
s	S	𝔰	𝔖	τ	*T*	Tau
t	T	𝔱	𝔗	υ	*Y*	Ypsilon
u	U	𝔲	𝔘	φ	*Φ*	Phi
v	V	𝔳	𝔙	χ	*X*	Chi
w	W	𝔴	𝔚	ψ	*Ψ*	Psi
x	X	𝔵	𝔛	ω	*Ω*	Omega
y	Y	𝔶	𝔜			
z	Z	𝔷	ℨ			

Fraktur Schreibschrift

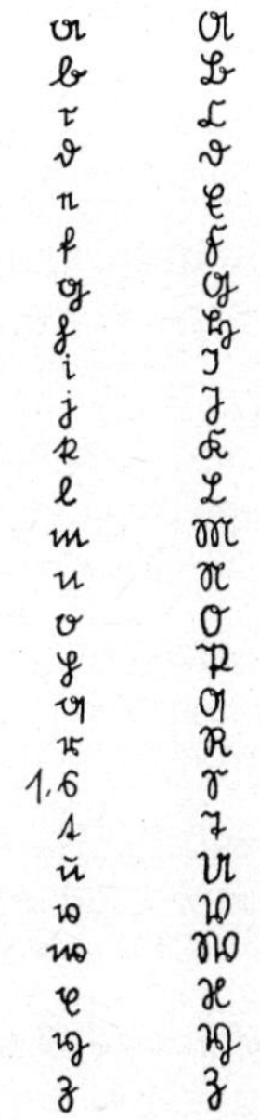